Covid-19: Sinn in der Krise

Covid-19:
Sinn in der Krise

—

Kulturwissenschaftliche Analysen der
Corona-Pandemie

Herausgegeben von
Jan Beuerbach, Silke Gülker,
Uta Karstein und Ringo Rösener

DE GRUYTER

Unterstützt durch das Institut für Kulturwissenschaften der Universität Leipzig.

ISBN 978-3-11-135617-4
e-ISBN (PDF) 978-3-11-073494-2
e-ISBN (EPUB) 978-3-11-073550-5

Library of Congress Control Number: 2021942777

Bibliografische Information der Deutschen Nationalbibliothek
Die Deutsche Nationalbibliothek verzeichnet diese Publikation in der Deutschen
Nationalbibliografie; detaillierte bibliografische Daten sind im Internet über
http://dnb.dnb.de abrufbar.

© 2023 Walter de Gruyter GmbH, Berlin/Boston
Dieser Band ist text- und seitenidentisch mit der 2022 erschienenen
gebundenen Ausgabe.
Coverabbildung: radiorio/iStock/Getty Images Plus
Satz: Integra Software Services Pvt. Ltd.
Druck und Bindung: CPI books GmbH, Leck

www.degruyter.com

Vorwort

Die Idee zu diesem Buch geht auf das Frühjahr 2020 und damit auf die Zeit des ersten Covid-19-Lockdowns in Deutschland zurück. Dieses Wort ‚Lockdown', das uns so schnell so selbstverständlich werden sollte, bekam in dieser Zeit erst seine Bedeutung. Dass mit der Pandemie ein von uns nicht gekannter Einschnitt in den Alltag und eine Infragestellung von Selbstverständlichkeiten verbunden sein würde, war auf der Stelle klar – auch wenn wir zu dieser Zeit wahrscheinlich noch etwas naiv von einem nur kurzfristigen Einschnitt und einer schnellen Rückkehr in den uns gewohnten Alltag ausgegangen sind.

Am Institut für Kulturwissenschaften der Universität Leipzig waren wir, wie viele unserer Kolleg:innen weltweit, von der Umgestaltung unserer Lehre herausgefordert, beobachteten den kollektiven Rückzug ins Private, verfolgten die öffentlichen Debatten und waren beeindruckt davon, wie zügig und wie massiv Veränderungen im Alltagsleben sichtbar wurden. Gleichzeitig sahen wir uns – wie andere Kolleg:innen auch – als Forscher:innen herausgefordert. Aus einer kulturwissenschaftlichen Perspektive geht es uns dabei vor allem darum, Zuschreibungen von Sinn und Bedeutung zu rekonstruieren. Offensichtlich markierte der Ausbruch der Pandemie hier eine Zäsur: schnell wurde über eine Zeit vor und eine Zeit nach Corona gesprochen. In unseren ersten Videokonferenzen aus dem Homeoffice entwickelten wir deshalb Ideen dazu, wie wir uns den Veränderungen, die auch unseren Alltag fundamental verändert hatten, forschend nähern könnten.

Die am Institut verankerte Interdisziplinarität zwischen Kulturphilosophie, Kulturgeschichte, Kultursoziologie und Kulturmanagement sollte auch für unser Vorhaben leitend sein und die Vielstimmigkeit der Perspektiven ermöglichen. Der Begriff des sozialen Sinns bildete den Ausgangspunkt unserer Überlegungen und leitete das interdisziplinäre Gespräch an. Von ihm ausgehend lassen sich Krisensemantiken und Deutungskämpfe ebenso thematisieren wie Körperpraktiken, Fragen von Macht und Ungleichheit oder Alltagsroutinen. Die Idee eines dezidiert kulturwissenschaftlichen Sammelbandes war geboren, der sich den (Re-)Konstruktionen von Sinn und Sinndeutungen in der Pandemie widmen sollte.

Unserem Aufruf folgten nicht nur Kolleg:innen aus dem Institut für Kulturwissenschaften in Leipzig, sondern etliche Forscher:innen und Praktiker:innen aus ganz Deutschland. Die ausgewählten Beitragsvorschläge ließen sich zu sechs Sektionen gruppieren, die ein breites – wenn auch sicherlich nicht erschöpfendes – Feld kulturwissenschaftlicher Perspektiven auf die gesellschaftlichen Veränderungen seit dem Frühjahr 2020 abdecken.

In der Vorbereitung des Bandes haben wir alle Beitragsmanuskripte in kleinen digitalen Sektionsworkshops mit den beteiligten Autor:innen diskutiert, ausgewertet und Änderungsvorschläge debattiert. Hauptanliegen dieses Vorgehens war eine Qualitätskontrolle – so hat jeder der hier im Band veröffentlichten Texte ein gemeinschaftliches Peer-Review-Verfahren durchlaufen. Die Workshops erwiesen sich aber nicht nur als ein äußerst ergiebiges Verfahren, um Texte gemeinsam zu besprechen, sie weiterzuentwickeln und uns gleichzeitig zu vernetzen. Auch schafften sie einen guten Rahmen, um unsere Positionierungen als Forscher:innen in der Mitte der Prozesse, die wir beforschen, zu reflektieren. Wir freuen uns sehr darüber, in dem Band Beiträge etablierter Forscher:innen und auch solcher Autor:innen versammeln zu können, die sich am Beginn ihrer Laufbahn befinden.

Dieser Sammelband wäre nicht möglich gewesen ohne die finanzielle Unterstützung des Leipziger Instituts für Kulturwissenschaften. Aus diesem Grund danken wir unseren Kolleg:innen, die ohne zu zögern Mittel für den Band bewilligten. Wir danken außerdem Anton Livshits für seine redaktionelle Hilfe bei der Erstellung des Manuskriptes, sowie Marcus Heinz und Nikolaus Schulz für wertvolle Hinweise und Kritiken zu unserer Einleitung. Außerdem danken wir den Mitarbeiter:innen des De Gruyter Verlags, die sich sehr schnell für die Idee des Buches begeistern konnten und uns unterstützten. Zu Dank verpflichtet sind wir auch und ganz besonders den Autor:innen dieses Sammelbandes, die ihre Forschungsbeiträge mit uns teilten, besprachen und wiederholt änderten, ohne die Geduld zu verlieren.

Jan Beuerbach, Silke Gülker, Uta Karstein und Ringo Rösener

Inhaltsverzeichnis

Vorwort —— V

Jan Beuerbach, Silke Gülker, Uta Karstein, Ringo Rösener
Kulturwissenschaftliche Perspektiven auf die Covid-19-Pandemie: Eine Einleitung —— 1

Die Krise denken

Dirk Quadflieg
„Crisis? What Crisis?" Warum die Krise nicht stattgefunden haben wird —— 17

Silke Gülker
Krise und Utopie: Das Ende vom Ende des Fortschrittsoptimismus? —— 35

Kristin Platt
Das „Wuhan-Virus": Benennungen einer Pandemie als Deutungszuweisung —— 51

Solidarität und Vulnerabilität

Almut Poppinga, Andreas Streinzer, Carolin Zieringer, Anna Wanka, Georg Marx
Moralische Überforderung und die Ambivalenz des Helfens in der Coronakrise —— 75

Melanie Hühn, Miriam Schreiter
Zwischen Successful Aging und sozialem Sterben: Bilder vom Alter(n) während der ersten Welle der Covid-19-Pandemie —— 91

Robert Birnbauer, Daniel Jarczyk, Franziska Rasch
Leise Töne am Südstern: Ökonomische Krisen wohnungsloser Menschen und Verhandlungen der ‚neuen Normalität' —— 109

Körper und Raum

Gabriele Klein, Katharina Liebsch
Ansteckende Berührungen: Körper-Ordnungen in der Krise —— 133

Johanna Häring, Susann Winsel
Körper in der Krise: Before/After-Quarantine-Memes —— 149

Insa Härtel
Künstlerische Anleitungen und Formen medialer Bezugnahme in „Social Distancing"-Zeiten —— 169

Alina Wandelt, Thomas Schmidt-Lux
Mikroarchitekturen der Pandemie: Räume des Arbeitens in Zeiten von Corona —— 183

Ideologie und Weltanschauung

Peter Schulz
Covid-19 und Verschwörungsdenken: Kapitalistischer Realismus in der Krise —— 205

Ringo Rösener
Kampf der Öffentlichkeiten? Unvereinbare Lebensrealitäten in der Covid-19-Pandemie —— 221

Oliver Kuhn
Peak Kontra? Politische Spekulation und deviantes Wissen in der Coronakrise —— 243

Alltag und Ausnahme

Lydia Maria Arantes
Das pandemische Brotbacken: Liminalität und Communitas in Corona-Zeiten —— 267

Marcella Fassio
Inszenierungen der Selbstgestaltung in Narrationen von Lifestyle-Influencerinnen während der Corona-Pandemie —— 283

Stefanie Mallon
Häusliche Un-/Ordnungsprozesse und Sinnstiftung in Krisenzeiten —— 299

Patricia Jäggi
Vögel singen in stillen Städten: Lockdown als ökologische Utopie im Anthropozän —— 317

Krise erinnern

Benet Lehmann, Paul Schacher
Geschichtskultur in der Corona-Pandemie: Beobachtungen zur Historisierung einer aktuellen Krise —— 337

Kerstin Langwagen, Uta Bretschneider
Der geschärfte Blick: Museale Praxis in Zeiten einer Pandemie —— 357

Greta Butuci, Johanna Lessing, Alois Unterkircher
Im Netzwerk der Dinge: Die „Ingolstädter Maskentonne" als ungewöhnliches Objekt der Covid-19-Pandemie —— 373

Informationen zu den Autor:innen —— 393

Register —— 399

Jan Beuerbach, Silke Gülker, Uta Karstein, Ringo Rösener
Kulturwissenschaftliche Perspektiven auf die Covid-19-Pandemie: Eine Einleitung

1 E.M. Forsters literarische Krisendiagnose

Endlich wird Kuno mit seiner Mutter Vashti verbunden, sein Bild erscheint etwas undeutlich auf dem Schirm der erfolgreichen Musikwissenschaftlerin. Wie gewöhnlich sitzt die viel beschäftigte Frau an ihrem Schreibtisch, von dem aus sie Vorträge hält, zu denen sich Interessierte aus aller Welt dazuschalten und Ideen austauschen. Wenn sie gerade nicht doziert, lässt sie per Knopfdruck Musik erklingen, gibt Bewertungen zu zugesandten Produkten und Essensbestellungen ab, teilt Statusberichte über ihren Alltag und scheint völlig vergessen zu haben, dass sie rund um die Uhr in ihren eigenen vier Wänden sitzt. Im Moment der Kontaktanfrage durch ihren Sohn hat Vashti nicht viel Zeit und müsste sich eigentlich bald in die nächste Panel-Diskussion einklinken. Kuno ist die räumliche Trennung und die Isolation leid. Zögerlich trägt er seine Bitte vor: „I want you to come and see me. [...] I want to speak to you not through the wearisome machine." (Forster 2011 [1928], 3) Nicht alles lässt sich eben via moderner Kommunikationsmittel klären. Etwas Wichtiges hat Kuno auf dem Herzen und er möchte für die Aussprache dieses Anliegens seiner Mutter wieder von Angesicht zu Angesicht begegnen: „I will not tell you through the machine." (Forster 2011 [1928], 12) Vashti zögert. Die Flugreise zu ihrem Sohn würde ihren gesamten Terminplan durcheinanderbringen. Auch hasst sie das Fliegen: „I dislike air-ships. [...] I dislike seeing the horrible brown earth, and the sea, and the stars when it is dark. I get no ideas in an air-ship." (Forster 2011 [1928], 4) Und dann sind da die großen Risiken, die mit dem Reisen verbunden sind.

Selbstverständlich ist das Reisen noch erlaubt – „one simply summons a respirator and gets an Egression-permit" (Forster 2011 [1928], 23) – und erst vor Kurzem hat sie eine Vorlesung in Übersee gehalten. Aber dank der Übertragungsmöglichkeiten ist dieser Aufwand im Grunde nicht notwendig. Dennoch: Die Dringlichkeit, die Vashti in den eingeschränkt übertragenen Zügen ihres Sohnes ablesen kann, bewegt sie letztlich dazu, für den übernächsten Tag einen Flug und einen Wagen zum Flughafen zu buchen. Auf der Reise, so dicht mit anderen Passagieren in der Kabine des Flugzeugs gedrängt, spürt Vashti sehr schnell, wie sich Beklemmung einstellt. Als sie stolpert und die Flugbegleiterin sie mit ihren Händen stützt, wird sie ob der ungewohnten Berührung ungehalten: „How dare you! You forget yourself!" (Forster 2011 [1928], 18), wofür sich die

Flugbegleiterin nur konsterniert entschuldigen kann. Völlig erledigt vom Flug, von der U-Bahnfahrt durch die Stadt, von der Suche der Wohnung in den gleichförmigen Fluren trifft Vashti bei ihrem Sohn ein, um zu vernehmen, was er ihr durch Kommunikationstechnik vermittelt nicht sagen konnte: „I have been threatened with Homelessness." (Forster 2011 [1928], 22)

Diese Situation, die uns heute, anderthalb Jahre nach Beginn der Corona-Pandemie im Januar 2020 auf seltsame Weise vertraut vorkommt, ist der Science-Fiction-Kurzgeschichte von Edward Morgan Forster entnommen, die der englische Autor 1928 in seiner Kurzgeschichtensammlung *The Eternal Moment and Other Stories* veröffentlichte. Es ist die Dystopie einer Gesellschaft vereinzelter Individuen, die in unterirdischen Räumen sitzen und sich über ausgeklügelte Versorgungs- und Telekommunikationsinfrastrukturen am Leben und im Austausch miteinander erhalten. Mit einer heute als gleichsam hellseherisch zu bezeichnenden Vorstellungskraft buchstabiert Forster in seiner Geschichte die Konsequenzen einer ebenso vernetzten wie isolierten Lebensweise aus:

> For a moment Vashti felt lonely. Then she generated the light, and the sight of her room, flooded with radiance and studded with electric buttons, revived her. There were buttons and switches everywhere – buttons to call for food, for music, for clothing. There was the hot-bath button, by pressure of which a basin of (imitation) marble rose out of the floor, filled to the brim with a warm deodorized liquid. There was the cold-bath button. There was the button that produced literature. And there were of course the buttons by which she communicated with her friends. The room, though it contained nothing, was in touch with all that she cared for in the world. (Forster 2011 [1928], 6–7)

Hellseherisch mutet diese Geschichte an, weil sie lange vor der Erfindung des Internets auf die Spannungen verweist, die mit einer Abschaffung körperlicher Begegnung und mit einer Technisierung aller Lebensbereiche verbunden sind. Die Perfektion, mit der in der Geschichte der Alltag gestaltbar wird und mit der alle Gesellschaftsmitglieder sich ganz auf Kommunikation und Ideenentwicklung konzentrieren können, wird bei Forster zur Dystopie einer dunklen, unbeweglichen, seelenlosen Welt, die nur durch „the Machine" lebendig gehalten wird.

An einen Teil der Technologien, die Forster vor rund 100 Jahren imaginiert hat, haben wir uns heute im Jahr 2021 längst gewöhnt oder nehmen sie als Bereicherung unseres Alltags wahr. Mit Ausbruch der Covid-19-Pandemie und dem damit notgedrungenen Rückzug ins Private wird die Angewiesenheit auf diese Kommunikationsmittel nochmal intensiviert: der Lehrbetrieb von Schulen und Universitäten, Tagungen und Büromeetings, aber auch Familientreffen und Geburtstagsfeiern finden seit März 2020 häufig per Videokonferenzsystem im Internet statt, während uns online erstandene Waren oder Essenslieferungen an die Haustür gebracht werden. Neue Abhängigkeiten entstehen, Ungleichheiten transformieren oder verschärfen sich und der Zugang zur digitalen Welt entscheidet zunehmend über sozialen Ein- und Ausschluss.[1]

Über die offensichtliche Technik- und Technologiekritik hinaus, gibt es weitere, auch subtilere Aspekte in Forsters Geschichte, die für einen Blick auf die aktuelle Pandemie-Situation aufschlussreich sind. Bemerkenswert ist die Verlagerung der Geschichte in ein Habitat unter der Erde, wo alle Menschen vereinzelt und für sich wohnen. Körperliche Berührungen oder Zusammenkünfte größerer Gruppen sind in dieser unweltlichen Welt, in die Kuno und Vashti gestellt sind, ebenso abgelegte Verhaltensweisen wie das Reisen oder der Aufenthalt in der Natur: „The clumsy system of public gatherings had been long since abandoned; neither Vashti nor her audience stirred from their rooms. Seated in her armchair she spoke, while they in their armchairs heard her, fairly well, and saw her, fairly well." (Forster 2011 [1928], 7) Zwar stehen die Figuren Forsters in einem medial vermittelten Austausch, die körperliche Dimension menschlichen Miteinanders hat jedoch weitgehend an Bedeutung verloren. „People never touched one another. The custom had become obsolete, owing to the Machine." (Forster 2011 [1928], 18)

Custom – der Brauch, die Sitte, die Gewohnheit – meint die geteilten kulturellen und sozialen Normen, die das Alltagsleben strukturieren wie regulieren und die als ‚zweite Natur' das Fundament oder *system* des menschlichen Zusammenlebens bilden. Es ist diese Beobachtungsgabe für das Hintergrundrauschen kultureller Einrichtungen, die *The Machine Stops* über seine frappierende Prognosefähigkeit hinaus für eine Explikation der kulturwissenschaftlichen Perspektive so ertragreich macht. Denn in der Dystopie, die Forster uns vorlegt, wird deutlich, wie stark Lebensentwürfe von dem Sinnhorizont abhängen, vor denen sie formuliert werden: „Above her, beneath her, and around her, the Machine hummed eternally; she did not notice the noise, for she had been born with it in her ears." (Forster 2011 [1928], 9) Die Maschine, in die sich Vashti so unbekümmert eingehaust hat, bleibt in ihrem Wirken ebenso unbemerkt wie die impliziten Annahmen, habituellen Verhaltensweisen und sozialen Programme einer Gesellschaft, obwohl sie als sedimentierte und damit objektivierte Verhältnisse vorliegen.

---

[1] Damit sei neben dem ungleichen Vorhandensein von Gerätschaften in Haushalten und der digitalen Kompetenz bei Nutzer:innen auch der Risikounterschied der verschiedenen Lohnarbeiten angezeigt, von denen einige ins Homeoffice übertragbar sind, während vor allem in den systemrelevanten Beschäftigungen im niedrig vergüteten Pflege-, Gesundheits- und Versorgungssektor körperliche Präsenz notwendig bleibt. Auch die Betreuungssituation von Kindern oder Angehörigen gestaltet sich in großen Wohnungen mit eigenem Garten einfacher als in kleinen Zimmern eines Wohnblocks (oder in Unterkünften für Geflüchtete).

Bemerkbar wird dieses Hintergrundrauschen erst, wenn es aufhört – wenn die Maschine stillsteht. Forsters Geschichte läuft auf diesen Moment zu, den nur Kuno vorausgesehen hat. Die Funktionszusammenhänge werden zunehmend brüchig und verlieren ihren selbstverständlichen Charakter. Zunächst sind es nur Fehler in der Musik, dann ertönen schrille Geräusche, die nicht zugeordnet werden können. Die Ausbesserungstechnik, die sonst auf der Stelle jede Störung behebt, scheint nun selbst defekt. Vashti ist beunruhigt, versucht aber zunächst, den Phänomenen nicht zu viel Bedeutung beizumessen, vielmehr adaptiert sie ihre Hörgewohnheiten: „The sigh at the crisis of the Brisbane Symphony no longer irritated Vashti; she accepted it as part of the melody." (Forster 2011 [1928], 47) Unübersehbar aber wird die Krise, als auch der Schlafapparat nicht mehr funktioniert und als weltweit in den gleichförmig ausgestatteten Räumen den müden Bewohner:innen keine Betten mehr zur Verfügung gestellt werden. Dann wird die Luft schwer zum Atmen, die Stille schmerzt in den Ohren, die Bewohner:innen sind gezwungen, ihre Räume zu verlassen und die Katastrophe nimmt ihren Lauf.

Wenn Forsters Maschine nicht allein für die konkrete technische Infrastruktur, sondern für das Hintergrundrauschen aller impliziten Annahmen und habitualisierter Verhaltensweisen der Gesellschaft steht, dann erzählt die Geschichte in seltsam verdrehter und vielschichtiger Weise eine Spiegelung dessen, wie Menschen weltweit, insbesondere in den ersten Wochen der Covid-19-Pandemie, ihren Alltag als zunehmend krisenhaft erlebt haben. Während die Figuren in *The Machine Stops* an Isolation, Vollautomatisierung und das Leben unter Erde gewöhnt sind und in der Krise vor dem Weg nach draußen verzagen, verlief die Bewegung in der Pandemie umgekehrt: nämlich von draußen nach drinnen. Begleitet von Angst und Sorge um die eigene und die Gesundheit anderer Menschen haben viele das Leben in den privaten Haushalt verlegt. War für uns bislang körperliche Nähe selbstverständlich, wurde sie jetzt – in der Krise – zur Gefahr. In Forsters Geschichte wird hingegen körperliche Berührung erst in der Krise notwendig, als die Versorgung durch Apparaturen unzuverlässig wird. So entgegengesetzt also die Gewohnheiten sind, die sich einerseits in der Fiktion und andererseits in unserem realen, pandemischen Alltag aufgelöst haben, treffen sich unsere Erfahrungen mit denen Kunos und Vashtis in der Irritation der Routine durch die Krise. Gewohnheiten laufen leer, Regeln müssen umformuliert werden, Wissensbestände werden neu sortiert und Verhaltensweisen angepasst.

In Krisen werden gängige Zuschreibungen von Sinn und Bedeutung als kontingent und variabel erkennbar – das vertraute Hintergrundrauschen setzt aus. Dieses Gewahr-Werden des Veränderbaren hat einen dynamisierenden Effekt auf gesellschaftliche Verständigungsprozesse. Die resultierenden Transformationen drücken sich jedoch nicht nur in wissenschaftlichen Publikationen, technischen Lösungen oder Gesetzesnovellen aus. Sie schlagen vor allem auf der Ebene des Alltäglichen und Zwischen-Menschlichen durch, in der sich die Individuen mit dem Brüchig-Werden des Vertrauten produktiv auseinandersetzen müssen. Aus diesem Grund ermöglichen Krisen den Kulturwissenschaften einen besonderen und außergewöhnlichen Blick auf sedimentierte und bis dahin unbemerkte Gewohnheiten, auf Strategien des Umgangs mit Störungen in Form etwaiger Neuverhandlungen von Sinn und Bedeutung – und damit also auf Neubestimmungen von Kultur (Weber 1988, 180).[2] In diesem Band zeigen Autor:innen aus unterschiedlichen disziplinären Perspektiven, was das heißen kann. Sie beleuchten Aspekte des Hintergrundrauschens und dessen Aussetzer, sie analysieren das komplexe und längst nicht immer eindeutige Verhältnis zwischen Routine und Krise angesichts der Covid-19-Pandemie, und sie untersuchen die Strategien der Akteur:innen, die im sozialen Bezugsgewebe aufbrechenden Lücken mit Sinn und Bedeutung zu bedenken.

2 Sinn in der Krise: Die Analysen

Eine Situation als Krise zu bezeichnen, ist immer auch eine Aussage darüber, was als Normalität angenommen wird. Die Beiträge der Sektion „Krise denken" befassen sich mit den Versuchen, der Ausnahmesituation der Pandemie Namen und Beschreibungen zu geben. Der Begriff der Krise kann auf den ersten Blick eine Verbindung zwischen unterschiedlichen Phänomenen, Perspektiven und Betroffenheiten herstellen. Auf den zweiten Blick wird gleichwohl deutlich, wie die Situationsdeutungen in unterschiedlicher Hinsicht um eine Leerstelle kreisen. *Dirk Quadflieg* identifiziert die fundamentale Krisenhaftigkeit des Politischen in der Moderne als eine solche Leerstelle, die durch politische Geschäftigkeit und Krisensemantik gerade verdeckt wird. In Rückgriff auf Reinhart Koselleck, Carl Schmitt und Jürgen Habermas arbeitet er diese Spannung und die ihr zugrundeliegende Zeitlichkeit von Vorgriff und Rückbezug heraus. *Silke Gülker* beobachtet eine neue Popularität des Utopiebegriffs in der Pandemie und stellt gleichzeitig fest, wie dabei die Krise selbst, aus der heraus utopische Entwürfe einen Ausweg weisen könnten, undeutlich bleibt. Es erweist sich, dass Utopien einerseits immer schon auf Krisenbeschreibungen bezogen sind, dabei jedoch in

---

[2] Wir legen hier einen weiten Kulturbegriff zugrunde, wie er zuerst von Max Weber formuliert wurde. Dieser definierte Kultur als „ein vom Standpunkt des Menschen aus mit Sinn und Bedeutung bedachter endlicher Ausschnitt aus der sinnlosen Unendlichkeit des Weltgeschehens" (Weber 1988, 180).

ihrer zeitgenössischen Gestalt nicht mehr als absolute Gegenentwürfe, sondern in prozeduraler Form vorliegen. *Kristin Platt* zeigt das Abstrakte ganz konkret und macht deutlich, dass die wahrgenommene Krise der Pandemie (noch) keinen Namen hat, der einen erfahrungsgesättigten Inhalt ausdrücken könnte. Im Kontrast zur neutral-technischen Benennungspraxis von Krankheiten nach WHO-Standards geht Platt den Bedeutungsschichten historischer Krankheitsnamen wie auch den aktuellen Versuchen der Deutungszuschreibung in den Eigennamen der Pandemie nach.

In der Ausnahmesituation der Pandemie werden Versorgungsbeziehungen thematisch, die ansonsten unhinterfragt bleiben. Die Beiträge der Sektion „Vulnerabilität und Solidarität" nehmen diese Beziehungen wahr und stellen aus unterschiedlicher Perspektive fest, wie sich Bewertungen von Stärke und Schwäche, von Handlungsmacht und Abhängigkeit verändern können. *Almut Poppinga, Andreas Streinzer, Carolin Zieringer, Anna Wanka* und *Georg Marx* zeigen Versorgungslücken auf, die in Zeiten der Routine wie selbstverständlich durch freiwilliges Engagement und nachbarschaftliche Hilfe gefüllt werden. In der Pandemie aber führt das Helfen-Wollen vor dem Hintergrund einer gesellschaftlich dominanten Responsibilisierung der Einzelnen zu moralischer Überforderung und verändert Verhältnisse von Prekarität und Bedürftigkeit. *Melanie Hühn* und *Miriam Schreiter* beobachten fundamentale Veränderungen in der Bewertung und Konstruktion von Alter und Altern in der Pandemie: Dominierte bisher die Idee des ‚erfolgreichen Alterns' den öffentlichen Diskurs um ein gelungenes drittes Lebensalter, geht es in der Pandemie vor allem um das physische Überleben. Dies stellt die Hauptadressaten der Maßnahmen zugleich vor die Gefahr des sozialen Sterbens in der Isolation. *Robert Birnbauer, Daniel Jarczyk* und *Franziska Rasch* gehen der Frage nach, wie sich das Verhältnis von Routine und Krise für wohnungslose Menschen in der Pandemie verändert – für Menschen also, die nach dominierender Lesart per se in einer Krisensituation leben. Sie stellen fest, wie auch hier Versorgungsstrukturen zusammenbrechen und wie gleichzeitig neue Handlungspotenziale entstehen.

Die Beiträge der Sektion „Körper und Raum" widmen sich dem Wechselverhältnis Körper, Materialität und Raum: *Gabriele Klein* und *Katharina Liebsch* legen dar, wie sich im Zuge der Coronakrise der für das Soziale konstitutive Sinn körperlicher Interaktionen verändert. Dabei entfalten sie die These, dass sich eine neue Normalität des Distanziert-Seins etabliert, die mit der Genese der digitalen Gesellschaft bereits angedeutet wurde. Selbstverständlichkeiten körperlicher Interaktion werden während der Coronakrise vor allem durch eine erzwungene Beschränkung auf das Häusliche fundamental in Frage gestellt. Allerdings zeigt sich, dass an dieser historisch neuartigen Situation Ängste verhandelt werden, die gar nicht so neuartig sind. *Johanna Häring* und *Susann*

Winsel untersuchen in ihrem Beitrag anhand von meist humorvollen Memes, wie am Thema Quarantäne die alte Angst des Verlustes von Ausdruckskontrolle (Goffman 2003) thematisch wird. Imaginiert werden Formen der Nachlässigkeit im Umgang mit dem Äußeren (Haar- und Bartwuchs, Gewicht), die damit zugleich als zu vermeidende Zustandsänderungen in Erinnerung gerufen werden. Auch im Beitrag von *Insa Härtel* wird die Sorge um sich selbst thematisch. Der Beitrag liefert eine dichte Beschreibung zweier künstlerischer Arbeiten, die sich schon zu einem sehr frühen Zeitpunkt mit den Konsequenzen des Social Distancing beschäftigten und dabei die Möglichkeiten künstlerischer Praktiken im digitalen Raum ausloteten. *Alina Wandelt* und *Thomas Schmidt-Lux* wenden sich den vielen kleinen Veränderungen zu, die man als Mikroarchitektur bezeichnen kann und die allesamt von dem Bemühen geprägt sind, Abstandsgebote und andere Hygieneerfordernisse materiell zu ermöglichen und umzusetzen. Eingebettet werden ihre Beobachtungen in aufschlussreiche Überlegungen zur Rolle von Architektur im Umgang mit Seuchen.

Dass Sinn produziert wird, sagt erstmal noch nichts über die Gültigkeit von Konstruktionsverfahren oder die Rationalität der darin angelegten Vorstellungen aus. Gerade das Aufkommen von Verschwörungstheorien in Krisenmomenten zeugt eher von einem ausufernden Bedeutungsüberschuss. Dass auch dieses Krisenphänomen grundsätzlich und in spezifischer Weise in seiner Ausprägung während der Corona-Pandemie gedeutet und analysiert werden kann, zeigen die Beiträge der Sektion „Ideologie und Weltanschauung". *Peter Schulz* wendet sich verschwörungstheoretischem Denken im Kontext aktueller Debatten um das Konzept des Kapitalistischen Realismus zu. Vor diesem Hintergrund wird Verschwörungsdenken als eine zeitgenössische Rechtfertigungsideologie interpretierbar, mittels derer Widersprüche der gegenwärtigen Produktionsweise zu rationalisieren versucht werden. Dieses Deutungsmuster gerät dabei selbst irrational, weil es zwischen Produktionsverhältnissen und (Re-)Produktivkräften nicht zu unterscheiden versteht. *Ringo Rösener* arbeitet eine folgenschwere Strukturverwandtschaft zwischen den narrativen Spielpraktiken der Verschwörungstheorien und den technischen Möglichkeiten digitaler Kultur heraus. Das Resultat ist eine Abwendung von einer linearen, rationalen und allgemeinen Öffentlichkeit hin zu einem komplexen Netz verschiedener Öffentlichkeiten, wobei manche einer tribalen Logik folgen. *Oliver Kuhn* nimmt demgegenüber eine wissenssoziologisch-diskurstheoretische Perspektive ein. Verschwörungstheorien werden als Teil einer breiten kontrarianischen Peripherie des politischen Feldes begriffen, in der sich schon immer alle möglichen heterodoxen, diskursiv ausgegrenzten Erklärungsansätze gesammelt haben. Die Coronakrise ist in dieser Hinsicht eine bedeutende Energiequelle gewesen, die dieser Peripherie zu vermehrter Aufmerksamkeit verholfen, kontrarianisches Denken damit aber notwendig auch einem Realitätstest unterzogen hat, der letztlich zu dessen Schwächung beiträgt, so die These Kuhns.

Die Beiträge der Sektion „Alltag und Ausnahme" gehen vor allem dem Bruch des sogenannten ersten Lockdowns nach, der einen drastischen und abrupten Einschnitt in die gewöhnlichen Lebenswirklichkeiten im globalen Ausmaß darstellt. In dieser Ausnahmesituation entdeckte die Familie von *Lydia Maria Arantes* das Brotbacken. In ihrem Beitrag setzt sich Arantes anhand dieser neuen Beschäftigung mit Konzepten von Liminalität und Communitas auseinander. Dabei brachte das Brotbacken neue Strukturen in das Leben der Familie, die jedoch dann unter Druck gerieten, als der zuvor gewohnte Alltag wieder einsetzte. Arantes Analyse verfolgt den Weg in den Lockdown, aber auch den Weg heraus. Einen anderen Modus, mit der Ausnahme umzugehen, analysiert *Stefanie Mallon*. Sie fragt in ihrem Beitrag, inwieweit die Schaffung häuslicher Ordnung eine verfügbare Ressource der Orientierung während der ersten Aussetzung des Alltags war. Im Zentrum steht das Interesse, ob das Ordnung-Schaffen dabei half, dem Abbruch des Gewohnten etwas abzugewinnen. *Marcella Fassio* arbeitet in ihrem Beitrag die Reaktualisierung des Topos ‚Krise als Chance' heraus. Sie zeigt, wie die Krise von Social Media-Influencerinnen genutzt wird, um sich als „unternehmerische Selbst[e]" (Bröckling 2007) zu behaupten und ihr Geschäftsmodell als Selbstoptimierung zu inszenieren. *Patricia Jäggi* vertieft sich hingegen in die Geräusche des Lockdowns. Sie widmet sich der plötzlichen Stille und dem Auftauchen einer völlig neuen außeralltäglichen Soundlandschaft, für die der überall anschwellende Gesang der Vögel paradigmatisch war. Für Jäggi blitzte in dieser Anthropause, wie sie es nennt, die Zukunft auf, in der der Mensch sein antriebshaftes Verhalten ad acta gelegt hat.

Zukunft spielt auch in der letzten Sektion „Krise erinnern" eine Rolle, in der die Frage gestellt wird: Was bleibt? Dabei ist durchaus Verwunderung erlaubt. Denn ist die Krise schon vorbei? Wie etwas erinnern, das noch aktuell ist? *Benet Lehmann* und *Paul Schacher* untersuchen in ihrem Beitrag diese Frage und zeigen, dass die Krise längst zum Gegenstand einer „geschichtskulturellen" Ausdeutung geworden ist, zu dessen Wesen gehört, nicht mehr darauf zu warten, dass etwas vorbei ist. Gegenwart wird mit Blick auf eine Zukunft gedacht und ist damit selbst schon ein historisches Ereignis. Wie das praktisch aussieht, zeigen die Autorinnen *Kerstin Langwagen* und *Uta Bretschneider* in ihrem Text über die Museumspraxis des Zeitgeschichtlichen Forums in Leipzig. Dabei gehen sie auf die Praxis des pandemiebedingten Sammelns als ein „Zähmen der Krise" ein und stellen dar, welche Veränderungen die Pandemie für die Frage angestoßen hat, wie Geschichte museal zu erzählen sei. Museal ist auf jeden Fall die Maskentonne geworden, die in Ingolstadt während des ersten Lockdowns aufgestellt wurde. *Greta Butuci*, *Johanna Lessing* und *Alois Unterkircher* erzählen in ihrem Artikel jedoch nicht nur die Geschichte der Tonne selbst. Diese ist vielmehr Schlüsselobjekt und heuristischer Anker, um aufzuzeigen, wie Ingolstadt dem Maskenmangel im ersten Lockdown begegnet ist. Auf diese Weise legen sie ein höchst komplexes Gefüge von Akteur:innen, Aktivitäten und Materialitäten frei, an das vermittels der Tonne zukünftig erinnert wird.

3 *Homelessness* als Methode

Die große Herausforderung der Kulturwissenschaften ist es, das Unbestimmte und uns Bestimmende des Alltäglichen auszuweisen, zu beschreiben, auf sein historisches Gewordensein aufmerksam zu machen und für seine gegenwärtigen Konsequenzen zu sensibilisieren. Dafür bedarf es eines spezifischen Blicks, der das Gewohnte ungewöhnlich werden lässt. Kulturwissenschaft übt sich seit jeher im Distanznehmen gegenüber dem Eigenen und Vertrauten. So unterschiedlich die Analysen in diesem Band vorgehen und so vielfältig die Methoden der Beiträge sind – wir versammeln hier philosophische Begriffsarbeit, Ethnographien des Alltags, wirtschaftsanthropologische und mikrosoziologische Studien, rezeptionsästhetische Bildanalysen, kultursemantische Lektüren, Internet- und Soundethnographien, Diskursanalysen, qualitative Interviews, Grounded Theory-Ansätze, kulturgeschichtliche Quellenarbeit, ausstellungspraktische und sozialtheoretische Reflexionen – alle thematisieren sie Kultur in einem breiten Begriffsverständnis als Zuschreibung von Sinn und Bedeutung. Die methodische Gemeinsamkeit, die jedem dieser Ansätze zugrunde liegt und eine Subsumtion unter das Dach der Kulturwissenschaften erlaubt, ist eine Perspektive verfremdender Distanzierung, die das Konstruktionsmoment kultureller Sinnbezüge kenntlich macht. Oder in den lakonischen Worten Niklas Luhmanns gesprochen:

> Nach wie vor kann man mit dem Messer schneiden, kann man zu Gott beten, zur See fahren, Verträge schließen oder Gegenstände verzieren. Aber außerdem läßt sich all das ein zweites Mal beobachten und beschreiben, wenn man es als kulturelles Phänomen erfaßt und Vergleichen aussetzt. Kultur ermöglicht die Dekomposition aller Phänomene mit offenem Rekompositionshorizont. (Luhmann 1995, 42)

Damit kommen wir noch einmal auf Forsters *short story* zurück, deren fiktionale Verfremdungstechnik wir uns zum Einstieg angeeignet haben und die sich auf einer weiteren Ebene als metatheoretische Reflexion lesen lässt. Die Distanz zum Gewohnten und Bestehenden findet sich – hier eher als widerständiges, denn systematisches – Moment auch bei der Figur Kuno. Seiner Mutter wirft dieser vor, die Maschine nicht in ihrer Gemachtheit zu begreifen, sondern als gottgegeben zu heiligen – also gerade nicht den von Luhmann charakterisierten zweiten Blick auf die Verhältnisse zu werfen: „You talk as if a god had made the Machine [...]. Men made it, do not forget that." (Forster 2011 [1928], 3) Und tatsächlich ertappt man Vashti später dabei, die Gebrauchsanweisung der Maschine als heiliges Objekt zu verehren, obwohl sie sich als durch und durch rationalen Menschen begreift.³ Ein solches Weltverhältnis der sich restlos aufgeklärt wähnenden Weltbeherrschung stellten auch Max Horkheimer und Theodor W. Adorno in ihrer *Dialektik der Aufklärung* auf den Prüfstand: „In der vorwegnehmenden Identifikation der zu Ende gedachten mathematisierten Welt mit der Wahrheit meint Aufklärung vor der Rückkehr des Mythischen sicher zu sein." (Horkheimer und Adorno 2003 [1947], 47) Was man vorschnell als Technikskeptizismus abtun könnte, ist im Zuge dieses Hauptwerks der Frankfurter Schule eher das Plädoyer dafür, sich kontinuierlich und immer wieder mit den historischen Bedingungen seiner Erkenntnisvermögen auseinanderzusetzen – auch dann und gerade wenn sich die Moderne und das „Programm der Aufklärung" als „Entzauberung der Welt" (Horkheimer und Adorno 2003 [1947], 25) begreifen.

Vor diesem Hintergrund entfaltet sich in *The Machine Stops* eine weitere – durchaus normative – Bedeutungsebene, die mit dem außergewöhnlichen Setting der Lebenswelt von Forsters Charakteren zusammenhängt: Die Menschen leben in dieser Dystopie unter der Erde. Forster bedient sich damit eines der ältesten Topoi der Erkenntniskritik – das Höhlengleichnis Platons – und wendet es in einer spezifisch kulturkritischen Weise. In der Geschichte, die Sokrates seinen Schülern erzählt, lebt eine Gruppe von Menschen gefangen in einer Höhle, den Höhlenausgang im Rücken und den Blick auf die Höhlenwand gerichtet (Platon 2000, 327–330 [514a–517a]). Ihre einzige Wahrnehmung von der Welt sind die Schatten, die durch ein Feuer im Rücken der Gefangenen auf die Wand projiziert werden – Schatten, die von getragenen Figuren und Gegenständen ausgehen. Platon kritisiert mit diesem Gleichnis die Schwächen der sinnlichen Wahrnehmung, nur Philosoph:innen seien in der Lage, sich von dieser Schattenwelt zu befreien, den Höhlenausgang zu finden und die Welt in ihrer Wahrhaftigkeit zu schauen – freilich um den Preis, bei ihrer Rückkehr von den gefangenen Mitbürger:innen nicht mehr verstanden zu werden. Wie im platonischen Höhlengleichnis leben die Menschen in Forsters Geschichte unter der Erde und erkennen die wirklichen Zusammenhänge nicht. Was bei Platon jedoch eine Kritik der sinnlichen Wahrnehmung gegenüber der reinen Ideen war, kann mit Forsters

---

3 „I worship nothing! [...] I am most advanced. I don't think you irreligious, for there is no such thing as religion left. All the fear and the superstition that existed once have been destroyed by the Machine." (Forster 2011 [1928], 23).

Gespür für die Macht der Gewohnheit als eine Kritik des Historischen Apriori gelesen werden (Foucault 2005 [1983]), also der Erkenntnis, dass gesellschaftliche Konventionen sich derart verhärten, dass sie unveränderbar scheinen.

Wie dem Philosophen im Höhlengleichnis, gelingt auch Kuno der Weg nach draußen. Durch Versorgungsschächte, Beatmungskanäle und endlose Etagen maschineller Plattformen erreicht Kuno die Erdoberfläche und sieht die Sonne: „I cannot describe it. I was lying with my face to the sunshine." (Forster 2011 [1928], 30) Doch er kann sich nicht völlig von der kulturellen Maschine lösen, sondern kriecht immer wieder in den Luftkanal zurück, von dem aus er über den Tellerrand schaut. Dass Kuno die Sonne, Metapher der absoluten Wahrheit (Blumenberg 2001 [1957]; Derrida 1999), nicht beschreiben kann – *I cannot describe it* – und in der Mulde der künstlichen Beatmung verbleibt, deutet die besondere Verhaftung auch der kulturwissenschaftlichen Perspektive in ihrer je historischen Situation an – einer Aporie, der man nicht entkommen, die man aber thematisieren und methodisch einholen kann (Przyborski und Wohlrab-Sahr 2014). Das Resultat ist eine begründungstheoretische *homelessness*, mit der Kuno gestraft wird und die das Signum der Moderne darstellt (Quadflieg 2019).

Auch wenn die Welt Kunos und Vashtis letztlich zusammenbricht, bringt Forster den Modus der Kulturwissenschaften auf den Punkt. Diejenigen, die sich aus den Gewohnheiten heraus- und wieder hineinbewegen, werden mit der Kraft der Erkenntnis belohnt, aber die Erkenntnis hat in gewisser Weise auch Heimatlosigkeit zur Konsequenz. In seinem Text „Der Fremde" zeichnet Alfred Schütz das Grundverständnis kulturwissenschaftlicher Forschung nach (Schütz 1971a). Der oder die Fremde wäre demnach in der Lage, den Alltag, dem er oder sie neu gegenübersteht (oder an dem er oder sie nun Teil hat), viel schärfer und klarer zu sehen als all die anderen. Relevanzen, das heißt Sinnstrukturen, zeigen sich und lassen sich beschreiben. Dieses Sich-Fremdsetzen ist in Platons Höhlengleichnis, aber auch in Forsters Erzählung nachgezeichnet. Erst in der Distanzierung zu dem, was in beiden Erzählungen als Höhle präsentiert wird und doch wohl auch Alltag oder Gewohnheit meint, bricht die Möglichkeit der Erkenntnis auf.

Jedoch liegt die Bedeutung nicht allein im Verlassen, sondern auch in der Rückkehr. Im „Heimkehrer" ist Schütz der Veränderung der Heimkehrer gegenüber ihrer früheren Heimat nachgegangen und bemerkt nicht ohne Bedauern, dass das „Heim, zu dem er zurückkehrt, keineswegs das Heim, das er verließ, oder das Heim, an das er sich erinnert und nach dem er sich während seiner Abwesenheit so sehnt", ist (Schütz 1971b 81). Er wird sich „wie ein ‚mutterloses Kind' fühlen" (Schütz 1971b, 83). Weder bleibt auch das kulturwissenschaftliche Arbeiten im Ideenhimmel hängen, noch schafft es sich eine neue Heimat. Das kulturwissenschaftliche Vorgehen bewegt sich, genauso wie die Krisenerfahrenen, nie zurück in den Zustand eines akkuraten Vorher. Die Bewegung, die methodische *homelessness*, bewahrt davor, vor lauter Gewohnheit nicht mehr zu sehen, gleichzeitig hält sie aber das jeweils Gewohnte als einen Vergleichs- und Abgrenzungsmaßstab immer präsent. Denn es geht den Kulturwissenschaften nicht um eine bloße Auflösung, sondern gerade um die differenzierte und vielgestaltige Beschreibung dessen, was als latentes Hintergrundrauschen allzu oft unbeachtet bleibt und gerade deswegen reale Konflikte stabilisiert.

So steht Forsters Geschichte für eine Doppelbewegung Pate, in der Krise und Erkenntnisbemühungen zusammenfallen. Das, was sonst in mühevoller Kleinstarbeit durch die Kulturwissenschaften herauspräpariert werden muss, leuchtete kurzzeitig in der Krise von ganz allein auf. Alle Beiträge dieses Bandes eint das Bemühen, den Moment zu beschreiben, in dem „die Maschine zum Stillstand kommt" – und aufzuzeigen, wie darin das Verhältnis von Routine und Krise erkennbar wird. Kulturwissenschaften suchen immer wieder die Distanz und die Rückkehr, müssen in Bewegung bleiben, produzieren ihre Krisen, um den Mythen zu entgehen. In der Mitte von Forsters Erzählung steht Kunos Angst vor der *homelessness*, zum Ende der Geschichte heißt es jedoch „To-day they are the Homeless – to-morrow –" (Forster 2011 [1928], 55). Auch wenn Forsters Geschichte dystopisch anmutet, das Ende ist offen. Wohin sich die Menschheit oder die Erde entwickelt, erfahren wir nicht. Was bleibt ist der Bericht von einer Bewegung zwischen einem Vorher und einem Nachher. Solche Bewegung zeichnen auch die folgenden Texte nach. Sie markieren Sinn als eine Bewegung zwischen Vergangenheit und Zukunft (Arendt 2016).

Literatur

Arendt, Hannah. *Zwischen Vergangenheit und Zukunft. Übungen im politischen Denken I*. Hg. Ursula Ludz. München: Piper, 2016.
Blumenberg, Hans. „Das Licht als Metapher der Wahrheit". *Ästhetische und metaphorologische Schriften*. Frankfurt a. M.: Suhrkamp, 2001 [1957]. 129–171.
Bröckling, Ulrich. *Das unternehmerische Selbst. Soziologie einer Subjektivierungsform*. Frankfurt a. M.: Suhrkamp, 2007.
Derrida, Jacques. „Die weiße Mythologie. Die Metapher im philosophischen Text". *Randgänge der Philosophie*, 2. überarbeitete Auflage. Wien: Passagen, 1999. 229–290.
Forster, Edward Morgan „The Machine Stops". *The Machine Stops*. London: Penguin Books 2011 [1928], 7–56.
Foucault, Michel. „Was ist Aufklärung?". *Schriften in vier Bänden. Dits et écrits. Band IV*. Frankfurt a. M.: Suhrkamp, 2005 [1983]. 837–848.
Goffman, Erving. *Wir spielen alle Theater. Die Selbstdarstellung im Alltag*. München: Piper, 2003.
Horkheimer, Max, und Theodor W. Adorno. *Dialektik der Aufklärung*. In: Horkheimer, Max: *Gesammelte Schriften, Band 5*. Frankfurt a. M.: S. Fischer, 2003 [1947]. 11–290.
Luhmann, Niklas. „Kultur als historischer Begriff". *Gesellschaftsstruktur und Semantik. Studien zur Wissenssoziologie der modernen Gesellschaft 4*, Frankfurt a. M.: Suhrkamp, 1995. 31–54.
Platon. *Der Staat (Politeia)*. Übersetzung und Hg. Karl Vreska. Stuttgart: Philipp Reclam jun. 2000.
Przyborski, Aglaja, und Monika Wohlrab-Sahr. *Qualitative Sozialforschung. Ein Arbeitsbuch*. München: Oldenbourg, 2014.
Quadflieg, Dirk. „Kultur als Frage der Moderne". *Deutsche Zeitschrift für Philosophie* 67.3 (2019): 329–348.
Schütz, Alfred. „Der Fremde". *Studien zur soziologischen Theorie*. Hg. Benita Luckmann und Richard Grathoff. Den Haag: Nijhoff, 1971. 53–69.
Schütz, Alfred. „Der Heimkehrer". *Studien zur soziologischen Theorie*. Hg. Benita Luckmann und Richard Grathoff. Den Haag: Nijhoff, 1971. 70–84.
Weber, Max. „Die ‚Objektivität' sozialwissenschaftlicher und sozialpolitischer Erkenntnis." *Gesammelte Aufsätze zur Wissenschaftslehre*. Hg. Johannes Winckelmann. Tübingen: J.C.B. Mohr (Paul Siebeck), 1988 [1904]. 146–214.

Die Krise denken

Dirk Quadflieg
„Crisis? What Crisis?" Warum die Krise nicht stattgefunden haben wird

Mit einer Pointe, die vermutlich Niklas Luhmann gefallen hätte, kann man zunächst einmal festhalten, dass wir uns weniger in einer Krise der Pandemie als in einer Pandemie der Krise befinden. Die ubiquitäre Rede von Krise und Krisen, darauf wurde verschiedentlich hingewiesen, durchzieht die Moderne seit ihren Anfängen, und das so sehr, dass die dauernde Krisenhaftigkeit als ein wesentliches Charakteristikum der modernen Situation gelten kann (u. a. Lukács 1968, 195–196; Koselleck 2006, 215). Selbst wenn man die verschlungene historische Semantik des Krisenbegriffs vorerst beiseitelässt, steht er auch im alltäglichen Sprachgebrauch ganz allgemein für eine Zeit der Unsicherheit, in der vormalige Gewissheiten und daran gebundene Erwartungen auf radikale Weise in Frage gestellt sind. In dieser Allgemeinheit ausgedrückt, wird jede Krisendiagnose als Ausdruck eines neuen Kontingenzbewusstseins lesbar. Und das gilt auch umgekehrt: Wenn sich nämlich die Moderne insgesamt durch eine fundamentale Erfahrung der Kontingenz auszeichnet, d. h. durch die Einsicht, dass es auch anders sein könnte, dann lassen sich die wiederkehrenden Krisenphasen als bewusste Wahrnehmung der eigenen Grundlosigkeit verstehen (Makropoulos 2005).

Ein erster Weg, sich der Titelfrage „Crisis? What crisis?"[1] zu nähern, kann deshalb darin bestehen, nach der Erscheinungsform dieses allgemeinen Krisenmodus der Moderne zu fragen. Denn offensichtlich ist Krise nicht gleich Krise: Die globale Finanzkrise der Jahre 2007/2008, die Eurokrise 2010, die sogenannte ‚Flüchtlingskrise' in Europa mit dem vorläufigen Höhepunkt 2015 oder schließlich die anhaltende Klimakrise – um nur diejenigen internationalen Krisen der letzten Dekaden zu nennen, die aufgrund ihrer Auswirkungen, ihrer Dauer und

---

1 „Crisis? What Crisis?" ist als Titel des vierten Studioalbums der britischen Band Supertramp aus dem Jahr 1975 bekannt geworden. Weniger bekannt dürfte sein, dass es sich dabei um ein Zitat aus dem Film *The Day of the Jackal* (dt. *Der Schakal*) von Fred Zinnemann aus dem Jahr 1973 handelt, der ein (fehlgeschlagenes) Attentat auf den französischen Präsidenten Charles de Gaulle durch eine rechtsextreme Gruppe zum Thema hat. Dieser – auch dem Autor selbst zunächst unbekannte – Verweis hat mit Blick auf die nachfolgenden Überlegungen eine ungeahnte Tiefendimension, weil in der Filmszene, in der die Frage „Crisis? What Crisis?" insistierend gestellt wird, die Rede von einer ‚Krise' zuvor verharmlosend als Umschreibung des gescheiterten Attentats, also einer eminent politischen Tat, gebraucht wurde. Im Folgenden wird es genau um diese Verdeckung des Politischen in und durch die Krise gehen.

der entsprechenden medialen Aufmerksamkeit in Erinnerung geblieben sind – haben ganz unterschiedliche Lebensbereiche getroffen und sehr verschiedene Erscheinungsformen angenommen. Gemeinsam scheint ihnen indes zu sein, dass die mit der Krise einsetzende Wahrnehmung der Kontingenz – des globalen Finanzsystems, einer Währung, von Solidarität oder von weltweiten klimatischen Bedingungen – in allen Fällen Handlungsoptionen eröffnet und auf politische Entscheidungen gedrängt hat, wie die Krise zu beenden ist. In einem ersten Schritt möchte ich im Rückgriff auf die begriffsgeschichtlichen Arbeiten von Reinhart Koselleck dafür argumentieren, dass sich die moderne Krisensemantik weiterhin aus der alten Bedeutung von Krise im Sinne eines Urteils und einer Entscheidung speist. Wie Koselleck für die bürgerliche Aufklärung zeigt, wird die politische Forderung nach einer Entscheidung jedoch durch eine geschichtsphilosophische Überformung der Krisensemantik zugleich wieder verdeckt.

So überzeugend Kosellecks Rekonstruktion dieser politischen Dialektik der Krise für das 18. und 19. Jahrhundert ist, sie scheint weder für die jüngeren Krisenphänomene noch auf die gegenwärtige Corona-Politik zuzutreffen, sind doch seit Beginn der Pandemie eine Fülle von politischen Maßnahmen in kürzester Zeit durchgesetzt worden, die auf einschneidende und für viele Menschen bislang unbekannte Weise das öffentliche und private Leben eingeschränkt haben. Dass es gleichwohl möglich und auch erhellend ist, die Politik auch dieser Krise im Sinne von Koselleck als Krise der Politik zu verstehen, soll in einem zweiten Schritt im Rückgriff auf den von Carl Schmitt eingeführten Begriff des Politischen gezeigt werden.

Nicht nur aufgrund der mehr als fragwürdigen Inanspruchnahme für den NS bedarf Schmitts Zuspitzung des Politischen auf eine fundamentale Entscheidung, die den Rahmen und den Anwendungsbereich der Politik definiert, einer Übersetzung in die Gegenwart, um damit einen neuen Blick auf die Maßnahmen zur Bekämpfung der Corona-Pandemie zu werfen. Das soll drittens im Kontrast zu den von Jürgen Habermas in den 1970er Jahren dargelegten „Legitimationsproblemen im Spätkapitalismus" geschehen. Gegen die von Habermas vertretene Position, dass der schleichende Legitimationsverlust liberaler Demokratien ein intern lösbares Problem, aber keine Krise im starken Sinne darstellt, kann nun mit Koselleck und Schmitt argumentiert werden, dass die fundamentale Krisenhaftigkeit des Politischen gerade durch eine ubiquitäre Ausweitung der Krisensemantik verdeckt wird. Das lässt sich, so die abschließenden Überlegungen, besonders eindrücklich an der eigentümlichen Zeitstruktur der Coronakrise ablesen: Denn die teils radikalen Veränderungen des alltäglichen Lebens verstehen sich selbst lediglich als temporäre Mittel, die darauf zielen, ein weltweites Infektionsgeschehen einzudämmen und den vorherigen Zustand möglich schnell und vollständig wiederherzustellen. Wenn es aber stimmt, dass die

Kontingenzsetzung der Krisenphase politische Handlungsalternativen in einem emphatischen Sinne eröffnet, dann lässt sich die Frage „Crisis? What Crisis?" auch sehr viel grundlegender verstehen, nämlich als Frage danach, ob die Corona-Pandemie überhaupt im engeren Sinne als modernes Krisenphänomen bezeichnet werden kann. Die Zeitlichkeit der gegenwärtigen Krise scheint jedenfalls die des Futur II zu sein: Als Forderung nach einer politischen Entscheidung, die das Feld des politischen Handelns neu absteckt, wird sie nicht stattgefunden haben.

1 Die Semantik der Krise

Vor dem Hintergrund des Kalten Krieges und der damit verbundenen ‚Weltkrise' hat Reinhart Koselleck seine Dissertationsschrift *Kritik und Krise* (zuerst veröffentlicht 1959) geschrieben, die zusammen mit seinem deutlich später verfassten Eintrag „Krise" im Lexikon *Geschichtliche Grundbegriffe* (1982) einen umfassenden Einblick in die komplexe Entstehungsgeschichte des modernen Krisenbegriffs gibt. Schon die Dissertation wartet im zweiten Satz mit der weitreichenden These auf, dass die europäische Geschichte „die ganze Welt in den Zustand einer permanenten Krise hat geraten lassen" (Koselleck 1973, 1). Den Grund dafür findet Koselleck in einer Dialektik aus Kritik und Krise, die ihren Anfang in der europäischen Aufklärung und den aus ihr hervorgehenden bürgerlichen Revolutionen nimmt. Weil die bürgerliche Kritik am Absolutismus auf Werte der Vernunft, der Freiheit und der Gerechtigkeit zurückgreift, die noch nicht wirklich sind, ruft sie eine Geschichtsphilosophie auf den Plan, die das Erreichen dieses Zustandes als Zukunft voraussieht. Das scheint wenig überraschend, ist aber laut Koselleck genau das, was die Zeiterfahrung der Neuzeit auszeichnet: Etwas, das noch nicht ist, wird zum Maßstab für das Bestehende (Koselleck 2006, 81).

In einer derart utopisch aufgeladenen Geschichtsphilosophie findet nicht nur die alte religiöse Heilsgeschichte eine neue, säkulare Heimat, sie trägt zudem zu einer Trennung und „Entfremdung" von Moral und Politik, Gesellschaft und Staat bei. Aus Kosellecks Sicht ist es genau diese Spaltung, die zusammen mit ihrer geschichtsphilosophischen Überbrückung die Krise auf Dauer stellt, weil die politische Entscheidung und das politische Handeln, zu der die Krise drängt, gleichsam im Voraus zu Gunsten der moralischen Überlegenheit der bürgerlichen Gesellschaft übersprungen wird (Koselleck 1973, 8–9). Oder anders ausgedrückt: Weil die bürgerliche Gesellschaft den unaufhaltsamen Fortschritt der Vernunft auf ihrer Seite wähnt, kann sie sich von einer gegenwärtigen staatlichen

Obrigkeit distanzieren, der sie sich moralisch überlegen fühlt. Dialektisch oder paradox daran ist das Umschlagen der ursprünglich politischen Stoßrichtung der bürgerlichen Aufklärung, deren geschichtsphilosophische Selbstlegitimation den politischen Charakter der eigenen Kritik und damit schließlich auch die Möglichkeit einer revolutionären Einlösung verstellt: „Die intendierte Umwälzung als Revolution, ja auch nur die Möglichkeit einer Revolution werden verdeckt." (Koselleck 1973, 105)

Koselleck entwirft damit eine Variante der ‚Dialektik der Aufklärung', die – anders als bei Horkheimer und Adorno – nicht in einem Rückfall in den Mythos, sondern in einer politischen Selbstblockade besteht. Ausdruck dieser Selbstblockade ist eine latente Krisensituation, die aus der moralischen Verselbständigung der Gesellschaft gegenüber den politischen Handlungsoptionen des Staates resultiert. Die Geschichtsphilosophie ist dabei Ursache und Erfüllungsgehilfin zugleich: Mit ihrer Hilfe versichert sich die bürgerliche Gesellschaft ihrer eigenen Zukunft, in der die Vernunft gesiegt haben und der absolutistische Staat überwunden sein wird. Zwar scheint das Telos der Geschichte nur durch die politische Tat einer Revolution zu erreichen. Doch dank der moralischen Aufladung dieses vorweggenommenen Geschichtsverlaufs bedarf es keiner politischen Entscheidung für die Revolution, weil die Option, sich gegen den Lauf der Geschichte zu stellen, gleichsam wegfällt.

Erhellend – auch mit Blick auf die aktuell diskutierte Rolle von Verschwörungstheorien[2] – ist Kosellecks Verdeutlichung dieser geschichtsphilosophischen Figur anhand von Geheimgesellschaften, die in Deutschland etwa zeitgleich mit der französischen Revolution entstanden sind (Koselleck 1973, 106–107). Wie in einem Brennglas verdichtet sich etwa in dem von Adam Weißhaupt 1776 gegründeten Illuminaten-Orden und den verschiedenen Freimaurerlogen dieser Zeit der Widerspruch zwischen politischem Anspruch und geschichtsphilosophischem Bewusstsein: Als Vertreter der Aufklärung und damit der politischen Revolution blieben diese Gruppierungen gleichwohl im Geheimen tätig, was ihrem öffentlichen Anliegen zuwider zu laufen scheint. Nur dank der geschichtsphilosophischen Gewissheit, einer moralisch überlegenen Elite anzugehören, der es vorherbestimmt ist, die Geschicke der Welt zu lenken, ließ sich die offensichtliche Spannung zwischen den politischen Überzeugungen und dem realen Handeln, der geheimen Zusammenkunft und dem Fortbestehen des kritisierten Staates überwinden (Koselleck 1973, 108).

---

[2] Siehe speziell zum Thema der Verschwörungstheorien die Beiträge von Kühn, Rösener und Schulz in diesem Band.

Die Zahl der Mitglieder dieser Geheimgesellschaften war gering, ebenso wie die Gruppe derjenigen, die heute mit Hilfe von Verschwörungstheorien versuchen, die aktuelle Corona-Politik zu delegitimieren. Doch wie schon Koselleck mit Blick auf die Zerschlagung der Illuminaten festgehalten hat, zeigte sich gerade in der übermäßigen Reaktion der Staatgewalt, dass in diesen Gruppierungen eine Wahrheit zum Ausdruck kommt, nämlich „das unmittelbar Politische offen beim Namen genannt" (Koselleck 1973, 107) zu haben. Ohne es zu wollen, sprechen die Geheimorden des 18. Jahrhunderts ebenso wie die Verschwörungstheorien der Gegenwart – deren staatliche Verfolgung aus demselben Grunde diskutiert wird – den Kern dessen aus, was in der Krise gefordert und zugleich wieder verschleiert wird: das Politische im Sinne einer Entscheidung, die das politische System im Ganzen betrifft und insofern einen substanziellen Unterschied macht gegenüber Maßnahmen, die allein der Sicherung des bestehenden Systems dienen.

Gleichwohl lässt sich fragen, ob die politische Dialektik, die Koselleck in *Kritik und Krise* entfaltet, auch schon die gesamte moderne Begriffsgeschichte von „Krise" abdeckt, ja ob es überhaupt zulässig ist, den Begriff auf diese politische Bedeutung zu beschränken. In seinem 1982 veröffentlichen Überblicksartikel zum Lemma „Krise" im Wörterbuch *Historische Grundbegriffe* macht Koselleck selbst auf eine Inflation des Begriffs im Verlauf des 20. Jahrhunderts aufmerksam, die er in den letzten Sätzen des Eintrags ihrerseits als das „Symptom" einer Krise zu deuten versucht (Koselleck 1982, 649–650). In der Krise des Krisenbegriffs, so kann man die späteren Ausführungen verstehen, wiederholt sich jene Dialektik, die er in *Kritik und Krise* ausführlich dargelegt hatte, allerdings nun gleichsam auf der Ebene der Krisensemantik selbst: Weil Krise zum „Schlagwort" und „Schlüsselbegriff" in der Ökonomie sowie den Kultur- und Sozialwissenschaften avanciert und schließlich auch in den Massenmedien dankbar aufgenommen wird, um ganz unterschiedliche Konfliktlagen auf eine bündige Formulierung zu bringen, verwischt die ursprünglich politische „Kraft des Begriffs, unüberholbare, harte und nicht austauschbare Alternativen zu setzen" (Koselleck 1982, 649). Die im Artikel nicht weiter ausgeführte Diagnose könnte daher lauten, dass die ubiquitäre Rede von Krisen in allen Lebensbereichen den wahren Grund der Dauerkrise verdeckt, nämlich die Unfähigkeit, politische Entscheidungen zu treffen.

2 Die Politik der Krise

Wenn dieser semantische Befund zutreffen soll, und zwar sowohl in Bezug auf die Ausführungen von Koselleck als auch mit Blick auf unsere Gegenwart, dann bedarf die enge Verknüpfung von Politik und Entscheidung einer Präzisierung.

Denn ganz offenkundig fällt die Politik derzeit in sehr kurzen Abständen immer neue Entscheidungen und ergreift Maßnahmen von großer Reichweite. Damit also die von Koselleck vorgenommene Zuspitzung des Krisenbegriffs auf eine Forderung nach politischem Handeln, dessen Möglichkeit zugleich durch ein geschichtsphilosophisches Narrativ verstellt wird, auch für die Coronakrise eine Erklärungskraft hat, muss mit ‚politischer Entscheidung' mehr gemeint sein als die gewöhnlichen (bzw. auch die derzeit zu beobachtenden außergewöhnlichen) Verfahren der Gesetzgebung. Dass dies tatsächlich der Fall ist, lässt sich im Rückgang auf Carl Schmitts *Der Begriff des Politischen* (1963) verdeutlichen, an den Koselleck mehr oder weniger offen anknüpft.[3] Schmitt liefert dort eine bis heute immer wieder aufgegriffene Wesensbestimmung des politischen Handelns, indem er es auf eine alternativlose Unterscheidung – laut Schmitt zwischen Freund und Feind – zurückführt (Schmitt 1963, 26–28). Dabei ist er sichtlich bemüht, diese Unterscheidung von moralischen, psychologischen und anderen Wertungen fernzuhalten, und möchte sie stattdessen als eine fundamentale Differenzsetzung verstehen, durch die sich überhaupt erst eine politische Einheit konstituiert und den Anwendungsbereich der Politik im engeren Sinne absteckt. Dass er dennoch von Freund und Feind spricht und nicht auf neutralere Beschreibungen – etwa Innen und Außen oder, wie später Luhmann, System und Umwelt – zurückgreift, hängt mit dem darin anklingenden Gewaltpotenzial zusammen, das der Freund-Feind-Distinktion eine existentielle Dimension und dadurch eine gewisse Stabilität verleiht. Denn nur die Abgrenzung von einem Feind ist so stark, dass sie im Fall einer Bedrohung auch vor Gewalt nicht zurückschreckt – sei es in Form eines Kriegs, eines Bürgerkriegs oder einer Revolution (Schmitt 1963, 32–33).

Man hat Schmitt deshalb eine bellizistische und dezisionistische Verengung der Politik vorgeworfen, die in letzter Konsequenz auf eine „Begründung der Diktatur" hinauslaufe (von Krokow 1990, 61). Ohne Schmitts Sympathie für den Nationalsozialismus unterschlagen oder entschuldigen zu wollen, lässt sich der Gedanke einer normfreien Gründungsgewalt der politischen Einheit gleichwohl in ganz ähnlicher Weise auch bei Walter Benjamin finden. Gegen die liberalen Gründungserzählungen betont auch Benjamin, dass jede politische Einheit, unabhängig davon, wie die interne rechtliche Organisation am Ende ausgestaltet wird, ihr eigenes Gründungsmoment nicht rückwirkend legitimieren kann – schlicht, weil die rechtliche Ordnung selbst erst die Unterscheidung zwischen Recht und Nichtrecht setzt (Benjamin 1965, 46–47; Menke 2015, 115–122). Der Setzungsakt bleibt daher buchstäblich unbegründet, er kann sich auf keine

---

[3] Ein sichtbares Zeichen dafür ist die Nennung von Schmitt in der Danksagung von *Kritik und Krise* (Koselleck 1973, XII).

vorhergehende Norm berufen und muss aus der Sicht der Rechtsordnung, die er etabliert, als Willkür und reine Gewalt erscheinen.

Nun scheint die von Schmitt angeführte Freund-Feind-Unterscheidung dieser Einsicht allerdings eine unnötige Personifizierung hinzuzufügen, die zumindest die Gefahr birgt, die Identifikation, Verfolgung und schließlich auch Vernichtung des Feindes als Staatsräson zu verklären. Eine Gefahr, die auch Schmitt sieht, für die er allerdings eine moralische oder andere Verurteilung des Feindes und folglich einen „*über das Politische hinausgehend[en]*" Aspekt verantwortlich macht (Schmitt 1963, 37). Wie immer überzeugend man diese Antwort finden mag, der Vorteil von Schmitts Rückgang auf die Bereitschaft, eine Gruppierung im Ernstfall mit Gewalt zu verteidigen, liegt in einer funktionalen Definition des Politischen, die ohne die Voraussetzung einer bereits bestehenden Einheit – sei sie national, religiös, kulturell usw. – auskommt. Er kann deshalb umgekehrt festhalten, dass jede Assoziation von Menschen (egal aus welchen Motiven) genau dann zu einer politischen Einheit wird, wenn sie sich aus dem Gegensatz zu einem Feind heraus gruppiert. Der politische Sinn einer solchen Gruppierung liegt aber selbst gar nicht in der kriegerischen Außenbeziehung, die, wie Schmitt betont, „durchaus nicht Ziel oder Zweck oder gar Inhalt der Politik" ist (Schmitt 1963, 34–35). Der Krieg muss nicht wirklich geführt werden, er muss lediglich als „reale Möglichkeit" existieren, damit sich aus der losen Assoziation eine nach innen souveräne, d. h. selbstbestimmte Einheit bildet. Entscheidend ist die immer wieder von Schmitt hervorgehobene „Effektivität" dieser Unterscheidung: Nur dann, wenn sie einen politischen Gegensatz hervorbringt, der „stark genug ist, die Menschen nach Freund und Feind effektiv zu gruppieren" (Schmitt 1963, 37), entsteht ein politisch souveränes Subjekt. Deshalb fallen Einheitsbildung und Souveränität bei Schmitt zusammen; vor oder jenseits der souveränen Entscheidung über den „Ausnahmefall" des Krieges gibt es aus seiner Sicht gar keine politische Einheit:

> In Wahrheit gibt es keine politische „Gesellschaft" oder „Assoziation", es gibt nur eine politische Einheit, eine politische „Gemeinschaft". Die reale Möglichkeit der Gruppierung von Freund und Feind genügt, um über das bloß Gesellschaftlich-Assoziative hinaus eine maßgebende Einheit zu schaffen. (Schmitt 1963, 45)

Aus der von Schmitt eröffneten Perspektive wird einerseits die von Koselleck kritisierte Trennung von bürgerlicher Gesellschaft und Staat verständlich, die dieser historisch mit der Aufklärung verbindet. Sie ist problematisch, weil sie dazu tendiert, *die* Gesellschaft als eine der staatlichen Politik vorhergehende und an sich bestehende politische Einheit zu naturalisieren.[4] Indem sie sich auf diese Position zurückzieht und ihren Sieg geschichtsphilosophisch an einen Fortschritt der Vernunft bindet, nimmt sich die bürgerliche Gesellschaft jedoch zugleich die von Schmitt beschriebene Möglichkeit, sich überhaupt erst als politische Einheit und als Souverän zu konstituieren. Dazu müsste sie sich klar von einem Gegner unterscheiden und dürfte zur Durchsetzung ihrer eigenen Souveränität vor dem politischen Kampf, im Extremfall dem revolutionären Umsturz nicht zurückschrecken.

Das erklärt aber auch andererseits, warum nach Schmitt „das Politische" im Sinne einer konstituierenden Setzung unterschieden werden muss von „der Politik" im Sinne von politischen Praktiken und Gesetzgebungsverfahren innerhalb einer bereits bestehenden politischen Einheit.[5] Aufgrund dieser Differenz, die Chantal Mouffe nicht ganz zu Unrecht mit der ontologischen Differenz bei Heidegger vergleicht (Mouffe 2007, 15), wird es möglich, das liberale Denken des 19. Jahrhunderts und die daran anschließende Vorstellung von Politik als eine sich verschärfende Krise des Politischen zu begreifen. Schmitt selbst, der keine explizite Krisentheorie entwirft, macht mehr als deutlich, dass der Liberalismus das Wesen des Politischen unterminiert, weil er die politisch notwendige Freund-Feind-Unterscheidung ökonomisch in bloße Konkurrenz und ethisch in Meinungspluralismus auflöst (Schmitt 1963, 28). Der liberale, an individuellen Freiheiten orientierte Staat wird für ihn deshalb zum Inbegriff der Entpolitisierung. An die Stelle des Staates als politischer Einheit setzt der Liberalismus die Vorstellung von der Gesellschaft als einer sozialen Assoziation, die ethisch durch die „ideologisch-humanitäre Vorstellung von der ‚Menschheit'" (Schmitt 1963, 71) und ökonomisch durch Arbeitsteilung und Konsum zusammengehalten wird. Beides aber ist nach Schmitt nicht ausreichend, um eine souveräne politische Einheit zu bilden.[6] Insofern könnte man mit Schmitt argumentieren, dass der liberale Staat tatsächlich eine Politik der Neutralisierung, ja der „Negation des Politischen" (Schmitt 1963, 69) betreibt und so selbst für eine Dauerkrise des Politischen sorgt.

---

4 Oder wie es die Links-Schmittianerin Chantal Mouffe ausdrückt: „Das Gesellschaftliche ist die Sphäre *sedimentierter* Verfahrensweisen, d. h. von Verfahrensweisen, die die ursprünglich politische Instituierung verhüllen und als selbstverständlich angesehen werden, als wären sie von selbst gegründet." (Mouffe 2007, 26).
5 Als politische Differenz findet sich diese Unterscheidung (in leichten Variationen) in zahlreichen zeitgenössischen Positionen der politischen Philosophie und Theorie wieder (etwa Bröckling und Feustel 2010).
6 Hegel hat die bürgerliche Gesellschaft daher auch als „*Not-* und *Verstandesstaat*" bezeichnet (Hegel 1970b, § 183).

Vor dem Hintergrund von Schmitts *Begriff des Politischen* und der darin enthaltenen Kritik am Liberalismus wird deutlich, dass sich Koselleck diese Kritikfigur in leicht abgewandelter Form zu eigen macht, indem er sie in die jüngere Geschichte des Krisenbegriffs verlagert: Das politische Entscheidungsmoment, das der Krise innewohnt, wird zunächst in der ökonomischen Krisentheorie weitestgehend zu einer „Durchgangsphase" verharmlost, die den allgemeinen Fortschritt der wirtschaftlichen Entwicklung zwar für eine bestimmte Zeit unterbricht, aber nicht in Frage stellt (Koselleck 1982, 644).[7] Ähnlich fällt Kosellecks Diagnose dann für die Human- und Sozialwissenschaften aus, in denen derart viele Verwendungsweisen von Krise zu finden sind, dass sie sich schließlich „einer exakten Bestimmung entzieht" (Koselleck 1982, 650). Wie schon bei Schmitt arbeiten auch bei Koselleck Ökonomie und Geist – jetzt als Wissenschaften verstanden – an einer Entpolitisierung der Krise und treten damit das Erbe des aufgeklärten Bürgertums des 18. und 19. Jahrhunderts an.

Zwar ist es mit einem an Schmitt geschulten Blick durchaus nachvollziehbar, warum Koselleck die unbegrenzte Ausdehnung der Krisen-Semantik selbst als das Symptom einer tieferliegenden Krise des Politischen lesen kann. Trotzdem bleibt die Frage bestehen, welche Erklärungskraft eine solche Krisensemantik für die aktuellen gesellschaftlichen Probleme in der Corona-Pandemie hat. Legt man die von Koselleck erarbeitete Interpretationsfolie auf die Gegenwart an, dann müsste man folgerichtig auch die Coronakrise als eine Krise des Politischen verstehen. Das mag zunächst eher abwegig klingen. Dennoch ist es im Unterschied zu vorhergehenden Krisenphänomenen gar nicht einfach zu sagen, was genau bei der Coronakrise in die Krise geraten ist. Denn anders als etwa bei der Finanz- oder Eurokrise ist mit dem Coronavirus und seiner pandemischen Ausbreitung nur der Auslöser, nicht aber der Gegenstand der Krise benannt. Das Virus und seine Verbreitung stellen für sich gesehen kein Krisengeschehen dar, jedenfalls solange man unter Krise eine Phase fundamentaler Ungewissheit versteht, in der gänzlich offenbleibt, wie sie ausgehen wird. Zwar kann jede einzelne Covid-19-Erkrankung potenziell in eine Krisenphase geraten, in der sich entscheidet, ob die oder der Infizierte sich erholt oder nicht. In einer solchen individuellen Krankheitskrise steht in der Tat alles auf dem Spiel, es geht buchstäblich um Leben oder Tod. Aber übertragen auf das Gesamtgeschehen der Pandemie ist ein solches Krisen-Szenario mit offenem Ausgang nach derzeitigem Kenntnisstand glücklicherweise nicht gegeben: Im

---

[7] Die einzige Ausnahme, die Koselleck hier nennt, ist die von Marx im *Kapital* nicht systematisch ausgeführte ökonomische Krisentheorie der kapitalistischen Produktion, die auch „systemsprengende Elemente" kennt (Koselleck 1982, 646).

Unterschied zur Klimakrise steht das Überleben der menschlichen Gattung – soweit absehbar – nicht auf dem Spiel.

So wenig also von einer Krise mit Blick auf die pandemische Verbreitung von SARS-CoV-2 gesprochen werden kann, so wenig lässt sich die von Koselleck vorgebrachte Bedeutung des Krisenbegriffs, „unüberholbare, harte und nicht austauschbare Alternativen zu setzen" (Koselleck 1982, 649), in denjenigen gesellschaftlichen Bereiche wiederfinden, von denen man am ehesten sagen würde, sie seien aufgrund der Pandemie in eine Krise geraten: Weder die Wirtschaft noch das gesellschaftliche und kulturelle Leben steuern auf eine Situation zu, in denen ihre bisherige Existenzweise als Ganzes auf dem Spiel steht. Gemeinsam mit der Corona-Pandemie werden auch jene Einschränkungen wieder zurückgehen, die diese Bereiche so stark in Mitleidenschaft ziehen. Mit einer derartigen Feststellung sollen keineswegs die unzähligen, teils dramatischen Einzelschicksale verharmlost werden, die auf der persönlichen Ebene durchaus krisenhafte Erfahrungen mit sich bringen. Dennoch handelt es sich insgesamt eher um eine Durchgangsphase, die weder das Wirtschaftssystem noch die Formen des sozialen Zusammenlebens noch den Kulturbereich vor eine erkennbare Alternative stellen. Anders als bei einer Systemkrise stammen die – zum Teil massiven – Probleme auch nicht aus der Eigenlogik der Ökonomie, der sozialen Verkehrsformen oder des Kulturellen, sondern wurden durch Regelungen zur Eindämmung des Infektionsgeschehens von außen an diese Systeme herangetragen. Unmittelbar verantwortlich für die krisenhaften Erscheinungen sind politische Verordnungen und Eingriffe zur Seuchenbekämpfung, die sich nicht durch einen Systemwechsel in den betroffenen Bereichen selbst lösen lassen, weil es sich lediglich um temporäre Mittel handelt, deren einziger Zweck darin besteht, die Ansteckungen zu minimieren und die Pandemie zu überwinden.

Legt man also den Krisenbegriff Kosellecks auf die Gegenwart an, kann man festhalten, dass weder das Infektionsgeschehen noch die gesellschaftlichen Teilbereiche, die am meisten unter den Maßnahmen zur Seuchenbekämpfung leiden, als Ganzes in eine Krise geraten sind. Ein solcher negativer Befund macht allerdings noch nicht plausibel, warum die Coronakrise im Kern eine politische sein soll. Nun lässt sich zunächst mit der u. a. von Schmitt angeführten Ebenendifferenz präzisieren: eine Krise des Politischen. Solange man jedoch bei Schmitts eigener Position stehenbleibt, trägt die Verschiebung auf das Politische wenig zum Verständnis der gegenwärtigen Situation bei, denn liberale Demokratien sind für Schmitt *per se* krisenhafte Gebilde – mit oder ohne Pandemie. Dagegen bietet die Denkfigur, die Koselleck in *Kritik und Krise* im Anschluss an Schmitts Fundamentalkritik entwickelt, eine für die gegenwärtige Situation durchaus erhellend Erweiterung. Wie Koselleck dort nämlich für die bürgerliche Gesellschaft der Aufklärung festgehalten hatte, besteht das Wesen der modernen Krise genau darin, dass die Möglichkeit politischen Entscheidens gefordert und zugleich wieder verschlossen wird. Verantwortlich dafür aber ist nach Koselleck eine spezifische Zeitstruktur der Krise.

3 Die Zeit der Krise

Die Ursache für das verstellte revolutionäre Handeln, das laut Koselleck als Krisenphänomen die bürgerliche Aufklärung charakterisiert, hatte er in einer geschichtsphilosophischen Vorwegnahme der politischen Auseinandersetzung verortet: Die Gewissheit, dass die Vernunft siegen wird, und die moralische Überlegenheit, die sich aus der Identifikation mit diesem Fortschrittsnarrativ speist, unterminierten die Notwendigkeit, in der Gegenwart zu handeln. Die Entstehung dieser Geschichtsphilosophie ist ihrerseits Ausdruck einer nicht nur von Koselleck wiederholt hervorgehobenen neuen Zeiterfahrung, als die man die Neuzeit buchstäblich verstehen kann (Koselleck 2006, 77). Selbstverständlich kannte auch die alte Welt zeitliche Veränderungen und Variationen, aber eingebettet in einen Kosmos aus konstanten Elementen und Wesensformen. Kennzeichen der neuen Zeit ist hingegen die Möglichkeit einer zeitlichen Veränderung der zuvor als unveränderlich angenommenen Rahmenbedingungen. Eine solche Temporalisierung bringt nicht nur die feste hierarchische Ordnung von Substanz und Akzidenz, Wesen und Erscheinung ins Wanken, mit ihr entsteht überhaupt erst die Vorstellung von einer in die Zukunft hin offenen Geschichte und damit die bis dato unbekannte Unsicherheit, wie die Zukunft aussehen wird (Luhmann 2006, 130–137). Als Antwort auf diese verunsichernde Zeiterfahrung wird „die Geschichte" im Singular zu einem „Reflexionsbegriff", der eine Geschichtsphilosophie sowohl ermöglich als auch verlangt, weil sich das Kommende nicht mehr aus dem, was gewesen ist, erklären und vorhersehen lässt (Koselleck 2006, 80). Das Band zwischen Vergangenheit und Zukunft ist zerrissen, und es ist eben diese Unterbrechung, in der sich die moderne Dialektik der Freiheit entfaltet: Die „Lücke zwischen Vergangenheit und Zukunft" (Arendt 1994) gibt Raum für einen politischen Neuanfang – oder kurz: Freiheit –, aber als zunächst rein negative Bewegung der Befreiung von der Vergangenheit bedarf sie zugleich einer wie immer auch vagen Vorwegnahme der Zukunft, an der sich das Handeln in der Gegenwart orientieren kann, um eine neue Kontinuität zu stiften.

Die so eingeleitete Verzeitlichung erfasst in der Moderne alle sozialen und politischen Grundbegriffe, und auch die Krisensemantik erhält dadurch eine neue geschichtliche Struktur, in der die aus der Antike stammende juristische und medizinische Bedeutung als Urteil und existentieller Entscheidung mit dem theologischen Motiv vom Ende der Zeit und dem Jüngsten Gericht zusammenfließen (Koselleck 2006, 207 und 1982, 626). Koselleck führt dafür u. a. Schillers Deutung der Weltgeschichte als „Weltgericht" an, der Hegel in prominenter Weise gefolgt ist. Indem beide das Gottesurteil des Jüngsten Gerichts auf die Geschichte selbst übertragen, schaffen sie die Folie für eine bis heute gängige Auffassung, dass sich erst im historischen Rückblick zeigen wird, wie das gegenwärtige Handeln zu bewerten ist. Die Zeit, die bis zum Urteil der Weltgeschichte bleibt, erweist sich daher insgesamt als krisenhaft, in ihr kann die Ungewissheit des Urteils jederzeit aufbrechen und die Kontingenz der eigenen Situation bewusstwerden. Weil die Beurteilung des gegenwärtigen Handelns stets aussteht, ist die Gegenwart *per definitionem* eine Zeit der Krise und des potenziellen Neubeginns.[8]

Nun ist die Delegation des Urteils an die Geschichte und die daraus folgende allgemeine Krisenhaftigkeit der Gegenwart sicherlich nicht *per se* entpolitisierend – im Gegenteil, erst die Offenheit der Geschichte setzt das politische Handeln der Verantwortung gegenüber dem Kommenden aus und gibt ihm die Perspektive einer geschichtlichen Entscheidung, die einen Unterschied in der Zukunft macht. Entpolitisierend wirken laut Schmitt und Koselleck vielmehr zwei Verschiebungen, nämlich einerseits das (aus Schmitts Sicht liberale) Aufweichen der notwendigen politischen Unterscheidung durch den ethischen Universalismus und den ökonomischen Konkurrenzgedanken, andererseits die (aus Kosellecks Sicht bürgerliche) Vorwegnahme des Urteils über die Gegenwart aufgrund einer als unumstößlich angenommenen Fortschrittsgeschichte der Vernunft. Indem die Krise der Gegenwart durch eine moralische Beurteilung im Futur II übersprungen wird, verschwindet zugleich die Möglichkeit, einen alternativen Weg einzuschlagen, und damit die fundamentale Dimension des Politischen selbst.

Aber trifft die von Koselleck für das 19. und die erste Hälfte des 20. Jahrhunderts diagnostizierte entpolitisierende Wirkung der Geschichtsphilosophie in dieser Weise heute überhaupt noch zu? Entspricht, mit anderen Worten, die Zeitstruktur der Krise der bürgerlichen Aufklärung überhaupt noch der Krise unserer Zeit? Vieles spricht jedenfalls dafür, dass der Glaube an den unaufhaltsamen Fortschritt einer universalen Vernunft in der zweiten Hälfte des 20. Jahrhunderts selbst in eine Krise geraten ist, die Jean-François Lyotard auf die bekannte Formel vom „Zerfall der großen Erzählungen" gebracht hat (Lyotard

---

8 Insofern kann man Hegels Satz aus der Vorrede der *Phänomenologie des Geistes*: „Es ist übrigens nicht schwer zu sehen, daß unsere Zeit eine Zeit der Geburt und des Übergangs zu einer neuen Periode ist" (Hegel 1970a, 18), über den Augenblick seiner Niederschrift im Jahr 1807 hinaus auf das Zeitempfinden der Moderne insgesamt beziehen.

1999, 56). Mit Jürgen Habermas, der gleichwohl am „unvollendeten Projekt der Moderne" festhalten möchte, ist sich Lyotard darin einig, dass sich die Krisentendenz des Spätkapitalismus politisch als Legitimationskrise äußert (Habermas 1990 und 1973, 68–70). Sie entsteht für Habermas aufgrund einer fortschreitenden Überformung immer weiterer Bereiche der traditionellen Lebenswelt durch die staatliche Verwaltung. Weil administrative Regelungen dabei große Teile des kulturellen Traditionsbestands reflexiv durchdingen und rationalisieren, erodiert die kontinuitäts- und identitätsstiftende Kraft der geschichtlichen Überlieferung, aus der die staatliche Politik ihre Legitimität zieht (Habermas 1973, 100).

Die – nicht zuletzt durch postkoloniale Bewegungen ausgelöste – Infragestellung der universalen Deutungsmacht der Aufklärungserzählung ebenso wie die politisch-administrative Entzauberung von überlieferten kulturellen Deutungsmustern fördern ein Kontingenzbewusstsein, das nicht unbedingt negative Effekte haben muss. Habermas weist schon zu Beginn der 1970er Jahre auf eine zunehmende Einbindung von Betroffenen in politische Planungsprozesse und die gestiegene Zahl von Bürgerinitiativen als zeitgenössische Reaktionen auf diese Entwicklung hin (Habermas 1973, 102).[9] Das ist auch der Grund, weshalb er statt von einer Krise lieber von „Legitimationsproblemen im Spätkapitalismus" sprechen möchte, für die sich Lösungen innerhalb des erreichten Stands der Aufklärung finden lassen. Zwar ist der Rückgriff auf die Inhalte von kulturellen Traditionsbeständen und geteilten Überzeugungen zu Legitimationszwecken nicht mehr möglich, da diese, sobald sie einmal diskursiv aus ihrer Selbstverständlichkeit herausgelöst sind, nicht mehr in den Status der Naturwüchsigkeit zurückkönnen. Deshalb kann es nach Habermas aber auch folgerichtig keine „*administrative Erzeugung von Sinn*" geben (Habermas 1973, 99). Eine Ressource für die Legitimation von staatlich-politischem Handeln findet er dann in der Form der diskursiven Hinterfragung von kulturellen Überlieferungen selbst. Im intersubjektiven Austausch von Gründen, so die später prominent in seiner *Theorie des kommunikativen Handelns* ausgearbeitete These, hat sich als historische Errungenschaft der Aufklärung „eine auf Grundnormen der vernünftigen Rede zurückführbare Universalmoral" gebildet (Habermas 1973, 131). Mit Luhmann (1983) kann man diese Umstellung dann bündig als „Legitimation durch Verfahren" beschreiben.

Wie immer auch überzeugend Habermas' Diskurstheorie im Einzelnen sein mag, die von ihm dargelegte Lösung der „Legitimationsprobleme im Spätkapi-

---

9 Und zumindest auf dieser lokalen Ebene scheint Lyotard, der sich sonst gegen Habermas' „Suche nach einem universalen Konsens" ausspricht, ihm zuzustimmen (Lyotard 1999, 188–193).

talismus" lässt sich heute als durchaus treffende Gegenwartsdiagnose lesen, die einen neuen Blick auf die Zeit der Krise erlaubt. Denn gleichsam komplementär zu Kosellecks Beschreibung der bürgerlichen Aufklärung, die das politische Handeln in der Gegenwart durch eine geschichtsphilosophische Vorwegnahme der Zukunft kompensiert hatte, begegnet die spätkapitalistische Gesellschaft dem Verlust der identifizierenden und stabilisierenden Bedeutung der Vergangenheit durch formale und administrative Verfahren. Stark vereinfachend könnte man deshalb sagen, dass die bürgerliche Gesellschaft einen Verlust der Zukunft, die spätkapitalistische einen Verlust der Vergangenheit erleidet. Man muss nun gar nicht unbedingt auf Schmitts Kritik am Liberalismus zurückgreifen, um darin erneut eine latente Entpolitisierung zu erkennen, denn zusammengenommen ergibt sich daraus die Hypothese, dass wir in einer Gegenwart ohne klaren Bezug auf die Vergangenheit oder die Zukunft leben. Und genau in einer solchen „absoluten Gegenwart" geht, wie etwa Marcus Quent vor nicht allzu langer Zeit festgestellt hat, jegliche Möglichkeit einer „qualitativen Veränderung" verloren – schlicht, weil die zeitlichen Bezugsgrößen weggefallen sind (Quent 2016, 7).[10]

Ein solcher Befund ist nicht ganz neu, schon die in den 1980er Jahren aufkommenden kultur- und sozialwissenschaftlichen Beschleunigungstheorien haben die Postmoderne auf das Bild vom „rasenden Stillstand" (Virilio 1997) gebracht, um damit den (scheinbaren) Widerspruch zwischen der immer weiter zunehmenden Dynamisierung aller Lebensbereiche und den gleichbleibenden, ja zunehmend als starr empfundenen politischen wie ökonomischen Rahmenbedingungen zu beschreiben (Rosa 2012, 198–199). Dieser auch als ‚Ende der Geschichte' oder *posthistoire* titulierte Zustand gilt als Ursache einer schleichenden Entpolitisierung, die sich etwa in Phänomenen wie Demokratieverdrossenheit äußert, und geht mit einer tiefgreifenden neoliberalen Umstrukturierung der gesamten Gesellschaft einher, die sich in wachsender Unsicherheit und Prekarisierung weiter Bevölkerungsschichten bemerkbar macht (Hirsch 2016).

Zurückkehrend auf die Frage, ob und inwiefern die Corona-Pandemie als Krise bezeichnet werden kann, lassen sich aus dem bisher Dargelegten abschließend drei vorläufige Schlussfolgerungen ziehen, die zweifellos einer weiteren Ausarbeitung bedürften:

1) Die von Koselleck beschriebene Krise der bürgerlichen Gesellschaft, die er in der Dialektik aus einer Forderung nach Revolution und einer geschichtsphilo-

---

[10] „Weit verbreitet scheint heute der Eindruck, die eigene Gegenwart sei unfassbar und eingreifendes Handeln, das qualitative Veränderungen provoziert, unmöglich geworden. Die Gegenwart stellt sich den Zeitgenossen als ein rasanter und beziehungsloser Leerlauf dar, dem Vergangenheit und Zukunft abhandengekommen sind [...]." (Quent 2016, 7).

sophischen Verdeckung der politischen Dimension dieser Forderung gefunden hatte, trifft so heute sicherlich nicht mehr zu. Mit dem Schwinden utopischer Potenziale ist auch die Vorstellung von einer anderen Zukunft, für die es sich zu kämpfen lohnt, (bestenfalls) diffus geworden.[11] Doch auch der von Habermas für die Spätmoderne konstatierte Kontinuitätsbruch mit der Vergangenheit und die Umstellung auf Legitimation durch Verfahren lässt sich – entgegen Habermas' eigener Intuition – als latente Dauerkrise begreifen, in der die von Schmitt und anderen betonte politische Differenz zum Verschwinden gebracht wird. Die Lücke der Gegenwart, die laut Arendt die Möglichkeitsbedingung des Politischen darstellt, wird jetzt nicht mehr durch die geschichtsphilosophische Vorwegnahme der vollendeten Aufklärung überbrückt, sondern durch eine „absolute Gegenwart" oder, wie Hartmut Rosa ebenfalls in Erweiterung von Kosellecks These schreibt, durch eine „*Entzeitlichung von Geschichte*" (Rosa 2012, 212). Zusammen mit den fehlenden Zukunftsalternativen hat die Entkopplung demokratischer Verfahren von ihrer Vergangenheit eine entpolitisierende Wirkung, da politische Entscheidungen immer mehr auf das bloße Anstoßen von Gesetzgebungsverfahren und abstrakte Verwaltungsvorgänge zusammenschrumpfen, in denen sich die Einzelnen nicht mehr wiedererkennen. Das kann durchaus als Krise in einem starken Sinne verstanden werden, denn es bedeutet nichts anderes, als dass die historische Durchsetzung demokratischer Verfahren in westlichen liberalen Staaten zugleich verantwortlich für ihre schleichende Delegitimierung ist. Auch vor der Corona-Pandemie gab es zahlreiche Anzeichen für eine solche latente Krise des Politischen, die sich etwa in Politikverdrossenheit oder neuen populistischen Bewegungen geäußert hat. Letztere geben Schmitt in dem Sinne recht, dass sich der Wunsch nach einer grundlegenden Veränderung des politischen Systems offenbar am unmittelbarsten in der Bildung bzw. Wiedergewinnung von politischen Einheiten ausgehend von einer Feindbestimmung zeigt.[12]

2) Wirft man von hier aus einen Blick auf die Corona-Pandemie und die Fülle an politischen Gegenmaßnahmen, lässt sich in ihnen die allgemeine Krise der Zeit in einer eigentümlich gebrochenen, gleichsam anamorphotischen Weise wieder-

---

11 Siehe zum Zusammenhang von Krise und Utopie den Beitrag von Gülker in diesem Band.
12 Die Frage, ob und inwiefern die Freund-Feind-Unterscheidung, wie Schmitt behauptet, das ganze Wesen des Politischen ausmacht, muss hier offenbleiben. Chantal Mouffe hat bekanntlich versucht, das mit der Feind-Semantik verbundene Moment eines konstitutiven Außen in die weniger verfängliche Sprache des Antagonismus zu übersetzen und so für eine radikal-demokratische Politik fruchtbar zu machen (Mouffe 2007, 22–31). Man kann Schmitt zumindest soweit folgen, dass jeder politische Kampf (!), der auf einen radikalen Umsturz der bestehenden Ordnung zielt, einen Gegner haben wird. Wäre das nicht der Fall, ließen sich die Veränderung problemlos innerhalb der bestehenden Ordnung umsetzen.

erkennen: Zum einen stellt die Pandemie für die überwiegende Mehrheit der Bevölkerung der westlichen Industriestaaten eine bislang noch nie dagewesene Verunsicherung dar, die zumindest das Potenzial hätte, die eigene Lebensweise radikal in Frage zu stellen und für eine veränderte Zukunft zu öffnen. Auf der anderen Seite besteht das Ziel der gegenwärtigen Politik – die zum großen Teil entkleidet von demokratischen Entscheidungsverfahren mit Hilfe von Maßnahmen und Verwaltungsvorschriften regiert – einzig und allein darin, den *status quo ante* wiederherzustellen. In einer so vorweggenommenen Zukunft wiederholt sich jedoch nicht einfach die geschichtsphilosophische Figur der bürgerlichen Aufklärung, die auf einen Zustand vorgegriffen hatte, der noch gar nicht existierte. Vielmehr geht es offenbar darum, die Zeit wieder auf jene dauernde Gegenwart zurückzufalten, die durch eine von außen kommende Störung unterbrochen wurde. So gesehen reißt das unheimliche und fremde Virus eine Lücke in die absolute Gegenwart und öffnet einen Spalt der Kontingenz, durch den sich, wenn auch verstellt und undeutlich, die Möglichkeit eines anderen politischen Handelns – also das, was Schmitt das Politische genannt hatte – jenseits des in sich dynamisierten Immergleichen abzeichnet. Sofern aber alle Maßnahmen zur Bekämpfung der Pandemie auf eine möglichst unveränderte Rückkehr zu einer entzeitlichten Gegenwart zielen, ist der Ausgang der Krise bereits vorweggenommen und bleibt als Krise des Politischen, die auf eine Entscheidung über den zukünftigen Spielraum der Politik drängt, verstellt.

3) Wenn also in der Coronakrise einerseits die allgemeine Krise der Gegenwart als Krise des Politischen aufscheint und andererseits alle ergriffenen Mittel der Politik ihre eigene Krisenhaftigkeit verdecken, dann lassen sich einige extreme Formen des Protests als Symptome dieser verstellten Krise deuten. Das betrifft zunächst ganz allgemein die seit geraumer Zeit erstarkten rechts-populistischen Bewegungen in Europa und den Vereinigten Staaten, die aus dieser Sicht als ein Rückgriff auf die Vergangenheit und ein erneutes Anknüpfen an die „großen Erzählungen" verstanden werden können. Dadurch ergibt sich ein möglicher Anschluss an die von Koselleck beschriebene Dialektik der bürgerlichen Aufklärung, als deren verdrehter Wiedergänger der Populismus uns heimsucht. Denn wie in der bürgerlichen Aufklärung wird eine politische Forderung nach Umwälzung in moralische Überlegenheit umgemünzt, die sich dieses Mal allerdings auf eine glorifizierte Vergangenheit beruft. Und doch liegt das Ergebnis dieser Verschiebung auch hier in einer Verdeckung der eminent politischen Dimension der eigenen Forderungen und Handlungen. Der Sturm auf das Kapitol in Washington am 6. Januar 2020 ist dafür Allegorie und radikalster Ausdruck in einem: Eine revolutionäre Tat, die sich selbst gar nicht als solche versteht, weil die Beteiligten fest davon überzeugt sind, nur jene Größe und Macht zu ar-

tikulieren, die ihnen aus der Vergangenheit zukommt und die als solche bereits Wirklichkeit ist (*„Make America great again"*).

In vergleichbarer Weise lässt sich dann auch auf einige extreme Formen des Protestes gegen die Corona-Maßnahmen in Deutschland schauen, insbesondere solche, die sich (wie auch Teile der Anhängerschaft von Donald Trump) auf Verschwörungstheorien berufen und eine Bedrohung durch oder gar die Existenz des Coronavirus abstreiten. Sieht man allein auf die Faktenlage, sind solche Überzeugungen offenkundig irrational und aus wissenschaftlicher Sicht schlicht falsch. Doch ähnlich wie in den von Koselleck angeführten Geheimorden des 18. Jahrhunderts kommt darin eine Wahrheit zum Ausdruck, sobald man bereit ist, solche extremen Formen des Protestes als Symptome einer spätkapitalistischen Krise des Politischen zu begreifen: Denn die Corona-Leugner:innen von heute sprechen ohne es zu merken aus, dass es keine politische Krise im starken Sinne gibt, weil im Grunde alles beim Alten bleiben wird. Ihr Protest lässt sich insofern auch als ein Wunsch begreifen, die ubiquitäre Rede von der Krise sei wahr und es möge sich wirklich um eine Krise handeln, in der die absolute Gegenwart aufbricht und eine politische Neuausrichtung möglich wird.[13] Nur vordergründig also würde sich der Widerstand gegen die Verschärfung von Maßnahmen zur Eindämmung der Pandemie richten, tatsächlich aber dagegen, dass die Krise nicht stattgefunden haben wird.

---

[13] Nahezu unverhüllt zeigt sich das in den „Merkel muss weg"-Rufen vieler Protestierenden oder auch auf Plakaten, die führende Politiker:innen und Virolog:innen in Sträflingsuniformen zeigen. Mit solchen Parolen und Bildern werden sicherlich keine in aller Konsequenz durchdachten politischen Forderungen erhoben. Dennoch drückt sich darin offenbar der Wunsch nach einer Entfernung der gesamten Staatsspitze samt deren Berater:innen aus. Nimmt man diese Äußerungen beim Wort, dann geht es nicht um einen politisch legitimen Machtwechsel, denn die Forderung „Merkel muss weg" ist nicht gleichbedeutend mit der Zustimmung für eine andere Person oder Partei. Vielmehr liegt in der rein negativen Geste der Absetzung ohne Ersetzung ein nicht zu unterschätzendes revolutionäres Moment, das aber, weil es nicht (oder nur von wenigen) offen ausgesprochen wird, latent bleibt und deshalb jederzeit zurückgezogen werden kann. Es muss an dieser Stelle Spekulation bleiben, aber es scheint aus einer solchen Perspektive nicht ganz abwegig, dass die Aufmerksamkeit, die der zahlenmäßig relativ kleinen Gruppe der Protestierenden medial und öffentlich zuteilwurde, weniger aus der artikulierten Forderung (Zurücknahme der Einschränkungen des öffentlichen Lebens) stammt, sondern aus dem latent ausgestellten revolutionären Potenzial.

Literatur

Arendt, Hannah. „Vorwort: Die Lücke zwischen Vergangenheit und Zukunft". *Zwischen Vergangenheit und Zukunft. Übungen im politischen Denken I*. München: Piper, 1994. 7–19.
Benjamin, Walter. „Zur Kritik der Gewalt". *Zur Kritik der Gewalt und andere Aufsätze*. Hg. Herbert Marcuse. Frankfurt a. M.: Suhrkamp, 1965.
Bröckling, Ulrich, und Robert Feustel (Hg.). *Das Politische denken. Zeitgenössische Positionen*. Bielefeld: transcript, 2010.
Habermas, Jürgen. *Legitimationsprobleme im Spätkapitalismus*. Frankfurt a. M.: Suhrkamp, 1973.
Habermas, Jürgen. *Die Moderne – Ein unvollendetes Projekt. Philosophisch-politische Aufsätze*. Leipzig: Reclam, 1990.
Hegel, Georg Friedrich Wilhelm. *Phänomenologie des Geistes. Werke Bd. 3*. Frankfurt a. M.: Suhrkamp, 1970a.
Hegel, Georg Friedrich Wilhelm. *Grundlinien der Philosophie des Rechts. Werke Bd. 7*. Frankfurt a. M.: Suhrkamp, 1970b.
Hirsch, Michael. „Jenseits des Banns – Mythos des Immergleichen oder neue Fortschrittssequenz". *Absolute Gegenwart*. Hg. Marcus Quent. Berlin: Merve, 2016. 86–112.
Koselleck, Reinhart. *Kritik und Krise*. Frankfurt a. M.: Suhrkamp, 1973.
Koselleck, Reinhart. „Krise". *Geschichtliche Grundbegriffe. Historisches Lexikon zur politisch-sozialen Sprache in Deutschland* Bd. 3. Hg. Otto Bruner, Werner Conze und Reinhart Koselleck. Stuttgart: Klett-Cotta, 1982. 617–650.
Koselleck, Reinhart. *Begriffsgeschichten. Studien zur Semantik und Pragmatik der politischen und sozialen Sprache*. Frankfurt a. M.: Suhrkamp, 2006.
Krokow, Christian Graf von. *Die Entscheidung. Eine Untersuchung über Ernst Jünger, Carl Schmitt, Martin Heidegger*. Frankfurt a. M., New York: Campus, 1990.
Luhmann, Niklas. „Die Beschreibung der Zukunft". *Beobachtungen der Moderne*. Wiesbaden: Springer, 2006. 129–147.
Lukács, Georg. „Verdinglichung und das Bewußtsein des Proletariats". *Geschichte und Klassenbewußtsein. Studien über marxistische Dialektik*. Darmstadt, Neuwied: Luchterhand, 1968. 170–355.
Lyotard, Jean-François. *Das postmoderne Wissen. Ein Bericht*. Hg. Peter Engelmann. Wien: Passagen, 1999.
Makropoulus, Michael. „Krise und Kontingenz. Zwei Kategorien im Modernitätsdiskurs der klassischen Moderne". *Die „Krise" der Weimarer Republik. Zur Kritik eines Deutungsmusters*. Hg. Moritz Völlmer und Rüdiger Graf. Frankfurt a. M.: Campus, 2005. 45–76.
Menke, Christoph. *Kritik der Rechte*. Berlin: Suhrkamp, 2015.
Mouffe, Chantal. *Über das Politische. Wider die kosmopolitische Illusion*. Frankfurt a. M.: Suhrkamp, 2007.
Quent, Marcus. „Vorwort". *Absolute Gegenwart*. Hg. Marcus Quent. Berlin: Merve, 2016.
Rosa, Hartmut. *Weltbeziehungen im Zeitalter der Beschleunigung. Umrisse einer neuen Gesellschaftskritik*. Berlin: Suhrkamp, 2012.
Schmitt, Carl. *Der Begriff des Politischen. Text von 1932 mit einem Vorwort und drei Corollarien*. Berlin: Duncker & Humblot, 1963.
Virilio, Paul. *Rasender Stillstand*. Frankfurt a. M.: Fischer, 1997.

Silke Gülker
Krise und Utopie: Das Ende vom Ende des Fortschrittsoptimismus?

1 Einleitung

Utopien sind zurück. Das jedenfalls legt ein Blick in die Medienlandschaft nahe: Mit Beginn des ersten Lockdowns im März 2020 häufen sich Beiträge und Reihen in Tages- und Wochenzeitungen, Initiativen von Kulturschaffenden und bürgerschaftlich Engagierten sowie auch von Geistes-, Sozial- und Wirtschaftswissenschaftler:innen, die sinngemäß die „Utopie nach Corona"[1] ausmalen.

Diese Häufung kann durchaus überraschen, galt doch das „Ende des utopischen Zeitalters" (Fest 1991) längst als ausgemacht. Noch kurz vor Ausbruch der Pandemie hat Andreas Reckwitz sein Buch *Das Ende der Illusionen* (Reckwitz 2019) veröffentlicht und darin nachvollzogen, wie tief spätmoderne Gesellschaften angesichts einer fundamentalen Krise des Liberalismus von Desillusionierung geprägt sind. Wenn nun das Nachdenken über Utopien erneut *en vogue* sein sollte, dann spräche das gegen diese wie auch gegen jede andere Zeitdiagnose, die die Möglichkeit einer fortschrittsorientierten Geschichtsphilosophie in spätmodernen Gesellschaften grundlegend negiert.

Wird womöglich jetzt in der Pandemie eine Idee von Einheit und Zukunft wiederhergestellt, die im Zuge postmoderner Hybridität und dezentraler Polarisierungen längst verschüttet war? Eine solche These wäre vermutlich doch eher naiv angesichts der vielfältigen ebenfalls aktuell zu beobachtender Phänomene, die unmittelbar gegen sie sprechen – etwa Rufe nach einer schnellen Rückkehr zur alten Normalität, wachsende Ungleichheit durch die Pandemie oder Bewegungen an den Aktienmärkten, die auf die Gewinner der Pandemie wetten.

Auch ein Blick in die konkreten Inhalte der unter dem Titel ‚Utopie' veröffentlichten Beiträge und Artikel lässt Zweifel an der Richtigkeit der These aufkommen. Eine explorative Sortierung der ersten 50 Treffer einer Google-Suche mit den (unverbundenen) Suchwörtern ‚Utopie', ‚nach', ‚Corona' zeigt, dass Utopie für die Autor:innen sehr Unterschiedliches bedeuten kann. Es geht um Bilder

---

[1] So zugleich wörtlich der Titel einer Artikelserie in der *tageszeitung*, deren Untertitel lautet: „Visionen und schöne Zumutungen für die Zeit nach Covid-19" (tageszeitung 2021).

einer besseren Welt im weitesten Sinne und diese Bilder hat zunächst die Pandemie (also die Krise) selbst geliefert: Ruhe in den Innenstädten, Himmel ohne Flugzeuge, Venedig ohne Kreuzfahrtschiffe und immer wieder: Musik auf italienischen Balkonen (Deutsche Welle 2020; Horx 2020). Auch eine wahrgenommene neue Solidarität gerade in den Wochen des ersten Lockdowns war Ausgangspunkt für utopische Ideen (Ebitsch 2020; Renck 2020). Im Laufe des Jahres sind weitere Themen hinzugekommen. In Zukunftsszenarien wird beispielsweise die Zukunft des Homeoffice (Lemme 2020; Duvinage 2020), des Gesundheitssystems (Dribbusch 2020; Valin 2020; Hanrieder 2020), der Digitalisierung (Bergt 2020), der Geschlechterverhältnisse (Hecht 2020; Shapiro 2020), des Tourismus (Coldewey 2020), der Kulturbranche (Metropoltheater München 2020) thematisiert. Und auch Sozialwissenschaftler:innen entwerfen heterogene „Konkrete Utopien" (Volkmer und Werner 2020, 371–425) für eine Zeit nach Corona.

Die eine große Utopie lässt sich aus diesen Entwürfen schwer erkennen. Globalisierter Kapitalismus wird zwar als Auslöser der Krise in vielen der Beiträge thematisiert, die jeweils damit verbundenen Entwürfe einer besseren Welt sehen aber sehr unterschiedlich aus und betonen mal den prinzipiellen Ausstieg aus kapitalistischen Logiken (Diez 2020), mal die Optimierung des Kapitalismus (so etwa prominent die Initiative „The Great Reset", die im Mai 2020 gemeinsam von Prinz Charles und dem Direktor des Weltwirtschaftsforums Klaus Schwab gegründet wurde [Schwab und Malleret 2020]).

Es ist also nicht eine neue Einheit, nicht eine gemeinsame und vereinende Idee, die aus dem beobachtbaren Interesse an Utopien spricht. Dass der Begriff der Utopie aber überhaupt positiv als Titel für eigene Ideen genutzt wird, ist eine bemerkenswerte semantische Entwicklung. Schließlich wurden als utopisch lange Zeit vor allem die Ideen der politischen Gegner:innen abgewertet: utopisch gleich weltfremd und unrealisierbar. Nun aber – und das unterscheidet die Situation der Krise angesichts der Pandemie durchaus von der ebenfalls als drängend wahrgenommenen Klimakrise – spricht aus den utopisch genannten Beiträgen eine wie auch immer heterogene Hoffnung auf Verbesserung. Und mit Verbesserung ist offenbar auch nicht allein die Wiederherstellung der Situation vor der Krise gemeint, sondern die Krise soll Anlass sein für Veränderungen hin zu einem Zustand, der nach der Krise besser sein soll als vor der Krise – Fortschrittsoptimismus also.

Mit diesem Beitrag wird die erkennbare neue Popularität von Utopien im öffentlichen Diskurs gewichtet und deren Bedeutung in einen begrifflichen Kontext gestellt. ‚Krise denken' erfolgt hier also mit dem Ziel, Zusammenhänge zwischen Krise und Utopie zu erschließen. Dafür werden die Aspekte der jeweiligen

Begriffsgeschichten[2] herausgestellt, die für deren Zusammenhang aufschlussreich sind: Zunächst wird nachvollzogen, ob und inwiefern der Begriff der Krise eine Verbindung zur Utopie nahelegt (Abschnitt 2). Im nächsten Schritt geht es umgekehrt darum, wie der Begriff der Utopie auf den der Krise verweist (Abschnitt 3). Abschnitt 4 zieht ein Resümee mit Bezug auf den aktuellen Diskurs.

2 Krise (und ihre Offenheit zur Utopie)

Führt eine Krise zum Besseren? Eine Antwort auf diese Frage lässt sich kaum übergreifend geben, aber auffällig ist doch, wie sehr diese Möglichkeit alltagssprachlich verankert ist: „Die Krise als Chance", „gestärkt aus einer Krise hervorgehen", „Krise als Neuanfang" – Ausdrücke wie diese sind geläufig und lassen kaum aufmerken.

Offenbar hat die Verbindung also semantische Gründe: Etwas als Krise zu bezeichnen impliziert zugleich die Möglichkeit der Besserung nach/durch diese Krise. Eine solche Verbindung wäre nicht hergestellt, wenn ein Zustand beispielsweise als Schicksal, als Katastrophe, als Einbruch, als Verfall bezeichnet würde.

Krise ist nicht permanent, sondern sie ist zugleich Übergang zu etwas anderem – jedenfalls möglicherweise auch besserem. Dieser alltagssprachlich erkennbare Zusammenhang lässt sich auch begriffsgeschichtlich nachvollziehen. Koselleck stellt heraus, wie die frühe griechische Bedeutung des Wortes als „,Entscheidung' im Sinne eines endgültigen Ausschlags" (Koselleck 1982, 617) heute Relevanz hat – auch wenn weitere Bedeutungen über die Jahrhunderte hinzugekommen sind. Ursprünglich wurde der Begriff ‚Krise' in einem juristischen, einem theologischen und einem medizinischen Kontext gebraucht und: „Immer handelte es sich um lebensentscheidende Alternativen, die auf die Frage antworten sollten, was gerecht oder ungerecht, heilsbringend oder verderbend, gesundheitsstiftend oder tödlich sein würde." (Koselleck 1982, 619) Wer über Krise spricht – und das gilt bis heute – interessiert sich also stets nicht allein für den Zustand dieser Krise selbst, sondern ist zugleich an der Entscheidung und an dem Danach interessiert.

Verändert hat sich allerdings die Konnotation dieses Danach – und so spiegelt sich in der Bedeutung des Begriffes Krise eine jeweils zeitgenössisch dominierende

---

[2] Die in ihrer Gänze umfassender sind als sie hier aufgearbeitet werden können. Zum Begriff der Krise vgl. Koselleck (1982); Habermas (1976); Steg (2019), zu dem der Utopie vgl. Neusüss (1986), Saage (1997); Saage (2015); Eickelpasch und Nassehi (1996).

Geschichtsphilosophie. Koselleck hat diesen Zusammenhang insbesondere für das 18. Jahrhundert herausgestellt. Schon für das frühe 18. Jahrhundert belegt er eine Ausweitung der Bedeutung vom medizinischen in den politischen Kontext und stellt weiterhin fest: „Seit der zweiten Hälfte des 18. Jahrhunderts kam eine religiöse Tönung in den Wortgebrauch, die aber schon als posttheologisch, nämlich geschichtsphilosophisch bezeichnet werden muss." (Koselleck 1982, 626) Die von der Kritik der Aufklärer:innen beschriebene (und, so die These Kosellecks, durch sie erst hervorgebrachte) Krise war fundamental und umfasste alle Lebensbereiche. So fundamental die Krise beschrieben wurde, so fundamental war zugleich auch die Lösung, die in der Kritik mitgeliefert wurde und Koselleck (1973) sieht in diesem Zusammenhang die Grundlage für die Französische Revolution.

Auch wenn die aufklärungskritische These Kosellecks Gegenstand vieler Kontroversen war, so bleibt doch seine begriffsanalytische Arbeit zur Krise weitgehend unwidersprochen. Im Laufe des 19. Jahrhunderts haben sich demnach die Kontexte, in denen von Krise gesprochen wurde, erweitert. Neben und mit den politischen, waren es insbesondere die ökonomischen Krisen, die als treibend für die weitere geschichtliche Entwicklung angenommen wurden. In der Ökonomie wurden Theorien entwickelt, die Wirtschaftskrisen als notwendigen Übergang in eine bessere Zukunft konzipierten. Der Begriff hatte damit nicht mehr zwingend den dramatischen Gehalt früherer Jahrhunderte – vielmehr wurden Krisen auch als funktionale Bestandteile ökonomischer Fortschrittsprozesse konzipiert. Auch bei Marx und Engels gehören Krisen durch Überproduktion zum integralen Bestandteil kapitalistischer Wirtschaftsordnung. Allerdings stärken die Autoren auch gleichzeitig die Bedeutung von Krise als absoluter Entscheidung, indem sie mit jeder neuen Krise eine neue Zuspitzung annehmen, die schließlich zur revolutionären Befreiung des Proletariats führen muss. Krise – als Systemkrise im Sinne Marx – markiert einen absoluten Wendepunkt zum Besseren (Koselleck 1982, 645).

Graf (2020) knüpft an die Arbeiten Kosellecks an und zeigt, wie bis in die Zeit der Weimarer Republik mit der Beschreibung einer Situation als Krise prinzipiell eine Handlungsaufforderung zur Verbesserung dieser Situation verbunden war, und punktuell auch die Idee grundlegender Neuerung. In einer historischen Gegenüberstellung der Begriffsnutzung in den 1920er und in den 1970er Jahren, stellt Graf heraus, wie die Geschichtsauffassung des historischen Materialismus noch in den 1920er Jahren prägend für die (auch strategische) Nutzung des Krisenbegriffs war: Mit unterschiedlichen Inhalten aber vergleichbarer Fortschrittsbezogenheit hätten sowohl rechte als auch linke politische Gruppierungen die Situation der Zeit als übergreifende, totale, fundamentale Krise beschrieben – um zugleich aber für eine eindeutige Lösung, die bessere, andere, neue Welt zu werben. „In der Weimarer Republik von einer Krise zu sprechen, war also kein

Zeichen von Hoffnungs- oder Ausweglosigkeit. Vielmehr begriffen viele Intellektuelle in Weimar ihre Gegenwart gerade deshalb als Krise, weil sie den Ausweg schon zu kennen glaubten." (Graf 2020, 25)

In dieser Hinsicht unterscheidet sich dann der Krisenbegriff der 1970er grundlegend von dem der 1920er. Auch in den 1970er Jahren wurden Situationen als Krise beschrieben, die Nutzung des Begriffes weitete sich sogar noch weiter aus. Weitgehend verloren hat der Begriff aber in dieser Zeit seinen Fortschrittsoptimismus. Als zentralen Hintergrund dafür diagnostiziert Graf die zunehmende Internationalität und Globalität von sozio-ökonomischen Prozessen. Neu wäre dann nicht so sehr, dass eine Krise als eine globale angesehen wurde – diese Perspektive ließ sich auch für die 1920er Jahre schon nachvollziehen. Neu aber war, dass die Mittel zur Lösung dieser Krisen nicht mehr auf Ebene der Nationalstaaten angenommen werden konnten, und wie darüber hinaus es überhaupt nicht mehr möglich erschien, Lösungen und lösungskompetente Akteure zu identifizieren. Ölkrise, Wirtschaftskrise oder ökologische Krise wurden als fundamentale Krisen wahrgenommen, deren Wendepunkt aber nicht mehr mitgedacht werden konnte. Der Krisenbegriff bekam so – jedenfalls auch – eine Bedeutung von Verfall oder negativem Dauerzustand. Insbesondere im Rahmen der Ökologiebewegung wurde die Fortschrittseuphorie, die mit früheren Bedeutungen von Krise verbunden war, selbst zur Ursache der Krise.

Diese semantischen Veränderungen allerdings waren nicht bruchlos, vielmehr differenzierten sich auch die Begriffsbedeutungen zunehmend. Im ökonomischen Kontext beispielsweise bleibt auch im Laufe des 20. Jahrhunderts die Idee von Krise als notwendigem Übergang zu Besserem erhalten. Die Arbeiten von Schumpeter, dem der Begriff der ‚schöpferischen Zerstörung' zugeschrieben wird, erfahren noch in den 1980er und 90er Jahren einen neuen Boom (Giersch 1984; Diamond 2009).

Vor diesem Hintergrund spricht daher auch vieles dafür, den Begriff der Krise als einen ‚westlichen' anzunehmen. Er drückt die Selbstbeschreibung kapitalistisch organisierter westlicher Gesellschaften aus und diese Selbstbeschreibung ist mit Fortschritt eng verbunden. Beck und Knecht (2012) machen deutlich, wie diese Geschichtsauffassung auch dann nachvollziehbar bleibt, wenn in der Anthropologie ‚nicht-westliche' Gesellschaften unter dem Begriff der Krise untersucht werden.[3]

---

[3] Die Autoren kritisieren zugleich die Vorstellung, dass Wandlungsdynamiken in nicht-westlichen Gesellschaften von untergeordneter Bedeutung wären (Beck und Knecht 2012, 64–68).

In dem Maße, in dem diese Selbstbeschreibung erschüttert wird, ändert sich auch die Nutzung des Krisenbegriffs. Dieser Zusammenhang spiegelt sich auch deutlich in der Soziologie, die ursprünglich ganz im Sinne von Comtes Fortschrittseuphorie als eine Krisenwissenschaft begründet wurde (Repplinger 1999). Diese Fortschrittseuphorie passt nicht zur Analyse spätmoderner Gesellschaften – und so lehnen heute manche Autor:innen ‚Krise' als einen Begriff zur soziologischen Zeitdiagnose explizit ab. Luhmann begründet dies in seiner Kritik an der kritischen Soziologie auch normativ, wenn er für sein soziologisches Programm der Beobachtung zweiter Ordnung argumentiert. Wer den Begriff der Krise benutzt, so sein Argument vereinfacht zusammengefasst, impliziert, es besser zu wissen: „Wer von Symptomen einer Krise spricht, hat die Hoffnung noch nicht aufgegeben" (Luhmann 1991, 147) – und hat also eine Vorstellung von der eigentlichen, guten Struktur einer Gesellschaft, die nur vorübergehend gestört wäre und die es wiederherzustellen gälte. Luhmann geht demgegenüber davon aus, dass Krisen in komplexen ausdifferenzierten Gesellschaften nicht vorübergehend, sondern deren integraler Bestandteil sind – was schließlich auch durch die kritische Soziologie selbst herausgestellt würde: „Wie in einem unbeabsichtigten perversen Effekt kommt bei ständigen Krisendiagnosen nach und nach heraus, daß es sich gar nicht um Krisen handelt, sondern um die Gesellschaft selbst." (Luhmann 1991, 148)[4]

Der Krisenbegriff ist allerdings auch aus der soziologischen Zeitdiagnose nicht verschwunden, sondern verändert seinen Charakter: Krise wird nun auch hier häufig zur Dauerkrise. Reckwitz etwa identifiziert „eine Krise der Anerkennung, eine Krise der Selbstverwirklichung und eine Krise des Politischen." (Reckwitz 2017, 432) Alle drei erkennt er als permanent und als integralen Bestandteil einer Krise der Allgemeinheit, die spätmoderne Gesellschaften auszeichnet.

Was – zusammengefasst – die Krise der Spätmoderne von der Krise der Moderne demnach unterscheidet, ist einerseits ihre Zeitlichkeit (Krise ohne Ende) und andererseits ihre Streuung (Krise ohne Einheit).

Dieses Verständnis allerdings scheint nun in der Covid-19-Pandemie auch herausgefordert. Denn unabhängig davon, wie soziologische Zeitdiagnostiker:innen den Begriff der Krise abstrahieren oder auf Dauer stellen, bleibt er auch im öffentlichen Diskurs präsent und hier scheinen aktuell die ursprünglichen

---

4 Gleichzeitig verzichtet aber auch Luhmann in seiner Systemtheorie nicht auf den Krisenbegriff. Krisen bezeichnet er als „[...] heikle Situationen in Systemen/Umwelt-Beziehungen, die den Fortbestand des Systems oder wichtiger System-Strukturen unter Zeitdruck in Frage stellen" (Luhmann 1977, 327). Sie sind damit auch für Gesellschaften von fundamentaler Bedeutung und in weitergehender theoretischer Analyse wäre zu prüfen, ob nicht auch in dieser Fassung etwas vom fortschrittsorientierten Krisenbegriff enthalten geblieben ist.

Charakteristika des Begriffes wieder deutlich hervor. Krise ist wohl auch das geläufigste Wort, mit der die aktuelle Situation angesichts der Covid-19-Pandemie charakterisiert wird. Und diese Pandemie erscheint eindeutiger als Krise denn manche anderen so bezeichneten Situationen: Ob die ‚Flüchtlingskrise' als solche zu bezeichnen wäre, war und ist politisch hoch umstritten. Die Charakterisierung der ‚Bankenkrise' als solche war weniger umstritten, deren Inhalt und Konsequenzen wurden aber mehr in der Fachwelt denn in der allgemeinen Öffentlichkeit antizipiert.

Zumindest auf den ersten Blick und eindeutiger als in vielen anderen Situationen entspricht die Charakterisierung der Pandemie-Situation als Krise durchaus dem frühen Wortsinn des Begriffes: Es geht sowohl im medizinischen Sinne um Leben oder Tod als auch im juristischen um Recht oder Unrecht als auch um die Entscheidung zwischen Heil oder Unheil. Und wieder gilt: Wer über Krise spricht, spricht immer auch über das Danach. Da stehen auf der einen Seite Debatten über Staatsverschuldung, die das Leben nach der Krise verändern wird. Auf der anderen Seite wurde sehr früh, schon mit Beginn des ersten Lockdowns im März 2020, auch darüber gesprochen, wie sich die Lebenswelt und das Alltagshandeln nach der Krise verändern – und auch verbessern – würde.

Und damit kommen wir zur zweiten Seite des hier fokussierten Begriffspaares: Die Utopie.

3 Utopie (und ihre Verbindung zur Krise)

Der Begriff der Utopie ist mit dem der Krise eng, aber ambivalent verbunden. Zwar enthält eine Utopie inhaltlich den Entwurf einer besseren Welt. In der politischen Auseinandersetzung wurde und wird aber ‚utopisch' häufig mit weltfremd und unrealisierbar gleichgesetzt. ‚Utopist:innen' machen aus dieser Perspektive die Krise eher noch schlimmer als zu ihrer Überwindung beizutragen.

Bei allen Kontroversen zu Begriff, Form und Funktion von Utopien bleibt unumstritten, dass eine Utopie eine kritische Auseinandersetzung mit der aktuell erfahrenen Situation enthält – in der Beschreibung einer idealen Welt wird die Unzulänglichkeit des Hier und Jetzt thematisiert. Der Begriff ist eine Wortschöpfung, die Thomas Morus zugeschrieben wird und wörtlich ‚Nicht-Ort' – von griechisch *ou-tópos* – bedeutet. Gemeint sein könnte aber auch ‚guter Ort' – von griechisch *eu-tópos*, da beide griechischen Vokabeln im Englischen gleich klingen (Schölderle 2012, 10).

Umstritten ist, wie der Zusammenhang zwischen utopischer Beschreibung und dem Hier und Jetzt gedacht werden soll. Schon in Bezug auf Thomas Morus' Werk *Utopia* von 1516 herrscht Uneinigkeit über dessen Intention. Offensichtlich thematisiert Morus mit seiner Erzählung von der Insel Utopia, auf der die Menschen mit einem Minimum an Regeln und ohne Privateigentum ein glückliches Leben führen, die zu seiner Zeit herrschenden Missstände in England. Indem er die Erzählung aber als ein Gespräch zwischen drei Protagonisten mit grundlegend verschiedenen Einschätzungen verfasst, bleibt offen, ob der Autor hier dafür plädiert, die Zustände auf der Insel Utopia als ein Vorbild für reale politische Entscheidungen in England anzunehmen. Denkbar wäre alternativ auch, dass Morus den heuristischen Wert eines solchen Gedankenexperiments betonen wollte und dass seine eigene Position eher zwischen denen der Protagonisten zu suchen wäre (Wendt 2018, 63–121).

Die Auseinandersetzungen mit Utopien sind mit oben skizzierter Entstehung und Auflösung einer fortschrittsorientierten Geschichtsphilosophie unmittelbar verbunden. So gilt die Zeit der Aufklärung bis zur Französischen Revolution, mit der sich Koselleck (1973) in seinem Buch *Kritik und Krise* auseinandersetzt, auch als die Phase des Übergangs von der raumbezogenen zur zeitbezogenen Utopie (auch Koselleck 1987): Hatte Morus die von ihm ausgemalte bessere Welt auf eine unbekannte Insel projiziert, beschrieb nun Mercier *Das Jahr 2440* als seine Utopie (Saage 1997, 66–75).

Diese Veränderung hat weitreichende Konsequenzen. Sie begründet überhaupt die Geschichtsphilosophie und führt – so wiederum eine zentrale These Kosellecks – zu einer Ablösung des utopischen Entwurfs vom realen Hier und Jetzt: Das Heil, die Einheit und Ganzheit wird in die Zukunft projiziert und wird zu einer kraftvoll mobilisierenden, aber die politischen Verhältnisse ignorierenden Idee. Koselleck sieht in dieser „geschichtsphilosophischen Verfremdung" von Geschichte den Kern der Krise der bürgerlichen Aufklärung. „Ihr [der Aufklärer:innen, Anm. S.G.] Versuch, durch die Geschichtsphilosophie die geschichtliche Faktizität zu negieren, das Politische zu ‚verdrängen' hat ursprungsgemäß utopischen Charakter." (Koselleck 1973, 9) Utopismus steht hier also nicht nur für (harmlose) Weltvergessenheit, sondern für ein Auseinanderlaufen von Moral und Politik, deren krisenhaften Folgen bis in die Situation des Kalten Krieges in den 1970er Jahren wirksam bleiben sollten.[5]

Aus dieser Perspektive und mit diesem Begriffsverständnis wäre also Utopie etwas, das mit einer realen Krise nur lose verbunden ist: Eine irgendwie wahr-

---

5 Nassehi (1996) beschreibt diesen Vorgang als Umgang mit ebenfalls in dieser Zeit deutlich werdender Differenzierung und Komplexität.

genommene Krise kann zwar ihr Auslöser sein, ihre Funktion besteht demnach aber mehr in der gedanklichen Flucht als in der Entwicklung konkreter Ideen, die zur Überwindung dieser Krise beitragen könnten. Und eben dieses Begriffsverständnis, das bis heute auch im alltäglichen Sprachgebrauch dominiert, hat dazu geführt, dass als Utopie oder utopisch eher die Vorschläge der politischen Gegner:innen als die eigenen eingestuft wurden: Vorschläge eben, die jeder Realität entbehren, nicht umsetzbar und deshalb auch nicht weiter bedenkenswert sind.

Historisch ist eine Distanzierung vom Utopiebegriff sowohl im rechten wie im linken politischen Spektrum nachzuvollziehen (Wendt 2018, 43–62; Saage 1997, 17–26). Und wenn auch in unterschiedlicher Konnotation, thematisieren die verschiedenen Kritiken jeweils das Verhältnis zwischen wahrgenommener Krise und utopischem Entwurf. Die (neo)marxistische Utopiekritik betont, dass es für eine bessere Gesellschaft nicht darauf ankomme, ein präzises Bild dieser besseren Welt zu malen, sondern darauf, die Gesetzmäßigkeiten zu durchschauen, die die aktuelle Krise ausmachen würde. Engels plädiert in diesem Sinne für die „Entwicklung des Sozialismus von der Utopie zur Wissenschaft" (Engels 1973 [1882]), und Wissenschaft meint hier die Analyse der herrschenden Produktionsverhältnisse. Die bessere Welt sollte nicht losgelöst erdacht, sondern auf Grundlage sorgfältiger Analyse bestehender Verhältnisse planbar gemacht werden.

Diese Haltung zur Utopie setzt sich in der Kritischen Theorie einerseits fort und drückt sich hier in einem ‚Bilderverbot' aus. Andererseits betont Adorno die Wichtigkeit einer utopischen Intention jeder Kritik, eines utopischen Bewusstseins (Bloch und Adorno 1978). In einem Gespräch mit Ernst Bloch sagt er: „Und so wenig wir die Utopie ‚auspinseln' dürfen, so wenig wir wissen, wie das Richtige wäre, so genau wissen wir allerdings, was das Falsche ist." (Bloch und Adorno, 362–363) Es gilt also, ganz im Sinne der marxistischen Utopiekritik, die Symptome und die Ursachen der Krise genau zu benennen, nicht aber darum, ein konkretes idealisiertes Bild einer besseren Welt ‚auszumalen'.[6]

In dieser Begründung besteht nun auch durchaus eine Nähe zwischen (neo)marxistischer und konservativer Utopiekritik. Die Kritik an der Entfernung

---

[6] Adorno erkennt allerdings auch das Problem, dass ein Bilderverbot das utopische Bewusstsein selbst unterlaufen könnte und damit „das zu verschlucken, worauf es eigentlich ankäme, nämlich der Wille, daß es anders ist" (Bloch und Adorno 1978, 363; auch zitiert in Wendt 2018, 48). In seinem posthum veröffentlichten Werk zur Ästhetik (Adorno 1970) setzt er sich damit auseinander, inwiefern eine autonome Kunst einen gesellschaftlichen Freiraum darstellen könnte, in dem auch (bebilderte) Utopien möglich sind (zum Bilderverbot in der Philosophie Adornos vgl. auch Tränkle 2013).

zwischen realer Krise und utopischem Entwurf geht nämlich auch einher mit einer Kritik am angenommenen Totalitarismus von Utopien. Dieser Vorwurf wurde prominent vor allem von konservativer Seite formuliert und war auch schon zum Ende des 19. Jahrhunderts von Bedeutung. Später formulierte Karl Popper den Gegensatz zwischen Utopie und Freiheit: „Von allen politischen Idealen ist der Wunsch, die Menschen glücklich zu machen, vielleicht der gefährlichste. Ein solcher Wunsch führt unvermeidlich zu dem Versuch, anderen Menschen unsere Ordnung ‚höhere' Werte aufzuzwingen, um ihnen so die Einsicht in Dinge zu verschaffen, die uns für ihr Glück am wichtigsten zu sein scheinen; also gleichsam zu dem Versuch, ihre Seelen zu retten." (Popper 1945, 277)

Sinngemäß findet sich dieser Gedanke allerdings auch schon in der Begründung Engels für seine Distanzierung von den Utopisten. Auch Horkheimer begründet später das Bilderverbot der Kritischen Theorie wie folgt: „Eine Erklärung dessen, was das Gute schlechthin ist, das Ideal überhaupt, hat wiederholt in der uns bekannten Geschichte zu furchtbaren Grausamkeiten geführt." (zitiert nach Wendt 2018, 49)

Utopien – im Verständnis ihrer Kritiker:innen – sind also in zweierlei Hinsicht weltfremd: Sie bedenken nicht die Möglichkeiten ihrer Realisierung und sie übersehen die reale Pluralität an Vorstellungen einer besseren Welt.[7] Vor dem Hintergrund dieser Kritiken erscheint es nun aus heutiger Perspektive völlig unwahrscheinlich, dass der Utopie als Gattung überhaupt noch eine politische Relevanz zuerkannt werden könnte. Wenn schon die Autoren zum Ende des Jahrhunderts, denen ja durchaus ein Fortschrittsoptimismus unterstellt wird, sich derart von utopischen Weltentwürfen distanzierten, wie unbrauchbar erscheinen diese dann erst recht in einer zeitgenössischen Spät-, Post- oder Hypermoderne. Und ganz in diesem Sinne beschreibt Nassehi schon 1996, wie sich in der ausdifferenzierten spätmodernen Gesellschaft „Sinn und Zeit voneinander wegdifferenziert haben. Zeit verliert damit ihre Bedeutung als Vehikel für utopische Verheißungen eines idealen oder heilen Zustandes der Welt." (Nassehi 1996, 277–278)

Gleichzeitig aber ist Begriff und auch Gattung der Utopie nicht verschwunden und wie der aktuelle Diskurs zur Covid-19-Pandemie zeigt, ist auch deren negative Bewertung im öffentlichen wie im sozialwissenschaftlichen Diskurs längst nicht mehr ungebrochen. Zusammenfassend lässt sich dies auf zwei (miteinander verbundene) Aspekte zurückführen: 1) der Wiederbelebung der Utopie

---

7 Eine Synthese hat Bloch (1959) mit seiner Idee der „konkreten Utopie" versucht, die für Teile der bundesrepublikanischen Studentenbewegung bedeutsam wurde (Bloch und Schröter 1988; Münster 2012), in marxistischen Kreisen aber als zu wenig wissenschaftlich im Sinne der politischen Ökonomie wahrgenommen wurde (Fromm und Kunze 1985).

im Zuge der ökologischen Bewegung und 2) einer neuen Utopieforschung, die die diskursive Bedeutung utopischer Texte betont und analysiert. In beiden Zusammenhängen wird das Verhältnis zwischen wahrgenommener Krise und Utopie neu justiert.

1) Utopien als Antwort auf eine wahrgenommene ökologische Krise wurden zwar nicht in den 1970er Jahren erfunden[8], in dieser Zeit wurden sie aber besonders populär. Zentrales Werk dieser Zeit war *Ecotopia* von Ernest Callenbach (1977), das im Stile der klassischen Utopie von Thomas Morus eine umfassende Idee einer besseren – auch im ökologischen Sinne besseren – Gesellschaft im Jahre 1999 entwickelt. Saage (1997, 133–147) stellt den engen Zusammenhang zwischen ökologischer und politischer Krise heraus, der durch die US-amerikanische ökologische Bewegung der 1970er Jahre thematisiert wurde. Kritisiert wurde das grundlegende Prinzip wachstumsorientierter Politik, aus dem sich individuell kaum mehr ausbrechen ließe: „Zunehmend setzte sich die These durch, daß die hemmungslose Ausplünderung der Natur die Konsequenz einer tiefgreifenden psychischen Deformation sei, die ihren letzten Grund in dem biblischen Auftrag habe, wonach der Mensch sich die Erde unterwerfen soll (Genesis I, 28)." (Saage 1997, 135)

Folgerichtig erschien allein der komplette Ausbruch aus der kapitalistisch organisierten Gesellschaft als ein Ausweg. Dieser Ausbruch – und dies ist ein zentraler Unterschied zu den utopischen Entwürfen zu Beginn des 20. Jahrhunderts – wurde nun allerdings nicht für eine Gesamtgesellschaft in ferner Zukunft erwartet, sondern er wurde in experimentellen kleinen Gemeinschaften gesucht. In dieser sozial-ökologischen Gemeinschaftsbewegung wurde das Verhältnis zwischen Realität und Utopie neu tariert (Wendt 2018, 297–338): Anstatt eine ferne perfekte Gesellschaft zu beschreiben, sollte die Utopie eher als pragmatische Handlungsorientierung dienen: „Der stabile Endzustand ist eine Art regulatives Prinzip der menschlichen Praxis: Den defizitären Ist-Zustand voraussetzend, befindet er sich in einem Spannungszustand zu ihm. Gleichzeitig gibt es aber eine Reihe empirisch faßbarer Indikatoren, die seine Beachtung zu sichern suchen." (Saage 1997, 135)

2) Diese Betonung der pragmatischen Funktion von Utopien begründet auch das nach wie vor erkennbare und in jüngerer Zeit wieder wachsende Interesse der Sozi-

---

[8] Wendt (2018, 267–338) weist darauf hin, dass die ökologische Utopie auch schon im frühen 20. Jahrhunderts von Bedeutung war. Außerdem wurde mit Beginn der ökologischen Bewegung nicht allein die Utopie, sondern besonders auch der Dystopie zunehmend populär – ein Aspekt, der hier nicht vertieft werden kann.

alwissenschaften am Genre der Utopie und an utopischen Texten unterschiedlicher Art. In der soziologischen Forschung finden solche Texte in den letzten Jahren aus einer wissenssoziologischen Perspektive neue Beachtung.[9] Inhaltlich kann diese Forschung an Mannheim (1929) anschließen, dessen Utopiebegriff zwar weithin als unscharf kritisiert wurde (Neusüss 1986, 23–28), der mit seiner Unterscheidung zwischen Utopie und Ideologie aber eine wertvolle methodologische Perspektive zur Analyse von utopischem Gehalt in Kommunikation gegeben hat.

Methodologisch handelt es sich bei Utopien um ein „Möglichkeitsdenken" (Voßkamp 2013), es wird etwas gedacht, was nicht ist, aber denkbar ist. Diese Denk- und damit Sprechweise kann nun einerseits methodisch gezielt genutzt werden, um eine andere Welt gedanklich zu konstruieren und damit Kritik an bestehenden Verhältnissen zu konkretisieren – so das Programm der IROS, *Imaginary Reconstruction of Society* von Ruth Levitas (2013). Andererseits kann die Rede vom Möglichkeitsdenken als analytische Beobachtungsperspektive Aufschluss über grundlegende – auch konkurrierende – Wertvorstellungen in Gesellschaften geben.

Die Utopie wird in jüngerer Zeit also prozeduralisiert – und wird damit jedenfalls prinzipiell auch kompatibel für eine reflexive spätmoderne Gesellschaft.

4 Resümee

Die hier zusammengetragenen begriffsgeschichtlichen Aspekte zu Krise und Utopie machen deutlich, wie beide Begriffe im Laufe des 20. Jahrhunderts ihre Eindeutigkeit verloren haben. Auch wenn die politischen Interpretationen und Interessen radikal unterschiedlich waren, galt zu Beginn des Jahrhunderts: Wer von ‚der Krise' sprach, beschrieb eine Phase, die alle Lebensbereiche und alle Gesellschaftsmitglieder betraf und die es umfassend zu überwinden galt. In der Zwischenzeit wird der Begriff ‚Krise' für diverse Situationen genutzt, es können unterschiedliche Krisen zur selben Zeit stattfinden und es ist offen, ob Krisen überhaupt überwunden werden können oder ob sie nicht integraler Bestandteil spätmoderner Gesellschaften sind.

Der Begriff der Utopie, so wurde deutlich, ist mit dem der Krise in ambivalenter Weise verbunden. Einerseits gelten Utopien als Reaktionen auf Krisen. Andererseits war der Begriff zu Beginn des Jahrhunderts – und ist es zum Teil

---

[9] So ist auch das Projekt „Utopian Worlds" einzuordnen, das die Autorin gemeinsam mit Silke Steets umsetzt (Steets und Gülker 2020).

bis heute – hauptsächlich ein Begriff der Abgrenzung und bezeichnete wirklichkeitsfremde Weltentwürfe, die die realen Gesetze der Krise ignorieren würden. Positive Aneignungen des Begriffs lassen sich erst in der zweiten Hälfte des Jahrhunderts deutlicher nachvollziehen, dann allerdings in anderer Bedeutung: Utopie nicht als die eine und allumfassende Vorstellung einer idealen Welt, die es als Ganze zu realisieren gilt, sondern als eine regulative Idee, mit der sich pragmatisch und diskursiv auseinandergesetzt werden kann.

Vor diesem Hintergrund wird nun auch die eingangs skizzenhaft zusammengefasste Themenvielfalt von veröffentlichten Beiträgen unter dem Titel ‚Utopie nach Corona' unmittelbar naheliegend: Utopie meint nicht den großen Wurf, sondern kann themenspezifisch diverse Vorschläge bezeichnen, die als regulative Ideen diskutierbar werden. Mit diesem pragmatischen Begriffsverständnis sind dann auch die Hürden für Herausgeber:innen und Autor:innen niedrig, Initiativen unter dem Titel ‚Utopie' zu starten oder zu unterstützen. Aus soziologischer Perspektive bieten all diese Vorstellungen wertvolles Material, weil mit jedem Entwurf einer besseren Welt zugleich eine Kritik an der bestehenden thematisiert und grundlegende Werthaltungen der Autor:innen ausgedrückt werden.

Wie verhält es sich nun aber mit dem Verhältnis zwischen Krise und Utopie in diesen Beiträgen? Es wurde oben gesagt, dass eine Utopie mit der konkreten Krise oft nur lose verbunden ist und das gilt auch für die hier gesichteten Beiträge – das allerdings bei genauerem Hinsehen doch in bemerkenswerter Weise.

Erstens wird die Pandemie mit großer Selbstverständlichkeit als Krise bezeichnet und zweitens werden seit Beginn der Pandemie Szenarien für eine bessere Welt nach der Pandemie entwickelt. Dass es also ein Danach geben wird, steht nicht zur Debatte – Krise bekommt hier wieder selbstverständlich die Bedeutung einer Übergangsphase. Anders als im Falle der Klimakrise, deren umfassende Bedeutung für alle Lebensbereiche ja durchaus ähnlich gravierend eingeschätzt werden kann, wird die Pandemie als ein Ereignis mit Anfang und Ende konzipiert. Dieses Ereignis kann lehrreich sein und die Beiträge verweisen auf deren Verknüpfung mit anderen länger anhaltenden Krisen, aber dass es als solches wieder verschwinden wird, ist die logische Grundlage aller Utopien für eine Welt nach Corona.

Diese Selbstverständlichkeit, mit der über ein Danach gesprochen wird, drückt vielleicht doch viel mehr Fortschrittsoptimismus im herkömmlichen Sinne aus, als es in soziologischen Zeitdiagnosen zur Sprache kommt: Die im globalisierten Kapitalismus hervorgebrachte gesammelte Expertise und Technologie wird es schon richten.

Literatur

Adorno, Theodor W. *Ästhetische Theorie*. Frankfurt a. M.: Suhrkamp, 1970.
Beck, Stefan, und Michi Knecht. „Jenseits des Dualismus von Wandel und Persistenz? Krisenbegriffe der Sozial- und Kulturanthropologie". *Krisen verstehen. Historische und Kulturwissenschaftliche Annäherungen*. Hg. Thomas Mergel. Frankfurt a. M., New York: Campus, 2012. 59–76.
Bergt, Svenja. „Digitalisierungsschub durch Corona: Die Weichen werden gerade gestellt". *tageszeitung*. https://taz.de/Digitalisierungsschub-durch-Corona/!5681076/. Mai 2020 (20. April 2021).
Bloch, Ernst. *Das Prinzip Hoffnung. In drei Bänden*. Frankfurt a. M.: Suhrkamp, 1959.
Bloch, Ernst, und Theodor W. Adorno. „Etwas fehlt ... Über die Widersprüche der utopischen Sehnsucht". *Tendenz, Latenz, Utopie*. Hg. Ernst Bloch und Theodor W. Adorno. Frankfurt a. M.: Suhrkamp, 1978. 350–368.
Bloch, Karola, und Welf Schröter. „Lieber Genosse Bloch ... ". *Briefe Rudi Dutschkes an Karola und Ernst Bloch*. Mössingen: Talheimer, 1988.
Callenbach, Ernest. *Ecotopia*. Toronto: Bantam Books, 1977.
Coldewey, Gaby. „Corona für freie Himmel: Keine Flieger über Tegel". *tageszeitung*. https://taz.de/Corona-fuer-freie-Himmel/!5681079/. 30 April 2020 (20. April 2021).
Deutsche Welle. *Der Corona-Effekt – ein Zukunftsszenario*. https://www.dw.com/de/der-corona-effekt-ein-zukunftsszenario/av-53957386. 30. Juni 2020 (10. Januar 2021).
Diamond, Arthur M.J. „Schumpeter vs. Keynes: In the Long Run Not All of Us Are Dead". *Journal of the History of Economic Thought* 31.4 (2009): 531–541.
Diez, Georg. „Welt nach Corona: Diese Krise ist ein Ende". *tageszeitung*. https://taz.de/Welt-nach-Corona/!5685001/. 27. Mai 2020 (20. April 2021).
Dribbusch, Barbara. „Altenheime nach Corona: Bessere Pflege für 17 Euro". *tageszeitung*. https://taz.de/Altenheime-nach-Corona/!5681235/. 29. April 2020 (20. April 2021).
Duvinage, Belinda. „Mittelstands-Studie: Aus Homeoffice-Utopie wird Realität". *Werben & Verkaufen*. https://www.wuv.de/marketing/aus_homeoffice_utopie_wird_realitaet. 24. Juni 2020 (20. April 2021).
Ebitsch, Sabrina. „Was sich nach Corona ändern muss. Werkstatt Demokratie". *Süddeutsche Zeitung*. https://projekte.sueddeutsche.de/artikel/politik/coronakrise-was-sich-nach-corona-aendern-muss-e522474/. 2020 (1. März 2021).
Eickelpasch, Rolf, und Armin Nassehi (Hg). *Utopie und Moderne*. Frankfurt a. M.: Suhrkamp, 1996.
Engels, Friedrich. „Die Entwicklung des Sozialismus von der Utopie zur Wissenschaft". *Marx-Engels-Werke, Band 19*. Berlin: Dietz, 1973 [1882]. 177–228.
Fest, Joachim C. *Der zerstörte Traum. Vom Ende des utopischen Zeitalters*. Berlin: Siedler, 1991.
Fromm, Eberhard, und Marion Kunze. „Hoffnung auf die „konkrete Utopie". Zum 100. Geburtstag von Ernst Bloch". *Deutsche Zeitschrift für Philosophie* 33.7 (1985): 617–628.
Giersch, Herbert. „The Age of Schumpeter". *The American Economic Review* 74.2 (1984): 103–109.
Graf, Rüdiger. „Zwischen Handlungsmotivation und Ohnmachtserfahrung – Der Wandel des Krisenbegriffs im 20. Jahrhundert". *Handbuch Krisenforschung*. Hg. Rüdiger Graf. Wiesbaden: Springer VS, 2020. 17–38.

Habermas, Jürgen. „Was heißt heute Krise? Legitimationsprobleme im Spätkapitalismus". *Zur Rekonstruktion des historischen Materialismus*. Hg. Jürgen Habermas. Berlin: Suhrkamp, 1976. 345–364.

Hanrieder, Tine. „Globale Gesundheit nach Corona: So kann die Welt genesen". *tageszeitung*. https://taz.de/Globale-Gesundheit-nach-Corona/!5681089/. 2. Mai 2020 (20. April 2021).

Hecht, Patricia. „Expertin zu Frauen in der Coronakrise: ‚An die Bruchstellen ran – jetzt'". *tageszeitung*. https://taz.de/Expertin-zu-Frauen-in-der-Coronakrise/!5681243/. 1. Mai 2020 (20. April 2021).

Horx, Matthias. „Die Welt nach Corona. Die Corona-Rückwärts-Prognose: Wie wir uns wundern werden, wenn die Krise ‚vorbei' ist." *Die Zukunfts-Kolumne* https://www.horx.com/48-die-welt-nach-corona/. 2021 (10. Februar 2021).

Koselleck, Reinhart. *Kritik und Krise*. Frankfurt a. M.: Suhrkamp, 1973.

Koselleck, Reinhart. „Krise". *Geschichtliche Grundbegriffe. Historisches Lexikon zur politisch-sozialen Sprache in Deutschland. Band 3*. Hg. Otto Brunner, Werner Conze und Reinhart Koselleck. Stuttgart: Klett-Cotta, 1982. 617–650.

Koselleck, Reinhart. „Zur Verzeitlichung der Utopie". *Utopien – die Möglichkeit des Unmöglichen*. Hg. Hans-Jürgen Braun. Zürich: Verlag der Fachvereine, 1987. 69–86.

Lemme, Ariane. „Utopien und Dystopien in der Quarantäne: Bananenbrot und Geduld". *tageszeitung*. https://taz.de/Utopien-und-Dystopien-in-der-Quarantaene/!5676866/. 18. April 2020 (30. April 2020).

Levitas, Ruth. *Utopia as method*. Basingstoke: Palgrave Macmillan, 2013.

Luhmann, Niklas. *Zweckbegriff und Systemrationalität*. Frankfurt a. M.: Suhrkamp, 1977.

Luhmann, Niklas. „Am Ende der kritischen Soziologie". *Zeitschrift für Soziologie* 20.2 (1991): 147–152.

Mannheim, Karl. *Ideologie und Utopie*. Frankfurt a. M.: Suhrkamp, 1929.

Metropoltheater München. *Utopia. Auferstanden aus der Krise. Podcast-Reihe*. https://www.youtube.com/watch?v=k1ZlnxTzo-s&list=PLuBDldnVinH933PB0yO8YsLMwd5lO3Xor. 23. März 2020 (12. Februar 2021).

Münster, Arno. *Ernst Bloch. Eine politische Biographie*. Hamburg: CEP Europäische Verlagsanstalt, 2012.

Nassehi, Armin. „Keine Zeit für Utopien. Über das Veschwinden utopischer Gehalte aus modernen Zeitsemantiken". *Utopie und Moderne*. Hg. Rolf Eickelpasch und Armin Nassehi. Frankfurt a. M.: Suhrkamp, 1996, 242–286.

Neusüss, Arnhelm (Hg.). *Utopie*. Frankfurt a. M., New York: Campus, 1986.

Popper, Karl R. *Die offene Gesellschaft und ihre Feinde. Band II. Falsche Propheten. Hegel, Marx und die Folgen*. Tübingen: Mohr, 1945.

Reckwitz, Andreas. *Die Gesellschaft der Singularitäten*. Berlin: Suhrkamp, 2017.

Reckwitz, Andreas. *Das Ende der Illusionen*. Berlin: Suhrkamp, 2019.

Renck, Doris. „Die Welt nach Corona: ‚Einander zu helfen ist eine Kulturfrage.' – Die Ideen von Harald Welzer". *hr2 Kultur*. https://www.hr2.de/programm/einander-zu-helfen-und-solidarisch-zu-sein-ist-eine-kulturfrage-harald-welzer-ueber-die-welt-nach-corona,audio-41522.html. 6. Juli 2020 (12. Februar 2021).

Repplinger, Roger. *Auguste Comte und die Entstehung der Soziologie aus dem Geist der Krise*. Frankfurt a. M., New York: Campus, 1999.

Saage, Richard. *Utopieforschung*. Berlin, Münster: LIT, 1997.

Saage, Richard. *Auf den Spuren Utopias*. Berlin, Münster: LIT, 2015.

Schölderle, Thomas. *Geschichte der Utopie*. Köln, Weimar, Wien: Böhlau, 2012.
Schwab, Klaus, und Thierry Malleret. *COVID-19. The great reset*. Genf: World Economic Forum, 2020.
Shapiro, Eben. „Jane Fraser, The Incoming CEO of Citigroup, On How to Smash the Glass Ceiling". *Time*. https://time.com/collection/great-reset/5900752/jane-fraser-citibank/. 22. Oktober 2020 (12. Februar 2021).
Steets, Silke, und Silke Gülker. *Utopian Worlds. Vom Möglichen jenseits des Wirklichen*. www.utopian-worlds.org. (12. April 2021).
Steg, Joris Alexander. *Krisen des Kapitalismus. Eine historisch-soziologische Analyse*. Frankfurt a. M., New York: Campus, 2019.
tageszeitung. *Utopie nach Corona. Visionen und schöne Zumutungen für die Zeit nach Covid-19*. https://taz.de/Schwerpunkt-Utopie-nach-Corona/!t5009519/. (10. April 2021)
Tränkle, Sebastian. „Die materialistische Sehnsucht. Über das Bilderverbot in der Philosophie Theodor W. Adornos". *Zeitschrift für kritische Theorie* 36–37.1 (2013): 83–109.
Valin, Frédéric. „Pflege nach Corona: Der Exodus wird kommen". *tageszeitung*. https://taz.de/Pflege-nach-Corona/!5681241/. 1. Mai 2020 (1. Mai 2020).
Volkmer, Michael, und Karin Werner (Hg.). *Die Corona-Gesellschaft. Analysen zur Lage und Perspektiven für die Zukunft*. Bielefeld: transcript, 2020.
Voßkamp, Wilhelm. „Möglichkeitsdenken. Utopie und Dystopie in der Gegenwart. Einleitung". *Möglichkeitsdenken. Utopie und Dystopie in der Gegenwart*. Hg. Wilhelm Voßkamp, Günter Blamberger und Martin Roussel. Paderborn: Fink, 2013. 13–32.
Wendt, Björn. *Nachhaltigkeit als Utopie*. Frankfurt a. M., New York: Campus, 2018.

Kristin Platt
Das „Wuhan-Virus": Benennungen einer Pandemie als Deutungszuweisung

Mitte November 2019 wurde international in unterschiedlichen Medien von zwei Fällen der Lungenpest berichtet, die in China in der Autonomen Region Innere Mongolei ausgebrochen sei. Mit der Schlagzeile *Don't panic about China's "Black Death" plague cases* meldete die Nachrichtenagentur Reuters am 18. November 2019, dass zwei nach Beijing in Quarantäne überführte Patienten mit dem *Yersinia pestis*-Bakterium diagnostiziert wurden, dem Erreger der Lungen- und Beulenpest. Der Pesterreger war 1894 durch den Epidemiologen Alexandre É. J. Yersin nachgewiesen worden, dem die zweifelhafte Ehre zukam, dass die gesamte Bakteriengattung nach ihm benannt wurde: *Yersinia* (Stanway 2019). Die Zeitschrift *Foreign Policy* hatte die möglichen Pestfälle bereits zwei Tage vorher gemeldet und sie in eine Kontinuität zur SARS-Epidemie von 2003 gestellt (Garrett 2019). Andere Pressenachrichten berichteten über die beiden Fälle, indem sie die Vermutung der Lungenpest zum Anlass nahmen, darauf zu verweisen, dass Pandemien zu den wesentlichen Weltrisiken der Zukunft gehören – und die Mehrheit der pandemischen Erreger der jüngeren und älteren Geschichte aus China gekommen seien (Wee 2019). Tatsächlich war es in den vergangenen Jahren in China wiederholt zu einzelnen Fällen der Lungen- und auch der Beulenpest gekommen. Ob die beiden Krankheitsfälle eher bereits in Zusammenhang mit dem Coronavirus zu sehen sind, kann heute kaum entschieden werden. Doch ist es bemerkenswert, wie schnell in der medialen Reaktion auf die beiden Erkrankungen das Bild des ‚Schwarzen Todes' bedient wurde.

Die vereinzelten Nachrichten, die im Dezember 2019 eine noch ungeklärte Lungenerkrankung meldeten, die sich in Wuhan entwickelt habe, erreichten die internationale Öffentlichkeit auf einem geringeren Niveau der Assoziation von Schrecken. Auf die Dynamisierungen, die Politik und Gesellschaften seit Mitte Januar 2020 trafen, ließen diese ersten Nachrichten jedenfalls kaum schließen.

Ende Dezember berichteten unterschiedliche Nachrichtennetzwerke und Einzelmedien übereinstimmend, dass es sich bei den Erkrankungen, die in Wuhan festgestellt wurden, um einen SARS-verwandten Virus handeln würde (Deutsche Welle 2019). Die WHO fragte am 31. Dezember 2019 bei den chinesischen Behörden um eine Überprüfung der Krankheitsfälle an. Am 1. Januar 2020 wurde der Fischmarkt in Wuhan geschlossen. Am 2. Januar 2020 wurde in der *ÄrzteZeitung* (2020a) die mögliche Rückkehr des SARS-Virus diskutiert. Am 4. Januar 2020 gab die WHO über Twitter bekannt, dass in Wuhan ein auffälliges Auftreten von Lungenentzündungen festgestellt worden sei, bisher ohne tödlichen Verlauf (WHO 2020e). Auch Medien in Deutschland berichteten über die Fälle und stellten den SARS-Bezug her (Süddeutsche Zeitung 2020b), wobei der Nachrichtenwert zumeist auf Zwanzigzeiler begrenzt war und kaum auf Beunruhigung schließen ließ. Einen Tag später wurde über die WHO eine ausführlichere Bekanntgabe veröffentlicht, die detailliert darlegte, dass der Erreger noch nicht identifiziert beziehungsweise seine mögliche Identifikation noch nicht bestätigt sei und in Wuhan unter anderem Nachverfolgungs- und Hygienemaßnahmen in Kraft gesetzt wurden (WHO 2020d). Am 11. Januar 2020 veröffentlichte ein Team der Fudan-Universität in Shanghai die genetische Sequenz des Virus auf einer Open-Access-Plattform (Virological 2020; Wu et al. 2020). Ebenfalls auf Open-Access-Plattformen publizierten nahezu zeitgleich das chinesische *Center for Disease Control and Prevention* und zwei weitere chinesische Teams die genetischen Sequenzen des Virus – was unzweideutig auf den Ernst der Lage schließen ließ. Zugleich wurde, wiederum am 20. Januar 2020, von den chinesischen Behörden der Übertragungsweg von Mensch zu Mensch bestätigt sowie die Erkrankung medizinischen Personals (Deutsche Welle 2020; MedicalXPress 2020; WHO 2020b; ECDPC 2020). Die chinesischen Behörden leiteten ihre Erkenntnisse auch offiziell an die WHO weiter. Sowohl spezialisierte als auch eher in die Breite orientierte Fachmedien griffen diese Entwicklungen direkt auf (Pharmazeutische Zeitung 2020; Ärzte-Zeitung 2020b). Zwischen dem 20. und 21. Januar 2020 wurde die Entdeckung eines neuen, hochinfektiösen SARS-verwandten Virus weltweit in öffentlichen Medien und Fachorganen berichtet. Während in China die Stadt Wuhan abgeriegelt wurde, verhängte US-Präsident Trump am 31. Januar 2020 ein Einreiseverbot für China-Rückkehrer. „Ein Virus schreckt die Welt" titelte die Süddeutsche Zeitung am 22. Januar 2020 (Süddeutsche Zeitung 2020). Am 24. Januar 2020 wurden die ersten Fälle von CoViD-19 in Frankreich bei Rückkehrenden aus China festgestellt. Die ersten Fälle in Deutschland wurden Ende Januar im Großraum München nachgewiesen, diese standen ebenfalls im Zusammenhang mit Geschäftsreisen aus China.

Das von China als *2019-nCoV* gemeldete Virus hatte damit seit Mitte Januar 2020 Ereignisqualität, obwohl die Pathogenität des Virus oder die Übertragungswege noch unbekannt waren und zweifellos noch der Möglichkeit einer regionalen Eingrenzung vertraut wurde (ECDPC 2020, 5). Was jedoch bereits feststand war die Klassifizierung als akute infektiöse Lungenerkrankung beziehungsweise akutes respiratorisches Syndrom, ferner der erste Name – Corona – sowie ein graphisch typisiertes Bild einer grauen Kugel mit roten Hörnchen. Tatsächlich ist das Porträt des Virus, das Forschung und Öffentlichkeit nun seit Monaten begleitet, keine mikroskopierte Aufnahme, sondern die Arbeit der beiden medizinischen Illustratoren Alissa Eckert und Dan Higgins des US-amerikanischen *Centers for Disease Control and Prevention* (CDC) (Long 2020). Die Gestaltung des Virusporträts hatte direkt in den ersten Tagen der Pandemie vorgelegen, so dass es neben dem Wissen über den Aufbau bereits bekannter SARS-Viren vor allem bisherige Kenntnisse über die Proteinarchitekturen visualisieren musste. Das Bild wurde über Wikimedia gemeinfrei gestellt.

Zu Beginn des Bekanntwerdens, dass es sich bei der „unbekannten Lungenkrankheit" um einen SARS-Virus handelt, der sich besonders gut tarnen könne, war der Begriff des *China-Virus* in Benutzung, der aber auch bereits für andere in China als Ursprungsort lokalisierte Infektionskrankheiten verwendet worden war. Doch erst die Trump-Administration nutzte den Terminus seit März 2020 im Rahmen eines politisierten Diskurses. „We have to call it where it came from, it came from China", erläuterte Trump zu seiner Benutzung des Terminus (Heimbrod 2020); „It's not racist at all. It comes from China, that's why. It comes from China. I want to be accurate" (Goodin 2020). Trump suchte allerdings explizit nicht auf eine regionale Herkunft zu verweisen, hingegen gab er dem Virus eine nationale Identität. So benutzte er, ebenfalls im März, den Terminus des *foreign virus*: „This is the most aggressive and comprehensive effort to confront a foreign virus in modern history" (LeBlanc 2020). Den seinerzeitigen Tweet vervollständigte er mit dem Kommentar, das Fertigstellen der südlichen Grenzmauer sei so drängend wie kaum zuvor: „We need the Wall more than ever!" (LeBlanc 2020) Damit ließ er das Virus nicht als gesundheitliche, sondern als innen- und außenpolitische Gefahr figurieren. Die sich seit dem Frühjahr 2020 durchsetzende Bezeichnung *Covid* verdrängte zwar den Begriff des *Wuhan-Virus*, den auch US-Außenminister Pompeo noch im März 2020 gebraucht hatte (Jaipragas 2020; Agence France-Presse 2020). Doch hatte Trump eine Ersatzlösung, die seine beständige Herausforderung der Grenzen politischer Korrektheit ebenso zeigt wie sein Denken in Freund-Feind-Kategorien: Die Bezeichnung *Kung Flu*. Die diminutive Bezeichnung, die in Trumps Vokabular wenigstens bis Juni wiederholt auffiel, traf in den nationalen und internationalen Medien zwar selten auf expliziten Widerspruch,[1] dafür wurde sie intensiv in Satiresendungen oder Karikaturen zitiert.

Auch die niederländische Teefirma *Or Tea?* (2020) griff die Bezeichnung auf – um sie in eine Marke zu überführen. Damit wurde konkret an den Charakter des Terminus als Diskursmarker angeknüpft. So steht hinter dem *BIO Kung Flu Fighter* ein „Power-Früchtetee", der über Bio-Lebensmittel- und Naturkosmetik-

---

[1] Überraschenderweise wurden die Bezeichnungen jedoch in Fachjournalen lange weiterverwendet. Siehe dazu auch Su et al. (2020).

Unternehmen bezogen werden kann („Einen Teelöffel Kung Flu Fighter in 200 ml 100° heißes Wasser geben und 5 Minuten ziehen lassen") (Ecco Verde 2020).

Die in der US-Politik zur Bezeichnung des Virus eingesetzte Metonymie stützt die Strategie der Entrationalisierung der Argumentationen sowie die Gleichsetzung des Coronavirus mit dem Grippevirus. Sie setzt die Wirkbedeutung des Virus herab und schafft nicht nur ein groteskes Bild, sondern vor allem einen Spitznamen. *Spitznamen* erlauben die Verschiebung eines Themas in die Parodie. Sie ersetzen gezielt den Namen eines Objekts oder einer Person durch einen Namen, den man selbst vergibt – derjenige, der einen Spitznamen nutzt, wird somit zum Namensgeber. Im Benennungsprozess findet nicht nur eine Entlarvung des Benannten statt, zugleich weist man sich selbst die „magische Kraft" (Blok 2001, 65) zu, in Phasen des Übergangs, der Transformation oder der Krise die eigentlichen Sachverhalte erkennen zu können. Der Spitzname hierarchisiert zwischen Namensgeber und Benanntem, indem er das Benannte nicht nur verzerrt, sondern ihm auch eine Eigenbestimmung verweigert. Man kann die Bezeichnung ‚Kung Flu' zweifellos als Teil eines grotesken Stils sehen, wie er durch Michail Bachtin untersucht worden ist, der ja nicht nur auf Formen der Verzerrung, der Übertreibung und des Spotts aufmerksam machte, sondern zudem betonte, dass das groteske Bild seine Geltung aus einer bestimmten Ambivalenz gewinnt. Mit dem Wissen, dass ein Bild eine Überschreitung oder sogar einen Tabubruch in Diskursen bedeutet, markiert seine Benutzung die Bewegung einer bestimmten Selbst-Autorisierung zum „Erkennen" des Eigentlichen und einem „Ansprechen" des Tatsächlichen (Bachtin 1987, 205).

Dass die Forschung über Eigennamen zumeist auf die Untersuchung der Besonderheit des Sprachzeichens ‚Name' und seine Funktionen in der Sprache konzentriert ist, hat dazu geführt, dass sich vor allem Studien aus der Philosophie, Sprachtheorie und Linguistik mit dem Eigennamen beschäftigten, dabei Sprachhandlungen oder Zeichenkontexte untersuchend. In jüngeren Forschungen sind vermehrt Anknüpfungen an das semiotische Zeichenmodell und insbesondere an die Arbeiten von Charles S. Peirce zu entdecken, wobei das (sprachliche) Zeichen, mit dem das Objekt oder der Gegenstand im Sprechakt interpretiert wird, immer als eine Repräsentation von etwas verstanden werden muss, das außerhalb des bezeichneten Gegenstands oder Objekts steht. Weniger beachtet wurde bisher, dass die Namensgebung ein höchst mächtiges Element in öffentlichen Diskursen ist, was sich vielleicht auf den ersten Blick bereits mit den Benennungen, Neu- oder Umbenennungen von historischen Orten zeigen lässt. In sprachlichen Zeichen bleiben politische Konflikte bestehen: Mit den Namen von Konflikten werden Ressentiments oder Hegemonialansprüche, Opfer- und Tätererfahrungen, persönliche und politische Narrative rekonstruierbar. Namen beschreiben aber auch soziale Gefüge; sie zeigen gesellschaftliche Aufstiege an und lassen Eliten erkennbar werden.

In Bezug auf die Namen von Epidemien wäre die erste Vermutung, dass sie die Entstehung medizinischen Wissens spiegeln. Dass die medizinischen Begriffe jedoch weit mehr noch als Ausblickspunkte auf diskursive Formationen verstanden werden können, hatte nicht zuletzt Ludwik Fleck mit seiner Forschung über die Wissensgeschichte der Syphilis gezeigt. Mit dem Konzept der Denkstile führte Fleck beeindruckend vor, dass Wissenssysteme zu Harmonisierungen tendieren, weil sie „Wechselwirkungen zwischen dem Erkannten, dem zu Erkennenden und den Erkennenden" (Fleck 1980 [1935], 53) folgen.

Historische und stilgemäße Zusammenhänge innerhalb des Wissens beweisen eine Wechselwirkung zwischen Erkanntem und dem Erkennen: bereits Erkanntes beeinflusst die Art und Weise neuen Erkennens, das Erkennen erweitert, erneuert, gibt frischen Sinn dem Erkannten. (Fleck 1980 [1935], 53) Deshalb sei das Erkennen kein individueller Prozess, kein wachsendes theoretisches Bewusstsein, sondern „Ergebnis sozialer Tätigkeit", wo „der jeweilige Erkenntnisbestand die einem Individuum gezogenen Grenzen überschreitet" (Fleck 1980 [1935], 54). Entdeckungen sind für Fleck nicht nur als Ergebnis der Stimmungen und Bewegungen von „Denkgemeinschaften" möglich (Fleck 2011a [1934], 196). Die einzelnen Wissensbereiche basieren auf jeweils eigenen Denkstilen, spezifischen Begriffen und ihrer Verwendungsgewohnheiten (Fleck 2011c [1929], 54). Für die Entwicklung des medizinischen Wissens sind dabei Veränderungen nachzuzeichnen, die von der Beobachtung von Symptomen und dem Schließen von der Symptombeschreibung auf eine Ursache ausgingen, welche im 20. Jahrhundert zu einer Beobachtung der allgemeinen Wirkungsweise des menschlichen Systems führten. Das 20. Jahrhundert gab der Konzentration auf die generellen Risiken menschlicher Physis Raum; die biomedizinischen Fortschritte am Beginn des 21. Jahrhunderts förderten die Berücksichtigung neuartiger individueller Risiken in der Form genetischer Besonderheiten. In der gegenwärtigen Pandemielage zeigt sich überraschenderweise, dass mit dem zur Trendvokabel gewordenen Begriff der „vulnerablen Gruppen" diese Risiken nicht nur als genetische oder lebensstilverursachte Pathologie verstanden werden können, sondern auch der Aspekt sozialer Pathologien eine Bedeutung gewann (Risikolagen durch Studentenwohnheime, Gruppenunterkünfte, Großfamilien), womit die biologischen Faktoren ‚Alter' und ‚Vorerkrankungen' zu sozialen Risikolagen wurden.

Mit den Wandlungen medizinischer Wissenssysteme haben sich auch die Namen von physischen und psychischen Symptomen sowie Erkrankungen entscheidend verändert. Mit Bezeichnungen lassen sich, wie bereits Fleck beobachtete, die „Grenzen" zum Gegenstand erkennen (Fleck 2011b [1935], 250). Bis zum 18. Jahrhundert standen die Namen der menschlichen Anatomie und menschlicher Erkrankungen nicht selten mit Zuschreibungen von Sinn in Beziehung, die weit außerhalb medizinischer Diskurse lagen. Die Verbindung zu mythischen Aspekten, die Korrespondenz metaphysischer Bestimmungen oder die Einbindung in Kreisläufe der Natur, ließ das beobachtete Phänomen selbst zum Teil so stark zurücktreten, dass es in der modernen Medizin neu entdeckt wurde. Umso bemerkenswerter ist, dass die Namensgebung des Coronavirus und der von ihm verursachten Erkrankung gezielt nur eine Gattungsbeschreibung zur Verfügung stellt.

1 Namen geben

Namensgebungen sind ein Element in der Durchsetzung sozialer und politischer Ordnungen. Sowohl in der Aushandlung von sozialen Macht- und Ordnungsprozessen kommt Benennungen eine Bedeutung zu, besonders aber im Rahmen der Setzung und Generalisierung von Kulturerzählungen: Dabei sind es die Menschen, die den Göttern ihre Namen geben, und dabei zugleich für ihre eigenen Namen eine Geschichte der göttlichen Schöpfung erschaffen und überliefern. Zweifellos begegnen wir den Prozessen der Namensfindung heute vielleicht vor allem als Anliegen auf zwei Ebenen: Zum einen drängt sich die Ebene der Marktstrategien auf, das heißt der Platzierung von Produkten über global markante Namen, zum anderen die Ebene des Social Media und damit der Platzierung des Selbst in der Ausgestaltung eines eigenen Namens als Kennung und Zeichen. Eigennamen haben eine Zeichenfunktion. Sie sind zwar formale und pragmatische Elemente des Sprachsystems, aber ihr Erwerb, das heißt der Namenserhalt oder die Namensgebung, ferner das Zitat des Namens im Akt des Sprechens, ist an die Imagination jeweils individueller Bedeutungen gebunden. Namen bezeichnen konkret und sagen doch auch etwas aus über soziale, geographische und historische Kontexte. So tragen Eigennamen stets kulturrelevante Bedeutungen (Platt 2021). Mit einem Artikel verändert sich der Eigennamen insofern, als er eine appellative Dimension hinzugewinnen kann (Pest, „*Die* Pest"). Namen zeigen die Zugehörigkeit zu sozialen Klassen oder Schichten an. Namen weisen stets über einen Einzelnen hinaus. Der Anspruch an die Bezeichnung und Markierung, der mit ihnen verbunden wird, weist zugleich in die Vergangenheit (Zitierung überlieferter Bedeutungen) wie die Zukunft (denn mit Namen korrespondiert auch ein Handlungs- und Werdensversprechen).[2]

---

[2] Siehe dazu auch die Beiträge in Hough (2016), ferner: Michels (2012, 114–115).

Namen von Krankheiten zeigen einen Weg von symbolischen zu klassifizierenden Termini. Moderne medizinische Namen verabschiedeten sich von der Bezeichnung der Temperaturen und Affekte („heiße Wallungen", „Feuermal") und suchten die magischen Kontexte zu überwinden. Ist in den modernen medizinischen Namen tatsächlich die Magie möglicher Heilsversprechen aufgehoben?

Zweifellos geht auch heute noch mit der Benennung vieler Erkrankungen eine Hoffnung auf Wirksamkeit eines ‚Namenszaubers' einher. Den Namen des Bösen auszusprechen, so erzählte es die Sage des Rumpelstilzchens, nimmt ihm seine Macht. Die Magie des Namens beweist sich aber nicht nur hinsichtlich der Brechung des Bösen, sondern auch als Schutz: So galt ein Kind geschützt, solange das Böse seinen Namen nicht kennt (Eichler et al. 1996, 360).

Historisch waren die Bezeichnungen von Krankheiten an beobachtbaren Symptomen oder an den Namen des jeweils betroffenen Körperteils orientiert. So beschrieb die Schwindsucht das ‚Schwinden', die Fallsucht das ‚Fallen' des Menschen in der Erkrankung (Pictet 1856). Ferner entwickelten sich Krankheitsnamen, die mit den Namen von Heiligen verbunden wurden, damit diese dann für die mögliche Heilung direkt in Haft genommen werden konnten, so das Sankt Veltinsweh oder die Sankt Valtentins-Beulen, die St. Valentin heilen sollte (z. B. Höfler 1899, 41). Krankheiten wurden mit Orten assoziiert (Sumpffieber), aber häufig auch an außerhalb der menschlichen Nachweismöglichkeit liegende Verursacher verwiesen (wie insbesondere das Fieber, für das unter anderem Dämonen als ursächlich angenommen wurden) (Bächtold-Stäubli 1987 [1933], 378; Pictet 1856, 345–352). Symptomnamen spiegeln einen Fluch oder bösen Zauber, sie zeigten Sünden oder Verstöße an. So galt die Gicht als ein Leiden, das durch Bereden einem anderen angezaubert wurde (von mittelhochdt. giht, einem ursprünglichen Sinn nach „Besprechen" oder „Beschwören").

Heute begegnen Namen von physischen und psychischen Krankheiten als Diagnose, international klassifiziert im sogenannten ICD, der *International Statistical Classification of Diseases and Related Health Problems*, die Symptomatiken und Diagnosen systematisch in Kriterien und diese in ein Klassifikationssystem überführt hat.

Die Basis für die medizinische Entwicklung waren vor allem zwei wesentliche Wenden – und eine epidemische Erfahrung. Während Europa vom 7. bis zum 13. Jahrhundert kaum mit Epidemien konfrontiert war, führte die „Große Pest" zu europaweiten Erschütterungen. Für die medizinische Forschung forderte sie heraus, zwei Perspektiven aufzugeben: Zum einen brach in der Epidemie der Gedanke des individuellen Ursprungs einer Erkrankung zusammen, zum anderen stieß das Bild von Krankheiten als verzehrendes, von Außen in den Körper des Einzelnen eindringendes Gift an seine Erklärungsgrenzen. Die medizinischen Fortschritte seit dem 17. Jahrhunderten basierten vor dem

Hintergrund dieser Erfahrungen auf einer neuen Konzentration auf die Symptomatiken selbst (bei Vernachlässigung der Spekulationen über die möglichen Ursachen). Die zweite Wende wurde mit den Fortschritten in der Hygienisierung eingeleitet sowie insbesondere mit dem durch Koch und Pasteur in der zweiten Hälfte des 19. Jahrhunderts einsetzenden mikrobiologischen Umbruch der Medizin. Erst mit dieser Entwicklung löste sich die Medizin von den Resten ihrer Entstehung als Geisteswissenschaft und wurde zur naturwissenschaftlichen Lebensforschung (Eckkrammer 2015, 31–32). Begleitet wurde dieser Umbruch von der modernen Medikalisierung der Gesellschaften. Eingeleitet aber wurde er insbesondere durch eine seit dem Beginn des 19. Jahrhunderts intensiv geführten Debatte um die Ursachen von Epidemien. Der Dissenz galt dabei insbesondere der Frage nach *Miasma* oder *Contagium*, das heißt der Ansteckung über Luftverunreinigung durch Fäulnis oder einer Ansteckung durch konkrete Berührung.

2 Neunzehn oder zwanzig Namen?

Auf den ersten Blick ist es vielleicht bemerkenswert, dass es kaum Anstrengungen gibt, mit alternativen Namen oder über Sprachbilder die beiden Bezeichnungen *Corona* und *Covid* zu ersetzen oder zu verfremden. Auch die Bewegungen, die sich zunächst als *Anti-Corona*-Bewegung zusammenfanden, suchten keinen eigenen Begriff, sondern konzentrierten sich eher auf die Bezeichnung als *Virus* sowie auf die Bildung von Komposita wie „Corona-Diktatur", „Corona-Bonus", „Covid-Krise", „Covid-Husten". Auf den zweiten Blick jedoch lässt sich dieses Phänomen leicht damit erklären, dass wir mutmaßlich zunächst einen Abschluss eines Ereignisses oder eine Durchsetzung einer Deutung benötigen, um eine politische Metapher, ein mythisches Bild oder einen *nickname* durchzusetzen. Zudem ist ja die Verkürzung „Corona" bereits eine Personalisierung des wissenschaftlichen Realnamens.

Das in den deutschen Sprachen bevorzugte „Corona" ist eher weiblich konnotiert, das in den englischen Sprachen bevorzugte „Covid" scheint einer männlichen Natur zu entsprechen.

Tatsächlich gibt der Duden *Corona* (Korona) als weiblichen Vornamen an, aber auch *Covid-19* als weiblichen Eigennamen (mit Hinweis auf einen Gebrauch zumeist ohne Artikel), wobei der Duden ein *das* oder *der* Coronavirus freistellt.

Für Frankreich bestimmte die Académie Française ein weibliches Geschlecht (The Local 2020; Willsher 2020); auch in Spanien ist ein Femininum entschieden worden. Im Italienischen ist im Moment noch eine weibliche und eine männliche

Form möglich. Im englischsprachigen Zusammenhang ist neben „covid" auch die Abkürzung „Cov-2" in häufigem Gebrauch. Dabei ist zu beachten, dass, wie das Oxford English Dictionary zum Begriff explizit erläutert, die moderne englische Sprache kein grammatikalisches Geschlecht hat (Oxford English Dictionary 2020). Allein in Australien setzt sich auch „Rona" oder „Miss Rona" durch, aber auch „pando" für „the pandemic".

Das Virus, das wir über sein animiertes Porträt kennengelernt haben, scheinen wir also auch ganz persönlich ansprechen zu können. Diese persönliche Ansprache scheint möglich, weil der Eigenname die medizinische Entschlüsselung, Identifikation und Klassifikation bereits enthält. Corona selbst ist identifiziert. Ein zweiter Faktor der Ansprachemöglichkeit ist sicherlich in der Modellierung der Risikogruppen zu sehen, denn dort, wo vom Beginn des Ausbruches an das Konstrukt der partiellen Betroffenheit debattiert wurde, blieb nicht nur das verdrängende ‚Es-wird-mich-schon-nicht-treffen' wirksam. Neben der Verdrängung konnte sich aufgrund dessen, dass ‚Risikogruppen' und ‚systemrelevante Gruppen' differenziert wurden, eine soziale Stratifizierung ausbilden. Während in früheren Epidemien nicht selten gerade die handlungsfähigen Bevölkerungsgruppen betroffen waren (Soldaten, Handlungsreisende, Schiffskapitäne), versieht das Coronavirus mit der Scheinsicherheit, dass die handlungsfähigen Wissenden nicht betroffen sein werden (mit Ausnahme der Kneipenbummler:innen beim Après-Ski).

US-Präsident Trump erklärte im Juni 2020 auf einer Kundgebung in Phoenix (Arizona), dass er wenigstens 19 oder 20 Namen für das Virus angeben könne (The White House 2020). Mit der Aufforderung an seine Anhänger, die Liste zu vervollständigen, begann er, aufzuzählen: Coronavirus, Wuhan, Kung Flu, Chinese flu, China flu, Covid, Covid-19 („I said, 'That's an odd name.'" [The White House 2020]). Bei seiner Aufzählung blieb Trump dann doch einstellig. Auffällig ist, dass er die Begriffe „Pandemie" oder „Epidemie" kaum genutzt hat. Zwar sprach Trump in seiner Rede in Phoenix vom „end of the pandemic". Das Substantiv, auf das er jedoch am häufigsten zugriff, war „plague".

Fraglos empfindet Trump das Coronavirus als persönliche Plage. Doch gerade die Bezeichnungen „Plage" oder „Seuche" fallen in Europa selten im Zusammenhang mit Corona – wir scheinen zum Umgang mit der unsichtbaren Bedrohung des Virus die Kennzeichnung als Pandemie zu bevorzugen, weil sie den Mantel wissenschaftlicher Vorhersage enthält. Auch die „Coronakrise" ist geläufiger als die „Corona-Plage", die eher von „Corona-Gegner:innen" benutzt wird oder von Medien im Frühjahr des Jahres erwähnt wurde, als Vergleiche gesucht wurden zur „Eichenspinner-Plage".

Die polymotivierten Komposita mögen verdecken, dass sich die Coronavirus-Pandemie eher wenigen Benennungsmöglichkeiten geöffnet hat und die Namenszuweisung verengt ist.

Am 11. Februar 2020 war in der Coronavirus-Pressekonferenz der WHO erstmals die durch das Virus verursachte Krankheit vorgestellt worden. Damit hatte die Pandemie ihren Namen, der im Februar noch buchstabiert werden musste:

> Now to coronavirus. First of all we now have a name for the disease and it is CoViD-19 and I will spell it; C O V I D - 19. Co - C O - stands for corona, as you know; V I stands for virus; D for disease so CoViD. Under agreed guidelines between WHO, the World Health Organization, the World Organization for Animal Health and the Food and Agriculture Organisation – meaning WHO, OAE and FAO of the United Nations; we had to find a name that did not refer to a geographical location, an animal, an individual or group of people and which is also pronounceable and related to the disease. Having a name matters to prevent the use of other names that can be inaccurate or stigmatising. It also gives us a standard format to use for any future coronavirus outbreaks. (WHO 2020a)

Der erste Lagebericht der World Health Organization Europa vom 2. bis 8. März 2020, der sich selbst zählt als „Epidemie Woche 10", musste Covid-19 nicht mehr erklären. Auch der erste einer Folge von täglichen RKI-Lageberichten vom 4. März 2020 konnte auf eine Klärung der Begriffe schon verzichten (WHO Europe 2020, RKI 2020a). Das Akronym CoViD war in wenigen Tagen zum *Eigennamen* geworden.

Die WHO hatte zur Namensgebung erklärt, dass man bewusst die Verwendung des Namens SARS vermieden habe, um „unintended consequences" in Regionen zu umgehen, die vom SARS-Ausbruch im Jahr 2003 betroffen waren (WHO 2020c). Das Virus (SARS-CoV-2) selbst sollte nicht mehr umbenannt werden. Für Kommunikationen mit der Öffentlichkeit wurde empfohlen, von dem „für COVID-19 verantwortlichen Virus" zu sprechen oder kurz vom „COVID-19-Virus". Der Terminus „Covid" sollte also zugleich benennen, als auch entfremden. Der Name sollte das Neue des Virus betonen, aber auch Panikreaktionen verhindern.

Die Namensentscheidung basierte auf einer Leitlinie, die von der WHO im Mai 2015 für die Benennung von neuen Krankheiten verfasst worden war (WHO 2015). Mit dieser Leitlinie war angesichts der Schnelligkeit der globalen digitalen Kommunikationswege gewarnt worden, neuen Krankheiten „zu schnell" einen Namen zuzuweisen. Empfohlen wurde sogar, in den ersten Phasen des Auftretens vorläufige Namen zu benutzen, bevor dann ein adäquater gefunden sei, der zu einem späteren Zeitpunkt in die *Internationale Klassifikation der Krankheiten* (ICD) aufgenommen werden könne. Mit diesem Vorgehen seien die negativen Auswirkungen von Namen zu reduzieren. Die WHO erließ ihre Best-Practice-Empfehlungen für Fälle von (a) Infektionen, Syndromen oder Krankheiten des

Menschen, die (b) vorher noch nicht gekannt worden seien, dabei (c) potenzielle Auswirkungen auf die öffentliche Gesundheit haben oder haben werden, wenn (d) noch kein Krankheitsname im allgemeinen Sprachgebrauch etabliert sei.

Angeregt wurde, zur Etablierung eines Namens auf Kombinationen unterschiedlicher Elemente zu setzen. Dabei könnten Begriffe genutzt werden, die die neu zu bezeichnende Krankheit einer bekannten Gattung zuweisen (z. B. Atemwegserkrankung, Hepatitis). Einfache Begriffe seien, wenn sie beschreibend sind, fachspezifischen Begriffen vorzuziehen (z. B. juvenil, Winter). Krankheiten sollten anders benannt werden als ihre Erreger, da ein Erreger mehr als eine Krankheit verursachen könne. Namen sollten leicht aussprechbar und kurz sein; bei langen Namen sollte geprüft werden, ob mögliche Abkürzungen noch adäquat zum Bezeichnungssinn sind. Dabei dürften durchaus die Bezeichnungen „schwer" oder „neuartig" genutzt werden, wenn sich hohe Todesfallraten abzeichnen. Auch Datumsangaben (Jahr oder Monat und Jahr) könnten verwendet werden, um zwischen ähnlichen Krankheitsereignissen zu unterscheiden. Zu verhindern seien insbesondere vier Assoziationen:

(a) *Geografische Bestimmungen*, wie Städte, Länder, Regionen, Kontinente (Middle East Respiratory Syndrome, Spanish Flu, Rift Valley fever, Lyme disease, Crimean Congo hemorrhagic fever, Japanese encephalitis).
(b) *Namen von Personen* (Creutzfeldt-Jakob disease, Chagas disease).
(c) *Kulturelle, bevölkerungs-, branchen- oder berufsbezogene Referenzen* (occupational, legionnaires, miners, butchers, cooks, nurses).
(d) *Begriffe, die unangemessene Angst schüren* (unknown, death, fatal, epidemic).

Die Empfehlungen der WHO basierten explizit auf der Erfahrung, dass in der Vergangenheit, sichtbar am Beispiel des Terminus der „Schweinegrippe", unbeabsichtigt negative wirtschaftliche und soziale Auswirkungen durch die Stigmatisierung bestimmter Lebensformen, Gemeinschaften oder Industrien beobachtbar gewesen seien (Fukuda et al. 2015, 643). Insbesondere wurde an das *HI-Virus* (*Humane Immundefizienz*) erinnert. So hatten die U.S. Centers for Disease Control and Prevention (*CDC*) zeitweise den Terminus der *4H-Krankheit* genutzt (Hämophilie, Homosexuelle, Heroinkonsumenten, Haitianer), ferner war, so in Forschungsstudien zum *Kaposi-Sarkom*, der Terminus *GRID* (Gay Related Immune Deficiency) in Gebrauch gewesen (Fee und Krieger 1993; Barton et al. 1983). In Bezug auf AIDS wurden die Opfer der Krankheit nicht nur für die Krankheit verantwortlich gemacht, es wurde auch eine Epidemie konstruiert und in ihren Verläufen in der Öffentlichkeit bekannt gemacht, die auf einer sozialen Kategorisierung von „Homosexualität" basierte. Die Eingrenzung eines medizinischen Pathogens ging mit der Benennung eines sozialen Pathogens in eins, wodurch das

Virus zum sozialen Pathogen wurde und der Mensch zum medizinisch anderen Risikokörper (Kayal 1985).

In der Frage der Namensgebung für eine Pandemie werden affektive, kulturelle und soziale Bedeutungsschichten angesprochen. Die Bezeichnungen möglicher Vaccine hingegen sollen die Fähigkeit zur Sichtbarmachung des unsichtbaren Virus beweisen, sie zeigen die Einordnung in Familien von Proteinketten, den Rückgewinn menschlicher Fähigkeit, systematisch zu forschen, den menschlichen Sieg über das schwer Vorhersehbare – und Positionen im internationalen Konkurrenzgeschehen.

Der im August 2020 in Russland durch das *Gamaleya Research Institute of Epidemiology and Microbiology*® registrierte Impfstoff macht es vor: Sein Name lautet *Sputnik V* (Gam-COVID-Vac). Das Vaccine der britischen Firma *AstraZeneca*® heißt in der Studienphase noch *AZD122* und wird unter dem Namen *ChAd-Ox1 nCoV-19* getestet (das Akronym gibt an, das es sich um ein abgeschwächtes Adenovirus von Schimpansen (chimpanzees) handelt). Das von *Pfizer*® und *BioNTech*® entwickelte Vaccine läuft zur Zeit noch unter dem Namen *BNT162b2*. Es basiert, wie die Forschung der US-amerikanischen Firma *Moderna*®, als RNA-Impfstoff auf der Erbinformation des Virus, um die Bildung virusspezifischer Proteine anzuregen. Die Impfstoffstudie des Konzerns *Moderna*® wird unter dem Namen *COVE* durchgeführt, der Impfstoff selbst wird unter dem Kürzel *mRNA-1273* getestet. Die US-amerikanische Regierung setzt auf den Impfstoffkandidaten *NVX-CoV2373* des Konzerns *Novavax*®.

Von den historischen, nicht nur an den Symptomen, sondern auch direkt am Tod orientierten Namen für Seuchen, haben sich die heutigen Akronyme weit entfernt. Akronyme erschaffen eine Genauigkeit und Unzweideutigkeit, verschieben eine Bezeichnung eines Phänomens von der Beschreibung zur Klassifizierung – und scheinen damit doch ein Heilsversprechen zu integrieren.

3 Tod und Verderben

Eine Differenzierung der epidemischen Krankheiten hatte erst mit dem 19. Jahrhundert begonnen. Zuvor wurden Seuchen zumeist mit den Blattern (Pocken) oder der Pest in Verbindung gebracht. So war auch die Syphilis in Deutschland unter anderem als „unkeusche Blattern" (Richter-von Arnauld 2018, 196) bezeichnet worden. Als Kennzeichen für Epidemien galt die Willkürlichkeit der Symptome, das nicht-typische Auftreten. Für die Tödlichkeit der Seuchen wurden nicht die Symptome selbst ursächlich gesehen, sondern die Bösartigkeit oder Gefährlichkeit eines äußeren Einflussgeschehens. Gerade die Schwierigkeit, die Symptome zu einem erkennbaren Krankheitsbild zusammenzuschließen, aber auch der erlebte Schrecken des Sterbens lasteten auf der medizinischen Forschung. Ob die Heimtücke der Seuche im Wirken von Göttern oder dem Einfluss von Gestirnen, vielleicht aber doch auch in „Dünsten" zu finden sei, war, wie in Clement Chelners Pest-Buch aus dem Jahr 1584, häufig diskutiert, aber kaum entschieden worden (Chelner 1585, 14 [eigene Paginierung]).

Der Begriff der *Pest* hat historisch tatsächlich eine eher unspezifische Verwendungsgeschichte, gerade da er zur Bezeichnung verschiedener Krankheiten gedient hatte. Vom lateinischen *pestis, pestilentia* (Tod, Verderben, Seuche, Plage) ableitbar, wurden neben der eigentlichen, durch das Pestbakterium *Yersinia pestis* verursachten Krankheit im Mittelalter und der frühen Neuzeit auch verschiedene infektionsverursachte Erkrankungen benannt: Ruhr, Pocken, Masern, Syphilis, Fleckfieber, Grippe, Milzbrand (Haeser 1859; Wozniak 2020, 631). Möglicherweise hat das lateinische *pestis* in seinen ersten Bedeutungen nicht nur Krankheit und Tod bezeichnet, sondern auch eine Wortverwandschaft zum „Gehen" (*patere, pad ire*), so dass der Begriff von der Assoziation einer „wandernden Krankheit" abgeleitet werden kann (Pictet 1856, 351).

Paracelsus hatte mit seiner Erarbeitung der fünf möglichen Ursachen (*Entien*) für Erkrankungen in seinen intensiven Auseinandersetzungen mit der Pest die Idee einer *Ens astrale* charakterisiert, einer unsichtbaren, von Gestirnen bedingten Wirkung auf Körper (vgl. Classen 2010).

Der Apotheker und Arzt Jacob J. Bräuner ging in einem der ersten, einer differenzierenden Beschreibung der Symptome der epidemischen Pest gewidmeten Buch von dem Versuch aus, die Pestis von anderen Krankheitsformen genau zu unterscheiden (Bräuner 1714, 26).

> Die Flecken / *Petechiæ* genannt / werden von der Natur / wenn fie noch ftarck genug getrieben / nicht eben allemal *criticè*, denn gleich im Anfang der Schwachheit kein *vera crifis* erfolgen mag / weilen alsdenn die *Facultas concoctrix* ihr Ampt noch nicht verrichtet / auch nicht allemal *fymptomaticè*. (Bräuner 1714, 23)

Die scheinbar mythisierende, häufig fälschlich von den Symptomen abgeleitete Bezeichnung des „Schwarzen Todes" wurde erst mit dem Beginn des 18. Jahrhunderts durchgesetzt. Die Überführung der Pest in eine Metapher folgte der Frage nach der politischen und historischen Bedeutung der Seuche. Die Markierung der Pest als „Schwarzer Tod" ist nicht mehr krankheitsbezogen und nicht mehr chronologisch, sie deutet auf einen generationenübergreifenden Kultureinschnitt. Die Farbe „schwarz" weist auf den personifizierten Tod selbst hin. Dies zeichnete auch bereits das Grimmsche Wörterbuch nach, indem es auf die Übereinanderlagerung des Krankheitssymptoms der schwarzen Beulen und des Todes selbst verweist, der in Überlieferungen als „schwarzer Mann" erscheint

(Grimm und Grimm 1984 [1899], Sp. 2300–2321). Erst diese Übereinanderlagerung macht es möglich, die politische Signatur des Begriffs des „Schwarzen Todes" zu verstehen.

Der Dichter Friedrich Gottlieb Klopstock (1724–1803) hatte das Bild genutzt, um in einer die Französische Revolution reflektierenden Ode aus dem Jahr 1799 die gesellschaftspolitische Situation als wirr und unüberschaubar, lebens- und ordnungsbedrohend zu zeigen. Die Franzosen erscheinen als räuberische Flut, die Europa mit Zerstörung und Verwilderung heimsuchen würden:

> Einst wütet' eine Pest durch Europa's Nord,
> Genant der schwarze Tod. [...]
> Geschaudert hat vor euch mich, ihr Raubenden,
> Und dennoch Stolzen! die ihr die Freyheit nent,
> Und Alles dann, was Menschenwohl ist,
> Stürzet, zermalmt, und zu Elend umschaft! [...]
> (Klopstock 1887, 165)

Auch der Vormärz-Dichter Georg Herwegh (1817–1875) nutzte den schwarzen Tod als politische Metapher:

> Deutsche, glaubet euren Sehern,
> Unsre Tage werden ehern,
>   Unsre Zukunft klirrt in Erz;
> Schwarzer Tod ist unser Sold nur,
> Unser Gold ein Abendgold nur,
>   Unser Roth ein blutend Herz!
>   (Taillandier 1849, 102–103)

In einer kleinen, 1849 unter dem Titel *Das Jahr Acht und vierzig* erschienenen Schrift unternahm der Theologe und Schriftsteller Timotheos Wilhelm Röhrich (1802–1860) den Versuch, Kurzporträts der Jahre 1348, 1448, 1548, 1648, 1748 und 1848 aneinander zu reihen. Für das Jahr 1848 betonte er, dass zwar noch ungewiss sei, „welche Stelle dieses Jahr in der Weltgeschichte, in dem Entwickelungsgange der Menschheit einst einnehmen werde", dass sich aber doch deutlich abzeichne, dass „eine neue Ordnung der bürgerlichen Gesellschaft und der Kirche geboren werden solle. Die Zukunft ist uns verborgen". (Röhrich 1849, 13)

Für das Pestjahr notierte er:

> Es war der *schwarze Tod*, der als Pest kam, aus dem fernen Osten her. Ueberdies war das deutsche Reich [...] durch Partheikampf zerrüttet.
> An jenem *großen Sterben* verschieden in einem einzigen Sommer und in Straßburg allein sechzehn tausend Menschen (1349); denn das Uebel war ansteckend.
> (Röhrich 1849, 4)

Röhrich ließ die Epidemie in den Hintergrund treten und widmete sich den Erschütterungen der Gesellschaft.

Auch der Mediziner und Medizinhistoriker Justus Hecker (1795–1850) rahmte den Begriff des „schwarzen Todes" in die Reflexion auf politische Verhältnisse, nicht auf die Symptomgeschichte der Pest. In seiner Studie *Der schwarze Tod im vierzehnten Jahrhundert* (Hecker 1832) erörterte er, dass jede große Katastrophe zwar zur Vernichtung von Leben, letztlich aber zur Verjüngung der Natur führe, wenn der Mensch aus seiner Starre erwache.

> In grofsen Seuchen offenbart sich die allwaltende Macht, welche den Erdball mit all seinen Geschöpfen zu einem lebendigen Ganzen gestaltet hat. [...] Diese Umwälzungen [...] erwecken durch die Vernichtung neues Leben, und wenn der Aufruhr über und unter der Erde vorüber ist, verjüngt sich die Natur, und der Geist erwacht aus Erstarrung und Versunkenheit zum Bewufstsein höherer Bestimmung.   (Röhrich 1849, 1)

Die Mechanismen, die in der Durchsetzung der Bezeichnung des „schwarzen Todes" wirksam wurden und die Verschiebung der Bedeutung von einer Pandemie in eine Kultur- und Politikkatastrophe bedingten, fallen auch in der Untersuchung der Geschichte der Syphilis oder der „Spanischen Grippe" auf. Dabei ist explizit festzuhalten, dass diese Bedeutungsverschiebung nicht möglich wurde, weil Seuchen vor allem mythisch erklärt worden sind. Im Gegensatz zeigt sich zu allen Zeiten in Bezug auf Pandemien eher ein Zuviel an Bedeutungen, wobei es bis zur Frühen Neuzeit leichter gelang, die individuellen und gesellschaftlichen, physischen und sozialen Auswirkungen zusammenzudenken, während die modernen medizinischen Annäherungen als zu eng empfunden wurden, die zeit- und raumauflösenden epidemischen Lagen zu verstehen.

Der zweifellos immer am Rand der wissenschaftlichen Diskussionen gebliebene Kulturphilosoph Egon Friedell (1878–1938) hatte das Pestjahr 1348 als das „Konzeptionsjahr" (Friedell 2009 [1931], 60) des Menschen der Neuzeit bezeichnet. Geschichtsabschnitte setzen wir dort, so Friedell, wo jeweils ein „neuer Mensch" entworfen werde.

> Eine neue Ära beginnt nicht, wenn ein großer Krieg anhebt oder aufhört, eine starke politische Umwälzung stattfindet, eine einschneidende territoriale Veränderung sich durchsetzt, sondern in dem Moment, wo eine neue Varietät der Spezies Mensch auf den Plan tritt. Denn in der Geschichte zählen nur die inneren Erlebnisse der Menschheit. Aber der unmittelbare Anstoß wird doch sehr oft von irgendeinem erschütternden äußeren Ereignis, einer allgemeinen Katastrophe ausgehen: einer großen Epidemie, einer tiefgreifenden Umlagerung der sozialen Schichtung, weit ausgebreiteten Invasionen, plötzlichen wirtschaftlichen Umwertungen.   (Friedell 2009 [1931], 59)

Die Neuzeit habe nicht dort angefangen, wo sie für eine epochenorientierte Geschichtsschreibung gesetzt worden sei, sondern sie habe sich mit der Erfahrung von Schock und Dunkelheit entwickelt (Friedell 2009 [1931], 61). Wo für Friedell die Reaktionen auf Krankheiten und Epidemien eine jeweilige Zeit bestimmen, weil sie die Wahrnehmung von Zeit beeinflussen, weil sie die Wahrnehmung ermöglichen, dass „Zeit" eine erschreckende, unfassbare (letztlich auch endliche) Erfahrung sei (Friedell 2009 [1931], 58), scheinen in der aktuellen Pandemie nicht die Zeitstrategien vom Existentiellen, sondern gesellschaftliche Existenz durch die Veränderung der Zeitstrategien herausgefordert zu sein.

4 Covid Rosie

Der Welt im Namen zu begegnen, heißt nicht nur, zu benennen oder benannt zu werden, sondern sich in Bezug zu setzen. Die Erfahrung von Pandemien begegneten als Erfahrung der Erschütterung von Ordnung, als Verletzung der physischen und psychischen Gesundheit von Menschen und Destabilisierung von gesellschaftlicher Öffentlichkeit. Die vormoderne Seuche, die jeden treffen konnte, die zudem nicht leise über Nacht kam, sondern mit schweren, den Menschen entstellenden Symptomen, ließ nach den Ursachen des Bösen fragen, nach dem Grund des Leidens. Die pandemische Krise ist dabei auch in der Vormoderne nicht mit der Krankheit identisch gewesen – die Krankheit ist die Erzählung von Symptomen, von ungeklärten Ursachen und unsichtbaren Ansteckungen. Wenn es eine Semantik der Pandemie gibt, dann hat sie zu tun mit der Versprachlichung von Irritation.

Nicht so die Covid-19-Pandemie. Denn die „Krise", die mit dem Virus beschrieben wird, wird kaum auf das Virus selbst bezogen, sondern beschreibt für viele die politisch beschlossenen Einschränkungen. Der Artikel zeigte die Überlegungen der WHO, einen Namen für das Virus und die durch das Virus verursachte Erkrankung zu finden. Ein Name für die Pandemie selbst blieb bis heute aus. Mit der Bezeichnung *SARS-CoV-2* (Severe acute respiratory syndrome coronavirus type 2) ist tatsächlich ein neutral klingender Begriff gefunden worden, der kaum Eigenschaften, sondern eine Klassifizierung anzeigt (Familie Coronaviridae; Unterordnung: Cornidovirineae, Ordnung: Nidovirales, Bereich: Riboviria) (RKI 2020b). SARS-CoV-2 führt in keine Bezeichnungsfelder, in keine Relationen, die die Bedeutung der Pandemie erfragen würden – übersieht man großzügig, dass er als Code den virologischen Expert:innen ein diskursives Spezialfeld eröffnet hat. Vielleicht wird es in zehn Jahren einen violetten Schlüsselanhänger mit dem Namen „Sarsi" geben. Vielleicht wird die Coronavirus-Pandemie einen Wendepunkt zum „Tod der Städte" oder zum „Wiedererwachen nationalistischer Bewegungen" signieren. Die Übersetzung der Corona-Pandemie in einen eigenen

Namen wird dabei eine Transposition aus der „Krise" in einen Bedeutungsrahmen verlangen, in dem der Name nicht mehr (nur) auf ein Sinnreservoir verweist, sondern die Durchsetzung einer allgemein verstehbaren Deutung zeigt.

Ein Weg, der bisher neben den australischen Versuchen, sich mit „Miss Rona" gut zu stellen, als Hinwendung zur Bedeutungsfrage des Privaten sichtbar geworden ist, ist die Neuschöpfung von Babynamen. Zweifellos werden *Covid Rosie*, *Corona Kumar* und *Covid Marie*, wenn sie älter sind, die Motivationen ihrer Eltern erfragen, mit denen ihr Leben unter den Geburtsstern der Pandemie gestellt wurde (NZ Herald 2020; Fry 2020). Interessanterweise sind es bisher vor allem die Benennungen der eigenen Kinder, durch die Covid von der medizinischen Klassifikation gelöst und in die eigene Familie geholt wurde. Dieser Bewältigungsmechanismus durch Ansprache holt auch die Zeit zurück, lässt jedenfalls zu, die Pandemie in einer Zeit erzählen zu können (der Lebenszeit des Kindes).[3] Zugleich wird im Namen der Neugeborenen die apotropäische Magie wieder sichtbar.

Die Erfahrungen der Monate der Pandemie nicht als Begegnung mit Risiken und diversen Zumutungen zu berichten, sondern so anzusprechen, dass wir uns selbst mit dieser Zeit in Verbindung sehen können, wird einen Namen verlangen, der nicht „Lockdown" ist. Angesichts der Intensität der öffentlichen Auseinandersetzungen um Bedeutungen und Wahrheit wird es vielleicht 200 Jahre dauern, bis für die Covid-Pandemie eine Ansprache gefunden ist, die die Spannung zwischen der neuen Stille der Städte und der Lautheit der Meinungsäußerungen reflektiert. Der sich dann durchsetzenden kulturhistorischen Benennung wird vielleicht auch Covid Rosie nicht mehr Zeugin werden. Vorausgesetzt, es kommt noch auf eine Deutung an in einer Zukunft, die vielleicht weitere Viren erlebt, gegen die dann auch kein Lockdown mehr hilft.

Literatur

Agence France-Presse. „Pompeo speaks of 'Wuhan virus' despite China's protests". *Yahoo News*. https://news.yahoo.com/pompeo-speaks-wuhan-virus-despite-chinas-protests-165826114.html. 6. März 2020 (21. November 2020).

ÄrzteZeitung. „Mysteriöse Lungenkrankheit in China ausgebrochen. Gerüchte über Sars." https://www.aerztezeitung.de/Medizin/Mysterioese-Lungenkrankheit-in-China-ausgebrochen-405351.html. 2. Januar 2020a (21. November 2020).

---

[3] Zu Weisen der Erinnerung an die Pandemie vgl. auch die Beiträge von Langwagen und Bretschneider sowie von Butuci et al. in diesem Band.

ÄrzteZeitung. „Neues Coronavirus ähnelt SARS-Viren aus Fledermäusen." https://www.aerzte zeitung.de/Medizin/Neues-Coronavirus-aehnelt-SARS-Viren-aus-Fledermaeusen-405626. html. 13. Januar 2020b (15. Oktober 2020).

Bachtin, Michael. *Rabelais und seine Welt. Volkskultur als Gegenkultur.* Hg. Renate Lachmann. Übers. Gabriele Leupold. Frankfurt a. M.: Suhrkamp, 1987.

Bächtold-Stäubli, Hanns (Hg.). *Handwörterbuch des deutschen Aberglaubens.* Berlin, New York: de Gruyter, 1987 [1933].

Barton, Norman W., Bijan Safai, Surl L. Nielsen und Jerome B. Posner. „Neurological complications of Kaposi's sarcomat. An analysis of 5 cases and a review of the literature. *Journal of Neuro-Oncology* 1.4 (1983): 333–346.

Beijing Monitoring Desk. „Chinese officials investigate cause of pneumonia outbreak in Wuhan". *Reuters.* https://www.reuters.com/article/us-china-health-pneumonia-idUSKB N1YZ0GP. 31. Dezember 2019 (21. November 2020).

Blok, Anton. *Honour and Violence.* Cambridge: Polity Press, 2001.

Bräuner, Johann Jacob. *Peſt-Büchlein: Oder Kurtzer / doch gründlicher Unterricht Von der jetztmalen über Teutſchland ſchwebenden gefährlichen Seuche der Peſtilentz [...].* Frankfurt a. M.: Matthias Andreck, 1714.

Chelner, Clement. *Kurtzer bericht / von itzo regierender Kranckheit der Pestis. Was ſie ſey / woher ſie komme / vnd wie man sich dafür verwaren/ vnd so einer damit beladen / curirt werden ſoll ….* Eisleben: Andreas Petri, 1585.

Classen, Albrecht (Hg.). *Paracelsus im Kontext der Wissenschaften seiner Zeit. Kultur- und mentalitätsgeschichtliche Annäherungen.* Berlin, New York: de Gruyter, 2010.

Dalton, Jane. „Nearly 30 people struck by outbreak of mystery illness in Chinese city." *Independent* https://www.independent.co.uk/news/world/asia/china-illness-outbreak-sars-pneumonia-sick-virus-wuhan-health-a9265506.html. 31. Dezember 2019 (21. November 2020).

Deutsche Welle. *China investigates SARS-like virus as dozens struck by pneumonia.* https://www.dw.com/en/china-investigates-sars-like-virus-as-dozens-struck-by-pneumonia/a-51843861. 31. Dezember 2019 (21. November 2020).

Deutsche Welle. *China outbreak: Over 200 cases of deadly virus.* https://www.dw.com/en/china-outbreak-over-200-cases-of-deadly-virus/a-52064053. 20. Januar 2020 (21. November 2020).

Ecco Verde: https://www.ecco-verde.de/or-tea/kung-flu-fighter (24. Oktober 2020).

Eckkrammer, Eva Martha. „Medizinische Textsorten vom Mittelalter bis zum Internet". *Handbuch Sprache in der Medizin.* Hg. Albert Busch und Thomas Spranz-Fogasy. Berlin, Boston: de Gruyter, 2015, S. 26–46.

Eichler, Ernst, Gerold Hilty, Heinrich Löffler, Hugo Steger, und Ladislav Zgusta. (Hg.). *Namenforschung / Name Studies / Les Noms Propres. Ein internationales Handbuch zur Onomastik / An International Handbook of Onomastics / Manuel international d'onomastique.* Berlin, New York: de Gruyter, 1995–1996.

European Centre for Disease Prevention and Control (ECDPC). *Outbreak of acute respiratory syndrome associated with a novel coronavirus, Wuhan, China; first update.* https://www.ecdc.europa.eu/en/publications-data/risk-assessment-outbreak-acute-respiratory-syn drome-associated-novel-coronavirus 22. Januar 2020 (21. November 2020).

Fee, Elizabeth, und Nancy Krieger. „Understanding AIDS: Historical interpretations and the limits of biomedical individualism". *American Journal of Public Health* 83.19 (1993): 1477–1486.

Fleck, Ludwik. *Entstehung und Entwicklung einer wissenschaftlichen Tatsache. Einführung in die Lehre vom Denkstil und Denkkollektiv.* Hg. Lothar Schäfer und Thomas Schnelle. Frankfurt a. M.: Suhrkamp, 1980.

Fleck, Ludwik. „Wie entstand die Bordet-Wassermann-Reaktion und wie entsteht eine wissenschaftliche Entdeckung im allgemeinen?". *Denkstile und Tatsachen. Gesammelte Schriften und Zeugnisse.* Hg. Sylwia Werner und Claus Zittel. Frankfurt a. M.: Suhrkamp 2011a [1934]. 181–210.

Fleck, Ludwik. „Zur Frage der Grundlagen der medizinischen Erkenntnis". *Denkstile und Tatsachen. Gesammelte Schriften und Zeugnisse.* Hg. Sylwia Werner und Claus Zittel. Frankfurt a. M.: Suhrkamp 2011b [1935]. 239–259.

Fleck, Ludwik. „Zur Krise der Wirklichkeit". *Denkstile und Tatsachen. Gesammelte Schriften und Zeugnisse.* Hg. Sylwia Werner und Claus Zittel. Frankfurt a. M.: Suhrkamp 2011c [1929]. 52–69.

Friedell, Egon. *Kulturgeschichte der Neuzeit. Erstes Buch. Die Krisis der Europäischen Seele von der Schwarzen Pest bis zum Ersten Weltkrieg.* Frankfurt a. M.: Zweitausendeins, 2009 [1931].

Fry, Ellie. „Babies are already being named after the coronavirus pandemic". *Independent.* https://www.independent.co.uk/life-style/health-and-families/baby-names-coronavirus-new-parents-covid-19-india-pandemic-sanitizer-a9480376.html. 23. April 2020 (3. November 2020).

Fukuda, Keiji, R. Wang, und B. Vallat. „Naming Diseases: First do no harm". *Science* 348.6235 (2015): 643.

Garrett, Laurie. „The Real Reason to Panic About China's Plague Outbreak". *Foreign Policy.* https://foreignpolicy.com/2019/11/16/china-bubonic-plague-outbreak-pandemic/. 16. November 2019 (21. November 2020).

Goodin, Emily. „It's NOT racist!": Donald Trump lashes out as he is challenged on using „Chinese virus," saying Beijing did NOT give fair warning and doesn't condemn White House official who called it „kung flu". *Mail Online.* https://www.dailymail.co.uk/news/article-8125915/Donald-Trump-triples-calling-coronavirus-Chinese-virus.html. 18. März 2020 (21. November 2020).

Grimm, Jacob, und Wilhelm Grimm. *Deutsches Wörterbuch.* Bd. 15: Schiefeln – Seele. München: dtv, 1984 [1899].

Haeser, Heinrich. *Lehrbuch der Geschichte der Medicin und der epidemischen Krankheiten.* Bd. 2. Jena: Mauke, 1859.

Hecker, Justus. *Der schwarze Tod im vierzehnten Jahrhundert. Nach den Quellen für Ärzte und gebildete Nichtärzte bearbeitet.* Berlin: Herbig, 1832.

Heimbrod, Camille. „Donald Trump Explains Why He Called Coronavirus 'China Virus,' Lies About Taking Outbreak Seriously". *International Business Times News.* https://www.ibtimes.com/donald-trump-explains-why-he-called-coronavirus-china-virus-lies-about-taking-2942001. 18. März 2020 (21. November 2020).

Höfler, Max. *Deutsches Krankheitsnamen-Buch.* München: Piloty und Loehle, 1899.

Hough, Carole (Hg.). *The Oxford Handbook of Names and Naming.* Oxford: Oxford University Press, 2016.

Jaipragas, Bhavan. „Coronavirus: US Secretary of State Mike Pompeo switches disease name to 'Wuhan virus' as it spreads in the US". *South China Morning Post.* https://www.scmp.com/news/china/politics/article/3074050/coronavirus-us-secretary-state-mike-pompeos-wuhan-virus. 7. März 2020 (21. November 2020).

Kayal, Philip M. „,Morals,' Medicine, and the AIDS Epidemic". *Journal of Religion and Health* 24.3 (1985): 218–238.

Klopstock, Friedrich Gottlieb. *Oden*. Hg. Heinrich Düntzer. Leipzig: Brockhaus, 1887.

LeBlanc, Paul. „Trump calls coronavirus a 'foreign virus' in Oval Office address". *CNN Wire*. https://edition.cnn.com/2020/03/11/politics/coronavirus-trump-foreign-virus/index.html. 12. März 2020 (21. November 2020).

Long, Molly. „Visualising the invisible: how medical illustrators help us understand viruses". *Design Week*. https://www.designweek.co.uk/issues/14-19-april-2020/medical-illustration-coronavirus/. 17. April 2020 (21. November 2020).

MedicalXPress. „China confirms human-to-human transmission as WHO emergency group meets (Update)". https://medicalxpress.com/news/2020-01-china-virus-contagious-people-sars.html. 20. Januar 2020 (21. November 2020).

Michels, André. „Der Name, die Schrift und das Reale". *Name, Ding, Referenzen*. Hg. Stefan Börnchen, Georg Mein und Martin Roussel. München: Wilhelm Fink, 2012. 107–130.

NZ Herald. „Covid 19 coronavirus: Baby names inspired by pandemic". https://www.nzherald.co.nz/lifestyle/covid-19-coronavirus-baby-names-inspired-by-pandemic/JYIKEWNSZ5CBU4DIDNXLONCQ2M/. 13. April 2020 (3. November 2020).

Or Tea?. *Suchbegriff: „kung flu"*. https://www.or-tea.com/en/search/kung+flu/ (25. Oktober 2020).

Oxford English Dictionary. *The language of Covid-19: special OED update*. https://public.oed.com/webinars-and-events/the-language-of-covid-19/ (21. November 2020).

Pharmazeutische Zeitung. „Erster Toter durch neues Coronavirus." https://www.pharmazeutische-zeitung.de/erster-toter-durch-neues-coronavirus/. 13. Januar 2020 (17. November 2020).

Pictet, Adolphe. „Die alten krankheitsnamen bei den Indogermanen". *Zeitschrift für vergleichende Sprachforschung auf dem Gebiete des Deutschen, Griechischen und Lateinischen* 5.5 (1856): 321–354.

Platt, Kristin. *Namen der Katastrophe*. Weilerswist: Velbrück, 2021 (in Vorb.).

Richter-von Arnauld, Hans Peter. *... und hatten die Pest an Bord. Eine Kulturgeschichte der Krankheiten, Seuchen und Gefahren im Gefolge der Schifffahrt*. Norderstedt: BoD, 2018.

Röhrich, Timotheus Wilhelm. *Das Jahr Acht und vierzig; seit fünf Jahrhunderten ein verhängnißvolles oder entscheidendes Jahr, besonders in religiöser Beziehung*. Straßburg: Berger-Levrault, 1849.

Robert Koch-Institut. *Täglicher Lagebericht des RKI zur Coronavirus-Krankheit-2019 (COVID-19)* (4. März 2020). https://www.rki.de/DE/Content/InfAZ/N/Neuartiges_Coronavirus/Situationsberichte/2020-03-04-de.pdf?__blob=publicationFile. 4. März 2020 (24. Oktober 2020). [=RKI 2020a]

Robert Koch-Institut. *Virologische Basisdaten*. https://www.rki.de/DE/Content/InfAZ/N/Neuartiges_Coronavirus/Virologische_Basisdaten.html. 10. September 2020 (19. November 2020). [=RKI 2020b]

Stanway, David. „Explainer: Don't panic about China's 'Black Death' plague cases". *Reuters*. https://www.reuters.com/article/us-china-health-plague-explainer-idUSKBN1XS0S6. 18. November 2019 (21. November 2020).

Su, Zhaohui, Dean McDonnell, Junaid Ahmad, Ali Cheshmehzangi, Xiaoshan Li, Kylie Meyer et al. „Time to stop the use of 'Wuhan virus', 'China virus' or 'Chinese virus' across the scientific community". *BMJ Global Health* 5.9 (2020).

Süddeutsche Zeitung. „Ein Virus schreckt die Welt." 4. Januar 2020a: 1. (Titel)

Süddeutsche Zeitung. „Lungenkrankheit in China." 4. Januar 2020b: 7 (Ressort Politik).
Taillandier, Saint-René. *Das Neue Deutschland, geschildert von Saint-René Taillandier*. Übers. Gustav Schilling. Stuttgart: Rieger'sche Verlagsbuchhandlung, 1849.
The Local. „Covid-19 is officially feminine, say French language guardians." https://www.thelocal.fr/20200511/covid-19-is-officially-feminine-say-french-language-guardians. 11. Mai 2020 (21. November 2020).
The White House. *Remarks by President Trump at a Turning Point Action Address to Young Americans*. https://www.whitehouse.gov/briefings-statements/remarks-president-trump-turning-point-action-address-young-americans/. 23. Juni 2020 (25. Oktober 2020).
Virological. *Novel 2019 coronavirus genome*. https://virological.org/t/novel-2019-coronavirus-genome/319. Thread eröffnet am 28. Januar 2020 (19. Oktober 2020).
Wee, Sui-Lee. „Pneumonic Plague Is Diagnosed in China". *New York Times*. https://www.nytimes.com/2019/11/13/world/asia/plague-china-pneumonic.html. 13. November 2019 (21. November 2020).
Willsher, Kim. „,La Covid': coronavirus acronym is feminine, Académie Française says". *The Guardian*. https://www.theguardian.com/world/2020/may/13/le-la-covid-coronavirus-acronym-feminine-academie-francaise-france. 13. Mai 2020 (21. November 2020).
World Health Organization. *Best Practices for the Naming of New Human Infectious Diseases, May 2015* (Doc. WHO/HSE/FOS/15.1). [=WHO 2015].
World Health Organization. *Coronavirus press conference 11 February, 2020*. https://www.who.int/docs/default-source/coronaviruse/transcripts/who-audio-emergencies-coronavirus-full-press-conference-11feb2020-final.pdf?sfvrsn=e2019136_2. 11. Februar 2020 (24. Oktober 2020). [=WHO 2020a]
World Health Organization. *Mission summary: WHO Field Visit to Wuhan, China 20-21 January 2020*. https://www.who.int/china/news/detail/22-01-2020-field-visit-wuhan-china-jan-2020. 22. Januar 2020 (21. November 2020). [=WHO 2020b]
World Health Organization. *Naming the coronavirus disease (COVID-19) and the virus that causes it*. https://www.who.int/emergencies/diseases/novel-coronavirus-2019/technical-guidance/naming-the-coronavirus-disease-(covid-2019)-and-the-virus-that-causes-it. (25. Oktober 2020). [=WHO 2020c]
World Health Organization. *Pneumonia of unknown cause – China*. https://www.who.int/csr/don/05-january-2020-pneumonia-of-unkown-cause-china/en/. 5. Januar 2020 (21. November 2020). [=WHO 2020d]
World Health Organization. *WHO Timeline – COVID-19*. https://www.who.int/news/item/27-04-2020-who-timeline—covid-19. 27. April 2020 (21. November 2020). [=WHO 2020e]
World Health Organization Europe. *COVID-19 situation update for the WHO European Region: Data for the week of 02-08 March 2020 (Epi week 10)*. https://www.euro.who.int/en/health-topics/health-emergencies/coronavirus-covid-19/previous-weekly-surveillance-reports/data-for-the-week-of-02-08-march-2020-epi-week-10. (24. Oktober 2020). [=WHO Europe]
Wozniak, Thomas. *Naturereignisse im frühen Mittelalter. Das Zeugnis der Geschichtsschreibung vom 6. bis 11. Jahrhundert*. Berlin, Boston: de Gruyter, 2020.
Wu, Fan, Su Zhao, Bin Yu, Yan-Mei Chen, Wen Wang, Zhi-Gang Song et al. „A new coronavirus associated with human respiratory disease in China". *Nature*. https://www.nature.com/articles/s41586-020-2008-3. 3. Februar 2020 (21. Oktober 2020) (auch: *Nature* 579, 265–269).

Solidarität und Vulnerabilität

Almut Poppinga, Andreas Streinzer, Carolin Zieringer,
Anna Wanka, Georg Marx

Moralische Überforderung und die Ambivalenz des Helfens in der Coronakrise

Die Pandemie hat die räumlichen Dimensionen von Versorgungsbeziehungen zusammenschrumpfen lassen: Durch ein digitales Livekonzert wurde das Wohnzimmer des Sängers Rea Garvey ebenso zum Schauplatz der Pandemie wie der Nähplatz für Gesichtsmasken im Camp Moria an der europäischen Außengrenze oder der Frankfurter Südbalkon als Zufluchtsort während des Lockdowns. Diese Geschehnisse finden nicht nebeneinander statt, sondern sind auf vielfältige Arten verbunden, und erst in dieser Interdependenz entstehen, erhalten und verändern sich Lebensweisen. Gleichzeitig veranschaulicht die Pandemie die eklatant ungleiche Verteilung von Prekarität im weltgesellschaftlichen Kontext (Hark 2020, Adamczak 2020).

In dem Projekt VERSUS-Corona[1] untersuchen wir den Einfluss der Pandemie auf den Alltag, Versorgungsbeziehungen und Formen der Unterstützung in Haushalten, Nachbarschaften und Generationsbeziehungen. Auf unsere Fragen nach Interdependenzen berichteten unsere Forschungsteilnehmenden von der Erfahrung der gegenseitigen Abhängigkeit vor dem Hintergrund der ungleichen Auswirkungen von Schulschließungen, Kontaktsperren und wirtschaftlichen Turbulenzen in Deutschland. Zu Beginn der Pandemie mündete diese Erfahrung in einem Wunsch, andere zu unterstützen und ihnen zu helfen. Im Verlauf der Pandemie wurde dieser Wunsch zunehmend von einem Gefühl der moralischen Überforderung überlagert. In unserem Artikel spüren wir dem Dilemma zwischen dem Wunsch zu helfen und der Erfahrung nicht helfen zu können nach. Wir verfolgen die These, dass die normativ aufgeladenen Handlungsorientierungen von direkter Hilfe und Solidarität auf eine Vielzahl von strukturellen Versorgungslücken stoßen, die Menschen durch ihr unbezahltes Engagement füllen *sollen*. Die damit verbundene Verschiebung von Versorgungsverantwortung resultiert, so unsere Argumentation, aus einem Rückgang institutioneller

---

[1] In dem Projekt „Versorgung und Unterstützung in der SARS-CoV-2-Pandemie (VERSUS-Corona)" haben wir zwischen März 2020 und Februar 2021 in einem Mixed-Methods-Design ca. 60 qualitative Interviews, dazu zählen explorative Interviews, Erst- und Zweitinterviews sowie Following- und Follow Up-Interviews, und einen quantitativen Online-Survey mit Daten aus ca. 1000 Haushalten durchgeführt. Weitere Informationen: www.ifs.uni-frankfurt.de/versorgung-und-unterstuetzung-in-der-sars-cov-2-pandemie-versus-corona/.

https://doi.org/10.1515/9783110734942-005

Versorgung. Das *Helfen-Wollen* scheitert demnach nicht bloß an der individuellen Voraussetzung, sondern an dem normativ aufgeladenen Imperativ des *Helfen-Sollens*. Diese Verschiebung der Versorgungsverantwortung problematisieren wir mit Blick auf die Umstrukturierung europäischer Wohlfahrtstaaten als neoliberale Responsibilisierung (Lessenich 2013; Butler 2015; Trnka und Trundle 2014). Anhand unseres empirischen Materials aus dem VERSUS-Projekt werden wir (Abschnitt 1) die zunehmende Bedeutung interdependenter Beziehungsweisen in der Pandemie beschreiben, aus der zu Beginn der Pandemie ein starker Wunsch des *Helfen-Wollens* resultierte. Anschließend (Abschnitt 2) zeichnen wir entlang unseres Materials nach, wie aus der steigenden Verantwortung das Gefühl der Überforderung erwächst. Aus der anschließenden Erfahrung des Scheiterns entstehen Resignation, Ohnmacht, Verdrängung, Solidarisierung, Wut oder Aktivismus. Unter dem titelgebenden Stichwort der ‚moralischen Überforderung' argumentieren wir abschließend (Abschnitt 3), dass das Scheitern mit dem aktivierenden Imperativ des *Helfen-Sollens* in Verbindung steht, der den sorgenden Subjekten einen normativen Solidarismus als persönliche Verhaltensanforderung auferlegt. Der Artikel knüpft hier an Studien (u. a. Muehlebach 2012; Bonanno 2019) an, die Verantwortungsverschiebungen von staatlichen zu zivilgesellschaftlichen Akteur:innen in Krisen sichtbar machen, und problematisiert das dabei zum Tragen kommende Responsibilisierungsparadigma vor dem Hintergrund strukturell bedingter Versorgungslücken.

1 Helfen-Wollen: Versorgungsbeziehungen in der Pandemie

> *Wir haben eine ganz gute Hausgemeinschaft hier, wo wir uns gegenseitig unterstützen. Also ich habe, als es halt anfing, irgendwann so einen Zettel an die Tür gehängt. Und wir haben jetzt eine Signal-Gruppe gegründet als Hausgemeinschaft, wo wir uns gegenseitig halt fragen, ob irgendwer Hilfe braucht und wo jetzt auch schon ein paar Anfragen kamen. So, ja, ‚Klopapiermangel, wer weiß wo was ist?' Und ‚Kann uns jemand Spiele ausleihen?' oder so. Also da gibt es einen regen Austausch. Und ab und zu einfach mal eine Aufmunterung. Oder letzten Sonntag, also jetzt nicht gestern, sondern den davor, haben wir um sechs Uhr abends halt alle die Fenster ausgemacht, Seifenblasen rausgepustet und gemeinsam gesungen. Und einer hat Klavier gespielt. Also ja, auch eine emotionale Unterstützung. Irgendwie, dass wir trotzdem beisammen sind, auch wenn wir in getrennten Wohnungen sind.*
>
> Anastasia Henn, März 2020

Insbesondere in den ersten Wochen der Kontakt- und Ausgangsbeschränkungen in Deutschland taten sich deutliche Verschiebungen in der Versorgung auf. Die Bundesregierung reagierte auf die Ausbreitung des Virus mit Maßnahmen, die das Alltagsleben und die damit zusammenhängende Versorgung einschränkten, etwa durch die Schließungen von Kindergärten, Schulen, Pflegeeinrichtungen und Geschäften. Die Schließungen machten eine tiefgreifende Rekonfiguration gesellschaftlicher Versorgungspraktiken notwendig. Vormals bezahlte und institutionalisierte Versorgungstätigkeit wurde während der Pandemie als unbezahlte Arbeit von Verwandten, Freund:innen, Nachbar:innen, Solidaritätsinitiativen oder Ehrenamtlichen verrichtet. Wie das Eingangszitat von einer unser ersten Interviewpartnerinnen Anastasia Henn verdeutlicht, wurde diese Verschiebung von Arbeit als ‚Hilfsbereitschaft' artikuliert und vollzog sich infektionsbedingt vor allem in der unmittelbaren räumlichen Nähe: Kinder übernahmen die Verantwortung für jüngere Geschwister oder Nachbarskinder, #stayathome-Aufkleber wurden in großstädtischen Straßenzügen verteilt, Nachbar:innen kauften für Personen aus Risikogruppen ein und organisierten sich stadtteilübergreifend in schnell wachsenden Chatgruppen, das lokale Fitnessstudio und die Baristas von nebenan wurden durch Spenden unterstützt, Hausgemeinschaften versorgten sich emotional durch gemeinsames Singen, ältere Personen nähten Masken für das Stadtteilzentrum, zuvor einander unbekannte Eltern organisierten informelle Gruppen zur Kinderbetreuung – während Großeltern, Freundeskreise und andere Akteur:innen formeller und informeller Versorgung auf Distanz gehalten wurden. Die pandemische Situation hat vor allem in der Phase des ersten Lockdowns Praktiken hervorgebracht, die relationale Konfigurationen gegenseitiger Versorgung sichtbar gemacht haben. Gleichzeitig war die Bereitschaft zu helfen durch die Art der Krise gekennzeichnet: Hilfe war in Anbetracht der bestehenden Infektionsgefahr *durch andere Körper* limitiert und in ihrer Mobilität eingeschränkt. In diesem Zusammenhang wurden die Versorgung durch Güter und Dienstleistungen – z. B. Lebensmittel, finanzielle Unterstützung, körperliche Nähe oder emotionale Care-Arbeit – aber auch Identität und Zugehörigkeit (vgl. Moghaddari 2020; Muehlebach 2012) gleichzeitig in bestehenden als auch in neuen Beziehungsweisen, wie der (Kern-) Familie oder zivilgesellschaftlichen Netzwerken, rekonfiguriert. Die Betonung der Kernfamilie wurde hier durch die sogenannte Re-Traditionalisierung von Versorgung und der darin bestehenden (Ungleich-)Verteilung von Versorgungsverantwortung insbesondere in der feministischen Literatur problematisiert (vgl. Speck 2020; Cooper 2017). Neue Netzwerke wurden hingegen vor allem in Form von nachbarschaftlichen Initiativen zur Unterstützung und Versorgung während der Pandemie sichtbar. Der mediale und politische Diskurs verkannte jedoch die sich darin ausdrückende sozial-räumliche Segregation: Der ungleich verteilte Zugang zu Ressourcen zeigte sich auch in der verschiedenartigen Ausprägung nachbarschaftlicher Netzwerke. Über die klassische soziologische Feststellung hinaus, dass der Einzelne in einer Gesellschaft immer schon im sozialen Kontext existiert, hat die Pandemie deutlich gemacht, dass die Relationalität nicht nur auf die *Weisen* der Beziehung, sondern tatsächlich auf eine existenzielle *Angewiesenheit* der:des Einzelnen auf Versorgungsbeziehungen zu anderen hindeutet. Die existenzielle Angewiesenheit und Interdependenz beschreibt Judith Butler als geteilte Prekarität [*precariousness*], die zunächst alle Subjekte betrifft. Damit ermöglicht und bedroht Prekär-Sein unser Leben gleichermaßen (Butler 2015, 58, 119). Wurden die Pandemie und die Infektionsgefahr im öffentlichen Diskurs zunächst als Gleichmacher betitelt, zeigte sich schnell, wie ungleich die Auswirkungen, Ansteckungsgefahren und Maßnahmen zur Eindämmung auf die verschiedenen Lebensweisen wirken:

> Corona erinnert uns nicht nur daran, dass wir alle verletzlich, wir immer schon in der Hand der anderen sind und genau dies die prekäre Bedingung des Lebens ist. Es führt uns auch vor Augen, dass in einem von vielfältigen Achsen der Dominanz durchzogenen und von eklatanter Ungleichheit geprägten weltgesellschaftlichen Kontext diese Prekarität extrem ungleich verteilt ist. (Hark 2020)

Diese Feststellung spiegelte sich in den Aussagen unserer Forschungsteilnehmenden wider. Obgleich die Beschreibungen und sozialstatistischen Daten der Interviewpartner:innen auf eine sehr unterschiedliche Prekarität von Versorgungsweisen schließen lassen, führten nahezu alle Personen auf unsere Frage, wer in der Pandemie besondere Unterstützung benötige, ihre eigenen Privilegien gegenüber der schlimmen Lage Anderer ins Feld. Die Aussagen der Interviews legen nahe, dass die Erinnerung an die Interdependenz und die wechselseitige Abhängigkeit mit einer neuen Wertschätzung der eigenen Privilegien – wie einem Balkon, der Kleingartenparzelle, einem Hund oder der finanziellen Absicherung – einherging. Die Pandemie wurde in der Literatur häufig als Brennglas beschrieben, das soziale Ungleichheit schonungslos offenlegt, als eine „Verdichtung von krisenhaften Momenten […], die eigentlich schon vorher die Normalität unserer Gesellschaft waren" (Ludwig und Voss 2020). Ebenso sichtbar wurde das Netz der wechselseitigen Interdependenz der Sorge- und Beziehungsweisen. Die Aussage, dass man es selbst trotz allem sehr gut getroffen hätte, wurde durch den Verweis auf die Situation von wohnungslosen Personen, dem Problem von häuslicher Gewalt, Lagerunterkünften, etc. untermauert. Sabine Hark fasst die Ungleichverteilung von Prekarität in der Pandemie folgendermaßen zusammen:

> Der Umstand, dass die einen zu neunt in zwei Zimmern mit #StayAtHome zu Recht kommen müssen, und die anderen die Yogamatte auf dem Balkon entrollen. Der Umstand, dass die einen unter miesen Bedingungen unsere Versorgung mit Lebensmitteln sicherstellen, und sich die anderen im Homeoffice mehr oder minder kluge Gedanken über den Zusammenhang zwischen Viren und gesellschaftlichen Zusammenhalt machen.
> (Hark 2020)

Die Auswirkungen sozialer Ungleichheit finden sich bei Judith Butler in der Erweiterung des Begriffs der Prekarität: neben der existenziellen Prekarität eines jeden Subjekts [*precariousness*] strukturiert ihr zufolge unsere gesellschaftliche Ordnung die *politische Prekarität* [*precarity*] der Subjekte, die entlang von Differenzkategorien wie z. B. *gender, race* oder *class* die Verletzlichkeit ungleich umverteilt und vermachtet. In Butlers Worten:

> ‚Precarity' designates that politically induced condition in which certain populations suffer from failing social and economic networks of support more than others, and become differentially exposed to injury, violence, and death. [...] [P]recarity is thus the differential distribution of precariousness. (Butler 2015, 33)

Vor dem vermeintlich gleichmachenden Virus und den damit einhergehenden Maßnahmen zur Infektionsbekämpfung sind Menschen daher ungleich vulnerabel und abhängig von ihrer strukturellen Lage und sozialen Positionierung auf Hilfe angewiesen (Ludwig und Voss 2020). Viele der Befragten reflektierten ihre relative Besserstellung in Bezug auf Prekarität auf unsere Fragen nach Unterstützungsformen und -netzwerken umfangreich. Der Boom unmittelbarer Hilfe vor der eigenen Haustür, der zunächst neue Vergemeinschaftungspraktiken hervorbrachte, wurde begleitet und angetrieben von moralischen Appellen durch politische Akteur:innen, die einen normativen Solidarismus einforderten, indem sie das Helfen lobpriesen und systemrelevanten Lohnarbeiter:innen allabendlich applaudierten. Die immer größer werdenden Herausforderungen und die sich zuspitzenden Notlagen führten bei unseren Interviewpartner:innen zu einem Handlungsdruck, der keine Übersetzungen in situierte Praktiken des Alltags finden konnte. Die durch die Pandemie erzeugten oder verschärften Probleme sind, wie wir versucht haben zu zeigen, eng mit der politischen Ordnung verwoben, wodurch die ungleichverteilte Prekarität nur eingeschränkt oder gar nicht auf individueller Ebene lösbar ist. Aus den strukturellen Problemlagen und dem Wunsch zu Helfen entsteht, so argumentieren wir im Folgenden, zwangsläufig ein Gefühl der Überforderung.

2 Helfen-Können: Moralische Überforderung und die Erfahrungen des Scheiterns

In der Überforderung offenbart sich eine Diskrepanz des *Helfen-Wollens* und des (nicht) *Helfen-Könnens*. Die Forderungen im öffentlichen Diskurs nach gegenseitiger Hilfe und Unterstützung bezeichnen wir im Rekurs auf Hermann-Josef Große Kracht (2017) als „normativen Solidarismus". Der aktivierende

Aufruf politischer Akteur:innen an zivilgesellschaftliche Fürsorge zwischen Nachbar:innen, Familienmitglieder, Freund:innen und Unbekannte mündete mit Blick auf die großen Aufgaben in der Covid-19-Pandemie in Gefühlen der Überwältigung. So berichteten unsere Forschungsteilnehmenden von der großen Bedürftigkeit vieler, die sie mit den eigenen, immer stärker eingeschränkteren Möglichkeiten des Handelns in Verbindung brachten. Die Unterbrechungen und Verschiebungen von Versorgungskonfigurationen markieren eine Transformation der sozialen Organisation, die sowohl die Praxis der Fürsorge an sich als auch die normative Aufladung von Fürsorgepraktiken betreffen (Thelen 2015).

Rainer Lauter, ein alleinlebender Mann Anfang 60, mit dem wir Ende März 2020 eines unserer ersten Gespräche führten, beschreibt diese Erfahrung im Kontext der Pandemie als einen Zustand der *moralischen Überforderung*. Durch die Pandemie ist er in seinem sozialen Engagement eingeschränkt, im April 2020 hat er die alleinige Pflege seiner Mutter übernommen. Er äußert die Sorge darüber, dass die Notlagen in der Pandemie für die individuelle Bearbeitung zu groß sind. Verstehen wir Moral als Konglomerat von sozialen Normen und ethischen Ansprüchen sowie die staatlich eingeforderte „Solidarität" als Aufforderung, sich gemäß dieser Ansprüche zu verhalten (Dallinger 2009), dann wird nachvollziehbar, dass Rainer Lauter die Gefahr der individualisierten Hilfe als ein moralisches Problem beschreibt. Normative Handlungsweisen der Solidarität und des Helfen-Wollens scheitern in diesem Kontext, so Lauter, langfristig an ihren Ansprüchen: „Aber es wird sich zeigen, dass das gar nicht leistbar ist". Die beschriebenen Formen moralischer Überforderung erzeugten Gefühle des Scheiterns, die sich auch in Frustration, Resignation oder Verdrängung übersetzten. Sie können, wie diese Perspektive auf das Material verdeutlichte, nicht ausschließlich durch kognitive Handlungsunsicherheiten erklärt werden.

Jessica Schmidt, 32, ist freiberufliche Künstlerin und Mutter von zwei Kindern. Sie verzweifelt an der Versorgungsverantwortung für ihre Kinder, die durch die pandemiebedingten Schul- und Kitaschließungen zusätzlich zu ihrer chronischen Erkrankung entstanden ist und für die sie den Staat in die Verantwortung nimmt. Ihr Partner, der während des ersten Lockdowns noch eine Anstellung hatte, richtete sich im Homeoffice ein. Die geschlossene Tür zum Arbeitszimmer wurde für sie zunehmend zur Belastung: „Wir haben einen Arbeitsraum und der war dann tatsächlich zu. [...] Ich muss ganz ehrlich sagen, ich bin fast durchgedreht. [...] Nervenzusammenbruch alle paar Stunden, über Wochen hinweg. Es wurde auch laut. Das war richtig schlimm. Das war richtig, richtig schlimm." Im Juni 2020 erzählt sie uns von ihrer Teilnahme an einer Twitteraktion, bei der sie gemeinsam mit anderen Eltern auf die Lage von Familien aufmerksam machen möchte: Unter dem Hashtag #CoronaElternRechnenAb wurden symbolische

Abrechnungen über die geleisteten Stunden Sorgearbeit an die Bundesregierung geschickt. Bei einem zweiten Gespräch im November 2020 berichtet Jessica Schmidt von einem Antwortschreiben der Bundesregierung. Sarkastisch kommentiert sie die darin getroffene Aussage, dass ihre Lage zwar mit Bedauern zur Kenntnis genommen worden sei, sie jedoch kein Recht auf einen finanziellen Ausgleich geltend machen könnte. Die Anerkennung der Problemlage und eine entsprechende Verbesserung, auf die die Aktion eigentlich gezielt hatte, blieben aus. Obgleich ihr Partner in der Pandemie seine Anstellung verloren hat und die finanziellen Einnahmen der Familie dadurch geschrumpft sind, hat die anschließend geteilte Verantwortung Jessica Schmidts Lage verbessert: „Also als meinem Mann gekündigt wurde, das war für mich eine riesen Erleichterung. Trotz der wirtschaftlichen Ängste, der Existenzängste. Weil sobald wir zu zweit waren, war das nur noch die halbe Arbeit." Der Preis für die Verbesserung ihrer Notlage ist ein harter finanzieller Einschnitt, der ihre wirtschaftliche Prekarisierung erheblich verstärkt. Langfristig ergibt sich dadurch eine neue, materielle Notlage. Die Vernachlässigung der öffentlichen Verantwortung geht hier Hand in Hand mit dem individuellen Verantwortungsdruck für die Versorgung von sich und anderen.

Eine ähnliche Verschiebung zeigt sich im Fall von Harriet Connor. Sie ist 78 Jahre alt und wohnt in einem von Verdrängung betroffenen Innenstadtquartier einer deutschen Großstadt. Sie ist seit Jahren in einer Nachbarschaftsgruppe aktiv, die sich vor Einsetzen der Pandemie einmal wöchentlich in einem Lebenshaus der Caritas traf. Als wir im Juli 2020 erstmals mit ihr sprechen, betont sie die große emotionale und lebenspraktische Unterstützung in ihrem sozial-räumlichem Umfeld. Sie problematisiert auch die aus ihrer Wahrnehmung zunehmend schlimme Situation von wohnungslosen Personen, deren ökonomische Situation sich, Harriet Connor zufolge, durch die Schließung von Unterkünften und die fehlende Öffentlichkeit zugespitzt hat: „Ich glaube, die Obdachlosen sind am schlimmsten dran. Ich merke beim Spazierengehen, dass wirklich viel, viel mehr Obdachlose unterwegs sind." Als wir im November 2020 ein zweites Mal mit ihr sprechen und nach dem Stand der Lage fragen, äußert sie sich resigniert. Zwar sei die nachbarschaftliche Unterstützung weiterhin groß, Personen würden sich jedoch stärker auf ihre eigenen Notlagen oder die des (un-)mittelbaren Umfelds zurückziehen. „Die Lage der Obdachlosen hat sich", wie sie beim zweiten Gespräch erzählt, „höchstens verschlimmert". Dagegen sinke die Hilfsbereitschaft in ihrem Umfeld, die zugespitzte Notlage mit den eigenen Möglichkeiten zu verbessern. Hilfe leiste sie mit Blick auf die Obdachlosen dadurch, ihnen zuzuhören – was, wie sie berichtet, nicht zur Verbesserung der ökonomischen Lage, aber zumindest etwas zur grundsätzlichen Anerkennung als

Gesellschaftsmitglieder beitragen könne.[2] Hier wird die schwer zu überbrückende Kluft zwischen der Anerkennung ungleich verteilter und deshalb als ungerecht bewerteter Prekarität und der individuellen Möglichkeit, etwas gegen die Ursache dieses Problems zu tun, deutlich.

Das Leid des Anderen durch Hilfe nachhaltig zum Besseren wenden zu können, scheitert im Beispiel von Harriet Connor an der strukturellen Dimension der Notlage. Sie berichtet, wie sich Personen aus der Nachbarschaft zunehmend weniger sorgen und sich bisweilen über die vielen wohnungslosen Personen in der Innenstadt ärgern. Aus der Erfahrung, dass für die Verbesserung dieser Notlage keine eigenen Ressourcen zur Verfügung stehen, können Strategien der Verdrängung oder der zunehmenden Kontaktverweigerung, wie sich am Beispiel von Harriet Connors Umfeld zeigt, erwachsen. In seiner Analyse über Hilfsbereitschaft im Zusammenhang mit dem Sommer der Migration 2015 zeigt Frank Adloff (2019), dass das Gefühl des Scheiterns soweit führen kann, dass Hilfebedürftigen die Verantwortung für ihr Notleiden zugerechnet wird und somit die Exklusion und das gesellschaftliche Stigma, wie in unserem Beispiel im Falle von wohnungslosen Personen, (re-)produziert werden. Die Resignation von Harriet Connor kann nicht einfach auf fehlende Empathie zurückgeführt werden. Sie entsteht durch das Missverhältnis zwischen dem – moralisch aufgeladenen – Imperativ Verantwortung für andere zu übernehmen, und der Wahrnehmung von Versorgungslücken, die trotz der eigenen Bemühungen zu helfen immer größer werden. Harriet Connor berichtet in dieser Hinsicht vom Scheitern an individuellen Lösungen für strukturelle Ursachen von Krisen.

Der aktivierende Imperativ eines normativen Solidarismus zeigte sich in der Pandemie auch in Form des abendlichen Beifalls für diejenigen, die als sogenannte „Held:innen des Alltags" in systemrelevanten Berufen ihrer Lohnarbeit nachgehen mussten. Musti Bogner, 24, arbeitet als Logistiker; seit der Pandemie ist seine Arbeit „systemrelevant". Er wohnt in einer Stadt, die als sozialer Brennpunkt gilt. Viele der dort wohnhaften Personen hatten bereits vor der Pandemie einen limitierten Zugang zu Ressourcen der Versorgung und gesellschaftlichen Infrastrukturen. Im Verlauf der Pandemie haben viele ihren Job verloren oder mussten Kurzarbeit anmelden. Um die vielfachen sozialen Leiden in der Pandemie zu mildern, gibt Musti Bogner, wie er uns im März 2020 erzählt, in seinem Job seit dem Einsetzen der Pandemie „120 Prozent". Ihm gilt der Applaus ebenso wie der Erzieherin Liese Müller und Kathrin Karstener, die als Kassiererin im Supermarkt arbeitet. Ihre Tätigkeiten avancierten im öffentlichen Diskurs zur Voraussetzung für die Pandemiebewältigung. Hinter dem daraus

---

2 Siehe dazu auch den Beitrag von Birnbauer, Jarcyzk und Rasch in diesem Band.

entstandenen Gefühl der Verantwortung, das die drei Interviewpartner:innen beschreiben, treten die realen Gefahren der physischen und psychischen Belastung systemrelevanter Lohnarbeit ebenso zurück wie die prekäre Vergütung. Die De-Thematisierung der Unfreiwilligkeit von Lohnarbeit verschleiert die prekären Arbeitsverhältnisse, für deren Verbesserung und gerechte Entlohnung Beschäftigte seit Jahren kämpfen (Scharf 2020). Anstelle dessen wird die systemrelevante Lohnarbeit als solidarischer Dienst an der Gesellschaft mit einem neuen Sinn behaftet, der, wie sich im Fall von Musti Bogner zeigt, den einzelnen eine Verantwortung zuteilwerden lässt, an der sie zwangsläufig nur scheitern können. Durch die öffentliche Darstellung als „Corona-Held:innen" erhöht sich somit der Druck auf die ohnehin prekarisierten Arbeiter:innen. Die geleisteten Überstunden von Pfleger:innen, Kassierer:innen etc. werden in diesem Kontext als Solidarität beklatscht. Die Defizite der seit Jahrzehnten andauernden Rationalisierungen und der Profitabilität der öffentlichen Versorgung kommen darin kaum mehr zur Sprache und verunmöglichen die politische Inbezugnahme und die offene Kritik an der Arbeitssituation oder der Mehr- und Überbelastung (vgl. Lessenich 2020).

Isabell Trommer und Greta Wagner machen in ihrem Beitrag zum Verhältnis von Mitleid und Krise (unter Bezugnahme auf Fritz Breithaupt) darauf aufmerksam, dass es gerade die Konstellation aus Hoffnung auf die Verbesserung einer Notlage und Handlungsdruck ist, die in Ressentiments umschlagen kann: „Realisiert der:die Mitfühlende, dass das Leiden der Opfer trotz Hilfsbemühungen anhält, wird er:sie frustriert, und zieht sein:ihr Mitgefühl ab – schlimmstenfalls verwandele es sich in Ressentiments [...]." (Trommer und Wagner 2019, 129) Der Fall von Esther Król veranschaulicht diesen Shift des Helfen-Wollens: Durch Kita- und Schulschließung sind ihr Sohn und ihre Schwiegertochter mit der alleinigen Versorgungsverantwortung der Enkelkinder konfrontiert. Durch die Verrentung sind Esther Króls zeitliche und auch emotionale Ressourcen zwar uneingeschränkt, helfen darf sie in der zugespitzten Situation trotzdem nicht: sie gehört als 68-Jährige zu der Gruppe der Risikopatient:innen. Durch die zusätzliche Angst, dass sich die Grenzen zu ihrem Geburtsland schließen könnten, fällt sie zunächst, wie sie uns erzählt, in eine Depression. Sie nimmt die Einschränkungen ihrer Hilfsbereitschaft und der Mobilität als staatliches Verbot wahr: „Ich begreife das nicht und ich bin unglaublich traurig, manchmal bin ich depressiv, manchmal auch super aggressiv [...] Jetzt will die Regierung unbedingt mein Leben schützen. Aber was ist das Leben noch wert, wenn ich das Leben nicht leben darf?" Ihr Unverständnis gegenüber den staatlichen Maßnahmen verstärkt sich durch den Kontakt zu ihrer Hausgemeinschaft und Esther Król politisiert sich zunehmend. Im Sommer 2020 nimmt sie gemeinsam mit ihren Nachbar:innen an einer Demonstration gegen die staatlichen Verordnungen, einer sogenannten Hygienedemo, teil. Neben anderen Motiven führt auch der empfundene Zwang, etwas gegen die sichtbar gewordene Prekarität tun zu müssen, zu Wut. Gleichsam eine Aushandlung dessen, was wir aus Versorgungsperspektive unter dem Phänomen der moralischen Überforderung fassen. Wut ist – ebenso wie Resignation, Aktivismus, Isolation oder Verdrängung – eine Strategie, um mit dem Scheitern an dem normativen Appell, Hilfe leisten zu sollen, umzugehen. Die Frage nach dem Zusammenhang zwischen der hier beschriebenen Hilfsbereitschaft und der Erfahrung des Scheiterns richtet den Blick auf das *Helfen-Sollen*, das wir mit dem Abbau der wohlfahrtstaatlichen Versorgungsverantwortung in einen Zusammenhang bringen.

3 Helfen-Sollen: Staatliche Versorgungslücken und die imperative Responsibilisierung

Die in unserem Material zum Tragen kommende Frustration, die Notlagen anderer nicht durch die eigenverantwortliche Hilfe mildern zu können, spiegelt sich auch in Analysen von Versorgungsrekonfigurationen in anderen sozio-ökonomischer Krisen wider, die sich insbesondere vor dem Hintergrund sparender Sozialstaaten entwickelten. Seit Jahrzehnten vollziehen diese Staaten im Rahmen austeritätspolitischer Maßnahmen eine Verantwortungsverschiebung von staatlichen zu zivilgesellschaftlichen Akteur:innen, indem sie durch normative Appelle die Notwendigkeit zu unbezahlter Hilfe nahelegen. In der beschleunigten Veränderung während der Pandemie wird die Überforderung, die sich in anderen Krisen über Jahre hinweg entwickelte, deutlich sichtbar. Durch die Pandemie finden sich Personen in einem Mix aus gesundheitlicher Gefährdung, Verantwortungszuschreibung und eigener Bedürftigkeit wieder. Die ohnehin schwierige Lage trifft auf die diskursive Aufwertung der eigenen Leidensfähigkeit, die infrastrukturelle Lücken verdecken soll: Applaus für die Resilienz statt politisch-struktureller Veränderungen (Muehlebach 2012; Dalakoglou 2016). Die rhetorische Aufwertung begleitet also die materielle Abwertung und De-Politisierung von Fürsorge. Für die kritische Analyse dieser Prozesse schlagen wir in Anlehnung an Theodossopoulos (2017) und Thelen (2015) eine De-Romantisierung und De-Idealisierung von Unterstützung und Fürsorge vor. Die affirmative Aufladung unbezahlter Fürsorgearbeit in der Pandemie problematisieren wir insbesondere vor dem Hintergrund milliardenschwerer Staatshilfen für Großunternehmen.

Beispiele für die ausgeführten Zusammenhänge finden sich in der wirtschaftsanthropologischen Forschung über die Auswirkungen der Finanzkrise in Südeuropa. In ethnografischen Studien erarbeiten Phaedra Douzina-Bakalaki (2017) sowie Letizia Bonanno (2019) eine Kritik an der rhetorisch aufgewerteten Hilfsbereitschaft der griechischen Bevölkerung. Sie zeigen, wie schwierig und belastend der Alltag der Helfenden ist und wie entfremdet sie sich von den moralischen Appellen der Regierung fühlen, die sich durch Sparmaßnahmen zunehmend aus der alltäglichen Versorgung herausnahm und so die Notwendigkeit des Helfens erst erzeugte. Besonders eindrücklich beschreibt Andrea Muehlebach das auch in der Arbeit *The Moral Neoliberal* (2012) über katholische Freiwillige in der Lombardei. Muehlebach, die durch jahrelange Feldforschung mit Freiwilligen aus zivilgesellschaftlichen Initiativen vertraut war, berichtet in ihrer Studie von der erst zögerlich anschwellenden, dann nachdrücklich steigenden, später offenen Frustration der Freiwilligen über den bereits seit Jahren stetig wachsenden Zustrom von Hilfsbedürftigen. Die Studie zeigt, dass die Frustration nicht durch die unbezahlte Fürsorgearbeit an sich entsteht. Es ist die Politik der italienischen Regierung, die eine affektive Rhetorik von Mitgefühl, Reziprozität und Zusammenhalt propagiert, während sie die materielle Versorgung Hilfsbedürftiger stetig abbaut. Während also die Regierung durch normative Appelle eine imaginäre Solidargemeinschaft Italiens adressierte, wurde die Versorgungsarbeit ausschließlich von Nachbarschaften, Haushalten und Freiwilligen getragen. In Südeuropa, insbesondere in Griechenland, entwickelten sich als Reaktion auf dieses Missverhältnis Solidaritätsinitiativen, die mit einem politischen Anspruch operierten: dem Umbau der Sozial- und Wirtschaftspolitik zu einer solidarischen Ökonomie. Die Zunahme der Versorgungsverantwortung vor dem Hintergrund immer größer werdender Armut aber verunmöglichte die transformative Dimension ihrer Arbeit und reduzierte die Aktivist:innen zu Ehrenamtlichen im Dienste des Austeritätsstaates (vgl. Mittendrein 2013). Die Verlagerung der Versorgungsverantwortung vom Wohlfahrtsstaat hin zu zivilgesellschaftlichen Akteur:innen ist spezifisch für die Neoliberalisierung europäischer Wohlfahrtsstaaten (vgl. Bhan et al. 2020, Trnka und Trundl 2014). Die Neuordnung von Versorgungsverantwortung im aktivierenden Sozialstaat etwa analysiert Stephan Lessenich (2013) als neuen Sozialvertrag zwischen eigenverantwortlichen Bürger:innen und Staat, der die Subjekte in ihrer Eigenverantwortung für sich und andere adressiert. Eine Reihe von Analysen zeigt, wie Responsibilisierung gesteuert wird und daher als Formen des Regierens verstanden werden kann: Getragen von der Behauptung, dass Menschen natürlicherweise sozial seien und daher aus eigenem Wunsch heraus die Verantwortung füreinander übernähmen, gelingt die staatliche Affirmation des zivilgesellschaftlichen Verantwortungsbewusstseins (Große Kracht 2017). Diese Affirmation ermöglicht zugleich eine Moralisierung der Verantwortungsübernahme, die die politisch-strukturellen Ursachen und die Kontingenz ihrer jeweiligen Konfiguration verschleiert. Die ungleich verteilte Prekarität erscheint in diesem Rahmen entweder als Schicksal oder als Ergebnis eigenverantwortlicher Entscheidungen – nicht jedoch als Effekt politischer Entscheidungen und Strukturen. Die Moralisierung fungiert dabei als depolitisierendes Instrument der Regierung hochgradig politischer Versorgungskonfigurationen.

Gerade in Krisen kann sich leicht ein (methodologischer) Exzeptionalismus (Douzina-Bakalaki 2017) einschleichen, der suggeriert, dass Krisen ein völlig anderes Handeln hervorbringen, das nur im Kontext von Krise zu verstehen ist. Dadurch legen viele der moralischen Appelle und Imperative eine besondere Notwendigkeit für unbezahlte Arbeit und Unterstützung zur Bewältigung der Krise nahe. In der Einleitung haben wir die große Bandbreite von Hilfsbereitschaft aufgefächert, die von Hausgemeinschaften über Nachbarschaftsinitiativen, Stadtteilzentren, Familien, Freund:innen oder Formen imaginierter Gemeinschaft, etwa mit Geflüchteten im Camp Moria, reichte. All diese Praktiken sind Formen von Verantwortungsübernahme für andere. Die Responsibilisierung dessen erfolgt jedoch auf sehr unterschiedliche Adressierungen, die *bestimmten* Beziehungskonfigurationen (etwa Familie, Nachbarschaft oder Generation) eine Verantwortungsübernahme durch eine moralische Anrufung zuschreibt. Die notwendig gewordene Hilfsbereitschaft mag semantisch als Nächstenliebe oder Fürsorge aufgeladen sein, das naturalisiert jedoch auf machtvolle Weise die unabhängig von Krisen vorherrschenden vergeschlechtlichen und rassifizierten Formen gesellschaftlicher Reproduktion und der damit einhergehenden Ungleichverteilung von Prekarität (vgl. Ludwig und Voss 2020). Jessica Schmidt etwa kritisiert die Responsibilisierung von ihr als Mutter, durch die ihr von mehreren Seiten die zusätzliche unbezahlte Sorgearbeit übertragen wird. Eindrücklich schilderte sie uns wie sie plötzlich neben ihrer beruflichen Tätigkeit ihre beiden Kinder zuhause versorgen soll – während ihr Mann sein Homeoffice einrichtet und die Tür abschließt. Ein solcher *Familialismus* wird insbesondere in feministischer Literatur problematisiert: der Begriff bezeichnet die hohe kulturelle und materielle Bedeutung der ‚Kernfamilie‘, die als natürliche, die Gesellschaft erhaltenden Beziehungsweise propagiert wird. Melinda Cooper (2017) argumentiert, dass die neoliberale Betonung von Eigenverantwortung eng damit verbunden ist. Denn die zunehmende Responsibilisierung brachte keine handlungsfähigen Individuen als Akteur:innen gegenseitiger Versorgung hervor. Im Gegenteil entwickelte sich die Anrufung des eigenverantwortlichen Individuums parallel zur Aufwertung der *Familie* als fürsorgliche und positiv konnotierte Beziehungsweise. Die Responsibilisierung innerhalb der Familie basiert auf der unbezahlten weiblichen Versorgungsarbeit. So lässt sich Jessica Schmidts Belastung auch politisch verorten: es sind in Folge dieser Responsibilisierung vor allem Frauen und andere marginalisierte Gruppen, denen un- oder unterbezahlterweise die Rolle als Fürsorgende zugewiesen wird, um politisch bedingte Versorgungslücke zu füllen. Ihre ohnehin prekäre Situation kann sich dadurch, wie Jessica Schmidts Beispiel zeigt, verstärken, während sich zugleich der moralische Druck helfen zu müssen ohne helfen zu können erhöht.

Die vergeschlechtliche Dimension von Versorgungskonfigurationen im Bereich der freiwilligen Hilfe findet sich auch in den bereits zitierten Studien über die Wirtschaftskrise in Südeuropa wieder: In den Studien von Phaedra Douzina-Bakalaki (2017) und Letizia Bonanno (2019) sind es vor allem Frauen, die in Suppenküchen, selbstorganisierten Apotheken, Kleiderbörsen etc. arbeiten. Die Autorinnen verdeutlichen die Ambivalenz in den Aussagen dieser Frauen: Für sie ist es nicht die rhetorische Aufwertung ihres freiwilligen Engagements, die eine Frustration über die eigene Hilfe auslöst. Vielmehr ist es das *Helfen-Sollen*, die vermeintlich alternativlose Notwendigkeit ihrer Verantwortungsübernahme, das Frustration und ein Gefühl des Scheiterns produziert. Die moralischen wie praktischen Konsequenzen sind ähnlich vergeschlechtlicht wie im Familialismus. Feministische Forscher:innen sprechen in diesem Zusammenhang von einer *Triple Burden* (vgl. McLaren et al. 2020), also einer weiteren Arbeitsbelastung durch das freiwillige Engagement zusätzlich zu Familie und Beruf.

Politisch werden die hier von uns beschriebenen Beispiele und Dynamiken der Versorgungsrekonfiguration als zivilgesellschaftliche Solidarität verhandelt. *Solidarität* problematisieren wir in diesem Zusammenhang als öffentlich wirksames Schlagwort, das in politischen und gesellschaftlichen Appellen als ein Synonym für die gegenseitige Hilfe steht, und in diesem Verständnis, wie wir versucht haben zu erörtern, als Instrument neoliberaler Responsibilisierung zu kritisieren ist. Bei dieser Argumentation ist uns wichtig zu betonen, dass wir weder das Helfen noch die darin zum Tragen kommenden solidarischen Handlungsweisen problematisieren, sondern das Dilemma der vom Staat auferlegten, moralisch aufgeladenen Eigenverantwortung für die Krisenbewältigung. Stephan Lessenich schreibt dazu: „Eigenverantwortung in Sozialverantwortung: Auf einen kürzeren Nenner lässt sich wohl kaum bringen, was in der gegenwärtigen Krise gesellschaftlich angesagt und gesellschaftspolitisch gefragt ist." (2020, 179) Obgleich Solidarität, insbesondere in der zeithistorischen Bewegungsforschung, ein dezidiert emanzipatorisch-transformatives Konzept zu Grunde liegt, sind die in der Pandemie sichtbar gewordenen Praktiken des Helfens eher als systemstabilisierende und zumeist unbezahlte Arbeit zu verstehen, die die Ausführenden frustrieren und nicht selten überfordern.

Wir schlagen daher abschließend ein Verständnis von Solidarität vor, das nicht als Synonym für Helfen oder Hilfsbereitschaft zu verstehen ist, sondern als eine Beziehungsweise der Versorgung. Solidarität als Beziehungsweise vermag, wie Serhat Karakayali betont, eine kollektive Existenz herzustellen, die die Anerkennung der *geteilten*, aber ungleich *verteilten* Prekarität in ihren Mittelpunkt stellt (2019, 105–106). In der Pandemie entstand bei vielen Menschen ein Gefühl der wechselseitigen Interpendenz, das mit der emotionalen Bewusstwerdung der eigenen Prekarität und der damit zusammenhängenden Privilegien in Verbindung steht. In dem vorgeschlagenen Verständnis bliebe Solidarität nicht bei der Erinnerung an das geteilte Prekär-Sein stehen, sondern ermöglichte es, wie Judith Butler argumentiert, die ungleich verteilte Vulnerabilität anzuerkennen und in eine politische Praxis des Helfens zu übersetzen (Butler 2020).

Vor dem Hintergrund unseres Materials erscheint das *Helfen* hingegen eher als eine sozio-kulturell konstituierte Praxis, welche die materielle und politische Bedeutung der geleisteten Arbeit verschleiert. In Form von Nachbarschaftshilfe, Freiwilligenarbeit, reproduktiven Tätigkeiten, Solidaritätsinitiativen oder Überstunden schließen die von uns interviewten Personen durch ihre unbezahlte Arbeit Versorgungslücken und tragen zur normativen Integration der Gesellschaft bei. Sie scheiterten schließlich an der ihnen übertragenen Verantwortung für Probleme, deren strukturelle Ursachen nicht durch individualisierte Verantwortung zu bewältigen sind. Moralische Überforderung beschreibt in Rainer Lauters Ausführungen nicht die Sorge um ein individuelles Versagen in einer schwierigen Lage. Das von ihm gelieferte Stichwort dieses Artikels bringt vielmehr das gesellschaftliche Dilemma zum Ausdruck, die großen, aus der Neoliberalisierung des Wohlfahrtstaats entstanden Versorgungslücken nicht durch die auf andere gerichtete, individualisierte Fürsorge schließen zu können:

> [...] With the demand of ‚responsibility' to become self-reliant, the more socially isolated one becomes and the more precarious one feels; and the more supporting social structures fall away for ‚economic' reasons, the more isolated one feels in one's sense of heightened anxiety and ‚moral failure'. (Butler 2015, 15–16)

Der schnelle Zusammenbruch von Versorgungskonfigurationen durch das Einsetzen der Pandemie hat die Lücken besonders sichtbar werden lassen. Damit sich die strukturellen Ursachen und Probleme der Krise nicht ständig wiederholen und verstärken, braucht es ein neues Verständnis von Solidarität. Ein solches Verständnis muss aus unserer Perspektive zugleich ein transformatives und ein relationales sein. Es setzt dem Gefühl der Überforderung durch normative und moralische Verantwortung die Anerkennung von Versorgung und Fürsorge als zentrale Funktion der sozialen Organisation und Lebensweise entgegen.

Literatur

Adamczak, Bini. „Von Menschen, Fledermäusen und Göttern". *Neues Deutschland*. https://www.neues-deutschland.de/artikel/1139276.corona-und-soziale-folgen-von-menschen-fledermaeusen-und-goettern.html., 18. Juli 2020 (21. November 2020).

Adloff, Frank. „Ambivalenz des Gebens. Hilfe zwischen Hierarchie und Solidarität". *WestEnd. Neue Zeitschrift für Sozialforschung* 16.1 (2019): 91–100.

Bhan, Gautam, Teresa Caldeira, Kelly Gillespie, und AbdouMaliq Simone. „The Pandemic, Southern Urbanisms and Collective Life". *Society and Space*. https://www.societyandspace.org/articles/the-pandemic-southern-urbanisms-and-collective-life?s=09., 3. August 2020 (5. August 2020).

Bonanno, Letizia. *Pharmaceutical Redemption: Reconfigurations of Care in Austerity-Laden Athens*. Doctoral Thesis, Social Anthropology, School of Social Sciences, University of Manchester, 2019.

Butler, Judith. *Notes towards a performative Theory of Assembly*. Cambridge, London: Harvard University Press, 2015.

Cooper, Melinda. *Family Values: Between Neoliberalism and the New Social Conservatism*. New York: Zone Books, 2017.

Dalakoglou, Dimitris. „Infrastructural Gap: Commons, State and Anthropology". *City* 20.6 (2016): 822–31.

Dallinger, Ursula. *Die Solidarität der modernen Gesellschaft. Der Diskurs um rationale oder normative Ordnung in Sozialtheorie und Soziologie des Wohlfahrtstaates*. Wiesbaden: Springer VS, 2009.

Douzina-Bakalaki, Phaedra. *Crisis, Deprivation, and Provisioning in Xanthi, Northern Greece: Ordinary Ruptures and Extraordinary Continuities*. Doctoral Thesis, Social Anthropology, School of Social Sciences, University of Manchester, 2017.

Große Kracht, Hermann-Josef. *Solidarität und Solidarismus: Postliberale Suchbewegungen zur normativen Selbstverständigung moderner Gesellschaften*. Bielefeld: transcript, 2017.

Hark, Sabine. „Die Netzwerke des Lebens". *Frankfurter Rundschau*. https://www.fr.de/wissen/netzwerke-lebens-13640296.html. 3. April 2020 (21. November 2020).

Karakayali, Serhat. „Helfen, Begründen, Empfinden. Zur emotionstheoretischen Dimension von Solidarität". *WestEnd. Neue Zeitschrift für Sozialforschung* 16.1 (2019): 101–112.

Lessenich, Stephan. *Die Neuerfindung des Sozialen: Der Sozialstaat Im Flexiblen Kapitalismus*. 3., unveränd. Aufl. Bielefeld: transcript, 2013.

Lessenich, Stephan. „Allein Solidarisch? Über das Neosoziale an der Pandemie". *Die Corona-Gesellschaft. Analysen zur Lage und Perspektiven für die Zukunft*. Hg. Michael Volkmer und Karin Werner. Bielefeld: transcript, 2020. 177–184.

Ludwig, Gundula, und Martin Voss. „Theorie in Corona-Zeiten. Brennglas für gesellschaftliche Missstände". *Deutschlandfunk Kultur*. https://www.deutschlandfunkkultur.de/theorie-in-coronazeiten-brennglas-fuer-gesellschaftliche.2162.de.html?dram:article_id=479895. 5. Juli 2020 (27. November 2020).

McLaren, Helen Jaqueline, Karen Rosalind Wong, Kieu Nga Nguyen und Komalee Nadeeka Damayanthi Mahamadachchi. „Covid-19 and Women's Triple Burden: Vignettes from Sri Lanka, Malaysia, Vietnam and Australia". *Social Sciences* 9.5 (2020): 87.

Mittendrein, Lisa. *Solidarität ist alles was uns bleibt. Solidarische Ökonomien in der griechischen Krise*. Neu-Ulm: AG SPAK Bücher, 2013.

Moghaddari, Sonja. „The Affective Ambiguity of Solidarity. Resonance Within Anti-Deportation Protest in the German Radical Left". *Critical Sociology* Juni 2020: 1–14.

Muehlebach, Andrea. *The Moral Neoliberal: Welfare and Citizenship in Italy*. Chicago, London: University of Chicago Press, 2012.

Scharf, Simon. „Endstation Solidarität? Sprachliche Einwürfe zum gesellschaftlichen Zusammenhang zwischen ‚Systemrelevanz' und Kriegszustand". *Die Corona-Gesellschaft. Analysen zur Lage und Perspektiven für die Zukunft*. Hg. Michael Volkmer und Karin Werner. Bielefeld: transcript, 2020. 185–195.

Speck, Sarah. „Die unsichtbare Grundlage des Kapitalismus wird sichtbar". *Jungle World*. https://jungle.world/artikel/2020/21/die-unsichtbare-grundlage-des-kapitalismus-wird-sichtbar. 20. Mai 2020 (21. November 2020).

Thelen, Tatjana. „Care as Social Organization: Creating, Maintaining and Dissolving Significant Relations". *Anthropological Theory* 15.4 (2015): 497–515.

Theodossopoulos, Dimitrios (Hg.). *De-Pathologizing Resistance: Anthropological Interventions*. Abingdon, New York: Routledge, 2017.

Trnka, Susanna, und Catherine Trundle. „Competing Responsibilities: Moving Beyond Neoliberal Responsibilisation". *Anthropological Forum* 24.2 (2014): 136–153.

Trommer, Isabelle, und Greta Wagner. „Mitleid und Krise. Zur Aufnahme von Flüchtlingen in der Bundesrepublik". *WestEnd. Neue Zeitschrift für Sozialforschung* 16.1 (2019): 123–133.

Melanie Hühn, Miriam Schreiter
Zwischen Successful Aging und sozialem Sterben: Bilder vom Alter(n) während der ersten Welle der Covid-19-Pandemie

1 Einleitung

„Auf welche Zukunft hin werde ich mit Isolation gequält? Wenn dieses Leben der Preis dafür ist, nicht an Corona zu sterben, dann möchte ich gar nicht geschützt werden", erklärt eine 87-jährige Pflegeheimbewohnerin einem Reporter (Grimm 2020). Sie ist eine der circa 820.000 Bewohner:innen (Statistisches Bundesamt/Destatis 2019) in knapp 15.500 deutschen Pflegeheimen (Statista 2020),[1] die die Auswirkungen der Maßnahmen zur Eindämmung der Pandemie besonders stark zu spüren bekommen, weil Kernaspekte ihrer Freiheit, Selbstbestimmung und gesellschaftlichen Teilhabe ausgesetzt wurden.

Seit Mai 2020 zählt das Robert-Koch-Institut in seinem Steckbrief zum Coronavirus Menschen über 65 Jahre zur „Risikogruppe für schwere Verläufe" (Robert-Koch-Institut 2020, Abs. 15) von Covid-19 nach einer Infektion mit dem Coronavirus. „87 % der in Deutschland an COVID-19 Verstorbenen waren 70 Jahre alt oder älter [Altersmedian: 82 Jahre]" (Robert-Koch-Institut 2020, Abs. 3). 2017 ermittelte das Statistische Bundesamt, dass rund 17,7 Millionen Menschen in Deutschland leben, die älter als 65 Jahre sind, was einem Anteil von 21,4 % der Gesamtbevölkerung entsprach (Statistisches Bundesamt/Destatis 2018). Der Schutz dieser Bevölkerungsgruppe steht im Mittelpunkt vieler Maßnahmen, die von der Bundesregierung und den Landesregierungen installiert wurden, um Krankheit und Tod zu vermeiden.

Im Zuge der Implementierung und Rechtfertigung der Kontaktbeschränkungen des ersten Lockdowns von Mitte März 2020 bis Anfang Mai 2020 sind alte Menschen besonders ins gesellschaftliche Abseits geraten. In den medialen Debatten hierzu wurden Diskurse sichtbar, die an Michel Foucaults Konzept der Biopolitik (Stronegger 2020) und Jean Baudrillards „death control" (Baudrillard

---

[1] Darüber hinaus wurden 2017 knapp 2,6 Millionen Menschen zuhause durch Pflegedienste und Angehörige versorgt (Statistisches Bundesamt/Destatis 2019).

https://doi.org/10.1515/9783110734942-006

2011, 320) erinnern. Durch die Kontaktbeschränkungen und die Isolation wurden für ältere Menschen das Zuhause, Krankenhäuser und Pflegeheime zu Räumen, in denen diese Fragen von Kontrolle und Selbstbestimmung aufkamen, verhandelt und entschieden wurden. Die vorliegende Studie nimmt eben jene Bevölkerungsgruppe, Räume und Diskurse in den Blick und fragt danach, *welche Bilder vom Alter(n) in der Krise konstruiert werden und welche Sinnzuschreibungen mit diesen Bildern einhergehen.*

Da die Erkenntnis- und Datenlage aufgrund der Neuartigkeit der Situation begrenzt sind, möchten wir mit unserer Studie erste Einsichten in dieses neue Forschungsfeld eröffnen und zu seiner Erschließung beitragen. Es war uns daher wichtig, eine Vielzahl an verschiedenen Perspektiven einzufangen und unser Sample bzw. das Materialkorpus breit anzulegen: Zum einen wurden im Mai und Juni 2020 acht leitfadengestützte Interviews geführt und transkribiert.[2] Veränderungen im (beruflichen) Alltag, ethische Fragen und individuelle Ängste im Umgang mit der Risikogruppe vor dem Hintergrund der Covid-19-Pandemie und den damit einhergehenden Kontaktbeschränkungen in Deutschland standen im Fokus dieser Gespräche. Zum anderen wurden von März bis September 2020 29 mediale Diskursprodukte ausgewertet, die genau jene Aspekte thematisieren.[3] Die Kombination aus medialen Diskursprodukten und Interviews hat den Vorteil, dass sich beide gegenseitig ergänzen: Die Diskursprodukte bilden einen größeren kontextuellen Rahmen, die Interviews geben Einblick in die Perspektiven Einzelner, die aber gleichzeitig in den Diskurs eingebettet sind. In Anlehnung an die Grounded-Theory-Methodologie (Glaser und Strauss 1967, 1998) wurde das Material zunächst offen und anschließend selektiv kodiert. Dieser Prozess wurde durch das Schreiben von Memos begleitet.

Aus den erhobenen und zusammengestellten Daten lässt sich eine neue Normalität für ältere Menschen ablesen, die sich zwischen den Altersbildern ‚Successful Aging' und ‚Sozialer Tod' bewegt. Zum einen machen Berichte von vereinsamten und verlassenen Alten in Pflegeheimen deutlich, dass die eingeführten Kontaktbeschränkungen spezifische soziale Sterbeerfahrungen/-situa-

---

[2] Wir haben mit vier Senior:innen im Alter zwischen 69 und 82 Jahren (eine davon Ärztin), drei Angehörigen von alten Menschen und einer stationär tätigen Pflegefachkraft (meist telefonisch) gesprochen. Aufgrund der Kontaktbeschränkungen haben wir auf unseren (entfernten) Bekanntenkreis zurückgegriffen. Wir bedanken uns bei unseren Gesprächspartner:innen für Ihre Mitwirkung an dieser Untersuchung.

[3] Das Korpus umfasst regionale wie überregionale (Online-)Zeitungsbeiträge (*Die Zeit, Spiegel, FAZ, Welt, Redaktionsnetzwerk Deutschland, Freie Presse, Morgenpost*), (Online-)Magazine (*Die Zeit, Spiegel, Philosophisches Magazin*) sowie (verschriftlichte) Rundfunkbeiträge (*MDR, BR, DLF*).

tionen schaffen und den Sinn des (Weiter-)Lebens infrage stellen. Zum anderen wird gerade für nicht pflegebedürftige Alte unter diesen Bedingungen das lange vorherrschende Leitbild des erfolgreichen Alterns (Aktivität, Mobilität, soziale Kontakte, Selbstbestimmung) verändert bzw. ausgesetzt. Das bisherige Handeln und Denken älterer Menschen sowie der Umgang mit ihnen wird seit Beginn der Pandemie grundlegend infrage gestellt und neu verhandelt – neue Sinnzuschreibungen finden statt und neue bzw. veränderte Bilder des Alter(n)s etablieren sich.

2 Altersbilder der Gegenwart: Die Konzepte des Successful Aging und des Sozialen Sterbens

Bereits vor der Krise prägten Successful Aging und soziales Sterbens als positiv bzw. negativ konnotierte Bilder und Szenarien den gesellschaftlichen Umgang mit dem Alter(n). Im Krisenalltag älterer Menschen stehen diese Bilder des Alter(n)s nun in einem diskursiv hervorgebrachten Spannungsverhältnis. Um die Konturen dieses Spannungsfeldes theoretisch fassen zu können, werden in diesem Abschnitt die Konzepte des Successful Aging und des Sozialen Sterbens umrissen und reflektiert, um Aussagen darüber treffen zu können, wie sich die aktuelle Situation auf die Konstitution dieser Konzepte auswirkt.

2.1 Successful Aging: Neoliberales Paradigma des Alter(n)s

In den letzten Jahrzehnten haben sich die gesellschaftlichen Vorstellungen des Alter(n)s grundlegend verändert. Der demographische Wandel hat in vielen als westlich geltenden Staaten dazu geführt, dass ein immer größer werdender Teil der Gesellschaft die sogenannte dritte Lebensphase erreicht. Gleichzeitig passierte ein qualitativer Wandel des Alterns, der immer mehr dem Leitbild des Successful Aging folgte, welches ein selbstbestimmtes, gesundes und aktives Altern suggeriert (Hühn 2012, 45). Einerseits als positives Bild des Alterns in vielen wissenschaftlichen Disziplinen gefeiert (Baltes et al. 1989), andererseits als „Twenty-first-Century Obsession" (Lamb et al. 2017, 1) und „Orthodoxie" (Schroeter 2004, 51) kritisiert, ist Successful Aging als diskussionswürdiges Paradigma im gegenwärtigen wissenschaftlichen Diskurs zum Altern präsent.

Successful Aging ist ein von dem U.S.-amerikanischen Sozialwissenschaftler Robert James Havighurst (1961) geprägter Begriff. Havighurst entwickelte ihn auf Grundlage einer Studie mit Senior:innen in den USA und zeigte auf, dass soziale Teilhabe entscheidend für ein glückliches Leben jenseits des Berufs- und Familienlebens ist. Damit wird das Alter nicht mehr vordergründig als biologischer Abbauprozess verstanden, sondern deutlich positiver belegt. Heute verbinden gängige Definitionen vom erfolgreichen Altern meist drei Elemente: Langlebigkeit, Gesundheit (*lack of disability*) und Glücklichsein (*life satisfaction*) (Palmore 2002, 1374). Mittlerweile belegen viele Studien, dass eine hohe psychische und körperliche Aktivität ein „gelingendes Altern" voraussetzen (Martin 2000). Die aus Studien gewonnenen wissenschaftlichen Erkenntnisse werden zunehmend in gesellschaftliche Diskurse um das Altern eingebunden und als aktiver Eingriff in den Alterungsprozess verstanden, der individuell und effizient gestaltet werden kann, um möglichen Abbau und damit einhergehenden Defiziten vorzubeugen bzw. diesen zu verhindern (Schroeter 2002, 89).

> Individual agency and choice are perhaps the most salient themes in both the academic and popular literature on successful aging. If aging was previously imagined in North America as a natural process of decline largely beyond the control of the individual, the successful aging paradigm has turned that assumption on its head. It says that you can be the crafter of your own successful aging—through diet, exercise, productive activities, attitude, self-control, and choice. Aging well becomes a vital personal and moral project, benefiting not only the individual but also one's broader family, society, and nation.
>
> (Lamb et al. 2017, 2)

Demnach ist das Konzept des Successful Aging heute eingebettet in eine neoliberale Sicht auf das Altern, die die Verantwortung für das erfolgreiche Gelingen beim Individuum selbst sucht und „Produktivität und Optimierung" (Schroeter 2004, 52) zu primären Handlungszielen erhebt. Hierbei wird allerdings ausgeblendet, dass ‚Erfolg' in Bezug auf das Altern schon fast zynisch klingt – bedenkt man, dass das Ergebnis des Alterns doch in jedem Falle der Tod sein wird (Schroeter 2004, 53).

> *Insofern wurde der Begriff des erfolgreichen Alterns einst als Heterodoxie, also als bewusster Gegenentwurf zur damaligen Vorstellung eines allgemein defizitären Alterns vertreten und gilt mittlerweile selber als Orthodoxie, als gängige Lehrmeinung. Doch angesichts der – wenngleich auch erfolgreich hemmbaren, so doch realiter nicht aufhebbaren – biologischen Abbauprozesse erscheint diese orthodoxe Vorstellung als eine fehlerhafte Repräsentation, als eine Allodoxie des Alterns, weil nicht das Altern selber, sondern nur die intervenierenden Steuerungsprozesse erfolgreich, aber eben auch nicht erfolgreich sein können.*
>
> (Schroeter 2004, 53; Herv. i. Orig.)

Letztlich steuert das Leitbild auf eine Disziplinierung und Kontrollierung des Menschen hin und seine breite gesellschaftliche Implementierung lässt sich im Foucaultschen Sinne als biopolitische Maßnahme verstehen. Wer diesem

Erfolgsdruck nicht standhält, sich nicht fit hält und inaktiv wird, gerät (selbstverschuldet) durch Schwäche oder Krankheit ins gesellschaftliche Abseits.

2.2 Soziales Sterben und sozialer Tod: Sinnbilder von Verlust

Viele ältere Menschen haben während des ersten Lockdowns nebst der Aufforderung zum Social Distancing und der bundesweit geltenden Schutzverordnungen erfahren müssen, was es bedeutet, im gesellschaftlichen Abseits zu leben. Einsamkeit, Isolation, ausbleibende Besuche, eingeschränkte oder fehlende Kontaktmöglichkeiten – diese Erfahrungen lassen sich mit dem Konzept des prämortalen sozialen Sterbens[4] beschreiben. Darunter sind gravierende soziale Verlusterfahrungen zu verstehen, die auf fremdbestimmten Degradierungs- oder Exklusionshandlungen beruhen oder durch diese eingeleitet werden (Feldmann 2010, 126). Das Leben der Betroffenen ist gekennzeichnet von einem Rückgang der Möglichkeiten sozialer Teilhabe, der Isolation von der Gesellschaft bis hin zum sozialen Nichtexistieren (Feldmann 2010, 126). Im Extremfall bleibt diesen Menschen lediglich das ‚nackte Leben' (Agamben 1998).

Die wissenschaftliche Beschäftigung mit sozialem Tod im weiteren Sinne hat ihre Ursprünge im medizinisch-institutionellen Kontext der Studien von Erving Goffman (1961), Barney Glaser und Anselm Stauss (1965) sowie David Sudnow (1967). Seitdem hat das Konzept disziplinenübergreifend Anklang und Anwendung gefunden und eine Ausdehnung in andere Fachgebiete erlebt – z. B. Slavery Studies (Patterson 1982), Genocide Studies (Card 2010), Ethnic Studies (Cacho 2012). Diese vielfache Rezeption des Konzepts hat jedoch wesentlich zu seiner theoretischen Unschärfe beigetragen (Králová 2015).

Um dem Konzept zu einer klareren theoretischen Kontur zu verhelfen, diskutiert Králová (2015) drei spezifische Verlusterfahrungen als Kerncharakteristika von sozialem Tod (ähnlich auch Norwood 2009). Dazu gehört zunächst „loss of social identity" (Králová 2015, 235): aufgrund bestimmter körperlicher oder Persönlichkeitsmerkmale, Glaubens- und Wertvorstellungen, niedrigem Status und Kapitalbesitz (auch im erweiterten Sinne von Bourdieu) wird ein Mensch als defizitär bewertet, woraufhin der Identitätsverlust und die soziale Desintegration dieser Person folgt (Králová 2015, 239). Einen zweiten

---

[4] Demgegenüber bezieht sich das postmortale soziale Sterben auf „das ritualisierte Ausdriften aus der diesseitigen Gemeinschaft, traditionell verbunden mit dem Übergang in ein Reich der Toten" (Feldmann 2010, 126).

Aspekt bezeichnet Králová als „loss of social connectedness" (Králová 2015, 235). In dieser Situation (z. B. soziale Isolation in Form der Einzelhaft) gehen nicht nur fast alle sozialen Rollen eines Menschen verloren, sondern auch bedeutsame zwischenmenschliche Interaktionen. Unter den dritten Punkt fasst Králová „losses associated with disintegration of the body" (Králová 2015, 235): Der alternde und/oder kranke Körper kann eine Person daran hindern, die gewohnten sozialen Beziehungen und Interaktionen aufrechtzuerhalten (Králová 2015, 242).

Eine Unterbringung in Alten- und Pflegeheimen kann soziale Sterbeprozesse beschleunigen, weil die Betroffenen hier mit systematischen Einschränkungen in fast allen Lebensbereichen konfrontiert sind. Zugleich wird damit auch der Ausschluss der Älteren aus der „ongoing social world" (Mulkay 1992, 36) abgeschlossen. Zwar bestehen soziale Beziehungen und Interaktionen zwischen den Bewohner:innen und ihren Angehörigen, ihren Pfleger:innen und Mitbewohner:innen („drinnen' setzt sich für die ‚fitten' Alten ein soziales Leben gewissermaßen fort [Mulkay 1992, 36–37]),

> [b]ut the symbolic divide between the full social actors on the outside and the physically and socially segregated insiders makes such relationships little more than pretence. For, from the outside, the residents are, owing to their inability to perform meaningful social action, effectively dead in social terms. (Mulkay 1992, 37)

Sozialer Tod bedeutet für die Betroffenen somit auch den Verlust von Agency und den Verlust von Mitwirkung am Leben anderer (Borgstrom 2017, 5). Letztere beziehen die als sozial tot geltenden Menschen wiederum nicht mehr direkt in ihre sozialen Interaktionen ein (Mulkay 1992, 33). Maßgeblich für diesen Umgang mit kranken oder alten Menschen ist deren antizipierter physischer Tod bzw. der Umstand, dass sie keine Zukunft mehr haben (Mulkay 1992, 35).

3 Das Spannungsfeld zwischen den Altersbildern während der Pandemie

Pandemiebedingt wirkt durch Kontaktbeschränkungen, Social Distancing und Lockdown ein diskursives Spannungsfeld zwischen dem Leitbild des Successful Aging und dem Szenario des Sozialen Sterbens im Alltag älterer Menschen. Da es aufgrund der neuartigen Situation noch kaum Studien oder Theorien zu diesem Thema gibt, möchten wir hier einen grundlegenden, deskriptiven Überblick über dieses Spannungsfeld geben und einige der Facetten illustrieren, aus denen sich die Altersbilder des Successful Aging und des Sozialen Sterbens zusammensetzen.

3.1 Successful Aging: Ein Leitbild in der Krise?

Das Leitbild des erfolgreichen Alterns ist während der ersten Welle der Pandemie keineswegs ausgesetzt und durchzieht sowohl den medialen als auch den Alltagsdiskurs der Älteren, wie in den Interviews ersichtlich wird. Themen wie Selbstbestimmung im Alter, Aktivitäten älterer Menschen oder Lebensqualität, die seit Jahrzehnten mit Successful Aging in Zusammenhang gebracht werden, werden nun mit neuem Sinn belegt, erweitert oder durch neue Teilaspekte, wie Face-to-Face-Kontakte, Risiko oder Resilienz, ergänzt.

Vor dem Hintergrund der Pandemie und dem verordneten Social Distancing schrumpft der freigewählte Möglichkeitsraum von Senior:innen oder wird – wenn die individuelle Situation dies zulässt – neu gedeutet. Neue Freiheiten, die in einem Alltag mit Distanz zu anderen eine Rolle spielen, spiegeln sich in Themen wie Privilegien, Disengagement und Resilienz wider. Als *Privilegien* für ältere Menschen zählen aufgrund der weitreichenden Ausgangsbeschränkungen und Geschäftsschließungen allerdings nicht mehr die Höhe der Rente oder der Zweitwohnsitz im Süden (Breuer 2004), sondern die Möglichkeit des Verlassens der eigenen vier Wände, der große Balkon oder die Natur vor der Haustür.

Im Leitbild des Successful Aging spielen sowohl Aktivität als auch *Disengagement* eine wesentliche Rolle. Disengagement ist hier als notwendiger Rückzug aus bestimmten Rollen zu betrachten, um der dritten Lebensphase einen neuen Sinn geben zu können (Cumming und Henry 1961). Im Diskurs um die Altersbilder im Zuge der Coronakrise bezieht sich Disengagement auf den selbstgewählten (vorübergehenden) Rückzug aus bisherigen sozialen Routinen (Wegfallen von Terminen und Aktivitäten) und eine Konzentration auf das unmittelbare private Umfeld. Unsere Gesprächspartnerin Katharina Thal hat mit Blick auf den Rückzug ihrer Großeltern den Eindruck, „[a]ls ob das so legitimiert war, dass sie so viel Zeit nur mit sich verbringen konnten oder so. [...] Wo man einfach nur sein muss und Nachrichten hören muss. Oder wo man gar nichts mehr machen muss." (KT, 228–276)[5] So werden aus den

---

5 Die Namen unserer Interviewpartner:innen wurden anonymisiert.

‚typischen' rastlosen Rentner:innen, die nie Zeit haben, ältere Menschen, die plötzlich „zur Ruhe" (Klovert 2020) kommen (dürfen).

Die freiwillige Entscheidung zum Disengagement bedeutet nicht die völlige Abkopplung von Kontakt- und Informationsnetzen. Es besteht der Wunsch, Kontakte zu pflegen und sich regelmäßig über die aktuellen Ereignisse zu informieren. Dies geht mit einer annehmenden, abwartenden Haltung einher und ist eng mit dem Thema *Resilienz* verbunden. Generell bezeichnet Resilienz den psychisch souveränen Umgang mit schwierigen Lebensumständen. Aktuelle Studien zeigen, dass vor allem ältere Menschen aufgrund ihrer Lebenserfahrung und der Bewältigung vorangegangener Krisensituationen eine gewisse Krisenfestigkeit besitzen (Röhr et al. 2020; Brown et al. 2020). Sowohl im medialen Diskurs als auch in unseren Gesprächen lässt sich das Bild der ‚krisenerfahrenen Alten' nachzeichnen, wobei unsere Gesprächspartner:innen nicht auf ‚alltägliche' Krisen, wie Scheidungen, Krankheiten, Verluste und Tode zurückgriffen, sondern auf einmalige und außergewöhnliche Krisen, wie die Kriegs- und Nachkriegserfahrungen oder die Krisen nach gesellschaftspolitischen Systemwechseln.

Das Altersbild des Successful Aging wird in der Krise nicht nur – wie bereits vor Beginn der Pandemie – mit Lebensqualität, Aktivität/Engagement und Selbstbestimmung im Alter belegt, sondern auch mit der Möglichkeit, Face-to-Face-Kontakte aufrechterhalten, Risiko eingehen und ein Mitspracherecht ausüben zu können. Die Aufrechterhaltung des Selbstbildes vom erfolgreichen Altern geht mit der Freiheit einher, ein soziales Leben weiterführen zu können.

Vor dem Hintergrund der Pandemie wird *Lebensqualität* zum Thema für einen schmerz- und sorgenfreien Lebensabend, bei dem nicht die Jahre gezählt werden, sondern die qualitative Zeit mit der Familie in den Vordergrund rückt. Bei den gesunden Alten lässt sich zudem eine erhöhte *Aktivität* feststellen, die sich – nicht wie vor der Krise in Unternehmungen mit Freunden, Reisen oder den Besuchen kultureller Veranstaltungen – bei manchen Interviewten in der Intensivierung körperlicher Übungen oder Gartenarbeit niederschlägt. Auch zeigt sich eine Verschiebung der Tätigkeiten im Bereich des *Engagements*: während vor den Beschränkungen viele Ältere ein Ehrenamt ausübten, sind sie – neben Nachbarschaftshilfe auf Distanz – nun eher bereit, Online-Kurse zu besuchen und sich selbst am Computer zu schulen, um Kontakte weiter zu pflegen. Dennoch zeigt sich im Diskurs, dass das Bedürfnis nach *Face-to-Face-Kontakten* bei vielen Älteren stark ausgeprägt ist. Auch das Bewusstsein für die Zugehörigkeit zur Risikogruppe schreckt anscheinend nicht ab, das *Risiko* einer Ansteckung in Kauf zu nehmen, wenn sie dafür z. B. die körperliche Nähe ihrer Enkel:innen oder Kinder erhalten. Unter dem Credo „Leben ist risikoreich" (ein Seelsorger im Interview mit Schäfers 2020) müssen nun individuelle Risikobewertungen vorgenommen und eigene Kontrollmechanismen eingeführt werden.

Selbstbestimmung und Mitspracherecht von Senior:innen sind zentrale Facetten im Altersbild des Successful Aging in Zeiten der Pandemie. In den Interviews wird beispielsweise die Ablehnung von Unterstützungsangeboten thematisiert, weil man den Einkauf gern selbst erledigen möchte. Man möchte selbst entscheiden, ob man seine Enkel:innen besucht und es sich nicht von der Familie oder der Politik diktieren lassen. Dem stehen Darstellungen im medialen Diskurs entgegen: Hier wird deutlich gemacht, wie ältere Menschen bevormundet und von Mitsprache ausgeschlossen werden. Eine Heimleitung verbietet dem Ehemann den Besuch seiner Frau im Pflegeheim und verweist darauf, dass sie die Verantwortung für die Bewohner:innen hat (Stolz 2020). Ein Palliativmediziner erklärt, dass ein Großteil der Älteren zwar lebenserhaltende Maßnahmen ablehnt, die eine bleibende schwere Behinderung nach sich ziehen könnten, aber diese Maßnahmen aus Profitgründen teilweise trotzdem erhielten, weil „Patientenverfügungen, die das relativ eindeutig ausschließen, oftmals nicht beachtet wurden" (Matthias Thöns im Gespräch mit Sawicki 2020).

Demgegenüber lässt sich feststellen, dass älteren Menschen im familiären Kontext durchaus das Mitspracherecht eingeräumt wird. In den Interviews wird betont, dass man erwachsene Menschen nicht bevormunden, sondern nur Empfehlungen aussprechen könne, dass ihnen die Autorität nicht genommen werden sollte und dass man wichtige Entscheidungen (Quarantäne, Krankenhauseinweisung bei Infektion mit SARS-CoV-2) mit Älteren gemeinsam besprechen würde. Erkennbar ist auch, dass mit dieser Entscheidung eine Verantwortungsübergabe seitens der Jüngeren an die Älteren einhergeht, wie im Interview mit unserer Gesprächspartnerin Ilka Sandler deutlich wird: „Von daher haben wir jetzt auch irgendwie gesagt, wenn unser Vater eben der Meinung ist, er kann und will das Risiko tragen und kann damit leben, eventuell mit Corona angesteckt zu werden, dann ist das am Ende seine Entscheidung." (IS, 111–117)

Successful Aging tritt hier zutage als neoliberale Vorstellung von Verantwortung für das Selbst. Aus rechtsphilosophischer Perspektive ist diese Position in Zeiten der Pandemie höchst fragwürdig, wie dieser Auszug aus dem Diskurs zeigt:

> Alte und gesundheitlich vorbelastete Menschen sind besonders gefährdet, deshalb soll der Kontakt zu ihnen vermieden werden. Was aber, wenn ein 80-Jähriger sagen würde: Wenn es mich jetzt umhaut, was soll's, ich will wie alle anderen auch meiner Familie nahe sein. Darf bzw. soll er das dann? Nein, das darf und soll er nicht. Seine Freiheit mag ihm ein Spiel mit den eigenen Leben wert sein. Das geht niemanden etwas an. Aber sich damit zum gegebenenfalls tödlichen Risiko für andere zu machen, ist verwerflich.
>
> (Reinhard Merkel im Interview mit Flaßpöhler 2020)

Hier wird die individuelle Entscheidung für das persönliche Risiko dem Risiko für die Gemeinschaft unterstellt und damit auch die Spannungen zwischen individuellen Entscheidungen und kollektiver Verantwortung betont.

Weitere Facetten des Bildes vom erfolgreichen Alterns während der Kontaktbeschränkungen sind die Themen digitale Kommunikation und Todesakzeptanz. *Digitale Kommunikation* gilt mittlerweile auch für ältere Menschen als gängiges Mittel zur Herstellung von Nähe. Das Videotelefonat wird zum Ersatz für familiäre Besuche, kommt zum Einsatz in Pflegeheimen oder tritt an die Stelle von familiären Gruppentreffen. Auch berichten Ältere, dass sie nun Messenger-Dienste (vermehrt) nutzen. Die Pandemie ist zum Treiber der sozialen Digitalisierung geworden, die mit den ‚vernetzten Alten' nun auch einen großen Teil der Menschen über 65 Jahre einschließt: Sie eignen sich Wissen über digitale Tools und Geräte an, um Nähe herstellen zu können, informieren sich im Internet über das aktuelle Geschehen oder streamen sich Gottesdienste nach Hause.

Die altersbedingte Nähe zum Tod ist dafür verantwortlich, dass eine gewisse *Todesakzeptanz* in das Selbstbild älterer Menschen aufgenommen wird, die sich auf die Anerkennung der Tatsache bezieht, dass man als älterer Mensch an Covid-19 sterben könnte: „Sind einige [Heimbewohner:innen; M.H.; M.S], die wirklich so sagen: Ja, was soll's? Wenn ich die Augen zumache, dann ist es so. Ich hatte ein schönes Leben, bin über 80 oder fast an die 90, dann ist es eben so", erklärt die Pflegefachkraft Eva Hoffmann im Interview (EH, 475–478). Aus dieser die Vergangenheit resümierenden Perspektive ist die gegenwärtige Situation gekennzeichnet vom Erreichen eines hohen Alters und der Erkenntnis, dass der Tod unvermeidbar ist. Dem Leitbild des Successful Aging folgend, schließt ein solches geglücktes Leben im besten Fall auch mit einen ‚guten' (oder schnellen und ‚erfolgreichen') Tod ab. Dementsprechend wird die Vorstellung vom eigenen sozialen Tod von den ‚Successful Agern' abgelehnt: „Ein Bekannter ist zehn Jahre lang gestorben, das war furchtbar", erklärt eine 83-jährige Zahnärztin (Klovert 2020). Ein 97-Jähriger ergänzt: „Manchmal ist es besser zu sterben, als invalid herumzulaufen, nichts mehr mitzubekommen und nicht mehr mitreden zu können." (Klovert 2020) An diesen Beispielen wird deutlich, wie sehr das Bild des Sozialen Sterbens von den Successful Agern gefürchtet wird.

3.2 Soziales Sterben: Vorzeitige und erweitere Verlusterfahrungen in der Pandemie

Wie das Leitbild des erfolgreichen Alterns durchzieht auch die Vorstellung des prämortalen sozialen Todes die Gespräche mit unseren Interviewpartner:innen und den medialen Diskurs. Unter verschärften Bedingungen der Isolation und der Kontaktverbote entfaltet das Konzept seine volle Tragweite, insbesondere in medizinisch-institutionellen Kontexten. Neu ist, dass sich die Ängste vor dem sozialen Tod in der Krisensituation der ersten Pandemiewelle zu einem realen Bedrohungsszenario verstärken, und zwar für eine weitaus größere Anzahl älterer Menschen, die davon normalerweise (noch) nicht betroffen gewesen wären. Vor dem Hintergrund dieser gewissermaßen vorzeitig gesammelten sozialen Sterbeerfahrungen wird der Sinn eines Lebens reflektiert, das nun plötzlich und wesentlich stärker als vorher vom Stigma des Alters und von Themen wie Exklusion und Schutz bestimmt ist.

Im Diskurs um das Alter(n) zeigt sich in Bezug auf das Bild des Sozialen Sterbens, das die Sicherheit für die Risikogruppe durch eine interessante Art der Nähe hergestellt wird – die Nähe zu rechtlichen und staatlichen Institutionen. Zum einen tritt der Staat im Diskurs als *aktiver und ‚sorgender Staat'* auf, der die Älteren und die Risikogruppe vor dem Virus und dem Risiko des Sterbens schützen muss. Die „entschlossene staatliche Intervention" (Scherer 2020), die das Vermeiden einer hohen Anzahl an Toten zum Ziel hat, gibt den älteren Bürger:innen eine vermeintliche Sicherheit und ihr sorgender Charakter erzeugt eine institutionalisierte Nähe zwischen Bürger:innen und Staat. Diese ‚neue' Nähe wird im Diskurs auch als Weg hin zu einem kontrollierenden Überwachungsstaat gedeutet.

Zum anderen wird die rechtliche *Vorsorge* des Einzelnen thematisiert. Im Diskurs tritt das Thema vor allem in Zusammenhang mit der Patientenverfügung auf, die als Schutz vor einem sozialen Tod interpretiert werden kann, also vor einer – im schlimmsten Fall – rein maschinellen Lebenserhaltung ohne Aussicht auf die Rückkehr in ein ‚normales' Leben bzw. mit der Aussicht auf ein sehr langes Sterben. Einige unserer Gesprächspartner:innen und deren ältere Angehörige haben bereits vor der Covid-19-Pandemie eine Patientenverfügung angefertigt und diese auch nicht vor dem Hintergrund der Pandemie geändert. Diese Art der Vorsorge für Entscheidungen über den eigenen Sterbeprozess und medizinische Behandlungen dient in der aktuellen Situation der Entlastung der Betroffenen, da sie sich mit diesem Thema gewissermaßen ein für alle Mal befasst haben und dies nicht erneut tun müssen. Einer älteren Gesprächspartnerin ist „wichtig, dass man sich da rechtzeitig drum kümmert. Nicht erst, wenn man es eigentlich schon gar nicht mehr entscheiden kann" (DA, 383–385), um sich so auch als Sterbende:r seines Mitspracherechts zu versichern.

Das wohl am häufigsten auftauchende Argument im Diskurs um das Alter(n) in der Pandemie ist jenes, dass Distanz Sicherheit mit sich bringt. In der Umsetzung bedeutet dies für alte Menschen buchstäblich die Ent-fernung aus dem bzw. zum sozialen Leben. Der *Schutz* vor einer Infektion durch Distanzierung zielt hier ganz maßgeblich auf die Verhinderung von Krankheit und dem damit potenziell einhergehenden körperlichen Abbau. Bedeutsam wird somit der Erhalt des Körpers als Agent sozialen Handelns.

Schutz tritt daher als sehr zentrale Facette im Altersbild des Sozialen Sterbens in Erscheinung. Er dient als Garant für Sicherheit und würde – jenseits des Pandemiediskurses – aufgrund seiner positiven Konnotation eher Nähe herstellen, weil er Geborgenheit und Wärme signalisiert. Im Angesicht der Pandemie und ihrer erforderlichen Eindämmung wird der Schutz der Risikogruppe allerdings ausschließlich über die soziale Distanzierung – vor allem zu den Alten – hergeleitet, womit dem Wort eine völlig neue Bedeutung zukommt. Da es „schlimmstenfalls um Leben und Tod" ginge (Silberer und Giertz 2020), wird Nähe zu einem schwerwiegenden Problem. So traut sich die in einem Altenheim tätige Pflegefachkraft Eva Hoffmann kaum noch „raus", weil sie sich selbst „für die Bewohner" schützen will (EH, 191–194).[6] Hingegen lehnt eine Pflegeheimbewohnerin diesen Schutz ab: „Wenn dieses Leben [in Isolation; M.H.; M.S.] der Preis dafür ist, nicht an Corona zu sterben, dann möchte ich gar nicht geschützt werden" (Grimm 2020). Die mit dem Schutz verbundene Isolation und Exklusion, die Bevormundung und Entmündigung fließen in die ethischen Debatten unserer Zeit ein. Der Diskurs um den Schutz der (vor allem) Älteren bewegt sich zwischen verschiedenen ethischen Grundfragen des Lebens: Welchen Sinn hat ein rein körperliches Überleben? Und welchen Wert hat das – fast abgelebte – Leben in Einsamkeit und Isolation?

Vor allem in Bezug auf die fast eine Million Pflegeheimbewohner:innen in Deutschland stellt *Isolation* ein wiederkehrendes Thema dar. In den Medien und in den Interviews werden Vergleiche zur Inhaftierung gezogen oder der Tod in Isolation auf der Intensivstation mit dem in besserem Lichte erscheinenden Tod im familiären Kreis zuhause verglichen. Die Implementierung von verschärften Isolationsmaßnahmen im Alltag der Bewohner:innen führt zu der Annahme, dass diese von Entscheider:innen bereits als sozial Tote betrachtet werden. Ihr rein körperliches Überleben erhält Vorrang vor ihrem sozialen Dasein. So gelten die Bewohner:innen von Pflegeheimen – zumindest im Diskurs während der ersten pandemischen Welle – als „die Vergessenen dieser Krise" (Stolz 2020, 18), die unter *Haftbedingungen* ein Leben weiterführen müssen, das durch Freiheitsentzug und Bedingungen der Einzelhaft gekennzeichnet sowie mit gelegentlichem „Gefangenenbesuch" unter

---

6 Dinges (2020) macht auf die außergewöhnliche Belastungssituation der Pflege(fach)kräfte während der Covid-19-Pandemie aufmerksam. Diese hängt auch mit dem Druck auf die Sicherheit der eigenen Person zusammen, denn „Mitarbeiter*innen-Sicherheit ist immer auch Patient*innen-/Bewohner*innen-Sicherheit" (Dinges 2020, 80).

strengsten Auflagen (Stolz 2020, 18) einhergeht. In der bisherigen Auslegung des Konzeptes des Sozialen Sterbens wurden schwerkranke oder alte Menschen als sozial Tote behandelt, weil man ihnen in Antizipation ihres physischen Todes absprach, eine Zukunft zu haben (Mulkay 1992, 35). Konträr dazu wird nun während der ersten pandemischen Welle argumentiert, dass Isolation, Exklusion und Segregation Älterer nötig sind, um ihre Zukunft zu schützen.[7]

Exklusion und *Segregation* sind im Kontext des erfolgreichen Alterns durchaus positiv konnotiert. Das Leben im Alter in einer *sun city* in den USA oder in einer *gated community* in Spanien (vgl. Friedrich und Kaiser 2001, 205) zu verbringen, gilt für viele Senior:innen als überaus erstrebenswert. Im Altersbild des sozialen Sterbens werden Exklusion und Segregation im Zuge der Pandemie zur Einbahnstraße für alte Menschen. Ältere erfahren neben der Isolation auch eine Stigmatisierung als Risikogruppe und werden wie „Aussätzige" (Böhnke und Schöps 2020) behandelt. So durchzieht dieses Stigma der Risikogruppe auch familiäre Diskurse und sorgt für Segregation:

> Wo er [der Partner; M.H.; M.S.] dann echt recht konsequent gesagt hat, er möchte weder seine Eltern noch seinen Schwiegervater hier haben. Einfach, weil er nicht das ... also dann der Schuldige sein möchte, wenn die sich anstecken. Er möchte jetzt nicht dafür verantwortlich sein, wenn denen irgendwie jetzt was passiert oder sie am Ende deswegen sogar noch sterben oder auf die Intensivstationen müssen. (IS, 126–133)

Dieser Auszug macht deutlich, dass die Ausweisung Älterer aus dem inneren Familienkreis auch mit Fragen der Schuld und der Verantwortung verbunden ist. Auch ist erkennbar, dass die Vorstellung von Senior:innen als Gruppe mit Defiziten auch schon vor der Krise latent bestand und im Konflikt mit dem gesellschaftlich propagierten Leitbild des Active Aging steht.[8]

---

[7] Liotta et al. (2020) decken mit ihrer Untersuchung in Italien diesbezüglich sogar ein Paradox auf. Sie stellen fest: „The pandemic was more severe in regions with higher family fragmentation and increased availability of residentialhealth facilities" (Liotta et al. 2020, 1). Sie schlussfolgern, dass die Aufrechterhaltung sozialer Beziehungen während einer Krise „a protective factor against increased mortality rates" sein können (Liotta et al. 2020, 16).

[8] Fraser et al. (2020) warnen in diesem Zusammenhang vor den sich im Rahmen der Krise verschärfenden Problem der Altersdiskriminierung (*ageism*) und wollen darauf aufmerksam machen, „how older people are misrepresented and undervalued in the current public discourse surrounding the pandemic (Fraser et al. 2020, 692). Auch Dinges (2020) weist auf die Doppelmoral der gegenwärtigen Argumentationsmuster hin: „Wie schon erwähnt, sollen die Maßnahmen in der Corona-Krise dem Schutz der alten und hochaltrigen Menschen dienen – in einem gesellschaftlichen Kontext, der strukturell altersdiskriminierend ist, ist das ein Widerspruch par excellence" (Dinges 2020, 78).

Mit der *Einsamkeit*, dem großen Thema der Pandemie, tritt weiterhin ein Themenkomplex rund um das Altern in den Vordergrund, der normalerweise aufgrund der Dominanz des Leitbildes des Successful Aging tabuisiert und hintergründig behandelt wird. Doch Schlagzeilen, wie „Einsamer Tod im Altenheim" (Rössler 2020), zirkulieren in der ersten Welle tagtäglich. Das Bild der ‚einsamen Alten' umspannt die Vereinsamung im Pflegeheim, einsame Großeltern, die mit Gefühlen der Verlassenheit und Unerwünschtheit kämpfen, dem fernmündlichen Ankämpfen gegen die Einsamkeit und der „Einsamkeit der Sterbenden [...] und [...] der Trauernden" (Macho 2020). Sowohl in den Interviews als auch im medialen Diskurs wird die Einsamkeit in direkten Zusammenhang mit Selbstaufgabe, Kapitulation vor dem körperlichen Abbauen gestellt. Hieran wird deutlich, dass soziales Sterben unter den Bedingungen der aktuellen Krisensituation an Reichweite gewinnt: Galten institutionelle Kontexte als Katalysatoren sozialen Sterbens (Mulkay 1992), nehmen nun auch außerhalb von medizinischen und betreuenden Institutionen soziale Sterbeerfahrungen zu.

4 Schlussbetrachtungen

Die erste Welle der Covid-19-Pandemie hat Gesellschaften weltweit über Nacht verändert. Diese Veränderungen schlagen sich in den diskursiven Altersbildern nieder, die medial und im Alltag vermittelt werden. Über Jahrzehnte hat das neoliberale Bild der erfolgreichen Alten den Diskurs der als westlich geltenden Gesellschaften bestimmt, das sich nun pandemiebedingt in einer Krise befindet. Das Bild des Sozialen Sterbens wiederum erfährt eine neue Sichtbarkeit und eröffnet eine Perspektive auf das Alter(n), die bisher kaum beleuchtet wurde.

Es hat sich gezeigt, dass die beiden Altersbilder Successful Aging und soziales Sterben nicht mehr divergieren, sondern nun zusammen thematisiert werden. Sie sind durch ein paradoxes Spannungsverhältnis zueinander geprägt, das die binäre Gegenüberstellung dieser Altersbilder aufweicht. Dies liegt in den Ambivalenzen begründet, die mit den neuen Konnotationen von Freiheit, Sicherheit, Nähe und Distanz einhergehen, welche als Facetten beide Altersbilder in der Pandemie maßgeblich mitgestalten: Successful Aging, mit seinem Versprechen, einen glücklichen Lebensabend verbringen zu können, wenn man nur genug dafür tue, um sich fit und gesund zu halten, soziale Kontakte nicht abreißen zu lassen und das Leben in vollen Zügen genießen zu können, wird im Zuge der Einschränkungen auf die Freiheiten reduziert, vor die Tür treten, über die notwendige Distanz selbst entscheiden und den Tod – egal, wann und wie er nun eintreten möge – akzeptieren zu können. Soziales

Sterben, das als Bedrohungsszenario den Pandemiediskurs dominiert, forciert die Vorstellung, dass Sicherheit nur durch Isolation möglich scheint; jede körperliche Nähe wird zur Gefahr und die Alten zu Unberührbaren.

Durch die Linse der Pandemie lassen sich auch Bedeutungsverschiebungen in Bezug auf die Konzepte selbst beobachten: Das Konzept des Successful Aging wird nun stärker als bisher überschattet vom Szenario des Sozialen Sterbens/Todes. Die neoliberale Vorstellung vom Management des Selbst im Alter mit all seinen Imperativen, diverse Verlusterfahrungen auszuschließen, lässt sich angesichts Social Distancing und Beschränkungen nur sehr begrenzt realisieren. Die Bemühungen um die Verantwortung für das Selbst kollidieren in der Pandemie mit der Verantwortung für die Gemeinschaft. Das Konzept des Sozialen Sterbens/Todes erhält in der Pandemie eine neue Bedeutung, weil es nun einen noch eindrücklicheren Blick auf ethische Schieflagen im Umgang mit älteren Menschen freigibt. Durch die Strategie, den ‚realen' Tod so lange wie möglich aufzuschieben, erfahren viele ältere Menschen den sozialen Tod. Die Coronakrise verhilft dieser Problematik zu mehr Sichtbarkeit, denn schon vorher waren Pflegeheime Räume des sozialen Sterbens und der Isolation, über die lieber niemand sprach. Der Diskursstrang während der ersten Infektionswelle legt unmissverständlich offen, dass ein solches Leben, das zum bloßen Überleben degradiert wird, keinen Wert besitzt, dass ihm kein Sinn mehr zugeschrieben wird.

Die beiden Konzepte Successful Aging und soziales Sterben sind – nach bisherigem Erkenntnisstand – bisher nie zusammengedacht worden. Vor dem Hintergrund der Krise erweist sich dieser Gedankengang allerdings als überaus sinnvoll, da er das im Moment unlösbar erscheinende moralische Dilemma zwischen Sicherheit und Freiheit beziehungsweise Nähe und Distanz im Umgang mit älteren Menschen fassen kann, das die Krise hervorbringt. Wie sich dieser Diskurs weiterentwickelt, wo Verschiebungen eintreten und welche Spannungsfelder während der folgenden Infektionswellen in den Vordergrund rücken, werden zukünftige Untersuchungen zeigen.

Literatur

Agamben, Giorgio. *Homo Sacer: Sovereign Power and Bare Life*. Stanford: Stanford University Press, 1998.

Baltes, Margret M., Martin Kohli, und Karl Sames (Hg.). *Erfolgreiches Altern. Bedingungen und Variationen*. Bern: Huber, 1989.

Baudrillard, Jean. *Der symbolische Tausch und der Tod*. Berlin: Matthes & Seitz, 2011 [1976].

Böhnke, Andrea, und Corinna Schöps. „Lernen von den Krisenerprobten". *Die Zeit*. https://www.zeit.de/wissen/gesundheit/2020-08/coronavirus-krise-alter-bewaeltigung-alltag-pandemie. 30. August 2020 (26. November 2020).

Borgstrom, Erica. „Social Death". *QJM: An International Journal of Medicine* 110.1 (2017): 5–7.

Breuer, Toni. „Successful Aging auf den Kanarischen Inseln? Versuch einer Typologie von Alterns-Strategien deutscher Altersmigranten". *Europa Regional* 12.3 (2004): 122–131.

Brown, Lesley, Rahena Mossabir, Nicola Harrison, Caroline Brundle, Jane Smith, und Andrew Clegg. „Life in Lockdown: A Telephone Survey to Investigate the Impact of COVID-19 Lockdown Measures on the Lives of Older People (≥ 75years)". *Age and Ageing* (2020): 1–12. (Unkorrigierte Fassung des Manuskripts).

Cacho, Lisa Marie. *Social Death: Racialized Rightlessness and the Criminalization of the Unprotected*. New York, London: New York University Press, 2012.

Card, Claudia. *Confronting Evils: Terrorism, Torture, Genocide*. Cambridge: Cambridge University Press, 2010.

Cumming, Elaine, und William E. Henry. *Growing Old. The Process of Disengagement*. New York: Basic Books, 1961.

Dinges, Stefan. „Corona und die Alten – um wen sorgen wir uns wirklich?". *Die Corona-Pandemie. Ethische, gesellschaftliche und theologische Reflexionen einer Krise*. Hg. Wolfgang Kröll, Johann Platzer, Hans-Walter Ruckenbauer und Walter Schaupp. Baden-Baden: Nomos, 2020. 69–84.

Feldmann, Klaus. *Tod und Gesellschaft. Sozialwissenschaftliche Thanatologie im Überblick*. 2. überarb. Aufl. Wiesbaden: Springer VS, 2010.

Flaßpöhler, Svenja. „Töten durch Unterlassen ist zu befürchten". (Interview mit Reinhard Merkel). *Philosophie Magazin*. https://www.philomag.de/artikel/toeten-durch-unterlassen-ist-zu-befuerchten. 30. März 2020 (11. Mai 2020).

Fraser, Sarah, Martine Lagacé, Bienvenu Bongué, Ndatté Ndeye, Jessica Guyot, Lauren Bechard et al. „Ageism and COVID-19: What Does Our Society's Response Say About Us?". *Age and Ageing* 49.5 (2020): 692–695.

Friedrich, Klaus, und Claudia Kaiser. „Rentnersiedlungen auf Mallorca? Möglichkeiten und Grenzen der Übertragbarkeit des nordamerikanischen Konzeptes auf den „Europäischen Sunbelt"". *Europa Regional* 9.4 (2001): 204–211.

Glaser, Barney G., und Anselm L. Strauss. *Awareness of Dying*. Chicago: Aldine, 1965.

Glaser, Barney G., und Anselm L. Strauss. *The Discovery of Grounded Theory: Strategies for Qualitative Research*. Chicago: Aldine, 1967.

Glaser, Barney G., und Anselm L. Strauss. *Grounded Theory. Strategien qualitativer Sozialforschung*. Bern: Huber, 1998.

Goffman, Erving. *Asylums: Essays on the Social Situation of Mental Patients and Other Inmates*. London: Penguin, 1961.

Grimm, Imre. „"'Corona ist mir egal": Warum Helga Witt-Kronshage (86) lieber sterben will, als eingesperrt zu sein". *RND.* https://www.rnd.de/gesundheit/corona-ist-mir-egal-warum-helga-witt-kronshage-86-lieber-sterben-will-als-eingesperrt-zu-sein-3MEBDIOBEFA6B DULC4N5WGZJG4.html. 23. April 2020 (28. November 2020).

Havighurst, Robert James. „Successful Aging". *Gerontologist* 1 (1961): 4–7.

Hühn, Melanie. *Migration im Alter. Lebenswelt, Identität und Kultur deutscher Ruhesitzwanderer in Spanien.* Berlin: Dr. Köster, 2012.

Klovert, Heike. „"'Vielleicht wird unser Leben nach der Krise sogar besser als vorher'"". *Der Spiegel.* https://www.spiegel.de/familie/coronavirus-krise-senioren-erzaehlen-wie-sie-in-quarantaene-leben-a-a1c4d7e5-0a95-4ebf-a9a7-59171757d357. 23. April 2020 (26. November 2020).

Králová, Jana. „What is Social Death?". *Contemporary Social Science* 10.3 (2015): 235–248.

Lamb, Sarah, Jessica Robbins-Ruszkowski, und Anna I. Corwin. „Introduction. Successful Aging as a Twenty-first-Century Obsession". *Successful Aging as a Contemporary Obsession: Global Perspectives.* Hg. Sarah Lamb. New Brunswick: Rutgers University Press, 2017. 1–23.

Liotta, Giuseppe, Maria Cristina Marazzi, Stefano Orlando, und Leonardo Palombi. „Is Social Connectedness a Risk Factor for the Spreading of COVID-19 Among Older Adults? The Italian Paradox". *PLoS ONE* 15.5 (2020): 1–7.

Macho, Thomas. „Sterben in Zeiten der Pandemie". *Philosophie Magazin.* https://www.philomag.de/artikel/sterben-zeiten-der-pandemie. 15. April 2020 (28. November 2020).

Martin, Peter. „Altern, Aktivität und Langlebigkeit". *Zeitschrift für Gerontologie und Geriatrie* 33.1 (2000): 79–84.

Mulkay, Michael. „Social Death in Britain". *The Sociological Review* 40.1 (1992): 31–49.

Norwood, Frances. *The Maintenance of Life: Preventing Social Death through Euthanasia Talk and End-of-Life Care – Lessons from the Netherlands.* Durham, NC: Carolina Academic Press, 2009.

Palmore, Erdman B. „Successful Aging". *Encyclopedia of Aging, Vol. 4.* Hg. David J. Ekerdt. New York: Macmillan, 2002. 1374–1377.

Patterson, Orlando. *Slavery and Social Death: A Comparative Study.* Cambridge, MA: Harvard University Press, 1982.

Robert-Koch-Institut. „SARS-CoV-2 Steckbrief zur Coronavirus-Krankheit-2019 (COVID-19)". Bei *Archive.org* archivierte Version vom 15. Mai 2020. https://web.archive.org/web/20200517172540/ https://www.rki.de/DE/Content/InfAZ/N/Neuartiges_Coronavirus/Steckbrief.html#doc13776792bodyText3. 15. Mai 2020 (19. April 2021).

Röhr, Susanne, Ulrich Reininghaus, und Steffi G. Riedel-Heller. „Mental and Social Health in the German Old Age Population Largely Unaltered During COVID-19 Lockdown: Results of a Representative Survey". *PsyArXiv.* https://psyarxiv.com/7n2bm/. 29. Oktober 2020 (26. November 2020).

Rössler, Hans-Christian. „Einsamer Tod im Altenheim". *Frankfurter Allgemeine Zeitung.* https://www.faz.net/aktuell/politik/ausland/corona-opfer-in-spanien-einsamer-tod-im-altenheim-16687094.html. 20. März 2020 (28. November 2020).

Sawicki, Peter. „Sehr falsche Prioritäten gesetzt und alle ethischen Prinzipien verletzt" (Matthias Thöns im Gespräch mit Peter Sawicki). *Deutschlandfunk.* https://www.deutschlandfunk.de/palliativmediziner-zu-covid-19-behandlungen-sehr-falsche.694.de.html?dram:article_id=474488. 11. April 2020 (26. November 2020).

Schäfers, Burkhard. „Krankenseelsorge im Schutzanzug". *Deutschlandfunk*. https://www.deutschlandfunk.de/corona-pandemie-krankenseelsorge-mit-schutzanzug.886.de.html?dram:article_id=484089. 15. September 2020 (26. November 2020).

Scherer, Bernd. „Die Pandemie ist kein Überfall von Außerirdischen". *Frankfurter Allgemeine Zeitung*. https://www.faz.net/aktuell/wissen/geist-soziales/die-corona-pandemie-ist-kein-ueberfall-von-ausserirdischen-16744840.html. 3. Mai 2020 (28. November 2020).

Schroeter, Klaus R. „Zur Allodoxie des „erfolgreichen" und „produktiven" Alterns". *Zukunft der Soziologie des Alter(n)s*. Hg. Gertrud M. Backes und Wolfgang Clemens. Opladen: Leske+Budrich, 2002. 85–109.

Schroeter, Klaus R. „Zur Doxa des sozialgerontologischen Feldes: Erfolgreiches und produktives Altern – Orthodoxie, Heterodoxie oder Allodoxie?". *Zeitschrift für Gerontologie und Geriatrie* 37.1 (2004): 51–55.

Silberer, Elke, und Julia Giertz. „Wenn Besuche bei Oma im Altenheim ausbleiben". *Badisches Tagblatt*. https://www.badisches-tagblatt.de/Nachrichten/Wenn-Besuche-bei-Oma-im-Altenheim-ausbleiben-31478.html. 15. März 2020 (28. November 2020).

Statista. *Anzahl von Pflegeheimen in Deutschland nach Trägerschaft in den Jahren 1999 bis 2017*. https://de.statista.com/statistik/daten/studie/201876/umfrage/anzahl-von-pflegeheimen-nach-traegerschaft-in-deutschland/. 2020 (3. November 2020).

Statistisches Bundesamt (Destatis). *Pressemitteilung Nr. 370*. https://www.destatis.de/DE/Presse/Pressemitteilungen/2018/09/PD18_370_12411.html. 27. September 2018 (3. November 2020).

Statistisches Bundesamt (Destatis). *Pflegebedürftige nach Versorgungsart, Geschlecht und Pflegegrade 2017*. Bei *Archive.org* archivierte Version vom 2. Mai 2020. https://web.archive.org/web/20200502074113/ https://www.destatis.de/DE/Themen/Gesellschaft-Umwelt/Gesundheit/Pflege/Tabellen/pflegebeduerftige-pflegestufe.html. 2019 (29. April 2021).

Stolz, Matthias. „Kampf um Zärtlichkeit". *ZEIT Magazin* 28 (2. Juli 2020), 17–24.

Stronegger, Willibald J. „Zwischen übersteigerter und fehlender Solidarität. Die Covid-19-Pandemie aus biopolitischer Perspektive nach Foucault". *Die Corona-Pandemie. Ethische, gesellschaftliche und theologische Reflexionen einer Krise*. Hg. Wolfgang Kröll, Johann Platzer, Hans-Walter Ruckenbauer, und Walter Schaupp. Baden-Baden: Nomos, 2020. 213–235.

Sudnow, David. *Passing On: The Social Organization of Dying*. Englewood Cliffs, NJ: Prentice-Hall, 1967.

Robert Birnbauer, Daniel Jarczyk, Franziska Rasch
Leise Töne am Südstern: Ökonomische Krisen wohnungsloser Menschen und Verhandlungen der ‚neuen Normalität'

> R: Manche reden ja von einer ‚neuen Normalität'.
> K: Nicht nur manche, sondern auch Cola! Kennst du diese Plakate von Coca Cola?
> R/F: Wollte ich eben ansprechen! / Genau darüber haben wir gesprochen!
> K: Die neue Normalität! Ich dann ‚Fickt euch, Alter! Ey!'
>
> (Kasimir 2)[1]

1 Einleitung

Laut Schätzung der Bundesarbeitsgemeinschaft Wohnungslosenhilfe waren in Deutschland im Jahr 2018 rund 678.000 Menschen wohnungslos (Bundesarbeitsgemeinschaft Wohnungslosenhilfe e.V. 2018).[2] Die Ursachen sind vielfältig: Wohnungsbaupolitik und Mietpreise, gesetzliche Sonderregelungen für junge Erwachsene, Mietschulden, instabile Netzwerke, fehlende (im-)materielle Ressourcen und ein Mangel an Hilfsangeboten werden angeführt. Nicht nur aufgrund sich kontinuierlich verschlechternder Integration in den Wohnungsmarkt (Busch-Geertsema et al. 2019, 6) führen wohnungs- und obdachlose Menschen ihr Dasein als stigmatisierte, invisibilisierte Bürger:innen an den gesellschaftlichen Rändern (Böhm 2018; Busch-Geertsema et al. 2019, 24). Der Mangel an Statistiken zu Wohnungslosigkeit verdeutlicht sinnbildlich die Unsichtbarkeit und Marginalität wohnungsloser Menschen (Böhm 2018, 2–3).

Nicht alle Wohnungslosen sind obdachlos (Böhm 2018, 10). Ohne eine eigene Wohnung zu besitzen, kommen einige Menschen in Hilfseinrichtungen, bei Freunden oder der Familie unter und erhalten dort Obdach. So können sich mehr oder weniger stabile Routinen einstellen. Dennoch kann jeder Mensch ohne eigenen Wohnraum innerhalb von Stunden obdachlos werden – und jede wohnungslose Person eine Unterkunft finden. So wie Kasimir.[3] Sein „Wohnzimmer", wie er es nennt, ist der Südstern, ein öffentlicher Platz mit Blick auf eine

---

[1] Interview vom 19. Oktober 2020, F: Franziska, K: Kasimir, R: Robert.
[2] Zur unsicheren Datenlage vgl. Böhm (2018, 10).
[3] Pseudonymisiert.

https://doi.org/10.1515/9783110734942-007

neogotische Kirche über dem gleichnamigen U-Bahnhof im Berliner Stadtteil Kreuzberg. Nicht nur Kasimir hält sich häufig dort auf. Man kennt sich, spricht sich ab, bewacht die Habseligkeiten der anderen und wundert sich, wenn jemand länger nicht auftaucht. Seit sieben oder acht Jahren kehrt er immer wieder an den Südstern zurück. Als wir ihn einige Monate nach unserem ersten Gespräch treffen, wohnt er, der damals noch wohnungslos gewesen war, in einer betreuten Wohngemeinschaft und sagt zu unserer Überraschung: „Für mich, persönlich, hat Corona Dinge verbessert." (Kasimir 2) Im ersten Gespräch hatte er noch von großen Zukunftssorgen berichtet, gar von der Angst vor Internierung in Lagern. Was war inzwischen geschehen?

2 Corona und Wohnungslosigkeit

Die Corona-Pandemie und ihre Folgen haben wohnungs- und obdachlose Menschen vor enorme Herausforderungen gestellt. Binnen Stunden wurden Hilfseinrichtungen geschlossen, der Fußgängerverkehr auf Straßen, auf Plätzen und in öffentlichen Verkehrsmitteln – ansonsten zentrale Einnahmequelle für diejenigen, die betteln oder musizieren, um Geld zu verdienen – löste sich weitgehend auf. Diejenigen, die mangels sozialer und ökonomischer Netze nur hart landen konnten, wurden in freien Fall versetzt. Sie fanden weder Zugriff auf die Grundlagen ihres wirtschaftlichen Handelns, das plötzlich ganz und gar unmöglich geworden war, noch auf kurzfristig geschlossene karitative Angebote. Ob des existenziellen Charakters der Einschränkungen und ihrer Folgen, waren Hilfsorganisationen und wohnungslose Menschen gleichermaßen dazu gezwungen, sich binnen kürzester Zeit dieser Situation anzupassen und Strategien zu entwickeln, die es ihnen ermöglichen würden, ihr Auskommen wieder zu sichern. Aus wirtschaftsanthropologischer Perspektive beleuchten wir die ökonomischen Elemente einer komplexen Krisenlage, in der sich wirtschaftliche mit gesundheitlichen und rechtlichen Problemlagen überschnitten. Wir blicken damit auf einen lokal, legal, sozial und temporal begrenzten Problembereich aus dem Verlauf der Corona-Pandemie, die das Jahr 2020 so entscheidend prägte. Ökonomische Krisen folgten auf kurzzeitig transformierte legislative Rahmenbedingungen, die auf eine globale Gesundheitskrise reagierten, die so Wirkung auf wohnungs- und obdachlose Menschen am Berliner Südstern entfaltete, deren soziales, urbanes und damit ökonomisches Umfeld sich kurzfristig und radikal veränderte.

Wir möchten herausfinden, wie Akteur:innen im Feld von Wohnungs- und Obdachlosigkeit auf diese Situation reagierten: Wie sind sie mit dem kurzfristigen Wegfall von Einkommensquellen umgegangen? Wie haben sich

Praktiken von Gelderwerb und Zuverdienst, aber auch karitative Angebote geändert, wie haben sie sich einer komplexen Krisenlage angepasst? Wir fragen, wie diejenigen Stabilität schufen, denen wir unterstellen, ohnehin in instabilen Verhältnissen zu leben, wenn zudem stabil geglaubte Einkommensquellen versiegen. Dabei gehen wir davon aus, dass sich Teile der Rahmenbedingungen ihres ökonomischen Handelns einerseits kurzfristig radikal änderten, es neu einschränkten und neu ermöglichten. Andererseits blieben spezifische soziale, politische und ökonomische Kontexte, Werte und Maxime weitgehend stabil (Carrier 2020).

Mit dieser Untersuchung möchten wir erstens zeigen, wie Akteur:innen in einem Setting „in which things that were considered ‚normal' are now ‚disrupted'" (Ortiz 2015, 585) Handlungssicherheit wiederzuerlangen suchen und auf welches Wissen sie dabei zurückgreifen. Zweitens möchten wir so beleuchten, wie eine sogenannte ‚neue Normalität' an den gesellschaftlichen Rändern verhandelt wird und wie diese Ränder so, drittens, in Bewegung geraten, da sie etablierte Deutungs- und Wertehorizonte herausfordern.

Die hier beschriebenen Konflikte zwischen der Forderung nach ökonomischer Flexibilität und dem Wunsch nach gesellschaftlicher, aber auch ökonomischer Stabilität innerhalb sich wandelnder und gleichsam stabiler Rahmenbedingungen, verstehen wir mithin als Momente der Verhandlung einer ‚neuen Normalität'.

Dabei beziehen wir sowohl die vielfältigen Anpassungen der unmittelbar Betroffenen am Berliner Südstern als auch die neu entwickelten Reaktionen helfender Institutionen ein. Die Kontakt- und Beratungsstelle (KuB) ist eine niedrigschwellige Hilfsorganisation, die sich ausschließlich um Minderjährige kümmert. Sie wird vom Senat teilfinanziert und gehört zu den offiziellen Anlaufstellen der Berliner Senatsverwaltung für Bildung, Jugend und Familie. Dennoch ist die KuB vor allem auf Spenden angewiesen, um ihre Projekte zu finanzieren. Eines davon ist das Berliner Sleep-Inn, in dem minderjährige Trebegänger:innen eine begrenzte Anzahl von Übernachtungen im Monat verbringen dürfen. Besonders ist dieses Angebot deshalb, weil die Minderjährigen hier nicht in Obhut genommen werden.

Auch Kasimir hat die KuB viele Jahre lang besucht und sitzt nun in der Nähe des Standortes. Noch heute kommen die Sozialarbeiter:innen vorbei und unterhalten sich mit ihm. Zudem kennt er manche der Jugendlichen, die die KuB aufsuchen, teilt mit ihnen sein Erfahrungswissen und bleibt so, auch jenseits der Hilfsbedürftigkeit, mit der Organisation und den Jugendlichen verbunden.

Karuna e.V. kümmert sich nicht nur um Jugendliche, sondern auch um Erwachsene. Hier ist der partizipative Anspruch besonders hoch: (Ehemalige) Wohnungslose arbeiten in den Projekten mit. Karuna e.V. finanziert sowohl seine Projekte als auch die verschiedenen Standorte, an denen die Arbeit stattfindet, durch Spenden.

Wir, die wir nicht betroffen sind, blicken auf Situationen von Wohnungs- und Obdachlosigkeit als Dauerkrisen. Dauerhafte Krisenzustände sind jedoch paradoxe Dystopien, wenn wir Krisen mit Klammer (2014, 230) als „zugespitzte Situation von zeitlich begrenzter Dauer" konzipieren. So zeigt sich in dieser Annahme zu allererst unsere eigene gesellschaftliche Position als forschende Repräsentant:innen einer „new urban middle class" (Zukin 1987, 129) und die Situierung von Wohnungs- und Obdachlosigkeit außerhalb unseres ‚Normals'. Fragen nach Armut, Prekarität und Krise sind abhängig von der Perspektive, die wir dem Feld antragen. Horacio Ortiz' Hinweis auf die Schwierigkeiten wirtschaftsanthropologischer Krisenforschung gilt somit auch hier: „The anthropological gaze […] puts the ‚everyday' in ‚crisis'" (2012, 593). Erst in der spezifischen Situiertheit (Haraway 1988) unseres akademischen Blicks wird Wohnungslosigkeit zur Dauerkrise, denn die Bewertung als Krise ist situativ, subjektiv und konfliktiv (Ortiz 2012, 587).[4] Wenn wir insofern fragen, wie eine ‚neue Normalität' hergestellt wird, fragen wir zuvorderst nach dem Wiedererlangen von Stabilität und der Wiederherstellung gewohnter, wenngleich möglicherweise adaptierter, Routinen und Lebensverhältnisse, die durch die Krise gestört wurden.

3 Theoretische Perspektiven auf die ‚neue Normalität' nach der ‚Krise'

Der Begriff der neuen Normalität kennzeichnet die Pandemiesituation als einen disruptiven Moment kollektiven Verhaltens und Verstehens – einen, der Aushandlung verlangt und der Routinen und Gewohnheiten in Frage stellt. Normalität ist für uns dabei keine analytische Kategorie. Vielmehr nutzen wir diesen Begriff als einen des Alltags in Bezug auf seine affektive Dimension, die auf das hindeutet, was als normal erlebt wird. Gerade im Zusammenhang mit Diskussionen um eine vermeintliche nach der Pandemie erwartete ‚neue Normalität', die insbesondere während des ersten Lockdowns im Frühjahr 2020 geführt wurde, rangierte diese Bedeutung prominent. Der Begriff der neuen Normalität wirft zuvorderst Fragen nach Art und Form dessen auf, was nach der Ausnahme steht, und impliziert so die Momente der Aushandlung von Veränderungen, die die Pandemie als eine Phase des Übergangs mit offenem Ausgang kennzeichnen, auf die wir in diesem Text blicken.

---

4 Zur Kritik am Krisenbegriff insgesamt vgl. Poehls (2019, 272–273).

Normalität und Krise stehen sich damit gegenseitig konstitutiv gegenüber. Als einen normalen Zustand begreifen wir mithin einen, der von Routinen und Gewohnheiten geprägt ist und von zeitlich begrenzten Krisen unterbrochen werden kann. Normalität ist hier nicht zuvorderst ein gesellschaftlich etabliertes Deutungsmuster als bewertendes und bewertetes „Repertoire des sogenannten, gesunden Menschenverstandes"" (Stehr 2013, 191). Wir konzipieren Normalität vielmehr als einen von Routinen und Regelmäßigkeiten geprägten, situativen Zustand eines spezifischen Feldes.[5] Die Festlegung dessen, was als ‚normal' gilt, ist dabei, ebenso wie das Verständnis von Krise, stets als umkämpfter gesellschaftlicher Prozess zu verstehen, in dem um Deutungs- und Benennungsmacht konkurriert wird (Stehr 2013, 193). Wenn wir also auf der Suche nach den Aushandlungen einer ‚neuen Normalität' sind, untersuchen wir Veränderungen in spezifischen Alltagsroutinen, die sich vielmehr von alten Gewohnheiten unterscheiden, als von einem erwarteten und machtvoll etablierten gesellschaftlichen Durchschnitt abzuweichen.

Die auftretenden Veränderungen betrachten wir vor dem theoretischen Hintergrund Horacio Ortiz', der die Krise als Zustand beschreibt: Kollektiv suggerierte Stabilität besteht für einen befristeten Zeitraum nicht mehr, soll aber wiederhergestellt werden. Der Begriff ‚Krise', so Ortiz, „implies that some sort of stability existed previously, and will exist again later." (2012, 585) Die komplexe Krisenlage infolge der Corona-Pandemie wird damit zu einem Stadium zwischen vormaliger und wieder zu erwartender Stabilität, eine Störung von Normalität und Routinen, die von gesellschaftlichen Akteur:innen sinnhaft gedeutet wird (Ortiz 2012, 585). Das Konzept betrachten wir zunächst als Heuristik, die illustriert, dass es sich um einen Übergangszustand handelt, und insofern um eine Situation, in der sich Prozesse der Aushandlung einer ‚neuen Normalität' beobachten lassen. Dabei wird deutlich werden, welche zur Aushandlung stehenden Elemente von welchen Akteur:innen durchgesetzt werden und auf welchen normativen Grundlagen diese Durchsetzungen erfolgen.

Grundlage unserer Überlegungen sind fünf Gespräche mit drei Menschen ohne Obdach und Wohnung. Besonders aussagekräftig waren uns dabei die beiden Gespräche mit Kasimir, auf die wir uns daher bei unserer Auswertung nach Grounded Theory (Strauss und Corbin 1996) konzentrierten, während uns die übrigen Daten als Hintergrundwissen wertvoll waren. Der Kontakt zu ihm wurde über Bekannte hergestellt. Zudem haben wir drei Gespräche mit Organisationen geführt, die sich mit wohnungs- und obdachlosen Menschen

---

5 Dabei sind beide Bedeutungen nicht trennscharf voneinander abzugrenzen, denn in beiden Fällen stellt die Normalität einen Gegenpol zur Abweichung, oder eben zur Krise, dar.

beschäftigen, von denen wir zwei ausgewertet haben. Wir haben uns für die Forschung beobachtend am Berliner Südstern aufgehalten, der nicht nur der Lieblingsort von Kasimir, sondern auch Sitz der KuB ist und so zum Dreh- und Angelpunkt der Forschung, der Feldkonstruktion und unseres Samplings wurde.

4 Die Ausgangslage: „das ist ja mein Einkommen gewesen"

Am Ausgangspunkt der Krise übernachtet Kasimir auf wechselnden Sofas von Bekannten und Freunden, teilweise für mehrere Monate, und finanziert sich durch Straßenmusik und Betteln. In der Berliner S-Bahn war er es gewohnt, mit seiner Band auf immer derselben Route sein Didgeridoo zu spielen, am Südstern trommelte er zur Freude der Passanten, und zum Ärger mancher Anwohnerparteien, um die Menschen, wie er sagt „irgendwie glücklich [zu] mache[n]" (Kasimir 1).[6] Wenn er nicht musiziert, verdient er Geld durch Betteln. Gemeinsam ist beiden Tätigkeiten, dass sein Einkommen daraus auf freiwilligen Spenden derjenigen basiert, denen Kasimir auf der Straße und in den Zügen begegnet. Gleichzeitig hielten Initiativen wie KuB und Karuna karitative Angebote bereit, die vor allem in der Ausgabe von Lebensmitteln und Hygieneartikeln bestanden, aber auch durch Projekte den Hilfsbedürftigen beratend zur Seite standen. Bis zum virusbedingten Bruch, der Gewohnheiten unvermittelt und unmittelbar unbrauchbar werden ließ.

> Ich saß im U-Bahnhof, hab Musik gemacht und plötzlich meinte die Bäckerin, als so'n Ansturm von Kids kam und wir uns beide gewundert haben, meinte sie: ‚Jaja, hier steht's irgendwie im Internet, dass die Schulen jetzt dicht machen.' Und in dem Moment war für mich klar: ‚Oh scheiße!' Ne, da war's noch nicht so richtig klar, ich dachte, das wird sich schon alles wieder geben und dann saß ich halt am nächsten Tag da und da kamen keine Menschen. Da ist keine Sau Bahn gefahr'n! Ich war völlig schockiert, weil, ja, das ist ja mein Einkommen gewesen.
> (Kasimir 2)

Die Pandemie, die neuen Regulierungen des Soziallebens und die infolgedessen leeren Straßen, Plätze und Bahnen störten die seitherigen Routinen. Kasimirs anfänglicher Optimismus wich „ziemlich schnell" der Erkenntnis: „Wenn halt keine Leute mehr Bahn fahren, kann ich kein Geld verdienen." (Kasimir 2) Ein Großteil der bisherigen Einnahmemöglichkeiten entfielen aufgrund neuer Regulierungen und des darauf folgenden Wegfalls des Publikumsverkehrs. Besonders hart traf ihn die Schließung von Schulen und Universitäten, denn „klingt

---

6 Interview vom 25. Mai 2020.

jetzt komisch, aber Studenten sind die, die mit am meisten Geld geben." (Kasimir 1) Kasimirs bevorzugte Lebensweise befindet sich in einem krisenhaften Moment der Veränderung, der eine ‚neue Normalität' zum Ziel eines Prozesses macht, der Stabilität und Routinen wiederherzustellen sucht.

Nach den ersten Schulschließungen fühlte sich Kasimir „in einer ausweglosen Situation" (Kasimir 1). Die Erkenntnis über die neue Situation und den Verlust ökonomischer Kontinuität wurde zum Moment der Panik, der „Imagination hoffnungsloser Ökonomien" (Stäheli 2014, 291) in der „die Vorstellung einer grundlegenden ökonomischen Kontinuität [...] suspendiert wird." (Stäheli 2014, 292): „Also ich war wirklich total – [...] Ich hab' den Boden unter den Füßen verloren." (Kasimir 1)

Zeitgleich mit dem Wegfall seiner eigenen Einnahmemöglichkeiten wurden auch die Hilfsangebote von verschiedenen Organisationen von einem Moment auf den anderen eingestellt. Essensausgabestellen wurden genauso geschlossen wie Übernachtungseinrichtungen. Wohnungs- und obdachlose Menschen, in der Regel ohne Erspartes oder Bevorratetes, waren binnen weniger Stunden in existenzielle Krisen geraten.

5 Verhandlungen ‚neuer Normalität' im Spannungsfeld konfligierender Zukunftsentwürfe

Umso notwendiger schien es, schnell zu reagieren. Kasimir verkaufte seine Gitarre und betont bis heute, wie sehr er den Schritt bereue und bedaure, den er im ersten Moment für unumgänglich hielt. Schließlich habe er zu diesem Zeitpunkt keine andere Möglichkeit gehabt, an Geld zu kommen. In Ermangelung positiver Perspektiven sei nicht nur er selbst ratlos gewesen.

> Also ich hab mich mit anderen Musikern in der Zeit unterhalten, die waren alle in 'ner ziemlich aussichtslosen Position. Alle haben irgendwie geguckt und gepaddelt, wie sie jetzt an ihre Kohle kommen. (Kasimir 2)

Die Situation der ersten Begegnungen mit der Krise war mithin nicht nur geprägt von dem Wegfall der Einnahmen. Auch die Zukunftsperspektiven schienen zutiefst unsicher. Jedes Mittel schien recht, um Sicherheit zurückzugewinnen. Im Gitarrenverkauf erlangt gegenwartsbezogenes gegenüber zukunftsorientiertem Handeln das Primat. Kasimir sieht sich mit einer Situation konfrontiert, in der seine ökonomische Handlungsfertigkeit durch die massiven und fortwährenden

Umwälzungen seiner Umgebung soweit eingeschränkt ist, dass sie vom Erwartbaren und Vorhersehbaren entkoppelt ist und nur noch auf den Moment gerichtet ist. Sein ökonomisches Handeln verliert sein Ziel. Für ökonomisches Handeln ist aber eine gegenwartsbezogene Zukunft konstitutiv (Stäheli 2014, 287). Ökonomische Praxis bedarf in diesem Sinne nicht nur der praktischen, an der Vergangenheit orientierten Erfahrung (Reckwitz 2003, 290), sondern zudem einer Zukunft, die prognostizierbar, berechenbar und erwartbar ist. Zu stark war also der Bruch in der Gegenwart, der mit den ersten Schockmomenten einherging. Aufbauend auf zunächst unsicheren, und in der Folge unterschiedlichen Zukunftsprognosen passen Akteur:innen unternehmerische Praxis an die herrschenden Rahmenbedingungen ebenso an wie an ihre Versionen von Zukunft.

Einzelpersonen und die involvierten karitativen Organisationen sahen sich schnell der Notwendigkeit gegenüber, auf Schock und Panik, auf die Unsicherheit über das zukünftig Erwartbare, mit Versuchen zu reagieren die Situation wieder zu stabilisieren. Mit Versuchen der Wiederherstellung von stabilen Zukunftsaussichten innerhalb instabiler legislativer wie sozialer und ökonomischer Rahmenbedingungen treten die Akteur:innen ein in die Verhandlungen über eine neue, sich aus der Gegenwart speisende Normalität (Stäheli 2014, 286–287).

5.1 Zukunft stabilisieren: Adaptionen karitativer Angebote

Die KuB reagierte auf die neue Situation, indem sie versuchte, bewährte Angebote aufrechtzuerhalten: „Wir waren die ganze Zeit weiter draußen, weil wir festgestellt haben, dass viele ihr Angebot eingeschränkt haben." (KuB)[7] Während viele Organisationen gezwungen waren, ihre Angebote einzuschränken, war die KuB „erstmal die Einzigen, die weiter rausgefahren sind und eine Notversorgung angeboten haben." (KuB) Ihr Erfahrungswissen und das der wohnungslosen Menschen nutzten sie dazu, bewährte Routinen auszubauen und so eine breitere Versorgung sicherzustellen.

> Und deswegen haben wir auch erweitert auf fünf Tage die Woche am Alex. Das ist der Hotspot, von dem alle wissen. Das war transparent und klar, wir sind jeden Tag von 14–16 Uhr da. Mit Maskenpflicht, mit Abstand. (KuB)

Der Bedarf an Lebensmitteln, Hygieneartikeln und an einem engen Kontakt zu den Streetworker:innen war hoch. Vor allem Jugendliche sind in finanziell kritischen Situationen, denn die meisten Unterkünfte öffnen nur für über Achtzehn-

---

[7] Interview vom 3. Juli 2020.

jährige, der Zugang zu finanziellen Ressourcen und staatlichen Angeboten ist Minderjährigen in der Regel versperrt. „Deswegen sind die Jugendlichen eigentlich die, die es am härtesten trifft. Nicht nur weil sie jung sind, sie haben auch keinen Zugang zu legalen Mitteln." (KuB)

Umso größer war der Zulauf zu den Angeboten, der vor dem Hintergrund neuer gesetzlicher Regelungen zum Infektionsschutz zusätzliche Schwierigkeiten aufwarf.

> Da hatten wir dann auf einmal pro Einsatz manchmal sechzig bis achtzig Menschen da, was dann manchmal schwierig war, weil die Polizei vorbeigefahren ist und gesagt haben, wir fordern zu einer Versammlung auf. Wo wir dann den Polizisten erklärt haben: ‚Ok, wenn wir kein Essen verteilen, dann müssen die Jugendlichen in die Supermärkte gehen und klauen, weil es keine Angebote gibt.' (KuB)

Die Situation macht die komplexe Lage jugendlicher wohnungsloser Menschen und die schwerwiegenden Folgen der Einschränkungen durch die Pandemie besonders deutlich. Indem außer Diebstahl keine Alternativen zu den Angeboten der KuB gegeben waren, würde hier in jedem Fall gegen eine Vorschrift verstoßen, sodass die Polizei in dieser Situation die Mitarbeiter:innen der KuB gewähren ließ: „Es gab ja auch nichts. Und Schnorren lief auch nicht." (KuB) Während das Angebot des KuB-Busses eine seit Langem bestehende Instanz am Alexanderplatz darstellte, veränderte sich nun der Blick auf Notwendigkeiten und Legitimität. Nicht mehr der Bedarf der Klient:innen bestimmte den Einsatz, sondern die Einschätzung der Polizei in der Abwägung konfligierender Rechtsvorschriften. Die vorherige Kontrolle über die Situation, die Streetworker:innen üblicherweise hatten, wurde durch Verhandlungen *in situ* ersetzt. In diesem und dem folgenden Beispiel gerät das schöpferische Potenzial von Krisen in den Blick. Sie begrenzen den planbaren Zeithorizont (Klammer 2014) und erhöhen somit den Handlungsdruck auf die Akteur:innen in der Gegenwart (Stäheli 2014). Umso deutlicher werden die kreativen Strategien ökonomischer Akteur:innen, für die die Pandemiesituation Transformationen in einem bis dahin stabilen Regel- und Routinezusammenhang hervorruft.

In der Schlafunterkunft Sleep Inn mussten Wege gefunden werden, wie über bestehende Strukturen neu verfügt werden konnte. Da nur noch eine Person pro Zimmer übernachten durfte, reduzierten sich die bestehenden Schlafplätze auf acht – laut KuB für alle Berliner Straßenjugendlichen.[8] Dem Dilemma

---

[8] Schätzungen legen Zahlen zwischen 1000 und 2000 Minderjährigen/jungen Erwachsenen nahe (Vogt 2014). Es stehen außerdem insgesamt mehr als acht Schlafplätze zur Verfügung, jedoch stellen diese die einzige Möglichkeit für Jugendliche dar, zu nächtigen, ohne in Obhut genommen zu werden.

von gestiegener Bedürftigkeit aufgrund geschlossener Einrichtungen und sinkender Möglichkeiten der Unterbringung in verbleibenden Einrichtungen wegen der Erfordernisse des Infektionsschutzes begegnete man mit der Regelung, zunächst den jüngsten Kindern den Vortritt zu lassen und Mädchen bevorzugt aufzunehmen. Die Jugendlichen zeigten Verständnis für die neuen Regelungen, deren Umsetzung und Einhaltung die Aufrechterhaltung des Sleep Inn auch dann noch ermöglichte, als ein Klient positiv getestet wurde. Schon ein zusätzlicher Fall hätte allerdings die Schließung bedeutet. So war die neue Struktur zwar tragfähig, aber fragil. Erschwert wurde die Lage durch den Wegfall spontaner Spenden, während die meisten regelmäßigen Spenden zweckgebunden und damit für die neue Notsituation nicht verwendbar waren. Gleichwohl blieb das ökonomische Grundgerüst, auch durch die weiterhin erfolgenden Zahlungen durch den Senat, erhalten.

Auch Karuna e.V. musste bestehende Angebote neu denken. Normalerweise finden alle Angebote am Standort von Karuna am Südstern statt. Das Infektionsschutzgesetz zwang den Verein dazu, die Essensvergabe auszulagern um Ansammlungen zu verhindern. Nicht zuletzt musste aber mit Blick auf die eigene Finanzierung umgedacht werden. Karuna e.V. startete eine Spendenaktion auf einer Internetplattform und traf damit den sozioökonomischen Nerv der Zeit. Unter Einhaltung der Maßgaben des Social Distancing konnten online rund 130.000 Euro akquiriert werden. Damit konnte wohnungslosen Menschen unter anderem eine Soforthilfe von zehn Euro ausgezahlt werden, um den Ausfall anderer Einkommensmöglichkeiten zumindest teilweise zu kompensieren. Ungleich komplizierter wurde dann der Schritt zurück in die analoge Welt. Bei einer der Ausgaben des Geldes wurde ein Team wegen des Aufrufs zu einer Versammlung mit noch offenem Ausgang angezeigt.[9]

Während Karuna also die Spendenakquise unter Coronabedingungen leichter fiel als der KuB, verhielt es sich mit der Umstellung der eigenen Angebote umgekehrt. Dadurch, dass sich Karuna mobile Angebote erst schaffen musste, verfügten sie, eben anders als die KuB, nicht über etablierte und bekannte Standorte. Die Mitarbeiter:innen, die anfangs nicht wussten, wo und wie sie ihre Klient:innen erreichen konnten, erschlossen sich nach und nach die Stadt. Es gelang ihnen schnell, herauszufinden, wo sich hilfsbedürftige Menschen aufhielten. Mit eigens angeschafften Lastenrädern versorgten sie so ihre Klient:innen. Kooperationen mit Supermärkten ergänzten die neue Strategie. Die Krise, und mit ihr der Wegfall alter Routinen, wurden zum Antrieb in der Schaffung neuer Angebote.

---

9 Das Verfahren kann wegen „Geringfügigkeit" (§ 47 OWIG) oder wegen „Mangel[s] an öffentlichem Interesse" (§ 153 StPO) eingestellt werden. Dadurch wird greifbar, wie die Relevanz des Angebotes von Karuna seitens der Gesellschaft, vertreten durch die Staatsanwaltschaft, eingeschätzt wird.

Nicht alle Solidaritätsbekundungen gegenüber Karuna erwiesen sich als hilfreich. Die Zahl der freiwilligen Helfer:innen stieg beständig und sorgte zunächst für Chaos, da viele von ihnen eingearbeitet und koordiniert werden mussten. Unser Gesprächspartner von Karuna, erklärt sich den steilen Anstieg mit der steigenden Hilfsbereitschaft, aber auch damit, dass die Menschen während des Lockdowns mehr Zeit hatten.

> [...] viele Leute, die in Kurzarbeit waren oder gefeuert wurden, haben Zeit [...]. Vor allem beim Essensausfahren waren es fünfzehn, zwanzig Leute, die wir dann teilweise wieder nach Hause schicken mussten. Es hatten halt viele Zeit und ich hatte das Gefühl, dass auch viele Zeit hatten, sich über sowas Gedanken zu machen. Genau, da hatten wir einen supergroßen Zuwachs. (Karuna)[10]

In der frühen Phase der Coronamaßnahmen, die häufig mit Entschleunigung gleichgesetzt wurde, erhielt die Situation von wohnungslosen Menschen mehr Aufmerksamkeit als außerhalb der Krisenzeiten. Wenig überraschend war damit der Rückgang der Zahl von Freiwilligen einige Monate später, als diese begannen, in ihren alten Alltag zurückzukehren.

> Das nimmt leider wieder ab. Viele Leute gehen jetzt zurück in die Unis und in ihre Berufe, es waren viele Studenten bei uns. Und es geht jetzt alles wieder in Richtung Normalität und da haben wir auch gemerkt, dass während Corona die Bereitschaft zu helfen einfach höher war. (Karuna)

Mit der Bewegung der Freiwilligen in Richtung alter Gewohnheiten, musste sich auch Karuna der Vorkrisensituation wieder annähern, obwohl die Situation weiter angespannt blieb und viele der Probleme, die mit Social Distancing und Hygienebestimmungen einhergingen, bestehen blieben.

In Karunas Versuchen der Anpassung an die durch pandemiebedingte Regeln geschaffenen neuen Situationen und an die Auflösung von Routinen zeigt sich die Komplexität der Herausforderung, vor der die Organisationen im Management ökonomischer Krisen wohnungsloser Menschen standen. In der Pandemiesituation agieren sie als Vermittler zwischen unterschiedlichen Lebenswelten. In dieser Position sind sie gezwungen, unter den Rahmenbedingungen sich verändernder rechtlicher und sozialer Normen, neue Routinen zu etablieren, um für ihre Klient:innen tragfähige Lösungen unter Infektionsschutzbedingungen zu gestalten. Dabei gilt es jedoch zu berücksichtigen, wenn sich Solidaritäten im Umfeld der Organisationen, ob durch Geldspenden oder persönlichen Einsatz, kurzfristig ändern und die Hervorbringung neuer Routinen einerseits erschweren, sie aber

---

10 Interview vom 6. Juli 2020.

andererseits durch punktuelle Spitzen im Spendenaufkommen ermöglichen (Polanyi 2019 [1944]). Auf der Suche nach einer Stabilität, „[that] will exist again later" (Ortiz 2012, 585), befinden sich Karuna und KuB zum Zeitpunkt der Forschung weiterhin im Modus der Krisenbewältigung.

5.2 Aus alt mach neu? Kasimirs Weg in eine ‚neue Normalität'

Wie von Karuna und der KuB, war auch von Kasimir Flexibilität gefordert, um sich auf die neue Situation einzustellen. Mit Keith Hart blicken wir auf seine Krisenerfahrung nicht, indem wir befragen „[...] what is beginning, but what is ending. This is not straightforward." (Hart 2012, 626) Denn mit dem Blick auf das, was endet, wird sodann sichtbar, wie er nach dem Verkauf seiner Gitarre versucht, die Krise anders zu bewältigen. Die Unvermitteltheit, mit der ihn die Krise trifft, erklärt die Drastik seiner Reaktion. Nach dem Verkauf der Gitarre schloss er sich bei einem Bekannten in der Wohnung ein. Im Gespräch resümiert er:

> Eine total dumme Idee eigentlich, wie sich später herausstellte, denn nach einer Woche, eineinhalb Wochen, nachdem ich es echt nicht mehr ausgehalten habe – ich muss ja auch essen und trinken – und bin dann betteln gegangen. (Kasimir 1)

Mit dem Beginn der Krise endet auch die Kontrolle über die aktuelle ökonomische Situation. Indem er „die Annahme der Kontrollierbarkeit [der] Risiken seines ökonomischen Handelns" (Stäheli 2014, 292) verliert, verändern sich seine Aussichten auf die ökonomische Situation. Der Moment des ersten Schocks ist der des Verlusts von Hoffnung und Handlungssicherheit, die er zunehmend wiederherzustellen vermochte, wenngleich sein erster Versuch sich an die neuen Gegebenheiten anzupassen, nicht von Erfolg gekrönt war. Es folgte der pragmatische Entschluss betteln zu gehen.

5.3 Altes Wissen neu gedeutet

Wenn Kasimir betteln geht, nimmt er für sich in Anspruch, auf besondere Weise zu betteln. Dabei greift er auf alte Erfahrungen zurück und benutzt bewährte Strategien.

> Ich hab das Betteln nie verlernt, sozusagen. Ich war schon immer diese besondere Art Bettler, die ich selber so feier. [...] So würd' ich gerne heute immer noch schnorren, weil das ist halt, das hat nicht dieses Opfer-Betteln. (Kasimir 2)

Damit deutet er an, mit welchem Selbstverständnis er bettelt. Ziel ist, die Menschen um ihn herum zu unterhalten. Er begreift sich als Entertainer, dessen Gesellschaft aufgrund dieser Eigenschaft und ihres Unterhaltungswerts gern gesucht wird. Gleichwohl handelt es sich zugleich um eine ökonomische Praxis, die, wenn auch nicht ausschließlich, so doch zumindest teilweise auf den Gelderwerb ausgerichtet ist.

> Ich hol halt Leute echt raus so, die geh'n nicht ohne Grinsen weg. Die geh'n halt auch meistens ohne Kleingeld weg, aber die geh'n auf jeden Fall nicht ohne Grinsen weg, ob die mir Geld geben oder nicht. (Kasimir 2)

Viele seiner ökonomischen Routinen wurden aufgrund neuer gesetzlicher Vorschriften und sozialer Regulierungen zu Beginn der Pandemiesituation unbrauchbar. Anpassungen an die neuen Regelungen und Verhaltensweisen der Passant:innen waren schnell nötig geworden. Kasimir berichtet, wie Leute große Bögen um ihn gemacht hätten, um ihm nicht zu nahe zu kommen.

> So ich dürfte, könnte gar nicht näher an die ran, weil die schon von sich aus ein Schritt zurück machen. Ja, genau, wenn ich dann noch [raucher]huste, ist gleich vorbei. (Kasimir 1)

Social Distancing und Masken zum Bedecken von Mund und Nase bestimmten die Szenerie. Dabei stellte sich zuvorderst die Frage, wie innerhalb dieser neuen Regulationen um Geld gebeten werden kann, wenn Personen nicht mehr ohne Weiteres angesprochen oder Geld nicht mehr einfach weitergereicht werden kann. Relativ schnell entwickelte Kasimir eine Idee, in deren Zentrum eine Gardinenstange stand: „dann hab' ich diese Gardinenstange genommen und an einem Ende den Becher befestigt und am anderen halt mich." (Kasimir 1) Er entschied sich bewusst gegen den Mund-und-Nasen-Schutz, denn

> *Jeder* rennt ja mit 'ner Maske rum. Ich nehm' die Maske ab und nehm' stattdessen die Stange. Ich bleib ja trotzdem auf anderthalb Meter Abstand. Ich glaube, die Stange war sogar fast zwei Meter lang. (lacht) (Kasimir 2)

Indem Kasimir auf die Maske verzichtet, macht er sich und sein Gesicht leichter wahrnehmbar. Die Abwesenheit der Maske lenkt die Blicke auf ihn. Erst das Spiel mit den neuen Regeln ermöglicht ihm größere Sichtbarkeit. Gleichzeitig hält er sich an sie, indem er den Mindestabstand sogar übertrifft. Mithilfe der Gardinenstange gelingt Kasimir also eine kreative Anpassung an neue Regulierungen, die es ihm ermöglichen, in dieser seither unbekannten Situation um Almosen zu bitten. Darüber hinaus erklärt Kasimir die Idee seiner Gardinenstange so:

> Das hatte einfach, also, die Leute haben alleine über diese Stange schon gelacht. Und das nehm' ich ja als Feedback bei meiner Arbeit in Anführungsstrichen. Ich guck' ja, wie, wie mein, wie ich jetzt auf andere Leute wirke. Auch *das* unterscheidet mich wahrscheinlich von den meisten Bettlern. (Kasimir 2)

Während der Verzicht auf die Maske somit als Neuausrichtung seiner gesellschaftlichen Sichtbarkeit unter den Bedingungen der Corona-Regulierungen verstanden werden kann, die gleichsam mit über seinen ökonomischen Erfolg entscheidet, ist auch die Nutzung der Gardinenstange eine Anpassung an neue Gegebenheiten. Sie fügt sich in seine etablierte Strategie ein, Passant:innen zu unterhalten. In beiden Fällen zeigt sich die Bedeutung, die der Beobachtung des Umfelds zukommt. Neben der Höhe der Einnahmen zeigt sich auch durch das Feedback der Erfolg, den er mit seiner Vermittlung zwischen ökonomischen Interessen und kreativer Anpassung an die Corona-Regulierungen erlangt. Die Beobachtung des Umfelds fungiert in diesem Zusammenhang gleichsam als eine Möglichkeit, sich der Sinnhaftigkeit und Richtigkeit des eigenen Handelns zu versichern. Er schafft ökonomische Kontinuität in einem Umfeld, das ansonsten von Instabilität und Unsicherheit geprägt ist. (Stoller 2002, 58).

So ist Kasimirs Gardinenstange auch metaphorisch zu beschreiben, als Brücke zwischen einer alten und einer neuen Normalität, die es ihm ermöglicht, alte Strategien innerhalb neuer Regulierungen anzuwenden. Darin zeigt sich gleichzeitig, dass er nach ersten Momenten der Panik und der Suche nach Orientierung, aber auch durch politische Lockerungen, schnell wieder „Vorstellungen einer grundlegenden ökonomischen Kontinuität" (Stäheli 2014, 292) zurückgewinnen konnte, auf deren Grundlage das Um-Almosen-Bitten mit der Gardinenstange überhaupt erst möglich wurde.

Seine Art zu unterhalten verstehen wir als Bestandteil einer übergeordneten ökonomischen Strategie, die wir in den Worten Ulrich Bröcklings als „anders anders" sein beschreiben (Bröckling 2016, 283–297). Übertragen auf unser Feld, ist damit zunächst die performative Praxis des sich Unterscheidens gemeint. Im Rekurs auf neoliberale Logiken unterliegt das unternehmerische Selbst, als das wir Kasimir hier verstehen, einem Distinktionszwang, denn Alterität wird im Markt zum verwertbaren Alleinstellungsmerkmal (Bröckling 2016, 286). Die Form, in der er als Entertainer unterhaltsam um Almosen bittet, unterscheidet ihn grundlegend von denjenigen, die „in der Bahn steh'n und ‚Höh, ich bin so arm, mir geht's so schlecht!', bla bla bla, oder die, noch schlimmer, die Muttis mit ihren Babys auf'm Arm!" (Kasimir 2) Deutlich wird die Absicht, „anders anders" zu sein auch, wenn er in Bezug auf sein Interesse für Feedback, das er oben konstatiert, deutlich macht: „Auch *das* unterscheidet mich wahrscheinlich von den meisten Bettlern." (Kasimir 2) Schon der große Wert, den er darauf legt, nicht einfach zu betteln und wie er diese Form des Almosenerwerbs als eine Strategie derjenigen kennzeichnet, die er als das „typische Drogenklientel, also Heroin-, Kokainkonsum" beschreibt, zeigen deutlich den Wert, den er der Distinktion innerhalb des Feldes derjenigen beimisst, die als wohnungslose Menschen um Almosen bitten.

> Da distanzier' ich mich selber schon von. Privat also schon. Und beim Betteln halt noch mehr, weil ich nich' so unbedingt mit denen über einen Kamm geschert werden möchte. Das klingt abwertender als es gemeint ist. (Kasimir 2)

Was mithin nicht als Abwertung ‚der Anderen' gemeint ist, ist umso mehr als ökonomische, aber auch identitäre Strategie lesbar. Er positioniert sich dann durch diese Praktiken der Distinktion gegen zwei unterschiedliche „diskursive Kraftfelder" (Bröckling 2016). Anrufungen als Opfer oder passiver Leistungsempfänger laufen ins Leere. Die ihm diskursiv angetragene gesellschaftliche Position als ‚anders' fordert er so zweifach heraus, einerseits, indem er sich in der ökonomischen Distinktion durch die Anwendung neoliberaler Logiken zum selbständigen und autonomen Unternehmer in eigener Sache macht und sich gleichzeitig inmitten eines etablierten gesellschaftlichen Diskurses positioniert. Andererseits verhilft er sich durch seinen kreativen und teils widerständigen Umgang mit den neuen Regeln zu größerer Sicht- und Wahrnehmbarkeit. Widerständigkeit gegen seine marginale gesellschaftliche Position kann damit als Teil seiner ökonomischen Strategie verstanden werden, die ihm eine Positionierung im ‚Markt der Alteritäten' ermöglicht.

Distinktion kann dabei aus unserer Sicht nicht nur als ökonomische Strategie, sondern auch als Element von Kasimirs Identitätsarbeit betrachtet werden. Sein Produkt auf diesem Markt ist, pointiert gesagt, er selbst als Entertainer, mindestens aber die Unterhaltung, die er den Passant:innen als solcher – im Tausch gegen ein Lächeln und/oder Kleingeld – bietet. Indem damit auch seine Persönlichkeit zum Teil seiner Vermarktungsstrategie wird, wird Kasimir zum durch und durch „unternehmerischen Selbst" (Bröckling 2016).

Trotz des weitgehend positiven Resümees, das Kasimir über seine ökonomischen Aktivitäten in der Pandemiesituation zieht, lief seine Anpassung an die neuen Regelungen nicht störungsfrei. Als er bereits wieder am Südstern musizierte, kam es zum Konflikt mit der Nachbarschaft. Die musikalischen Töne am Südstern wurden vorübergehend leiser.

> Die hatten halt Sorge, wir ham hier Musik gemacht zu zweit und da standen dann tatsächlich auch ganz viele Leute und dann haben sich halt Anwohner beschwert, sie hätten Angst, dass hier ein großer Corona-Hotspot entsteht, weil wir alle hier kein Sicherheitsabstand halten et cetera PP. Und dann kam tatsächlich die Polizei, die das dann aufgelöst hat. (Kasimir 1)

In Konfliktsituationen wie diesen wird deutlich, dass Aushandlungen der ‚neuen Normalität' nicht ohne Reibungen verlaufen. Sie machen zudem besonders deutlich, dass ein einfaches Fortsetzen alter Routinen nicht erfolgreich wäre. Dafür steht auch das folgende Beispiel.

5.4 Alte Routinen gegen neue Bedingungen

Zum Zeitpunkt unseres Gesprächs im Oktober hatte Kasimir bereits wieder begonnen, mit seinem Digeridoo und seiner kleinen Band Musik in der Berliner S-Bahn zu machen – in einem gesellschaftlichen Klima, das weiterhin nicht nur das Abstandhalten als Standard versteht. Auch das Singen und Musizieren, insbesondere auf Blasinstrumenten, weckt oft Misstrauen.[11] Dieses Misstrauen zeigt sich auch gegenüber Kasimirs Band, und zwar

> Ständig! Ständig! Stännnndig! Ey, was uns die Leute ankacken! Neulich ein Typ mit Kinderwagen, wo unsere Sängerin dann auch meinte: ‚Ey, wie kannst du's wagen vor deinem Kind solche Wörter in den Mund zu nehmen!' Weil der uns halt üüübelst beleidigt hat. Ach, herrlich! Herrrlich! [...] Ey, die Leute kommen mit Sachen, das hätt' ich früher nie für möglich gehalten. (Kasimir 2)

Im Versuch, ihre alte Routine des Musizierens durchzusetzen, stößt die Band auf Widerstände. Auch hier setzt der – soziale wie legale – Infektionsschutz ökonomischem Handeln Grenzen. Kasimir wird immer wieder mit neuen Standards konfrontiert, die ökonomische Praxis limitieren. Da es sich im Falle des Musizierens im Nahverkehr nicht um gesetzliche Regelungen handelt,[12] sondern um Prozesse der gegenseitigen Aushandlung, kann sein Vorgehen hier auch als Versuch verstanden werden, Informationen über die neuen, sozialen Regulierungen und ihre Durchsetzung zu erhalten. Ähnlich wie beim Beispiel der Gardinenstange, holt er sich beim Musizieren Feedback ein und wird, im Unterschied dazu, deutlich mit den Grenzen ökonomischen Handelns unter Pandemiebedingungen konfrontiert. Auf Grundlage dieser Informationssuche (vgl. Geertz 1978) und der dadurch möglichen Einhaltung sozialer Regulationen (Ortiz 2012, 590) ermöglicht er sich zukünftiges ökonomisches Handeln.

---

11 Schließlich gilt gerade das Singen wegen hohen Aerosolausstoßes als besonders risikobehaftet.
12 Tatsächlich ist das Musizieren laut Beförderungsbedingungen in allen öffentlichen Verkehrsmitteln verboten und dennoch gängige Praxis.

5.5 Neue Sicherheiten statt alter Gewohnheiten

Wenn die bisher besprochenen ökonomischen Praktiken Kasimirs nach dem ersten Schockmoment auf der Grundlage gesicherter Zukunftserwartungen stattfanden und insofern auf eine zuversichtliche Zukunftsversion schließen lassen, so zeigen sich diese positiven Erwartungen an anderer Stelle als brüchig. Kurz nachdem Kasimir mit dem Betteln begonnen hatte, veränderte er seine Strategie zur Bewältigung der Krise:

> Dann kam diese, dieses Posting auf Instagram von dieser betreuten WG, die ich vor drei, vier Jahren schonmal kontaktieren wollte, weil ich die, weil ich einen Menschen kennengelernt hab, der da wohnte. Ganz witzig. Da war für mich klar, OK, ich hab da, ich seh da einen Ausweg. Ich hab dann halt Hartz IV beantragt, mich in dieser WG vorstellig gemacht, und seitdem. (Kasimir 2)

Er setzt nicht nur auf eine Rückkehr zur ‚alten Normalität', sondern sorgt auch anderweitig für lebensweltliche Stabilität. Mit zunehmenden Lockerungen und dem Wiederaufblühen des öffentlichen Lebens kehrt er zwar immer mehr zu alten Routinen zurück. Gleichwohl schafft er sich im Angesicht weiterhin unsicherer Erwartungen neue Elemente zur Sicherung des Lebensunterhalts.

Vor dem Corona-Schock hatte Kasimir es nicht in Erwägung gezogen, Sozialleistungen zu beantragen. Von diesem Prinzip rückt er im Verlauf der Krise ab. Dadurch sichert er sich Obdach und Auskommen und plant die Rückkehr in seinen Beruf als Pfleger. Auch der Sozialleistungsantrag funktionierte unter Pandemiebedingungen: Persönliche Termine wurden ebenso ausgesetzt wie Sanktionen bei Regelverstößen. Die spezifische Situation im zuständigen Jobcenter, die zum Infektionsschutz hergestellt wurde, gilt ihm als zentraler Motivator für diesen Schritt und als Element, das entscheidend zur neuen Situation beigetragen hat. Er konnte Gewohnheiten und Routinen des Gelderwerbs mit neuen Elementen der Sicherung seines Lebensunterhalts verbinden, die auch dann funktionieren, wenn sich die Rahmenbedingungen für das Schnorren, Betteln und Musizieren wieder verändern sollten. Der Bezug von Sozialleistungen belegt eine skeptische Zukunftsversion, die Kasimir in der Hervorbringung seiner ‚neuen Normalität' mit optimistischeren Versionen verhandelt.

> Das kann sich so gewaltig ändern! Wir sind ja momentan da alle sehr gespannt, wie sich die nächsten Wochen so entwickeln. Das kann wirklich um 180 Grad sich drehen. Trotzdem hab ich dann immer noch die Sicherheit, dass ich ein Dach über dem Kopf hab und in einem systemrelevanten Beruf arbeiten kann. Das ist ein so riesiges Stück Sicherheit!
> (Kasimir 1)

Nach dem Schock des Lockdowns verändert sich Kasimirs Hoffnung und sein Blick auf die Zukunft. Während er gleichzeitig durch das Bitten um Almosen auf etablierte Routinen rekurriert und sich langsam wieder ins Feld der Straßenmusik wagt, bricht er, angetrieben von Unsicherheit und der Sorge davor, seinen Lebensstandard nicht halten zu können, aus seinen bisherigen Plänen aus. Kasimirs positive Deutungen der Krise zeigen, dass „[...] not just the definition of ‚the crisis', but even the assertion of its existence, is contested territory." (Ortiz 2012, 587)

Wenn mit Stäheli (2014) davon ausgegangen werden kann, dass erst eine gesicherte Zukunftserwartung ökonomisches Handeln in der Gegenwart ermöglicht, können Sozialleistungen und Obdach gar als Voraussetzung für sein anderweitiges ökonomisches Handeln betrachtet werden. Insgesamt werden Kasimirs ökonomische Praktiken also erst in ihrem Zusammenspiel, aber auch in der Einbeziehung institutioneller Angebote produktiv. Angesichts dieser Produktivität ist es nun weitaus weniger verwunderlich, wenn Kasimir seiner Enkelgeneration eines Tages erzählen wird: „Ja Kinder, da hab ich mal wieder die Kurve gekriegt. (lacht)" (Kasimir 2).

6 ‚Neue Normalität' und die Ränder der Gesellschaft

Die im Feld betrachteten ökonomischen Praktiken operieren im Schatten der Coronakrise auf der Grundlage unterschiedlicher Zukunftsversionen. Sie oszillieren zwischen Bekanntem und Unbekanntem, Zuversicht und Skepsis, Erwartbarkeit und Unsicherheit. Während erstere die Anwendung alter Strategien ermöglicht, erfordert zweitere die Performanz neuer Strategien, um ökonomische Handlungssicherheit neu herzustellen. Dabei loten Akteur:innen ihre Spielräume innerhalb der sozialen und legislativen Rahmenbedingungen der Coronabestimmungen neu aus, stoßen auf Widerstände, bestimmen Grenzen neu und versetzen sie in Bewegung. In den konfliktiven Formen der Aushandlung neuer Sichtbarkeiten zeigen sich einerseits die Limitierungen der Eingriffe in gesellschaftliche Deutungsmuster (Carrier 2020). Andererseits wird aber das performative Potenzial ökonomischer Praxis deutlich. Die Anpassung an eine schwierige ökonomische Situation gilt als grundlegende Kompetenz des Individuums in neoliberalen Gesellschaften (Bröckling 2016, 76). Davon ausgehend, fördern die beobachteten Anpassungsleistungen neue gesellschaftliche Konfliktlinien zutage. Sie operieren im Spannungsfeld zwischen Erwartungen an die marginale gesellschaftliche Position und Unsichtbarkeit wohnungs- und obdachloser Menschen einerseits und der Anwendung gängiger Logiken neoliberalen Wirtschaftens durch ebendiese marginalisierten Akteur:innen andererseits, die der dominante gesellschaftliche Blick außerhalb neoliberaler Logiken verortet. Dem expliziten Glauben an die Befähigung zur Selbsthilfe des neoliberalen ökonomischen Akteurs stehen, mit anderen Worten, implizite Erwartungen an die lokale und gesellschaftliche Position obdachloser Menschen und ihre scheinbare Abhängigkeit von sozialen Transfers konfliktiv gegenüber. Wohnungslosigkeit und Hilfsbedürftigkeit gelten demnach als kaum vereinbar mit selbstbestimmtem, kreativem ökonomischem Handeln. Wenn dann resiliente gesellschaftliche Wahrnehmungsroutinen auf neue Formen der Sichtbarkeit und Betätigung treffen, treten Konflikte hervor, die zur Aushandlung gelangen und so gesellschaftlich etablierte Wahrheiten in Bewegung versetzen können. So hat Kasimir seine Position zwischen abhängigem Subjekt der Hilfeleistung und autonomem Akteur der Selbstbestimmung neu ausgerichtet. Ohne gänzlich von den Infrastrukturen sozialer Träger unabhängig zu werden, hat er sich neue Handlungsräume erschlossen. So operiert er zwischen Zugeständnissen an mehrheitsgesellschaftliche Forderungen nach Konformität, die ihm die für ihn so wertvolle Sicherheit geben. Zugleich bewahrt er sich durch die Straßenmusik und den fortwährenden Bezug zu Hilfsorganisationen die Möglichkeit anders zu bleiben. In seiner unternehmerischen Selbständigkeit und Autonomie stellt er „Instanzen in Frage [...], die über das Subjekt verfügen wollen" (Bröckling 2016, 285). Entgegen dieser Instanzen positioniert er sich als Kritiker gesellschaftlicher Machtverhältnisse, als einen, der „anders anders" ist und sich gleichzeitig in seinen Verhandlungen der ‚neuen Normalität' in ökonomischer Praxis inmitten der Gesellschaft verortet, die ihn zusammen mit anderen wohnungslosen Menschen marginalisiert.

Literatur

Böhm, Carmen. *Wohnungsnot im Diskurs Klinischer Sozialarbeit*. Wiesbaden: Springer VS, 2018.
Bröckling, Ulrich. *Das unternehmerische Selbst. Soziologie einer Subjektivierungsform*. Frankfurt a. M.: Suhrkamp, 2016.
Bublitz, Hannelore. „Diskurs und Habitus. Zentrale Kategorien der Herstellung gesellschaftlicher Normalität". *‚Normalität' im Diskursnetz soziologischer Begriffe*. Hg. Jürgen Link, Thomas Loer und Hartmut Neuendorff. Heidelberg: Synchron, 2003. 151–162.
Bundesarbeitsgemeinschaft Wohnungslosenhilfe e.V. „Zahl der Wohnungslosen". https://www.bagw.de/de/themen/zahl_der_wohnungslosen/index.html. 2018 (21. Oktober 2020).
Busch-Geertsema, Vokler, Jutta Henke und Axel Steffen. „Entstehung, Verlauf und Struktur von Wohnungslosigkeit und Strategien zu ihrer Vermeidung und Behebung. Forschungsbericht 534". *Bundesministerium für Arbeit und Soziales*. https://www.bmas.de/SharedDocs/Downloads/DE/PDF-Publikationen/Forschungsberichte/fb534-entstehung-verlauf-struktur-von-wohnungslosigkeit-und-strategien-zu-vermeidung-und-behebung.pdf?__blob=publicationFile&v=1. 2019 (31. Oktober 2020).
Carrier, James. „Coronavirus Context". *REALEURASIA Blog des Max Plank Instituts für ethnologische Forschung*. https://www.eth.mpg.de/5422757/blog_2020_04_16_01. 16. April 2020 (31. Oktober 2020).
Geertz, Clifford. „The Bazaar Economy. Information and Search in Peasant Marketing". *The American Economic Review* 68.2 (1978): 28–32.
Haraway, Donna. „Situated Knowledges. The Science Question in Feminism and the Privilege of Partial Perspective". *Feminist Studies* 14.3 (1988): 575–599.
Hart, Keith. „The financial crisis and the history of money". *A Handbook of Economic Anthropology*. Hg. James G. Carrier. Cheltenham: Edward Elgar, 2012. 626–638.
Klammer, Kristoffer. „Die ‚(Wirtschafts-)Krisen' von 1966/67 und 1973–57. Annäherungen aus historisch-semantischer Perspektive". *Kultur der Ökonomie. Zur Materialität und Performanz des Wirtschaftlichen*. Hg. Inga Klein und Sonja Windmüller. Bielefeld: transcript, 2014. 215–234.
Ortiz, Horacio. „Anthropology – of the financial crisis". *A Handbook of Economic Anthropology*. Hg. James G. Carrier. Cheltenham: Edward Elgar, 2012. 585–596.
Poehls, Kerstin. „‚Trouble' auf Lesbos. Zur Ambivalenz von „Solidarität" und „Konkurrenz" im Kontext der griechischen Krise". *Auf den Spuren der Konkurrenz. Kultur- und sozialwissenschaftliche Perspektiven*. Hg. Karin Bürkert, Alexander Engel, Timo Heimerdinger, Markus Tauschek und Tobias Werron. Münster: Waxmann, 2019. 269–288.
Polanyi, Karl. *The Great Transformation. Politische und ökonomische Ursprünge von Gesellschaften und Wirtschaftssystemen*. Frankfurt a. M.: Suhrkamp, 2019 [1944].
Reckwitz, Andreas. „Grundelemente einer Theorie sozialer Praktiken. Eine sozialtheoretische Perspektive". *Zeitschrift für Soziologie* 32.4 (2003): 282–301.
Stäheli, Urs. „Hoffnung als ökonomischer Affekt". *Kultur der Ökonomie. Zur Materialität und Performanz des Wirtschaftlichen*. Hg. Inga Klein und Sonja Windmüller. Bielefeld: transcript, 2014. 283–299.

Vogt, Sylvia. „Mehr als 1000 Straßenkinder leben in Berlin". *Tagesspiegel*. https://www.tagesspiegel.de/berlin/kongress-in-buch-mehr-als-1000-strassenkinder-leben-in-berlin/10729900.html. 20. September 2014 (28. November 2020).

Stehr, Johannes. „Normalität und Abweichung". *Soziologische Basics. Eine Einführung für pädagogische und soziale Berufe*. Hg. Alberg Scherr. Wiesbaden: Springer VS, 2013. 191–197.

Stoller, Paul. *Money Has No Smell. The Africanization of New York City*. Chicago: The University of Chicago Press, 2002.

Strauss, Anselm und Juliet Corbin. *Grounded Theory. Grundlagen qualitativer Sozialforschung*. Weinheim: Beltz, 1996.

Zukin, Sharon. „Gentrification. Culture and Capital in the Urban Core". *Annual Review of Sociology* 13 (1987): 129–147.

Interviews

Kasimir 1, Interview geführt am 25. Mai 2020.
Kasimir 2, Interview geführt am 19. Oktober 2020.
KuB, Interview geführt am 3. Juli 2020.
Karuna e. V., Interview geführt am 6. Juli 2020.

Körper und Raum

Gabriele Klein, Katharina Liebsch
Ansteckende Berührungen: Körper-Ordnungen in der Krise

Seit März 2020 befindet sich die Welt in einem Ausnahmezustand. Es ist eine krisenhafte Situation, die sich verstetigt hat. Steigende Infektionszahlen, überforderte Gesundheitsämter, regional überlastete Krankenhäuser provozieren in Krisen-Zyklen – vor allem in den Ländern des globalen Nordens – weitere Lockdowns, die den Alltag der Menschen verändern und gesellschaftliche Abläufe ins Wanken bringen. Die pandemische Gegenwart wird in der medialen Öffentlichkeit und in wissenschaftlicher Forschung festgehalten, beschrieben, reflektiert und interpretiert. Dabei beschreiben die gesellschafts- und kulturtheoretischen Diskurse die Veränderungen und Auswirkungen des anhaltenden Ausnahmezustands als Wendepunkt, der nicht nur die gegenwärtige Normalität aussetzt, sondern auch Zukünftiges neu und anders ausrichten wird (Kortmann und Schulze 2020). Ein „Zurück zur alten Normalität", so das Credo, werde es nicht mehr geben. Die Coronakrise wird demnach die global vernetzte Welt nachhaltig verändern.

Es ist ein zentraler Aspekt des sozialwissenschaftlichen Krisenbegriffs, dass einer gesellschaftlichen Krise ein radikales Veränderungspotenzial innewohnt (Habermas 1976). Soziologie, Sozialökonomie und Politische Wissenschaft verstehen Krisen in modernen Gesellschaften als wiederkehrende Phänomene und machen dafür die strukturelle und systemimmanente Krisenhaftigkeit kapitalistischer Gesellschaften verantwortlich. Für das 20. Jahrhundert tauchen – der zunehmenden globalen Vernetzung und der Verflechtung von Gesellschaft und Natur entsprechend – Krisen häufiger, beschleunigter, vehementer und auch global verbreitet auf: Natur- und Hungerkatastrophen, Legitimationskrisen politischer und gesellschaftlicher Institutionen in demokratischen und nicht-demokratischen Ländern, Arbeitsmarkt- und Finanzkrisen, Kulturkrisen, Klimakrise, Flüchtlingskrise, Seuchen, Lebens- und Sinnkrisen wechseln sich in schneller Folge ab. Dementsprechend bezeichnet der sozialwissenschaftliche Begriff der Krise einerseits eine Phase der Gefährdung (von z. B. gesellschaftlichen Strukturen, Ordnungen, Funktionsgefügen oder Gemeinschaften), andererseits einen sich wiederholenden Prozess mit einer strukturell bedingten und z. T. vorhersehbaren Entwicklungsdynamik. Insofern findet Krise sowohl als diagnostischer als auch als prognostischer Begriff Verwendung. Krisen lassen sich „als Zäsur mit offenem Ausgang" (Steg 2020, 431) fassen, als Resultat vorangegangener Ereignisse wie auch als Vorstadium zukünftiger Entwicklungen, als ein Interregnum, in dem „das Alte stirbt und das Neue nicht zur Welt kommen kann" (Gramsci 1991, 354).

In dieser Perspektive erscheint die Coronakrise als eine weitere Phase der Zuspitzung widersprüchlicher Strukturen sowie politischer und gesellschaftlicher Kräfteverhältnisse mit offenem Ausgang. Zugleich besteht die Besonderheit der Coronakrise in ihrer Tiefe und Breite. Sie ist global und betrifft alle Länder und Menschen. Sie lässt keinen gesellschaftlichen Bereich unberührt, verändert die Relevanz der einzelnen gesellschaftlichen Teilsysteme und richtet deren Verhältnis zueinander neu aus: Politik und Medizin treten in der Pandemiebekämpfung hervor, Sport, Kultur und Religion treten zurück. So vermutete der Soziologie Rudolf Stichweh bereits im April 2020, dass die Covid-19-Pandemie die Bedeutung der gesellschaftlichen Teilsysteme verändern wird und dass Politik und Gesundheit Gewinner, Sport und Religion hingegen Verlierer der Krise sein werden (Stichweh 2020a, 2020b). Zugleich bringen die Mechanismen der politischen Steuerung der Pandemie neue Erfahrungen mit sich. So haben beispielsweise Lockdown und Reiseeinschränkungen offenbart, wie Städte ohne überbordenden Straßen- und Luftverkehr aussehen und sich anfühlen oder wie irritierend die Bevölkerungsdichte im Stadtraum werden kann, wenn alle öffentlichen Einrichtungen, wie Kultur, Freizeit und Konsum, die einen urbanen Lebensstil garantieren, geschlossen sind. Auch ist die Coronakrise alltäglich und immer wieder neu spürbar, sie setzt Lebensstil- und Kommunikationsmuster aus bzw. unterbindet sie.

Bislang – und das vollzog sich bereits mit dem Durchbruch der *Social Media* zu Beginn des 21. Jahrhunderts – galt es als selbstverständlich, dass sich Nähe über anwesende Körper herstellt, dass Körpererfahrungen, ob in Alltag, Sport oder Tanz, für die Bildung von Identität und für das Entstehen von Vertrauen grundlegend sind, dass Versammlungen an einem realen Ort – bei Demonstrationen, Prozessionen, Volksfesten, Sportveranstaltungen oder privaten Feiern – wichtig sind, weil sie kollektive Verbundenheit erzeugen, und dass Kulturveranstaltungen, ob in Theatern, Opern, Kinos oder Konzertsälen, den Menschen helfen, ihr Dasein zu reflektieren und Sinn zu finden. In der Coronakrise aber erhalten die Körper einen neuen Status. Sie sind gefährdend und gefährdet. Sie sind Ausgangs- und Mittelpunkt der Krise und zugleich der Zielpunkt ihrer Bekämpfung: In Zeiten der Pandemie sind Körper Orte und Transmitter von sowohl Ansteckung als auch Bekämpfungspolitiken. Denn einerseits zeigt sich die Pandemie in den Körpern, die als Träger, Akteure und Objekte von Infektion in Erscheinung treten. Dabei werden sie weniger als Akteure mit einer Eigenlogik, einem Eigensinn gesehen, sondern vielmehr als Träger von Ansteckung. Als solche werden sie instrumentalisiert und objektiviert. Andererseits stehen die Körper im Mittelpunkt politischer Verordnungen zur Eindämmung der Pandemie und das *So-*

cial Distancing ist im Kern ein *Physical Distancing* (Klein und Liebsch 2020). Der Rückzug in den privaten Raum durch Kontaktbeschränkungen, *Homeoffice*, häusliche Quarantäne und digitale Kommunikation, Mund-und-Nasen-Schutz, Hygienebestimmungen, räumlicher Abstand und Verzicht auf öffentliche Gesten der Berührung dämonisieren, marginalisieren und isolieren die Körper als Kommunikationsmedien. Mit dem Verlust der präsentischen körperlichen Kommunikation, dem zwischenleiblichen Interaktionsgeschehen gerät auch ein wesentlicher Aspekt der Interaktionsordnung, die Berührungsordnung, ins Wanken (Lindemann 2020). Sie ist es, über die Vertrauen, Sicherheit, Scham und Peinlichkeit, Trost und Zuwendung, aber auch Ekel und Hass hergestellt und beglaubigt werden.

Wie sich im Zuge der Coronakrise der für das Soziale konstitutive Sinn körperlicher Interaktionen verändert, will dieser Beitrag beschreiben. Wir zeigen, wie die Verstetigung von Maßnahmen des *Social Distancing* körperliche Routinen und habitualisierte Interaktionsformen außer Kraft setzt, die Körper und mit ihnen leibliche Erfahrungen in eine anhaltende Krise versetzt und die Berührungsordnung erodiert. Im Zuge der Verstetigung der Coronakrise etabliert sich, so die erste These des Beitrages, eine veränderte Interaktionsordnung und mit ihr eine neue körperliche Normalität. Es ist eine Normalität, die sich mit der Genese der digitalen Gesellschaft bereits angedeutet hat, nun aber für alle als Distanzierung(-sgebot) spürbar ist und die, so die zweite These, die Prozesse der Vergesellschaftung – die Art und Weise von Individualisierung und Kollektivierung – verändert.

Um zu zeigen, wie sich mit der Verstetigung dieser Körper-Krise die gesellschaftliche Bedeutung der Körper transformiert, entfalten wir unsere Thesen auf drei Ebenen: zunächst skizzieren wir körperphänomenologisch Veränderungen der Berührungsordnung auf der Mikroebene des Alltagshandelns (1), um dann deren Auswirkungen auf die Modi der Vergesellschaftung von Subjekten und ihren Körpern sozialtheoretisch zu reflektieren (2). Daran anknüpfend diskutieren wir abschließend sozial- und kulturwissenschaftliche Erklärungsansätze dieser krisenhaften Körper-Ordnung (3).

1 Berührungsordnung in der Krise

Die Coronakrise ist verbunden mit einer Engführung von sozialem Interaktionsgeschehen auf notwendige, kontrollierte und distanzierte Handlungsvollzüge, die dem Schutz dienen. Gesichtsverhüllung, Abstandsgebot und Quarantäne, eine radikale Form des *Social Distancing*, schaffen nicht nur körperliche Distanz. Sie verändern auch die interaktiven Praktiken des Berührens, Berührt-Werdens und des Berührt-Seins, wie sie in Mimik, Gestik, Körperhaltung und -bewegung zum Ausdruck kommen. Wenn Körper auf Distanz gehalten, Berührungen zur Bedrohung und gesundheitsgefährdende Ansteckungen zur möglichen Folge von Berührung werden, geraten Strukturen ins Wanken, die für Subjektivität von großer Bedeutung sind. Aus entwicklungspsychologischer Sicht ist Berührung fundamental für die Konstitution des Selbst, denn es ist der Körperkontakt, der den Kern von Erfahrungen ausmacht, die sich in die habituellen Dispositionen des Subjekts einschreiben und deren Grundlage bilden. Es sind, so formuliert es Carl-Eduard Scheidt,

> letztlich die frühen Körpererfahrungen, die uns helfen, den Klang einer Stimme, den Rhythmus der Sprache, die Kontur einer Bewegung, einen Geruch oder einen Blick in Sekundenbruchteilen im Hinblick auf deren emotionale Bedeutung zu beurteilen.
> (Scheidt 2020, 48)

Aus sinnesphysiologischer Sicht erfolgt Berührung über den dem Sehsinn kulturgeschichtlich untergeordneten, ja kolonisierten Tastsinn (Böhme 1996, 205). In der Berührung, so zeigt es der Phänomenologe Bernhard Waldenfels (2002, 64), verbinden sich das Taktile, das Haptische und das Gefühl. Berühren ist motorisch, sensorisch und affektiv zugleich. Diese Ansicht ist kulturhistorisch nicht neu. Schon Aristoteles sprach dem Tastsinn eine besondere Sinnesqualität zu, da er nicht über ein Medium, sondern zusammen mit der Haut, dem größten Sinnesorgan des Körpers, als Medium selbst wirksam werde (Aristoteles 1983). Das Berühren, Berührt-Werden und Berührt-Sein ist an den Körper gebunden, wobei das Berühren immer mit einem Berührt-Werden zusammenhängt. Berühren findet in (kaum bestimmbaren) Zwischenräumen interagierender Körper statt, deren Grenzen und Grenzüberschreitungen, Grade von Nähe und Distanz, Zuneigungen und Widerstände, Abstände und Lücken im Akt des Berührens spürbar werden.

Die körpersoziologische Perspektive, die Interaktionsgefüge und nicht einzelne Körper im Akt des Berührens in den Vordergrund rückt, teilt auch Brian Massumi, wenn er die relationale Verschränkung von Körpern in Situationen und nicht das fühlende und denkende Individuum als primär setzt. Für Massumi ist die verkörperte Weise menschlicher Existenz „never entirely personal [...] it's not just about us, in isolation. In affect, we are never alone" (Massumi 2015, 6). Berührung beschreibt ein Verhältnis zur Welt. Sie braucht Kontakt – mit Menschen, Tieren, Dingen und Objekten. Sie wird in und über Interaktionen erzeugt.

So wie Berührungen Interaktionsgefüge benötigen und verbindende, vermittelnde und übersetzende, d. h. mediale Funktionen übernehmen, transportieren auch Berührungen kulturelle Bedeutungen von Interaktionen und ihren Ordnungen. Dabei hatte die Berührung mit dem Fremden seit Beginn der Moderne auch beunruhigende Seiten. Georg Simmel stellte schon 1903 für die Großstädte der Industriemoderne fest, dass die „fortwährende äußere Berührung mit unzähligen Menschen in der Großstadt" (Simmel 1995, 122) mit einer Abstumpfung des Tastsinns und der Affekte einhergehe, eine Feststellung, die Jahrzehnte später Richard Sennett (1998) auch für die Großstadtwahrnehmung postindustrieller Städte konstatierte. Elias Canetti (2006, 13–19) hingegen erkannte Anfang der 1960er Jahre eine generelle „Berührungsfurcht" zwischen den Menschen, der einzig die Erfahrung des Massen-Körpers gegenüberstehe.

Aber nicht erst die Corona-Pandemie, sondern schon die Digitalisierung der Gesellschaft machte den Tastsinn erneut zum Gegenstand medienwissenschaftlicher, medizinischer, sozial-, technik- und kulturwissenschaftlicher Auseinandersetzungen (z. B. El Saddik 2011; Harrasser 2017; Schmidgen 2018; von Thadden 2018). Die Coronakrise samt ihrer Distanzierungsgebote forciert diese kulturwissenschaftlichen Debatten wie auch solche gesellschaftlichen Diskurse, in denen der Berührung eine besondere Bedeutung zukommt, so etwa, wenn es um Pflege-, Care- und Sexarbeit geht. Auch geraten mit dem *Social Distancing* und mit den pandemiebedingten Video- und Telefonkonferenzen die medienaffinen Debatten wieder in den Blick, welche die Transformation der Gesten in standardisierte *Emojis* und *Clapping Hands* oder die Transformation der Berührung von Geräten – z. B. von Schreibbewegungen auf dem Papier oder Drückbewegungen auf den Tastentelefonen und TV-Geräten zu Wischbewegungen auf dem Smartphone – diskutieren (z. B. Kaerlein 2018), die schon Marshall McLuhan in den 1960er Jahren im Blick hatte (McLuhan 1964).

Zudem werden die Digitalisierung des Sozialen flankierenden und auf Berührung setzenden körperlichen Präsenzsituationen – z. B. der Boom sanfter, nicht-invasiver Heilmethoden und Selbstsorgepraktiken, die mit Berührungstechniken operieren und auf eine Steigerung des Körpergefühls abzielen, der Wellness-Boom, das Chillen oder die Kuschelparties – in der Coronakrise ins Abseits gedrängt.

In Frage gestellt ist auch die sinnstiftende Bedeutung des Theaters und der Kunst als Orte der Berührung. Hier sind die Stätten, die in der Coronakrise als wenig systemrelevant gelten und schließen mussten. Zum Nachweis ihrer durchaus existierenden Systemrelevanz führen sie selbst ein Argument an, dass bereits parallel zur Digitalisierung im Zuge des *performative turn* in den 1990er Jahren etabliert worden war: Theater- und Kunsträume erzeugen Atmosphären der Ko-Präsenz und Erfahrungen, die der Digitalisierung entgegenstehen. Entsprechend hatten kunsttheoretische, theaterwissenschaftliche und hier vor allem tanzwissenschaftliche Diskussionen die Berührung in der Ko-Präsenz stark gemacht und betont, dass Kunst auf Wahrnehmung zielt und die Sinne synästhetisch fordert (z. B. Klein und Haller 2006; Brandstetter et al. 2013; Egert 2016; Fluhrer und Waszynski 2019; Marek und Meister 2021). Theater- und Kunsträume gelten entsprechend als Orte der Berührung im positiven Sinn: Sie wollen anstecken, affizieren. Vor allem in partizipativen Theaterformen wird das Potenzial des Taktilen und seine besondere Fähigkeit zur Reflexion, zur Rückbesinnung auf den Zusammenhang von Kultur, Natur und Dingwelt behauptet.

Das Berührt-Werden erfolgt aber auch hier gemeinhin über Distanz – und vielleicht sind auch deshalb die Orte des staatlichen Kulturbetriebs keine Hotspots der Infektion. Denn Theater oder Ausstellung sind nach wie vor so ausgerichtet, dass man sich dem Sehsinn überlässt, Abstand hält, der über die Architekturen und Anordnungen bereits räumlich eingeschrieben ist. Das Publikum sitzt oder steht diszipliniert – und schweigt. Diese Sinnesschulung, über die – anders als im Sportstadion – wenig Aerosole verbreitet werden, wird in den bürgerlichen Kulturinstitutionen körperlich eingeübt und sozial kontrolliert. Und sie wird dann technisch gesichert, wenn beispielsweise technische Medien der Berührung und interaktive Ausstellungsformate die Kunsträume erobern.

Aber auch jenseits von Theater, Tanz und Kunst sind die Orte der Berührung in Zeiten der Covid-19-Pandemie rar geworden. Offensichtlich ist, dass die Formalisierung der Körperkommunikation zunimmt, z. B. durch Mund-und-Nasen-Masken und Abstandsgebote. Zudem wächst die Bedeutung von Bildkommunikation in den alltäglichen Interaktionen, z. B. durch Video-Konferenzen oder in Portalen und Formaten virtueller Sex-Kommunikation. Beide Veränderungen – Formalisierung und Virtualisierung körperbasierter Kommunikation – stärken die Erfahrung des *homo clausus*, eine Sozialfigur, die Norbert Elias als Variante moderner Vergesellschaftung ansah, in der die Wir-Ich-Balance sich einseitig zu Gunsten einer monadischen Selbstwahrnehmung verschiebt (Elias 2001). Jedoch findet das heutige, pandemische Monaden-Leben nicht ohne Bezug auf Andere statt. Digitalisierung und virtuelle Welten ermöglichen es den Menschen, sich zu treffen, sich zuzuschalten und auszutauschen. In Internet basierten Interaktionen aber sind affizierende Berührungen reduziert, beispielsweise nimmt man eine interessante Diskussion in einer Video-Konferenz als weniger aufregend wahr, Scherze führen seltener zur Entspannung des Interaktionsgeschehens und Komik ist schwieriger herzustellen und weniger ansteckend (Kühl 2020, 398).

Formalisierung und Virtualisierung von Körper basierter Kommunikation verändern die Mikroebenen des Sozialen und ihr vitalisierendes Fundament. Freude, Empathie, Erregung, Berührung, Achtsamkeit sind Vokabeln, die relevant werden, wenn sich leibliche Erfahrung, die Nähe zu anderen Körpern und die sinnliche Erfahrung des Anderen (riechen, schmecken, erleben) verändern und wenn sich Alterität, ein basaler Bestandteil von Identität, zunehmend über soziale Distanz und über das digitale Bild herstellt. So thematisiert nicht erst das Berührungsverbot der derzeitigen Pandemie Verflechtungen von Realem und Virtuellem, von Körperlichem und Imaginärem, Anthropologischem und Ikonograpischem (Benthien 1998).

2 Vergesellschaftung von Subjekten und ihren Körpern in der Krise

Mit der Re-Organisation von Berührung und Nähe, Kontakt und Distanz in der Coronakrise verändern sich die Interaktionsgefüge. Ins Wanken gerät, was Erving Goffman folgend, die Interaktionsordnung ausmacht: die prinzipielle Deutungsoffenheit von Interaktionssituationen auf der einen Seite und die Routinisiertheit von Handlungsvollzügen auf der anderen Seite (Goffman 1974). Es ist die „doppelte Kontingenz" (Luhmann 1984) der Situationen und die Performanz der Handlungssituation, die dazu führen, dass die Beteiligten sich nicht sicher sein können, woran sich die anderen Interaktionsteilnehmer:innen orientierten. Diese Offenheit wird durch die Einführung von Maßnahmen des Social Distancing und die Intensivierung digitaler Kommunikation verstärkt.

Mit der Transformation der Interaktionsordnung wandelt sich auch die Art und Weise der Vergesellschaftung von Subjekten und ihren Körpern. Vergesellschaftung ist ein Grundthema der Soziologie und wird herkömmlicherweise über die Konzepte Individualisierung und Kollektivierung beschrieben. Émile Durkheim beispielsweise hatte Individualisierung und Kollektivierung als einen Zusammenhang konzipiert: der Einzelne garantiert die Integration des Ganzen. Zugleich entdeckt er in sich, in seinem Inneren, oder an sich, an seinem Äußeren, dass er zum Kollektiv gehört, dass er Bestandteil der Gesellschaft ist (Durkheim 1976; Bielefeld und Klein 2021). Das *Social Distancing* der Corona-Pandemie aber verändert Individualisierung und Kollektivierung sowie ihr Zusammenspiel.

Die bisherigen Individualisierungsschübe moderner Gesellschaften standen im Zeichen von körperlicher und räumlicher Distanzierung (vgl. z. B. Beck 1983; Elias 1991; Giddens 1991). Der erste Individualisierungsschub des Industriezeitalters am Übergang zum 20. Jahrhundert intensivierte Disziplin und Rationalität, Vernunft und Verantwortung. Genau diese Tugenden und Verhaltensweisen verlangt auch die durch die Corona-Pandemie initiierte Krise heute allen Gesellschaftsmitgliedern ab, unabhängig von den Bedingungen der Möglichkeiten, diese realisieren zu können.

Anders aber als in den gängigen Individualisierungstheorien beschrieben, ist Individualisierung in der Coronakrise nicht mit einem Gewinn an Freiheit für den Einzelnen verbunden. Im Gegenteil: Freiheitsrechte sind eingeschränkt. Nicht individuelle Interessen, sondern Angst und Sorge sind die Motoren für rationales Verhalten und soziale Distanzierung. Zugleich ist auch das pandemische Gebot der Affektkontrolle (keine Umarmungen, keine Feiern) mit dem Versprechen auf weiteren gesellschaftlichen Fortschritt verbunden. Die Politik fordert einen inneren Lockdown ein, um einen gesamtgesellschaftlichen Lockdown zu umgehen, damit wirtschaftliche Prosperität und Wohlstand auch zukünftig und für nachfolgende Generationen möglich bleiben.

Zudem setzt die Coronakrise weitere Charakteristika von Individualisierung aus, wie sie bislang beschrieben wurden: So war Individualisierung zum einen verbunden mit der Loslösung aus traditionellen sozialen Bindungen. Das *Social Distancing* der Pandemie aber verweist und beschränkt uns wieder auf familienähnliche Einheiten. Zum zweiten bedeutete Individualisierung, sich von dem kollektiven Arbeitskörper der Industriegesellschaft zu verabschieden und sich stattdessen als singulär in Szene zu setzen, dies über und am Körper zu demonstrieren, und den Körper – folgt man Andreas Reckwitz' *Gesellschaft der Singularitäten* – im theatralisierten Umfeld urbaner und digitaler Räume zu platzieren (Reckwitz 2017). Das ästhetisch-hedonistische Subjekt der Spätmoderne ist an den Genusskörper gebunden, an die Work-Life-Balance, an das tiefe Leben im Hier und Jetzt, und daran, all dies öffentlich wirksam in Szene zu setzen. Die Individualisierungsanforderungen der Coronakrise aber lassen das Pendel zur anderen Seite ausschlagen: Sie verlangen den disziplinierten Körper, der auf Freizeitvergnügen und soziale Kontakte verzichtet und möglichst in den eigenen vier Wänden bleibt. Man könnte sagen: Die über den Körper inszenierte Ästhetik des Subjekts ist derzeit durch eine Ethik der Verantwortung ersetzt – und dies ist insbesondere für diejenigen schwer körperlich umzusetzen, die im Muster des ästhetisch-hedonistischen Subjekts sozialisiert wurden.

Darüber hinaus vollzieht sich in Zeiten des Lockdowns die Logik der „Singularisierung" (Reckwitz 2017) samt der ästhetischen Inszenierung des Subjekts nun wesentlich medial, als Bilderpolitik mit dem eigenen Körper in digitalen Räumen. Sie ist reduziert, insofern die öffentlichen Orte als Bildkulissen nicht mehr zugänglich sind – die Selbstinszenierung auf Parties, auf Reisen, in Restaurants entfällt. Zugleich transformiert sie sich fern von Kultur- und Stadträumen in Naturräume. Korrespondierend mit dem einsamen Joggen und dem Spazierengehen von zwei Haushalten präsentieren sich die Individuen in den sozialen Medien nun häufig in Naturräumen und mit Naturbildern.

Kurz gesagt: Die mit der Coronakrise verbundene Form der Vergesellschaftung steht in einem Spannungsverhältnis zu bisherigen Individualisierungsprozessen. Sie stärkt die Errungenschaften der klassischen Moderne wie Selbst-Disziplin, Rationalität, Verantwortung für Andere und Bedürfnisverzicht in den alltäglichen Lebenswelten. Und sie reduziert die für die Spätmoderne bislang charakteristischen ästhetischen Lebensstile im Realen und forciert sie zugleich im Digitalen. Damit verbunden ist die Re-Organisation des Verhältnisses von urbaner Öffentlichkeit und Privatheit sowie die Neu-Ausrichtung von analogen und digitalen Räumen und Körpern. Zugleich intensivieren sich die Paradoxien im Verhältnis von Individualisierung und Kollektivierung, die Sybille Krämer so beschreibt: „Menschliche Nähe zeigen durch Abstandhalten. Die Schwächsten und Verwundbarsten medizinisch retten und neue Schwache und Verwundbare ökonomisch erzeugen" (Krämer 2020, 38).

Analog zur Transformation der Individualisierung verändern sich auch Prozesse von Kollektivierung. In der Industriegesellschaft war der primäre Kollektivkörper der Arbeitskörper, in der postindustriellen Gesellschaft ist dies der Freizeit- und Erlebniskörper. Dessen Präsenz ist in der „Corona-Gesellschaft" (Volkmer und Werner 2020) in seinen kollektiven Formen in Sportstadien, in Kirchen oder Moscheen, in Theatern oder Konzertsälen, auf der Reeperbahn und beim Oktoberfest verdrängt oder verboten worden, weil er als gefährlich angesehen wird. Dabei wird der kollektive Freizeit- und Erlebniskörper vor allem im medialen Diskurs als exzessiver Partykörper stigmatisiert. Der Kollektivkörper des Großraumbüros und des öffentlichen Personen-(Nah)Verkehrs steht hingegen weniger kritisch zur Debatte. In der Corona-Pandemie ist vor allem der Freizeit- und Erlebniskörper als Kollektivkörper zum Dauergefährder geworden und verstetigt sich als Bedrohungsfigur, die er für das individualisierte bürgerliche Subjekt schon immer darstellte. Nunmehr darf sich nur noch der singuläre Freizeitkörper zeigen.

Zugleich hat die Corona-Pandemie zwei Varianten des Kollektivkörpers in den Vordergrund treten lassen: den imaginären und den repräsentativen Kollektivkörper. Diese gab es zwar auch schon vor der Pandemie, sie sind aber im Zuge der Krise häufiger und dominanter geworden. Der imaginäre Kollektivkörper tritt aufgrund des Verbots des präsentischen Massenkörpers – in Glaubensgemeinschaften, Schulen, Kitas, Universitäten, Vereinen beispielsweise – vorrangig als vorgestellte Gemeinschaft in Erscheinung, z. B. als imaginierte Gruppe der Fußballfans oder als imaginäres Publikum eines Live-Stream-Konzerts. Der repräsentative Kollektivkörper hat seine Bedeutung verändert, so beispielsweise, wenn der Profi-Fußball als Repräsent des präsentischen Kollektivkörpers des Sportspiels fungiert, weil er anders als alle Fußballamateurligen und Profivereine anderer Ballsportarten, den Spielbetrieb nicht einstellen musste und nunmehr alleinig medial sichtbar ist. Zudem werden neue Kollektivkörper politisch adressiert, zum Beispiel als „Haushalte", die sich treffen dürfen oder auch nicht.

Diese durch die Pandemie initiierten neuen Formen individueller und kollektiver Vergesellschaftung werfen die Frage auf, wie sich die derzeitige Zunahme von Distanzierung und Formalisierung auf die vitalisierenden Fundamente des Sozialen auswirkt. Für den Übergang zum 20. Jahrhundert wurde diesbezüglich herausgestellt, dass „Zivilisierungsschübe" (Elias) von einem „Unbehagen in der Kultur" (Freud) begleitet seien und dass die Intensivierung kapitalistischer Produktionsprinzipien die Entfremdung von Körper und Natur vorantreibe. Dabei waren die Körper und das körperlich-sinnliche Erleben im öffentlichen Raum des beginnenden 20. Jahrhunderts präsent und gewünscht: als Arbeitskörper, in Jugend-, Wandervogel-, Rhythmus- und Ausdruckstanzbewegung, in FKK-Kulturen, in Tanzlokalen und im Massensport. Im Unterschied dazu ist die heutige Situation davon geprägt, dass der Rausch tabuisiert, das Vergnügen ausgesetzt und der Körper als Objekt von Fitness und Gesundheitsgefährdung funktional akzentuiert ist.

3 Körper-Ordnungen in der Krise verstehen und deuten

Die Neu-Strukturierungen und Veränderungen der Berührungsordnung können kulturpessimistisch als Verlustgeschichte von Leiblichkeit gedeutet werden. Diese Lesart reiht sich ein in eine illustre Geschichte des soziologischen Denkens über den Körper, so z. B. von Theodor W. Adorno und Max Horkheimer, die in der *Dialektik der Aufklärung* schrieben: „Der Körper ist nicht mehr zurück zu verwandeln in den Leib. Er bleibt die Leiche, auch wenn er noch so ertüchtigt wird." (Horkheimer und Adorno 1947, 209). Diese kulturkritische These der Unumkehrbarkeit des Verlustes leiblicher Erfahrung wurde dann in den 1990er Jahren beispielsweise von Dietmar Kamper und Christoph Wulf im Anschluss an Jean Baudrillard medientheoretisch gewendet und als These des Verschwindens des Körpers im Bild akzentuiert (Kamper und Wulf 1989, 3). Ähnlich ließe sich auch der zurückgedrängte Körper in der Corona-Pandemie beschreiben: Wenn Kontakte reduziert und Menschen aufgefordert sind, zu Hause zu bleiben, gewinnt das digitale Bild in performativen Prozessen von Authentizität und Beglaubigung an Bedeutung.[1]

---

[1] Vgl. dazu auch die Beiträge von Insa Härtel sowie von Johanna Häring und Susann Winsel in diesem Band.

Zugleich zeigt sich im Zuge dessen die Rolle kultureller Körpertechniken bei der sozialen Herstellung von Körpern (vgl. Mauss 1974). So wird in der Coronakrise beobachtbar, wie vermittels der sich verändernden Formen körperlicher Interaktion neue Körper entstehen. Die wachsende Selbstverständlichkeit einer Kommunikation mit und von digitalen Körpern – Video-Konferenzen, Zoom-Yoga, Instagram-Fitness – forcieren die praktische Umsetzung eines Körperkonzepts, das schon seit längerem angelegt war: Der „hybride Körper", dessen leibliche Erfahrungen im Spannungsfeld von Realem und Virtuellen, Repräsentativen und Imaginären verortet sind. Diese Entwicklung birgt mediensoziologischen Überlegungen zufolge Möglichkeiten der Erweiterung von Erfahrung durch neue Hybriditäten von Realem und Virtuellem (z. B. Fuhse 2010; Krotz und Hepp 2012). Dementsprechend liegt es nahe, dass sich Hybridität als Modus von Vergesellschaftung „normalisiert" (May et al. 2009) und sich Empfindungen, Wahrnehmungen und Sensitivitäten in einem flexiblen Verhältnis von leiblichem Spüren, medialem Ausdruck und virtueller Kommunikation sowie repräsentativen und imaginierten Formen produktiv und befriedigend organisieren.

Andererseits wird diskutiert, ob die Krise nicht auch Körperutopien berge: Im Lockdown und im Social Distancing sind Körper der glitzernden Warenwelt und dem öffentlich inszenierten Konsum zu einem Ausmaß entzogen, das sich in Freizeit-, Erlebnis- und Konsumgesellschaften auf freiwilliger Basis kaum realisieren ließe. Der Einkauf hat sich vor allem in das Online-Shopping verlagert. Aber die Figur des „Flaneurs", die Walter Benjamin (2015) so eindringlich als Teil der Glitzerwelt der Waren beschrieben hatte, ist nicht digitalisierbar.

Die Chancen und produktiven Potenziale der Veränderung von leiblichen Erfahrungen, Körperbildern und Vergesellschaftungsmodi sind Gegenstand vielfacher soziologischer Debatten. So hat Hartmut Rosa (2005) die gesellschaftliche und soziale Bedeutung von Entschleunigung und Resonanz herausgestellt. Feministische Perspektiven betonen die Notwendigkeit von „Sorgearbeit" für „eine solidarische Gesellschaft" im Rahmen diverser Care-Ökonomien (Winker 2015). In der Nachhaltigkeitsforschung wird über die Bedeutung des Do-It-Yourself für eine erweiterte Daseinsfürsorge nachgedacht (z. B. Baier et al. 2016). Die Gesundheitsforschung diskutiert neue Wege und Praktiken der Gesundheitspolitik, um die Körper aller wirksam zu schützen. In der Pandemiebekämpfung fordert sie das „Commoning" von Impfstoff, das nicht nur lokal, sondern auch global wirksam wird – um beispielsweise auch die Favelas von Rio oder die Townships von Kapstadt zu versorgen (Dardot und Laval 2020).

In all diesen Überlegungen und Initiativen werden die Konturen neuer Körper sichtbar: Es sind nicht die singulären, hedonistischen Körper (Reckwitz 2017) von individualisierten, abgeschotteten *homines clausi*, die auf individuelle Sinnstiftung und Selbstinszenierung aus sind. Es sind vielmehr aufeinander bezogene, relationale Körper, die immer in Beziehung zum Anderen gedacht werden: zu anderen Menschen, zur Natur, zum Klima, zur Wirtschaftsgemeinschaft.

Insgesamt lässt sich konstatieren, dass die Coronakrise die Gesellschaft vor die Aufgabe stellt, neu zu bestimmen, wann Körper gefährlich oder schutzbedürftig sind und wann ihre physische Anwesenheit als notwendig angesehen wird. Dies hat zur Folge, dass die Relevanz der entsprechenden gesellschaftlichen Teilsysteme (wie Kunst, Sport, Wirtschaft, Bildung, Gesundheit) zur Diskussion gestellt und zum Gegenstand öffentlicher Debatten wird. Dabei sortieren sich nicht nur, wie Rudolf Stichweh (2020a, 2020b) festgestellt hat, die gesellschaftlichen Teilsysteme neu zueinander. Vielmehr hat die Coronakrise erneut deutlich sichtbar gemacht, was biopolitische Studien seit Michel Foucaults Analysen konstatieren: dass die Körper das Kampffeld sind, auf dem diese Bestimmung neuer Hierarchien und Machtverhältnisse zwischen den Teilsystemen ausgefochten wird (Foucault 2004). Das Verschwinden der präsentischen Kollektivkörper, so beispielsweise der Massenkörper in Sport, Religion und Kultur, ist ein Indikator für den Bedeutungsverlust dieser Teilsysteme. Zugleich werden die neuen Formen der Kollektivierung – das Verschwinden des Massenkörpers, seine Verschiebung ins Imaginäre und in die Repräsentation – auch als neue Modi von Vergesellschaftung wirksam: Sie verändern die Möglichkeiten der Einzelnen, sich als ein Teil eines Kollektivs, der Gesellschaft, leiblich zu erfahren.

Literatur

Aristoteles. „Über die Seele". *II,11 und III*, 1; 423a–424a und 424b. 6. Aufl. Darmstadt: WBG, 1983. 44–46; 49.
Baier, Andrea, Tom Hansing, Christa Müller, und Karin Werner (Hg.). *Die Welt reparieren*. Bielefeld: transcript, 2016.
Beck, Ulrich. „Jenseits von Stand und Klasse? Soziale Ungleichheiten, gesellschaftliche Individualisierungsprozesse und die Entstehung neuer sozialer Formationen und Identitäten". *Soziale Ungleichheiten*. Hg. Reinhart Kreckel. Göttingen: Schwarz, 1983. 35–74.
Benjamin, Walter. *Die Stadt des Flaneurs. Berliner Orte*. Berlin: Bebra, 2015.
Benthien, Claudia. „Hand und Haut. Zur Historischen Anthropologie von Tasten und Berührung". *Zeitschrift für Germanistik*, Neue Folge, 8.2 (1998): 335–48.
Bielefeld, Ulrich, und Gabriele Klein. „Die Politik und das Politische". *Handbuch Körpersoziologie*. Hg. Robert Gugutzer, Gabriele Klein und Michael Meuser. Wiesbaden: Springer VS, 2021.
Binczek, Natalie. „Taktiles Kino, taktiles Fernsehen. Walter Benjamins und Marshall McLuhans medientheoretische Überlegungen". *Beobachtung aufzeichnen*. Hg. Helmut Lethen und Annegret Pelz. Göttingen: V&R, 2016. 51–66.
Böhme, Hartmut. „Der Tastsinn im Gefüge der Sinne. Anthropologische und historische Ansichten vorsprachlicher Aisthesis". *Tasten*. Hg. Kunst- und Ausstellungshalle der Bundesrepublik Deutschland. Göttingen: Steidl, 1996. 185–211.
Brandstetter, Gabriele, Gerko Egert, und Sabine Zubarik (Hg.). *Touching and Being Touched. Kinesthesia and Empathy in Dance and Movement*. Berlin: de Gruyter, 2013.
Brian Massumi. *Politics of Affect*. Cambridge, Malden: Polity, 2015.
Canetti, Elias. *Masse und Macht*. Frankfurt a. M.: Fischer, 2006.
Dardot, Pierre, und Christian Laval. „The Pandemic as Political Trial. The Case for a Global Commons". *Roar*. https://roarmag.org/essays/dardot-laval-corona-pandemic/. (27. November 2020).
Durkheim, Émile. *Die Regeln der soziologischen Methode*. Frankfurt a. M.: Suhrkamp, 1976 [1895].
Egert, Gerko. *Berührungen. Bewegung, Relation und Affekt im zeitgenössischen Tanz*. Bielefeld: transcript, 2016.
El Saddik, Abdulmotaleb, Jongeun Cha, Mohamad Eid, und Mauricio Orozco (Hg.). *Haptics Technologies. Bringing Touch to Multimedia*. Berlin, Heidelberg: Springer, 2011.
Elias, Norbert. „Die Gesellschaft der Individuen". *Gesammelte Schriften, Bd. 10*. Hg. Michael Schröter. Frankfurt a. M.: Suhrkamp, 2001.
Elias, Norbert. *Die Gesellschaft der Individuen*. Frankfurt a. M.: Suhrkamp, 1991.
Fluhrer, Sandra, und Alexander Waszynski (Hg.). *Tangieren – Szenen des Berührens*. Baden-Baden: Rombach Wissenschaft.
Foucault, Michel. *Die Geburt der Biopolitik*. Frankfurt a. M.: Suhrkamp, 2004.
Fuhse, Jan. „Welche kulturellen Formationen entstehen in mediatisierten Kommunikationsnetzwerken?". *Kultur und mediale Kommunikation in sozialen Netzwerken*. Hg. Jan Fuhse und Christian Stegbauer. Wiesbaden: Springer VS, 2010. 31–54.
Giddens, Anthony. *Modernity and Self-Identity*. Cambridge: Polity Press, 1991.

Goffman, Erving. *Das Individuum im öffentlichen Austausch*. Frankfurt a. M.: Suhrkamp, 1974.
Gramsci, Antonio. *Gefängnishefte. Band 2,2 und 3. Heft*. Hamburg, Berlin: Argument, 1991.
Habermas, Jürgen. „Was heißt heute Krise? Legitimationsprobleme im Spätkapitalismus". Hg. ders. *Zur Rekonstruktion des historischen Materialismus*. Frankfurt a. M.: Suhrkamp, 304–328.
Harrasser, Karin (Hg.). *Auf Tuchfühlung. Eine Wissensgeschichte des Tastsinns*. Frankfurt a. M., New York: Campus, 2017.
Herwig, Jana, und Alexandra Seibel (Hg.). „Texture Matters. Der Tastsinn in den Medien. hap-tisch/optisch 2". *Maske und Kothurn* 62.2–3 (2016).
Horkheimer, Max, und Theodor W. Adorno. *Dialektik der Aufklärung*. Frankfurt a. M.: Fischer, 1947.
Kaerlein, Timo. *Smartphones als digitale Nahkörpertechnologien. Zur Kybernetisierung des Alltags*. Bielefeld: transcript, 2018.
Kamper, Dietmar, und Christoph Wulf. *Transfigurationen des Körpers: Spuren der Gewalt in der Geschichte*. Berlin: Reimer, 1989.
Klein, Gabriele, und Melanie Haller. „Bewegung, Bewegtheit und Beweglichkeit. Subjektivität im Tango Argentino". *e_motion in motion. Jahrbuch Tanzforschung, Bd. 16*. Hg. Margrit Bischoff, Claudia Feest und Claudia Rosiny. Münster, Hamburg, London: LIT, 2006. 157–173.
Klein, Gabriele, und Katharina Liebsch. „Herden unter Kontrolle. Körper in Corona-Zeiten". *Die Corona-Gesellschaft. Analysen zur Lage und Perspektiven für die Zukunft*. Hg. Michael Volkmer und Karin Werner. Bielefeld: transcript, 2020. 57–65.
Kortmann, Berd, und Günther Schulze. „Einleitung. Die Welt nach Corona". *Jenseits von Corona. Unsere Welt nach der Pandemie. Perspektiven aus der Wissenschaft*. Hg. Bernd Kortmann und Günther G. Schulze. Bielefeld: transcript, 2020, 9–10.
Krämer, Sybille. „Brennspiegel, Lern-Labor, Treibsatz? Ein persönliches Corona-Kaleidoskop". *Jenseits von Corona. Unsere Welt nach der Pandemie. Perspektiven aus der Wissenschaft*. Hg. Bernd Kortmann und Günther G. Schulze. Bielefeld: transcript, 2020. 31–41.
Krotz, Friedrich, und Andreas Hepp (Hg.). *Mediatisierte Welten. Bd. 6*. Wiesbaden: Springer VS, 2012.
Kühl, Stefan. „Jeder lacht für sich allein. Zum Unterschied von Interaktion unter Anwesenden und unter Abwesenden". *Forschung & Lehre* 5 (2020): 398–399.
Lindemann, Gesa. *Die Ordnung der Berührung. Staat, Gewalt und Kritik in Zeiten der Coronakrise*. Weilerswist: Velbrück, 2020.
Luhmann, Niklas. *Soziale Systeme. Grundriß einer allgemeinen Theorie*, Frankfurt/Main: Suhrkamp, 1984.
Marek, Kristin, und Carolin Meister (Hg.). *Kunst und Berührung*. Paderborn: Wilhelm Fink, 2021.
Mauss, Marcel. „Die Techniken des Körpers". *Soziologie und Anthropologie, Bd. 2*. München, Wien: Hanser, 1974. 197–220.
May, Carl R., Frances Mair, Tracy Finch, Anne MacFarlane, Christopher Dowrick, Shaun Treweek et al. „Development of a theory of implementation and integration: Normalization Process Theory". *Implementation Sci* 4.29 (2009).
McLuhan, Marshall. *Understanding Media. The extension of Man*. New York: MIT Press, 1994 [1964].
Reckwitz, Andreas. *Die Gesellschaft der Singularitäten. Zum Strukturwandel der Moderne*. Berlin: Suhrkamp, 2017.

Rosa, Hartmut. *Beschleunigung. Die Veränderung der Zeitstrukturen in der Moderne.* Frankfurt a. M.: Suhrkamp, 2005.

Scheidt, Carl-Eduard. „Abschied vom Handschlag". *Jenseits von Corona. Unsere Welt nach der Pandemie. Perspektiven aus der Wissenschaft.* Hg. Bernd Kortmann und Günther G. Schulze. Bielefeld: transcript, 2020. 43–50.

Schmidgen, Henning. *Horn oder Die Gegenseite der Medien.* Berlin: Matthes & Seitz, 2018.

Sennett, Richard. „Der Tastsinn". *Der Sinn der Sinne.* Hg. Kunst- und Ausstellungshalle der Bundesrepublik Deutschland. Göttingen: Steidl, 1998. 479–495.

Simmel, Georg. „Die Großstädte und das Geistesleben". *Gesamtausgabe Band 7: Aufsätze und Abhandlungen 1901–1908.* Hg. Rüdiger Kramme, Angela Rammstedt und Otthein Rammstedt. Frankfurt a. M.: Suhrkamp, 1995. 116–131.

Sprenger, Florian, und Daniel Gethmann. *Die Enden des Kabels. Kleine Mediengeschichte der Übertragung.* Berlin: Kadmos, 2014.

Steg, Joris. „Was heißt eigentlich Krise?". *Soziologie* 49.4 (2020): 423–435.

Stichweh, Rudolf. „Simplifikation des Sozialen". *Frankfurter Allgemeine Zeitung*, 7. April 2020a.

Stichweh, Rudolf. „Simplifikation des Sozialen". *Die Corona-Gesellschaft. Analysen zur Lage und Perspektiven für die Zukunft.* Hg. Michael Volkmer und Karin Werner. Bielefeld: transcript, 2020b. 197–206.

Volkmer, Michael, und Karin Werner (Hg.). *Die Corona-Gesellschaft. Analysen zur Lage und Perspektiven für die Zukunft.* Bielefeld: transcript, 2020.

von Thadden, Elisabeth. *Die berührungslose Gesellschaft.* München: C.H. Beck, 2018.

Waldenfels, Bernhard. „Berührung aus der Ferne". *Bruchlinien der Erfahrung.* Hg. Bernhard Waldenfels. Frankfurt a. M.: Suhrkamp, 2002. 64–97.

Winker, Gabriele. *Care Revolution. Schritte in eine solidarische Gesellschaft.* Bielefeld: transcript, 2015.

Johanna Häring, Susann Winsel
Körper in der Krise: Before/After-Quarantine-Memes

1 Memes in Zeiten von Corona oder Corona in Zeiten von Memes

1.1 Memes, eine popkulturelle Antwort auf die Pandemie

Bereits in einer frühen Phase der Corona-Pandemie schufen Menschen visuelle Statements, in denen sie gesellschaftliche Vorstellungen und Ideen aus altbekannten Kontexten in die für sie unbekannte Situation transferierten. Diese nahmen den Körper anders in den Blick als es eine globale medizinische Krisensituation vermuten ließe. Auf einem dieser Bilder war beispielsweise ein eingezäuntes Pony zu sehen. Mit einem Bildbearbeitungsprogramm hatte jemand den weißen und serifenlosen Schriftzug „After Quarantine" hinzugefügt (Abb. 1).

Nach der Quarantäne? Was hatte das für jene zu bedeuten, die in einer als westliche Gesellschaft imaginierten Gemeinschaft sozialisiert wurden und die Quarantäne vor allem aus Krankenhausserien, Katastrophenfilmen oder Nachrichtensendungen kannten? In den letzten Jahrzehnten hatten ihnen die Bilder von ansteckenden Krankheiten und Isolierungsstationen doch primär auf ihren zahllosen Endgeräten als fiktive Apokalypse entgegen geflackert und so die realen Bedrohungen und Schreckensszenarien in einem Anderswo auf der Welt abgebildet. Es handelt sich um eine Beobachtung, die im 21. Jahrhundert maßgeblich für SARS in Gebieten Südostasiens und Ebola in verschiedenen Ländern auf dem afrikanischen Kontinent galt. Es drängte sich uns die Frage auf: Wieso blickten Menschen im Frühjahr 2020 in den Newsfeeds ihrer sozialen Plattformen, Foren oder Messengerdienste unter anderem Shetlandponys und Pferde an? Und das im Zusammenhang mit einer globalen Pandemie?

Abb. 1: Pony und Pferd im *Before/After-Meme*.

Die Situation wird noch paradoxer. Im Kontrast zu dem kleinen Tier mit kräftigem Körperbau und ausgeprägtem Fellwuchs war ein frei galoppierendes Pferd von einer eindeutig anderen Pferderasse abgebildet, betitelt als „*Before Quarantine*".[1]

Der Sinn ergibt sich mit dem Erkennen und Einordnen dieses kulturellen Phänomens als Meme. Es kann als ein popkultureller Umgang mit komplexen gesellschaftlichen Zusammenhängen verstanden werden, denen mit Mitteln des Humors, der Satire, Zynismus oder versuchter ironischer Brechung begegnet wird (vgl. Moebius 2018, 7–8). In unserem Fall handelt es sich konkret um die Kontrastierung von normierten und stigmatisierten Körperbildern im Kontext der Corona-Pandemie. Memes liefern pointiere Reaktionen auf ein aktuelles Weltgeschehen. Sie werden von individuellen Nutzer:innen in einer digitalen Welt hervorgebracht. Oft anonym, hinter einem Online-Namen verborgen, entsteht so ein Spektrum an erheiternden, klugen, zugespitzten oder auch belanglosen Bild-Text-Kompositionen. Diese können, wie auch im nicht-digitalen Raum, durchaus

---

[1] Im Folgenden verwenden wir die Begriffe Quarantäne, Lockdown, Shutdown synonym. Obgleich uns bewusst ist, dass die Begriffe grundsätzlich zu unterscheiden sind, ergibt sich der Verzicht aus dem Material, das lediglich auf den Zustand häuslicher Isolation rekurriert.

auch zu Lasten vulnerabler und stigmatisierter Gruppen gehen. Wir werden uns im Folgenden genauer mit diesem kulturellen Phänomen beschäftigen.

1.2 Welchen Sinn haben Memes?

Für unsere Fallstudie erwies es sich als hilfreich, Memes von Beginn an als spezifisches Genre einer sozial, medial und kulturell konstruierten Realität zu betrachten. Das heißt, sie als medialen Ausdruck eines größeren Diskurses zu begreifen, welcher nicht nur innerhalb einer digitalen Kultur stattfindet. Bevor wir uns mit konkreten Memes befassen, die als Reaktion auf die Quarantäne während der Corona-Pandemie entstanden, muss jedoch zuvorderst geklärt werden, woher Memes eigentlich stammen und welcher grundlegende soziale Sinn ihnen in der digitalen Welt zugesprochen werden kann.

Anhand von unter anderem „Gangnam Style", „Leave Britney Alone" und „Pepper Spraying Cop" legte 2014 Limor Shifman eine gebündelte wissenschaftliche Einführung von Memes als Internet-Phänomen vor.[2] Shifman schlägt vor, Internet-Memes als „(a) eine Gruppe digitaler Einheiten, die gemeinsame Eigenschaften im Inhalt, in der Form und/oder der Haltung aufweisen" zu verstehen, welche „(b) in bewusster Auseinandersetzung mit anderen Memen erzeugt und (c) von vielen Usern im Internet verbreitet, imitiert und/oder transformiert wurden" (Shifman 2014a, 44). Genutzt wird dafür Material unterschiedlichster Herkunft. Ein Meme kann nur textbasiert sein, häufiger jedoch sind es Text-Bild-Kombinationen – sogenannte *Image-Macros* (vgl. Johann und Bülow 2018, 5) – aus bildlichen und audiovisuellen Ausschnitten, die umgedeutet und so in einen neuen Bezugsrahmen gesetzt werden. Simon Moebius geht in seinen Überlegungen zu Memes zudem davon aus, dass die humoristische Verwendung von Stereotypen diese zwar unterlaufen, jedoch auch verstärken könne (Moebius 2018, 1). Humor, so Moebius, könne als „Spielen mit kulturellen Sinninhalten" verstanden werden, weshalb sich die Überspitzung von Stereotypen als Ergebnisse gesellschaftlicher Differenzkonstruktionen besonders gut eignen und für einen hohen Wiedererkennungswert sorgen würden (Moebius 2018, 4–6). Angelehnt an Peter L. Berger und Alfred Schütz stellt Moebius heraus, dass „Humor als eine Sinnprovinz" verstanden werden kann, deren „Voraussetzung [...] eine geteilte Wirklichkeitskonstruktion" ist (Moebius 2018, 6). Was als lustig empfun-

---

[2] Die Herkunftsgeschichte, von einer kulturellen Evolution zum Internet-Meme, wurde bereits vielfach erzählt und kann en detail bei Shifman (2014a, 16–22), Pauliks (2020, 3) oder Wiggins und Bowers (2015, 1888–1891) nachgelesen werden.

den wird, hängt dementsprechend stark damit zusammen, welches Wissen über die „dominante Alltagswelt" geteilt wird (Moebius 2018, 6). Dieser Aspekt ist so bedeutsam, da wir in diesem Beitrag zwar nicht rekonstruieren können, wer über die untersuchten Memes lacht, aber ihr *Geteilt-Werden* in sozialen Medien ein Affirmieren der Inhalte nahelegt.

Zur Verbreitung und für den Erfolg von Memes ist es von großer Bedeutung, diesen aktiven Part der Nutzer:innen mit zu denken. Nur durch ihre Kreativität und das Teilen, Imitieren und Kopieren können diese die notwendige Wirkung entfalten und resonieren (vgl. Pauliks 2020, 33; Moebius 2018, 3). Spätestens hier verdeutlicht sich auch eine Parallele in der Darstellung der Virus- und der Memeverbreitung: „Je ansteckender Memes sind, also je besser sie sich im menschlichen Gehirn verankern und je leichter sie sich auf andere Menschen übertragen lassen, desto höher ist ihre Überlebenschance." Diese Überlegung stammt von Kevin Pauliks, der sich in einem ersten Überblick mit virulenten Corona-Memes 2020 befasste und dabei auch auf die Rekontextualisierung von bekannten Themen aufmerksam machte.[3] Es ist also davon auszugehen, dass die Corona-Pandemie auch ihre Spuren in der sozialen Konstruktion des menschlichen Körpers hinterlassen wird. Die folgenden Ergebnisse können nur als Momentaufnahmen verstanden werden. Ohne die Analogien überreizen zu wollen, hilft die Denkfigur der Mutation, denn es ist stark davon auszugehen, dass auch die gesellschaftlichen Körperbilder in Memes mutierten (und mutieren?).

Wir interessieren uns besonders dafür, wie das Spannungsfeld des Körpers – zwischen der Gefährdung durch ein unbekanntes Virus und einer fast obsessiven Bekämpfung des drohenden Kontrollverlusts – in Corona-Memes be- und verhandelt wird. Das stetig aufrecht gehaltene Drohszenario, die Kontrolle über das Leben zu verlieren, verlagert sich auch auf bestimmte Körperbilder – so unsere These –, weil dicke oder ungepflegte Körper bereits zuvor als soziale Distinktionsmittel für eine (neo-)liberale Konstitution von Bürger:innen fungierten (Mackert und Martschukat 2015, 7). Die (selbst)regulierenden Machtmechanismen haben ihren Weg aus der analogen Welt in die digitale Sphäre und wieder zurück gefunden. Einmal mehr wird auf diesem Wege die Verflechtung vom sozialen Leben on- und offline deutlich. Im Folgenden widmen wir uns deshalb gesellschaftlichen Normen und stigmatisierenden Ideen über den Körper, die einen Ausdruck in Form von Corona-Memes fanden – sich also in den neuen Kontext der Pandemie einbinden ließen. Zunächst wird auf methodische Überlegungen eingegan-

---

3 Dies betrifft beispielsweise die Darstellung der Rolle Chinas, die Verarbeitung des Generationenkonflikts (Boomer vs. Millenials vs. Zoomer), die Kritik an Panikkäufen und Kapitalismussowie Forschungskritik (vgl. Pauliks 2020, 34–36).

gen, um im Anschluss exemplarische Image-Macros zu analysieren. Mit unserem Beitrag möchten wir uns mit der Frage auseinandersetzen, *was* in Memes visualisiert wird. Welche dominanten Vorstellungen liegen diesen Bildern zugrunde und schlussendlich: Wer lacht hier eigentlich *wie* über *wen*?

2 Before/After-Quarantine

2.1 Systematisierung und Auswahl

Gerade in Zeiten einer globalen Pandemie steht Gesundheit im Zentrum des allgemeinen Interesses und lenkt somit auch die öffentliche Aufmerksamkeit auf den menschlichen Körper. Wir interessieren uns deshalb besonders für die Kreationen von Nutzer:innen, die Körper und Körperbilder zum Thema machten. Image-Macros, welche die eigene Körperpflege und -präsentation sowie insbesondere die drastische Zunahme von Gewicht zum Thema hatten, griffen auf ihre Weise zum einen Diskussionen über die Öffnungen von Friseurläden oder psychosomatische Folgen der Körperbildstörungen voraus, andere lösten diese Kontroversen überhaupt erst aus. So veröffentlichte das ZEIT MAGAZIN beispielsweise im Mai 2020 einen Beitrag von Melodie Michelberger, der mit der Aussage „Mein Körper ist kein Meme" betitelt war. Darin weist sie als selbstbezeichnete *Body Image Activist* vor allem darauf hin, dass es sich bei körperthematisierenden Corona-Memes um „Bodyshaming, getarnt als Witz" handele, die eine Diskriminierung von dicken Körpern sowie eine Gefährdung der eigenen Körperwahrnehmung zur Folge haben könne (Michelberger 2020). Hinzu kamen auch aus sozialwissenschaftlicher und psychologischer Perspektive kritische Rezeptionen, welche in den Memes statt eines humorvollen Umgangs vielmehr eine gefährdende und diskriminierende Realität verorteten (vgl. Hauke 2020; McLaughlin 2020).

Um unserem Interesse an der Darstellung von Körpern und ihrer Veränderung im Kontext der Pandemie empirisch nachgehen zu können, musste zunächst eine passende Auswahl an Image-Macros getroffen werden. Die Bildersuche im Internet liefert ein Spektrum an Corona-Memes, das thematisch von der Absurdität des Kontrastes von Vorder- und Hinterbühne bei Videokonferenzen über die Eigenheiten des Hamsterkaufs bis hin zu solchen Image-Macros reicht, die den Fokus auf menschliche Verhaltensweisen in der sozialen Isolation legen. In diesem Artikel setzen wir uns mit dem letztgenannten Typ Corona-Meme auseinander, insbesondere mit solchen, die sich vor allem durch eine Einteilung in *Before/After* (Vorher/Nachher) auszeichnen, also auf eine Veränderung im Zeitverlauf hinweisen und implizit auch eine Historisierung der Krise vorwegnehmen. Alternativ werden solche Memes auch mit der Überschrift *March 1st vs. March 31st* betitelt. Da im März 2020 die Corona-Pandemie weltweit zu Lockdowns führte, werden wir die Überschriften im Folgenden als synonym betrachten. Die Bilder wurden teilweise mit Photoshop oder anderen Bildprogrammen bearbeitet (vgl. Shifman 2014b, 344). Die Gegenüberstellung von Vorher- und Nachher-Bildern ist an sich kein Alleinstellungsmerkmal von Quarantäne Memes. Bekannt sind solche Bild-Text-Kombinationen aus einer Vielfalt an Kontexten, die sich mit sichtbaren Veränderungen auseinandersetzen (bspw. Renovierungsarbeiten, Schönheitschirurgie, Fitness- und Diätprogramme, Drogen- und Alkoholgebrauch, Umstyling, etc.).[4] Als Memes, so die Beobachtung aus unserer Recherche, funktioniert eine solche Gegenüberstellung allerdings nur, wenn sie auf einer satirischen bzw. humorvollen Ebene auf kollektiv geteiltes Wissen verweist.

Auf einem ganz ähnlichen Prinzip wie die *Before/After* Memes basiert ein Typ Meme, den die Website knowyourmeme.com (2020) unter der Bezeichnung *Coming out of quarantine* listet. Diese Memes beziehen sich typischerweise auf die körperlichen, sozialen und finanziellen Konsequenzen, die aus der Quarantäne resultierten. Anders als die *Before/After* Memes wird hier allerdings lediglich das Endresultat veranschaulicht, der Ausgangszustand bleibt unsichtbar. Dennoch basiert die humoristische Ebene auch hier auf dem sozial geteilten Wissen um den *Normalzustand*, welcher, wenn auch nicht explizit, dem Zustand nach dem Ende der Quarantäne gegenübergestellt wird. Dementsprechend geht es um den transformativen Charakter der pandemiebedingten Ausnahmesituation, die zeitlich mit der Quarantäne bzw. dem Lockdown gleichgesetzt wird.

Sowohl die *Before/After* als auch die *Coming out of quarantine* Memes, die wir als Material für diesen Aufsatz herangezogen haben, erhalten ihre Bedeutung durch die Zusammensetzung von Bild(ern) und Text(en). Die Kombination zweier oder mehrerer Bildausschnitte setzt diese bereits in ein Verhältnis zueinander, die Betitelung als *Before* und *After* fügt eine zeitliche Komponente hinzu und fördert zudem einen vergleichenden Blick auf die Einheiten. Auch die Über- bzw. Unterschrift *Coming out of quarantine* weist die betrachtende Person auf visuell wahrnehmbare Transformationen hin und lädt dazu ein, diese im Bild zu entdecken. Im Gegensatz zu anderen idealtypischen Image-Macro Kombinatio-

---

[4] In unserem Workshop zur Beitragsbesprechung des Sammelbandes wurde unter anderem auf Frauenzeitschriften verwiesen, welche sich dieser Vorher-Nachher-Bebilderung bedienen. Anders als bei Memes steht hinter diesen Magazinen jedoch ein professionalisierter und etablierter redaktioneller Prozess des Redigierens und der Druckabnahme, welcher nicht anonymisiert ist. Es gibt hier also konkrete Ansprechpartner:innen und Adressat:innen.

nen, wie sie beispielsweise Andreas Osterroth (2015) als „Prototyp" ausgemacht hat, unterscheidet sich der Bildaufbau somit von anderen klassischen Memes (vgl. Abb. 2, Abb. 3).

Abb. 2: Prototypische Meme-Struktur von Image-Macros nach Osterroth (vgl. 2015, 31).

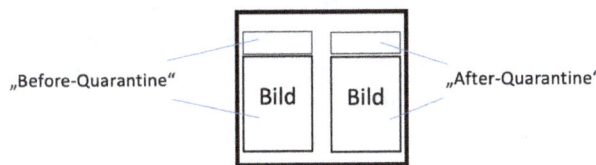

Abb. 3: Prototypische Meme-Struktur von Image-Macros „Before/After" (eigene Darstellung).

Eine weitere Eigenschaft solcher Memes ist, dass die gezeigten Bilder von Personen und Körpern auf Prominente, Kunstfiguren und Tiere zurückgreifen. Anstatt körperliche Veränderungen von Privatpersonen öffentlich zu machen, erfolgt eine Art Anonymisierung und Entindividualisierung auf der Bildebene. Von Bedeutung ist der Rekurs auf intersubjektives Wissen: Memes nutzen Figuren des öffentlichen Lebens (Schauspieler:innen, Comicfiguren, etc.), um dem Bild – vorausgesetzt der Ursprungskontext ist bekannt – mehr Bedeutung beizumessen, als die bloße sichtbare Veränderung von Körpern (vgl. Moebius 2018, 4–6). In der gesellschaftlichen Botschaft sind die betrachteten Körper jedoch individuell auf die Selbstoptimierung, -regulierung, -kontrolle und Handlungsmacht, also dem Ideal des (neo-)liberalistischen Körpers der Bürger:innen angelegt (vgl. Mackert und Martschukat 2015, 7).

2.2 Wie Memes betrachtend verstehen?

Die noch junge Forschung zu den Internet-Memes konzentrierte sich bisher stark auf die linguistische Aussage als Praxis (Krieg-Holz und Bülow 2019) und Memes als politisches Vehikel (Bülow und Johann 2019). Simon Moebius weist darauf hin, dass neben der Textebene, die Bildebene zur gesellschaftlichen Analyse bedeutsam ist, lassen sich doch nur so die gesamten humoristischen, kritischen, wie auch stigmatisierenden Informationen entschlüsseln (Moebius 2018, 1). Die Inhalte der Image-Macros, also einem Typ Meme, welcher auf der Kombination von Bildern und Betitelung basiert (vgl. Wiggins und Bowers 2015, 1887), sind stark von einer als *westlich imaginierten* Populärkultur geprägt (Moebius 2018, 7). An diese Beobachtung anschließend, möchten wir uns auf die visuellen Botschaften konzentrieren und den sozialen Sinn, der in ihnen zum Ausdruck kommt, rekonstruieren. Wir betrachten Memes aus einer kulturwissenschaftlichen Perspektive. Das heißt, wir richten uns gezielt mit der Frage an unser Material, was es über die Gesellschaften, in denen diese Image-Macros und Imitationen entstehen, aussagt. Dabei geht es uns nicht um eine Analyse der Rezeption solcher Memes, sondern vielmehr um deren latenten „objektiven" Sinn, also den „in einer Äußerung mitgeführten Sinn, d. h. um die darin enthaltenen Bedeutungsschichten" (Sammet und Erhard 2018, 23). Bei der Untersuchung unseres Materials haben wir uns daher vor allem auf die entstandenen Memes konzentriert und Kommentare oder Teilungsverhalten weitestgehend außen vor gelassen. Daher greifen wir methodisch vor allem auf die Überlegungen von Ralf Bohnsack (2016) zur Bildinterpretation zurück. Die Bildforschung in den Sozialwissenschaften wird nach wie vor als defizitär in ihrer Methodik wahrgenommen. Das Material wird daher vor allem anhand geisteswissenschaftlicher Zugriffsmöglichkeiten betrachtet. Erwin Panofskys Unterteilung in eine ikonografische – was geschieht hier? – und eine ikonologische – wie geschieht etwas? – Bildebene, sowie die kritische Ergänzung Max Imdahls, auf die Eigenlogik des Bildes zu achten, haben wir in unsere Analyse einbezogen (vgl. Bohnsack 2016). Das heißt, wir haben uns den Corona-Memes anhand der Frage genähert, welche sozialen Bedeutungen auf visueller Ebene dargestellt und somit rekonstruiert werden können, um im Anschluss zu analysieren auf welche gesellschaftlichen Imaginationen sich diese zurückführen lassen.

3 Körper und Körpertransformation in Corona-Memes: Befunde aus dem Material

3.1 Haar- und Körperpflege: Der Schopf der Mona Lisa

Der Annahme folgend, dass sich aus der Analyse von popkulturellen Phänomenen, in unserem speziellen Fall von Corona-Memes, relevante Rückschlüsse auf kulturelle und gesellschaftliche Haltungen und Normen ziehen lassen, sollen im Folgenden zwei Kategorien eingeführt werden, die sich bei der Beschäftigung mit dem Material als zentral erwiesen.

In der Analyse fiel ein Aspekt besonders stark ins Auge: Sehr häufig beinhalten die Bilder Veränderungen von Kopf- und Körperbehaarung. So trägt beispielsweise der Schauspieler Matthew McConaughey auf der linken Seite *(Before)* eines Memes seine blonden Haare locker frisiert (wellige Kurzhaarfrisur) und einen sorgfältig getrimmten Dreitagebart (Abb. 5). Auf der rechten Seite *(After)* sieht man ihn hingegen mit langem, locker im Nacken zusammengebundenem aschblonden Haupthaar. Er trägt seinen Bart im Hufeisenstil, für den bspw. der amerikanische Wrestler Hulk Hogan bekannt ist. Auch im Meme mit der Hollywood-Schauspielerin Charlize Theron werden ihr Haar und dessen Veränderung stark betont (Abb. 4).

March 1st vs March 31st

 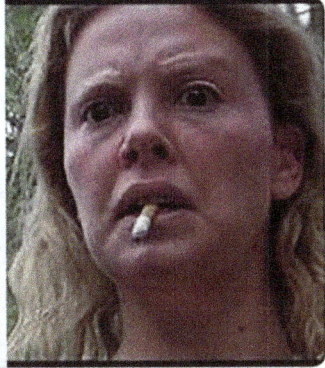

Abb. 4: Schauspielerin Charlize Theron im *Before/After-Meme*.

Während sie sich im linken Bild *(Before)* sinnlich durch ihre seidige blonde Frisur streicht, wirken die blonden Haare auf dem rechten Bild *(After)* stumpf, brüchig und fein. Auch die Wimpern und Augenbrauen unterscheiden sich immens: im linken Bild wird das Gesicht durch braune und in Form gebrachte Augenbrauen unterteilt, im rechten Bild sind Brauen und Wimpern so hell, dass sie fast unsichtbar sind und das Gesicht somit wie eine große undefinierte Fläche wirkt. Die Gegenüberstellung der beiden Bilder könnte kontrastreicher nicht sein: links eine Fotostudioaufnahme und rechts ein Film-Still aus ihrer Hauptrolle als Serienmörderin im Film *Monster*. Während einerseits die makellose Schönheit Therons, die auch als Model erfolgreich ist, in Szene gesetzt wird, sieht man sie andererseits in

March 1 vs March

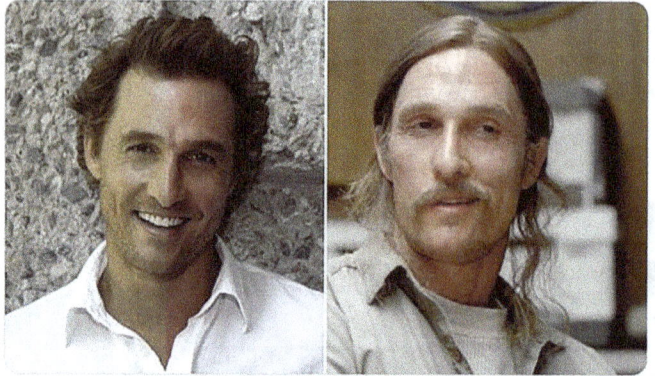

Abb. 5: Schauspieler Matthew McConaughey im *Before/After-Meme*.

einer Rolle, für welche ihr unter anderem Anerkennung wegen ihres *Mutes zur Hässlichkeit* entgegengebracht wurde. Das Meme suggeriert somit, dass aus der sinnlichen und gepflegten Frau links (durch die Belastungen der Corona-Pandemie) eine wahnsinnige (Filmrolle) – zumindest aber äußerlich *nachlässige* Frau werden kann.

Insgesamt fällt auf, dass die hier knapp beschriebenen Memes auf eine Vernachlässigung von Körper und Körperpflege während der Quarantäne anspielen, die sich explizit in Form von Veränderungen des Haars manifestiert. Haar, so schreibt es Anthony Synnott in seiner nach wie vor treffenden Untersuchung *Shame and Glory: A Sociology of Hair,* ist sowohl ein physiologisches Phänomen, als auch ein soziales: „a symbol of the self and of group identity, and an important mode of self-expression and communication" (1987, 410). Zwar fokussiert Synnott in seinem Aufsatz vorrangig auf verschiedene Stile und Praktiken der Gestaltung von Haar, jedoch betont er stark die gesellschaftlichen Normen und Codes, die damit in Verbindung stehen.[5]

---

[5] Synnott (vgl. 1987, 490) geht an einer Stelle auf den Hinweis ein, dass Anwälte ihren Klienten nahelegten, zu Gerichtsterminen glatt rasiert zu erscheinen, um ihre Seriosität und Glaubhaftigkeit zu unterstützen.

Sowohl in Synnotts Text, als auch in der Analyse von Corona-Memes zeigt sich, dass die Art, Haar zu tragen, Bedeutungsebenen beinhaltet, die über persönlichen Geschmack oder Mode hinausgehen. Die Gestaltung und Pflege von Kopf- und Körperbehaarung verweist einerseits auf soziale Zugehörigkeiten (wie Subkulturen oder politische Einstellungen), kann aber andererseits auch Rückschlüsse über die Lebensumstände und -situation des/der Träger:in geben.[6]

In den zuvor beschriebenen Memes wird allerdings auf einen anderen Aspekt rekurriert: Anstatt die eigenen Haare aktiv umzugestalten (agency), werden hier Menschen gezeigt, deren Haare vielmehr auf Nachlässigkeit, bis hin zu Verwahrlosung hinweisen. Im Kontext von Quarantäne und sozialer Isolation steht das Wachsen-lassen der Haare dementsprechend symbolisch für Überforderung, Selbstaufgabe und nicht zuletzt für den drohenden Kontrollverlust.[7] Dieser Zustand wird zusätzlich noch durch die Gegenüberstellung eines gepflegten *Normalzustands* kontrastiert. Synnott zitiert in seinem Aufsatz einen Text von Hallpike (1969), der anhand von Beispielen u. a. aus der Bibel zu folgendem elementaren Schluss kommt: „cutting the hair = social control, long hair = being outside society" (Synnott 1987, 382). Eine Formel, die sich in globalen Krisen zu bewahrheiten scheint?

Auch wenn es inzwischen gesellschaftlich anerkannter ist, die Haare auf vielfältige Arten zu tragen, hat die Kernaussage, dass Haare als Marker für Konformität bzw. Devianz fungieren, nach wie vor Gehalt. Verstärkt wird dieser Effekt in den von uns analysierten Memes dadurch, dass auch andere Körperteile sowie Kleidung und Setting den Eindruck der Nachlässigkeit in ihrer Kombination noch potenzieren. Strubbelige oder ungewaschene Haare deuten jedoch unmittelbar darauf hin, dass die gezeigte Person ganz basale Handlungen der Körperhygiene und -pflege (wie etwa Duschen und Haare kämmen) nicht umsetzen wollte oder konnte.

Das im Folgenden analysierte Meme verweist sowohl auf die Symbolik der ungepflegten Haare als auch auf die Norm der Körperpflege. Erneut ist das Meme in zwei Bildhälften unterteilt und mit der Überschrift „March 1st vs. March 31st" betitelt.

---

[6] So ist es in *westlichen* Gesellschaften beispielsweise ein bekanntes Phänomen, dass sich Menschen nach der Trennung von ihrem/ihrer Partner:in die Haare schneiden (lassen). Die neue Frisur steht in diesem Kontext für einen biographischen Einschnitt, sozusagen als Ritual für einen Neuanfang.
[7] Hier sei daran erinnert, dass während des ersten Lockdowns im März/April 2020 in Deutschland hitzig darüber diskutiert wurde, ob Friseur- und Beautysalons denn nicht auch „systemrelevant" seien und deren Schließung somit nicht hinnehmbar sei.

Abb. 6: Da Vincis Mona Lisa im *Before/After-Meme*.

Im Gegensatz zu den oben beschriebenen Fotografien bzw. Film-Stills, handelt es sich hier um zwei Versionen eines altmeisterlich gemalten Porträts einer hellhäutigen, braunhaarigen Frau vor einem landschaftlichen Hintergrund. Links sieht man Leonardo da Vincis *Mona Lisa*, genauer *La Gioconda* aus dem 16. Jahrhundert, rechts eine Version mit deutlich sichtbaren Manipulationen.

Die rechte Bildhälfte zeigt die *Mona Lisa* mit wirrem Haar, unter ihren Augen klebt jeweils ein goldenes Pflaster, das üblicherweise zur Behandlung von Augenringen genutzt wird. Im Gegensatz zum Original auf der linken Seite hält sie in ihrer rechten Hand ein Glas Rotwein, ihre Fingernägel sind rot lackiert. Besonders auffällig ist, neben den hinzugefügten Bildelementen, dass die Mundwinkel der Frau im rechten Bild nach unten zeigen. Während das Gemälde der *Mona Lisa* besonders für ihr geheimnisvolles Lächeln bekannt ist, sieht man auf dem rechten Bild also eine Frau, deren Mimik auf Unzufriedenheit und eine negative Stimmung hindeutet. Das kunsthistorische Weiblichkeitsideal der *Mona Lisa* wird durch das Meme im Kontext des Lockdowns entmystifiziert. Zwar deuten lackierte Fingernägel, die Goldpflaster unter den Augen und das Glas Rotwein in ihrer Hand auf Selbstfürsorge hin – dennoch können sie ihre Überforderung (strubbelige Haare) und ihre Unzufriedenheit (Mundwinkel nach unten) nicht überdecken. Körperpflegerituale wirken hier dementsprechend mehr wie Versuche, trotz der allgemeinen Ausnahmesituation die Kontrolle über das eigene

Leben zu behalten, auch wenn sie mit fortschreitender Zeit ihren Wellness-Charakter verloren zu haben scheinen.

In den hier analysierten Memes wird ganz deutlich auf Praktiken und die Bedeutung von Schönheitshandeln verwiesen. In ihrem Aufsatz „Schönheit – Erfolg – Macht" weist die Soziologin Nina Degele darauf hin, dass das „Sichschönmachen keine Privatangelegenheit " und „mitunter harte, erfolgsorientierte Arbeit [ist], die in tiefer liegende Identitätsschichten hinein reicht" (2008, 9). Im Gegensatz zu der häufig behaupteten Aussage, man mache sich für sich selbst schön, betont Degele, dass Schönheitshandeln vielmehr bedeute, „sich sozial zu positionieren" und es sich hier um eine „Ideologie des Schönheitshandeln als privater Angelegenheit" handelt (2008, 10). Die Bilder auf der rechten Seite (*After*) lassen sich dementsprechend so deuten, dass durch das Wegfallen sozialer Begegnungen (außerhalb des Internets) auch das Motiv und die Motivation, sich schön zu machen, abnimmt. Dennoch birgt die vermeintlich ironische Abhandlung auch die (subtile) Androhung einer gesellschaftlichen Sanktionierung, wird doch die nachlässige *After-Version* dem respektablen und gepflegten *Before-Zustand* gegenübergestellt.

3.2 Gewichtszunahme: Quarantine-Barbie, Monica diszipliniert Monica

Ein öffentlich kontrovers diskutierter und kritisierter Aspekt, der in unzähligen Corona-Memes wiederkehrt, ist die Verbindung von Quarantäne mit Gewichtszunahme (Michelberger 2020; Hauke 2020). So funktionieren viele der *Before/After*-Memes auf der Gegenüberstellung eines schlanken mit einem dicken Körper,[8] wobei es sich in den meisten Fällen um die gleiche Person, Figur oder Tierdarstellung handelt. Auch wenn die naheliegende Lesart solcher Bild-Text-Kombinationen die Gewichtszunahme als Konsequenz der Quarantäne in den Fokus rückt, möchten wir hier weitergreifende (Be-)Deutungsebenen rekonstruieren. Am folgenden Beispiel der *Quarantine-Barbie* werden wiederkehrende Muster in der Bildproduktion aufgezeigt, die damit vorherrschende gesellschaftliche Vorstellungen über *gesunde Idealkörper* bedienen (Abb. 7). Auf unser erstes Fallbeispiel stießen wir nicht über die klassischen Social-Media-Kanäle, sondern

---

8 Wir benutzen den Begriff „dick" / „fat" wie er von verschiedenen Bewegungen und den „Fat Studies" vorgeschlagen wird (vgl. Rothblum 2017, 17).

über einen Artikel, welcher sich mit den möglichen psychologischen Folgen für das Körperbild von jungen Menschen befasste (McLaughlin 2020).

Abb. 7: „Quarantine-Barbie" im *Before/After-Meme*.

Zu sehen sind zwei Figuren, auf der linken Seite des Bildes ist eine Spielzeugpuppe mit langem blondem Haaren, weißer Hautfarbe, geschminkt und im pinken, körperbetonen Kleid abgebildet. Die Puppe kann als weiblich gelesen werden. Es wurde in der Darstellung eine seitlich-frontale Perspektive vor einem neutralen Hintergrund gewählt, unterhalb der Taille steht in großen blauen Lettern „BEFORE". Die Buchstaben „B" und „E" passen nicht ganz auf ihren Körper. Bei der zu sehenden Puppe handelt es sich um eines der berühmten Barbie-Modelle der Firma Matell.

Auf der rechten Seite ist eine Figur zu sehen, die der Barbie optisch ähnelt und die gleiche Kleidung trägt. Allerdings wurde diese Barbie stark mit einem Bildbearbeitungsprogramm verändert und mit Merkmalen eines dicken Körpers versehen, wie an der starken Betonung der Kinnpartie und der Auffüllung einzelner Körperteile (Arme, Dekolletee, Bauch) deutlich wird. Unterhalb ihrer Taille steht ebenfalls in blauer Schrift und Großbuchstaben das Wort „AFTER". Verbunden sind die beiden Bilder durch den Schriftzug „Me in Quarantine", dadurch werden die abgebildeten Puppen in eine Beziehung zu einer Quarantäne-Situation gesetzt (konkret der Corona-Quarantäne).

Die klassische Barbie ist mit schmaler Taille und Armen zu sehen. Um ihren langen Hals liegt eine Kette und sie trägt große Ohrringe, die ihr fast bis zur Schulter reichen. In der Bildmanipulation werden die gleichen Schmuckstücke gewählt. Aufgrund ihrer veränderten Proportionen enden bei selber Größe der Ohrringe diese jedoch an ihrem Schlüsselbeinansatz. In Kombination mit ihrem Dreifachkinn und dem kaum sichtbaren Hals verstärkt es die ebenfalls durch Manipulation entstandene gedrungen wirkende Körperpartie. Die linke Barbie hat eine aufrechte Haltung, zugleich scheint der Körper der bearbeiten Puppe diese optisch nach vorne zuziehen, unter Verlust der Grazie, die mit einer offenen Körperhaltung häufig positiv assoziiert wird.

Im Gesicht der Barbie werden vor allem die veränderten Proportionen deutlich: Während links mit großen Augen und kleiner Nase klassischen weiblichen Schönheitsidealen entsprochen wird, hat die dicke Barbie schmale Augen und eine breitere, fast boxerartige Nase. Dem Ausgangskörper (*Before*) steht ein dicker Körper (*After*) entgegen. Untypisch für *Before/After-Memes* werden hier zwei Körperformen kombiniert, die bereits für sich jeweils unterschiedliche Kritiken in der Gesellschaft hervorrufen. Die ambivalenten Haltungen gegenüber der repräsentierten Körper werden so jeweils als „ungesund" und „krankhaft" deutbar.

Im Originalbild, das bereits im Jahre 2013 eine Kontroverse auslöste,[9] waren beide Körper ohne Anschnitte zu sehen. Der Bildausschnitt im neu entstandenen Meme ist hingegen anders gewählt. Bei genauerer Betrachtung wird der Verbreiterungseffekt der rechten Barbie nämlich nicht nur durch ihre Schultern, Armpartien und einen großen Busen verstärkt, sondern zugleich durch den spezifischen Anschnitt des Körpers. Dadurch wird die Auswahl dieses konkreten Ausschnitts bedeutsam, werden doch auch durch ihn stigmatisierende Botschaften bekräftigt, wie beispielsweise die, Raum einnehmend zu sein, bzw. sich nicht begrenzen sowie disziplinieren zu können. Diese Praxis der Darstellung, ein Heranzoomen oder ein spezifischer Blickwinkel, wurde immer wieder gewählt. Die dünnen Körper – vorteilhaft in den gewählten Bildausschnitt durch die Positionen und Anschnitte eingepasst – bildeten so den Konterpart zu den problematisierten dicken Körpern, entgrenzt und zugleich von den Blickenden scheinbar distanzlos herangezoomt.

After-Quarantine-Bodies werden als negative Abweichung vom Normalzustand dargestellt. Kontrastiert mit dem schlanken *Before-Quarantine-Body* schließen wir daraus, dass es sich bei dem einen um den gesunden und schönen Normalzustand, beim anderem um die ungesunde, von der Krise gezeichnete Version handelt. Während der sozialen Isolation muss also eine Veränderung der Lebensführung stattgefunden haben, die über die Körpertransformation sichtbar

---

9 Bei einem Photoshop-Contest „Feeding Time 9" hatte Userin *bakalia* ihre Montage eingereicht und gewonnen. Bereits damals galt die Manipulation als problematisch, da sie in beiden Versionen auf extreme Körpererscheinungen referierten (vgl. Abraham 2013).

gemacht wird. Die Gewichtszunahme wird in direkten Zusammenhang mit der Erfahrung der globalen Pandemie und den politischen Regulierungsversuchen gesetzt. Darüber hinaus verstärken die Memes die genuin negative Annahme, dass Gewichtszunahme immer und unter allen Umständen als eine unerwünschte und schädliche Entwicklung verstanden werden muss. Das *Before/After-Meme*, welches die Gewichtszunahme in den Fokus rückt, rekurriert somit auf eine kollektiv geteilte pauschale Ablehnung von Gewichtszunahme. Ohne darauf hinzuweisen, dass individuelle Veranlagung, Ess- und Bewegungsverhalten (und andere Faktoren) für Körperformen und -veränderungen verantwortlich sind, wird hier suggeriert, dass die gezeigte Veränderung einzig und allein auf die häusliche Quarantäne rückzuführen sei. Im Kontrast zu dieser Darstellung stehen aktuellere Debatten der „Fat Studies". Beispielsweise geht Esther Rothblum auf die Position der Health at Every Size Bewegung (HAES) ein, die davon ausgeht: Gesundheit und Fitness von Menschen könne nicht einfach von ihrem äußeren Erscheinungsbild abgelesen werden (vgl. 2017, 24). Die Memes können so auch als Teil eines Diskurses zwischen der Reproduktion alter Körperbilder und der Anerkennung von neuen Körperbetrachtungen gedacht werden.

Für das Funktionieren und Wirken von Memes sind die Mimik und Gestik bedeutsam (vgl. Moebius 2018, 3). Beide Barbies lächeln frontal in die Kamera und durch die schriftliche Herstellung wird ein bestimmter Zusammenhang beider Abbildungen interpretierbar. Es bedarf des intersubjektiv geteilten Wissensfundus um die gesellschaftliche Konnotation von Körpergewicht, welche im ausgewählten Beispiel über die textliche Ebene hergestellt wurde, als solche zu erkennen. Wie konkret die Quarantäne die Auswirkungen von Gewichtszunahme zu verantworten hat, konnte ebenfalls nur aus einer als teilbar antizipierten Quarantäne-Alltagserfahrung verstanden werden. Wir konnten allerdings auch Memes finden, deren visuelle Mittel über Blickachsen und Positionierung bildlich verständlich waren, wenn eine Art körperliches wie auch kulturelles Wissen über Mimik vorhanden ist. Sie brauchten dann die Schrift, um es als ein humoristisches Meme zu kennzeichnen, weniger jedoch für die dahinterliegende Botschaft.

In keinem der Memes wird ein disziplinierender Blick so *sichtbar gemacht* wie bei der Kunstfigur Monica, bekannt aus der erfolgreichen Kultserie *Friends* aus den 1990er Jahren (Abb. 8). Fans der Serie ist ihre Geschichte bekannt: Monica, während ihrer Kindheit und Jugend immer dick gewesen, wird in der Serie mit ihrem dünnen Körper eingeführt und nur in Rückblenden auf ihren früheren Körper referiert. Doch das Meme funktioniert auch ohne dieses Wissen. Die entstandene Bildachse zwischen den beiden Fotografien lässt die beiden Monicas einander anschauen. Während die rechte Monica freudig lächelnd zur linken Monica schaut, wirkt deren Mimik versteinert und unzufrieden, als sei die Zukunft, auf die sie schaut, nicht ihrem Sinne. Das disziplinierende Moment wird so durch den Blick auf das möglicherweise Kommende verstärkt und als negativ lesbar.

Abb. 8: Die Serienfigur Monica als *Before/After-Meme*. Die Linien wurden von den Autorinnen eingefügt und sind nicht Teil des ursprünglichen Memes.

Dicke Körper werden auch unabhängig von Corona-Memes medial überwiegend stigmatisierend in Szene gesetzt (vgl. Pearl 2020). Geläufige Zuschreibungen sind bspw. Faulheit, mangelnde (Selbst-)Disziplin, Unzufriedenheit und soziale Isolation. Synthetisiert werden diese pathologisierenden Sichtweisen im Sprechen über eine „Adipositas-Epidemie" (vgl. Mackert und Martschukat, 2015, 13). Stellt man in Rechnung, dass Quarantäne mit Bewegungsarmut einhergeht und die gesellschaftliche Erwartung des Sich-schön-Machens durch den weitgehenden Rückzug ins Private entfällt, ist es sicherlich kein Zufall, dass diese Bilder ausgerechnet zu Beginn der Lockdowns in Europa und in Nordamerika verstärkt auftreten.

4 Ausblick

Unser Beitrag wurde mit einem weidenden Pony und einem galoppierenden Pferd eingeleitet. Die Tiere stehen sinnbildlich für lokal begrenzte Räume, Verlust von Freiheiten sowie der Pflege und Formwahrung des eigenen Körpers. Auf die Tierkörper wurde projiziert, was eigentlich auf eine Aushandlung mit menschlichen Körpern hindeutet (vgl. Möhring et al. 2009, 7). Gewichtszunahme, wuchernde Gesichts- und Körperbehaarung, Alkoholkonsum oder ein *Jogginghosen-Lifestyle* – sie alle scheinen die Vorstellung zu manifestieren, die Kontrolle über das eigene Leben verloren zu haben. Während diese Befürchtung in Memes vermeintlich ironisch aufgegriffen und verbreitet wird, scheint diese Sorge den Alltag vieler auch ganz real beeinflusst zu haben, wenn nicht sogar bestimmt. In Parks und Straßen häuften sich die Jogger:innen, schoben sich an Kleinst-Spaziergruppen vorbei und wem es aufgrund von Quarantäne, Risikogruppenzugehörigkeit oder anderen Gründen nicht möglich war, das Haus zu verlassen, dem wurde – bei Erfüllung der technischen Voraussetzungen – online ein Programm geboten, um sich auch während des Lockdowns fit zu halten.[10] Gleichzeitig handelte es sich in dieser Zeit beim Freiluftsport um eine der wenigen Möglichkeiten, das eigene Haus legal zu verlassen und den Wegfall anderweitig eingeübter Bewegungspraxen zu kompensieren.

Im Hinblick auf die Frage, welche Perspektiven auf die Coronakrise aus der Analyse von Memes gewonnen werden können, lässt sich zunächst einmal auf die Einteilung in *Before/After* eingehen. Zwar beziehen sich die Bilder laut Über- bzw. Unterschrift ganz klar auf die zeitlich begrenzte Phase der Quarantäne bzw. des Lockdowns, gleichzeitig verweisen sie implizit auf die erwartete zeitliche Begrenzung der Krise. Mit der eindeutigen Benennung von Anfang und Ende geht die Einstellung einher, dass es sich bei der Corona-Pandemie, ganz wie bei den Maßnahmen zur Eindämmung der Gefahr, um eine vorübergehende Akutsituation handeln muss. Dadurch, dass eine nachhaltige Veränderung zum *After-Quarantine-Body* mit Abwertung verbunden und somit nicht hinnehmbar wäre, kann dieser Körper, wenn überhaupt, nur als Zwischenstadium akzeptiert werden. In keinem der untersuchten Image-Macros handelt es sich um eine konkrete Auseinandersetzung mit Corona-Viren, der Erkrankung, Langzeitfolgen oder den möglichen Tod von Individuen. Anstatt die Pandemie selbst als Kontext zu benennen, verbleiben die thematischen Bezüge der Memes auf der Ebene der getroffenen Maßnahmen und deren Auswirkungen auf das Verhalten einzelner, wohlsituierter Lebensrealitäten. Es lässt sich also gewissermaßen eine Problemverschiebung feststellen: Stellvertretend dafür, sich tatsächlich mit den realen Konsequenzen der Ausnahmesituation auseinanderzusetzen, wird vielmehr ein kulturelles System der Selbstdisziplinierung gestärkt, welches sowohl vor als auch nach der Krise wirksam war bzw. bleibt. Statt einer Auflösung stigmatisierender Einstellungen, werden Körperbilder in unseren Beispielen negativ wiederholt. Die Ansprüche an die Ausnahmesituation wurden zu Beginn nicht angepasst. Anstatt

---

10 So folgten bereits Ende April beispielsweise der Fitness- Influencerin Pamela Reif fast 1,5 Millionen mehr Menschen als noch zu Beginn der Pandemie (Quelle: SocialBlade.com).

Milde walten zu lassen, wurden Praktiken der Selbstoptimierung abverlangt, gewissermaßen als Zeichen dafür, dass man das Leben noch *im Griff hat*. Die Image-Macros, mit welchen wir uns befassten, stellen in Form von Wohlstandspfunden, Haarspliss und Muskelschwund bei Lichte betrachtet Luxusprobleme dar. Es darf vermutet werden, dass sich in den *After-Quarantine-Bodies* daher eine Sorge ausdrückt, durch die Corona-Pandemie eine privilegierte – durch Selbstkontrolle und Selbstoptimierung charakterisierte – Lebensführung an eine prekärere, unkontrollierbarere Situation zu verlieren.

Literatur

Abraham, Tamara. „The chins are ridiculous! Plus-size Barbie image is slammed as an inaccurate representation of larger women". *Daily Mail*. https://www.dailymail.co.uk/femail/article-2528478/The-chins-ridiculous-Plus-size-Barbie-image-slammed-inaccurate-representation-larger-women.html. 23. Dezember 2013 (4. Dezember 2020).

Bohnsack, Ralf. „Bildinterpretation. Sozialwissenschaftliche Methoden im Kontext von Kunstgeschichte, Bildwissenschaft und Semiotik". *Soziopolis. Gesellschaft beobachten*. https://www.soziopolis.de/verstehen/was-tut-die-wissenschaft/artikel/bildinterpretation. 25. Mai 2016 (25. November 2020).

Bülow, Lars, und Michael Johann (Hg.). *Politische Internet-Memes. Theoretische Herausforderungen und empirische Befunde*. Berlin: Frank & Timme, 2019.

Degele, Nina. „Schönheit – Erfolg – Macht". *Sozialwissenschaftlicher Fachinformationsdienst soFid, Kultursoziologie und Kunstsoziologie* 1 (2008), 9–16.

Hallpike, Christopher Robert. „Social Hair". *Man* 4.2 (1969), 256–264.

Hauke, Alexandra. „Fatphobia on Social Media: Diet Culture and the Coronavirus". *Food, Fatness and Fitness*. http://foodfatnessfitness.com/2020/07/01/fatphobia-on-social-media-diet-culture-and-the-coronavirus-pandemic/. 30. Juni 2020 (01. Dezember 2020).

Johann, Michael, und Lars Bülow. „Die Verbreitung von Internet-Memes: empirische Befunde zur Diffusion von Bild-Sprache-Texten in den sozialen Medien". *kommunikation @ gesellschaft* 19 (2018): 1–24.

Krieg-Holz, Ulrike, und Lars Bülow. „Internet-Memes: Praktik oder Textsorte?". *Politische Internet-Memes. Theoretische Herausforderungen und empirische Befunde*. Hg. Lars Bülow und Michael Johann. Berlin Frank & Timme, 2019. 89–114.

Mackert, Nina, und Jürgen Martschukat. „Introduction: Fat Agency". *Body Politics* 3.5 (2015): 5–11.

McLaughlin, Tom. „Obsessing Over #Quarantine15". *Rutgers Today*. https://www.rutgers.edu/news/obsessing-over-quarantine15. 11. Mai 2020 (4. Dezember 2020).

Michelberger, Melodie. „Mein Körper ist kein Meme". *ZEIT MAGAZIN*. https://www.zeit.de/zeit-magazin/2020-05/bodyshaming-fatshaming-coronavirus-after-corona-body-memes. 18. Mai 2020 (4. Dezember 2020).

Moebius, Simon. „Humor und Stereotype in Memes: ein theoretischer und methodischer Zugang zu einer komplizierten Verbindung". *kommunikation @ gesellschaft* 19 (2018): 1–23.

Möhring, Maren, Massimo Perinelli, und Olaf Stieglitz. „Tierfilme und Filmtiere. Einleitung". *Tiere im Film eine Menschheitsgeschichte der Moderne*. Hg. Maren Möhring, Massimo Perinelli und Olaf Stieglitz. Köln, Weimar, Wien: Böhlau, 2009. 3–11.

Osterroth, Andreas. „Das Internet-Meme als Sprache-Bild-Text". *IMAGE* 22.7 (2015): 26–46.

Pauliks, Kevin. „Corona-Memes: Gesellschaftskritik im Internet". *TelevIZIon* 33.1 (2020): 33–36.

Zach. *Coming out of Quarantine. Part of a series on 2019-20 Coronavirus Outbreak*. https://knowyourmeme.com/memes/coming-out-of-quarantine. 2020 (4. Dezember 2020).

Pearl, Rebecca. „Weight Stigma and the 'Quarantine-15'". *Obesity* 28. 7 (2020): 1180–1181.

Rothblum, Esther. „Fat Studies". *Fat Studies in Deutschland. Hohes Körpergewicht zwischen Diskriminierung und Anerkennung*. Hg. Lotte Rose und Friedrich Schorb. Weinheim, Basel: Beltz Juventa, 2017. 16–29.

Sammet, Kornelia und Franz Erhard. *Sequenzanalyse praktisch*. Weinheim, Basel: Beltz Juventa, 2018.

Shifman, Limor. *Meme Kunst, Kultur und Politik im digitalen Zeitalter*. Frankfurt a. M.: Suhrkamp, 2014a.

Shifman, Limor. „The Cultural Logic of Photo-Based Meme Genres". *Journal of Visual Culture* 13.3 (2014b): 340–358.

Synnott, Anthony. „Shame and Glory: A Sociology of Hair". *The British Journal of Sociology* 38.3 (1987): 381–413.

Wiggins, Bradley, und Bret Bowers. „Memes as genre: A structurational analysis of the memescape". *New Media & Society* 17.11 (2015): 1886–1906.

Abbildungsverzeichnis

Abb. 1   https://www.pinterest.de/pin/717127940654593250/ (29. April 2021).
Abb. 2   Prototypische Meme-Struktur von Image-Macros nach Osterroth (2015, S. 31).
Abb. 3   Eigens erstellt.
Abb. 4   https://www.dailymail.co.uk/femail/article-8177049/People-make-memes-look-feel-quarantine.html (29. April 2021).
Abb. 5   https://www.dailymail.co.uk/femail/article-8177049/People-make-memes-look-feel-quarantine.html (29. April 2021).
Abb. 6   https://www.dailymail.co.uk/femail/article-8177049/People-make-memes-look-feel-quarantine.html (29. April 2021).
Abb. 7   https://www.rutgers.edu/news/obsessing-over-quarantine15 (29. April 2021).
Abb. 8   https://www.rneme.com/coronavirus-quarantine-friends-memes (29. April 2021).

Insa Härtel
Künstlerische Anleitungen und Formen medialer Bezugnahme in „Social Distancing"-Zeiten

Dieser Beitrag widmet sich dem ‚Sinn in der Krise' anhand des internationalen *Social Distancing Art Festival* (*SODA*), einer Online-Ausstellung ausgehend vom Saarbrücker „Arrival Room", die während des ersten Covid-19-Shutdowns entstandene künstlerische Arbeiten zeigt. Laut Website haben Künstler:innen aus über 20 Ländern teilgenommen (SODA 2020a). In seiner bisherigen Realisierung ist das Festival auf jene pandemie-präventiven Forderungen abgestimmt, die ihm seinen Namen geben: soziale Kommunikation in hier künstlerischer Form, medientechnologisch vermittelt. Damit wirkt in *SODA* nicht zuletzt eine „Spannung zwischen Territorial- und Netzwerklogik", wie sie „durch die Virus-Pandemie in besonderer Schärfe" (Knoblauch und Löw 2020, 92) erscheint: Eine territoriale Schließung von sich zurückziehenden Körpern bzw. von physikalischen Räumen oder Regionen trifft nicht nur auf das sich global verbreitende Virus, sondern auch auf eine entgrenzte digitale Vernetzung (vgl. Knoblauch und Löw, 91–93).

Nicht allein in solchem Sinn sind Auseinandersetzungen mit Entfernungsfragen quasi vorprogrammiert; damit verknüpft wohnt *SODA* eine weitere Spannung inne, und zwar zwischen dem kulturell gewöhnlich als ‚höherstehend' imaginierten ‚Distanzsinn' und dem eher als ‚verunreinigend' konnotierten Tasten. Eine solche Gegenüberstellung ist nicht zuletzt in westlichen Kunstzusammenhängen gängig, in denen sich die als gefährlich geltenden Berührungslüste (vgl. Rövekamp 2013) längst ins übersetzte Betrachten verschoben haben. Wenn sich durch die Covid-19-Pandemie nun Berührungsverbote auf eine Reihe als riskant geltender zwischenmenschlicher Kontakte ausgedehnt haben (wodurch wiederum auch künstlerische Präsentationsbedingungen starken Beeinträchtigungen unterliegen), so wird das genannte gespannte Sinnes-Verhältnis erneut virulent. Auch in Arbeiten des Pandemie-adaptierten *SODA*-Festivals kommt es zum Tragen. Silas Neumann oder Özlem Sariyildiz etwaintegrieren in ihre Videoarbeiten (SODA 2020b, 2020c) zu teils eindringlichen Klängen sehnsuchts-evozierend Video- bzw. Filmaufnahmen vergangener körperlicher Kontaktformen wie Anfassen, Streicheln, Umarmen.[1] Mit dem Beitrag der portugiesischen Tänzerin Gisela

---
[1] Dies stellt natürlich eine Simplifizierung dieser beiden Arbeiten dar, auf die ich hier aber nicht weiter eingehe.

https://doi.org/10.1515/9783110734942-010

Ferreira (SODA 2020d)² wiederum wird ein ‚Getting in Touch' in und aus der häuslichen Isolierung heraus ausprobiert und dabei ‚tastender' Sinn evoziert. Ihren Tanz möchte ich im Folgenden näher betrachten – zum Teil im Vergleich mit den ‚meditativen Arbeiten' des belgischen Künstlers Roel Heremans (SODA 2020e).³ Denn diese beiden europäischen *SODA*-Beiträge, welche sich ebenfalls der bereits bestens an das *new normal* adaptierten Video-Technologie bedienen, setzen nicht nur ein Fragezeichen hinter geläufige Dichotomisierungen von *an-/abwesend*, *nah/distanziert*, sondern auch kulturelle Anforderungen an einen ‚selbstführenden' Umgang mit der Krise in Szene. Liegt doch ein Potenzial von Kunst gerade in der Aufstörung eingespielter kultureller Vorstellungen, Wahrnehmungs- und Denkweisen oder Phantasmen (vgl. Härtel und Pazzini 2017).⁴

Wie also eröffnen diese beiden künstlerischen Arbeiten Erkenntnisse bzw. Reflexionspotenziale bezogen auf die Beschaffenheit pandemie-präventiver Maßnahmen, deren Anforderungen und mediale Logiken? Um mich einer Antwort zu nähern, gehe ich im Folgenden von einer Art *dichter Beschreibung* (Geertz 1987) aus bzw. nachvollziehe die Machart der Videos *en détail*. Mein in Bedeutungsgewebe verstricktes und immer schon deutendes, kontextualisierendes, auslegendes Schreiben versteht sich in diesem Beitrag als vergleichsweise tastend. Dies bedeutet ein sich ins Material verwickelndes Erkunden; Anschlussstellen an kulturtheoretische Debatten werden markiert, abstrahierende Einbettungen dann eher punktuell vorgenommen. Diese Herangehensweise ist der grundlegend psychoanalytisch-kulturwissenschaftlichen Orientierung meines Denkens geschuldet, in welcher „Denkmethode und Gegenstand" einander bedingen bzw. auseinander hervorgehen (Gast 2006, 18): Um den Dynamiken dessen, was erforscht werden soll, auf die Spur zu kommen, folgt die Erkenntnismethode der „Eigenheit des Gegenstands" (Gast 2006, 19). Welcher sich im Falle der ausgewählten Videoarbeiten, wie noch zu sehen sein wird, eben als durchaus ‚ertastend' erweist.

1 Taktile Wirkungen

Ferreiras Arbeit (SODA 2020d, 4:15 min) zeichnet ihren Körper in einem Quarantäne-Innenraum auf, während dieser einen Tanz vollzieht, der weniger aus ausgefeilten Bewegungsabläufen denn aus erkundenden Gesten und Gebärden besteht.

---

2 Ferreira hat auch Pandemietagebücher auf YouTube veröffentlicht (Ferreira 2020).
3 In anderer Anordnung auch hier zu sehen: Heremans 2020.
4 Zum Beispiel zu der Frage, inwiefern Gesten des Bruchs auch Teil des künstlerischen Spiels werden können, bzw. zu Fragen verstärkt institutioneller Abhängigkeiten vgl. Bourdieu 2001.

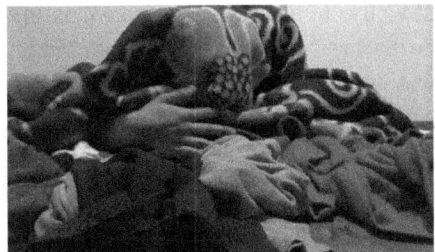

Abb. 1: Screenshot aus der Arbeit von Gisela Ferreira, Social Distancing Art Festival.

In wechselnden Einstellungen werden Teile ihres nur mit einem Slip bekleideten Körpers präsentiert: wie sie auf dem parkettartigen Boden z.T. stehend fast verlegen mit ihren Zehen spielt, sich dort – wie etwa auf Abbildung 1 ersichtlich – mit einer Menge durcheinanderliegender Decken und Kleidungsstücke verwickelt, darunter verschwindet, die ‚Fühler' ausstreckt, sich biegt, rollt, berührt, reibt, liegt; wie sie dabei – sofern das Gesicht überhaupt sichtbar ist – die Augen geschlossen hält und sich eher ‚blind' tastend bewegt.

Mit dem Sich-Zurückziehen im häuslichen Innenraum und dem Verhüllen greift Ferreira einige der im Corona-Kontext angeordneten Praktiken auf, und zwar in einer in langer Tradition ‚mütterlich'-phantasmatischen Aufladung (vgl. Härtel 1999). Nicht nur durch die Gesten des Sich-Versteckens oder Höhlen-Bauens in und mit den wärmenden bunten Textilien oder durch die zum Teil ‚embryonale' Haltung des fast ‚schutzlos' fast nackten Körpers wird ein kindliches Erfahrungsspektrum evoziert, sondern auch durch die Kameraperspektiven. Der Tanz, dessen Choreografie sich im Wechselspiel mit Kamera und Montage entwickelt – Bezüge zum Video- bzw. Screendance inklusive –, spielt sich insgesamt bodennah ab, wobei die Position der in den jeweiligen Einstellungen statisch bleibenden Kamera mit den dynamisierenden Videoschnitten variiert; diskontinuierlich werden unterschiedlich perspektivierte Aufnahmen montiert. Für die Normalsicht ergibt sich so eine Perspektive etwa in ‚Krabbelhöhe'. Und auch bei den (gegenüber den Objekten erhöhten) Aufsichten steigt die Kamera niemals so weit, dass ein Überblick über die Raumsituation möglich erscheint. Es entsteht ein Eindruck von Ausschnitthaftigkeit, verstärkt durch die angeschnittene Kadrierung bzw. die durchaus häufige Nahsicht, die das, was gezeigt wird, ausdehnt, den Ausschnitt hingegen zusammenzieht.

Wenig kontrollbefähigt folgt man beim Betrachten einem „flow of tactile impressions".[5] Damit kommt auch die Spannung zwischen Nah- und Fernsinn

---

5 In anderem Kontext Marks (1998, 331).

zum Tragen. Auf den ersten Blick besteht vielleicht die Gefahr, diesem Quarantäne-Tanz eine Art ‚regressiven' Sinn zuzuschreiben: Etwa nach dem Motto, dass er die sinnliche, ebenso ‚nackte' wie bodennahe körperliche Existenz in der materiellen Welt in den Mittelpunkt stellt, und so ein Mangel an taktiler Stimulierung zu verlustkompensierenden Bewegungen mit geschlossenen Augen führt, wie in Entsprechung zum Tastsinn als erstem funktionierenden Sinnsystem *in utero*. Doch geht Ferreiras Arbeit darin keineswegs auf, gerade indem sie das, was mit Begriffen der *haptic visuality*[6] oder des *tactile eye* (Barker 2009) diskutiert worden ist, inszeniert. Wie in einer Demonstration der Grenzen des Visuellen werden Praktiken der Berührung gezeigt, jedoch geschieht dies in einer Visualität mit selbst haptischen Qualitäten: Diese gehen hier von den gezeigten Berührungen und Stoffen in ihrer Fülle und in ihrer Beschaffenheit aus, die Körpereindrücke aktualisiert, sowie von den gewählten Blickwinkeln. Die im Video präsentierte Materialität des Künstlerinnenkörpers inmitten der weichen Textilien und deren nahsinnliche Kontaktaufnahmen wirken durchaus affizierend und versorgen auch den Tastsinn der Betrachter:innen mit Reizen, sodass der Blick auf den Körper selbst zum tastenden wird. Schließlich ist dieser Nahsinn auch durch visuelle Stimulation adressierbar; wie vielfach festgestellt, kann das Sehen – als nicht nur ein Abstandnehmen, sondern auch ein Herstellen von Nähe – mit taktilen Wahrnehmungen verbunden sein. Kontaktempfindungen und visuelle Eindrücke scheinen beim Beschauen dieser Quarantäne-Übergangskörper und -bewegungen als Elemente nicht isoliert.

2 Akustische Vorgaben

Parallel zu der so skizzierten körperhaft aufgeladenen Atmosphäre werden in Ferreiras Arbeit (vor einem Hintergrundrauschen) durch eine kontrastierend eher artifiziell-technisch klingende weibliche Stimme Instruktionen aus dem Off gegeben, zum Beispiel:

> Arch your back ... go through a few more cycles at your own pace ... exhale ... relax your head and neck ... final round, a bit faster ... the idea is to move as smoothly as possible from one pose into the next ... reach high ... gaze upward, let your chest open ... keep breathing, you're doing great (SODA 2020d, ab 0:45 min).

Dieserart Instruktionen für eine fokussiert-entspannende Körperarbeit können an Übungspraktiken zur Stressreduktion, für eine gesteigerte Beweglichkeit oder

---

6 „In haptic visuality, the eyes themselves function like organs of touch" (Marks 1998, 332).

Balancierung erinnern – wie sie auch in der aktuellen Pandemiesituation empfohlen werden (ich komme darauf zurück). In Ferreiras Video entspricht der Vollzug der körperfokussierten Maßnahmen jedoch nicht einfach dem Gehörten. Der Körper in seinen sichtbaren Bewegungen entwickelt mit den ihn umgebenden Objekten eine Choreografie, die nicht den akustischen Vorgaben der Ansprache folgt, das heißt ihnen weder korrespondiert noch dagegen opponiert. Wenn man also sagen kann, dass die Corona-Pandemie sich „auf die gesamte Proxemik" auswirkt und im Alltag veränderte Choreographien nach sich zieht (Alkemeyer und Bröskamp 2020, 70–71), dann greift Ferreiras Arbeit solche Reorganisationen auf, indem sie sich körperdistanzierend in Quarantäne begibt und darin als förderlich geltende Bewegungsempfehlungen installiert bzw. abspielt. Indem die Performance dann aber mit den vorgeschlagenen Maßgaben bricht, zeigt sie vielmehr deren aktuelle *Nicht-Passung* bzw. ‚kalt' gewordene Wirkungskraft an. Es ist, als bestehe hier die Herausforderung darin, für die Körpererfahrungen in der häuslichen Isolierung, in Abweichung zu den bisherigen Routinen, angebrachte Haltungen bzw. passende Posen, Positionen oder Praktiken zu finden. Dabei werden mit der wenig ‚überblickenden' Orientierung mögliche Haltungen in Quarantäne eher kindlich-tastend denn bemeisternd austariert; so eben in der Entkopplung von gewohnten Routinen, aus einer weitgehend ungeordnet-ungeformten Stofflichkeit heraus, im körperlichen ‚Sich-Antasten', in der Perspektivierung bzw. der teils ebenso haptisch aufgeladenen visuellen Publikumsansprache.

3 Kunst meditativer Erfahrungen

Der aus drei ca. fünfminütigen Videos bestehenden *SODA*-Beitrag von Roel Heremans (SODA 2020e), der nun zur Sprache kommen soll, offeriert ‚meditative Arbeiten' für die häusliche Isolation. Wie bei Ferreira werden hörbare Anweisungen inszeniert. Eine diesmal männliche Stimme leitet, wiederum aus dem Off, nun weniger eine fokussierte Körperarbeit an, als vielmehr eine Art simulierte Kontemplation, in welcher sich eine räumliche Verortung oder ‚achtsame' Hinwendung zu materiellen Alltagsobjekten mit mentalen Imaginationsprozessen verschachtelt. „Look around the room you're in right now": Es ergehen im Einzelnen zunächst teils durchaus sinnlos anmutende Aufforderungen, z. B. Ausschau zu halten bzw. ein physisches Objekt (etwa ein Buch, ein älteres eigenes Kleidungsstück) zu finden, es „to a central point" im Raum zu bringen, Texturen zu fühlen bzw. die Aufmerksamkeit auf bestimmte Charakteristika zu lenken, sowie Objekte mit der eigenen oder einer vorgestellten anderen Person – oder auch Objekte bzw. Personen zueinander – in Beziehung zu setzen.

Dazu wird in Video A (*movement & dashes*) visuell das Zuhören selbst vor Augen geführt. Vor hellbeigem Hintergrund wird nichts als des Künstlers Kopf mit Oberkörperanschnitt gezeigt, wie er sich anfangs einmal mit Blick in die Kamera zu den Betrachtenden dreht, danach nur noch leicht bewegt und wie er dem, was ihn akustisch durch die sichtbaren Kopfhörer erreicht, mit geschlossenen Augen fokussiert zu lauschen scheint; man betrachte etwa Abbildung 2. Das Zusehen lenkt zum Hören – wie Heremans andernorts in einem Kommentar expliziert: „[D]on't mind me, I'm just a screensaver for the audio!" (Calm & Inspired 2020a). Doch, wie sich zeigt, geht die vorbildliche Ausrichtung auf die akustischen Vorgaben keineswegs mit deren Umsetzung einher. In gewisser Weise arbeiten die Bilder der Unterweisung entgegen und ein Nichtgehorchen scheint insofern eingebaut, als der Protagonist sich offenbar ungerührt von der Botschaft zeigt (welche man beim Betrachten mit der, die man selbst hört, parallelisiert). An dieser Unstimmigkeit zwischen auditivem Aufforderungscharakter und visueller Untätigkeit ändert auch Heremans' Hinweis nichts, durch den er sich vorsorglich zum Bildschirmschoner[7] erklärt und der die Diskrepanz eher noch hervorhebt, die aufzulösen er fingiert.

Abb. 2: Screenshot aus der Arbeit von Roel Heremans, Social Distancing Art Festival.

Abb. 3: Screenshot aus der Arbeit von Roel Heremans, Social Distancing Art Festival.

Im Unterschied dazu setzen die Videos C und B (*texture & folding / character & cracks*) die auditiven Verlautbarungen bildlich um. In leichter Aufsicht auf einen wohlkomponiert wirkenden Innenraum[8] wird gezeigt, was man den Ansagen ent-

---

[7] Das heißt zu einem bei Inaktivität automatisch gestarteten Programm.
[8] Auch in den Ansagen geht es z.T. um räumliche Anordnungen, *corners*, *central points* oder um das Arrangement von Objekten. Und auch wenn es sich um den gleichen Raum zu handeln scheint, sind die räumlichen Anordnungen bzw. Kamerapositionen in den Videos B und C nicht identisch.

sprechend zu tun hat, und zwar wiederum durch den Künstler ausgeführt. Ein in beiden Videos zentral positionierter Tisch setzt sich imaginär über die nach vorn begrenzenden Bildschirmschwelle in den Betrachter:innenraum hin fort, doch auch wenn dieser somit eine Art Brücke baut, weist der Bildraum für das Publikum uneinsehbare Ecken auf: Der Protagonist bewegt sich zwar weitgehend innerhalb des Blickfelds, doch wenn er zuweilen heraustritt (um gleich darauf zurückzukehren), fällt beim Zuschauen kurz das Off des Quarantäne-Raums auf.

Die unbewegliche Kamera gibt dabei die – zudem ungeschnittenen – Videos (A–C) aus immer gleicher Perspektive zu sehen.[9] Damit wäre man beim Betrachten an die fixierte bildräumliche Ansicht gebunden und quasi gezwungen, durch die Augen dessen zu schauen, der die Szene scheinbar passiv aufnimmt, der einem keinen vollständigen Einblick gewährt und zu dem man mangels einer Varianz der Blickpunkte keine Distanz gewinnen kann. Man wäre gefangen, wenn nicht akustische Ansagen das Publikum aktiv animierten, den Clip (je nach benötigter Zeit) wahlweise zu pausieren (Video B, A). Damit werden aktiv jene Möglichkeiten elektronischer Medien aufgegriffen, den vorübergehenden Bilderfluss zu stoppen bzw. zu regulieren und diesen so im Zugriff zu dominieren. Die Zwangsläufigkeit eines eigengesetzlichen Videoverlaufs wird unterbrochen und damit der Eindruck eines sich ‚tatsächlich' vollziehenden Ereignisses in einem vom Betrachter:innenraum dissoziierten Raum. Stattdessen werden einem hier die zu sehen gegebenen Vorgänge nach Art eines Tutorials ‚exemplarisch' vorgeführt und die Videos hierfür beinah als Mittel zum Zweck qualifiziert, die man eben den eigenen Bedarfen entsprechend abspulen kann.

4 Aspekte von An-/Abwesenheit

Anders als bei Ferreira, bei der sich die hörbaren Anleitungen v. a. an die Performerin selbst und nur implizit auch an das Publikum zu richten scheinen, fungiert letzteres hier als primärer Adressat und wird selbst zum Ziel sichtbarer Umsetzung. Dieser Effekt produziert sich auch durch Anweisungen in Heremans' Videos, das während der meditativen Übungen jeweils Erfahrene zu notieren, zu skizzieren bzw. zu fotografieren und damit eine Art greifbares, beglaubigendes und objektiviertes Resultat zu fixieren – welches man dann als *Bild der eigenen*

---

9 Dadurch wird auch die vergehende Zeit (fast wie in Annäherung an die Quarantäne) erfahrbar, wie zwischen Langeweile und gesteigerter Wahrnehmungsintensität.

Quarantäne dem Künstler zusenden bzw. unter *#imageofyourquarantine* veröffentlichen kann. Das Ergebnis ist eine automatisch kuratierte Sammlung unter diesem Hashtag auf Instagram (Instagram 2020). Indem diese Sammlung notwendig auf die Mitarbeit des Publikums baut, wird eine Funktionsweise von Social Media ‚simuliert'.[10]

In der Zusammenschau richtet sich diese künstlerische Intervention durch die vollzogenen ‚Meditationen' auf eine Verbindung mit anwesenden und imaginären Objekten oder Personen – im Quarantäne-Raum wie in medial-kommunikativen Geflechten, die den Wohnraum längst schon durchdringen. Sie demonstriert, wie sich die Frage von An- und Abwesenheit im Kontakt beileibe nicht nur mit elektronischen Medien stellt. Denn auf mehreren Ebenen wird die Bedeutung physischer Abwesenheit von Körpern oder Objekten inszeniert. Ist das, was imaginiert wird, da? Sind mentale und physische Phänomene separierbar? Ist das, was auf dem Screen sichtbar präsent ist, absent? Wie verhält es sich mit dem Hörbaren? – Im Einzelnen ausbuchstabiert: Die *Anleitungen* rufen neben den im Bildraum erkennbaren ebenso mentale, für das Publikum unsichtbare Objekte in Beziehung zueinander auf. In den Videos B und C spielt die *Kamera* im gelegentlichen *On-Off-On* des Performers mit dessen Sichtbarkeit. Zudem ergeht mitunter die Aufforderung, die Augen zu schließen (Video A-C) – und zwar in Passagen, die den Protagonisten mit geschlossenen Augen bei nicht sichtbaren, zum Beispiel eher mentalen Handlungen zeigen; was man aber, wenn man selbst der Aufforderung Folge leistet, nicht sehen kann. Der Kommentar zu Video A empfiehlt – wie in gewisser Weise auch der anfänglich kurz auffordernd-‚direkte' Blick des Protagonisten vor dem Schließen der Augen – ein Absehen von den Bildern beim Hören der Ansagen, denn deren Umsetzung passt nicht zur sichtbaren physischen Inaktivität. Als Konsequenz wiederum ergibt sich eine *Differenz* zwischen den Videos, durch die die Umsetzung des Gehörten entweder sichtbar ‚da' oder aber allein auf mentalem ‚Umweg' vorstellbar ist. Und schließlich verweist die an das Publikum gerichtete akustische Ansprache und Mitmachaufforderung auf die technologisch ermöglichte *communication at a distance* bzw. eine Art *absent presence* in mehr als einer Welt.[11]

---

10 Vgl. dazu Hereman's Kurzbeschreibung des Projekts: „Der gesamte Prozess dient als Simulation der Funktionsweise von Social Media" (SODA 2020e).
11 Bezogen auf eine kommunikationstechnologisch zunehmend heraufbeschworene „absent presence" heißt es etwa bei Gergen: „One is physically present, but is absorbed by a technologically mediated world of elsewhere". – „[W]e must consider as powerful contributors to absent presence virtually all communications technologies that enabled people to communicate at a distance" (Gergen 2002, 1–2) – Auch bspw. Druckverfahren tragen in gewisser Weise dazu bei.

Im Ergebnis wird ein Aspekt von Abwesenheit vorgeführt, der allen medialen Zugängen inhärent zu sein scheint (inklusive der vermeintlich prä-medialen, als natürlich oder unverstellt vorgestellten) und den die sozialen Medien nur auf spezifische Art figurieren. So ist etwa der *face-to-face talk* ebenso durchsetzt von Abständigkeiten wie Formen sogenannter *distant communciation*.[12] Oder umgekehrt: Heremans' Arbeit macht deutlich, wie wenig ‚Kontakt' einfach ausgehend von physisch am gleichen Ort anwesenden Körpern (vgl. dazu Dickel 2020, 83) gedacht werden kann (sondern immer schon als vermittelt zu begreifen ist).

5 Formen medialer Bezugnahme

Vor dem Hintergrund der in ihnen thematisierten *Social Distancing*-Maßnahmen lässt sich in der Zusammenschau zunächst festhalten, dass Ferreiras und Heremans' Videoarbeiten in ihrer Machart allzu klare Gegenüberstellungen von *an-/abwesend* oder *nah/distanziert* in Frage stellen. Denn deren Antwort auf die in Szene gesetzte Quarantäne lautet gerade nicht, dass hier eine Nähe einer sozialen Distanz gewichen ist, wodurch man sich nichts als wünscht, den vorherigen Zustand wiederherzustellen bzw. die im vorgegeben präventiven Einschluss entstandenen Defizite durch vorgegeben präventive Maßnahmen darin auszugleichen. Vielmehr werden Modalitäten der kulturell als fernsinnlich geltenden Visualität sowie der in jeder Kommunikationsform wirksamen Abwesenheit eruiert. Genauer: Bei Fereirra wird in Sujet und Machart eine „tactile closeness"[13] evoziert; das Publikum wird weniger direkt durch die verlautbarten Ausgleichsanleitungen angesprochen, sondern eher ‚von innen' aus der Quarantäne heraus, in welcher jene Ansagen ergehen und in der der Körper im Bild ‚stofflich agiert – ein Geschehen, das zu ‚berühren' das Video optisch einlädt. Womit diese Arbeit schon deutlich macht, dass man es auch in Quarantäne nicht einfach mit einer vorherrschend visuellen Kultur, sondern eher mit einer häufig reduziert daherkommenden Visualität zu tun hat (dazu vgl. Sobchack 2004, 187), die wie hier auszugestalten bleibt.

Anders als bei Ferreira, die das Publikum körperhaft darin einbezieht, wie sie sich in Textilien verwickelt, sieht man bei Heremans – wie etwa auf Abbildung 3 erkennbar – auf eine eher ‚abständig' mediatisierte Videoweise zu, was der Akteur z. B. mit seinem älteren Kleidungsstück tut und wird zwecks Mitmachen auditiv ‚direkt' adressiert. Dabei erscheinen die elektronischen Medien wiederum

---

12 Vgl. in anderem Kontext Peters (2000, 264).
13 Diese Formulierung habe ich Marks (1998, 332) entnommen.

nicht einfach als Retter in Quarantäne-Not, die angesichts aktueller Einschränkungen körpernaher Kommunikation eine Verbindung ermöglichen und durch die man Teil eines künstlerischen Projekts werden kann. Sondern vorgeführt wird vor allem, wie Medien (zu denen durchaus auch der Körper zählen kann) ‚Da-Sein' und Abstand auf je eigene Weise entwickeln *und* reduzieren. Wodurch ‚Präsenz' in diesem Sinn ebenso medial vermittelt bleibt, wie eine ‚Verbindung auf Distanz'[14] nicht einfach ein Mehr oder Weniger an Anwesenheit oder Zwischenraum bedeutet.

Künstler:innenseits wird angesichts des *Social Distancing* also einesteils dargelegt, inwiefern sich Fragen von An-/Abwesenheit, wie sie in aktuellen Kontaktgestaltungen so virulent sind, mehr als eindimensional stellen und ein Mehr an Kontinuität aufweisen. Durch den Vorschlag eines abweichenden Sichtbarkeitsmodus gerät andererseits auch die Unterteilung in Nah- versus Distanzsinne immer schon ins Schwimmen und kommen differente Formen körperlicher Bezugnahme zum Tragen. Die Videoarbeiten machen dadurch in Bezug auf das Verhältnis von Nähe und Distanz, welches das *Social Distancing* aktuell prägt, Vorstellungsstrukturen deutlich, wie sie die vorherige ‚Normalität' oft unerkannt je schon ausgemacht haben.

6 Anweisungen zur Selbstführung

Es ist, als würden den Rezipient:innen oft unterhinterfragt hingenommene kulturelle Annahmen künstlerisch-konzeptionell vor Augen und Ohren geführt. Dies betrifft desgleichen den ‚selbstführenden' Umgang mit den Anforderungen der Krise bzw. deren Folgen, den beide *SODA*-Beiträge aufgreifen – eine Anschlussstelle, die nun abschließend eruiert werden soll. Wird doch dem durch die neuartigen Corona-Anforderungen überlasteten, verunsicherten, sich überfordert fühlenden Selbst durchaus nahgelegt, aktiv zu bleiben sowie selbststeuernd für Seelenhygiene oder emotionale Regulierung zu sorgen. „Wer achtsam ist, kann besser durch die Krise kommen", heißt es beispielsweise im Rahmen des Hörfunkprogramms *Dlf Kultur* (Röther 2020). Yoga, Meditation, Achtsamkeitstraining etc. werden als ergänzende gesundheitsförderliche Maßnahmen (vgl. dazu etwa Bushell et al. 2020; Vatansever 2020; Behan 2020) aufgerufen, um, etwa depressions-präventiv, nicht zuletzt gegen die potenziellen Risiken der Distanzierungsmaßnahmen selbst zu schützen. Wodurch sie sich aufbauend bzw. ausgleichend zu jenen präventiven Maßnahmen hinzuaddieren, die die Belastung,

---

14 Eine solche kann auch durchaus ‚invasiv' sein.

die sie nun abwenden sollen, allererst geschaffen haben. Den Einzelnen wird dabei letztlich vorschlagen, sich durch regulierende Eigenwahrnehmung und -einwirkung den Realitäten, in denen sie sich wiederfinden, zu adjustieren, indem sie sich den Weisungen im Namen der Gesundheit entsprechend selber führen (vgl. Arthington 2016).

Im Rahmen des *Social Distancing*, welches dem hier angeführten Kunst-Festival die Überschrift gibt, verweisen diese beiden europäischen Videoarbeiten in ihren vernehmlichen Anleitungen dann auf gesundheitsförderliche Praktiken, welche die unheilvollen ‚Nebenwirkungen'[15] der distanzierenden Vorsorgemaßnahme offenbar selbst ratsam machen – etwa in Form von Maßnahmen, auf den Körper ‚zu achten', oder der populären psychologischen Technik einer „Mindfulness meditation" (Arthington 2016, 87), wie sie sich in gesellschaftliche „Resilienzregime" (Brand 2020) einpassen lassen.

In Ferreiras Quarantäne-Choreografie geschieht dies, wie skizziert, durch Darbietung einer Nicht-Passung: Die sichtbar sondierenden Bewegungen werden in Abweichung von den hörbar vorgeschlagenen, jedoch kaum noch handlungsorientierenden Wegen aus- und vorgeführt, die Anleitungen zu fokussierter Körperarbeit aus dem Off scheinen nicht schon an die neue Situation adaptiert. Demgegenüber hat Heremans Videobeitrag – wie auch immer *mockumentary-like*[16] – Achtsamkeitsforderungen, wenn auch nicht bruchlos, bereits ‚übererfüllt' bzw. postwendend kontemplations-simulierende ‚Tutorials' zur Verfügung gestellt, mit denen er durch den exemplarischen Protagonisten die künstlerisch-meditativen Erfahrungen in Quarantäne zum Nach- und Mitmachen weitergibt.

Damit wird auf je eigene Weise eine westlich-kulturelle Rationalität zur Schau bzw. auf die Probe gestellt, die, angesichts schwieriger Lebenslagen, diese weniger als gesellschaftlich vermittelt begreift, als vielmehr individualisierend-responsibilisierend deren ‚Abfederung' durch selbstregulierende Wiederherstellung des eigenen ‚Gleichgewichts' postuliert (vgl. Graefe 2019, 153) – unter weitreichender Verabschiedung von der Vorstellung, „belastende oder krisenhafte Rahmenbedingungen [...] (mit-)beeinflussen zu können" (Graefe 2019, 154) oder soziale Ungleichheiten kritisieren zu müssen. So besehen würden die Videoarbeiten jene Anforderung ent-selbstverständlichen, sich in all der eigenen Vulnerabilität mit *innerer* Stärke und Widerstandskraft flexibel-adjustiert selbst zu führen und resilient-selbststeuernd-ausgleichend mit der Krise und deren Belastungen zu hantieren.

---

15 Solche Folgebelastungen fallen mittlerweile wohl noch zunehmend ins Gewicht.
16 Vgl. dazu den Kommentar auf YouTube (Calm & Inspired 2020b).

7 Sinnfragen

Damit einhergehend steht ebenso die Tendenz zur Disposition, „aus jeder denkbaren Situation des Lebens" (Graefe 2019, 151), und sei sie noch so negativ, *Sinn* zu generieren. Und die Corona-Epidemie scheint durchaus dazu angetan, „das Unvermeidliche und Gegebene [...] mit Sinn auszuschmücken" (Quent 2020) – z. B. indem nun das im Leben *wirklich Wichtige* erkannt, *Sinnvolles* mit der Zeit angefangen, *bußfertig* Besserung gelobt bzw. Chancen erkannt werden (vgl. Quent 2020). In der intellektuellen Öffentlichkeit hierzulande ließ sich in diesem Zug rasch beobachten, dass die Pandemiesituation zwar teils als überaus neuartig oder unvorhersehbar charakterisiert wurde, wobei sich zugleich nicht selten eine Tendenz ergab, eigene bereits etablierten Begriffe und Theorien „im Virus wiederzuerkennen" (Quent 2020). Wenn also zum Teil allzu schnell – und auf eine wesentlich der Selbstvergewisserung dienende Weise – geglaubt worden ist, aus der krisenhaften Situation etwas gelernt zu haben, was eine/n nachhaltig verwandeln werde oder Ähnliches (vgl. Quent 2020), dann könnte der ‚Sinn' der hier betrachteten künstlerischen Arbeiten auch darin liegen, just diese Annahmen noch einmal aufzuribbeln und ‚tastend' eine Erkenntnis zu generieren, die das prompte Wiedererkennen und Sinn-in-der-Krise-Finden selbst befragbar macht. In Konsequenz würde gerade die Infragestellung einer schnellen Schließung von ‚Sinn in der Krise' als jener *Sinn in der Krise* gelten, der sich aus diesen Arbeiten ableiten lässt, welche im Sondieren des sogenannten *Social Distancing* kulturelle Selbstverständlichkeiten kommentieren und dabei weiterführende ästhetische Formen generieren. So hätte eben auf eine be-denkliche Weise Heremans in Form einer künstlerischer ‚Simulation' wie im Handumdrehen adaptiert-einsatzbereite Meditationsanleitungen für einen sinnhaft daherkommenden, in seinen Elementen indes deutlich kontingenten Umgang in und mit der aktuellen Situation bereitgestellt – mit ‚verwendbaren' Resultaten, aber nicht ohne Brechungen. Und der ‚Sinn', den Ferreiras Video in/aus der Krise macht, läge wiederum in der sinnlichen Vorführung dessen, wie sich ein zur gegenwärtigen Lage passendes ‚Getting in Touch' erst generiert: „Now Moving Into", so eine im Video mehrfach wiederholte Wendung.

Wenn also Jean-Luc Nancy in einem Interview „Zum Sinn der Kunst" vom Kino sagt, dass darin die „wirkliche Bewegung" diejenige ist, die die „Leinwand nicht nur *präsentiert*", sondern die sie *„erlaubt"* (Nancy 2014: 12), so gilt das auf andere Weise schlussendlich auch für die hier eruierten Videoarbeiten, insofern sie in der Lage sind, kulturelle Wahrnehmungs- und Denkweisen in künstlerischer Form erkennbar zu machen und sie aus ihrer Vorstellung, ihrer Darbietung heraus in Bewegungen zu versetzen, wie sie angesichts gegenwärtig nicht selten verengter Krisen-Sichtweisen in der Tat ‚sinnhaft' erscheinen.

Literatur

Alkemeyer, Thomas, und Bernd Bröskamp. „Körper – Corona – Konstellationen. Die Welt als (körper-)soziologisches Reallabor". *Die Corona-Gesellschaft: Analysen zur Lage und Perspektiven für die Zukunft.* Hg. Michael Volkmer und Karin Werner. Bielefeld: transcript, 2020. 67–78.

Arthington, Phil. „Mindfulness: A critical perspective". *Community Psychology in Global Perspective* 2.1 (2016): 87–104.

Barker, Jennifer. *The Tactile Eye: Touch and the Cinematic Experience.* Berkeley, Los Angeles, London: University of California Press, 2009.

Behan, Caragh. „The benefits of meditation and mindfulness practices during times of crisis such as COVID-19". *Irish Journal of Psychological Medicine* (2020): 1–3. https://www.cambridge.org/core/services/aop-cambridge-core/content/view/076BCD69B41BC5A0A1F47E9E78C17F2A/S0790966720000385a.pdf/benefits_of_meditation_and_mindfulness_practices_during_times_of_crisis_such_as_covid19.pdf. 14. Mai 2020 (9. Oktober 2020).

Bourdieu, Pierre. *Die Regeln der Kunst. Genese und Struktur des literarischen Feldes.* Frankfurt a. M.: Suhrkamp, 2001 [1992].

Brand, Kai-Werder. „Nachhaltigkeitsperspektiven in der (Post-)Corona Welt". *Soziologie und Nachhaltigkeit* Sonderband II (2020): 8–20.

Bushell, William, Ryan Castle, Michelle A. Williams, Kimberly C. Brouwer, Rudolph E. Tanzi, und Deepak Chopra. „Meditation and Yoga Practices as Potential Adjunctive Treatment of SARS-CoV-2 Infection and COVID-19: A Brief Overview of Key Subjects". *The Journal of Alternative and Complementary Medicine* 26.7 (2020): 547–556. https://www.liebertpub.com/doi/full/10.1089/acm.2020.0177. (9. Oktober 2020).

Calm & Inspired. „Image of Your Quarantine A – movement & dashes". https://www.youtube.com/watch?v=i-4SnuuHZmk. YouTube, 2020a (9. Oktober 2020).

Calm & Inspired. „Image of Your Quarantine C – texture & folding". https://www.youtube.com/watch?v=mC2EoHS_ZJc. YouTube, 2020b (9. Oktober 2020).

Dickel, Sascha. „Gesellschaft funktioniert auch ohne anwesende Körper. Die Krise der Interaktion und die Routinen mediatisierter Sozialität". *Die Corona-Gesellschaft. Analysen zur Lage und Perspektiven für die Zukunft.* Hg. Michael Volkmer und Karin Werner. Bielefeld: transcript, 2020. 79–86.

Ferreira, Gisela. *YouTube-Kanal.* https://www.youtube.com/channel/UCJodwy6x3YF87mkvH1AjdWA?fbclid. YouTube, 2020 (8. Oktober 2020).

Gast, Lilli. „'Ein gewisses Maß von Unbestimmtheit ...' Anmerkungen zum freudschen Erkenntnisprozess". *Verwicklungen. Psychoanalyse und Wissenschaft.* Hg. Elfriede Löchel und Insa Härtel. Göttingen: Vandenhoeck & Ruprecht, 2006. 12–29.

Geertz, Clifford. *Dichte Beschreibung. Beiträge zum Verstehen kultureller Systeme.* Frankfurt a. M.: Suhrkamp, 1987.

Gergen, Kenneth J. „Cell phone technology and the challenge of absent presence". *Swarthmore College.* https://www.swarthmore.edu/sites/default/files/assets/documents/kenneth-gergen/Cell_Phone_Technology.pdf. 2020 (25.2.2021).

Graefe, Stefanie. *Resilienz im Krisenkapitalismus. Wider das Lob der Anpassungsfähigkeit.* Bielefeld: transcript, 2019.

Härtel, Insa. *Zur Produktion des Mütterlichen (in) der Architektur.* Wien: Turia + Kant, 1999.

Härtel, Insa, und Karl-Josef Pazzini. *B – Blickfänger.* Hamburg: Textem, 2017.

Heremans, Roel. *#imageofyourquarantine2020*. www.roelheremans.com/retrospect/image ofyourquarantine_2020.html. 2020 (9. Oktober 2020).
Instagram. *#imageofyourquarantine*. https://www.instagram.com/explore/tags/imageofyour quarantine/. 2020 (9. Oktober 2020).
Knoblauch, Hubert, und Martina Löw. „Dichotopie. Die Refiguration von Räumen in Zeiten der Pandemie". *Die Corona-Gesellschaft. Analysen zur Lage und Perspektiven für die Zukunft*. Hg. Michael Volkmer und Karin Werner. Bielefeld: transcript, 2020. 89–99.
Marks, Laura U. „Video haptics and erotics". *Screen* 39.4 (1998): 331–348.
Nancy, Jean-Luc. „Zum Sinn der Kunst. Gespräch mit Hans-Joachim Lenger und Christoph Tholen". *Lerchenfeld HFBK 22* (2014): 12–13.
Peters, John Durham. *Speaking into the Air. A History of the Idea of Communication*. Chicago, London: University of Chicago Press, 1999.
Quent, Marcus. „Lehren aus der Coronakrise? Unter Intellektuellen grassiert die Seuche der Selbstversicherung". *Der Tagesspiegel*. https://www.tagesspiegel.de/kultur/lehren-aus-der-coronakrise-unter-intellektuellen-grassiert-die-seuche-der-selbstversicherung/25720494.html. 6. April 2020 (23. Februar 2021).
Rövekamp, Elke. *Das unheimliche Sehen – das Unheimliche sehen. Zur Psychodynamik des Blicks*, Gießen: Psychosozial-Verlag, 2013.
Röther, Christian. „Achtsamkeit in Krisenzeiten. Mit Meditation gegen Coronaängste". *Deutschlandfunk Kultur*. https://www.deutschlandfunkkultur.de/achtsamkeit-in-krisenzeiten-mit-meditation-gegen.1278.de.html?dram:article_id=474384. 12. April 2020 (8. Oktober 2020).
Sobchack, Vivian. *Carnal Thoughts. Embodiment and Moving Image Culture*. Berkeley, Los Angeles, London: University of California Press, 2004.
SODA. *Social Distancing Art Festival – About*. https://sodafestival.de/about.html. 2020a (8. Oktober 2020).
SODA. *Silas Neumann / Wouter van Veldhoven*. https://sodafestival.de/artists/silas-neumann.html. 2020b (8. Oktober 2020).
SODA. *Özlem Sariyildiz*. https://www.sodafestival.de/artists/oezlem-sariyildiz.html. 2020c (8. Oktober 2020).
SODA. *Gisela Ferreira*. https://sodafestival.de/artists/gisela-ferreira.html. 2020d (8. Oktober 2020).
SODA. *Roel Heremans*. https://sodafestival.de/artists/roel-heremans.html. 2020e (8. Oktober 2020).
Vatansever, Deniz, Shouyan Wang, und Barbara J. Sahakian. „Covid-19 and promising solutions to combat symptoms of stress, anxiety and depression". *Neuropsychopharmacology* 46 (2021): 217–218. Online 13.8.2020: https://www.nature.com/articles/s41386-020-00791-9. (9. Oktober 2020).

Alina Wandelt, Thomas Schmidt-Lux
Mikroarchitekturen der Pandemie: Räume des Arbeitens in Zeiten von Corona

1 Einleitung

In einer Rede am 1. Oktober 2020 hob Bundesgesundheitsminister Jens Spahn die in dieser Zeit wichtigsten Regeln während der Corona-Pandemie hervor: „Abstand halten, Hygieneregeln achten, Alltagsmasken im geschlossenen Raum". Die sogenannte AHA-Formel, so Spahn, sei „vielleicht banal; aber sie ist sehr wirksam. Sie ist die beste, die schärfste Waffe, die wir gegen dieses Virus haben" (Spahn 2020).

Das Zitat enthält eine gängige Rahmung: Corona als Konflikt, für den es Waffen braucht. Das Waffenarsenal umfasst dabei verschiedene Instrumente, als zentrales sicherlich die Maske. Daneben, und das ist vielleicht das Überraschungsmoment, spielen Raum und Architektur eine besondere Rolle; viele der gesundheitspolitischen Maßnahmen im „Kampf gegen Corona" sind zuvorderst architektonisch-räumlicher Art. In der weitgehenden Abwesenheit medizinischer Gegenmittel greift die Gesundheitspolitik damit wieder auf „medieval spatial response[s] to disease control" (Manaugh in Budds 2020) zurück: Distanz, Quarantäne, Isolation. Die gebaute Umwelt wird in der Folge zur Medizin.

Einige dieser Maßnahmen und Instrumente wollen wir im Folgenden näher beschreiben. Denn während die Pandemie als *räumliche* Krise bereits intensiv diskutiert wird (Löw und Knoblauch 2020), bleiben ihre spezifisch architektonischen Auswirkungen bislang noch wenig untersucht. Im Zentrum des Aufsatzes steht deshalb die räumlich-materiale, die *architektonische* Dimension im Umgang mit COVID-19. Einerseits interessieren wir uns dabei für generelle Beobachtungen und Entwicklungen, etwa für den historischen Zusammenhang von Architektur und Krankheitsbekämpfung. Andererseits wollen wir uns bei der Analyse der ‚Coronakrise' auf ein Feld konzentrieren, das in den letzten Monaten besonders intensiv besprochen wurde: Räume und Architekturen von Arbeit. Im Speziellen untersuchen wir dafür architektonisch-räumliche Veränderungen in Coworking Spaces. Denn in Arbeitsumgebungen hat sich architektonisch-räumlicher Wandel zwar langsamer vollzogen als zum Beispiel in Räumen des Einzelhandels, manifestiert sich womöglich aber besonders langfristig. Thesenhaft formuliert sind Veränderungen der Arbeitswelt, die sich schon vor COVID-19 angebahnt haben, durch das Infektionsgeschehen stark beschleunigt worden und manifestieren sich insbesondere in Räumen und Architekturen von Arbeit.

Wir entwickeln diese Überlegungen in mehreren Schritten. Im ersten Teil des Aufsatzes findet sich ein Überblick über die Art und Weise, wie Architektur im Zusammenhang mit COVID-19 in den letzten sechs Monaten zur Sprache gekommen ist. In der Berichterstattung finden sich, so unsere Beobachtung, sowohl althergebrachte Motive (*Die Stadt als Krankheitsherd*), als auch Neubestimmungen von Räumen und Architekturen, die insbesondere Wohnungen und Büros betreffen. Während Wohnungen dabei immer stärker auf ihre Anforderungen als Arbeitsort hin beurteilt werden, wird das Büro personifiziert und ist entweder im Ableben begriffen und muss dementsprechend gerettet oder zu Grabe getragen werden.

Weil Pandemien und Epidemien schon immer auch mit räumlich-architektonischen Veränderungen einhergegangen sind, interessieren wir uns im darauffolgenden Abschnitt dafür, wie sich die aktuell diskutierten oder umgesetzten Maßnahmen von denen früherer Krankheitsbekämpfungen unterscheiden. Dafür entwickeln wir eine Typologie, die *Heilung*, *Eingriff* und *Prävention* als unterschiedliche Modi architektonischer Interventionen unterscheidet. Im nächsten Schritt gehen wir genauer auf bereits umgesetzte, architektonisch-räumliche Maßnahmen der Prävention ein. Am Beispiel von Coworking Spaces beschreiben wir, welche architektonisch-räumlichen Anpassungen sich bereits beobachten lassen und kommen dabei zu dem Schluss, dass sich in dieser Hinsicht bislang zwar wenig Grundsätzliches ändert, Veränderungen aber auf einer Ebene beobachtbar sind, die wir als *Mikroarchitekturen der Pandemie* bezeichnen. Auch wenn diese Eingriffe geringfügig erscheinen mögen, lassen sich auch hier bereits Implikationen erkennen, die diese Mikroarchitekturen als handlungsstrukturierend anmuten lassen. Ein Effekt ist, dass zentrale Versprechen von Coworking Spaces so in Frage gestellt werden.

Auch wenn wir mit unserer Untersuchung von Coworking Spaces eine verhältnismäßig spezifische Arbeitsumgebung thematisieren, enthält unsere Untersuchung Vorschläge, um auch andere architektonisch-räumliche Veränderungen im Zuge von Pandemien untersuchen, einordnen und auf ihre Folgen hin befragen zu können. Insbesondere die Typologie von präventiver, eingreifender und heilender Architektur kann als hilfreiches Instrument dienen, um unterschiedliche Logiken und Rationalitäten architektonisch-räumlicher Maßnahmen unterscheiden und so besser verstehen zu können.

Die Erkundung des „Sinnes in der Krise" unternehmen wir damit auf dem Feld der Architektur. Ganz grundsätzlich folgt dies der Annahme, dass Architektur Teil des Sozialen, sinnhaft aufgeladen und mit Wirkungen auf das Soziale verbunden ist (Delitz 2010; Steets 2015). Die Untersuchung soll zum einen darüber Aufschluss geben, welche Kraft Architektur auf dem Feld von Krankheit und Gesundheit zugetraut wird. Zum anderen soll erkennbar werden, welche architektonisch-räumlichen Auswirkungen COVID-19 zeitigen könnte. Denn als Teil des Sozialen verstanden, ist davon auszugehen, dass eine veränderte Architektur auch eine Veränderung des Sozialen nach sich zieht.

2 Dichte Städte, enge Wohnungen und „der Tod des Büros": Reden über Architektur und Corona

Räumlich-architektonische Fragen sind schon bald nach Ausbruch der Pandemie in Deutschland virulent geworden. Spätestens nach dem Ausrufen des Lockdown im März 2020 häufen sich Artikel, die zwischen Städtebau und Architektur und COVID-19 eine enge Beziehung unterstellen.[1] Die gebaute Umwelt wird dabei auf der einen Seite zur „Geheimwaffe" im Kampf gegen infektiöse Krankheiten" (Peters 2020), auf der anderen Seite aber auch zur Ursache der schnellen Ausbreitung von Corona erklärt. Insbesondere drei Themenkomplexe tauchen in diesen Debatten wiederholt auf: *erstens* die Problematisierung von Städten als Infektionsherden (und in diesem Zusammenhang die Aufwertung des ländlichen Raums als sicherem Ort), *zweitens* die Umnutzung und Umbewertung von Wohnungen als „neuen" Arbeitsorten, *drittens* schließlich Prognosen, die eine Abschaffung des Büros vorhersehen, oder Plädoyers, um dieses zu erhalten.

Städte stehen – aufgrund ihrer baulichen Dichte, mangelnder Durchlüftung und fehlender Grünflächen – dabei teilweise ganz grundsätzlich in der Kritik. Corona befeuere, so z. B. die FAZ, eine schon vor der Epidemie zunehmende „Stadt-Skepsis"; die Krise offenbare, „wie verletzlich die arbeitsteilige, global vernetzte Großstadt als System ist" (Maak 2020a). Städte gelten nicht mehr als attraktiv oder anregend, sondern vor allem als ansteckend (Müller 2020). Kleinstädtische und dörfliche Lebenszusammenhänge erfahren im Gegenzug eine Aufwertung. Städtebaulich wird deshalb zum einen ein Stopp der fortschreitenden Verdichtung durch Urbanisierungsprozesse gefordert, zum anderen Lösungen favorisiert, die Flexibilität in der Nutzung anbieten. So sollen urbane Flächen und öffentliche Gebäude so gestaltet sein, dass sie in Pandemiezeiten als

---

[1] Die Beiträge, auf die hier Bezug genommen wird, sind deutsch- und englischsprachige Beiträge in Tages- und Wochenzeitungen, Magazinen und Online-Journalen, die zwischen März und September 2020 erschienen sind. Im Unterschied zu fachwissenschaftlichen Journalen etwa handelt es sich also um Medien, die keine langen Vorlaufzeiten benötigen. Ohne hier eine systematische Auswertung vornehmen zu können, haben wir versucht, das Feld von dabei eingenommen Positionen in deutsch- und englischsprachigen Publikationen zu umreißen.

Behandlungszentren genutzt werden können (Forsyth 2020). Jenseits konkret vorgeschlagener Maßnahmen sind sich viele dieser Texte darin einig, dass „der öffentliche Raum – und nicht etwa der private Küchentisch – der entscheidende Austragungsort für die räumliche Neugestaltung demokratischer Gesellschaften sein wird" (Roesler 2020, 73).

Ganz so unwichtig, und dies wird in der zweiten Diskussionslinie deutlich, scheint der private Küchentisch in pandemischen Zeiten aber auch nicht zu werden: Als eine der unmittelbaren Folgen von COVID-19 stehen zumindest viele Wohnungen vor der Anforderung, zu Homeoffices und ganztägigen Aufenthaltsorten zu werden. Im Vordergrund der Berichterstattung stehen hier die Hindernisse und Widrigkeiten, die mit diesen neuen Anforderungen einhergehen: Das Arbeitszimmer fehlt oder ist zu klein, zu wenig geschützt gegenüber Geräuschen oder dem Zutritt durch andere Menschen. In eigentlich anderen Funktionen zugedachten Räumen werden provisorische Arbeitszonen eingerichtet. Gerade in der Diskussion um Wohnungen wird deutlich, was die Rede von Architektur als „schwerem Medium" (Fischer 2010) auch meint: Im Gegensatz zu digitalen Technologien, die das Arbeiten zuhause verhältnismäßig schnell ermöglicht haben, und den Verhaltensänderungen, die aus Büroroutinen in wenigen Monaten Corona-Routinen gemacht hat, hängt die Architektur hinterher. Trennwände sind weder schnell eingezogen noch abgerissen, Wohnungsflächen lassen sich nicht beliebig verändern oder gar vergrößern, bestimmte Funktionen nicht einfach aufgeben.

Thematisiert worden sind die neuen Anforderungen an Wohnungen aber gleichwohl. Der *New Yorker* beschreibt zum Beispiel, wie ein Architekturbüro seine Pläne für ein im Entwurf befindliches Wohnhaus ändert. Statt offener Wohnflächen werden Küche, Ess- und Wohnzimmer voneinander separiert. Vergrößerte und stärker voneinander abgeschiedene Schlafzimmer lassen sich auch als – akustisch damit besser isolierte – Arbeitsräume nutzen. Auch in Wohnungen ist also stärkere Flexibilität gefordert. Dazu ist der Anteil der Außenflächen (Terrassen) vergrößert worden, um mehr Gelegenheiten für den Aufenthalt an frischer Luft bieten zu können (Chayka 2020; Ngo 2020). Würden sich solche Wohnungsgestaltungen in stärkerem Maße durchsetzen, würde dies eine bemerkenswerte Abkehr von bislang favorisierten, offenen Grundrissen bedeuten und damit einen tatsächlichen „Corona-Effekt" markieren. Eine wieder stärker auf Parzellierung setzende Architektur würde, so diese Position, auch Anforderungen nach Quarantäne-Möglichkeiten besser entsprechen. Eigens dafür vorgesehene Räume – wie noch in der Prager „Villa Müller" von Adolf Loos gebaut (Chayka 2020) – scheinen derzeit nicht stark nachgefragt. Da die angeordnete häusliche Quarantäne, wie schon zu Zeiten der Spanischen Grippe, gesundheitspolitisch ein naheliegendes Instrument ist, liegt es auf der Hand, auch hierfür Vorsorge zu schaffen und in Wohnungen abgeschlossene Räume einzurichten.

Eine dritte Diskussionslinie und das Gegenstück zu den Überlegungen zur Wohnungsarchitektur lässt sich um das Büro ausmachen. Während Privatwohnung und Homeoffice offenkundig an Bedeutung gewinnen, steht das klassische Büro als Arbeitsumgebung zur Disposition. Teilweise wird das Büro dabei schlichtweg für „tot" erklärt. „Der eigene Schreibtisch ist Geschichte", „Das Ende des Büros naht", „Auslaufmodell dank Corona" lauten die entsprechenden Titel zur Diagnose. Die Neue Züricher Zeitung beschreibt einen langsamen Tod des Büros (Mäder 2020), die FAZ formuliert einen Nachruf (Hank 2020). Zu eng brächte es Menschen zusammen, zu unflexibel sei seine Innengestaltung, zu sehr würde es Personen quer durch die Städte und Vorstädte in Bewegung und wechselseitige Kontakte versetzen. Stattdessen finden sich zahlreiche Lobeshymnen auf das Homeoffice, das entgegen anfangs geäußerter Befürchtungen auch von Arbeitgeber:innenseite als effektive und produktive Alternative thematisiert wird. Corona erweise sich dabei zwar nicht als Auslöser, gleichwohl aber als beschleunigender Katalysator eines allgemeinen Wandels der Arbeitswelt. Das individuelle Arbeiten am Schreibtisch trete in den Hintergrund; stattdessen werde das Büro stärker als bisher zur „Begegnungsstätte" (Bock 2020), zur „Kreativstätte" oder zum „Sozialsystem" (Kühmeyer 2021).

Bevor wir diese Überlegungen weiterverfolgen und uns den Veränderungen in Architekturen der Arbeit widmen, gehen wir historisch einen Schritt zurück. Um die aktuellen Maßnahmen zur Eindämmung von COVID-19 besser verstehen und einordnen zu können, werden im folgenden Abschnitt Maßnahmen thematisiert, die bei früheren Krankheitsausbrüchen epidemiologischen oder pandemischen Ausmaßes ergriffen worden sind.

3 Heilung, Eingriff, Prävention: Architektonisch-räumliche Antworten auf Pandemien

Architektur und Raum sowie Gesundheit und Krankheit im Zusammenhang zu thematisieren, hat eine lange Geschichte (Colomina 2019). Erst mit Fortschritten in der Virologie, Bakteriologie, Epidemiologie und Medizin im 19. und 20. Jahrhundert werden Antibiotika und Impfungen, also Behandlungen des Inneren von individuellen Köpern, zu den primären Mitteln der Behandlung von Infektionskrankheiten. Historisch gesehen ist die Bekämpfung von Krankheiten durch Medikamente ein verhältnismäßig neues Phänomen. „Das Interesse am Körperinneren stieg seit den 1960er Jahren exponentiell an, während zugleich die

Konzentration auf die Reinlichkeit der Oberflächen abnahm" (Lemke 2004, 83). Mit dem Auftauchen von COVID-19 steht nun die Rückkehr zum dem Menschen Äußerlichen, Architektonisch-Räumlichen wieder im Fokus: „soziale Distanzierung, Quarantäne, Isolation und vielleicht Anpassungen an unsere Städte, Nachbarschaften und Häuser" (Budds 2020, 3).

Gesundheitspolitische Maßnahmen im Medium von Architektur und Raum sind also nichts Neues. Erst durch hygienische Probleme in (dicht besiedelten) Städten begründet sich die Disziplin der Stadtplanung (Häussermann 2012) und auch Architekt:innen befassen sich seit jeher mit Fragen von Gesundheit und Krankheit.[2] Die Geschichten von öffentlicher Gesundheit, Stadtplanung und Architektur sind insofern eng miteinander verknüpft. Die Sanierung von Paris durch Haussmann, das Straßennetz in London, der als „Lunge der Stadt" bezeichnete Central Park in New York sind nicht nur ästhetische Eingriffe, sondern auch gebaute Beispiele der Sorge um Gesundheit (Colomina 2019; Maak 2020b; Stinson 2020). Auch architektonische Stile – besonders gut belegt für das Bauen der Moderne Anfang des 20. Jahrhunderts – lassen sich auf die Sorge um Gesundheit zurückführen. Nachdem die engen und unhygienischen Wohnverhältnisse in den immer stärker industrialisierten Städten zunehmend zum Problem wurden, lautete die Devise damals: ‚Licht, Luft und Sonne'. Der Einsatz glatter, einfach abwaschbarer Oberflächen und leichter, beweglicher Möbel ist damit nicht nur ein Stil oder ein Geschmack, sondern diente auch der leichten Reinigung von Innenräumen (Colomina 2019; Pestalozzi 2016).

Jenseits der grundsätzlichen Feststellung, dass Architektur schon lange ein Mittel im Kampf gegen Krankheiten ist, machen wir im Folgenden einen Vorschlag, um die Rolle, die Architektur dabei implizit zukommt, genauer zu bestimmen. Wir entwerfen eine Typologie, die drei Varianten von architektonisch-räumlichen Maßnahmen unterscheidet: 1) heilende, 2) aktuell eingreifende und 3) präventive Maßnahmen. Wir unterscheiden die architektonisch-räumliche Maßnahmen dafür einerseits nach ihrem Zeitbezug und der Wirkung, die ihnen zugeschrieben wird, zum anderen nach den Akteuren, an die sie sich richten. Deutlich werden soll: Es gab schon immer Krankheiten und auch schon immer architektonisch-räumliche Maßnahmen, über die diese Krankheiten verhindert, aufgehalten oder behandelt werden sollen. Die Logik dieser Maßnahmen und auch die Rolle, die Architektur im sozialen Geschehen dadurch implizit zukommt, unterscheidet sich aber immer: zum einen ist sie präventive Maßnahme zur Eindämmung

---

[2] Ein früher Nachweis für eine solche Auseinandersetzung findet sich bei Vitruv (Colomina 2019).

infektiöser Krankheiten, zum anderen trennende Instanz oder sogar potentielles Heilmittel.

Architektonisch-räumliche Maßnahmen mit dem primären Ziel der *Heilung* zielen insbesondere auf Personen, die – in der Vergangenheit – erkrankt sind und nun auf den Weg der Besserung gebracht werden sollen. Typischerweise findet sich diese Variante im Kontext von Gesundheitsbauten, also Krankenhäusern, aber auch Pflegeheimen und Sanatorien. Eine Annahme dabei ist zum Beispiel, dass ein räumlich-architektonisches Setting, das eine hohe Tageslichtzufuhr gewährleistet, Schmerz oder auch Depressionen verringern könne. Eine besondere Rolle spielten solche Bauten etwa zum Anfang des 20. Jahrhunderts zu Zeiten der Sanatorien, in welchen die vielen an Tuberkulose Erkrankten zur Genesung untergebracht waren (Colomina 2019).

Unterschieden werden von dieser Logik können Architekturen, die *eingreifend* bzw. *adhoc* wirken. Sie zielen weniger auf die Heilung identifizierter Krankheiten ab, sondern konzentrieren sich vor allem auf den Umgang mit solchen Problemlagen *im aktuellen Moment*. Typisches Ziel hierbei ist etwa die Separierung von gesunden und kranken Personen, wie sie etwa über Quarantäne-Räume gewährleistet wird. Historisch wurden diese entweder dauerhaft eingerichtet und dann bei Aufkommen verschiedener Krankheiten genutzt, oder sie wurden jeweils temporär eingerichtet. In Pest-Zeiten markiert ein Kreuz auf den Häusern Kranke als deviant und verwehrte ihnen entsprechend den *Aus*tritt aus dem Haus. In zeitgenössischen Kontexten wird eher der Zutritt zu bestimmten Gebäuden und Räumen kontrolliert. Dies geschieht dann über eine Assemblage von Architektur und Technik. Typisches Beispiel hierfür sind Temperaturmessungen an Gebäuden, die als Zutrittskontrolle fungieren: Zeigen Wärmebildkameras eine erhöhte Körpertemperatur, wird diesen dann der Zutritt zum Gebäude verwehrt. In vielen Ländern bereits umfassend praktiziert, sind solche Maßnahmen in Deutschland, insbesondere im Hinblick auf datenschutzrechtliche Fragen, aber auch die Eignung dieser Maßnahmen, stark umstritten (vgl. dazu Datenschutzkonferenz 2020). In der Praxis sind solche Konzepte und Architekturen aktuell deshalb noch selten anzutreffen, könnten aber in Zukunft, so unsere Vermutung, eine stärkere Verbreitung finden.

Eine dritte Variante bezeichnen wir als *präventive Architekturen*. Deren Idee besteht darin, Krankheiten gar nicht erst entstehen zu lassen. Durch bestimmte räumlich-architektonische Settings oder räumlich-architektonische Qualitäten sollen Krankheiten also entweder ganz abgewendet oder zumindest in ihrer Verbreitung gestoppt werden. Präventive Maßnahmen wenden sich dabei an Gesunde, die – in der Zukunft – vor Krankheit geschützt werden sollen. Ein typisches Beispiel für eine solch präventive Architektur findet sich am Ende des 19. bzw. Anfang des 20. Jahrhunderts mit dem Wohnungsbau moderner

Architektur. Erkrankungen wie Tuberkulose werden damals häufig auf beengte Wohnverhältnisse, schmutzige Hinterhöfe und unhygienische Zustände zurückgeführt, die durch den Zugang zu Licht, Luft und Sonne, also über Architektur, von vornherein verhindert werden sollten.

Tabelle 1: Typologie räumlich-architektonischer Maßnahmen.

Unterscheidungsdimension	Heilung	Eingriff	Prävention
(1) Zeitbezug Welchen temporalen Bezug haben die Maßnahmen?	Vergangenheit	Gegenwart	Zukunft
(2) Akteursbezug An wen wenden sich die Maßnahmen?	Kranke	Gesunde und Kranke, die architektonisch-räumlich voneinander getrennt werden	Gesunde
(3) Wirkungsbezug Welche Wirkung wird Architektur zugeschrieben?	heilen	separieren	verhindern

Vor dem Hintergrund dieser Typologie (Tabelle 1) lassen sich die im Zuge der Eindämmung der COVID-19-Pandemie vorgeschlagenen oder bereits umgesetzten architektonisch-räumlichen Maßnahmen vorwiegend als *präventiv* und/ oder *eingreifend* einordnen. Bislang handelt es sich in erster Linie um Maßnahmen, welche die Entstehung verhindern bzw. die Verbreitung von COVID-19 eindämmen sollen – räumliche Distanzierung ist dabei das Gebot der Stunde. Vergleichsweise wenige Vorschläge ordnen sich der Kategorie heilender Architektur zu. In Anbetracht des typischen Krankheitsverlaufes von COVID-19, der zwar sehr unterschiedlich ausfällt, 14 Tage in der Regel aber nicht übersteigt (Robert Koch Institut 2020), ist der bislang geringe Fokus auf heilende Maßnahmen, die eher in Zusammenhang mit längerfristigen Erkrankungen auftauchen, auch plausibel. Im Vergleich zur Tuberkulose also, die (vor der Erfindung von Antibiotika Ende des 19. Jahrhunderts) teilweise mit einem Verlauf von mehreren Jahren einherging und Behandlungsmaßnahmen über einen langen Zeitraum notwendig machte, stellen sich solche Fragen im Zusammenhang mit COVID-19 aktuell eher nicht.

Vor allem in Räumen des Einzelhandels lassen sich präventive und eingreifende Maßnahmen seit März beobachten (Hering 2020). In Supermärkten und Apotheken, Cafés und Restaurants sind Abstandsmarkierungen angebracht, Hinweisschilder aufgestellt und Plexiglasscheiben installiert worden. Als Orte des Konsums, an denen vergleichsweise große Ströme einander unbekannter Menschen aufeinandertreffen und die auch während des Lockdown geöffnet geblieben sind, ist plausibel, dass sich insbesondere hier schnell Veränderungen abgezeichnet haben. Die umgesetzten architektonisch-räumlichen Maßnahmen folgen dabei insbesondere drei Prinzipien: *Erstens* wird der Abstand zwischen Körpern erhöht, *zweitens* wird die Personendichte in einem Raum verringert, und *drittens* wird eine andere Zirkulation von Körpern (etwa durch Wegmarkierungen) angestrebt. Das primäre Ziel sind also die (potentiell) infizierten Körper von Personen, die mittels architektonisch-räumlicher Mittel separiert oder geleitet werden sollen. Auffällig ist bei all diesen architektonischen Maßnahmen zudem, dass sie selten auf professioneller Planung und Entwürfen beruhen, sondern im Grunde eine (Innen-) Architektur ohne Architekt:innen repräsentieren. Die Abtrennungen sind oftmals auf die Schnelle selbst gebastelt, technisch eher einfach gehalten, die Funktion steht gegenüber dem Design meist im Vordergrund.

Doch neben diesen Orten des täglichen Konsums sind solche Maßnahmen auch in anderen gesellschaftlichen Feldern beobachtbar oder wenigstens in der Diskussion. Eines dieser Felder, das haben wir bereits im zweiten Abschnitt gezeigt, sind Orte der Arbeitswelt. Arbeitswelten stellen sich sehr vielfältig dar und lassen sich nicht auf Büroarbeit beschränken.[3] Weil in Diskussionen aber gerade das Büro als klassische Arbeitswelt zur Disposition steht, haben wir uns für unsere Untersuchung für einen bestimmten Typ von Büroarbeit und eine Arbeitsumgebung entschieden, die in Zukunft noch stärker an Bedeutung gewinnen könnte: Coworking Spaces. Mit Coworking Spaces greifen wir zwar eine verhältnismäßig spezifische Arbeitsumgebung als Beispiel für unsere Analyse auf. Diese wurde jedoch bereits vor Corona als Trend oder gar besonders prototypische Arbeitsumgebung für das Arbeiten im digitalen Zeitalter gehandelt und ist deshalb gut geeignet, um mögliche Veränderungen in Arbeitsumgebungen während der Pandemie beispielhaft nachzugehen.

Am Beispiel von Coworking Spaces wird deutlich, dass sich Arbeitsumgebungen durch Corona bislang zwar nicht unbedingt von Grund auf verändert haben,

---

3 Dabei ist zu berücksichtigen, dass der Anteil Homeoffice-fähiger Arbeit aktuell nur bei etwa knapp einem Viertel der Beschäftigten liegt (Manderscheid 2020). Auch perspektivisch lassen sich nicht alle Erwerbstätigkeiten aus dem Homeoffice heraus ausüben lassen, wobei die Schätzungen des Homeoffice-Potenzials für Deutschland teils sehr weit auseinanderliegen und – je nach Erhebungsverfahren – bei 17%, 29%, 37% oder und 42% liegen (vgl. dazu Alipour 2020, 30). Die Möglichkeit zum Homeoffice bildet dabei auch andere soziale Ungleichheiten ab und ist mit COVID-19 womöglich stärker zu einem Unterscheidungskriterium geworden, das mit vielen neuen, wie Ungleichheiten einhergeht (vgl. dazu Manderscheid 2020).

aber eine Reihe veränderter *Mikroarchitekturen* zu beobachten ist. Auch diese architektonisch-räumlichen Eingriffe erfolgten durch architektonische Laien: Betreiber:innen und Nutzer:innen von Coworking Spaces, die sonst in der Regel nicht mit dem Design und der Gestaltung von Räumen befasst sind. Auch diese Maßnahmen, so wird sich zeigen, sollen den Abstand zwischen Körpern erhöhen, die Dichte von Körpern in Räumen verringern und Körper anders zirkulieren lassen.

4 Mikroarchitekturen der Pandemie in Coworking Spaces

Wenn im Zuge der sich ausbreitenden Pandemie Veränderungen in der Arbeitswelt debattiert worden sind, ging es vorrangig um Orte derjenigen Sphäre „immaterieller Arbeit" (Lazzarato 1996), die sich auch remote, also von zuhause aus durchführen lässt. Medial wird das Arbeiten von zuhause dabei vordergründig auf Folgen der Vereinsamung und sozialen Isolation problematisiert (vgl. z. B. Hägele 2020), weshalb es nicht weiter überrascht, dass Coworking Spaces auch vor Corona schon als das „bessere Homeoffice" diskutiert worden sind (Robelski u. a. 2019).

Um 2005 herum entstanden, handelt es sich bei Coworking Spaces[4] um ein besonderes räumliches Organisationsmodell „für zunehmend flexibel und mobil organisierte Erwerbsverhältnisse im wissensintensiven Dienstleistungssektor" (Merkel und Oppen 2013, 6), deren Entstehung und Verbreitung durch intensivierte Digitalisierungsprozesse ermöglicht worden ist. Die Basisleistung von Coworking Spaces besteht darin, einen Arbeitsraum und eine Infrastruktur bereitzustellen, darüber hinaus definieren sich die Anbieter aber vor allem über die „Verfügbarkeit von sozialen Interaktionsräumen" und einer daraus entstehenden „Gemeinschaft"

---

[4] Hinter dem Begriff bzw. der Selbstbeschreibung als Coworking Space kann sich eine Reihe ganz unterschiedlicher Geschäftsmodelle verbergen. In Gesprächen mit von uns Interviewten werden insbesondere drei Typen von Coworking Spaces unterschieden: Erstens „klassische" Coworking Spaces, die sich durch offene Flächen zum Arbeiten auszeichnen und in denen Menschen individuell zusammenarbeiten. Zweitens „Hybrid-Modelle" mit „offenen" Coworking Flächen für individuelle Mitglieder, aber auch „privaten" Büros bzw. Büroräumen, die an einzelne Firmen vermietet werden, die abgeschlossen werden können und diesen dementsprechend exklusiv zur Verfügung stehen. Drittens Modelle, die „offene" Coworking Flächen für Individuen, wie auch private Flächen an einzelne Unternehmen vermieten, darüber hinaus aber auch Veranstaltungen organisieren und ausrichten (über die dann i.d. Regel auch die größte Rendite abgeschöpft wird). Andere Unterscheidungen finden sich z. B. in (Robelski et al. 2019; Görmar und Bouncken 2020).

der Nutzenden (Görmar und Bouncken 2020, 231). Coworking Spaces versprechen im Kern also keinen wirtschaftlichen Nutzen, sondern bieten einen Arbeitsplatz „inmitten einer Community Gleichgesinnter" (Regus 2020), der Kommunikation und soziale Beziehungen fördert, sowie „unübertroffene Flexibilität" (WeWork 2020) ermöglichen soll.

Im Folgenden beschreiben wir einige der architektonisch-räumlichen Veränderungen, die wir in Coworking Spaces festgestellt haben. Auf der Grundlage von insgesamt zehn Begehungen in Coworking Spaces in Berlin und Leipzig[5], die wir zwischen Anfang Oktober und Mitte November 2020 durchgeführt haben, sowie Interviews bzw. Gesprächen mit Betreiber:innen der untersuchten gemeinschaftlichen Büroflächen, stellen wir fest, dass sich bislang zwar nicht die Grundform, also die Kubatur bzw. der Grundriss von Coworking Spaces verändert hat, aber eine Reihe kleinerer architektonisch-räumlicher Anpassungen beobachtet werden können, die wir als Mikroarchitekturen der Pandemie bezeichnen. Mit dem Begriff der Mikroarchitekturen verbindet sich die Überlegung, architektonisch-räumliche Veränderungen durch Corona weniger auf einer Makro-, als zunächst auf einer Mikroebene feststellen zu können. Veränderungen finden sich in den Innenräumen, durch neue Artefakte, Hinweisschilder und Aufkleber, aber auch in Form einer neuen oder intensivierten Nutzung von Software. Weil wir auch diese nicht genuin-architektonischen Elemente in die Untersuchung mit einbeziehen, beziehen wir uns zur Beschreibung der Veränderungen konzeptuell auf den Begriff der *Mikroarchitekturen* (und sprechen nicht etwa von Veränderungen der Innenarchitektur).[6]

---

5 Orientiert an Prinzipien des Theoretical Sampling, sind dazu sehr kleine, selbst verwaltete und nicht-kommerzielle Coworking Spaces (mit einem Stamm von sieben festen Coworker:innen), als auch sehr große, kommerzielle Coworking Spaces in die Untersuchung miteinbezogen werden, die sich dem hybriden Modell zuordnen lassen, aber auch Veranstaltungen anbieten, die üblicherweise für bis zu 150 Personen ausgerichtet sind. Nicht in allen Coworking Spaces sind dabei formale Interviews zustande gekommen und auch die Dauer des Aufenthalts und der Gespräche weist verhältnismäßig große Variationen auf, die sich durch das Infektionsgeschehen, aber auch die sehr unterschiedliche Qualität des Feldzugangs erklärt. Die Dauer der Gespräche lag insofern zwischen einer Viertelstunde und anderthalb Stunden. Gerade größere Coworking Spaces waren oftmals nicht gewillt, Zeit für Interviews oder Begehungen zur Verfügung zu stellen, sobald deutlich wurde, dass unser Interesse nicht mit der Buchung eines Coworking Spaces einhergehen würde. Nach einigen Absagen sind die Kontakte deshalb u. a. auch auf persönlichem Wege akquiriert worden. Auf der Grundlage dieser Erfahrungen unserer explorativen Studie erachten wir es als sinnvoll, in Coworking Spaces auch verdeckte Beobachtungen in Betracht zu ziehen. Zwei der insgesamt zehn Begehungen lassen sich als verdeckte Beobachtungen charakterisieren.
6 Den Begriff der Mikroarchitekturen entlehnen wir der Ausgabe „Schwellenatlas" der Architekturzeitschrift arch + aus dem Jahr 2009. Mit Mikroarchitekturen sind hier, anders als in unserer Begriffsbestimmung, diejenigen Mechanismen des Öffnens und Schließens von Räumen

Durch Corona haben sich nicht alle Coworking Spaces architektonisch-räumlich verändert. Insbesondere kleinere Flächen mit nur wenigen und einem festen Stamm an Nutzer:innen, nicht-kommerzielle Flächen und Anbieter:innen, die keine Flex-Mitgliedschaften, also Mitgliedschaften anbieten, mit denen freie Arbeitsplätze besetzt werden können, Räume an Firmen vermieten oder Veranstaltungen ausrichten, haben Veränderungen nicht unbedingt aktiv forciert. Je nach Detailgrad der Beobachtung lässt sich dennoch eine ganze Reihe veränderter oder neu eingeführter oder weggefallener Elemente, beobachten, die Räume des Arbeitens verändern. Bei deren Darstellung orientieren wir uns an den bereits oben angesprochenen drei Prinzipien, die sich im Zuge räumlich-architektonischer Interventionen feststellen lassen: (1) Abstandserhöhung zwischen Körpern, (2) Verringerung von Körpern in einem Raum, (3) veränderte Zirkulation von Körpern.

Der Abstand zwischen Körpern ist dabei unter anderem durch folgende Mittel erhöht worden: Hinweisschilder (meist provisorisch auf Papier ausgedruckt, mal laminiert und in Aufstellern aus Plastik oder Aluminium auf Dauer gestellt) erinnern an und setzen das Einhalten der Mindestabstände von 2 oder 1,5 Metern symbolisch und materiell durch. Zwischen Arbeitsplätzen angebrachte Plexiglasscheiben schirmen Arbeitsplätze voneinander ab und verhindern so, dass der Abstand zwischen Körpern unter das jeweils festgelegte Mindestmaß von 2 oder 1,5 Metern fallen kann. In Toiletten stehen Desinfektions- und zusätzliche Reinigungsmittel bereit; in der Regel ersetzen Einweg-Papierhandtücher Mehrweghandtücher in Toiletten und Küchen. Luftfilter und Luftbefeuchter sollen verhindern, dass infektiöse Tröpfchen oder Aerosole sich verbreiten.

Die Personendichte im Raum wird insbesondere dadurch verringert, dass weniger Arbeitsplätze in Form von Tischen und Stühlen bereitstehen. Teils sind diese in den Keller geräumt worden, teils sind Tische und Stühle zwar im Raum belassen oder aber durch Absperrband oder Zettel als unbenutzbar ausgewiesen. Arbeitsplätze, an denen der nötige Mindestabstand nicht eingehalten werden kann, sind so durch entsprechende Markierungen von der Nutzung ausgeschlossen. In einem Großteil der Coworking Spaces kommt außerdem Software zum Einsatz, um die Belegungsdichte zu reduzieren. Das Programm bietet dann einen Überblick darüber, wie viele Arbeitsplätze in der Fläche vorhanden sind und unter Rücksicht aktueller Bestimmungen belegt werden können. Die Prävention der Ansteckung und Ausbreitung vollzieht sich also nicht nur architektonisch-räumlich, sondern auch zeitlich. Mit COVID-19 sind neue, enger getaktete

---

gemeint, die Innen und Außen voneinander abgrenzen (also z. B. Türen und Fenster, aber auch Drehkreuze oder RFID-Transponder) (vgl. dazu Beyer et al. 2009).

Reinigungsrhythmen eingeführt worden. Ein Coworking-Space Büro berichtete z. B. davon, stündlich eine 5-minütige Lüftung durchzuführen, die durch einen Signalton angekündigt wird. Distanz wird darüber hinaus auch zeitlich hergestellt, was wiederum mit räumlichen Auswirkungen einhergeht.

Eine andere Zirkulation von Körpern wird unter anderem dadurch reguliert, dass andere Grenzen von Innen und Außen vorgegeben werden. Anders als im Einzelhandel, in dem häufig voneinander abgesonderte Ein- und Ausgänge zu finden sind, bezieht sich diese Zirkulation vor allem auf die gemeinsame Berührung von Objekten. In einigen Räumlichkeiten sind Handtücher zugunsten von Papierhandtüchern ausgetauscht, in fast allen sind Desinfektionsmittelspender installiert worden. Sogenannte Begegnungsflächen oder -zonen und Möbelstücke, in denen sonst ein enger Kontakt vorgesehen oder nicht zu verhindern ist (kleine Küchen, Sofaecken, etc.), sind nunmehr entweder abgesperrt, weniger frequentiert oder durch neue Techniken „pandemie-sicher" gemacht worden. Techniken, die eine kontaktlose Bedienung ermöglichen, wie zum Beispiel Flaschenöffner, mit denen Flaschen aus dem gemeinsamen Kühlschrank berührungslos geöffnet werden können, erhalten eine größere Bedeutung. Materialien werden dabei neu bewertet oder mit einer neuen Fürsorge bedacht. Holz wird zum sicheren Gegenspieler des infektiösen Metalls, auf dessen Oberflächen Viren länger überleben und das deshalb teils mehrmals täglich einer Reinigung unterzogen wird.

Auf der Grundlage unsere Begehungen von Coworking-Spaces und den Interviews, die wir mit den Betreiber:innen geführt haben, wird deutlich, dass sich Architektur und Raum dieser speziellen Arbeitsräume nicht grundlegend verändert haben. Allerdings wurden spezifische räumlich-architektonische Anpassungen zur Eindämmung von COVID-19 vorgenommen, die sich als Mikroarchitekturen beschreiben lassen und die nicht nur intendierte Wirkungen der Pandemiebekämpfung, sondern darüber hinaus auch soziale Effekte nach sich ziehen können.

5 Auswirkungen der Mikroarchitekturen auf das (Selbst-)Verständnis von Büros und Coworking Spaces

Als Reaktion auf eine Krankheit, gegen die es zu Beginn ihres Ausbruchs keine wirksame medizinische Behandlung, also keine Behandlung des Inneren des Körpers, gibt, zielten gesundheitspolitische Maßnahmen auf das Außen von Körpern, und damit Architektur und Raum ab. Die gebaute Umwelt wird dabei nicht komplett umgestaltet, wie wir am Beispiel der verhältnismäßigen neuen Coworking Spaces gezeigt haben, zeitigt aber Veränderungen, die wir als Mikroarchitekturen beschrieben haben. Architektursoziologisch haben wir uns damit methodologisch bislang in einer Richtung positioniert, die Architektur als *Ausdruck* sozialer Prozesse begreift.

Architektursoziologisch ist auf der anderen Seite allerdings immer auch davon auszugehen, dass die gebaute Umwelt soziales Handeln in irgendeiner Form strukturiert (Delitz 2009, 2010; Steets 2015). *Wie strukturieren die neuen Mikroarchitekturen soziales Handeln?* Evident ist bislang vor allem eine neue „Berührungsordnung", wie es Gesa Lindemann formuliert und bei der es zu einer Veränderung der alltäglichen Art kommt, „wie wir uns ansehen, miteinander agieren, uns körperlich berühren"; ansteckende Viren, mit denen auch in Zukunft gerechnet werden müsse und die internetbasierten Möglichkeiten der Kommunikation unterstützten eine solche auf Distanz gebaute Berührungsordnung (Lindemann 2020a, 261, 2020b). Diese veränderte Berührungsordnung lässt sich auch im Umgang mit architektonischen Artefakten konstatieren. Objekte, die kontaktlos bedient, d. h. also in der Regel technisch-automatisch gesteuert werden, werden in der Folge wichtiger.

Darüber hinaus lassen unsere Interviews Schlussfolgerungen in Bezug auf Kommunikationsprozesse in Interaktion mit den neuen Mikroarchitekturen in Coworking Spaces zu. So berichtet einer der Interviewten, dass es zu weniger Austausch in der gemeinsamen Küche kommt. Gleichzeitig erhöht sich aber auch die Kommunikation, und zwar in Folge des gestiegenen Abstimmungsbedarfs, der mit den neuen Regelungen einhergeht. Vermittelt über Messenger-Dienste oder per E-Mail muss zunächst ausgehandelt werden, wer sich wann, wie im Büro aufhält und aufhalten kann. Die Entscheidung, den Coworking Space aufzusuchen, ist so (zumindest temporär) keine individuelle Entscheidung, sondern ein ausgehandelter Prozess, an dem mehrere Individuen beteiligt sind. Ein Betreiber berichtet, dass der Kommunikationsbedarf so stark wie noch nie zuvor gestiegen sei: Noch nie habe er (seit der Gründung des Coworking Spaces im Jahr 2011) so viele E-Mails an die Bürogemeinschaft geschrieben, wie seit Beginn des Ausbruchs von Corona in Deutschland.

Mit diesen Veränderungen sind auch einige der zentralen Leitideen von Coworking Spaces in Frage gestellt. Insbesondere die Vorstellung „unübertroffener Flexibilität" (WeWork 2020) steht vielfach im Widerspruch zu den architektonisch-räumlichen Maßnahmen des Infektionsschutzes. Zwar lässt sich der Arbeitsplatz aus Arbeitnehmer:innensicht im Gesamten flexibler wählen, die Vorab-Buchung von Arbeitsplätzen beschränkt die viel beschworene Flexibilität in Coworking Spaces aber auch. Stühle und Tische, die einmal im richtigen Abstand zueinander ausgerichtet sind, lassen sich nicht mehr so einfach verschieben (zumindest, wenn die Abstandsregeln eingehalten werden sollen) und neuerdings strukturieren auch neu eingeführte Reinigungs- und Lüftungsrhythmen Arbeitsprozesse mit und machen diese damit potentiell (zumindest temporär) auch unflexibler.

An dieser Stelle werden Entwicklungen deutlich, die weit über Coworking Spaces hinaus bedeutsam sind. Noch deutlicher erkennbar ist dies etwa in den zeitgenössischen Reflexionen von maßgeblichen Akteuren im Feld der Gestaltung von Räumen und Architekturen der Arbeit. In Broschüren und Selbstdarstellungen von Büromöbelherstellern und Büroplanern werden derzeit ganz grundsätzliche Umdeutungsprozesse des Büros – der klassischen Arbeitsumgebung der modernen Angestelltengesellschaft (Kracauer 1929) – vorgenommen. In Folge von Digitalisierungsprozessen, die im Zuge von Corona beschleunigt und ausgeweitet wurden, wird das Büro dabei nicht mehr primär als ein Ort des Arbeitens konzeptualisiert, sondern vielmehr als Ort sozialer Interaktion. Das Büro verliere „zusehends den Charakter der reinen Arbeitsstätte" und werde „immer mehr Begegnungsstätte"; in erster Linie sei es ein „sozialer Ort", der „von Austausch und Interaktion lebt" (Bene Büromöbel 2020, 6), weshalb auch die Bürogestaltung angepasst werden müsse. Mehr denn je müsse, so ein anderer Büromöbelanbieter, dafür eine „Wohlfühlatmosphäre geschaffen werden" (Interstuhl 2020, 13).

Auch wenn sich vor dem Hintergrund unserer Untersuchungen der architektonisch-räumlichen Anpassungen in Coworking Spaces argumentieren ließe, dass die temporär angepassten Settings nicht auf eine Atmosphäre des Wohlfühlens schließen lassen, wenn zum Beispiel kleinere Bistrotische im Cafébereich durch größere Konferenztische ersetzt werden, um größere Abstände zu ermöglichen, könnte sich eine solche Perspektive auf Räume des Arbeitens langfristig stärker durchsetzen.

6 Fazit und Ausblick

> „Wir müssen das Büro neu denken: als einen Ort, an dem man sein möchte, und das aus einem bestimmten Grund, nicht einfach aus Gewohnheit, sondern aus einer bewussten Entscheidung heraus." (Vitra 2020)

In unserem Beitrag haben wir nach den architektonisch-räumlichen Veränderungen durch COVID-19 gefragt. Wie der thematische Überblick über die Berichterstattung zwischen März und Oktober 2020 gezeigt hat, sind Architektur und Raum dabei keineswegs randständig verhandelte Themen, sondern zentrale Gegenstände der Debatten um Corona. Insbesondere drei Themenkomplexe sind intensiv diskutiert worden: (1) Städte als potentielle Infektionsherde und eine damit verbundene Aufwertung ländlichen Raums als potentiell lebenswerterem Ort, (2) die Quarantäne in Wohnungen und die damit zusammenhängende Diskussion von Privatwohnungen als „neuen" Arbeitsorten sowie (3) die Abschaffung bzw. der „Tod" des Büros. Historisch betrachtet sind diese Motive und Arten der Problematisierung nicht neu: Gerade die Debatte um Städte als Infektionsherde und gefährlichen Orten lässt sich in eine lange Tradition der Problematisierung von Städten seit Beginn der Industrialisierung einordnen. Aus unserer Sicht überraschender ist die Dynamik und der Optimismus, mit dem die Debatte um Wohnungen als neuen Arbeitsorten und die Diskussion um die Abschaffung des Büros geführt wird. Galt Heimarbeit zu Anfang des 20. Jahrhunderts noch als ein Zustand, der überwunden werden sollte, als Widerspruch zur modernen Industriegesellschaft, wird Homeoffice heute als Zukunftsmodell gehandelt. Homeoffice ist die „technologisch avancierte Tätigkeit gut bezahlter Wissensarbeiter" und steht damit im Kontrast zur alten, scheinbar rückständigen Form der Heimarbeit: „schlecht entlohnt und technisch nicht auf der Höhe der Zeit" (Kramer 2020).

Neben der diskursiven Verhandlung der Pandemie hat uns außerdem interessiert, welche architektonisch-räumlichen Maßnahmen in den ersten Monaten nach ihrem Ausbruch diskutiert oder bereits umgesetzt worden sind. Um besser einordnen zu können, wie sich die architektonisch-räumlichen Maßnahmen um COVID-19 charakterisieren lassen, haben wir eine Typologie dieser Maßnahmen vorgeschlagen, die diese nach ihrem (1) *Zeitbezug*, ihrem *(2) Akteursbezug*, sowie nach ihrer *(3) Wirkungszuschreibung* unterscheiden. Diese Systematisierung zeigt, dass die architektonisch-räumlichen Maßnahmen, die zur Eindämmung der Corona-Pandemie vorgeschlagen und bislang umgesetzt wurden, in erster Linie *präventiv* ausgerichtet sind. Präventive Maßnahmen zielen darauf ab, eine Infektion mit COVID-19 bzw. die weitere Verbreitung von Corona zu verhindern und sind damit in erster Linie (1) auf die *Zukunft* gerichtet, (2) an *Gesunde* gerichtet, und unterstellen (3) Architektur implizit als *verhindernde* Struktur.

In Abschnitt 4 haben wir solche präventiven Maßnahmen am Beispiel von Coworking Spaces empirisch untersucht. Unsere Untersuchungen von Coworking Spaces in Leipzig und Berlin legen nahe, dass sich durch COVID-19 bislang nicht überall und vor allem nicht grundlegend etwas an den Räumen und Architekturen des Arbeitens verändert hat. Weil wir genau genommen also etwas anderes in den Blick nehmen als „die gebaute Umwelt", sondern ein viel kleinteiligeres Arrangement aus (innen-)architektonischen Elementen wie Stühlen und Tischen, aber auch architektonisch-räumlichen Elementen wie Software und Schildern, benennen wir die so festgestellten Veränderungen als *Mikroarchitekturen der Pandemie*.

In Abschnitt 5 ging es uns schließlich um die sozialen Effekte dieser Mikroarchitekturen, d. h. die Folgen für Interaktions- und Kommunikationsprozesse in den von uns untersuchten Coworking Spaces. Im Ergebnis stellen wir dabei fest, dass die Veränderungen der Mikroarchitekturen die grundlegende Idee von Coworking Spaces beeinträchtigen. Insbesondere die Vorstellung „unübertroffener Flexibilität" steht vielfach im Widerspruch zu den architektonisch-räumlichen Maßnahmen des Infektionsschutzes.

Weil immer mehr Arbeitnehmer:innen ihre Arbeit von verschiedenen Orten aus erledigen können, verschieben sich auch die Funktionen von Arbeitsumgebungen. Orte des Arbeitens könnten so langfristig gesehen stärker zu Orten werden, die in erster Linie als eine Art Ort psychosozialer Gesundheit fungieren. Diese Entwicklung wird einen architektonisch-räumlichen Ausdruck finden, der wiederum auf Kommunikations- und Interaktionsprozesse zurückwirkt. Schon kleinere Eingriffe in räumlich-architektonische Settings, das haben wir versucht zu zeigen, haben soziale Folgen und sind dementsprechend ein wichtiger Gegenstand soziologischer Forschung.

Literatur

Bene Büromöbel. „Physical Distancing. Die Harmonie der richtigen Distanz". *Bene Office Magazin*. https://bene.com/de/office-magazin/die-harmonie-der-richtigen-distanz/. 2020 (21. April 2021).

Beyer, Elke, Kim Förster, Anke Hagemann, und Laurent Stalder. „Editorial: Von Absperrgitter bis Zeitmaschine". *ARCH+* 191/192 (2009).

Bock, Joern. „Das Büro der Zukunft: Mehr Begegnungsstätte als Arbeitsstätte". *Trend Report. Redaktion und Zeitung für moderne Wirtschaft*. https://www.trendreport.de/das-buero-der-zukunft-mehr-begegnungsstaette-als-arbeitsstaette/. 17. Juni 2020 (25. März 2021).

Budds, Diana. „Coronavirus: Design in the age of pandemics. Throughout history, how we design and inhabit physical space has been a primary defense against epidemics". *Curbed*. https://archive.curbed.com/2020/3/17/21178962/design-pandemics-coronavirus-quarantine. 17. März 2020 (25. März 2021).

Chayka, Kyle. „How the Coronavirus will reshape Architecture. What kinds of space are we willing to live and work in now?". *The New Yorker*. https://www.newyorker.com/culture/dept-of-design/how-the-coronavirus-will-reshape-architecture. 17. Juni 2020 (25. März 2021).

Colomina, Beatriz. *X-Ray Architecture*. Zürich: Lars Müller, 2019.

Datenschutzkonferenz. „Einsatz von Wärmebildkameras bzw. elektronischer Temperaturerfassung im Rahmen der Corona-Pandemie". *Beschluss der Konferenz der unabhängigen Datenschutzaufsichtsbehörden des Bundes und der Länder*. https://www.datenschutzkonferenz-online.de/media/dskb/20200910_beschluss_waeremebildkameras.pdf. 10. September 2020 (25. März 2021).

Delitz, Heike. *Architektursoziologie*. Bielefeld: transcript, 2009.

Delitz, Heike. *Gebaute Gesellschaft: Architektur als Medium des Sozialen*. Frankfurt a. M.: Campus, 2010.

Fischer, Joachim. „Architektur als ‚schweres Kommunikationsmedium' der Gesellschaft. Zur Grundlegung der Architektursoziologie". *Der gebaute Raum: Bausteine einer Architektursoziologie vormoderner Gesellschaften.* Hg. Peter Trebsche, Nils Müller-Scheeßel und Sabine Reinhold. Münster: Waxmann, 2010.

Forsyth, Ann. „What role do planning and design play in a pandemic? Ann Forsyth reflects on COVID-19's impact on the future of urban life". *Harvard University Graduate School of Design News.* https://www.gsd.harvard.edu/2020/03/what-role-do-planning-and-design-play-in-a-pandemic-ann-forsyth-reflects-on-covid-19s-impact-on-the-future-of-urban-life/. 19. März 2020 (25. März 2021).

Görmar, Lars, und Ricarda B. Bouncken. „Gemeinsames Arbeiten in der dezentralen digitalen Welt". *Gestaltung vernetzt-flexibler Arbeit: Beiträge aus Theorie und Praxis für die digitale Arbeitswelt.* Wiesbaden: Springer Vieweg, 2020.

Hägele, Julia. „Wie Sie im Homeoffice nicht einsam werden". *SZ Magazin.* https://sz-magazin.sueddeutsche.de/leben-und-gesellschaft/homeoffice-kollegen-einsamkeit-89480. 23. November 2020 (25. März 2021).

Hank, Rainer. „Das Büro. Ein Nachruf". *Frankfurter Allgemeine Zeitung.* https://www.faz.net/aktuell/wirtschaft/das-buero-die-corona-pandemie-gibt-ihm-nun-den-rest-16824551.html. 22. Juni 2020 (25. März 2021).

Häußermann, Hartmut. „Stadtstruktur". *Deutsche Verhältnisse. Eine Sozialkunde. Bundeszentrale für Politische Bildung.* https://www.bpb.de/politik/grundfragen/deutsche-verhaeltnisse-eine-sozialkunde/138637/stadtstruktur. 10. September 2012 (25. März 2021).

Hering, Linda. „Notstand im Schlaraffenland – wie das Coronavirus unsere Einkaufsorte refiguriert". *SFB 1265 „Re-Figuration von Räumen".* https://www.sfb1265.de/blog/notstand-im-schlaraffenland-wie-das-coronavirus-unsere-einkaufsorte-refiguriert/. 3. April 2020 (25. März 2021).

Alipour, Jean-Victor, Oliver Falck, und Simone Schüller: „Homeoffice während der Pandemie und die Implikationen für eine Zeit nach der Krise". *ifo Schnelldienst, ifo Institut – Leibniz-Institut für Wirtschaftsforschung an der Universität München* 73.07 (2020): 30–36.

Interstuhl. „Weltweite Office Trends. Warum die Arbeitswelt nach der Pandemie anders, aber besser wird". *Interstuhl Büromöbel GmbH & Co. KG.* https://www.interstuhl.com/img/contents/News/Whitepaper_OfficeTrends_web.pdf. 13. August 2020. (25. März 2021).

Kracauer, Siegfried. *Die Angestellten: aus dem neuesten Deutschland.* 2. Aufl. Frankfurt a. M.: Suhrkamp, 1929.

Kramer, Bernd. „Als Arbeit und Privatleben getrennt wurden". *Süddeutsche Zeitung.* https://www.sueddeutsche.de/karriere/arbeiten-nach-corona-heimarbeit-home-office-geschichte-1.5001135?reduced=true. 19. August 2020 (25. März 2021).

Kühmeyer, Franz. „Arbeitswelt nach der Coronakrise: ‚Wir haben gelernt, neu zu arbeiten'". *stuttgarter-nachrichten.de.* https://www.stuttgarter-nachrichten.de/inhalt.arbeitswelt-nach-der-Coronakrise-wir-haben-gelernt-neu-zu-arbeiten.a5d003d2-5a08-4a04-8f4c-a44f0cdda858.html. 12. Januar 2021 (25. März 2021).

Lazzarato, Maurizio. „Immaterial labor". *Radical Thought in Italy: A Potential Politics.* Hg. Paolo Virno und Michael Hardt. Minneapolis, London: University of Minnesota Press, 1996. 142–57.

Lemke, Thomas. „Flexibilität". *Glossar der Gegenwart.* Hg. Ulrich Bröckling, Susanne Krasmann und Thomas Lemke. 1. Aufl. Frankfurt a. M.: Suhrkamp, 2004. 82–88.

Lindemann, Gesa. „Der Staat, das Individuum und die Familie". *Die Corona-Gesellschaft: Analysen zur Lage und Perspektiven für die Zukunft*. Hg. Michael Volkmer und Karin Werner. Bielefeld: transcript, 2020. 253–262.

Lindemann, Gesa. *Die Ordnung der Berührung Staat, Gewalt und Kritik in Zeiten der Coronakrise. Ein Essay*. Weilerswist: Velbrück, 2020.

Löw, Martina, und Hubert Knoblauch. „Die Coronakrise und die Refiguration des Raumes". *Digitales Kolloquium. Soziologische Perspektiven auf die Coronakrise*. 13. Mai 2020 (21. April 2021).

Maak, Niklas. „Leben nach der Coronakrise: Die Stadt der Zukunft". *Frankfurter Allgemeine Zeitung*. https://www.faz.net/aktuell/feuilleton/debatten/wie-sehen-unsere-staedte-nach-der-Coronakrise-aus-16770273.html. 16. Mai 2020 (25. März 2021).

Mäder, Claudia. „Adieu, liebes Büro!" *Neue Zürcher Zeitung*. https://www.nzz.ch/feuilleton/das-buero-stirbt-in-der-pandemie-einen-langsamen-tod-ein-nachruf-ld.1561279. 16. Juni 2020 (25. März 2021).

Manderscheid, Katharina. „Über die unerwünschte Mobilität von Viren und unterbrochene Mobilitäten von Gütern und Menschen". *Die Corona-Gesellschaft: Analysen zur Lage und Perspektiven für die Zukunft*. Hg. Michael Volkmer und Karin Werner. Bielefeld: transcript, 2020. 101–110.

Merkel, Janet, und Maria Oppen. „Coworking Spaces: Die (Re-)Organisation kreativer Arbeit". *WZB Brief Arbeit*. www.wzb.eu/de/publikationen/wzbrief-arbeit. 16. Juni 2013 (25. März 2021).

Müller, Henrik. „Stadt, Land, Covid. Umbruch von Leben und Arbeit". *Spiegel Online*. https://www.spiegel.de/wirtschaft/coronakrise-deutschland-koennte-kleinstaedtischer-werden-a-c6e030d0-19b8-401e-a3ad-3e96a67ff59d. 16. August 2020 (25. März 2021).

Ngo, Anh-Linh. „Wir richten uns zu Hause ein". *Die Zeit*. https://www.zeit.de/kultur/2020-07/architektur-nach-corona-wohnungseinrichtungen-homeoffice-zukunft. 18. Juli 2020 (25. März 2021).

Pestalozzi, Manuel. „Hygiene, Schmutz und Architektur". *German-Architects*. https://www.german-architects.com/de/architecture-news/hauptbeitrag/hygiene-schmutz-und-architektur-1. 23. März 2016 (25. März 2021).

Peters, Adele. „How we can redesign cities to fight future pandemics". *Fast Company*. https://www.fastcompany.com/90479665/how-we-can-redesign-cities-to-fight-future-pandemics. 24. März 2020 (25. März 2021).

Regus. „Coworking Spaces". *Regus*. https://www.regus.com/de-de/coworking. 15. August 2020 (25. März 2021).

Robelski, Swantje, Helena Keller, Volker Harth, und Stefanie Mache. „Coworking Spaces: The Better Home Office? A Psychosocial and Health-Related Perspective on an Emerging Work Environment". *International Journal of Environmental Research and Public Health*, 16.13 (2019): 1–22.

Robert Koch-Institut. *Epidemiologischer Steckbrief zu SARS-CoV-2 und COVID-19*. https://www.rki.de/DE/Content/InfAZ/N/Neuartiges_Coronavirus/Steckbrief.html. (25. März 2021).

Roesler, Sascha. „Epidemiologie, urbane Proxemik und Städtebau". *Bauwelt* 13/226 (2020): 70–73.

Spahn, Jens. „Spahn: Eine starke Wirtschaft kann nur mit einem starken Gesundheitswesen gelingen". *Rede von Jens Spahn im Bundestag zum Etat seines Ministeriums für das kommende Haushaltsjahr*, 1. Oktober 2020. https://www.bundesgesundheitsministe rium.de/presse/reden/bundeshaushalt-2021-1-lesung.html. (25. März 2021).

Steets, Silke. *Der sinnhafte Aufbau der gebauten Welt: eine Architektursoziologie*. 1. Aufl. Frankfurt a. M.: Suhrkamp, 2015.

Stinson, Elizabeth. „Health and Disease Have Always Shaped Our Cities. What Will Be the Impact of COVID-19?". *Architectural Digest*. https://www.architecturaldigest.com/story/how-will-coronavirus-impact-cities. 23. April 2020 (25. März 2021).

Vitra. *A safe landing a new office reality. Vitra 02* (2020).

WeWork. *WeWork. Lösungen für Büroräume und Arbeitsbereiche*. https://www.wework.com/de-DE. 2020 (25. März 2021).

Ideologie und Weltanschauung

Peter Schulz
Covid-19 und Verschwörungsdenken: Kapitalistischer Realismus in der Krise

1 Einleitung

Verschwörungstheorien über das Virus selbst, die staatlichen Eindämmungsmaßnahmen, Impfstoffe und die Weltgesundheitsorganisation (WHO) gewinnen mit dem Andauern der Covid-19-Krise an Aufmerksamkeit. Um diesen Zugewinn an Aufmerksamkeit zu erklären, ist ein Blick sowohl auf die politisch-medialen gesellschaftlichen Dynamiken ihrer Verbreitung wie die psychologisch-affektiven subjektiven Motivationen, Verschwörungsdenken zu vertreten und zu propagieren, notwendig. Zwischen diesen beiden Polen sind drittens die Denkformen zu betrachten, in denen die Gesellschaft und ihre Krise von den Subjekten begriffen wird. Zu diesem dritten Blick auf Verschwörungsdenken in der Covid-19-Krise soll folgend ein Beitrag geleistet werden, indem die Kapitalismusdiagnosen von Karl Marx, Silvia Federici und Claus Offe in Beziehung zu Mark Fishers (2009) Konzept des *Kapitalistischen Realismus* gesetzt werden. Verschwörungsdenken soll so auch als Rationalisierungsform verstanden werden, um den in der Krise unter Druck geratenen Kapitalistischen Realismus – eine zeitgenössische Rechtfertigungsideologie des Kapitalismus – zu stabilisieren.

Um diesen Zusammenhang zu untersuchen gliedert sich der Beitrag in drei Hauptteile: Der erste Teil stellt dar, wie die derzeitige Krise als Doppelkrise von Kapital und Leben verständlich wird. In Bezug auf die Kapitalismustheorien Karl Marx' und Silvia Federicis wird die Covid-19-Pandemie als doppelte Krise der Produktionsverhältnisse ebenso wie der (Re)Produktivkräfte verstanden. Der zweite Teil zieht Mark Fishers Konzept des Kapitalistischen Realismus heran und reichert es mit der Unterscheidung zwischen Produktionsverhältnissen und (Re)Produktivkräften an, um damit den dritten Teil vorzubereiten. In ihm werden das Verschwörungsdenken mit Bezug auf die Covid-19-Pandemie als Reaktion des Kapitalistischen Realismus auf die Doppelkrise verstanden, der in der Unfähigkeit begründet liegt, zwischen Produktionsverhältnissen und (Re)Produktivkräften zu unterscheiden. Mit dieser Unterscheidung können so die Krise selbst und die ökonomischen und politischen Reaktionen als Bestandteile der spezifisch kapitalistischen (Ir)Rationalität – rational für die Verwertung des Kapitals, irrational für das Leben – begriffen werden. In Ermangelung dieser Unterscheidung stellt das Verschwörungsdenken eine irrationale Form dar, die kapitalistische (Ir)Rationalität zu rationalisieren und so den Kapitalistischen Realismus aufrecht zu erhalten.

Der Beitrag ist unter unmittelbarem Eindruck der stattfindenden Pandemie und der steigenden Popularität des auf sie bezogenen Verschwörungsdenkens im Herbst 2020 entstanden und hat damit einen sehr spezifischen Zeitkern. Dennoch kann er hoffentlich einen Beitrag über das Auftreten und die Bedeutung von Verschwörungsdenken im Kapitalismus auch über den Covid-19-Bezug hinaus liefern.

2 Die Covid-19-Krise als Doppelkrise des Kapitals und des Lebens

Die Covid-19-Pandemie führt dazu, dass das alltägliche soziale Leben auf privater wie gesellschaftlicher Ebene beschränkt und verändert wird – im Fall einer Infektion ist es sogar das Leben auf biologischer Ebene, auf das sich schädliche Wirkungen entfalten. Entsprechend erscheint die Pandemie als doppelte Krise: als Krise des (sozialen und biologischen) menschlichen Lebens ebenso wie als ökonomische Krise des Kapitals. Schon im April 2020 wurde sichtbar, dass die Pandemie durch die Verringerung globaler Waren- und Menschenströme, die Unterbrechung industrieller und landwirtschaftlicher Produktion und den Nachfrageeinbruch (Barua 2020) zu einer globalen Wirtschaftskrise von beeindruckendem Ausmaß führte. Allein in den Vereinigten Staaten meldeten sich im April 20 Millionen Menschen erwerbslos (Coibion et al. 2020) – von denen ein halbes Jahr später immer noch 11 Millionen arbeitslos sind (Bureau of Labor Statistics U.S. Department of Labor 2020). Dieser Anstieg der Arbeitslosigkeit überstieg den Anstieg in der Wirtschaftskrise 2008 ebenso wie den 1929 und führte jetzt schon zu einer größeren Arbeitslosenrate als in Folge der Weltwirtschaftskrise 2008. Viele Staaten der Europäischen Union haben Kurzarbeitergeld oder ähnliche Programme eingeführt oder ausgeweitet (Schäfer et al. 2020), in Deutschland werden im Jahr 2020 geschätzt zwei Millionen Arbeiter:innen Kurzarbeitergeld beantragt haben – doppelt so viele wie 2008 (Schulten und Müller 2020, 5). Auf der anderen Seite sind global die Infektions- und Todesraten weiterhin steigend und die meisten Industrienationen sehen sich im Winter 2020/2021 mit einer – je nach Zählung zweiten oder dritten – Infektionswelle konfrontiert.

Diese zwei Seiten der Doppelkrise sind teilweise kongruent, da die Kapitalreproduktion vom menschlichen Leben abhängig ist – als Arbeitskraft wie als Konsument:innen –, zugleich führt diese Abhängigkeit aber zu Widersprüchen und Konflikten, da der Infektionsschutz durch die Stillstellung des sozialen Lebens der Notwendigkeit andauernder Produktion und Konsumtion entgegensteht. Ein Ausdruck dieser Konflikte waren einerseits mehrere Streiks und Protestaktionen im Frühjahr, in denen in verschiedenen Ländern Arbeiter:innen für die Schließung ihrer Betriebe kämpften (Butini 2020; Heikkilä 2020), und andererseits Proteste von Gewerbetreibenden gegen verordnete Schließungen. Die Doppelseitigkeit der Covid-19-Krise enthüllt also die widersprüchliche Beziehung des Kapitals zu seiner Basis im Leben selbst: Auf der einen Seite hängt das Kapital vom Leben als grundlegende Quelle der Produktion und Konsumtion ab, auf der anderen Seite ist es strukturell blind für und sorglos gegenüber Sicherheit und reproduktive Bedingungen dieses Lebens. Um den Zusammenhang zwischen Kapitalistischem Realismus und dem Aufstieg von Verschwörungsdenken in der Covid-19-Krise zu verstehen, ist es notwendig, diesen Zusammenhang zwischen Kapitalreproduktion und Reproduktion des Lebens zu fokussieren. Dazu sollen folgend sehr knapp einzelne Elemente der Marxschen Theorie des Kapitalismus, insbesondere die Unterscheidung zwischen Produktionsverhältnisse und Produktivkräften, herangezogen werden.

Marx unterscheidet die kapitalistische Produktionsweise in ‚Produktionsverhältnisse' einerseits und ‚Produktivkräfte' andererseits. Grob bestimmt sind Produktionsverhältnisse auf die gleiche Weise die soziale Form und die Produktivkräfte der materiale Inhalt des Kapitalismus, wie der Tauschwert die soziale Form und der Gebrauchswert der stoffliche Inhalt der Ware sind (Marx 1962, 50). Produktivkräfte sind dabei nicht bloß das Vermögen der Arbeitskraft, nützliche Dinge zu produzieren, sondern auch technologische und sogar organisatorische Entwicklungen, die dieses Vermögen steigern. Eine Veränderung in der Arbeitsteilung beispielsweise, die zu einer höheren Produktivität führt, wäre aus marxistischer Perspektive eine Steigerung der Produktivkräfte (Marx 1962, 407).

Dabei ist es zentral, dass Produktivkräfte und Produktionsverhältnisse nicht als zwei getrennte Sektoren des Kapitalismus begriffen werden, sondern als Inhalt und Form einer Entität – und wie bei der Ware ist auch hier der Inhalt zutiefst geprägt von seiner Form: Nicht nur formt die Art der Arbeit, die Menschen machen, ihren Körper und ihren Geist, sondern seit dem Aufstieg von Massenkonsum und Kulturindustrie im 20. Jahrhundert ist die Formung von Bedürfnissen selbst Teil des Verwertungsprozesses. Diese tiefgreifende Formierung der Subjektivität durch den Kapitalprozess selbst ist die Grundlage für den Kapitalistischen Realismus.

Im *Kapital* betrachtet Marx nur die Teile der Gesellschaft, die für das Kapital unmittelbar relevant sind – eine Betrachtungsweise, die für diese Beschränkung insbesondere von feministischen Theoretiker:innen kritisiert wurde. Ihre Hauptkritik ist, dass Marx – der Blindheit des Kapitals folgend – die Arbeitskraft als gegeben voraussetzt und sich nicht fragt, wie sie selbst produziert wird. Die marxistisch-feministische Theoretikerin Silvia Federici entwickelt aus dieser Kritik eine Theorie der zwei Produktionsweisen: Die erste bezeichnet die kapitalistische Produktionsweise und umfasst die Produktion von Waren durch Lohnarbeit, wie sie durch Marx analysiert wurde, die zweite Produktionsweise umfasst die „Produktion der Arbeitskraft" (Federici 2012, 13) selbst. Im Kapitalismus ist die zweite als Reproduktion weitgehend von der Warenproduktion getrennt und findet hauptsächlich im Rahmen unbezahlter Hausarbeit statt. Federici baut ihr Verständnis des Kapitalismus auf beide Produktionsweisen auf und verändert damit gegenüber Marx ihren Blickwinkel – von einem Blick aus Perspektive des Kapitals zu einem Blick auf die Gesellschaft als Ganzes. Aus dieser Perspektive wird dann nachvollziehbar, dass der Staat nicht nur die verschiedenen, gegensätzlichen Interessen der nationalen Einzelkapitale zueinander vermittelt, ihre Konflikte reguliert und entsprechend Teil der kapitalistischen Produktionsverhältnisse ist (Offe 1972), sondern auch Teil der Produktionsverhältnisse der zweiten Produktionsweise ist und die Reproduktion der Arbeitskraft reguliert – also Biopolitik betreibt (Foucault 1987). Die Regulierung beider Produktionsweisen und damit das staatliche Handeln kann dabei in Widerspruch zueinander geraten, da die beiden Produktionsweisen – obwohl sie durch die Abhängigkeit des Kapitals von der Arbeitskraft (und den Konsument:innen) verbunden sind – unterschiedliche Produktionsverhältnisse ausbilden.

Die Covid-19-Pandemie als doppelte Krise – von Kapital und Leben – ist entsprechend nicht nur eine Krise der kapitalistischen Produktionsweise, sondern beider Produktionsverhältnisse und auch ihrer (Re)Produktivkräfte. Zur Verringerung der gesundheitlichen Risiken muss nicht nur die Produktion reorganisiert werden, sondern das gesamte Alltagsleben ändert sich, und nur die Entwicklung der Produktivkräfte – Wissen über den Virus und seine Infektionswege, die in das Alltagswissen übergehen, Wissen über Behandlungstechniken bei Covid-19 und Impfstoffe gegen SARS-CoV-2 – können beide Krisen beenden; und bis dahin muss der Staat zwischen den beiden Krisen und ihren oft widersprüchlichen Anforderungen vermitteln.

3 Kapitalistischer Realismus: Blindheit für die Differenz zwischen Produktionsverhältnissen und Produktivkräften

Kapitalistischer Realismus – ein Begriff, den Mark Fisher 2009 mit seinem gleichnamigen Essay popularisierte – bezeichnet den Mangel an wahrgenommenen Alternativen zum Kapitalismus in der Gegenwartsgesellschaft; mehr noch, er beschreibt die Unfähigkeit, sich solche Alternativen überhaupt vorzustellen. Nach Fisher ist Kapitalistischer Realismus eine Form der Subjektivation im zeitgenössischen neoliberalen Kapitalismus, die auf der Vorstellung beruht, dass sich nichts Neues ereignen könne (Fisher 2009, 3).

Fisher schließt hier an Marx' Begriff der „Denkformen" (Marx 1962, 564) an. Für Marx sind Denkformen durch die gesellschaftliche Praxis erzeugte und subjektivierte Rahmenbedingungen des Denkens und Wahrnehmens. Am Anfang des zweiten Kapitels des *Kapitals* beschreibt er etwa die Denkformen, die durch den Tausch der Waren auf dem Markt bedingt sind und die wechselseitige Anerkennung der Menschen als freie, gleiche und einander gleichgültige Warenbesitzer:innen strukturieren (Marx 1962, 99). Diese Denkformen werden durch Ideologien in einen Zusammenhang gesetzt und reproduziert – Ideologien sind daher „objektiv notwendig und zugleich falsches Bewußtsein" (Adorno 2003, 465): ‚Objektiv notwendig', da sie eine Selbst- und Fremdwahrnehmung bedingen, die innerhalb der herrschenden Verhältnisse funktional ist, falsch, da sie diese Verhältnisse zugleich durch ihre Ontologisierung verschleiert. Der Liberalismus etwa setzte die Denkformen, die Marx als Ergebnis und Voraussetzung des Warentausches beschrieb, in einen kohärenten Zusammenhang, und folgerte aus ihnen das Versprechen der Emanzipation aus Unfreiheit und Unmündigkeit. Ideologie ist dabei aber nicht nur als Deutungsrahmen der Denkformen zu verstehen, sondern wirkt auf diese formend zurück.

Fisher beschreibt mit dem Kapitalistischen Realismus nun eine Ideologie der Gegenwart. Mit dem Ende der Blockkonfrontation bezeichnete das proklamierte Ende der Geschichte ein positiv besetztes Konzept – Kapitalismus und die liberale Demokratie schienen als endgültige Sieger aus der historischen Entwicklung hervorgegangen zu sein. Mit dem Platzen der DotcomBlase 2000 und mehr noch den Ereignissen des 11. September 2001 erscheinen der Sieg des Liberalismus jedoch in Zweifel gezogen. Er tritt nicht als strahlender Sieger auf, sondern in verzweifelter Abwehrhaltung gegenüber religiösen Fundamentalismen, ökonomischen (und ökologischen) Krisen und dem Aufstieg Chinas zur Weltmacht. Das Ende der Geschichte erscheint nicht mehr als erreichter Zustand der Freiheit und des Glücks, aber die Geschichte – als Versprechen auf eine bessere Zukunft – begann auch nicht wieder; und nach Fisher (der hier Frederic Jameson und Slavoj Žižek folgt) wurde es zunehmend einfacher, sich das Ende der Welt vorzustellen als das Ende des Kapitalismus (Fisher 2009, 2). Fisher schreibt in seinem Essay diese Situation dem Neoliberalismus zu und versteht Kapitalistischen Realismus als Weiterentwicklung des Postmodernismus, wie ihn Jameson analysiert. Die Projektionen des Kapitalistischen Realismus, die Welt als Gegenwart, losgelöst von Vergangenheit und Zukunft zu verstehen (Fisher 2009, 4) sowie menschliches Zusammenleben und Kapitalismus in eins zu setzen erscheinen jedoch schon früher. Sie sind beispielsweise ein zentrales Thema in Herbert Marcuses *Der eindimensionale Mensch*, in dem Marcuse 1964 beschreibt, wie „der Begriff [...] tendenziell durch das Wort absorbiert" (Marcuse 1994, 106) wird und daher nichts anderes als die gegenwärtige Wirklichkeit mehr bezeichnen kann. Marcuse stellt das beispielhaft am Begriff ‚Freiheit' dar, der zu einem Wort, das die Freiheit des Warenverkehrs und des Marktes bezeichnet, reduziert wird und daher keine interne Kritik des Kapitalismus mehr ermöglichen kann. Beide Konzepte, das der Eindimensionalität und das des Kapitalistischen Realismus, sind in der gesellschaftlichen Produktion der Bedürfnisse begründet (Marcuse 1994, 16; Fisher 2009, 9), die den Kapitalismus seit etwa 100 Jahren kennzeichnet.

Marcuse – und auch Adorno, der die Ideologie der 1950er als „überhöhte Verdoppelung und Rechtfertigung des ohnehin bestehenden Zustandes" (Adorno 2003, 476) beschreibt – verstehen die dominante Ideologie des Fordismus als idealisierende Reproduktion der Gegenwart, die anders als der Liberalismus kein Versprechen auf eine bessere Zukunft mehr beinhaltet. Der Kapitalismus erschien nicht mehr, wie noch bei Adam Smith, als Mechanismus der andauernden Verbesserung, sondern, zwischen Massenkonsum, parlamentarischer Demokratie und Massenmedien, schon als erreichter Idealzustand. Fisher beschreibt im Kapitalistischen Realismus dagegen eine Ideologie, in der es ebenfalls keine positive Zukunft gibt, aber das drohende Ende der Welt. Der Kapitalismus ist es für den Kapitalistischen Realismus, der dieses Weltende verhindert.

Beide Konzepte beschreiben dabei, wie aus der jeweiligen Ideologie der Mangel an Protest und Widerstand oder gar einen Modus der Interpassivität (Fisher 2009, 12) resultiert, einen Begriff den Fisher von Robert Pfaller übernimmt. Interpassivität beschreibt dabei ästhetische und religiöse Praktiken, in denen der Rezipient oder Gläubige passiver Betrachter nicht nur der Handlungen, sondern auch der Konsumtion selbst ist (Pfaller 2008, 15). Pfaller, an Althusser anschließend, versteht Interpassivität dabei als Weg des Subjekts, der Anrufung durch die Konsumtion zu entkommen: Der Betrachter delegiert seinen Genuss und kann sich daher der Subjektivierung entziehen (Pfaller 2008, 181). Fisher übernimmt den Begriff, ohne jedoch Pfallers emanzipatorische oder zumindest subversive Perspektive zu übernehmen. Für ihn ist Interpassivität ein Modus kapitalistischer Ideologie, der die Passivität der Subjekte aufrechterhält. Schon Adorno beschreibt, dass auch „all[e] Transzendenz und all[e] Kritik" (Adorno 2003, 476) in die Ideologie integriert werden, die so Vorstellungen einer Alternative zum Bestehenden durch die Integration umformt und entkräftet. Entsprechend dazu werden in der Interpassivität pseudo-subversive kulturelle Produkte konsumiert, die über die Befriedigung des Bedürfnisses nach antikapitalistischer Haltung die Aufrechterhaltung des Konsums erlauben (Fisher 2009, 12). Mit der Interpassivität eng verwandt versteht Fisher die Ironie, die ebenfalls eine Weise der beziehungslosen Beziehung zur Wirklichkeit ist (Fisher 2009, 5). In ihr werden gesellschaftliche und subjektive Widersprüche, die nicht geleugnet werden können, artikuliert und zugleich entkräftet, sie hat letztlich eine Ventilfunktion für den Kapitalistischen Realismus.

Angesichts der gegenwärtigen Situation scheint dieser Fokus auf Ironie veraltet, Verschwörungstheoretiker:innen vertreten ihre Positionen mit dem Gegenteil ironischer Distanz. Verschwörungsdenken trotzdem als zweiten Modus des Kapitalistischen Realismus zu verstehen ist möglich, wenn dieser – in Kritik Fishers – enger mit dem Verständnis des Kapitalismus bei Marx und Federici verbunden wird. Der Blick auf Fishers unzureichende Auseinandersetzung mit ihren Kapitalismusdiagnosen und mit der Dialektik kapitalistischer Modernisierung erlaubt eine Korrektur seines Konzepts des Kapitalistischen Realismus. Fisher identifiziert Modernisierung ausschließlich mit einem Verfallsprozess – von Glaube zu Ästhetisierung, von Engagement zur passiven Betrachtung (Fisher 2009, 5) – und sieht im Gegenwartskapitalismus daher bloß eine Ruinenlandschaft, durch die sich interpassive Konsument:innen schleppen (Fisher 2009, 4). Für ihn ist die kapitalistische Modernisierung selbst ein eindimensionaler Prozess der Zerstörung, und Fisher erkennt die Dialektik der kapitalistischen Produktionsweise in ihrem Doppelcharakter aus Produktionsverhältnissen und Produktivkräften nicht. Markant wird dies, wenn Fisher bedauert, wie der Kapitalismus die Geschichte in bloße Objekte des Konsums verwandelt hat, die man etwa im British Museum betrachten könne (Fisher 2009, 4), ohne zu berücksichtigen, dass die meisten der dort ausgestellten Objekte ihren Ursprung in patriarchalen und undemokratischen Gesellschaften hatten. Gegen eine solche Idealisierung der Vergangenheit loben Karl Marx und Friedrich Engels (1959) im *Manifest* den Kapitalismus für seine Entfesselung der Produktivkräfte und selbst in Max Horkheimers und Theodor W. Adornos (1988) Korrektur dieses Fortschrittsoptimismus in der *Dialektik der Aufklärung* findet sich die Anerkennung des Fortschritts auch dort, wo er mit neuem Mystizismus und Destruktionskräften von in der Vormoderne ungekanntem Ausmaße verschränkt ist. Unter Berücksichtigung dieser Dialektik kann der Kapitalistische Realismus dagegen neu begriffen werden: Kapitalistischer Realismus ist das Nicht-Erkennen der Differenz zwischen Produktionsverhältnissen und Produktivkräften. Anstatt die emanzipatorischen Potenziale der Produktivkräfte und ihre Hemmung durch die kapitalistischen Produktionsverhältnisse zu erkennen, werden beide auf die gleiche Weise ontologisiert und scheinen untrennbar mit dem Kapitalismus verbunden. Aus der Perspektive des Kapitalistischen Realismus ist keine nichtkapitalistische Welt vorstellbar, weil die Vorstellung verschiedener gesellschaftlicher Formen der Produktivkräfte selbst unvorstellbar geworden ist.

4 Verschwörungsdenken als irrationale Reaktion auf die falsche Rationalität des Kapitalismus

Mit Bezug auf diese Unterscheidung kann Ironie und die von Fisher angesprochene Unfähigkeit, etwas anderes außer Genuss anzustreben, die er bei seinen Studierenden beobachtet (Fisher 2009, 22) als Form des Kapitalistischen Realismus außerhalb der Krise, als seine Normalform, begriffen werden. Fisher erhoffte sich vom Einbruch der materiellen Wirklichkeit in Form ökologischer Katastrophen, psychischer Erkrankungen und der andauernden Bürokratie im neoliberalen Kapitalismus das Auftreten von Rissen im Kapitalistischen Realismus und propagierte das Thematisieren dieser materiellen Wirklichkeit als emanzipatorische politische Strategie (Fisher 2009, 18). Derzeit, mit dem Einbrechen dieser Wirklichkeit durch SARS-CoV-2, wird aber deutlich, dass Kapitalistischer Realismus nicht verschwindet, sondern in seine Krisenform umschlägt: Verschwörungsdenken. Anstatt die Widersprüche innerhalb des Kapitalismus zu erkennen, erscheinen aus der Perspektive des Kapitalistischen Realismus die Krise des Kapitals und die Krise des Lebens, die die Covid-19-Pandemie mit sich bringen, als ein Phänomen – und entsprechend scheinen die politischen Maßnahmen der Krisenbewältigung nicht als das Ergebnis des Ineinandergreifens gegensätzlicher Rationalitäten der beiden Produktionsweisen, sondern als in sich irrational. Ohne die Unterscheidung zwischen der Krise des Lebens (und damit der Produktivkräfte) und der Krise der Kapitalakkumulation kann man keine realitätsbezogene Erklärung finden, warum Social Distancing in der Freizeit notwendig ist, während die Arbeit in Warenlagern, Fabriken und Schlachthöfen auch da weitergeht, wo ihre Produkte nicht unmittelbar überlebensnotwendig sind. Diese Irrationalität des Kapitalismus aus Perspektive der Anforderungen des Lebens wird im Kapitalistischen Realismus als Erklärungsmuster ausgeblendet, womit die kapitalistische Produktionsweise ontologisiert und verewigt wird. Die Irrationalität verbleibt jedoch als Oberflächenphänomen und wird im Verschwörungsdenken als Schein rationalisiert, hinter dem ein rationaler Plan einer Verschwörung stünde.

Um jedes Missverständnis zu vermeiden: Es gibt Verschwörungen – geheime Absprachen, mit denen ökonomische oder politische Akteure ihre Ziele erreichen wollen – im Kapitalismus. Ihnen aber liegt, wie Fisher betont, eine strukturelle Ebene zugrunde, die es überhaupt erst erlaubt, dass Verschwörungen möglich und attraktiv erscheinen (Fisher 2009, 68). Die Verschwörungen, die üblicherweise in Verschwörungstheorien auftreten, kehren diese Beziehung zwischen der Struktur des Kapitalismus und den Verschwörungen der Akteure um. Verschwörungstheorien wollen die gesamte Struktur und insbesondere ihre ungewünschten Effekte durch die Verschwörung erklären. Sie wären genauer als *Konspirationismus* zu bezeichnen – ein Begriff den Daniel Kulla (2007) einführt –, da sie weniger Theorien über Verschwörungen innerhalb kapitalistisch organisierter Gesellschaften sind, sondern eine Weltanschauung darstellen, die um die Zentralität einer Verschwörung kreist.

Die angesprochene Struktur meint die Produktionsverhältnisse im Kapitalismus. Ihre spezifische Rationalität wird von Marx in den ersten Kapiteln des *Kapitals* untersucht und er betont, dass jede kapitalistische Unternehmung sich dieser Rationalität unterwerfen muss, um in der Konkurrenz des Marktes zu überleben, auch dann, wenn sie damit die Bedingungen des Kapitalismus selbst untergräbt. Bereits Marx arbeitet zahlreiche Irrationalismen dieser Rationalität heraus: Das Kapital muss das Volumen des Werts gekaufter Arbeitskraft minimieren, um seine Profite zu maximieren, gleichzeitig entsteht dieser Profit nur aus der Anwendung der eingekauften Arbeitskraft (Marx 1964, 222); das Kapital muss versuchen, die Lohnkosten zu minimieren und ist zugleich mittelbar oder unmittelbar auf Kund:innen für die produzierten Konsumgüter angewiesen (Marx 1964, 268); das Kapital muss versuchen, den Arbeitstag auszudehnen, um die Arbeitskraft optimal zu verwerten, ist aber zugleich auf die Reproduktion der Arbeitskraft in der Freizeit angewiesen (Marx 1962, 247) usw. Mit dem Konspirationismus wird auf diese Irrationalismen nicht reagiert, indem sie als Produkt der Rationalität der Produktionsweise selbst entlarvt werden, sondern mit einer radikalen Form Kapitalistischen Realismus, als Denken *inside the box*: Konspirationismus ist der Versuch, die Irrationalität zu rationalisieren, indem sie als Ergebnis eines rationalen, geheimen Plans verstanden wird. Die angesprochenen Widersprüche des Kapitalismus und ihre krisenhaften Effekte werden, da als Alternative zum Kapitalismus nur der Untergang der Welt gedacht werden kann, nicht als im Kapitalismus begründet, sondern als Effekte einer externen Verschwörung verstanden, wie folgend an zwei Motiven von Verschwörungsdenken in der Covid-19-Krise dargestellt werden soll. Der Konspirationismus wird so selbst zutiefst irrational, da er alle ihm widersprechenden Fakten verdrängen muss, damit die Rationalisierung aufrechterhalten werden kann. Fisher beschreibt Kapitalistischen Realismus als Traumarbeit, weil in beidem – Kapitalistischen Realismus und der Traumarbeit – nicht bloß vergessen wird, sondern auch vergessen werden muss, dass vergessen wurde (Fisher 2009, 60). Dieser der Traumarbeit ähnliche Modus des Kapitalistischen Realismus ist es, der Konspirationismus gegen rationale Argumentation und widersprechende Fakten abschottet.

1) In der gegenwärtigen Krise reagiert dieser Modus der Rationalisierung auf scheinbar irrationale Maßnahmen, wie die angesprochene Selektivität des Lockdowns der Freizeit vom Sport über die Gastronomie bis zum Kulturbetrieb, wäh-

rend große Unternehmen weiter produzieren. Insbesondere Selbstständige und Kleinunternehmer:innen sind damit konfrontiert, ihre Geschäfte schließen zu müssen und erleben die staatliche Unterstützung für sie häufig als unzureichend, während große Betriebe weiterhin produzieren oder unter medialer Aufmerksamkeit durch Hilfspakete gestützt werden. Diese Maßnahmen folgen einer Rationalität, da der Staat die Kapitalakkumulation aufrechterhält, indem er die zentralen produktiven Einheiten stützt, die im großem Umfang auf Maschinerie und patentiertem Wissen – fixem Kapital – beruhen und über ausgedehnte Wertschöpfungsketten verfügen; deren Bankrott also weitreichende Folgen für die gesamte Wirtschaft hätte. Im Gegensatz dazu beruhen kleine Unternehmen, insbesondere solche, deren Geschäft aus personenbezogenen Dienstleistungen besteht, vor allem auf der Verwertung von Arbeitskraft – variablem Kapital – und verfügen über geringes fixes Kapital (das durch seine Nichtbenutzung entwertet würde), sowie über kurze Wertschöpfungsketten. Ihr Ausfall ist damit leichter kompensierbar und sie sind nach der Krise – aufgrund geringer Gründungskosten – leichter wiederaufzubauen. Entsprechend versuchen staatliche Maßnahmen auch mittels der Vorschriften zum Social Distancing und partiellem Lockdown des Freizeitlebens einen Kompromiss zwischen den Schutzbedürfnissen des Lebens und damit der (Re)Produktivkräfte einerseits und den Anforderungen der Kapitalakkumulation zu finden, entsprechend der Logik: Social Distancing in der Freizeit erlaubt moderate Neuinfektionsraten trotz gedrängter Arbeitsplätze, Schulen und Pendlerverkehr. Konspirationist:innen verstehen die staatlichen Maßnahmen nicht in diesem Sinne als probabilistische Techniken, die die Kapitalakkumulation am Laufen halten sollen. Sie interpretieren sie stattdessen als politische Instrumente, die die staatliche Kontrolle über das Alltagsleben etablieren und stärken sollen.

2) Eine zweite Irrationalität des Kapitalismus besteht in der Beziehung zwischen den Normen und Werten einerseits und der Wirklichkeit andererseits, da der Konkurrenzzwang des Marktes es kapitalistischen Unternehmen systematisch nahelegt, die Normen und moralischen Werte, die im Kapitalismus Gültigkeit beanspruchen, zu unterlaufen (Fisher 2009, 46). Da aus der Perspektive des Kapitalistischen Realismus Kapitalismus als ‚rein' imaginiert wird, bleiben diese Regelbrüche als Teil der kapitalistischen Normalität unverstanden. Kapitalistischer Realismus kann nicht anerkennen, dass die einzige Existenzweise des Kapitalismus ein „dirty capitalism" ist, wie es Sonja Buckel (2008) formuliert, dass also nicht nur Normen und Werte im Kapitalismus konstant verletzt werden, sondern dass der Kapitalismus diese Verletzungen systemisch benötigt, um zu operieren. Stattdessen scheint aus Perspektive des Kapitalistischen Realismus der Kapitalismus selbst als reine und gerechte Gesellschaft, der nicht durch

seine interne Struktur, sondern durch externe Elemente (die Verschwörung) gestört wird (Fisher 2009, 46).

Aktuelles Verschwörungsdenken in Bezug auf die WHO und die Pharmaforschung verdeutlichen diesen Zusammenhang: Seit ihrer Gründung 1948 ist die WHO ein Austragungsort sowie ein Objekt internationaler politischer Konflikte. Insbesondere seit 1976 wurde sie Teil des Konflikts über Armut im Globalen Süden und 1981 kürzten die Vereinigten Staaten ihre Finanzierung der WHO und reformierten – in Zusammenarbeit mit Staaten Westeuropas – die WHO entsprechend der Interessen der Pharmaindustrie gegen die Versuche, die weltweite Zugänglichkeit von Generika zu vergrößern (Gradmann und Gaudillière 2020). Diese Reform führte zu Finanzierungslücken insbesondere für Gesundheitsprogramme im Globalen Süden, etwa für die Impfprogramme gegen Malaria und Polio. Die WHO versuchte in Reaktion darauf, ihre Abhängigkeit von der nationalstaatlichen Finanzierung zu reduzieren, indem sie sich für Privatspenden öffnete. Diese Privatspenden, etwa von der Bill-und-Melinda-Gates-Stiftung, sind dabei meist an einen bestimmten Zweck gebunden und unterliegen keiner demokratischen Kontrolle. Privatspender:innen zielen dabei häufig auf schnelle und öffentlichkeitswirksame Ergebnisse und investieren entsprechend nur in bestimmte Bereiche der Gesundheitsfürsorge, während sie andere ignorieren (Simmank 2020). Darüber hinaus wurde die WHO in den letzten Jahren zu einer Konfliktarena zwischen den Vereinigten Staaten und China, die über die Verantwortung von Influenza-Ausbrüchen in Zusammenhang mit der industriellen Fleischproduktion stritten (Wallace 2016) und dabei jeweils die Interessen ihrer jeweiligen nationalen Kapitale vertraten. Und schließlich sind selbstverständlich die WHO und Akteure wie die Gates-Stiftung Teil des ‚dirty capitalism': Ihre Führungskräfte wechseln ihre Position in der WHO oder der Stiftung mit Positionen im Management von Pharmakonzernen und folgen dabei auch ihren individuellen ökonomischen Interessen (Simmank 2020) entsprechend der Rationalität im Kapitalismus. Aus einer konspirationistischen Perspektive dagegen erscheint die Form, in der die globale Gesundheitsfürsorge organisiert ist, nicht als Produkt der kapitalistischen Rationalität von Profit und Ungleichheit, die vom Konflikt zwischen Staaten im Interesse ihrer nationalen Kapitale geprägt ist. Die WHO erscheint nicht als schwache Organisation und die Gates-Stiftung nicht einfach als undemokratisches Produkt einer systematisch verkehrten Verteilung des Reichtums. Die Schwächen und Ineffizienz der Impfstoffforschung und der globalen Gesundheitsfürsorge erscheinen also nicht als Ergebnis kapitalistischer Normalität, sondern stattdessen als komplexer Plan mit dem Ziel der Weltherrschaft.

Die Irrationalität der Versuche globaler Gesundheitsfürsorge, die ein systematisches Produkt kapitalistischer Rationalität ist, scheint im Konspirationismus auf die gleiche Weise das Ergebnis des Plans einer globalen Verschwörung zu sein, wie die Irrationalität der staatlichen Maßnahmen zur Neuinfektionseindämmung – ebenfalls Produkt kapitalistischer Rationalität – im Sinne einer Verschwörung auf nationalstaatlicher Ebene rationalisiert wird. Entsprechend erlaubt der Kapitalistische Realismus keine Kritik am Mangel an Demokratie und Planung in der Organisation der globalen Gesundheitsfürsorge, die aus dem Kapitalismus resultieren, sondern imaginiert einen verdeckten rationalen Akteur, um die Probleme zu erklären. Eine solche Erklärung wird dabei für den Kapitalistischen Realismus nötig, da in der Krise die Realität einbricht und nicht mehr analog zur Traumarbeit verdrängt werden kann. Anders als in der Traumarbeit (und anders als in Fishers Hoffnung emanzipatorischer Thematisierung der Wirklichkeit) führt dieses Scheitern der Verdrängung nicht zum Erwachen, sondern zum Konspirationismus. Dieser fungiert so als Krisenform des Kapitalistischen Realismus, da in ihm die konstitutive Ungerechtigkeit des Kapitalismus ebenso wie die Widersprüche zwischen Maßnahmen, die die Krise des Kapitals und solchen, die die Krise des Lebens bewältigen sollen, rationalisiert werden, indem ihnen politische Intentionen ohne Bezug auf die Pandemie zugeschrieben werden. Konspirationismus imaginiert den Kapitalismus also auf die gleiche Weise als *rein* und *gerecht*, wie die Normalform des Kapitalistischen Realismus – anstatt die widersprüchliche Realität aber zu verdrängen, projiziert er sie auf einen verdeckten Agenten, der hinter allem stünde und den Kapitalismus gekapert habe. Anders als in Marx Analyse, in dem der Kapitalismus als „automatisches Subjekt" (Marx 1962, 169) funktioniert, also weder die Agent:innen einer mächtigen Verschwörung noch die Bourgeoisie das Kapital kontrolliert (Fisher 2009, 69–70), liegt hier die letztliche Kontrolle also bei diesen geheimen Akteuren. Tatsächlich könnten Kapitalist:innen zwar ihr Geld abziehen und etwa verkonsumieren, aber dieses Geld würde damit aufhören, als Kapital zu existieren. Als Kapital saugt es dagegen die Subjektivität der Unternehmer:innen wie der Arbeiter:innen ein, um sich damit zu bewegen wie ein Automat durch Elektrizität bewegt ist, und seine Bewegung daher nicht arbiträr ist, sondern entsprechend den Gesetzen der Wertverwertung und Konkurrenz erfolgt, denen es unterworfen ist. Aus der Sicht des Konspirationismus dagegen folgen die Akteure nichtökonomischen Handlungszielen – etwa der Weltherrschaft, deren Funktion für diese Akteure aber ungeklärt bleibt, so dass als Handlungsmotivation auch bloß eine der Verschwörung zugeschriebene Diabolität bleibt.

Die Beziehung zwischen Konspirationismus und dem automatischen Charakter des Kapitalismus erlaubt einen Blick auf die Funktion, die Verschwörungsdenken für rechte und linke politische Perspektiven übernimmt. Beiden nützt – auf unterschiedliche Weise – die *falsche Konkretisierung*, die das Verschwörungsdenken vornimmt. Fisher betont, dass die Zentrumslosigkeit des globalen Kapitalismus ein Denkproblem für Teile der Linken darstellen kann (Fisher 2009, 63), zu dessen Bewältigung häufig imaginäre Zentren des Kapitalismus und damit scheinbar konkrete Angriffsziele vorgestellt werden. Konspirationismus bietet auf diese Weise die Illusion politischer Handlungsfähigkeit als eine Form der Interpassivität: Ohne die tatsächlichen Widersprüche zum Gegenstand der Kritik zu machen, kann eine scheinbar radikale Haltung innerhalb der bestehenden Verhältnisse eingenommen werden. Entsprechend ist die Nähe bestimmter linker Perspektiven zum Verschwörungsdenken Ausdruck des Kapitalistischen Realismus: Ohne ein vertieftes Verständnis der widersprüchlichen Verschränktheit von (Re)Produktivkräften und Produktionsverhältnissen in beiden Produktionsweisen kann eine linke politische Perspektive staatliches Handeln nicht als reaktiven und relativ aussichtslosen Versuch verstehen, zwischen der eigenen Abhängigkeit von der Kapitalakkumulation und der Abhängigkeit von der Reproduktion des Lebens zu moderieren. Stattdessen tendiert eine solche Perspektive dazu, reales staatliches Handeln (ob konspirativ oder offen) übersteigert als wirkliche Kontrolle über den Kapitalismus zu interpretieren und kippt so in den Konspirationismus – wird also trotz des erhobenen Anspruchs auf eine andere Welt Teil des Kapitalistischen Realismus, der den *status quo* aufrechterhält.

Im Gegensatz dazu hat rechter Konspirationismus – deutlich bedeutsamer im gegenwärtigen Feld des Verschwörungsdenkens – eine komplexere Beziehung zum Kapitalistischen Realismus. Einerseits – und im Gegensatz zum Kapitalistischen Realismus in seiner Normalform – nimmt rechter Konspirationismus bestimmte Schwächen des gegenwärtigen Kapitalismus wahr, aber folgert daraus die Vision eines gereinigten Kapitalismus anstelle einer Alternative zum Kapitalismus. Um diese Vision aufrechtzuerhalten, muss die Perspektive des rechten Konspirationismus die Realität des ‚*dirty capitalism*' verdrängen und die kapitalistische Irrationalität verdecken, indem alles, was die Reinheit des Kapitalismus stört, auf andere Objekte projiziert wird, deren Auswahl durch Rassismus und Antisemitismus bestimmt ist. Andererseits geht rechter Konspirationismus aber über die Normalform des Kapitalistischen Realismus hinaus: Er ist mit der Ablehnung modernen Rationalismus insgesamt verbunden und attackiert diesen daher. Diese Ablehnung ist sowohl darin begründet, dass die kapitalistische Rationalität die Tendenz hat, Traditionen und Überzeugungen zu unterminieren und sie, wie Fisher formuliert, in Ruinen und Relikte zu verwandeln, als auch darin, dass die kapitalistische Rationalität des (Waren)Verkehrs unter Gleichen auch eine Stütze für das liberale Versprechen der Emanzipation von Ungleichwertigkeitsnormen war. Auf diese emanzipatorische Seite der kapitalistischen Rationalität reagiert rechte Politik mit affirmierter Irrationalität, nicht bloß mit Angriffen auf sogenannte ‚*fake news*', sondern mit dem Versuch, Rationalität selbst als ‚*fake truth*' zu delegitimieren und – zumindest im politischen Diskurs –

an ihre Stelle dezisionistische, affektive Nicht-Argumentation zu stellen (van Dyk 2017). Entsprechend und im Unterschied zu linken Verschwörungsdenken muss rechter Konspirationismus also gar nicht versuchen, sein Zielpublikum zu überzeugen, sondern muss nur versuchen ihm zu gefallen.

5 Fazit

Die Covid-19-Krise als doppelte Krise des Kapitals und des Lebens zu begreifen erlaubt also, die Popularität wie die konkreten Motive des mit ihr aufkommenden Verschwörungsdenkens zu verstehen. Das Verschwörungsdenken in Bezug auf die staatlichen Maßnahmen zur Eindämmung der Pandemie wie in Bezug auf die Organisierung der globalen Gesundheitsfürsorge resultiert einerseits aus der fehlenden Unterscheidung der zwei konfligierenden Produktionsweisen und von Produktionsverhältnissen und Produktivkräften, andererseits aus der Abspaltung und Projektion der Irrationalität der kapitalistischen Rationalität, die als rationale Verschwörung von außerhalb des Kapitalismus imaginiert wird. Im Rückgriff auf Marx, Federici und Offe ist es dagegen möglich, staatliches und ökonomisches Handeln innerhalb der Krise in seiner (Ir)Rationalität und Widersprüchlichkeit zu rekonstruieren und zugleich den Konspirationismus als Krisenform des Kapitalistischen Realismus zu verstehen. Einerseits wird so der gegenwärtige Bedeutungsgewinn des Konspirationismus nachvollziehbar, da in Krisen die Irrationalität des Kapitalismus und die Differenz zwischen den Interessen des Kapitals und den Bedürfnissen der (Re)Produktivkräfte deutlich werden, für die der Konspirationismus eine Erklärung liefert, die mit Idealisierung und Ontologisierung des Kapitalismus nicht brechen muss. Andererseits wird deutlich, dass die bloße Aufklärung falscher Fakten kein wirksames Mittel gegen Verschwörungsdenken sein kann, da die Verschwörung nicht in einem falschen Wissen begründet ist, sondern in der Unfähigkeit des Kapitalistischen Realismus, sich etwas anderes als den Kapitalismus überhaupt vorzustellen. Stattdessen wäre eine politische Kritik der staatlichen Maßnahmen nötig, die von der Unterscheidung zwischen (Re)Produktivkräften und Produktionsverhältnissen getragen wäre, und die zur Solidarität mit den Bedürfnissen des Lebens und nicht den Interessen des Kapitals aufruft – und die so eine Perspektive jenseits des Kapitalistischen Realismus eröffnen würde.

Literatur

Adorno, Theodor W. „Beitrag zur Ideologienlehre". *Gesammelte Schriften. Bd. 8. Soziologische Schriften I.* Hg. Rolf Tiedemann. Frankfurt a. M: Suhrkamp, 2003. 457–477.

Barua, Suborna. *Understanding Coronaomics: The economic implications of the coronavirus (COVID-19) pandemic.* https://ssrn.com/abstract=3566477. SSRN, 1. April 2020 (24. November 2020).

Buckel, Sonja. „Dirty Capitalism". *Kritik und Materialität.* Hg. Alex Demirovic. Münster: Westfälisches Dampfboot, 2008. 110–131.

Bureau of Labor Statistics. U.S. Department of Labour. 2020. *The Employment Situation – Ocotober 2020.* https://www.bls.gov/news.release/pdf/empsit.pdf. (24. November 2020).

Butini, Cecilia. „Italian workers protest against open factories as COVID-19 spreads". *Deutsche Welle.* https://www.dw.com/en/italian-workers-protest-against-open-factories-as-covid-19-spreads/a-52921359. 26. März 2020 (24. November 2020).

Coibion, Olivier, Yuriy Gorodnichenko und Michael Weber. „Labour Markets During the Covid-19 Crisis: A Preliminary View". *Nber Working Paper Series. Working Paper 27017.* Cambridge: National Bureau of Economic Research, 2020.

van Dyk, Silke. „Krise der Faktizität? Über Wahrheit und Lüge in der Politik und die Aufgabe der Kritik". *Prokla* 47.188 (2017): 347–367.

Federici, Silvia. *Caliban und die Hexe: Frauen, der Körper und die ursprüngliche Akkumulation.* Wien: Mandelbaum, 2012.

Fisher, Mark. *Capitalist Realism. Is There No Alternative?* Winchester, Washington: Zero Books, 2009.

Foucault, Michel. *Der Wille zum Wissen. Sexualität und Wahrheit I.* Frankfurt a. M: Suhrkamp, 1987.

Gradmann, Christoph, und Jean-Paul Gaudillière. „Unzureichend, aber unentbehrlich. Die WHO und die Geschichte der globalen Gesundheit". *Geschichte der Gegenwart.* https://geschichtedergegenwart.ch/unzureichend-aber-unentbehrlich-die-who-und-die-geschichte-der-globalen-gesundheit/. 27. Mai 2020 (24. November 2020).

Heikkilä, Melissa. „'This is crazy:' Rage boils over at Amazon sites over coronavirus risks". *Politico.* https://www.politico.eu/article/coronavirus-amazon-employees-rage/. 23. März 2020 (24. November 2020).

Horkheimer, Max, und Theodor W. Adorno. *Dialektik der Aufklärung. Philosophische Fragmente.* Frankfurt a. M.: Fischer, 1988.

Kulla, Daniel. *Entschwörungstheorie. Niemand regiert die Welt.* Löhrbach: Werner Pieper & The Grüne Kraf, 2007.

Marcuse, Herbert. *Der eindimensionale Mensch. Studien zur Ideologie der fortgeschrittenen Industriegesellschaft.* München: dtv, 1994.

Marx, Karl. „Das Kapital. Kritik der politischen Ökonomie. Erster Band". *Marx-Engels Werke 23.* Hg. Institut für Marxismus-Leninismus beim ZK der SED. Berlin: Dietz, 1962.

Marx, Karl. „Das Kapital. Kritik der politischen Ökonomie. Dritter Band". *Marx-Engels Werke 25.* Hg. Institut für Marxismus-Leninismus beim ZK der SED. Berlin: Dietz, 1964.

Marx, Karl, und Friedrich Engels. „Manifest der Kommunistischen Partei". *Marx-Engels-Werke 4.* Hg. Institut für Marxismus-Leninismus beim ZK der SED. Berlin: Dietz, 1959. 459–493.

Offe, Claus. *Strukturprobleme des kapitalistischen Staates.* Frankfurt a. M.: Suhrkamp, 1972.

Pfaller, Robert. *Ästhetik der Interpassivität*. Hamburg: Philo Fine Arts, 2008.
Schäfer, Holger, Helena Schneider und Sandra Vogel. *Kurzarbeit in Europa, IW-Kurzbericht, Nr. 63/2020*. Köln: Institut der deutschen Wirtschaft (IW), 2020.
Schulten, Thorsten, und Torsten Müller. „Kurzarbeitergeld in der Coronakrise. Aktuelle Regelungen in Deutschland und Europa". *Policy Brief WSI* 38.4 (2020): 3–17.
Simmank, Jakob. „Bill Gates, die Weltverschwörung und ich". *Die Zeit*. https://www.zeit.de/wissen/gesundheit/2020-05/verschwoerungstheorie-bill-gates-who-gates-stiftung-coronavirus/. 8. Juni 2020 (24. November 2020).
Wallace, Rob. *Big Farms Make Big Flu. Dispatches on Infectious Disease, Agribuisness, and the nature of Science*. New York: Monthly Review Press, 2016.

Ringo Rösener
Kampf der Öffentlichkeiten? Unvereinbare Lebensrealitäten in der Covid-19-Pandemie

The time is out of joint, O cursèd spite,
That ever I was born to set it right!
                                    Hamlet, Act 1, Scene 5

Auf dem Höhepunkt der weltweiten Corona-Epidemie, am 6. Januar 2021, geht das Bild eines seltsamen Schamanen um die Welt. Jake Angeli posiert mit nacktem Oberkörper und einer Fellmütze mit Bison-Hörnern vor Kameras. Sein Körper ist verziert mit Tätowierungen nordischer Mythologie, sein Gesicht ist in den Farben der US-amerikanischen Flagge geschminkt. Zusätzlich schreit er einen Brunftschrei aus, als ob er da, wo er gerade steht, ein Ungeheuer niedergerungen, zumindest aber einen Sieg davon getragen habe. Dabei befindet er sich in den Fluren des Kapitols in Washington D.C., dem Sitz des Senats und der Abgeordnetenkammer, also dem demokratischen Zentrum der Vereinigten Staaten – wilde Tiere sind da eigentlich nicht zu finden, von zu vertreibenden Dämonen hat noch niemand berichtet. Der Kontrast zwischen dem Ort und dem Erscheinungsbild Angelis könnte somit nicht größer sein.

Wenige Monate zuvor hat Angeli dem österreichischen Fernsehen ein denkwürdiges Interview gegeben (etzimanuel 2021). Dort erklärt er sich zum Schamanen mit multidimensionalen und hyperdimensionalen Fähigkeiten, die es ihm erlauben würden, Lichtsphären wahrzunehmen, die für gewöhnliche Menschen verborgen seien. Deshalb sei er in der Lage, all die Pädosexuellen und Kriminellen zu erkennen, die – für alle anderen unsichtbar im Nebel des Alltags – bösen Machenschaften nachgehen und die Weltherrschaft an sich reißen wollen. Angeli wäre von Q geschickt worden, jener geheimnisvollen aus dem Internet stammenden Phantasmagorie, auf die sich die QAnon Verschwörung beruft und in dessen Namen die Anhänger:innen Kritik an Regierungen und Medien führen.

Während der Corona-Pandemie ist insbesondere der Glauben an Verschwörungen in die allgemeine Wahrnehmung gerückt. In den USA, aber auch in Deutschland wird sich offen auf Demonstrationen gegen die aus virologischwissenschaftlicher Sicht geforderten Restriktionen zum Verschwörungsmythos QAnon bekannt (Grabe 2020; Schmidt 2020; Spiegel TV 2020). In der Corona-Pandemie mischt sich überall der Verschwörungsglauben mit dem grundrechtlichen Protest gegen die freiheitlichen Einschränkungen zur Bekämpfung des Virus (vgl. Nachtwey et al. 2020; Georgi 2020). Das ohnehin angegriffene Verständnis

https://doi.org/10.1515/9783110734942-013

von Wahrheit paart sich mit neuen (alten) Formen von Welterklärungen; Verschwörungsmythen treten in allen gesellschaftlichen Bereichen als eigene öffentliche Protestform auf und rütteln an dem Verständnis einer gemeinsamen Realität (Kempkens 2020; Schumacher 2020).

Am 6. Januar 2021 wird die ganze Welt Zeuge dieser Verschiebung von dem, was Menschen lange als gemeinsame alltägliche Realität fassten und worüber sie sich in der Öffentlichkeit verständigten. Das kostet fünf Menschen das Leben, ergänzt die Krise der amerikanischen Demokratie um einen weiteren Höhepunkt und nötigt zur Frage, was ist gerade los in dieser Welt?

Denn Angeli ist nicht der Einzige, der nach Washington gekommen ist und schon gar nicht der einzig Kostümierte oder einzige Verschwörungsanhänger. Weitere Männer in Fellkleidung und sogar eine Person im Batman-Kostüm sind auf Bildern und Videos zu sehen. Sie nehmen in Anspruch 74 Millionen Donald-Trump-Wähler:innen zu repräsentieren (Karabakh 2021). Auf zahlreichen Sweatern, Fahnen und T-Shirts sind rechtsradikale und Verschwörungssymbole zu sehen. Zusammen mit Trump-Devotionalien veranschaulichen sie ein verselbstständigtes Weltbild, deren Vertreter:innen ins Kapitol aber auch in die Proteste gegen die Pandemie-Maßnahmen eingedrungen sind. Die Äußerungen von Angeli sprechen Bände, indem sie offenlegen, das hinter den Kostümen und Symbolen eine andere Sinn gebende Einstellung zum Leben steckt, die grundsätzlich vom geteilten Horizont des vertrauten Alltagswissens abweicht. Im öffentlich kommunizierten Horizont des Alltagswissens werden diese Lebenseinstellungen unter den Begriffen Konspirationismus oder Verschwörungsmythos subsummiert und oft belächelt. Aber lässt sich das noch weglächeln?

Die Ereignisse in Washington D.C. und im Laufe der Corona Pandemie veranschaulichen, dass Anhänger:innen von Verschwörungsmythen überall in der westlichen Welt von eigenen Formen der Öffentlichkeit begleitet werden. Besonders auffallend ist, dass sich die Öffentlichkeit vor allem im Internet oder dem World Wide Web organisiert. Vom Digitalen ausgehend bilden sich spezifische Gegen- oder Teilöffentlichkeiten, die zu der bisher als allgemein verstandenen Öffentlichkeit im Widerspruch stehen oder diese in Frage stellen (Butter 2002, 191–198, 233).

Solche Gegen- oder Teilöffentlichkeiten scheinen nicht mehr nur Ausnahmeerscheinungen zu sein. Auch weisen sie daraufhin, dass sich eine neue Differenzierung der öffentlichen Umwelt etabliert hat, welche die auf Öffentlichkeit angewiesenen demokratischen Verfassungen entweder vor neue Herausforderungen stellt oder sogar bedroht. Was ist damit gemeint und wie stellt sich das konkret dar? Auf den folgenden Seiten soll dem nachgegangen und skizziert werden, wie Praktiken von Verschwörungsmythen (Abschnitt 1) auf Prinzipien des Internets und des World Wide Web treffen (Abschnitt 2), und sich vor allem in der Corona-Pandemie zu spezifischen Verschwörungsöffentlichkeiten auskristallisieren. Anschließend möchte ich mit Marshall McLuhan diese Auskristallisation als einen Kampf zwischen komplexen und linearen Öffentlichkeiten deuten, der heutige demokratische Prozesse stark unter Druck setzt, da diese hauptsächlich auf einer linearen Öffentlichkeit fußen (Abschnitt 3).

1 Praktiken von Verschwörungsmythen

Verschwörungen und Verschwörungsvermutungen sind ständiger Begleiter des politischen Handelns.[1] Dort wo Macht und Mehrheiten verhandelt werden, gehört die Konspiration zum oft genutzten Mittel der Politik. Auch Gerüchte über Verschwörungen und Komplotte werden seit jeher direkt als politische Taktik missbraucht (vgl. dazu Pipes 1998, 43–45; Butter 2020, 36–44). Anders hingegen sieht es mit den sogenannten Verschwörungstheorien oder -mythen aus. Diese scheinen gar nicht aus den Zentren politischer Macht zu kommen, sondern von der Peripherie und zirkeln dann über Medien in der Bevölkerung. Solche Verschwörungsideen beziehen sich auf „eine real nicht existente, aus Angst befürchtete Verschwörung" (Pipes 1998, 45) und sind „mediale Ereignisse", da sie vor allem über Publikationsmedien verbreitet werden (Seidler 2016, 68). Sie benötigen eine medial verfasste Öffentlichkeit (Butter 2020, 16) und sind deshalb in erster Linie öffentliche statt politische Phänomene.

Eine weitere Eingrenzung von Verschwörungstheorien oder -mythen verlangt deshalb zunächst eine Bestimmung von Öffentlichkeit. Hannah Arendt definiert Öffentlichkeit in ihrem Standardwerk *Vita activa oder Vom tätigen Leben* bekanntlich als einen Erscheinungsraum, „wo jedermann sichtbar und hörbar ist" (Arendt 2013 [1967], 62). Arendt leitet ihre Begriffsbestimmung der Öffentlichkeit als Erscheinungsraum vom antiken politischen, diskursiven und agonalen Raum ab, wo jene freie Männer offen diskutieren konnten, die von den mühevollen Arbeiten des eigenen Hausstandes befreit waren. Arendts Begriff der Öffentlichkeit bezeichnet die rhetorische Auseinandersetzung über die gemeinsame Sache oder die gemeinsame Welt (2013, 65). Aus diesem Grund versteht Arendt die Debatte in der Öffentlichkeit ebenso als ein politisches Handeln. Auf der Agora diskutieren die freien Männer die An-

---

[1] Vgl. den Beitrag von Oliver Kuhn in diesem Band.

gelegenheiten, die alle Mitglieder der Polis betreffen. Öffentlichkeit ist gebunden an die Erscheinung auf einer „Bühne" und wird von Arendt mit der Möglichkeit des politischen Handelns gleichgesetzt (2013, 233).

Jürgen Habermas erweitert Arendts Begriff der Öffentlichkeit um die Publikationsmedien. Zunächst geht er davon aus, dass sich im 18. Jahrhundert Öffentlichkeit neu gestaltet. Die Herausbildung der sogenannten bürgerlichen Öffentlichkeit fällt mit der Aufklärung zusammen und findet in halbprivaten Erscheinungsräumen, Salons und Kaffeehäusern statt (vgl. Habermas 1976 [1962], 46–60). Habermas' bürgerliche Öffentlichkeit basiert auf der Anwesenheit eines Publikums. Er schließt hier an Kant an, nach dem jeder und jede aufgerufen war, eigene Gedanken öffentlich am „Probierstein" eines Publikums zu messen (vgl. Kant 2000 [1798, § 53], 127, 128). Habermas nennt diese Erprobung mit und am Publikum „räsonieren" und meint, die Verständigung auf eine Vernunftwahrheit auf Basis von Argumenten (1976 [1962], 42). Aber, im Gegensatz zur griechischen Antike und Arendts Begriff von Öffentlichkeit, ist das Räsonieren laut Habermas nicht mehr direkt mit dem Staat als politische Gewalt verbunden, sondern steht diesem gegenüber (1976 [1962], 45).

Die Vermittlung zwischen Staat und bürgerlicher Öffentlichkeit übernehmen die sich neu herausgebildeten Publikationsmedien und erweitern damit auch den Erscheinungsraum. Allerdings dominieren die Medien als Erscheinungsräume schnell das Geschehen und leiten laut Habermas zu einem Wandel der Öffentlichkeit ein (1976 [1962], insb. 211–233). Die räumlichen Grenzen der Öffentlichkeit verschwinden, weil die Publikationsmedien in der modernen Gesellschaft immer weitere Leserschaften und damit die allgemeine Bevölkerung – und nicht mehr nur einzelne Kreise – als Publikum erschließen. Die Folge ist, dass der abgegrenzte öffentliche Raum hinter der öffentlichen Meinung zurücktritt. Habermas folgert sinngemäß, die Meinungsbildung habe das Räsonnement ersetzt (1976 [1962], 233–250). Aus der Öffentlichkeit als Erscheinungsraum des Räsonierens erwuchs die Öffentlichkeit als Pool der Meinungen.

Trotz dieses Wandels, will ich zwei wesentliche Charakterisierungen von Öffentlichkeit festhalten: Erstens ist das, was erscheint und ein Publikum hat, als Öffentlichkeit in der Folge von Arendt und Habermas zu bezeichnen. Zweitens basieren beide Konzepte von Öffentlichkeit auf der impliziten Annahme eines rationalen und geordneten Austausches von Argumenten oder Meinungen.

Es gehört zu den Widersprüchen unserer Welt, dass sich mit der Herausbildung der bürgerlichen Öffentlichkeit und den Publikationsmedien, auch Verschwörungstheorien etablierten. Aus diesem Grund kommt der europäischen Aufklärung eine besondere Bedeutung zu (vgl. Seidler 2016, 50–52; Butter 2020, 142–151). Denn die öffentlichen Räume des Räsonierens bestanden neben anderen privaten (d. h. geheimen) Gesellschaften und Logen. Um diese Gesellschaften herum erwuchsen allmählich Spielräume der konspirativen Interpretation und Verschwörungsvermutungen.[2] Zum anderen stellte sich nach Michael Butter diesen Spielräumen ein Bedürfnis hinzu, Unbegreifbares und Kontingentes mittels pseudo-wissenschaftlicher Erklärungen zu erfassen und vermeintliche Muster zu identifizieren. Ein deduktionistisches Erklärungsmodell habe gerade dort um sich gegriffen, wo die Pluralität der Meinungen als „Probierstein" der Salons und Kaffeehäuser wenig Gewicht hatte, dafür aber medial zirkulieren konnte (Butter 2020, 148, 149).[3] Im Zuge der Medialisierung der Öffentlichkeit wurde das aufgeklärte Zeitalter somit zu einer Hochzeit deduktionistischer (bzw. pseudo-wissenschaftlicher) Verschwörungs*theorien*.[4] Es zeigt sich zudem, dass Verschwörungstheorien eng an eine argumentativ und rational verfasste sowie medial gestaltete Öffentlichkeit gebunden waren. In diesem Sinne sind Verschwörungstheorien Pseudo-Theorien in der Sprache einer sich rational und aufgeklärt verstehenden Öffentlichkeit, die tatsächliche Ereignisse und Personen in kausale Zusammenhänge bringen.

Davon sind heutige Verschwörungs*mythen*, die als Weltverschwörungen oder Superverschwörungen nicht mehr punktuell etwas erklären wollen, sondern lebensverändernde Gesamtdeutungen anbieten, zu unterschieden. Solche Mythen sind angesiedelt an den tradierten Grenzen von Realität und Fiktion und lösen diese zunehmend auf. Gemeint sind jene umfassenden und extremen Vorstellungen, mit denen die Existenz im Verborgenen agierender Cliquen bewiesen werden soll, welche die Weltherrschaft an sich reißen (oder sichern wollen) und zum Beispiel als satanische Kinderschänder (QAnon-Verschwörung) oder außerirdische Reptilien (Reptiloiden-Theorie) in der Welt unterwegs sind. Also all jene Mythen, für die die Annahme einer *Illuminaten-Verschwörung* oder die *Protokolle der Weisen von Zion* eine erste Blaupause darstellten und auf die jederzeit munter zurückgegriffen wird. Für diese Vorstellungen ist der selbsternannte QAnon-

---

[2] Beispielhaft ist der Geheimorden der Illuminaten, der zunächst nur ein elitärer Club war und 1784/85 aufgelöst wurde. Bis heute sind die Illuminaten Gegenstand von Verschwörungstheorien. (Butter 2020, 57; Seidler 2016, 122–123).
[3] Butter bezieht sich auf eine Untersuchung von Gordon Wood.
[4] Butter führt zum Beispiel an, dass die Gründerväter der USA George Washington, Thomas Jefferson oder John Adams davon überzeugt waren, die amerikanischen Kolonien Opfer einer Verschwörung des englischen Königs wären. Ein weiteres Beispiel ist der Illuminatenorden, dem in den Schriften von Auguste Barruel und John Robinson nachgesagt wurde, die Französische Revolution orchestriert zu haben, indem sie Teile der Führer der Revolution als Freimaurer identifizierten und mit dem Illuminatenorden gleichsetzten (Butter 2020, 149, 150. Vgl. auch Pasley 2003) .

Schamane Jake Angeli geradezu paradigmatisch. Inhaltlich zeichnen sich solche Mythen durch vier wesentliche Charakteristika aus, die Michael Butter jüngst ausgearbeitet hat: 1. nichts geschieht durch Zufall, 2. nichts ist wie es scheint, 3. alles ist miteinander verbunden und 4. unterteilt sich die Welt in Gut und Böse (Butter 2020, 22–23). Doch damit sind sie noch nicht von den deduktionistischen Verschwörungstheorien unterschieden. Im Gegensatz zu Verschwörungstheorien deuten Verschwörungsmythen auf eine neue komplexe und zugleich nicht-rational argumentierende Art von Öffentlichkeit hin. Grundlegend sind dafür die Praktiken der Nutzung digitaler Medien, die eine neue „digitale Kultur" mit ganz eigenen Prinzipien prägen (Stadler 2003, 7–20).

Verschwörungsmythen werden durch komplexe Praktiken der Inanspruchnahme begleitet, wie Michael Butter (2020) und Mark Fenster (2008) oder das deutsche Zeitungsfeuilleton während der Corona-Pandemie eindrücklich zeigen. Vier Elemente stechen dabei hervor: Der Glaube an Verschwörungsmythen wird 1. eingeleitet durch einen Moment der „Erleuchtung" oder des „Erwachens", woraufhin 2. die Lebenseinstellung dramatisch geändert wird und sich dadurch auszeichnet, dass man gegen ein geheimes untergründiges Netzwerk kämpfen zu müssen glaubt. Das wird 3. begleitet vom Verhalten eines kontinuierlichen Interpretierens und assoziierenden Beweisens und führt 4. schließlich zu einer grundsätzlich veränderten Einstellung gegenüber der gesellschaftlichen Umwelt. Diese ist in der Folge lediglich semiotisch auszudeutende Oberfläche und wird unterschieden in Eingeweihte, Unbelehrbare oder Gegner. Das Ergebnis ist eine völlig andere Wahrnehmung der Realität beziehungsweise die Einführung eines erweiterten Realitätsverständnisses, das sich vom Horizont allgemein geteilter Überzeugungen ablöst und sich eine spezifische Form der Öffentlichkeit gibt.

1. Ein Gerücht oder ein Zweifel steht am Anfang einer solchen Annäherung an Verschwörungsmythen, woraufhin ein Moment der „Erkenntnis" den Zweifel und das Gerücht in eine plötzlich erkennbare und in sich schlüssige Erklärungsstruktur überführt (Meyer 2018, 34–44). Ein in diversen Medien oszillierendes Video, ein Vortrag in einer Universität oder Nachrichten in den Sozialen Netzwerken können dieses Ereignis sein, dem eine Kette selbständiger (assoziativer) Recherchen folgt (vgl. Butter 2020; Fenster 2008). Oft ist es der oder die unbedarfte Einzelne, der oder die aufgewacht ist. Paradigmatisch steht dafür die Aussage Attila Hildmanns, der mit Kochtipps für vegane Ernährung zum Medienstar avancierte und zu Beginn der Corona-Pandemie plötzlich mit extremen Äußerungen die Corona-Proteste anführte: „Ich habe immer mehr gecheckt, was in Deutschland vor sich geht" (Kempkens 2020, 12). Aber auch Erklärungen wie

„Ich für meine Person habe sehr viele Aha-Erlebnisse gehabt und vieles, was auf dieser Welt passiert, lässt sich für mich viel besser verstehen"[5], lassen erahnen, welche Bedeutung gerade diesen „Erkenntnismomenten" zugeschrieben wird. Solche und ähnliche Wendungen zeigen einen Bruch mit der gewohnten Einstellung zur Alltagswirklichkeit an, denn sie suggerieren ein umfassendes Neuverstehen des gesellschaftlichen und politischen Geschehens basierend auf dem Postulat eines Alles-Erklärenden-Weltzugangs.[6] Die „Erkenntnismomente" markieren neue und feste Logiken des In-der-Welt-Seins mit einem eigenen Legitimations- und Deutungsanspruch. Mark Fenster konkretisiert dahingehend: „Conspiracy is not a ‚theory' – in fact, it is everywhere – once you learn to see and read the code." (Fenster 2008, 7).

2. Dieser Moment der „Erleuchtung" oder des „Erwachens" verdoppelt die Welt. Wer plötzlich beginnt die Welt als Verschwörung zu identifizieren, stellt dem wahrnehmbaren Alltag eine unsichtbar agierende Handlungsmacht an die Seite, die es erstens zu identifizieren und zweitens zu bekämpfen gilt. Mark Fenster ist sich sicher, die Alltagswelt offeriere den Anhängern plötzlich einen Code, den es zu dechiffrieren gelte (Fenster 2008, 93–117). Daraus ergebe sich eine Dramatisierung der eigenen Lebenseinstellung. Man werde wie aus heiterem Himmel Protagonist:in einer „packende[n], dramatische[n] Geschichte", die „von einem Kampf zwischen Gut und Böse" handelt, also „vom Konflikt zwischen im Geheimen agierenden Übeltätern, die die ahnungslose Masse manipulieren und den wenigen, die dem Komplott auf die Schliche gekommen sind und nun alles tun, um die Verschwörung zu vereiteln." (Butter 2020, 57; vgl. auch Fenster 2008, 119). Der erfahrbaren Realität werde ein zweiter narrativer Boden hinzugefügt (Seidler 2016, 35), sodass das eigene Leben die Struktur einer dramatischen Erzählung annehme. Jegliches Erleben wird dieser Einstellung eines Kampfs Gut gegen

---

[5] Aus einem privaten E-Mail-Verkehr mit einem Bekannten vom 18. November 2020.
[6] Hierbei beziehe ich mich auf Alfred Schütz und Thomas Luckmann: „in der natürlichen Einstellung des Alltags ist folgendes als fraglos gegeben [...]: a) die körperliche Existenz von anderen Menschen; b) daß diese Körper mit einem Bewußtsein ausgestattet sind, das dem meinen prinzipiell ähnlich ist; c) daß die Außenweltdinge in meiner Umwelt und der meiner Mitmenschen für uns die gleichen sind und grundsätzlich die gleiche Bedeutung haben; d) daß ich mit meinen Mitmenschen in Wechselbeziehung und Wechselwirkung treten kann; e) daß ich mich [...] mit ihnen verständigen kann; f) daß eine gegliederte Sozial- und Kulturwelt als Bezugsrahmen für mich und meinen Mitmenschen historisch vorgegeben ist, und zwar in einer ebenso fraglosen Weise wie die ‚Naturwelt'; g) daß also die Situation, in der ich mich jeweils befinde, nur zu einem geringen Teil eine rein von mir geschaffene ist." Beide sprechen auch nicht von einem Bruch, sondern von einem Sprung, sofern diese Einstellung zugunsten eine anderen verlassen wird. (Schütz und Luckmann 2003, 31 und 56).

Böse untergeordnet. Der Alltag wird nicht mehr schlicht mit den Mitmenschen geteilt, sondern dessen Sinnhaftigkeit aus einer Annahme einer zu bekämpfenden Verschwörung abgeleitet und sich danach verhalten.

3. All das sieht vermeintlich nach einer Erlösung von der Last des Alltags aus. Die Welt ergibt nun einen Sinn, ist in Gut und Böse eingeteilt. Es scheint als würden Verschwörungsmythen die Komplexität des Alltags und der zunehmend sich überlagernden und widersprechenden Informationen in den Medien reduzieren. Tatsächlich geht diese Einstellung aber mit einer schier immensen „semiotischen Komplexitätsproduktion" einher (Butter 2020, 60). Das heißt, ständig muss der Alltag in Verbindung zum Plot des Verschwörungsmythos gebracht werden. Interpretation und die Bildung von Assoziationsketten bestimmen das Verhalten. Der Alltag wird konstant auf ein Reservoir an Hinweisen hin abgetastet. Alles werde einer „investigating machine" untergeordnet, die von einem „perpetual motion of signification" angetrieben wird (Fenster 2008, 94). In dieser Maschine werden Videos (9/11 Filme), Falschmeldungen (über Explosionen im World Trade Center kurz vor dem Einstürzen der Türme), plötzlich auftretende „geheime" Dokumente (Hillary Clinton E-Mails) oder Gesten, wie die Angela-Merkel-Raute, als Hinweise auf Verschwörungen gedeutet und interpretiert (Butter 2020, 65–77). Ein Verschwörungsmythos „works as a form of hyperactive semiosis in which history and politics serve as reservoirs of signs that demand (over)interpretation, and that signify, for the interpreter, far more than their conventional meaning." (Fenster 2008, 95) Auf diese Weise transformiert sich der Alltag zu einer komplexen semiotischen Schnitzeljagd, die durch immer wieder neue Fragen und Rätsel motiviert wird.[7]

Die Lebenseinstellung bleibt vornehmlich im Interpretieren hängen. Denn der Kern des Verschwörungsverhaltens sei ein „obsessive desire for information" und „unlimited meaning production" (Fenster 2008, 95, 96). Die Bedeutung des Interpretierens nimmt dabei überhand und kreise um sich selbst: „The practice of interpreting conspiracy is repetitive, endless, and faces continual frustration." (Fenster 2008, 100) Folgt man Fenster weisen alle Verschwörungsmythen auf eine herrschende Leere in der Mitte hin. Das Interpretieren ist deshalb stets von Enttäuschung geprägt, weil die verborgene Verschwörung

---

7 Vgl. Spiegel TV 2020: Min. 5:00: Reporter: „Die Aufgabe der User ist es Beweise dafür zu finden, um die vermeintliche Wahrheit zu finden." Und Min. 5:30: Verschwörungsanhänger: „Im Fernseher oder bei verschiedenen anderen Berichterstattungen krieg ich schon die Meinung, fertig. [...] das ist die Meinung, die wird dir reingetrichtert. Bei Q werden Fragen gestellt. Er sagt zu dir, schau das sind die Fragen und schau selber im Internet."

immer nur tangiert, aber nie aufdeckt wird. Jeder Beweis ist nur vorläufig, jedes Fragment nicht mehr als ein Puzzleteil eines nur an den Rändern wachsenden Puzzles. Noch nie hat sich ein Reptil zu erkennen gegeben (Reptiloiden-Verschwörung), noch nie sind eingepferchte Kinder in einem Pizzeria-Keller gefunden worden (QAnon-Verschwörung). Aber wer weiß, denn der Zweifel wird konstant gefüttert und was nicht offensichtlich ist, muss womöglich mit Gewalt hervorgezogen werden.

4. Damit ist eine Situation eingetreten, in der rationale von den irrationalen Erklärungen nicht mehr unterscheidbar werden. Den noch ahnungslosen ‚Schläfer:innen' und fest in der fraglos gegebenen Einstellung zur Alltagswelt verwurzelten steht die Anhäufung von Erklärungen und Interpretationen der selbsternannten Erwachten gegenüber. Im Alltag findet eine kontinuierliche Verwischung der Grenze zwischen Wahrheit und Fiktion statt. Das sind aber nicht einfach nur Lügen, sondern Umdeutungen und Erweiterungen von Ereignissen in eigene Verschwörungslogiken. Entscheidend dabei ist, dass immer noch alle auf die gleichen wahrnehmbaren Ressourcen wie Berichterstattung, historische Tatsachen und Geschichten zurückgreifen, diese aber unterschiedlich betrachten (Fenster 200, 194). Für Verschwörungsanhänger:innen scheint die reale Welt reichhaltiger und komplexer zu sein, weil sie damit noch zusätzlich mögliche Interpretationen verbinden, während alle anderen sich an die tradierten und wissenschaftlichen Erklärungsmodellen halten. So folgern Ross und Werfing (2020) in *Die Zeit*: „(D)as Irritierendste ist die Umdeutung der Realität." Es gäbe immer eine andere, wahrere Wirklichkeit hinter dem Alltag, die durch Anhänger:innen von Verschwörungsmythen erkannt worden wäre. Analytisches Expertenwissen und wissenschaftliche Expertise werden zugunsten des sogenannten gesunden Menschenverstandes der fleißig Interpretierenden zurückgestellt. In einer Welt, in der jeder alles beobachten kann, könne auch jeder sein eigener Experte sein, „andere braucht er nicht", schreibt Michael Butter (2020, 65). Aber das ist nicht konkret genug, besser ist gesagt: *Andersdenkende* braucht der oder die Verschwörungsanhänger:in nicht. Peter Pomerantsev sieht gerade darin das Problem. „Das Entscheidende ist, dass aus diesen Falschinformationen geschlossene Weltbilder konstruiert werden können, um die sich politische, gesellschaftliche und kulturelle Identitäten gruppieren." (Peitz und Pomerantsev 2020)

Bemerkenswert ist also gar nicht, dass man an Verschwörungen glaubt, sondern dass sich um sie identitätsstiftende Gemeinschaften konstituieren. Diese sind immer offen für neue Teilnehmer:innen, solange diese sich der Regelhaftigkeit von Verschwörungsmythen fügen, beziehungsweise die gewohnten Regeln des modernen Alltags abstreifen. In diesem Sinne kennzeichnen

Verschwörungsmythen eine Art „Alternate Reality Game" (Cramer und Wu Ming 1 2020). Verschwörungsmythen beziehen ihre Sozialität aus dem Miteinanderspielen einer anderen Welt. Man tritt ein in eine Verschwörungswelt, verfolgt deren Regeln mit einem „heiligen Ernst", brandmarkt Spielverderber, die sich dem Spiel entziehen wollen, und formt eine Gemeinschaft der Mitspielenden. Aber im Gegensatz zum Spiel, das man irgendwann beenden kann, läuft der Verschwörungsmythos einfach weiter.

Verschwörungsanhänger:innen sind auch nicht auf persönliche Beziehungen, gemeinsame Orte und Räume angewiesen, um Mitspieler:innen zu sein, sondern sie müssen nur über Teilnahmebereitschaft und ein digitales Endgerät verfügen. Der Zusammenschluss wird durch das rein individuelle Teilnehmen in einem „textinterpretierenden Kollektivspiel" (Cramer und Wu Ming 1 2020) an Computern oder anderen digitalen Endgeräten bestimmt. Die Anhänger:innen von Verschwörungen finden sich unabhängig zusammen, um ein Konspirationsrätsel zu lösen oder um es zu spielen. Aber das Spiel findet nicht in der fiktionalen Welt des Computers oder der Konsolen statt, sondern bedient sich der Realität als Spielfeld. Das Spiel ist der Zugang zur Welt und beinhaltet eine neue Form von Öffentlichkeit. Demnach konstituieren Verschwörungsmythen nicht lediglich abgesonderte Gemeinschaften. Sie weisen darauf hin, dass auch Öffentlichkeit als ein ausschließlicher Argumentations- oder Meinungsbereich vermittelt durch Medien im digitalen Zeitalter neu gedacht werden muss. Denn das Internet und seine Substitute stehen für allgemeine Zugänglichkeit, aber nicht mehr für diskursive Räume.

2 Prinzipien digitaler Kultur

Vor diesem Hintergrund kommt dem Internet eine erstaunliche Bedeutung zu, denn dieses durchzieht unseren Alltag als eine globale technische Struktur. Das Internet ist dabei nicht nur ein Informationsnetzwerk, das Informationen in Form von Schriftsprache ordnet, sondern es stellt selbst ein umfassendes Bedeutungsnetz dar, das vielfältig mit dem Alltag verbunden ist. Während jedoch seit Erfindung der Schrift der Alltag linear und rational strukturiert, erfasst und geordnet wird, evoziert das digitale Bedeutungsnetz andere geradezu widersprechende Prinzipien, sich mit dem Alltag zu beschäftigen. Marshall McLuhan spricht schon in den 1960er Jahren vom Ende der Gutenberg-Galaxie (McLuhan 1994 [1964]). Aber erst mit der Durchsetzung des Web 2.0 seit den Anfängen des 21. Jahrhunderts tritt zutage, was das bedeutet: Es bedeutet vor allem, dass die modernen Konzepte von Öffentlichkeit und Demokratie unter Druck geraten sind.

Um dieser Veränderung auf die Spur zu kommen, will ich die Prinzipien der neuen Öffentlichkeit anhand Felix Stadlers Phänomenologie der digitalen Kultur kurz umreißen. Es handelt sich um die Prinzipien: 1. Referentialität, 2. Personalisierung durch Algorithmen und 3. die Neuordnung der Gemeinschaftlichkeit in „communities of practice" (Stadler 2016). Ich möchte im Folgenden die These vertreten, dass sich erst in Anbetracht dieser den Alltag ergänzenden Prinzipien eines zusätzlichen Bedeutungsnetzes neue Formen von Öffentlichkeit herausbilden können und *Verschwörungsspiele als neue Medien* (siehe weiter unten) dieser Öffentlichkeit möglich werden. Diese sind von den modernen Praktiken des Lesens und argumentativen Schreibens vollkommen verschieden.

1. Referenzialität sei die Kunst „Bezüge herzustellen" und helfe aus der Kontingenz der Welt eine Bedeutungsebene herauszuarbeiten (Stadler 2016, 96). Bücher, Museen und Archive hätten lange als Medien von Referentialität fungiert und eine allen verfügbare (nicht selten lineare) Ordnung angeboten (Stadler 2016, 115). Begriffe wie Autor, Autorität und Kanon verbriefen diese Funktionen, die Bedeutungen herstellen, die als allgemein gültig und nachvollziehbar gelten. Folgt man Stadler, so haben das Internet und das World Wide Web diese Kulturfunktionen weitestgehend abgelöst und in Frage gestellt. Es gibt einen neuen (und weiteren) Modus der Bedeutungsproduktion: Jeder einzelne Mensch sei nun allein verantwortlich „die ambivalenten Dinge, die jedem Einzelnen begegnen, zu ordnen" (Stadler 2016, 117).

Referentialität verweist dabei auf die Hyperref-Struktur des World Wide Webs. Die Hyperlinks erlauben ein selbständiges Durchforsten des Internets. Links (ver)führen von einem zum anderen. Bedeutung konstruiert sich aus den sich dadurch ergebenen Pfaden der Benutzung, sind aber nur bedingt einheitlich und nachvollziehbar. Der oder die Einzelne wird zum oder zur Pfadfinder:in und orientiert sich eben nicht mehr an traditionellen Autoritäten (Wegweiser), sondern an eigenen subjektiven Bedürfnissen (z. B. Neugier oder persönliche Anliegen). Die Referenzialität würde sich deshalb am Ich ausrichten, „um durch das eigene Handeln in der Welt Bedeutung zu schaffen und um sich selbst in ihr zur konstituieren, für sich und für andere." (Stadler 2016, 123; vgl. auch Castells 2001, 128–132) Es ist dabei zu bezweifeln, ob Einzelne tatsächlich von sich aus diese Ordnung herstellen können oder ob sie nicht einer Pfadabhängigkeit aufsitzen, die sich irgendwann unweigerlich einstellt. Denn jegliches Ordnen durch und im Internet bleibt eingebettet in die Hyperref-Struktur oder von den diversen für den und der Einzelne:n undurchschaubaren Empfehlungsfunktionen des World Wide Webs. Das Ich ist nur scheinbar ein:e Autor:in. Ganz sicher ist aber, dass die Referenzialität beim Ich ansetzt, indem die Erkundung des digitalen Raumes von dem oder der Einzelnen ausgeht.

2. Die Algorithmizität ist ein unsichtbarer rein mathematischer Prozess, der sich mit dem sogenannten Web 2.0 durchgesetzt hat. Informationen werden durch einen programmierten Algorithmus vorsortiert. Dabei sondieren Algorithmen „die unermesslich großen Datenmengen vor [...] und [bringen sie] in ein Format, [...], indem sie überhaupt durch Einzelne erfasst, in Gemeinschaften beurteilt und mit Bedeutung versehen werden können." (Stadler 2016, 166) Die Besonderheit scheint nun darin zu liegen, dass die Algorithmen ihre Funktion vor allem an die individuellen Nutzer:innen anpassen und es kein allgemeines Prinzip mehr gibt. Algorithmen ordnen nicht wie in einem Museum, in dem inhaltliche Ausstellungen wissenschaftlich oder künstlerisch – zumindest nach einem allgemein zugänglichen Prinzip – kuratiert werden. „Die Welt wird nicht mehr repräsentiert; sie wird für jeden User eigens generiert und anschließend präsentiert." (Stadler 2016,189) Der Algorithmus der Vorsortierung personalisiert die Informationsumgebung der Nutzer:innen. Dabei entscheidet das individuelle Nutzungsverhalten über die Gewichtung von anzuzeigenden Informationen mit. Dafür ist Google nach wie vor das beste Beispiel. Seit 2009 entscheidet nicht die Relevanz der Suchergebnisse *per se*, was bei einer Suche angezeigt wird, sondern die aus allen Daten, die Google über den oder die Nutzer:in weiß, errechnete Relevanz für diese:n Nutzer:in. Jede Google-Suche ist auf das Profil der oder des Suchenden abgestimmt (Pariser 2012, 1–3; Stadler 2016, 182–187). Dieser Auswahlprozess geschieht außerdem völlig automatisch, das heißt, er ist von den Nutzer:innen kaum zu konfigurieren.

3. Stadler gibt Gemeinschaftlichkeit neben Referenzialität und Algorithmizität als ein weiteres Prinzip der digitalen Kultur an. Mit Gemeinschaftlichkeit spricht Stadler ein Phänomen an, das konstitutiv für den Umgang miteinander in der digitalisierten Welt ist (2016, 129–163). Auf einer basalen Ebene würden Vergemeinschaftungsformen entlang neuer Paradigmen wie Minderheiten, Identität, Weltanschauungen oder Individualisierung die traditionellen Verbünde wie Familie, Parteien, Gewerkschaften oder andere enge Beziehungsgeflechte ergänzen. Gleichzeitig etablieren sich neben örtlichen, verwandtschaftlichen und milieuspezifischen Vergemeinschaftungsformen globale, eher schwach verbundene (*weak-ties*) Netzwerk-Communities (Castells 2001, 116–136). Stadler spricht deshalb auch nicht von Gemeinschaften, sondern von „communities of practices", um den „gemeinsamen Erwerb, die Entwicklung und die Erhaltung eines spezifischen Praxisfelds, das abstrakte Wissen, konkrete Fertigkeiten, notwendige materielle Handlungsanweisungen und Erwartungen sowie die Interpretation der eigenen Praxis" in einem neuen Paradigma der Vergemeinschaftung festzuhalten (2016, 136).

Die „communities of practices" zeichnen sich durch aktive und passive Teilnahme aus, aber nicht unbedingt dadurch, dass sich die Teilnehmenden noch persönlich kennen. Das, was man tut oder wie man handelt, entscheidet, mit wem man irgendwann mal zusammen ist. Das Gemeinschaftliche scheint deshalb einem Prinzip des ständigen Beobachtens, was die anderen machen, begleitet zu sein, woraufhin man sein eigenes Selbst konstituiert. Selbstkonstitution und Orientierung am anderen ersetzen laut Stadler (2016, 137) quasi das gemeinschaftliche Zusammensein. Die „communities of practice" stehen für eine wesentlich andere Art der Gemeinschaftsbildung. Das Zentrum bildet eine gemeinschaftliche Praxis und kein gemeinsames Anliegen.

Subjektive Referenzialität, personalisierte Algorithmizität und neue „communities of practice" verändern die Öffentlichkeit. Der öffentliche Erscheinungsraum, den wir kennen und welcher sich mit der allgemeinen Publizität des 18. Jahrhunderts ausgebreitet und zu einem medialen Erscheinungsraum im 19. und 20. Jahrhundert entwickelt hat (Habermas 1976 [1962]), transformiert sich durch die digitalen Medien und deren Infrastruktur erneut. Von *einem* öffentlichen Erscheinungsraum der über klassische Publikationsmedien (Rundfunk und Zeitung) moderiert (oder gesteuert) wird, kann keine Rede mehr sein. Marshall McLuhan, Pionier und Visionär dieses neuen Zeitalters, sprach in den 1960ern vom Advent einer „Dezentralisierung" (McLuhan 2001 [1969], 198) bei gleichzeitiger weltweiten Verschränkung (McLuhan 2001 [1969], 220). Für ihn rückte die Welt zu einem „globalen Dorf" zusammen (McLuhan 2001 [1969], 197 und McLuhan 1994 [1964], 146). Damit hat er aber nicht das Schrumpfen von Entfernungen auf dörfliche Maßstäbe gemeint, sondern die Auflösung moderner Vergesellschaftung zugunsten einer vielfältigen „mosaikartigen Welt", in der zwar alles miteinander verflochten ist aber gleichzeitig *nebeneinander* existiert (McLuhan 2001 [1969], 220).

Genau davon scheinen wir heute Zeuge zu sein. Eine allgemeine Öffentlichkeit in Form einer Arendtschen Bühne und eines Habermas'schen Räsonier-Raums, die von perspektivischen (und argumentativen) Linien durchzogen und dadurch geordnet wird, ist verschwunden. Öffentlichkeit ist in viele verschiedene Erscheinungsräume zersplittert. Öffentlichkeit entspricht nicht mehr der *Schule von Athen* des Renaissance-Malers Raffael, sondern den Wimmelbildern eines Pieter Bruegel dem Älteren oder den Visionen eines Hieronymos Bosch. Lehnt man sich also an McLuhan an, sorgt die digitale Kultur und ihre Praxis dafür, dass das Mosaik die geleitete Zentralperspektive ersetzt. Dadurch werden Räume geschaffen, in denen verschiedene Formen des Weltzugangs nicht mehr hierarchisch geordnet sind, sondern nebeneinander stehen. Ob man also von Öffentlichkeit *oder* Öffentlichkeiten sprechen sollte, ist durchaus diskutabel geworden.

3 Retribalisierung und der Kampf der Öffentlichkeiten

Subjektive Referenzialität, personalisierte Algorithmizität und „communities of practice" unterstützen die Bildung spezifischer und vor allem digital-organisierter Öffentlichkeiten und verändern das tradierte Verständnis von Öffentlichkeit. Jürgen Habermas sprach von einer „Entformalisierung der öffentlichen Kommunikation" (Habermas 2020), Marshall McLuhan nannte diesen Prozess in den 1960er Jahren hingegen „Auflösung der Gutenberg-Galaxis". Er meint damit, dass die Schriftkultur sowie die mechanische Technik durch eine umfassende Elektrifizierung und durch die physikalischen Entdeckungen des 20. Jahrhunderts in Bedrängnis geraten sind (McLuhan 1995 [1962] 314 und 1994 [1964], 44–121). Heute scheinen seine Bemerkungen aktueller denn je, nehmen sie doch im Begriff von der „Technik der Elektrizität" einerseits die Erfindung des Internets vorweg und deuten andererseits mittels der These einer „Retribalisierung" der Gesellschaft auf eine Zukunft, die im 21. Jahrhundert und vor allem während der Corona-Pandemie zumindest nicht mehr ganz von der Hand zu weisen ist (McLuhan 2001 [1969], 169–244).

Mit der Gutenberg-Galaxis meint McLuhan eine vornehmliche rationale, uniforme, serielle und eher distanzierte Verständigung über die Welt im Modus der aus dem Alphabet zusammengesetzten Schrift (McLuhan 1994 [1964], 33 und 1995 [1962]). Insbesondere die Erfindung des Alphabets hätte das logische und abstrakte Denken vorbereitet, das visuelle Sehen zum hauptsächlichen Sinn erklärt sowie politische Ordnung ermöglicht. Das Alphabet steht für die Auflösung umfassender sinnlicher Zusammenhänge von Lauten, optischen Erscheinungen und Symbolen und die Etablierung eines universellen Setzbaukastens von Zeichen. Dabei ist entscheidend, dass das Alphabet, nicht nur von den tatsächlichen Erscheinungen abstrahiert ist, sondern nur im Lesen der Buchstabenfolgen Sinn ergibt und damit allein auf den visuellen Sinn angewiesen ist. Das Alphabet ist deshalb das Medium zivilisierter Gesellschaftsordnung. „Die Zivilisation ist auf dem Alphabetentum begründet, weil das Alphabetentum ein Verarbeitungsverfahren einer Kultur darstellt, das über den Gesichtssinn führt und durch das Alphabet in Raum und Zeit erweitert wird." (McLuhan 1994 [1964], 136)

Folgt man auf diese Weise McLuhan, dann muss das Alphabet die Trennung von Körper und Geist initiiert haben – mit bekannten Folgen. Der Körper und seine anderen Sinne verlieren an Bedeutung, während der Geist beginnt, Raum und Zeit zu denken. Der von Johannes Gutenberg erfundene Buchdruck unterstützt diese Entwicklung, indem er das mechanische Zeitalter einläutet und die mechanische Zerlegung sowie Neuzusammensetzung zu bestimmenden kulturellen Prinzipien wurden. Der Buchdruck hätte die Distanziertheit und das Unbeteiligtsein „veredelt"; McLuhan nennt das die „Macht zu handeln, ohne zu reagieren." (1994 [1964], 265) Der Geist schwebt über den Dingen und äußert sich nur noch abstrakt in der Schrift. „Das Wort ‚desinteressiert', das eigentlich eine erhabene Zurückhaltung und moralische Unantastbarkeit des durch den Buchdruck geformten Menschen zum Ausdruck bringt", passe vor allem zu „einer alphabetischen und aufgeklärten Gesellschaft." (McLuhan 1994 [1964], 265)[8]

Abgesehen von der epistemischen Wucht dieser Unterscheidung, ist es wohl nicht weit hergeholt zu behaupten, dass das Alphabet und der Buchdruck jenen medialen Raum formten, den Arendt und Habermas Öffentlichkeit nennen. Ihr Öffentlichkeitsbegriff ist nicht ohne das Alphabet und der rationalen Schriftsprache zu denken. Das Alphabet ermöglicht die Aufteilung der Teilnehmer:innen in verschiedene Rollen und Positionen, gleichzeitig die distanzierte Betrachtung von Gegenständen und deren rationale Erörterung, die Rücksetzung der eigenen Persönlichkeit und die Etablierung eines kommunikativen Wahrheitsbegriffes, der in der Öffentlichkeit Gültigkeit beansprucht. Ein vernünftiger und letztlich auch demokratischer Diskurs wird erst durch diese Spezialisierung möglich, „die Demokratie ist ein Nebenprodukt", sagt McLuhan dazu (2001 [1967], 56). Arendts Politikverständnis und Habermas' Konzept der kommunikativen Vernunft sind somit ohne Alphabet nicht denkbar (genauso wenig wie die Aufklärungsphilosophie). Aber sie wurden auch ständig von eher wenig zur solcherart Spezialisierung neigenden kulturellen Praxen unter Druck gesetzt, wie Arendt in ihrem Werk zum Totalitarismus besonders gut zeigt.

Heute sind die durch die Schrift eher spezialisierten und distanzierten Menschen mit einer neuen Komplexität konfrontiert. In der „digitalen Kultur" (Stadler) oder dem „Zeitalter der Elektrizität" werden sich die Menschen „gefühlsmäßig [einer] totalen gegenseitigen Abhängigkeit von der ganzen übrigen Gesellschaft bewußt" (McLuhan 2001 [1967], 86, 88). In diesem Sinne sorgt das Internet dafür, dass die Distanzierung, z. B. die Trennung von Körper und Geist, erodiert und die Welt zu dem oben genannten „globalen Dorf" zusammen schrumpft. McLuhan

---

8 Vermutlich könnte ein Vergleich mit Adornos und Horkheimers „Dialektik der Aufklärung" lohnenswert sein, weil auch sie die Errungenschaften der Aufklärung kritisch sehen und in der Reduktion des Denkens auf Sprache ebenfalls eine Herrschaftsform ausmachen: „Die Sprache selbst verlieh dem Gesagten, den Verhältnissen der Herrschaft, jene Allgemeinheit, die sie als Verkehrsmittel einer bürgerlichen Gesellschaft angenommen hatte." Oder auch: „Denken verdinglicht sich zu einem selbsttätig ablaufenden Prozeß, der Maschine nacheifernd, die er selber hervorbringt, damit sie ihn schließlich ersetzen kann." Adorno und Horkheimer (1989 [1947/1969], 36, 39).

geht deshalb von einer Veränderung der gesellschaftlichen Ordnung aus und nennt das „Retribalisierung" (2001 [1969], 220). Er meint damit, dass die durch das Alphabet und dem Buchdruck geordnete Welt, welche Privatsphäre, Individualisten, Standpunkte und spezialisierten Ziele ermöglichte, durch eine mosaikartige, alles miteinander verbundene und zusammenhängende Welt ersetzt werde. „Der komprimierende, implosive Charakter der neuen elektronischen Technologie bringt für den westlichen Menschen den Rück-Schritt von den offenen Plateaus schriftgeprägter Werte hinein in das Herz der Finsternis einer Stammesgesellschaft, in das was Joseph Conrad ‚das Afrika in uns' genannt hat." (McLuhan 2001 [1969], 221) McLuhan benutzt eine kolonialistische Gegenüberstellung zwischen distanzfähigen Rationalisten und eingebundenen Gemeinschaftsmenschen. Seine Begriffe und Metaphern sind ohne Frage schwierig, aber eine pejorative Verunglimpfung liegt hier fern. McLuhan markiert mit der Rede von der Retribalisierung die Ersetzung westlichen linearen Denkens durch ein „komplexes und tiefgründiges Wesen mit einem tiefen emotionalen Gespür dafür, daß [der Mensch] in allen Bereichen mit der gesamten Menschheit verflochten ist." (McLuhan 2001 [1969], 222) Das elektrische Zeitalter entgrenzt den rationalen Menschen und bettet ihn ein in ein „umfassendes kollektives Bewusstsein, das die konventionellen Grenzen von Raum und Zeit übersteigt" (McLuhan 2001 [1969], 228). Für diese Art zu Denken, stehen Stammesgesellschaften Pate.

> So gesehen, wird die neue Gesellschaft alle möglichen Mythen in sich integrieren und eine von den unterschiedlichsten Schwingungen erfüllte Welt ähnlich dem alten tribalistischen Resonanzraum sein, in der die Magie zu neuem Leben erwachen wird: eine Welt der außersinnlichen Wahrnehmungen. Das gegenwärtige Interesse der Jugend für Astrologie, Hellseherei und alles Okkulte ist kein Zufall. Denn, sehen Sie, elektronische Technologie braucht Wörter genausowenig wie ein Digitalcomputer Zahlen. Die Elektrizität macht ohne jede Verbalisierung eine weltumspannende Erweiterung des menschlichen Bewußtseins möglich – und das nicht erst in ferner Zukunft.
> (McLuhan 2001 [1969], 228)

Erst in diesem Sinne wird klar, dass McLuhans Konzept der Retribalisierung auch eine Veränderung der Öffentlichkeit, wie z. B. dem Auftauchen neuer Schamanen, mit sich bringt. Wo nicht mehr auf Sprache und Zeichen gesetzt werden muss, macht sich eine komplexe und in sich verflochtene Totalität breit. Der Mensch fühlt sich durch das Internet erweitert. Die Welt des Alphabets implodiere hingegen, bemerkt McLuhan (1994 [1964], 84–95). Mechanisierung und Spezialisierung weichen einem umfassenden Eingebundensein, das in den Prinzipen der digitalen Kultur, subjektive Referenzialität, personalisierten Algorithmizität und den „communities of practice", tatsächlich verwirklicht zu sein scheint. Für McLuhan war dergleichen absehbar, es treten deshalb neue Herausforderungen auf.

> In einer Stammeskultur, in der alles auf einmal geschieht, wird die Vorstellung von „Öffentlichkeit" als einer differenzierten Ansammlung von fragmentierten Individuen, die zwar alle verschieden sind, aber doch nur wie austauschbare mechanische Rädchen in der Fließbandproduktion grundsätzlich gleich funktionieren können, von einer Massengesellschaft abgelöst, in der persönliche Vielfalt gefördert wird, während zur selben Zeit alle gleichzeitig auf jeden Reiz reagieren und sich so gegenseitig beeinflussen. (McLuhan 2001 [1969], 227)

McLuhans ‚Stammeswelt' ist geprägt von umfassender Selbstorientierung, Beobachtung und Eingebundensein, so wie Stadler es 40 Jahre später für die digitale Kultur en détail nachweisen konnte (siehe Abschnitt 2). Das globale Dorf ist eine komplexe Öffentlichkeit,[9] aus dessen Zusammenhang man sich nicht mehr befreien kann, außer man hält die digitale Kultur auf Distanz, bewahrt sich die Gutenberg-Welt und ihre Errungenschaften.

Das also scheint der Status Quo zu sein: Es stehen sich eine komplexe Öffentlichkeit und lineare Öffentlichkeit gegenüber. McLuhan ist sich deshalb sicher, dass „die Tage der politischen Demokratie [...] gezählt [sind]" (2001 [1969] 226) und prophezeit, dass die Auseinandersetzung nicht gewaltlos bleiben wird (2001 [1969] 215, 218). Vermutlich muss man nicht ganz so weit gehen, aber unbestreitbar beeinflusst die digitale Kultur die Ordnung der Öffentlichkeit, indem sie die vormals massenmediale Öffentlichkeit fragmentiert und verschiedene Öffentlichkeiten gegeneinander in Stellung bringt. Damit werden unterschiedliche Positionen gerade nicht mehr in einen geteilten Raum diskursiver Aushandlung nach gemeinsamen Maßstäben integriert (Pool der Meinungen oder Argumente), sondern verschiedene Öffentlichkeiten stehen indifferent bis unversöhnlich gegenüber (Retribalisierung). Erst diese Desintegration der Öffentlichkeiten ermöglicht die Stabilisation verschiedener, unvereinbarer Lebensrealitäten.

Beginnt man anhand der Thesen McLuhans die gegenwärtigen Auseinandersetzungen in den westlichen Demokratien zu befragen, tauchen somit neue

---

9 Ich werde im Weiteren von komplexen Öffentlichkeiten sprechen, um McLuhans kolonialistische Begriffe zu verlassen, aber gleichzeitig die Figur eines umfassenden Denkens und Lebens, das nicht auf die Schriftsprache fixiert ist, zu halten. Komplex ist in keinem Falle mit wissenschaftlicher Komplexität gleichzusetzen, sondern ist ein Ausdruck für sich überlagernde und im Menschen miteinander verbundene Diskurse, die nicht mehr rational getrennt werden (können).

Erklärungsmodelle für Konfliktlagen auf. Dort, wo sich eine komplexe Öffentlichkeit bildet und vor allem die tradierte Trennung zwischen Körperlichem und Geistigem auflöst, indem sie sich um die digitalen Medien erweitert sieht, steht sie einer linearen Öffentlichkeit mit ihren tradierten Begriffen und dualistischen Schemata gegenüber.[10] Folgt man McLuhan, muss klar sein, dass die Frontlinien auf jeden Fall nicht mehr entlang politischer Unterscheidungen links-liberal und konservativ gezogen werden können, sondern vor allem entlang der Unterscheidung zwischen komplexer oder linear-rationaler Öffentlichkeit. Dabei hat laut McLuhan (1994 [1964], 350) der komplexe Mensch bessere Karten: „[Er] findet die Lücken in der Denkweise des gebildeten Menschen sehr leicht." Die komplexe Öffentlichkeit desillusioniert die lineare Tradition und ihre abstrakten Begriffe. Die Welt der komplexen Öffentlichkeit will mehr sein als der Setzbaukasten der Sprache und die Fähigkeit zur Abstraktion der linearen Öffentlichkeit. Eine komplexe Öffentlichkeit begreift McLuhan als eine um heterogene Medien ausgeweitete. McLuhan will das erstmal nur festgestellt haben; gleichzeitig ist er sich aber sicher: nur „wenn wir Medien als Ausweitung des Menschen [...] verstehen lernen, [können] wir in gewissen Maße die Kontrolle über sie gewinnen" (2001 [1969], 235).

Vor diesem Hintergrund lässt sich das Auftauchen der Verschwörungsmythen in der Coronakrise zumindest deuten. Die Verschwörungsöffentlichkeit ist eine komplexe Öffentlichkeit, die sich gegen eine lineare und abstrakte Öffentlichkeit der Politik und der Wissenschaft stellt. Im Gegensatz zur alten linearen und sich rational verstehenden Öffentlichkeit, deren Modus das abstrakte Denken und der wissenschaftliche Nachvollzug sowie die kommunikative Vernunft ist, hat die komplexe Verschwörungsöffentlichkeit einen anderen (neuen) Weltzugang kultiviert. Sie erspielt sich die Welt oder versucht neuartige Rätsel zu lösen, die sich ihnen stellen und die sie nicht im Medium des Alphabets angehen wollen. Das Verschwörungsspiel ist selbst das Medium,[11] dass durch die Prinzipien einer digitalisierten Kultur, wie subjektive Referentialität, personalisierte Algorithmizität und neue „communities of practice", den dauerhaften

---

10 An dieser Stelle wäre es interessant genauer zu beobachten, ob damit auch die Nutzung von unterschiedlichen Medien korreliert. Es scheint, dass die Verwendung der Publikationsmedien viel darüber aussagt, von welcher Öffentlichkeit her gesprochen wird. Lineare Öffentlichkeit äußert sich vornehmlich in den linearen und argumentativen Medien (wie Zeitungsartikel), während die komplexe Öffentlichkeit den Diskurs allein in den Sozialen Medien führt, der dort schwer nachzuvollziehen, anscheinend wenig argumentativ und sehr emotional geführt wird. Gerade das stellt jedoch Fragen bezüglich des gegenseitigen Verstehens, wenn die Öffentlichkeiten sich auf je unterschiedliche Weise äußern.
11 Zum Spiel als Medium vgl. McLuhan 1994 [1964] 357–373.

Aufenthalt in einer komplexen Öffentlichkeit ermöglicht. Wenn McLuhan Recht hat und ein neues Medium dabei „nie ein Zusatz zu einem alten [ist] und auch nicht das alte in Frieden [lässt]", dann zeigen die Demonstrationen während der Corona-Pandemie oder das Auftauchen des Schamanen Jake Angeli im US-amerikanischen Kapitol an, dass ein Kampf verschiedener Öffentlichkeiten längst ausgebrochen ist – mit Konsequenzen für die Demokratie.[12]

To be or not to be, that is the question —
Whether 'tis nobler in the mind so suffer
The slings and arrows of outrageous fortune,
Or take armes against a sea of troubles,
And, by opposing, end them.
Hamlet, Act 3, Scene 1

Literatur

Adorno, Theodor W., und Max Horkheimer. *Dialektik der Aufklärung. Philosophische Fragmente.* Leipzig: Reclam, 1989 [1947/1969].
Arendt, Hannah. *Vita activa oder Vom tätigen Leben.* München, Zürich: Piper, 2013 [1967].
Butter, Michael. *„Nichts ist, wie es scheint". Über Verschwörungstheorien.* Berlin: Suhrkamp, 2020.
Castells, Manuel. *The Internet Galaxy. Reflections on the Internet, Business, and Society.* Oxford: Oxford University Press, 2001.
Cramer, Florian, und Wu Ming 1. „Verschwörungsmythos QAnon". *Süddeutsche Zeitung*, 30. Oktober 2020: 8 (Feuilleton).
etzimanuel. *QAnon Shaman – Jake Angeli – Interview – ORF.* https://www.youtube.com/watch?v=22d6tRXxVeg. Youtube, 7. Januar 2021 (13. März 2021).
Fenster, Mark. *Conspiracy Theories. Secrecy and Power in American Culture.* Minneapolis, London: University of Minnesota Press, 2008.
Georgi, Oliver. „Sie vertrauten dem Staat nicht mehr". *Frankfurter Allgemeine Zeitung.* https://www.faz.net/aktuell/politik/inland/corona-proteste-sie-vertrauen-dem-staat-nicht-mehr-16930379.html?service=printPreview. 31. August 2020 (13. März 2021).
Grabe, Sophie. „Satan, Weltherrschaft und Attila Hildmann. Bei den Corona Demos taucht immer häufiger eine wirre Bewegung auf: Wie gefährlich ist QAnon". *Die Zeit*, Nr. 37 (2020): 2.
Habermas, Jürgen. *Strukturwandel der Öffentlichkeit. Untersuchungen zur einer Kategorie der bürgerlichen Gesellschaft.* Neuwied, Berlin: Luchterhand, 1976 (1962).

---

[12] Dank geht an das Inter-University Center Dubrovnik programme „Identity of Europe", wo eine erste Rohversion des Artikels durchgesprochen wurde und u. a. Vlasta Jalušič entscheidende Hinweise gab.

Habermas, Jürgen. „Moralischer Universalismus in Zeiten politischer Regression. Jürgen Habermas im Gespräch über die Gegenwart und sein Lebenswerk". *Leviathan*. 48.1 (2020): 7–28.

Hoppenstedt, Max, Judith Horchert, Janne Knödler, und Marcel Rosenbach. „Der Mob aus den Paralleluniversen. Parler, 8kun und „thedonald""". *Der Spiegel*. https://www.spiegel.de/netzwelt/web/parler-8kun-und-thedonald-sturm-auf-kapitol-wurde-online-sichtbar-geplant-a-64e757b8-a714-4535-91b4-0d3914c477e5. 8. Januar 2021 (10. Januar 2021).

Kant, Immanuel. *Anthropologie in pragmatischer Hinsicht*. Hg. Reinhard Brandt. Hamburg: Felix Meiner, 2000 [1798].

Karabakh, Nagorro. *BREAKING NEWS: Batman has arrived at the capitol building in DC #Washington #Trump #JoeBiden*. https://www.youtube.com/watch?v=Xfus_yyXbGE. Youtube, 6. Januar 2021 (13. März 2021).

Kempkens, Sebastian. „Das große Komplott". *Die Zeit*, Nr. 21, (2020). 11–13.

Knebel, Sven K. „Virtualität". *Historisches Wörterbuch der Philosophie*. Hg. Joachim Ritter, Karlfried Gründer und Gottfried Gabriel. Bd. 11 U–V. Basel: Schwabe, 2001: 1062–1067.

McLuhan, Marschall. *Die magischen Kanäle. Understandig Media*. Basel: Verlag der Kunst Dresden, 1994 [1964].

McLuhan, Mashall. *Die Gutenberg-Galaxis. Das Ende des Buchzeitalters*. Bonn, Paris, Reading, MA et al.: Addison-Wesley, 1995 [1962].

McLuhan, Marschall. „Testen bis die Schlösser nachgeben. Im Gespräch mit Gerald Emanuel Stearn". *Das Medium ist die Botschaft – The Medium is the Message –*. Hg. und Übers. Martin Baltes, Fritz Boehler, Rainer Hötschel und Jürgen Reuß. Dresden: Philo Fine Arts, 2001 [1967].

McLuhan, Marschall. „Geschlechtsorgan der Maschinen. *Playboy*-Interview mit Eric Nolden". *Das Medium ist die Botschaft – The Medium is the Message –*. Hg. und Übers. Martin Baltes, Fritz Boehler, Rainer Hötschel und Jürgen Reuß. Dresden: Philo Fine Arts, 2001 [1969].

Meyer, Kim. *Das konspirologische Denken: zur gesellschaftlichen Dekonstruktion der Wirklichkeit*. Weilerswist: Velbrück Wissenschaft, 2018.

Nachtwey, Oliver, Oliver Schäfer und Nadine Frei. „Politische Soziologie der Corona-Proteste". *Universität Basel*. https://idw-online.de/de/attachmentdata85376. 17. Dezember 2020 (13. März 2021).

Pariser, Eli. *The Filter Bubble. What the Internet is Hiding from You*. London: Penguin Books, 2012.

Papsdorf, Christian. *Internet und Gesellschaft. Wie das Netz unsere Kommunikation verändert*. Frankfurt a. M.: Campus, 2013.

Pasley, Jeffrey L. *Conspiracy Theories in American History. An Encyclopedia*. Bd 1. „Illuminati". Hg. Peter Knight. Santa Barbara: ABC-CLIO, 2003.

Peitz, Dirk, und Peter Pomerantsev. „Die massenhafte Verbreitung von Bullschit ist das Problem". *Die Zeit*. https://www.zeit.de/kultur/2020-04/peter-pomerantsev-das-ist-keine-propaganda-sachbuch-desinformation-social-media. 16. April 2020 (13. März 2021).

Pipes, Daniel. *Verschwörung Faszination und Macht des Geheimen*. Aus dem Amerikanischen von Gerhard Beckmann. München: Gerling-Akademie-Verlag, 1998.

Ross, Jan, und Heinrich Werfing. „Mit Ungeduld und Spucke". *Die Zeit*, Nr. 37 (2020): 3.

Schmidt, Caroline. "QAnon: Eine Recherche führt nach Berlin". *Norddeutscher Rundfunk*. https://www.ndr.de/fernsehen/sendungen/zapp/QAnon-Eine-Recherche-fuehrt-nach-Berlin,qanon102.html. 11. November 2020 (13. März 2021).

Schumacher, Claudia. "Die Welt ist verrückt, aber ihr durchschaut sie". *Die Zeit*. https://www.zeit.de/gesellschaft/2020-05/verschwoerungstheorien-coronavirus-who-virologen-internet-familie-aerzte. 7. Mai 2020 (13. März 2021).

Schütz, Alfred, und Thomas Luckmann. *Strukturen der Lebenswelt*. Konstanz: UVK, 2003.

Seidler, John David. *Die Verschwörung der Massenmedien. Eine Kulturgeschichte vom Buchhändler-Komplott bis zur Lügenpresse*. Bielefeld: transcript, 2016.

Spiegel TV. *Die Verschwörungsfanatiker von QAnon*. https://www.youtube.com/watch?v=9R5TvLCsN-E. Youtube, 4. August 2020 (13. März 2021).

Stadler, Felix. *Kultur der Digitalität*. Berlin: Suhrkamp, 2016.

Warnke, Martin. *Theorien des Internet zur Einführung*. Hamburg: Junius, 2000.

Oliver Kuhn
Peak Kontra? Politische Spekulation und deviantes Wissen in der Coronakrise

1 Die Fahnen der Fronde

Demonstrationen gegen die Maßnahmen zur Corona-Bekämpfung sind ein politisches Ärgernis ersten Ranges. Würden sie bei größeren Teilen der Bevölkerung den Eindruck erwecken, es sei „Volkes Stimme", die hier laut wird, drohten die seuchenpolitischen Instrumente der Regierung, die auf Einsicht angewiesen sind, schnell stumpf zu werden. Verständlich daher der Versuch, in Berichterstattung und politischer Kommunikation moralisch von der Teilnahme abzuschrecken. Etwa durch Betonung der irrationalen Elemente („Covidioten"), die Tatsache, dass die extreme Rechte die „Bewegung" kapert[1] oder durch Warnung vor einer „Corona-RAF" (Markus Söder). Auch angesichts stark gestiegener Kranken- und Totenzahlen gelang die Abschreckung. Obwohl Zweifel und Ärger über die Einschränkungen verbreitet waren (Statista 2020), blieben die Demonstrationen überschaubar.

Umso mehr überrascht die Diversität der dennoch Teilnehmenden, sie versammeln sich unter verschiedenen Farben. Man sah einerseits Reichsflaggen und QAnon-Symbole, USA-Flaggen (wegen Trump), schwedische Fahnen (aufgrund des Sonderwegs in der Pandemie) und Israelfahnen – wohl als Schutzschild gegen Antisemitismusvorwürfe. Darüber hinaus aber auch Regenbogenfahnen (ohne „*pace*"), Kreuze, Ballonherzchen, Ghandi- und Che Guevara-Portraits, esoterische Sprüche und Kindlich-Naives.

Es handelt sich um ein heterogenes Bündnis gegen die aktuellen Zumutungen des Regiertwerdens, in dem sich der Protest von „Unpolitischen" mit eingesessener politischer und lebensanschaulicher Devianz vieler Couleur mischt: mit Impfgegner:innen, die sich vor staatlich erzwungenen Übergriffen auf die Körper fürchten, Libertären, Hedonist:innen, Evangelikalen, Friedensbewegten,

---

[1] In der Hoffnung auf einen Querfronteffekt. Im Gegensatz zu programmatischen Fixpunkten wie Migrationsfeindlichkeit agiert die Rechte hier liquide und politisch spekulativ: Vor den Maßnahmen des Frühjahrs 2020 fragte etwa *Compact*: „Corona: Wird die Gefahr [durch die Regierenden] heruntergespielt?" (Reuth 2020). Erst im Lockdown entdeckte man die Freiheitsliebe.

Selbständigen in Angst um die wirtschaftliche Existenz.[2] Vielfach werden klassisch linksliberale Argumente gegen die Ausweitung staatlicher Kontrolle und Überwachung vorgebracht.[3] Politisch gibt es in dieser Zweckkoalition zum Protest gegen die Maßnahmen wenige Gemeinsamkeiten. Sie integriert sich negativ im Dagegen, „ist keine Opposition, sondern eine bloße Frondation" (Goethe in Eckermann o.J. [1836], 106).

Das Spektrum reicht vom Zweifel am Nutzen der Maßnahmen und ihrer Angemessenheit in Bezug auf kaum absehbare Folgekosten, über Mutmaßungen hinsichtlich verborgener Kalküle hinter den Entscheidungen, bis hin zur schlichten Corona-Leugnung. Der Protest resultiert nicht nur aus abweichenden politischen Wertungen oder Interessen – wenn etwa die Interessen der (Über-)Lebenden gegenüber der Vermeidung von Toten höher bewertet werden als im „Mainstream". Er ist begleitet von teils extremer *kognitiver Devianz*, der Infragestellung der „offiziellen Darstellung" des pandemischen Geschehens.

In diesem Aufsatz sollen die Bedingungen dieses massiven Widerspruchs gegen nahezu alle etablierten Expert:innen und die Meinungsmehrheit beleuchtet werden. Offen bar bezieht der Protest überlegene Gewissheit oder zumindest überlegenen Zweifel aus Gegenmedien, von Gegenexpert:innen und aus heterodoxen Theorien. Das moderne politische Feld hat jenseits des im „offiziellen" Diskurs Sagbaren eine breite „kontrarianische"[4] Peripherie gebildet, nicht einfach als mehr oder weniger trübes Sammelbecken aller nichthegemonialen Sichtweisen und Zielsetzungen, sondern als aktiven Kommunikationszusammenhang. Diese lange vor der Corona-Pandemie entstandene Infrastruktur ermöglicht in politischen Krisen eine Sammlung heterodoxer Erklärungs- und Lösungsansätze. In der Reihe politischer Krisen seit 2008 wurden diese kontrarianischen Ränder fortwährend gestärkt und zu einer bedeutenden Energiequelle des Rechtspopulismus (ohne freilich mit diesem zu verschmelzen). Die Corona-Proteste bedeuten eine Eskalation: Einerseits betreibt die heterodoxe (und heterogene) Koalition lautstarken Protest bis hin zur Reichstagssturm-Farce, auf der anderen Seite ist ihre Stigmatisierung durch den politischen Mainstream er-

---

2 Der wichtigste Demoveranstalter „Querdenken" beteuert auf seiner Webseite die Distanz zu Rechts- und Linksextremismus, Initiator Michael Ballweg hat sich freilich mit dem Reichsbürger Peter Fitzek getroffen, um Kooperationspotential auszuloten (Tomik und Soldt 2020).
3 Die organisierte Linke dagegen findet sich auf den Gegendemonstrationen, die Antifa hat hier eine staats(mit)tragende Funktion gefunden, was bei einigen Beobachter:innen Befremden auslöst (Klopotek 2020).
4 Als „kontrarianisch" wird auf den Finanzmärkten ein Investitionsstil bezeichnet, der eine von der Mehrheit abweichende Zukunftserwartung hegt und sein Kapital entsprechend einsetzt. Dieser Begriff lässt sich für die soziologische Kapitaltheorie nutzbar machen.

folgreich. Dieser selbstverschuldete politische Realitätstest des Kontrarianismus dürfte zu seiner Schwächung beitragen.

Zunächst beschreibe ich auf einer diskurstheoretischen Grundlage das heterodoxe Umfeld des „offiziellen", hegemonialen Diskurses in der Coronakrise. Im Vordergrund stehen die divergierenden Situationsdefinitionen von politischem Zentrum und heterodoxer Peripherie. Für die Rekonstruktion dieser kognitiven Seite des politischen Feldes hat es sich als hilfreich erwiesen, die Situationsdefinitionen als mehr oder weniger *spekulative Grundlagen von Investitionsentscheidungen für politisches Kapital* zu begreifen. Ich benenne Bedingungen der Verbreitung devianter Erklärungsmuster, sowohl inhaltlicher, als auch eher infrastruktureller Art. Abschließend soll überlegt werden, inwiefern man gerade am gegenwärtigen Überschießen kontrarianischer Sichtweisen eine Schwäche des Kontrarianismus ablesen kann.

2 Kontrarianismus

Die Infrastruktur der Gegenöffentlichkeit und Gegenexpertise, heute vor allem über digitale Netzwerke konstituiert, stellt „alternative Erklärungen" bereit und ermutigt dadurch Protest anlässlich aktueller politischen Themen. Ich möchte sie im Folgenden „Kontrarianismus" nennen und diesen durch das *Stabilhalten einer Ablehnung des „offiziellen" politischen Diskurses* definieren, unabhängig von den positiv vertretenen – sehr heterogenen – Thesen und politischen Programmen. Er negiert nicht lediglich das Regierungswissen (dies kann bereits die Opposition), sondern die „Grenzen des öffentlich Sagbaren" überhaupt. Solche Grenzen werden kommunikativ sichtbar an Skandalen um Niveaulosigkeiten, Tabubrüchen, Übertretungen, beispielsweise an offenem Rassismus und Misogynie, an Forderungen zur Enteignung der Reichen, Aufrufen zu politischer Gewalt. Diskursgrenzen sind umstritten und verschiebbar, wie etwa die Provokationen der AfD zeigen, jedoch zu jedem Zeitpunkt vorhanden. Jenseits liegt, was im „Mainstream" des politischen Systems als unwahr gesehen oder als vulgär, moralisch abstoßend, abwegig, einseitig empfunden wird, auch Tabuisiertes, heimlich Erwünschtes und Erträumtes. Der Kontrarianismus ist das Es der Politik.[5]

Die instituierte kognitive Dauerheterodoxie orientiert sich negativ an den hegemonialen politischen Wissens- und Wertungsformen, ich konzentriere mich hier

---

[5] Relational, vom Zentrum aus betrachtet. Jede einzelne kontrarianische Theorie definiert ihrerseits Sagbarkeiten und Unsagbarkeiten.

auf die Seite des abweichenden *Wissens*.⁶ Weder muss kontrarianisches Wissen thematisch scharf abgegrenzt sein zu den Sagbarkeiten des politischen Diskurses, noch liefern ihm etwa nur die Ränder des politischen Ideologiespektrums Beiträge, wie die Extremismustheorie annimmt). Vielmehr kennen jedes Politikfeld und jede politische Ideologie (z. B. das politische Christentum, der Liberalismus, die ökologische Bewegung) die Überschreitung ins kontrarianische Extrem, ihre Überspitzung ins „nicht öffentlich Sagbare" hinein. Teils handelt es sich bei der kognitiven Devianz um Kernkomponenten der Ideologie, teils geht es nur um stützende Hilfskonstruktionen, selektive Wahrnehmungen, Notlügen, passende Gerüchte, Verschwörungstheorien etc.

3 Diskursgrenzen und Stigmatisierung

Ein instituierter Diskurs – zumal ein politischer – ist nicht lediglich kognitive Orientierungshilfe, sondern ein Sanktionssystem. Die negative Seite seiner konstituierenden Praxis liegt in der „Stigmatisierung" abweichender Wissensprätentionen (Kuhn 2010), in den „Prozeduren der Ausschließung" (Foucault 1977, 7). Keine Wissensordnung kann allein aufgrund der Einsicht in die Argumentation oder auch nur die Nützlichkeit des „wahren" Wissens stabilisiert werden.⁷ Bei aller inneren Pluralität und Beweglichkeit definiert den politischen Diskurs, dass Devianz im Regelfall mit dem Entzug des Zugangs zu politischen Ressourcen bestraft wird und also „draußen" ist, wer anderes sagt. Nachdem etwa Thüringens FDP-Chef Thomas Kemmerich an einem maßnahmenkritischen „Spaziergang" teilgenommen hatte, wurde ihm von Parteikolleginnen der Austritt nahegelegt.

Auch wenn der Kern der Politik, kollektive Zielsetzung und Entscheidung, dadurch keineswegs wahrheitsfähig wird, ist politische Kommunikation immer schon von Sachwissen durchdrungen und heute teils verwissenschaftlicht. So orientieren sich die meisten Regierungen weltweit am (weitgehenden) wissenschaftlichen Konsens über die Gefährlichkeit von SARS-CoV-2. Bindung der

---

6 Wir bezeichnen hier auch unwahres und spekulatives Wissen als „Wissen" im Sinne der Wissenssoziologie Mannheims (1970).
7 Parsons etwa setzte die Notwendigkeit der Generalisierung des Mediums „Einfluss" voraus. Nicht Einsicht in Argumente sei sein Zweck, sondern Einsicht in die legitime Sprechposition der Expert:in: „The function of justification is not actually to verify the items, but to provide the basis for the communicators' right to state them without alter's needing to verify them." (Parsons 1963, 50).

Politik an Wissenschaft, also an ein System, dessen Ergebnisse sie selbst mit eigenen Operationen kaum beeinflussen kann, erhöht oft ihre Erfolgschancen. Sie birgt aber das Risiko, die Politik bei Wissensänderung mitändern zu müssen (Einschätzung der Nützlichkeit von Masken). Ein kurzfristiger Vorteil liegt darin, die wissenschaftlich sanktionierte Entscheidung dem weiteren Diskurs entziehen zu können („Sachzwang"). Die Notwendigkeit, mit der konkrete Entscheidungen aus einem wissenschaftlichen Wissen abgeleitet werden können, wird zu diesem Zweck oft überzeichnet.

Der politische Prozess kann in seinem Diskurskorridor mehr oder weniger Komplexitätsverarbeitung leisten, mehr oder weniger Pluralität inkorporieren. Das Ergebnis des diskursiv-parlamentarischen Prozesses ist die Durchsetzung *einer* entscheidungsbegründenden Sichtweise, begleitet vom Austausch der Argumente. Dieses durchgesetzte Narrativ[8] beansprucht normalerweise Richtigkeit, nicht aber die Identität mit dem Gesamtdiskurs (es gibt diskursfähige andere Sichtweisen). Die Notlage der Coronakrise führte freilich schnell zu einer burgfriedenartigen Allkoalition mit homogener Sichtweise, obwohl die Entscheidungen unter Zeitdruck und gravierender Unsicherheit getroffen wurden.

Je geschlossener das Zentrum agierte, desto eher fand sich Kritik im Kontrarianismus wieder. Dies wurde als Verweigerung eines Diskurses interpretiert, als eine Art Virolog:innen-Totalitarismus. Die schnell betriebene Irrationalisierung von Skeptiker:innen oder von Stimmen für rasche Öffnungen war tatsächlich demokratietheoretisch heikel. Erkennt man jedoch den Notfallcharakter der Situation an – und dies legte die Wissenschaftssicht bereits Anfang 2020 dringend nahe – waren schnelle und drastische Entscheidungen und auch die Forcierung des Entscheidungsprocederes im Namen des Seuchenschutzes notwendig. Deviant wurde mithin jede Sicht, welche den Notfall für nicht gegeben hielt. Die Kritik der Eingriffe musste den Ausnahmezustand bestreiten, etwa eine bloße „Grippe" diagnostizieren (Agamben 2020).

4 Repression?

Diskursgrenzen sind verschiebbar, doch in keinem noch so pluralistisch gedachten politischen System wäre Stigmatisierung abweichenden Wissens ver-

---

8 Als „Narrativ" bezeichnet man heute ein programmatisch relevantes, jedoch nicht unbedingt wissenschaftsfähiges Wissen. Dies zeigt die wissenschaftliche Duldung nichtwissenschaftlichen Wissens, also auch einen Teilverzicht auf „Aufklärung".

zichtbar (Barkun 2016). In kritisch-kontrarianischer Sicht werden die mehr oder weniger sanktionsbewehrten Grenzen des Diskurses oft als „Repression" beklagt und mit überschreitenden Provokationen beantwortet. Der politische Diskurs wird als bloßer Machteffekt dargestellt und damit der Kern der liberal-demokratischen Verfahrenslegitimität bestritten: der Bezug auf unabhängiges (Expert:innen-)Wissen und die relativ anspruchsvolle Berücksichtigung abweichender Meinungen im politischen Prozess. Das Beklagen von Nicht-Sagbarkeit und herrschender Political Correctness ist seit den 1990er Jahren zum Klischee geworden (Diederichsen 1996). Die Diskursgrenzen und die Stigmatisierungsprozesse von staatlicher oder privater Seite (mit sehr unterschiedlicher Sanktionskraft) sind selbst permanentes Konfliktthema. Kontrarianer:innen versuchen typisch nicht nur, die Mainstreamsicht zu desavouieren, sondern die Grenzen des Diskurses durch Veränderung der Geltungskriterien zu lockern und so den politischen Möglichkeitsraum zu weiten.

Die Stigmatisierung abweichender Deutungen erfolgt oft direkt vom Zentrum aus (z. B. durch Nichterwähnung), kann aber auch von ihrerseits marginalen Diskurspositionen aus versucht werden. Moralunternehmer:innen versuchen durch Radikalisierung bereits durchgesetzter Normgeltungen die Grenzen des Diskurses moralisch oder epistemologisch enger zu ziehen. Von den Inhalten abgesehen, lässt sich schematisch eine restriktiv-deflationäre Diskurspolitik (strengere politische Diskursregeln) von einer expansiv-inflationären Diskurspolitik unterscheiden (mit etwas anderer Terminologie: Parsons 1963, 62).

Eine Durchsetzung politischer Diskurse verlangt neben der Einsicht in Argumente eine Gemengelage aus kognitiver Trägheit, Furcht vor Stigmatisierung und vor allem hinreichendes, unbegründetes Vertrauen auf die Wissensproduktion der Expert:innen. Die Kommunikation politischer kognitiver Abweichung muss unter liberal-demokratischen Verhältnissen nur in wenigen Fällen *rechtliche* Sanktionen fürchten (Beleidigung, Volksverhetzung, Holocaustleugnung), gar den direkten Zugriff der Zentralgewalt, wie er in Teilen der Welt bei Regierungskritik bis heute üblich ist. Zweifellos sind es die *vorrechtlichen* Sanktionen für kognitive Devianz – von der peinlichen Stille nach dem Vorbringen der Devianz, über das Augenrollen bis zur Ausladung (als *cancel culture* beklagt), Entlassung, Rufzerstörung, welche die kontrarianische Regierungskritik im Zaum halten und als Unfreiheit beklagt werden. Die Furcht, als Spinner:in zu gelten, dürfte auf individueller Ebene die wirksamste Barriere gegen politische Heterodoxie darstellen. Auf organisatorischer Ebene wirkt die Furcht sensibler Sponsoren vor Rufschädigung stark disziplinierend.

Die Intensität der Devianzkontrolle fällt der Privatsphäre weit geringer aus als in der professionellen/organisatorischen Sphäre.[9] In den Organisationen des politischen Felds wird die kognitive Abweichung von den politischen Programmen als Illoyalität sanktioniert. Still gehegte oder privatim geäußerte politische kognitive Devianz bleibt hingegen meist folgenlos. In politischen Krisen kommt es freilich auf die öffentliche Marginalisierung alternativer Sichtweisen zugunsten der „offiziellen Sicht" an, im Fall der Hygienemaßnahmen oder der Impfungen ist aktive Massen-Compliance die Bedingung politischer Erfolge – an dieser Stelle wird das Alltagswissen relevant. Es handelt sich um einen ungewohnt zwingenden, begründungs-, also einsichtbedürftigen Eingriff in den Massenalltag. Faktischer Konsens über dieses Wissen in der Breite der Bevölkerung ist für den politischen Erfolg nicht entscheidend, wohl aber eine hinreichende *sichtbare* Compliance. Bei vielen gegenwärtigen Verordnungen und Gesetzen wird freilich nicht genau hingeschaut, weil man die faktische Compliance nicht durchsetzen zu können glaubt und zumindest ihren Anschein nicht durch Kontrollen zunichtemachen will. Solange die Politik nicht ihrerseits auf Effektivität hin kontrolliert wird, kann diese wechselseitige kommunikative Scheinaktivität beruhigend wirken.

Die schnelle Verdrängung kritischer Stimmen aus dem Diskurs wurde „dem System" im aktuellen Corona-Kontrarianismus als Scheitern an den eigenen freiheitlichen Ansprüchen vorgehalten. Notstandsmaßnahmen bleiben ein wunder Punkt einer liberal-demokratisch verfassten Politik, weil sie das legitimitätsspendende demokratische Verfahren abkürzen und die Entscheidung mit bereits vorliegender Wahrheit begründen (Sachzwang).

Dass Kontrarianismus von der negierten politischen Hegemonie abhängt, zeigt sich auch, wenn die diskursive Hegemonie fehlt, wie im Fall der politisch polarisierten USA. Kontrarianische Devianz wird dann nicht mehr erkannt oder nur noch an der Distanz zum jeweiligen Partei-Establishment oder alternativ zum wissenschaftlichen Mainstream – wobei die Auflösung auch dieses Maßstabs (wie zuvor der als neutral empfundenen Berichterstattung des Journalismus) in parteiliche Perspektiven, z. B. auf Klimawandel oder eben die Pandemie, gerade charakteristisch für eine gravierende Polarisierung sind (Kahan et al. 2013). Maske oder Verweigerung wurden vorübergehend zu gleichberechtigten Stammeszeichen.

---

9 Dies scheint sich gerade durch die massenhafte Teilnahme an öffentlicher, schriftlich-fixierter Kommunikation in den sozialen Medien zu ändern. Hier stoßen Devianz und Kontrollinteressen ständig aufeinander.

5 Permeabilität und Funktion

Vom einem selbstgewissen Zentrum aus betrachtet, bringt Kontrarianismus fast ausschließlich blühenden Unsinn hervor; seine pauschale Aburteilung ist daher die Norm. Dies ist nachvollziehbar, bleibt aber eine Simplifizierung. Die Absicherung des Diskurses nutzt allein aus Zeitgründen nicht lediglich Argumente, sondern nimmt unvermeidlich auch persönliche Autorität und schlicht Macht in Anspruch. Es besteht allerdings eine gewisse Durchlässigkeit der Diskursgrenzen: Eine geschickte politische Spekulation kann Themen etablieren, die zuvor marginalisiert oder sogar tabuisiert waren. Ehedem deviante Thesen können diskursfähig werden (z. B. die *Modern Monetary Theory*), vormalige Mainstream-Thesen in die Devianz absteigen (Extremfall „Rassenbiologie"). Hier ist nicht nur an Wissenschaft zu denken, sondern auch an Werte und ganze Weltbilder, heute etwa des rural-religiösen Amerikas, welches sich aufgrund von Wertewandel nicht mehr politisch repräsentiert sieht (Hochschild 2016).

Die *politische Funktion* des Kontrarianismus ist ambivalent. Im Normalfall dient er – weil vom Zentrum aus betrachtet unrealistisch oder schlicht irrational – der Legitimation des hegemonialen Diskurses *ex negativo*. Die Überschreitung legitimiert die Grenze. Zugleich dient er zur erleichternden Distanzierung von ungeliebten Verhältnissen, funktional ähnlich der Satire (entsprechend kann er als Realsatire genossen werden). Kontrarianismus dient auch dem „Aufheben" alternativer kognitiver Muster (Parsons' Funktion der *latenten Mustererhaltung*) und im seltenen Ausnahmefall sogar zur Vorbereitung eventueller Paradigmenwechsel im Mainstream. Oft war eine neue Leitidee, ein neues Framing – neben all dem Unsinn – schon im Kontrarianismus präsent, bevor der Mainstream sie aufnahm. Stigmatisierung und (auch ungerechte) Pauschalabwertung des Kontrarianismus bleiben dennoch jederzeit nötig, um die kognitiven Routinen des politischen Zentrums gegen zersetzende Skepsis zu imprägnieren.

In der Breite der gesellschaftlichen Kommunikation ist Kontrarianismus dagegen eine Normalität. Hinsichtlich der gesellschaftlichen Verbreitung kognitiver Devianz legen die empirischen Befunde nahe, dass große Teile der Bevölkerung devianten Auffassungen zustimmen. 46 Prozent etwa glauben an „geheime Organisationen, die Einfluss auf politische Entscheidungen haben" (Zick et al. 2019, 214). Die Verschwörungstheorie ist der historische Normalmodus der Erklärung politischer Ereignisse (Butter 2018, 16), die Forderung nach Verzicht auf diesen Erklärungsmodus (also auf Spekulation!) das historisch Neuartige und Unwahrscheinliche. Historisch neu sind gerade eine relativ hohe Integration der Bevölkerung in den politischen Diskurs und die Möglichkeiten zur empirischen Erforschung ihrer Meinungen. Die scheinbar zunehmende Devianz dürfte also ein Artefakt zunehmender Devianzkontrolle, erhöhter Ansprüche an faktische kognitive Compliance sein bzw. auf diese reagieren (wer will angesichts tief verinnerlichter aufklärerischer Imperative der Aufklärung schon als „Schlafschaf" gelten?). In den letzten Jahrzehnten sorgen die neuen digitalen Medien qua Öffentlichkeit und Schriftlichkeit nicht nur die schnellere Verbreitung kognitiver Devianz, sie verstärken auch ihre Stigmatisierung.

6 Populismus

Kontrarianismus existiert immer. Es wird jederzeit sehr Vielfältiges angeboten, auch vollends Abwegiges, kaum Nachgefragtes. Die kontrarianischen Produzent:innen, Händler:innen und Spekulant:innen stehen bereit und suchen ihr Angebot mit Hoffnung auf Resonanz zusammen. Sie spezialisieren sich auf Angebote, welche die etablierten Großhändler des Mainstreams aus Gründen mangelnder kognitiver Liquidität (Logik!) nicht liefern. Hohe Resonanz erhält der Kontrarianismus jedoch in Krisen, wenn das politische System mit überfordernden Problemen konfrontiert ist bzw. sich zu unpopulären bzw. polarisierenden Entscheidungen gezwungen sieht. Ein gutes Beispiel sind die Schwierigkeiten, die Notwendigkeit der Bankenrettungen von 2008 zu erklären. Generell hatten die Finanzkrise ab 2007 und die nachfolgende Eurokrise Unzufriedenheit mit den finanzwirtschaftlichen und politischen Eliten erzeugt.[10] Auch der Mainstream einer Wirtschaftswissenschaft, welche die Krise nicht vorhergesehen, ja in ihren Modellen nicht einmal vorgesehen hatte, erfuhr massive Kritik. Hier gelangten heterodoxe Geld- und Wirtschaftstheorien in den wissenschaftlichen Diskurs, zum Teil über den Umweg der Netzöffentlichkeit (Kuhn 2013). Die diskursive Schwäche des Zentrums sorgte für kontrarianische Hochkonjunktur. Der parallel aufsteigende politische Populismus erreichte seine größten Erfolge, das Brexit-Referendum und die Wahl Donald Trumps zum US-Präsidenten, durch die selektive und opportunistische Nutzung kontrarianischer Deutungen.[11]

Als „populistisch" wird ein Politikstil bezeichnet, der vom diskursiven Zentrum aus als verhältnismäßig populär, aber nicht wünschbar oder unrealistisch

---

[10] Die nationalen Parteiensysteme Süd- und Osteuropas wurden in ihrem Verlauf grundlegend umgewälzt.
[11] Ohne mit ihm zu verschmelzen. Selbst Le Pen distanzierte sich für größere Erfolge von Teilen des traditionellen rechtsradikalen Kontrarianismus, etwa von den Holocaust-Leugnungen ihres Vaters.

erachtet wird (Kuhn 2018), beispielsweise der populäre Ruf nach Lockerungen, wenn man diese für verfrüht hält.[12] Trotz naheliegender Überschneidungen – heutiger rechter Querfront-Kontrarianismus und Alt-Right streben mit erstaunlich fluiden Positionierungen nach größtmöglicher Popularität – ist die analytische Unterscheidung von Kontrarianismus und Populismus wichtig: Es gibt faktisch unpopulären oder auch nicht auf Popularität, sondern beispielsweise auf Anerkennung in Fachkreisen ausgerichteten Kontrarianismus. Auf der anderen Seite kann keine Populist:in dauerhaft eine stabile kognitive Distanz zu sämtlichen Mainstreamperspektiven halten, wenn sie auf Erfolg aus ist. Selbstverständlich finden sich im Populismus aus Sicht der Etablierten kontrarianische Elemente – Trump nutzte bekanntlich schon vor seiner Wahl die politische Energie des Kontrarianismus, etwa indem er dem derzeit wohl erfolgreichsten Verschwörungstheoretiker Alex Jones (*InfoWars*) ein sympathisierendes Interview gab und selbst auf zahlreiche Verschwörungstheorien anspielte.

Wissenschaft selbst bestimmt die Grenzen des wissenschaftlichen Wissens (zur „Pseudowissenschaft"), der politische Diskurs legt das politisch Sagbare fest. Man kann diese empirischen Selbstreferenzen akzeptieren und eine konstruktivistische Epistemologie dieser Systeme unterschreiben, ohne einem bodenlosen Macht-Relativismus des Wissens das Wort zu reden und alles Wissen in politischem Wollen aufzulösen: Politik bindet sich, insofern sie längerfristige Erfolge sucht, immer schon an Wissen, auch an wissenschaftliches Wissen (ebenso wie an gesamtgesellschaftliche Werte). Indem Populist:innen mittels kognitiver Devianz diese Bindungen für ihre politischen Spekulationen lockern, indem sie etwa den Klimawandel oder die Gefährlichkeit von SARS-CoV-2 leugnen, können sie politische Energieressourcen anzapfen, welche dem kognitiv weniger liquiden Mainstream unzugänglich sind. Ressentiments, *folk epistemologies*, Verschwörungstheorien, Gerüchte, politische Mythen sind mächtige politische Erregungs- und Energiequellen. Die Frage ist, ob eine derart an Illusionen oder zumindest Spekulationen orientierte Politik, wie der Mainstream meint, immer nur kurzfristige Erfolge zeitigen könne.

„Unter Niveau" können Populist:innen griffige Narrative aufbauen, einfache Lösungen präsentieren, Sündenböcke bestimmen, unangenehme Inkonsistenzen wegreden. Bei aller Inferiorität devianter Deutungen kann nie ausgeschlossen werden, dass sie Schwächen der Mainstream-Sichtweise artikulieren (beispielsweise die urbane Ignoranz gegenüber den Problemen der

---

[12] In der politischen Diskussion wäre es sinnvoll, diesen heute inflationierten Begriff für Fälle zu reservieren, die tatsächlich populär sind und dies nicht nur selbst behaupten. Vieles von dem, was heute als populistisch bezeichnet wird, hat kaum Unterstützer und ist lediglich Kontrarianismus.

Provinz, die soziologisch ein Integrationsproblem darstellt), dass sie demokratischen Willen korrekt ausdrücken (z. B. die Kriegsmüdigkeit der amerikanischen Wählerschaft, deren tendenzieller Isolationismus in der geopolitischen Sicht der politischen Elite hochproblematisch erscheint) oder dass Populist:innen intuitiv sogar zu gangbaren Lösungen finden. Die vielkritisierte expansive Schuldenpolitik der Trump-Regierung etwa, zum Teil gegen die eigene Partei durchgesetzt, dürfte unter einer demokratischen Präsidentschaft fortgesetzt werden.[13]

Gelangen Populist:innen an die Macht, müssen sie kontrarianische Elemente nicht aufgeben: Sie können weiterhin einen „paranoiden Stil" (Hofstadter 2012) pflegen, beschreiben sich weiterhin – instrumentell oder gläubig – als sabotiert durch übermächtige Feinde, etwa den *„deep state"* oder *„fake news media"*, um zu erklären, warum ihre Ziele nicht allen einleuchten bzw. sich nicht realisieren lassen, obwohl sie mutmaßlich direkt den Volkswillen abbilden. Auch die für Kontrarianismus typische spekulative kognitive Liquidität, also der instrumentelle Einsatz immer nur jeweils genehmen Wissens kann, wie Trump gezeigt hat, an der Macht erhalten bleiben. Der politische Diskurs kann sich durch Machtwechsel ändern und damit den Maßstab für Konformität und Abweichung verschieben. Die politische Vernunft ist von der Macht nicht unabhängig. In totalitären Regimen konnte genehme Wissenschaft dekretiert werden (z. B. der Lyssenkoismus unter Stalin). Noch in pluralistischen Systemen haben Machtwechsel spürbare Effekte etwa auf Berichterstattung oder auf die Relevanz von Forschungsthemen. Doch insofern es populistischen Regierungen in pluralistischen Systemen nicht gelingt, das Zentrum des politischen Diskurses zu verschieben, das dominante Denken in Presse, Intellektualität oder Wissenschaft (soweit politisch relevant) dem ihren anzupassen oder wenigstens zu marginalisieren, bleiben sie selbst an der Macht kontrarianisch – auch wenn der Maßstab für Kontrarianismus im populistischen Teil des politischen Spektrums geleugnet wird. Auch die Gramsci-Tradition, heute von der Rechten rezipiert, betont die Bedeutung der Erringung *kultureller* Hegemonie für die Eroberung der politischen Macht (vgl. Laclau und Mouffe 2001). Auch mit Mehrheit und Macht ausgestattet kann ein politisches Programm marginal bleiben, relational zu einem kulturell kapitalstarken Zentrum des politischen Diskurses.

---

13 Das Haushaltsdefizit ermöglicht bei gleichzeitigem Außendefizit dem privaten Inlandssektor ein positives Nettovermögen. Die hohe Privatverschuldung der Haushalte würde ohne hohe Haushaltsdefizite untragbar werden (Kuhn 2015).

7 Gegenhegemonie

Das kontrarianische Feld ist maximal divers, es versammelt politische Antagonismen. Die Kombinierbarkeit heterodoxer Thesen ist begrenzt. Den meisten Linken verbietet sich bei Anwesenheit von Antisemit:innen jede Diskussion, auch über sozusagen geteilte Interessen, etwa den Problemen des Geldsystems. Jenseits der politischen Organisationen, im Medium des Populären (Huck und Zorn 2008), stellt das Netz heute dennoch unweigerlich Diskussionszusammenhänge auch zwischen Unvereinbarem her. Internetforen leben vom Reiz des Kontakts zwischen verfeindeten Positionen. Das umstrittene Phänomen der Filterblasen mag real sein (kritisch: Zuiderveen Borgesius et al. 2016), zugleich existiert ein Zusammenhang im Dagegen, ein diskursiver Austausch von Thesen, Syntheseversuche und auch deviante Wissensproduktion ohne Blick auf politische Verwertbarkeit, deren Produkte je nach Passung instrumentell durch verschiedene politische Positionen eingesetzt werden können.

Aller Heterogenität zum Trotz konstituiert sich eine *kontrarianische Gegenhegemonie*, die so viele deviante Erklärungen wie möglich in ein abstraktes, lockeres Narrativ integriert. Bis in die 1990er Jahre war dieser *dominante* Kontrarianismus politisch linksgerichtet, mit Kapitalismuskritik, Elitenkritik, Konzernkritik, Staatskritik, Anti-Imperialismus, Globalisierungskritik befasst und wies einen starken Bezug auf – teils heterodoxe – Wissenschaft auf. Heute dominiert die („alternative") Rechte das kontrarianische Feld. Sie hat populistische Formen (Laclau 2005) und auch Inhalte der älteren linken Agenda übernommen, v. a. Eliten-, Globalisierungs- und Kapitalismuskritik, Kritik des Finanzsystems, jedoch nationalistisch, immigrationsfeindlich, oft wissenschaftsskeptisch, häufig xenophob und islamfeindlich, rassistisch und oft antisemitisch gefasst.[14]

Die heute prominentesten devianten Meinungsunternehmer:innen, welche in ihren medialen Formaten die sonst kaum verbundenen kontrarianischen Thesen diskutieren und in Zusammenhang bringen, in den USA etwa Alex Jones oder die Dorr-Brüder, in Deutschland Ken Jebsen oder Jürgen Elsässer, vertreten rechte Ideologie und distanzieren sich kaum mehr von dieser Positionszuweisung. Dennoch bemühen sie sich auffällig um Brückenschläge zu Themen der Linken und nicht direkt politisierten Kontrarianismen wie Impfgegner:innenmilieu oder esoterischen Zirkeln.

---

[14] Richard Spencer als Mastermind der Alt-Right-Bewegung argumentiert klar antisemitisch, der ehemalige Breitbart-Chef Stephen Bannon widersprach dem Vorwurf. Immerhin: „We are not aware of any antisemitic statements attributed to Bannon" (Anti Defamation League 2021).

8 Infrastruktur

Das kontrarianische Feld konstituiert sich – früher über Bücher und Zeitschriften, heute in den Netzwerken als Kommunikationszusammenhang – nicht lediglich als Assemblage der Abweichung. Die Zunahme der Resonanz lässt sich nicht allein inhaltlich, als Reaktion auf die erwähnten Legitimationsprobleme des politischen Zentrums zurückführen, eine Reihe weiterer Faktoren ist zu nennen. Aus der Perspektive der soziologischen Kapitaltheorie lässt sich zeigen, dass nicht nur die gelegenheitskontrarianische Einzelinvestition, sondern auch ein prinzipiell kontrarianischer Investitionsstil gewinnträchtige Positionen ermöglicht – in den Medien (periphere) politische Macht, (para-)wissenschaftliche Reputation, mediale Aufmerksamkeit (bzw. Einfluss) und nicht zuletzt monetär.

Offensichtlich ist die Existenz eines solchen (relativ) ideologieübergreifenden, populären Austauschraums eine Folge erleichterter kommunikativer Vernetzung. Neue digitale Medien sind die quantitative Bedingung für eine ganze Reihe von qualitativen Änderungen, sowohl auf der Produktions- wie auf der Konsumseite für deviantes Wissen. Marginale Aufmerksamkeitsunternehmer:innen, die nicht mehr auf das Placet der Gatekeeper großer Medien angewiesen und keiner externen Kontrolle unterworfen sind, um große Reichweiten aufbauen zu können, präsentieren und diskutieren deviantes Wissen in rascher Abfolge und mit erstaunlicher Gleichgültigkeit. Sie bieten sich oft als Moderator:innen in der Binnendebatte an, verbreitet ist auch das pseudo-neutrale Format des Interviews. Die Konsument:innen produzieren selbst Resonanz: Bei ausreichender Verbreitungsgeschwindigkeit genügen wenige Prozent der Nutzer:innen, welche beispielsweise Verschwörungstheorievideos ihrerseits teilen (gläubig oder nicht), um deren Verbreitung exponentiell zu steigern, bevor die nächste These zirkuliert wird und ältere Thesen verblassen.

Mit den jeweils aktuellen politischen Großkonflikten (Krisen) wechseln die Themen, an denen sich Protestbereitschaft und mediale Aufmerksamkeit abgreifen lassen. Sowohl marginale politische Gruppen, als auch marginale Aufmerksamkeitsunternehmerinnen müssen, um nicht als *single-purpose*-Veranstaltungen mit dem konjunkturellen Niedergang eines Themas unterzugehen, hinreichend flexibel auf eine abstraktere Funktion einstellen, eben auf die Bereitstellung eines überlegenen devianten Wissens, welches den Teilnehmer:innen die Subjektposition eines abstrakten Dagegensein zu Verfügung stellt.

Viele sehr unterschiedliche, sogar verfeindete Gruppen und Organisationen der äußersten politischen Peripherie teilen das Interesse an nahezu beliebigen Argumenten zur Schwächung des Zentrums und profitieren von der größeren

Sichtbarkeit des okkasionellen gemeinsamen Auftritts der kontrarianischen Koalition („Mahnwachen für den Frieden", „Hygiene-Spaziergänge"). Auf diese Weise entstehen die eingangs erwähnten, relativ bunten, lockeren Koalitionen, negativ integriert durch das gemeinsame Interesse an der Ablehnung des offiziellen Wissens.

Und schließlich muss die mittlerweile gut bewiesene Taktik der digitalen Desinformation staatlicher Akteure, etwa Geheimdienste, in Betracht gezogen werden. Sie bespielen das kontrarianische Feld zum Teil selbst, zum Teil indirekt durch Sponsoring (netzpolitik 2020, Böge 2021). Wie stark die politischen Effekte staatlicher Desinformation sind, ist umstritten.

9 Politische Spekulation

Für die Analyse des politischen Kontrarianismus sind beide Bedeutungen des Spekulationsbegriffs wichtig. Tabula-rasa-Techniken (Transzendenzbehauptungen, Verschwörungstheorien, Ideologiekritik, Inanspruchnahme von Zukunft, Umwertungen) schaffen den Deutungsfreiraum für *kognitive Spekulation*. Zugleich geht es nicht lediglich um Vermutungen und Vorhersagen, in einem kapitaltheoretischen Sinne wird auf der devianten kognitiven Grundlage auch politisches Kapital (organisierte und lockere Gefolgschaft, Finanzierung, Medienaufmerksamkeit, glaubwürdige *claims*) für *spekulative Investition* eingesetzt. Gerade marginale politische Gruppen und Akteure, die nur über wenig politisches Kapital verfügen, neigen dazu, dieses Kapital spekulativ zu investieren, um höhere politische Gewinne zu realisieren. Sie wetten sozusagen gegen die Regierungssicht, setzen beispielsweise darauf, dass die Maßnahmen gegen die Ausbreitung des Coronavirus im Nachhinein als unwirksam oder übertrieben bewertet werden und sammeln entsprechende Belege und Behauptungen. Falls dies einträte, stünden hohe Reputationsgewinne in Aussicht.

Wie bei spekulativen Investition von ökonomischem Kapital kommt es nicht (vorrangig) darauf an, dass die abweichende Erwartung tatsächlich realisiert wird, sondern dass man die politischen Gewinne einstreicht, solange das Thema steigt und eine im Sinken begriffene Position rechtzeitig desinvestiert. Zum einen vergehen bis zur Überprüfbarkeit der These oft längere Zeiträume, in deren Verlauf man profitiert. Wie im wirtschaftlichen Bereich kann dies einen starken Anreiz ausüben, sich an Unternehmungen zu beteiligen, denen man letztlich gar keine Erfolgsaussichten einräumt, deren Popularität jedoch momentan steigt. Die Spekulation auf den Zusammenbruch der Eurozone, die Hyperinflation, die „Islamisierung", die „große Umvolkung" hält dann deren Ausbleiben aus (Parusieverzögerung). Zum anderen mag bis zur Überprüfung der These das Interesse an ihr schwinden, ein kognitiver Fehlschlag wird möglicherweise gar nicht bestraft (und nur von „Pedant:innen" bemerkt). Man gewinnt durch haltlose Behauptungen möglicherweise mehr Anhänger:innen bzw. Likes als man durch ihre Widerlegung verliert. Dem instrumentell-spekulativen Umgang mit Wissen geht es klassisch sophistisch um den kurzfristigen expressiven oder rhetorischen Effekt.

Dieser spekulative Umgang mit politischem Kapital erfordert eine bemerkenswerte kognitive Liquidität (Assheuer 2018). Im Gegensatz zu ökonomischem Kapital, welches zugleich in „widersprüchliche" Unternehmungen investiert werden kann (Kohle und Solarstrom), operiert die politische Investition gemeinhin unter dem Blick einer politischen Öffentlichkeit mit einem Mindestmaß an Konsistenzerwartung. Ein schneller opportunistischer Positionswechsel ist nur in einer politischen Ökologie möglich, welche diesbezüglich lockere Erwartungen hat. Für eine vermutete Zieltreue wird hoher Opportunismus hinsichtlich der Mittel in Kauf genommen. Gerade transgressive, provokative politische Kommunikation wird nicht primär inhaltlich betrachtet, sondern als *signaling* unverbrüchlicher Parteilichkeit für die eigene Gruppe. Eine Reihe von Studien (z. B. Uscinski und Parent 2014) hat gezeigt, dass politische Beobachter, denen das Vertrauen in Eliten und Expert:innen fehlt, welche „das System" als korrupt (*rigged*) beschreiben, Transgressionen und Regelbrüche, auch Zwecklüge und Gewalt als Mittel der Beseitigung dieses Systems billigen. Nicht selten kommen in diesem Beifall für Destruktion anti-politische Ressentiments zum Ausdruck. Vertrauen aber ist die Voraussetzung für Wissensvermittlung überhaupt, denn Wissen wird hochgradig arbeitsteilig produziert, niemand bedient sich ausschließlich „seines eigenen Verstandes" (Kant 1784, 483). Fehlt das Vertrauen in „Mainstreammedien", muss man alternativen Quellen vertrauen – soll überhaupt gewusst werden.

Der Mangel an Systemvertrauen im kontrarianischen Milieu hat seine Wurzeln oft in lebensweltlichen Bedingungen der Kontrarier:innen – in (der Furcht vor) Isolierung, Misserfolg, Arbeitslosigkeit, Überschuldung – welche auf bösartige Intentionen der Eliten zugerechnet werden (Freeman und Bentall 2017). Dies schließt eine Erklärung des rechten Kontrarianismus als „kulturellen Backlash" (Inglehart und Norris 2016), durch den Verlust der kulturellen Hegemonie nicht aus, sondern ein. Er ist die narrative Form, welche der Protest annimmt. Der Eindruck in der amerikanischen Rechten, „enteignet" (Bell) worden zu sein, ist nicht neu: „America has been largely taken away from them and their kind, though they are determined to try to repossess it and to prevent the final destructive act of subversion" (Hofstadter 2012 [1964], 23). Massive Resonanz erhält diese Erzählung über Kontrollverlust vor allem in wirtschaftlichen Krisen (van Prooijen und Douglas 2017).

10 The Great Reset?

Nach über einem Jahr Pandemie kennen wir das Virus und seine Wirkungen besser. Die anfänglich auch im Mainstream von Wissenschaft und Politik bestehende Ungewissheit und die dennoch zu treffenden, ungewohnt scharfen Maßnahmen bildeten den Ansatzpunkt für die devianten Deutungen in der Coronakrise. Wieviel Ungewissheit bis heute über die Evaluation der verschiedenen Eindämmungsstrategien unter verschiedenen Bedingungen fortbestehen mag, angesichts der tausenden an SARS-CoV-2 Verstorbenen wurden verharmlosende Stimmen effektiv marginalisiert. Skepsis wurde in den Populismus oder gleich in den Kontrarianismus abgedrängt, oft in den anti-etatistischen Rechtskontrarianismus. Der Mangel an rationalen Angeboten für eine Kritik der Maßnahmen hat den Spekulationen der kontrarianischen Influencer:innen und politischen Kleinunternehmer:innen zunächst starke Resonanz eingebracht. Doch die in den USA und zunächst in Großbritannien mit populistischem Kalkül realisierte Corona-Politik hat sich als tödliche Fehlspekulation herausgestellt, auch führte sie in den politischen Misserfolg. In den USA dürfte die Pandemie die Wiederwahl Trumps verhindert haben. Die so naheliegende Übernahme kontrarianischer Positionen ist für Populist:innen ein erhebliches Stigmatisierungsrisiko (Geis 2020), die AfD verlor 2020 ein Drittel ihrer Wähler:innen. Das zentrale Asset des Populismus, die Identifikation mit dem „eigentlichen Volkswillen", droht dann auch im Selbstbild unplausibel zu werden.

Die rechtskontrarianischen Hoffnungen auf Umsturz und das Ende der großen Elitenverschwörung kulminierten in der Kapitolstürmung vom Januar 2021. Ins grelle Licht der großen Politik getreten, wirkt die „Bewegung" erschreckend groß und doch haben ihre Transgressionen ein deutlich farcehaftes Element. Die neue Sichtbarkeit des Kontrarianismus ist kein Ausdruck der Stärke. Während er zuvor, realpolitisch bedeutungslos, vom Zentrum weitgehend ignoriert wachsen konnte, löst seine gesteigerte Sichtbarkeit und verzweifelte Aktivität eine kognitive und moralische Stigmatisierungswelle aus. Viele Vertreter:innen eingesessener Heterodoxien (etwa Impfgegner:innen) und Verschwörungstheorien erleben nach der Übernahme rechtskontrarianischen Gedankenguts in ihrem privaten Umfeld eine schnelle Eskalation in Richtung Konflikt. Das Ausbleiben der allzu konkreten Prophezeiungen, etwa einer Biden-Verhaftung, scheint die QAnon-Bewegung empfindlich zu treffen (Roose 2020). In den sozialen Medien werden Stigmatisierung und Ausschluss kontrarianischer Positionen extrem verstärkt[15], etwa durch Fact-Checking (dem zuvor aufmerksamkeitsökonomisch oft die interessante Devianz vorgezogen wurde).

Die Nutzung des Corona-Skeptizismus als politische Energiequelle scheint sich für den Rechtspopulismus und längerfristig nicht einmal für die kontrarianischen Akteure auszuzahlen.[16] Zur Belastung werden in der gegenwärtigen Lage besonders zwei Axiome der rechtskontrarianischen Ideologie: Zum einen ihre typische *Wissenschaftsverachtung*, die durch die eintreffenden Befürchtungen der Expert:innen und die relativen Erfolge der an der wissenschaftlichen Mehrheitsmeinung orientierten Regierungen bestraft wurde.[17] Zweitens ihr extremer *Anti-Etatismus*, denn offenbar scheitert die Bekämpfung der Pandemie ohne eine effektive Durchsetzung kollektiv bindender Entscheidungen durch politische Systeme. Beide ideologischen Niederlagen können nur mithilfe kognitiv kostspieliger Zusatzspekulationen – Corona als Erfindung der Eliten usw. – umgedeutet werden.[18]

Der dringend benötigte Erfolg des politischen Establishments in der Coronakrise beseitigt freilich nicht diejenigen Faktoren, die obiger Analyse zufolge im letzten Jahrzehnt vor allem in den USA zum Erstarken eines generalisierten Misstrauens in Expert:innen und Eliten und damit auch zum Erstarken des kontrarianischen Feldes geführt haben. Dazu gehören vor allem die zunehmende Ungleichheit, der Abstieg der Industriearbeiterschaft,[19] die gravierenden Probleme privater Überschuldung v. a. in der amerikanischen Bevölkerung, die einen temporären Ausfall von Einkommen schlicht nicht zulassen und so zu den Protesten

---

15 Populistische und konservative Politikerinnen verloren etwa nach einer Sperrung von QAnon-lastigen Konten tausende Follower (Left Foot Forward 2021).
16 Le Pen beispielsweise hat sich nichtkontrarianisch gegen die „Freiheit" und für „Schutz" entschieden und fordert kostenlose Masken (Pantel 2020).
17 Im Normalfall – und zunächst auch in der Coronakrise – hat Wissenschaftsverachtung kaum negative Folgen für den Einzelnen. Obwohl keine Art Erfahrung das deviante Wissen erschüttern *muss*, erzeugt das persönliche Erleben der Krankheit oft die Konversion zur Orthodoxie. Das erfragbare Vertrauen in die Wissenschaft lag 2019 bei 46 Prozent. Während des ersten Lockdowns erreichte es mit 73% der Befragten einen Höhepunkt (und „normalisierte" sich seitdem auf 60%. Allerdings sind 40% der Befragten der Ansicht, dass die „Wissenschaftler uns nicht alles sagen, was sie über das Coronavirus wissen" (Wissenschaftsbarometer 2020).
18 Gläubige Verschwörungstheoretiker können den gewählten kognitiven Kurs jederzeit durch spekulative Zusatzannahmen („die Statistiken sind gefälscht") gegen Dissonanz sichern – jede solche Immunisierung erzeugt freilich Kosten, weil man immer mehr übliches Wissen bestreiten muss, um die These zu halten (vgl. Kuhn 2010). Das Ergebnis ist die weitere Marginalisierung der Sichtweisen.
19 Case und Deaton (2020) beziffern die jährlichen „Deaths of despair" (Selbstmord, alkohol- und drogenbedingte Krankheiten) vor allem aus dem Industriearbeitermilieu in den USA mit ca. 100.000.

für eine Öffnung der Wirtschaft beigetragen haben. Hinzu kommen die Probleme der Finanzierung und Qualitätssicherung eines unabhängigen Mediensystems. Zu vermuten ist, dass gerade der Mangel an langfristigen Lösungsvisionen und konkreten Lösungsvorschlägen seitens der „etablierten Politik" in die kontrarianische Vorstellung treibt, hinter all den Misserfolgen stehe ein diabolischer Plan der Eliten, z. B. für einen „*Great Reset*".[20]

Die entscheidende Frage jeder Krisenhermeneutik, ob uns die Krise ein Lernen abverlangt, eine *langfristige* Veränderung wirtschaftlicher, politischer, alltagspraktischer Routinen, ist zum jetzigen Zeitpunkt unbeantwortet. Möglicherweise katalysiert die Krise nur, was ohnehin auf der Tagesordnung stand. Auch eine lernunwillige Normalisierung nach der Durchimpfung ist denkbar. Wirtschaftspolitisch trifft die Pandemie auf ein verschuldungsfreundliches Klima, sodass in vielen Staaten wirtschaftliche Disruptionen zumindest vorübergehend abgedämpft werden konnten. Politisch lässt sich eine bislang positive Bilanz konsequenter Eingriffe ziehen: Sowohl was die Vermeidung von Todesfällen, als auch die gesamtwirtschaftliche Minimierung der Kosten angeht, haben sich die strikten temporären Hygienemaßnahmen in Ländern wie Neuseeland, Norwegen, Finnland, China, Japan, Australien vorerst als überlegen erwiesen – auch gegenüber den moderaten Maßnahmen etwa Mittel- und Westeuropas. Derzeit (Januar 2021) hat Sachsen mehr Corona-Tote zu betrauern als das (wahrscheinliche) Ursprungsland China oder das überalterte Japan. Mit allen Virusbekämpfungsmaßnahmen einher gingen zweifellos Kosten für Wirtschaft, Unterhaltung und Kunst, Familien und Bildung, die im Kontrarianismus als „Verlust der Freiheit" verbucht werden. Doch auch diese Kosten waren umso geringer, je konsequenter man das Virus bekämpfte. Dies wäre ein Anlass für die Erneuerung der alten Einsicht, dass staatliche Interventionen zur Bedingung privater Freiheit werden können. Es bleibt abzuwarten, ob diese Einsicht angesichts weiterer massiver Probleme – etwa Ungleichheit und Klimawandel – eine „Rückkehr des Staates" (Bude 2020) bewirken wird.

---

20 Fast könnte man die Kontrollvorstellungen der Verschwörungstheorien rührend finden. Etwa die Vermutung, der Davoser Vorschlag eines nunmehr „verantwortlichen Kapitalismus" offenbare den perfiden Sinn hinter Corona – heimlich staatliche Kontrolle einzuführen. Diese Verschwörungstheorie erleichtert nicht nur die Irrationalisierung von Kritik, sie verdreht den Zweck derartiger Manifeste, die Abwehr einer staatlichen Kontrolle privater Eliten, ins Gegenteil: „It is an attempt to create a plausible impression that the huge winners in this system are on the verge of voluntarily setting greed aside to get serious about solving the raging crises that are radically destabilizing our world" (Klein 2020).

Literatur

Agamben, Giorgio. „L'invenzione di un' epidemia". *Quadlibet*. https://www.quodlibet.it/giorgio-agamben-l-invenzione-di-un-epidemia. 26. Februar 2020 (15. März 2021).
Anti Defamation League 2021. *Steve Bannon: Five Things to Know* https://www.adl.org/resources/backgrounders/steve-bannon-five-things-to-know (15. März 2021).
Assheuer, Thomas. „US-Präsident: Warum Trump kein Lügner ist". *Die Zeit*, 4. September 2018 (15. März 2021).
Barkun, Michael. „Conspiracy Theories as Stigmatized Knowledge". *Diogenes* 249–250.1–2 (2015): 168–176.
Bell, Daniel. „The Dispossed". *The radical right*. Hg. Daniel Bell. Garden City, NY: Doubleday, 1963 1–38.
Bude, Heinz. „Werden eine Rückkehr des Staates erleben". *Deutschlandfunk*. https://www.deutschlandfunk.de/soziologe-zu-coronakrise-werden-eine-rueckkehr-des-staates.694.de.html?dram:article_id=473427. 27. März 2020 (15. März 2021).
Butter, Michael. *„Nichts ist, wie es scheint". Über Verschwörungstheorien*. Berlin: Suhrkamp, 2018.
Case, Anne, und Angus Deaton. *Deaths of Despair and the Future of Capitalism*. Princeton: Princeton University Press, 2020.
Reuth, Sven. „Corona-Virus: Wird die Gefahr heruntergespielt?" *Compact*. https://www.compact-online.de/coronavirus-wird-hier-etwas-verschleiert. 4. Februar 2020 (15. März 2021).
Diederichsen, Diedrich. *Politische Korrekturen*. Köln: Kiepenheuer & Witsch, 1996.
Eckermann, Johann Peter. Gespräche mit Goethe in den letzten Jahren seines Lebens. http://jc.sekinger.free.fr/contribution/pdf/Eckermann.pdf. o.J. [1836] (15. März 2021).
Böge, Friederike. „China und die Mär von den Biontech-Toten". *Frankfurter Allgemeine Zeitung*. https://www.faz.net/aktuell/gesellschaft/gesundheit/coronavirus/corona-impfstoff-chinas-maer-von-den-biontech-toten-17154090.html. 19. Januar 2021 (15. März 2021).
Foucault, Michel. *Die Ordnung des Diskurses: Inauguralvorlesung am Collège de France*. Berlin: Ullstein, 1977.
Freeman, Daniel, und Richard P. Bentall. „The concomitants of conspiracy concerns". *Social psychiatry and psychiatric epidemiology* 52 (2017): 595–604.
Geis, Matthias. „AfD: Vom Wahnsinn getrieben". *Die Zeit*, 29. November 2020.
Hochschild, Arlie. *Strangers in Their Own Land: Anger and Mourning on the American Right*. New York: New Press, 2016.
Hofstadter, Richard. *The Paranoid Style in American Politics*. New York: Knopf Doubleday, 2012.
Huck, Christian, und Carsten Zorn. *Das Populäre der Gesellschaft: Systemtheorie und Populärkultur*. Wiesbaden: Springer VS, 2008.
Inglehart, Ronald, und Pippa Norris. „Trump, Brexit, and the Rise of Populism: Economic Have-Nots and Cultural Backlash". *HKS Faculty Research Working Paper Series* RWP16-026, August 2016.
Kahan, Dan, Ellen Peters, Erica Dawson, und Paul Slovic. „Motivated Numeracy and Enlightened Self-Government". *Behavioural Public Policy* 1 (2013): 54–86.
Kant, Immanuel: „Beantwortung der Frage: Was ist Aufklärung?" *Berlinische Monatsschrift*, Bd. 4 (1784): 481–494

Klein, Naomi. „The Great Reset Conspiracy Smoothie". *The Intercept.* https://theintercept.com/2020/12/08/great-reset-conspiracy/. 8. Dezember 2020 (15. März 2021).

Klopotek, Felix. „Über das Verdämmern linker Kapitalismuskritik in der Coronakrise". *Konkret* 8 (2020).

Krugman, Paul. „A protectionist moment?" *The New York Times.* https://krugman.blogs.nytimes.com/2016/03/09/a-protectionist-moment/. 09. März 2016 (15. März 2021).

Kuhn, Oliver E. „Spekulative Kommunikation und ihre Stigmatisierung – am Beispiel der Verschwörungstheorien. Ein Beitrag zur Soziologie des Nichtwissens". *Zeitschrift für Soziologie* 39 (2010): 106–123.

Kuhn, Oliver E. „Populäre Spekulationen über das Geldsystem. Eine postkeynesianische Analyse des Internetfilms Money as Debt". *Rheinsprung* 11. 5.4 (2011): https://rheinsprung11.unibas.ch/ausgabe-05/thema/populaere-spekulationen-ueber-das-geldsystem.html. (15. März 2021).

Kuhn, Oliver E. „Kredit und Krise. Zum Zusammenhang von Geld, Kredit und Krise". *Leviathan* 43 (2015): 410–441.

Kuhn, Oliver E. „Liberal universalism in crisis: The nationalist populist challenge of transnational political standards". *Transnational Social Review* 8 (2018): 317–330.

Laclau, Ernesto, und Chantal Mouffe. *Hegemony and socialist strategy: Towards a radical democratic politics.* London: Verso Books, 2001.

Laclau, Ernesto. *Populism: what's in a name?* Milton Park: Routledge, 2005.

Laufer, Daniel, und Alexej Hock. „Russian disinformation – The network of fake foreign media". *Netzpolitik.* https://netzpolitik.org/2020/russian-disinformation-the-network-of-fake-foreign-media/. 9. Dezember 2020 (15. März 2021).

Lo, Joe. „Exclusive: Nigel Farage lost 50,000 followers after Twitter suspends QAnon accounts". *Left Foot Forward.* https://leftfootforward.org/2021/01/exclusive-nigel-farage-lost-50000-followers-after-twitter-suspends-qanon-accounts/. 22. Januar 2021 (15. März 2021).

Mannheim, Karl. *Wissenssoziologie.* München: Luchterhand, 1970.

Pantel, Nadia. „Wie Marine Le Pen aus der Coronakrise Kapital schlagen will". *Süddeutsche Zeitung.* https://www.sueddeutsche.de/politik/frankreich-rechtsradikale-rn-marine-le-pen-1.5022375. 7. September 2020 (15. März 2021).

Parsons, Talcott. „On the Concept of Influence". *Public Opinion Quarterly* 27 (1963): 37–67.

Roose, Kevin. „Shocked by Trump's Loss, QAnon Struggles to Keep the Faith". *New York Times.* https://www.nytimes.com/2020/11/10/technology/qanon-election-trump.html. 10. November 2020 (15. März 2021).

Statista 2020. *Zustimmung zu Aussagen über Corona-Zweifel und Verschwörungsmythen im Juni 2020* https://de.statista.com/statistik/daten/studie/1193680/umfrage/zustimmung-zu-aussagen-ueber-corona-zweifel-und-verschwoerungsmythen/. Oktober 2020 (15. März 2021).

Tomik, Stefan, und Rüdiger Soldt. „Audienz bei König Peter I". *Frankfurter Allgemeine Zeitung.* https://www.faz.net/aktuell/politik/inland/querdenker-um-michael-ballweg-treffen-reichsbuerger-peter-fitzek-17070780.html. 26. November 2020 (15. März 2021).

Uscinski, Joseph und Jospeh Parent. *American Conspiracy Theories.* Oxford, New York: Oxford University Press, 2013.

van Prooijen, Jan-Willem, und Karen M. Douglas. „Conspiracy theories as part of history: The role of societal crisis situations". *Memory Studies* 10 (2017): 323–333.

Wissenschaftsbarometer 2020. *Wissenschaft im Dialog.* https://www.wissenschaft-im-dialog.
de/projekte/wissenschaftsbarometer/wissenschaftsbarometer-2020/. (15. März 2021).
Zick, Andreas, Beate Küpper, und Wilhelm Berghan. *Verlorene Mitte – feindselige Zustände. Rechtsextreme Einstellungen in Deutschland 2018/19.* Bonn: Dietz Nachf. 2019.
Zuiderveen Borgesius, Frederic, Damian Trilling, Judith Möller, Balázs Bodó, Claes H. de Vreese, und Natali Helberger. „Should We Worry About Filter Bubbles?". *Internet Policy Review 5.1* (2016): https://policyreview.info/articles/analysis/should-we-worry-about-filter-bubbles. (15. März 2021).

Alltag und Ausnahme

Lydia Maria Arantes
Das pandemische Brotbacken: Liminalität und Communitas in Corona-Zeiten

„Hast du die Vieher schon gefüttert?" – „Ich glaub, die Vieher haben Hunger." – „Schau dir die brav arbeitenden Viehlein an!" – Derartige Aussprüche waren während des ersten Lockdowns im Frühjahr 2020 immer wieder in unserem Haushalt zu hören. Dabei haben wir eigentlich keine Haustiere. Nichtsdestotrotz ist mein Mann in den Bann einer Beziehung gezogen worden, die jener zwischen Herrchen und Haustier gar nicht so unähnlich ist. Er gehört zu jenen Sauerteigbrotbäcker:innen, die Lockdown-bedingt mit dem Brotbacken angefangen haben[1], und kümmert sich seit Anschaffen des ersten Roggensauerteigs im April (und späterem Selbstzüchten) um seine Sauerteigmikroorganismen. Und so hatten wir plötzlich ein Haustier, das nebst unseren zwei Töchtern im Kindergarten- und Volksschulalter einen aufmerksamen und behutsamen Umgang erforderte.

Aufgrund meiner bisherigen Forschungsinteressen im Bereich von Handarbeit bzw. *craft practices* nahm ich die Gelegenheit beim Schopf, das vermehrt um sich greifende Backen meines Mannes aus der privilegierten Nähe zu beobachten und in meinem Forschungstagebuch festzuhalten. Da er zuvor über keine Handwerks- oder Handarbeitshobbyerfahrungen verfügte bzw. wir beide weder Fermentations- noch Sauerteig(brotback)erfahrung hatten, hielt diese Situation eine einmalige Möglichkeit bereit, all die Momente des enthusiastischen Lernens, der dazugehörigen Erfolgserlebnisse aber auch der Frustration zu dokumentieren. Meine Ausführungen in diesem Beitrag basieren auf diesem Lockdown-geprägten Corona-Tagebuch, in welchem ich auch das Verhandeln der nun viel stärker überlappenden, ehemals deutlicher getrennten sozialen Sphären und Räume festhalte und reflektiere: das gleichzeitige Arbeiten zweier in Vollzeit beschäftigter Elternteile im (improvisierten) Home Office, das Home Schooling, den nicht existenten Kindergarten, Hausarbeit, Kochen, Familienzeit.

Dieser Beitrag taucht in die mikroskopische Alltagswelt ein und macht die pandemische Krise aus dieser heraus nachspürbar. Dabei beziehe ich den Krisenbegriff

---

[1] Nach „sourdough bread" wurde zu Beginn der Pandemie im Frühjahr 2020 viermal so häufig auf Google gesucht als zuvor (Google Trends 2021). Hier in Österreich gab es zeitweise weder Mehl, Hefe noch Gärkörbe zu kaufen. Nicht nur Medienberichte über das sich ausbreitende häusliche Brotbacken, sondern auch im Freundeskreis und Arbeitsumfeld meines Mannes und mir zu Ohren kommende Geschichten heben zudem die steigende Bedeutung des Brotbackens in dieser außergewöhnlichen Zeit hervor.

weniger auf die seit Frühjahr 2020 kontinuierlich andauernde Corona-Pandemie selbst, sondern vielmehr auf den durch die (unterschiedlich gestalteten) Corona-Lockdowns durcheinandergebrachten Alltag. Mit Krise ist die insbesondere im ersten Lockdown plötzlich abhandengekommene Alltagsstruktur bzw. das mit der ungewohnten Überlappung ehemals deutlicher getrennter sozialer Sphären einhergehende Ordnungsvakuum gemeint. Sie bezieht sich mit Turner (1969) auf die sich in unserem Alltag schlagartig breitmachende Liminalität, auf das Dazwischen-Sein – weder hier noch dort, weder prä-Corona noch post-Corona, sondern mittendrin in einer unbestimmten, gar unbestimmbaren Situation; mittendrin in einem Schwellenzustand, in welchem bisher gekannte Regeln, Routinen, Abläufe keine Gültigkeit mehr haben und individuell wie kollektiv neu ausverhandelt werden müssen. Insofern nutze ich die gegenwärtige Krisensituation als ‚heuristischen Glücksfall', „um Praktiken des (Um-)Ordnens sozialer Relationen und kultureller Verständnisse in Aktion beobachten zu können" (Beck und Knecht 2012, 74).

Im ersten Abschnitt arbeite ich drei Dimensionen des mit der Pandemie begonnenen und insbesondere im ersten Lockdown frenetisch verfolgten Brotbackens meines Mannes heraus: neu entstandene Formen *sinnlich-körperlichen Wissens*, das sich ‚dank' der Pandemie in diesen Haushalt eingeschlichen hat; Brotbacken als *relationale Tätigkeit*; sowie neu hervorgebrachte *zeitliche Strukturierungen* unseres auf den Kopf gestellten Alltags. Darauf aufbauend und rekurrierend auf Erlebnisse und Tagebucheinträge nach dem ersten Lockdown komme ich im zweiten Abschnitt von der Bedeutung des Brotbackens *in* der Krise zur Bedeutung des Brotbackens *über* die Krise *hinaus*. Was passiert, wenn sich der Rahmen plötzlich ändert und der krisenhafte Kontext (vorläufig) wieder wegfällt? Konkreter: Was passiert, wenn der Ausnahmesituation und ihrem liminalen Wesen in der Krise Platz gegeben wird und sich aus dieser unvermittelten Strukturlosigkeit heraus neue, genussvolle Routinen entwickeln und in den Alltag einschleichen, an denen auch über die Ausnahmesituation hinaus festgehalten werden will? Insofern veranschaulicht dieser Beitrag einerseits, wie das Sauerteigbrotbacken der mit der Corona-Pandemie einhergehenden alltagskulturellen Krise einen Sinn verschafft, der weit über das Stillen des Hungers hinausgeht. Andererseits illustriert er anhand der Einbettung einer banal scheinenden Tätigkeit in den lebensweltlichen Alltag die unterschiedlichen Wesenszüge der Lockdowns und insofern auch das dialektische Verhältnis von Struktur und Strukturlosigkeit.[2]

---

[2] Die drei Abschnitte (Körperlichkeit, Relationalität, Zeitlichkeit) sowie das Zwischenfazit entsprechen weitestgehend den Ausführungen in Arantes (2020a). Sie werden hier von mir übersetzt wiedergegeben.

1 Drei Dimensionen des pandemischen Sauerteigbrotbackens

Mau holt den Sauerteig aus dem Kühlschrank, nimmt den lockeren Deckel ab und riecht bewusst sein leicht säuerliches Aroma. Vor zwei Tagen hat er ihn das letzte Mal gefüttert, deshalb ist es seiner Meinung nach Zeit, ihn wieder zu füttern, um die Mikroorganismen wach und aktiv zu halten. Fürs Füttern gibt er einen Teil Sauerteig, zwei Teile Mehl und zwei Teile Wasser in ein sauberes, verschließbares Glas und durchmischt alles kräftig, bis eine homogene Masse entsteht. Dann stellt er das Glas auf unsere eingeschaltete und deshalb leicht warme Kaffeemaschine, welche nun als Inkubator dient. Er markiert die Höhe des Sauerteigs mit einem Gummiband und merkt sich die Uhrzeit, um zu wissen, innerhalb welchen Zeitraums sich der Sauerteig verdoppelt hat.

1.1 Körperlichkeit

Sich auf das Backen von Sauerteigbrot einzulassen, bedeutet in erster Linie, eine neue Beziehung zur eigenen Körperlichkeit zu entwickeln. Sowohl das Brot-Essen (vielleicht wenig überraschend) als auch das Brot-Backen selbst stellen Formen multisinnlicher Erfahrung und multisinnlichen Genusses dar. Insbesondere letzteres erfordert das Verfeinern von Wahrnehmungsfähigkeiten sowie das gekonnte Interpretieren sinnlicher Wahrnehmungen – mit Cristina Grasseni (2004, 53) ein „attunement of the senses". In ihrem Artikel über Rindzüchter argumentiert sie gegen die Kritik am Okularzentrismus und zeigt auf, dass „skilled vision implies an active search for information from the environment, and is only obtained through apprenticeship and an education of attention" (ebd.).

Im Kontext des Brot-Backens beziehe ich *skilled vision* auch auf das Verstehen-Lernen der Sauerteigmikroorganismusaktivität, indem die blasenhafte Textur des Teiges entsprechend interpretiert oder die Teigelastizität verstehend eingeordnet wird, um zu überprüfen, ob sich das Glutennetzwerk (auch Klebergerüst genannt) bereits gebildet hat. Das aktive *Riechen* (um zu eruieren, ob der Sauerteig nicht schon zu sauer geworden ist) und das behutsame *Tasten-und-Fühlen*, wenn der Teig geknetet, gefaltet, rundgewirkt und eingeschnitten wird, sind ebenso entscheidende sinnlich-körperliche Erfahrungsweisen, die die entsprechenden Interpretationsfähigkeiten erfordern, um den Teig richtig weiterzuverarbeiten. Maya Hey thematisiert diese Dynamik in Bezug auf Fermentation im Allgemeinen, in die sich der menschliche Akteur gekonnt einfügen muss, um das jeweilige Vorhaben zufriedenstellend umsetzen zu können: „Since fermented foods are constantly in a state of becoming and transformation, bodies must become attuned to biochemical changes to know when/how to eat [or continue processing] a ferment" (Hey 2017, 85).

Er schaut sich die Höhe des Sauerteigs genau an und vergewissert sich der Aktivität der Mikroorganismen, indem er die Sauerteigtextur genau inspiziert. Sind bereits kleine Bläschen sichtbar?

Ein paar Wochen, nachdem der erste, in einer lokalen Bäckerei erworbene Sauerteig bei uns zuhause eingezogen war, mussten wir den namenlosen Sauerteig auch schon wieder verabschieden. Er war zu sauer geworden, weil wir ihm offensichtlich keine idealen Fütterungsbedingungen bzw. -intervalle geboten hatten. Wir hatten jedoch das Glück, zu diesem Zeitpunkt bereits einen selbstgezüchteten Weizensauerteig von unserer Freundin Christine mit jahrelanger Brotbackerfahrung geschenkt bekommen zu haben. Inzwischen wussten wir auch, dass die Raumtemperatur eine zentrale Rolle bei der Sauerteigfütterung spielte, weshalb wir den geschenkten Sauerteig, den wir Tamagochi tauften, von da an auf unserer warmen Kaffeemaschine parkten. Die Kaffeemaschine nahm von diesem Moment an eine zentrale Rolle in diesem anwachsenden *meshwork* (Ingold 2011) ein, das sich zwischen den Machenschaften von Menschen, Mikroorganismen und Dingen aller Art aufzuspannen begonnen hatte.

Mau studiert die Oberfläche des Sauerteigs. Sobald die Mikroorganismen auch dort Bläschen ausgebildet haben und sich im Volumen verdoppelt haben, ist der Sauerteig bereit, weiterverarbeitet zu werden.

Ungefähr ein Monat nachdem wir mit dem Brotbacken begonnen hatten, schenkte Christine meinem Mann eine ‚Brotbackbibel' voll mit technischen Details und äußerst vielen genauen Zahlenangaben zum Brotbackprozess. Er hatte sich mit dem Rezept einer Bloggerin abgemüht, das sie ihm empfohlen hatte, was zur Folge hatte, dass das resultierende Brot „total dicht, schwer und irgendwie pampig" ([I-86] 18.5.2020)[3] geworden war. Der Frust war groß und dennoch unausweichlich bzw. vorprogrammiert, da das Rezept der Bloggerin weder genaue Knet- noch Gärzeiten beinhaltete und stattdessen auf buchstäbliches Fingerspitzengefühl setzte. Die Bloggerin richtet sich mit ihrem Rezept an erfahrene Brotbäcker:innen, die das Verhalten der Druckstelle im gärenden Teig zu interpretieren und ihre Handlungen daran anzupassen wissen. Sie wirft ihre Nachahmungsbäcker:innen auf deren Körperlichkeit zurück. Mein Mann konnte sich allerdings

---

[3] Alle Forschungstagebucheinträge werden nach einem Kurzzitationssystem referenziert, welches die Corona-Tagebuchnummer (römisch), die Eintragsnummer (arabisch) und das Eintragsdatum wiedergibt.

nur auf rudimentär vorhandenes körperliches Erfahrungswissen berufen, um herauszufinden, ob der Teig schon backfertig war oder nicht, womit das Backen nach diesem Rezept letzten Endes zum Scheitern verurteilt war.

> *Der Sauerteig ist nun vollständig aktiviert. Behutsam mischt er einer entnommenen Portion Sauerteig Mehl, Wasser und Salz unter (je nach Rezept mit der Hilfe einer Küchenmaschine oder von Hand) und lässt den Teig danach eine Weile ruhen und gären. Den Rest des aktivierten Sauerteigs legt er wieder im Kühlschrank schlafen.*

Drei Wochen und unzählige Brote nach diesem Frusterlebnis hatte mein Mann einst separate Brotbackarbeitsschritte in eine ganzheitliche, geschmeidige Körpertechnik überführt. Mein Softwareplaner-Ehemann, ein Mann der Zahlen, Listen und detaillierten Rezepte hatte einen neuen Zugang zu seinem körperlichen Selbst und seinem sinnlichen Wissen entwickelt und hatte begonnen, Rezepte spielerisch abzuändern, Weizen- und Roggenmehlproportionen zu variieren und gelernte Falttechniken eigenhändig zu modifizieren. Über Wochen hinweg hatten sich *Tradition* und *Wirksamkeit* im Mauss'schen Sinne (1935) sukzessive verbündet und Brot für Brot nicht nur einen neuen Bezug zur eigenen Körperlichkeit ermöglicht, sondern auch eine geschmeidige Brotback-Körpertechnik hervorgebracht.

> *Er kommt zurück und schaut nach, ob der Teig schon aufgegangen ist.*

1.2 Relationalität

Etwa vier Wochen, nachdem das Brotbacken in unserem Haushalt begonnen hatte, keimte in meinem Mann der Wunsch nach einem selbst kultivierten Roggensauerteig. Aus diesem Grund machte er sich auf die Suche nach „wirklich guten, proteinreichen, Bio-Mehle[n]", um die „besten Mikroorganismen" züchten zu können ([I-76] 4.5.2020). Da Mehl, Hefe sowie Backutensilien vielerorts nicht lagernd waren, dauerte es drei Wochen, bis die georderten Mehle bei uns eintrafen. Mein Mann nutzte die Wartezeit, um sich per YouTube-Videos ans Sauerteig-Kultivieren ranzutasten, um mit dem Prozedere bereits vertraut zu sein, sobald die Rohmaterialien endlich eingetroffen sein würden.

> *Mau startet mit dem Falten des Teiges, welches den Mikroorganismen dabei hilft, das Glutennetzwerk herzustellen. Innerhalb der nächsten zwei Stunden faltet er den Teig alle 15–30 Minuten oder er bittet mich darum, ein paar dieser Faltungen zu übernehmen, wenn er in virtuellen Meetings festhängt.*

„[E]r kümmert sich ganz brav um seine Sauerteig-Haustierchen. Tamagochi gedeiht ohnehin, aber auch Fedozinha [port.: „die kleine Stinkige"] [...] durfte nach 4 Tagen rührendem Hegen, Pflegen und Füttern bereits zu einem Brot verarbeitet werden. [...] Fedozinha arbeitet schon brav, das war deutlich zu erkennen. Krass wie schnell es geht, einen Sauerteig zu züchten" ([I-95] 1.6.2020). Mein Mann wurde sentimental, als er ein paar Tage später das erste ‚richtige' Brot mit der selbstgezogenen Fedozinha backte. Er sprach ganz gefühlsduselig von seinen Sauerteigen. Er empfinde Tamagochi und insbesondere Fedozinha „como cria" (port.; ähnlich dem Englischen „as my offspring"), etwas von ihm Geschaffenes. Es fühle sich an „como uma extensão. Caso eu morrer, a Fedozinha vai ficar" [wie eine Verlängerung. Falls ich sterbe, wird Fedozinha bleiben] ([I-97] 8.6.2020). Die intime Beziehung mit den und die Verantwortung für die Mikroorganismen sowie die erlebte und gepflegte gegenseitige Abhängigkeit war überwältigend geworden und brachte in weiterer Konsequenz auch eine Sauerteig-orientierte zeitliche Neuorganisation in unserem Haushalt mit sich. Das liebevolle Umsorgen der Sauerteige sowie das Brotbacken selbst wurden nicht nur von unserem Wunsch nach (selbstgebackenem) Brot bestimmt, sondern von den Bedürfnissen der Sauerteigorganismen selbst. Verstehen zu lernen, wie ein Sauerteig funktioniert bzw. was die Arbeit seiner Mikroorganismen ausmacht, brachte schlussendlich auch die Erkenntnis mit sich, sich auf eine auf Gegenseitigkeit beruhende Beziehung des Gebens und Nehmens eingelassen zu haben.

Im Anschluss an das Falten dreht er die Glasschüssel mit dem darin befindlichen Teig auf den Kopf und hilft dem Teig dabei, auf die bemehlte Küchenarbeitsfläche zu gleiten, um die harte Arbeit der Mikroorganismen nicht zu zerstören. Er wendet die bâtard-Falttechnik an (welche er anhand der YouTube-Videos im Kanal von FoodGeek erlernt hat). Dafür zieht er den Teig vorsichtig in die Form eines Dreiecks, faltet die linke und rechte Seite leicht zur Mitte und rollt dann die Spitze sukzessive in Richtung der gegenüberliegenden Seite ein. Er ‚näht' die längliche Teigform noch ein wenig zusammen, was eine bessere Oberflächenspannung bewirkt und transferiert den geformten Teig in den mit einem bemehlten, waffelstrukturieren Geschirrtuch ausgelegten Gärkorb, was auf dem zukünftigen Laib eine schöne Struktur hinterlassen wird. Während der Backofen auf 250° C aufgeheizt wird, lässt er den Teig nochmals gehen, bevor er in den Ofen eingeschossen wird. Wenn er zu diesem Zeitpunkt immer noch in einem Meeting sitzt, bittet er mich vorab darum, auch diese Arbeitsschritte für ihn zu übernehmen und instruiert mich genau, wann was zu tun ist.

Innerhalb dieser dynamischen Beziehung nimmt der Mensch lediglich einen dezentralen Platz ein. In diesem *meshwork* der „entangled lines of life, growth and movement" (Ingold 2011, 63) ist selten eindeutig klar, wo genau Handlungsmacht zu verorten ist. Mikroorganismen können nicht kontrolliert werden. Man muss *mit* ihnen arbeiten anstatt *an* ihnen (vgl. Hey 2017, 88; Hervorhebung im Original). Sauerteigbrotbacken bringt insofern eine dynamische Verstrickung unterschiedlicher Beteiligter samt deren Tuns und Wirkens mit sich: Der *Mensch* stellt die idealen Bedingungen für das Wachsen und Gedeihen der Mikroorganismen zur Verfügung; die *Mikroorganismen* verarbeiten das Mehl und produzieren die Luftbläschen, welche die samtige Krume des fertigen Brots hervorbringen (vgl. Hey 2017, 86); der *Inkubator* stellt die perfekte Umgebungstemperatur für die produktive Tätigkeit der Mikroorganismen bereit; *Mehl, Wasser, Salz*, der *Ofen* bzw. seine *Hitze*; und nicht zu vergessen: die *begierigen Forderinnen und Verzehrerinnen frischen und knusprigen Brotes*.

> *Er drückt den rechten Zeigefinger vorsichtig in den Teig, um herauszufinden, wie schnell und ob der Teig wieder in die ursprüngliche Form zurückfindet. Sobald der Teig kaum mehr in den Originalzustand zurückkehrt und der Finger leicht am Teig kleben bleibt, haben die Mikroorganismen brav genug gearbeitet, um das Brot endlich backen zu können. Spätestens zu diesem Zeitpunkt komme ich auf den Plan und werde gebeten, das Brot einzuschneiden. Wir transferieren den Teig vom Gärkorb auf eine Pizzaschaufel und ich schneide auf der rechten Seite einmal lange und tief ein, wodurch der Ofentrieb kontrolliert absorbiert wird. Ich mache zusätzlich noch ein paar kurze und oberflächliche Einschnitte auf der anderen Seite, welche im Idealfall ein dekoratives Ährendesign zur Folge haben. Er instruiert mich, diese Schnitte schnell zu vollziehen und auch nur wenige davon zu machen (was ich normalerweise ignoriere). Ich zögere immer noch dabei, den Teig gekonnt zu verletzen und muss die Missachtung der harten Arbeit von Mann und Mikroorganismen erst noch meistern. Wir ziehen den Laib auf den vorgeheizten Backstein, schütten der Dampfbildung wegen ein bisschen Wasser auf den Ofenboden (im Fachjargon „schwaden" genannt), schließen die Ofentür und reduzieren die Temperatur auf 200° C.*

Mein Mann bäckt Brot nicht nur zu seinem eigenen Vergnügen. „Es tut nicht nur ihm gut und das hat er selbst zugegeben, sondern auch uns allen! Die Mädels sind so stolz auf ihren Papa, es schmeckt ihnen auch so gut. Es ist echt schön!!", notierte ich Anfang Mai 2020 in meinem Tagebuch ([I-76] 4.5.2020). Er selbst meint: „Brotbacken macht mir Freude und ich sehe, dass das Brotessen dir und unseren Töchtern Freude bereitet, was das Ganze zu einem noch vergnüglicheren Unterfangen macht" (Arantes 2020a, 43). Dies legt eine Art *Prinzip der doppelten Freude* nahe, was ich auch im Rahmen meiner Strickforschung unter Strickerinnen beobachtete. Das Brotbacken meines Mannes (sowie das Stricken meiner damaligen Forschungsteilnehmerinnen) sind relationale Praktiken (Arantes 2017, 2020b), im Rahmen welcher sich die Freude am eigenen Tun sowie das Umsorgen des Selbst' mit der (antizipierten) Freude sowie dem Umsorgen der anderen verschränken, wodurch das Tun doppelt genussvoll (erlebt) wird. Das schöpferische Tun sowie dessen Resultat ist an Empfänger:innen gerichtet, mit denen ein Näheverhältnis besteht oder beabsichtigt ist und verdinglicht diese Beziehungen im wahrsten Sinne des Wortes. Diese Relationalität spannt sich allerdings nicht nur zwischen den menschlichen Beteiligten auf, sondern auch im Rahmen der intimen, sinnlich erfahrbaren, gegenseitigen Beziehung zwischen den Mikroorganismen und dem Menschen, der sie umsorgt und in Brote transformiert.

> *Die nächsten zwanzig Minuten lang picken wir förmlich am Ofen und schauen dem Brot fasziniert und erstaunt beim Wachsen und den Einschnitten bei deren Entfaltung zu. Zumeist macht sich dabei ein Gefühl gemeinsamen Stolzes breit, manchmal aber auch ein wenig Ärger, wenn ich etwa zu tiefe oder zu viele dekorative Einschnitte gemacht habe oder auch wenn der Teig rätselhafterweise nicht so sehr aufgeht wie erwartet, was darauf hinweist, dass irgendetwas danebengegangen sein muss.*

1.3 Zeitlichkeit

In Lockdown-Woche Nummer vier war das erste Sauerteigbrot, das je in unserem Haushalt gebacken worden war, bereit zum Verzehr. Wir waren beide erstaunt, dass es tatsächlich geklappt hatte. „Es hat sich herausgestellt, dass Brotbacken ein sehr langwieriger Prozess ist und wenn man nicht gleich alle Arbeitsschritte und das Warten addiert, um ein Gefühl dafür zu bekommen, wann das Brot ungefähr fertig sein wird, dann wird es – wie in unserem Fall – erst um Mitternacht fertig und kann erst um 01:00, nachdem es genügend abgekühlt hat, gegessen werden" ([I-59] 13.4.2020).

> *Wir kommen beide in regelmäßigen Abständen zum Ofen zurück und überprüfen die Entwicklung des Brotes.*

Das Sauerteigbrotmachen zu erlernen, bedeutete auch sich kontinuierlich darin zu verbessern, das Brotmachen zeitlich und rituell in den neuen Lockdown-Alltag zu integrieren. Brot wurde in den Ofen geschoben, als unsere Töchter schon lange im Bett waren, wodurch der nächste Morgen erfreuliche kulinarische Überraschungen für sie bereithielt. Es wurde in den früh(er)en (als üblich) Morgenstunden gebacken, nachdem der Teig über Nacht langsam gegärt hatte oder auch am späten Nachmittag, was warmes und knuspriges Brot zum Frühstück oder zum Abendessen für uns zur Folge hatte. Manchmal backte mein Mann zwischendurch auch zusätzlich (vorwiegend Hefe-basierte) Brote spät in der Nacht, was ihn dabei unterstützte, den Arbeitstag mental abschließen und hinter sich lassen zu können. Das nächtliche Brotmachen fungierte gewissermaßen als Übergangsritual, indem es den Wechsel von der Arbeit in die Freizeit erleichterte – eine Rolle, die vormals von der Pendlerzugfahrt übernommen worden war.

> *Der Heimeligkeit versprühende Duft verbreitet sich bereits unausweichlich in der ganzen Wohnung.*

Jetzt wissen wir, dass es locker vier bis zwölf Stunden dauern kann, bis ein Sauerteig ausreichend gegärt hat, was uns stellenweise zu einer flexiblen Arbeitsteilung beim Brotbacken ‚nötigt'. Die parallelgesetzte Erzählung, welche aus verdichteten Tagebucheinträgen besteht, veranschaulicht und evoziert die teils störenden jedoch zumeist willkommenen Unterbrechungen, die der intervallische Brotbackprozess mit sich bringt. Der idealtypisch dargestellte Prozess ist Resultat einer circa zehnwöchigen Phase des Brotbackens nach dem Versuch- und-Irrtum-Prinzip sowie der zeitlichen Integration des intervallischen Brotbackens, welches allmählich die Funktion des spontanen Kaffeetratsches in der Büroküche übernahm. Die Arbeit im Home Office verführt immer wieder dazu, keine Arbeitspausen zu machen, weil diese zumeist ungeplanten Unterbrechungen aufgrund der Anwesenheit von Kolleg:innen fehlt. Das Brotbacken (zusätzlich zu unseren Töchtern) übernahm gewissermaßen die Rolle einer kontextverändernden und den Arbeitsfluss strukturierenden Kraft; das Hin und Her zwischen (improvisiertem) Home Office und unserer Küche ahmte dieses Oszillieren zwischen Büro und Büroküche anschaulich nach.

Die Backzeit ist beinahe zu Ende und wir nehmen deshalb den Laib kurz aus dem Ofen und klopfen auf seine Unterseite. Die Mitte scheint nicht vollständig gebacken zu sein, weil der Klang noch ein wenig dumpf ist. Wir geben den Laib zurück in den Ofen.

1.4 Zwischenfazit

Anhand der bisherigen Ausführungen habe ich drei ineinander verwobene Dimensionen der Pandemie- bzw. Lockdown-induzierten Brotbackreise meines Mannes versucht zu entwirren und anschaulich darzustellen. Unter regulären Vollzeitbüroarbeitsbedingungen wäre diese intensive Körper- und Brotbackwissensaneignung sowie das Hegen und Pflegen diverser intimer Beziehungen wohl nicht auf diese Art und Weise möglich gewesen. Insofern stelle ich auch die These in den Raum, dass die Coronakrise vielleicht weniger das Bedürfnis nach subsistenzwirtschaftlichen Tätigkeiten – wie dem Brotbacken – wach geküsst hat, als sie vielmehr durch das vielerorts großflächig umgesetzte Home Office erst die Grundlage dafür geschaffen hat, dass es in unserem Alltag wieder Zeit und Raum dafür gibt, für uns selbst Sorge zu tragen. Es scheint fast so, als würde mit der wiedergekehrten Überlappung der durch die Industrialisierung getrennten sozialen Sphären auch ein Wiederfinden alten Wissens bzw. von als althergebracht imaginierten Bedürfnissen einhergehen.

Wir kommen zurück und überprüfen den Klang des Brotes noch einmal. Dieses Mal klingt es hohl – das Brot ist fertig. Der Laib fühlt sich leicht an, die Krume hat sich wohl gut entwickelt. Wir schalten den Ofen aus und legen das Brot auf ein Gitter, damit es auskühlen kann. Die Mädchen warten schon begierig. Mau holt sein Smartphone und macht ein paar Fotos aus unterschiedlichen Perspektiven, speichert mitunter eines als neues WhatsApp-Status-Foto ab

> und sendet vielleicht das eine oder andere an seinen Freund und mittlerweile Brotbackschützling Geraldo in Brasilien.

In Zeiten, in denen bekannte Routinen, Abläufe und Rhythmen, die unseren bisherigen Alltag geformt und strukturiert haben, durcheinandergeraten und einer liminalen Erfahrung Platz machen, überrascht es nicht allzu sehr, dass wir Mikroorganismen zugestehen, uns ihrer Rhythmizität zu unterwerfen und eine fremdbestimmtere Zeitstrukturierung wiederherzustellen. Das Vakuum, das durch das Wegfallen bisheriger Routinen entstanden war, konnte zumindest in kleinem Ausmaß hierdurch gefüllt werden und die liminale Erfahrung einer strukturierteren Alltagserfahrung weichen. Auch wenn im *meshwork* des Sauerteigumsorgens_cum_Sauerteigbrotbackens Handlungsmacht nicht immer klar zu verorten war, machte das Brotbacken als Ganzes mit dem Brot als sinnlich-erfahrbarem, genussvollem, beziehungskonkretisierendem Geschaffenem dennoch Handlungsmacht im intimen und überschaubaren Bereich des Zuhauses spürbarer. Im eingeschränkten Raum des Möglichen, den die Krise uns gewährte, erlaubte es ein Zelebrieren schöpferischen Tuns.

> *Nach einem ungeduldigen halbstündigen Warten schneiden wir das Brot erstmals durch. Einzig und allein frisches Brot vermag einen derart lebendigen und kraftvollen Klang zu erzeugen, wenn es behutsam mit dem Messer durchgesägt wird. Wir inspizieren die Krume, betrachten die dekorativen Einschnitte und sind (zumeist) höchst erfreut. Die Krume ist durch und durch von homogenen Lufteinschlüssen durchzogen. Unsere Töchter und wir beide sind hingerissen und verspeisen das perfekte Verhältnis von knuspriger Kruste und weicher, leicht feuchter Krume genüsslich und schmieren lediglich ein bisschen weiche Butter darauf. Brot ist nicht mehr nur eine Quelle an Nährstoffen oder lediglich ein Mittel, um Hunger zu stillen. Das Brotverspeisen ist zu einem multisinnlichen und gemeinschaftlichen Spektakel geworden, welches unsere Körperlichkeit und Sinnlichkeit jedes Mal aufs Neue evoziert und entfaltet.*

Bleiben nur noch die Fragen zu beantworten: Wie werden wir es schaffen, diese neu geschaffene Brotbackroutine in den Post-Corona-, Alles-beim-Alten-Alltag zu integrieren und wer wird auf Tamagochi und Fedozinha aufpassen, wenn wir in ein paar Tagen (nun doch noch) zur Hochzeit meines Bruders fahren?

2 Vom Sinn (in) der Krise und darüber hinaus

Die zweite Frage lässt sich schnell beantworten. Mein Mann hat sich durchs intensive Stöbern im Internet rasch vergewissern können, dass eine fünftägige Abwesenheit des Fütterers für die Mikroorganismen durchaus nicht lebensbedrohlich ist. Wir fuhren letzten Endes guten Gewissens zur Hochzeit, ohne einen Sauerteig-Sitter zu suchen.

Für die Beantwortung der ersten Frage muss ich ausholen. Bereits Anfang Mai notierte ich folgendes in meinem Tagebuch: „Ich sehe diese Zeit mittlerweile nicht nur als die herausforderndste bisher, sondern auch als die schönste. Sie ist ein Geschenk! Nie wieder werden wir als Familie so viel Zeit miteinander verbringen können, werden wir tagtäglich gemeinsam Mittagessen können, werden wir so viel Zeit zum Blödeln und gemeinsam Herumlungern haben. Ich habe Corona schätzen gelernt und werde irgendwann einmal mit Wehmut auf diese besondere Zeit zurückblicken. Das weiß ich jetzt schon – hundertprozentig!!!" ([I-74] 2.5.2020).[4]

Im Rahmen des ersten Lockdowns hatte das pandemische Brotbacken unvermittelt das Verweilen im Moment ermöglicht und heraufbeschworen. In meiner Erinnerung ist es stark mit Gefühlen verbunden, die mit *joy* und *communitas* ausgedrückt werden können. Communitas ist laut Edith Turner ein Geschenk der Liminalität. Sie kommt unerwartet, ereignet sich spontan. Sie ist nicht plan- bzw. gezielt herbeiführbar. Communitas ist kein Zustand, sondern ein aktives Tun. Sie entsteht vielfach in Krisenzeiten, wenn „alle im selben Boot sind" und aus einer schwierigen Situation das Beste machen. Sie ist „togetherness itself" und artikuliert sich als „collective joy" (vgl. Turner 2012, 2, 4, 21, 220) – ein gemeinsames Genießen des Moments.

Immer und immer wieder ertappten mein Mann und ich uns dabei, dass wir uns – nachdem das Brot in den Ofen eingeschossen worden war – gemeinsam vor den Ofen setzten, dem Brot beim Aufgehen zuschauten und seine weitere Entwicklung gespannt beobachteten. Dieses gemeinschaftliche *becoming* von Mensch, Mikroorganismen und Brot wird am treffendsten mit Tim Ingolds Worten ausdrückbar, wenn er über das damit in Zusammenhang stehende *astonishment* nachdenkt. „In a world of becoming [im Gegensatz zur Welt von Planungsexpert:innen], however, even the ordinary, the mundane or the intuitive gives cause for astonishment – the kind of astonishment that comes from treasuring every moment, as if, in that moment, we were encountering the world for the first time, sensing its pulse, marvelling at its beauty, and wondering how such a world is possible" (Ingold 2011, 64).

---

4 Mir ist bewusst, dass meine Familie und ich diese Pandemie aus einer privilegierten Situation heraus er- und durchleben. Wir wurden bis jetzt von existenziellen Sorgen oder auch von der Krankheit selbst verschont. Ohne Zweifel gestaltet sich diese Situation für Menschen unterschiedlicher sozialräumlicher Positionen teilweise sehr dramatisch und vom hier breit getretenen Genuss bleibt womöglich nur wenig übrig.

Ähnlich aus der Zeit riss uns das gemeinsame, zelebrierte Brotverspeisen, Communitas, welche sich durch „the use of the body, the hands, the active process itself" (Turner 2012, 76) eingestellt und zu uns gesellt hatte. Dabei stellt sich durchaus die Frage, ob diese teils exzessive Sucht nach sinnlichem Genuss bzw. dessen stellenweise beinahe überzogen wirkendes Verherrlichen vielleicht auch mit dessen Einschränkung durch Maskentragen (wir sehen und hören weniger [voneinander]) oder auch dem Stilllegen der (Kultur)Veranstaltungsszene, des Präsenzunterrichts oder auch der fehlenden Gastronomie bzw. hierzulande zelebrierten Kaffeehauskultur zu tun hat?[5] Durch die mit den Virus-eindämmenden Maßnahmen einhergehenden Beschränkungen und Einschränkungen wird der lebensweltliche Alltag diverser Facetten multisinnlichen Erlebens beraubt; er wird genussloser.[6] Vielleicht muss noch ein Schritt weitergegangen und von einer Anästhesierung der Sinne gesprochen werden? Nicht nur das Virus selbst anästhesiert und führt dazu, dass Geschmäcke und Gerüche nicht mehr wahrgenommen werden können. Auch die einschränkenden Maßnahmen anästhesieren unsere sinnlich-körperliche und soziale Lebenswelt – und dies auf so starke Weise, dass der gemeinsame Verzehr eines einfachen Brotes plötzlich das Ausmaß eines kollektiven sinnlichen Feuerwerks annimmt.

Die antizipierte Wehmut war begründet. Mitte Juli, nachdem der Lockdown zu Ende und eine recht normale Sommerzeit mit Arbeit im Büro wieder anbrechen hätte sollen, manifestierte sie sich plötzlich körperlich und ich schlitterte in ein Burnout. Wie für viele andere (vgl. Pieh et al. 2020) hatte die pandemische Krise samt Lockdown auch für mich eine mentale und, damit einhergehend, körperliche Krise nach sich gezogen. Die eigene Gesundheit war plötzlich genauso instabil und unvorhersehbar geworden wie die Verbreitung des Virus und die damit einhergehenden Maßnahmen.

In einem der ersten psychotherapeutischen Gespräche fragte meine Therapeutin mich, ob ich traurig wäre, was ich kurzerhand verneinte. Sie merkte an, dass ich mit einer außergewöhnlichen Euphorie über das Corona-Brotbacken meines Mannes, das gemeinsame Mittagessen und diese schöne, aber auch anstrengende Zeit erzählt hatte. Ob ich traurig sei, dass diese schöne Zeit nun vorbei sei? In diesem Moment erinnerte ich mich an den obigen Wehmutantizipierenden Tagebucheintrag.

---

[5] Für diesen Denkansatz danke ich Elisabeth Sarkleti.
[6] Gerade in Österreich wurde im Zusammenhang mit dem zweiten (zunächst noch weichen Lockdown) immer wieder bekrittelt, dass man zwar brav arbeiten, aber auf keinen Fall Spaß haben dürfe.

Die (Reflexion der) Traurigkeit über den plötzlichen Verlust des Brotbackens für unsere Familie brachte zutage, dass wir es nicht geschafft hatten, das pandemische Brotbacken in unseren Post-Lockdown-Alltag zu integrieren. Die neugefundene, Sauerteig- und brotbackorientierte Struktur, die sich aus der anfänglichen Strukturlosigkeit des Lockdown-Alltags und der damit einhergehenden liminalen Erfahrung entwickelt hatte, konnte in die plötzlich wiederhergestellte alte Struktur nicht integriert werden. Brot zu backen war zu einer Pflichtübung verkommen, die wir irgendwie (händeringend) in unseren Alltag einzubauen versuchten, wenn wir selbstgemachtes Brot haben wollten.

Die empfundene Traurigkeit über das jähe Ende des Brotbackens und -genießens legt zudem nahe, dies auch als Zeichen zu lesen, als einen Indikator[7] dafür, ob wir das neugefundene Familienleben in den Post-Lockdown-Alltag hinüberretten konnten. Zu jenem Zeitpunkt, Anfang Sommer 2020, gar nicht. Die aus der Strukturlosigkeit entstandene und über die Mikroorganismen vermittelte familiäre Communitas, welche sich via den kollektiv-sinnlichen Brotgenuss artikulierte, hatte keinen Platz in der zurückgekehrten alten Struktur. So wenig Raum wie die Brotherstellung hatte, so wenig Raum hatte auch das Familien(er)leben. Der Genuss des Brotes sowie des Familienlebens war zunächst in der plötzlich zurückgekehrten Struktur erstarrt.

3 Einsichten und Ausblicke

Alltag als Bühne der Krise. In diesem Beitrag habe ich den Alltag (für sich) sprechen lassen, ohne ihn theoretisch zu überstrapazieren. Dies steht uns derzeit meiner Meinung nach – im großen Stil – noch nicht zu, denn wir sind global und gesamtgesellschaftlich alle im ethnologischen Sinne *native*. Wir können uns noch nicht aus der gegenwärtigen Krisensituation herausdenken und uns auf eine losgelöste, analytische Metaebene begeben. Erst die Zukunft wird weisen, wie diese Erfahrungen letzten Endes in der Gesamtheit der Ereignisse einzuordnen sind. Umso wichtiger ist es, den Alltag – das uns unmittelbar Verfügbare – als Bühne der Krise, als Ort, wo die Krise in ihrer Mannigfaltigkeit erlebt, gespürt, verhandelt wird, unter die Lupe zu nehmen. Insofern plädiere ich für ein Eintauchen in den mikroskopischen Alltag, in welchem die einschränkenden Maßnahmen zur Eindämmung des Virus letzten Endes ‚übersetzt' werden, und seine Reflexion.

---

[7] Ich meine hier konkret einen Index nach Charles S. Peirce und somit ein Zeichen mit (kausalem) Verweischarakter.

Struktur/losigkeit. „[C]ommunitas is most likely to turn into something else when watched. Researchers can only get a purchase on this slippery thing when they are right inside of it" (Turner 2012, 8) – beispielsweise inmitten des Sauerteigbrotbackgetümmels. Das Brotbacken und -genießen bzw. die Art und Weise, wie dies im ersten Lockdown und darüber hinaus (nicht) in den Alltag eingebettet war, veranschaulicht, dass sich aus der plötzlich hereinbrechenden Strukturlosigkeit und der damit einhergehenden Alltagskrise bereits neue Strukturen herausentwickelt hatten. Das Vakuum war – mithilfe der Mikroorganismen – gefüllt worden. Die Reflexion der Traurigkeit zeigt zudem, dass die neue Struktur mit der wiederkehrenden alten Struktur nicht kompatibel war (der Prozess des zufriedenstellenden Kompatibel-Machens in Form einer Synthese dauert – wir schreiben mittlerweile März 2021 – immer noch an).

Die Traurigkeit hängt auch mit dem Verlust der plötzlich entstandenen Communitas zusammen, Communitas, die sich auch im zweiten Lockdown im Herbst 2020 nicht mehr in dieser Art artikulieren konnte – es wurde kaum Brot gebacken bzw. (gemeinsam) genossen. Dies legt nahe, dass auch das liminale Erfahrungselement im zweiten Lockdown stark abgeschwächt war. Die Strukturlosigkeit konnte uns nicht mehr wie beim ersten Lockdown überrumpeln. Wir waren bereits zu Lockdown-Expert:innen geworden, warteten die zu erwartenden einschränkenden Maßnahmen geduldig ab und wunderten uns lediglich, dass manche Maßnahme früher gesetzt wurde als vermutet. Das Alltagskrisenhafte war praktisch abhandengekommen, auch wenn eine bekannte oder auch gewünschte Normalität in weiter Ferne lag. In gewissem Sinne war das Krisenhafte normal geworden, es war in eine Art Struktur übergegangen und insofern war auch Communitas nicht mehr in dieser spezifischen Ausprägung erfahrbar geworden. Die sich ständig ändernden Rahmenbedingungen, wie sich gesellschaftliches Leben in Corona-Zeiten ereignen kann, waren bereits als (neue) Struktur erkannt worden und dergestalt Teil des Alltags geworden.

Sinnfrage. Die Reflexion der Traurigkeit legt darüber hinaus nicht nur eine semiotische Lesart des Brotbackens und -genießens nahe. Dieses ist weit mehr als ein Zeichen für ein schönes Familienleben, für geglückte Communitas; es ist mehr als ein Reflexionsgehilfe von Beziehungsverhältnissen. Das Brotbacken und -genießen steht nicht nur *für* Sinn, sondern *ist* letztlich das Medium, durch welches Familienleben erfahrbar wurde. Im gemeinsamen, zelebrierten Genießen ist *sinnlich verkörperter Sinn* direkt spürbar. „Das Sinnliche bringt den Sinn nicht zur Erscheinung und ist auch nicht Ausdruck von Sinn; vielmehr ist das Sinnliche der Vollzug des Sinns [...]" (Krämer 1998, 33).

Mikro-Beziehungen. Der mikroskopische Blick auf den Alltag bzw. auf die Beziehungen zwischen Sauerteigmikroorganismen und ihrer Umwelt sowie der daraus entstehenden Communitas hat gezeigt, wie sich ein plötzliches Strukturvakuum auf den gelebten Alltag niederschlägt. Über die Sauerteigmikroorganismen und deren Umsorgen sind neue Beziehungen entstanden, deren Fortbestand nun bewusst (und halbwegs strukturiert) forciert wird, wenn auch nicht immer ganz so hingebungsvoll wie zu Zeiten des ersten Lockdowns. Die ‚Vieher' haben nicht nur den Alltag strukturiert, sondern zugleich auch (Raum für) Communitas geschaffen. Sie ordnen die Zeit, ohne die Umsorgenden ihrer Zeit zu berauben. Sie geben Halt, ohne einzuengen.

Literatur

Arantes, Lydia Maria. *Verstrickungen: Kulturanthropologische Perspektiven auf Stricken und Handarbeit*. Berlin: Panama, 2017.

Arantes, Lydia Maria. „Learning to dwell with micro-organisms. Corporeality, relationality, temporality". *Anthropology in Action* 27.2 (2020a): 40–44.

Arantes, Lydia Maria. „Unraveling knitting. Form creation, relationality and the temporality of materials". *Journal of American Folklore* 133.528 (2020b): 193–204.

Beck, Stefan, und Michi Knecht. „Jenseits des Dualismus von Wandel und Persistenz? Krisenbegriffe der Sozial- und Kulturanthropologie". *Krisen verstehen. Historische und kulturwissenschaftliche Annäherungen*. Hg. Thomas Mergel. Frankfurt a. M.: Campus, 2012. 59–76.

Google Trends. „Suchbegriff: Sourdough bread". https://trends.google.com/trends/explore?date=2020-01-01%202020-12-31&q=Sourdough%20bread. (10. März 2021).

Grasseni, Cristina. „Skilled vision: An apprenticeship in breeding aesthetics". *Social Anthropology* 12.1 (2004): 41–55.

Hey, Maya. „Making-Do / Making Spaces: Exploring Research-Creation as an Academic Practice to Study Fermented Foods". *COMMposite* 19.3 (2017): 79–95.

Ingold, Tim. *Being Alive: Essays on Movement, Knowledge and Description*. London: Routledge, 2011.

Krämer, Sybille. „Sinnlichkeit, Denken, Medien: Von der ‚Sinnlichkeit als Erkenntnisform' zur ‚Sinnlichkeit als Performanz'". *Der Sinn der Sinne*. Hg. Kunst- und Ausstellungshalle der Bundesrepublik Deutschland GmbH. Göttingen: Steidl, 1998. 24–39.

Mauss, Marcel. „Techniques of the Body". *Economy and Society* 2.1 (1973 [1935]): 70–88.

Pieh, Christoph, Sanja Budimir, und Thomas Probst. „The effect of age, gender, income, work, and physical activity on mental health during coronavirus disease (Covid-19) lockdown in Austria". *Journal of Psychosomatic Research* 136 (2020): Art. 110186.

Turner, Edith. *Communitas: The anthropology of collective joy*. New York: Springer, 2012.

Turner, Victor W. *The Ritual Process: Structure and Anti-Structure*. Chicago: Aldine, 1969.

Marcella Fassio
Inszenierungen der Selbstgestaltung in Narrationen von Lifestyle-Influencerinnen während der Corona-Pandemie

1 Einleitung

„This is an opportunity to rediscover yourself, to nourish yourself, to find joy in the little things and to fall in love with yourself", so die YouTuberin Lavendaire in ihrem Video *how to enjoy being alone* (22. April 2020, 00:00:55). Physical Distancing und Isolation als soziale Auswirkungen der Corona-Pandemie erfuhren vor allem in den ersten Wochen eine intensive mediale Verhandlung – auch auf Social-Media-Plattformen wie *Instagram* und *YouTube*. Auf den Kanälen von Lifestyle-Influencer:innen stand dabei vor allem im Vordergrund, wie die Zeit der Isolation und des Lockdowns sinnvoll genutzt werden kann. Die Ausnahmesituation der Pandemie wird hier als Zeit der Selbstentwicklung aufgefasst, und der Krise als Möglichkeit der Neu- und Umgestaltung des Lebens somit Sinn zugeschrieben. Anhand ausgewählter Social-Media-Auftritte von Lifestyle-Influencerinnen auf *Instagram* und *YouTube* untersuche ich im Folgenden, welche Praktiken inszenierter Sinnzuschreibungen angesichts der Krise in diesen Selbstnarrationen verhandelt und vollzogen werden. In Selbstnarrationen von Lifestyle-Influencerinnen findet sich bereits vor der Corona-Pandemie eine Verknüpfung von Selbstsorge, unternehmerischer Subjektivierung und Selbstoptimierung. In den ausgewählten Narrationen, so meine These, wird die Krisensituation nicht nur in dieses Konzept integriert, der Zwang zur Selbstoptimierung wird zudem verschärft. Sie weisen Praktiken der Selbstgestaltung auf, die von der Verhandlung eines ideal-normativen Umgangs mit der Krise bestimmt sind. Die hier ausgestellten Praktiken der Selbstfürsorge und Selbstentwicklung angesichts der Krise sind dabei einem Dispositiv der Selbstoptimierung unterworfen; es kommt somit in gewisser Weise zu einer Neujustierung des ‚unternehmerischen Subjekts' (Bröckling 2007).

Mit Rückgriff auf Andreas Reckwitz' Konzept von Subjektivierungspraktiken sowie mittels der Heranziehung von Michel Foucaults Überlegungen zu Technologien des Selbst verstehe ich das Hervorbringen von Selbstnarrationen in Social Media als eine Praktik, durch die eine spezifische Subjektform konstruiert und diese zugleich als Idealbild propagiert wird. Die Postings werden auf zwei Ebenen betrachtet: mit Blick auf die Verfahren sowie auf den Inhalt. Dabei erfolgt ein *close reading* der Beiträge. Neben der inhaltlichen Verhandlung von Praktiken der Selbstgestaltung wird zudem, wenn relevant, die narrative und äußere Gestaltung der Postings berücksichtigt.

Ausgewählt für die Analyse wurden deutsch- und englischsprachige Lifestyle-Influencerinnen, die bereits vor der Pandemie auf das Thema Lebens- und Selbstgestaltung fokussiert waren.[1] Durch diese Auswahl kann untersucht werden, inwieweit die Ausnahmesituation durch die Corona-Pandemie zu Veränderungen der Selbstnarrationen führt. Die Influencerinnen thematisieren die Gestaltung und Bewältigung des Alltags sowie die Alltagskrisen, dabei wird die Privatheit und Authentizität des Dargestellten inszeniert. Die ausgewählten Kanäle sind exemplarisch, sie entsprechen aber allgemein feststellbaren Charakterisierungen von Influencer:innen: Die Kanäle haben eine hohe Zahl an Follower:innen; es werden regelmäßig Beiträge veröffentlicht, die inhaltlich, narrativ und in der Gestaltung ein sich wiederholendes Muster aufweisen; die Postings dienen der kommerziellen Vermarktung von Produkten und eines spezifischen Lebensstils; in den Beiträgen wird ein authentisches Ich inszeniert, das sich als Unternehmer:in des eigenen Selbst ausstellt. Mithilfe dieser Auswahl soll in den Blick genommen werden, inwieweit sich durch die geänderten Rahmenbedingungen in der Krise der Blick auf Praktiken der Selbst- und Lebensgestaltung verändert. Der Fokus liegt auf Postings zwischen März und Mai 2020 und deckt damit den Zeitraum des Pandemiebeginns, des ersten Lockdowns sowie der ersten Wochen danach ab.

2 Das Influencer:in-Subjekt

Ich gehe grundlegend davon aus, dass sich in Selbstnarrationen in Social Media Subjekte ausbilden, und möchte behaupten, dass sie zudem ein Ideal-Subjekt im Sinne einer Realfiktion kreieren. Als Ideal-Subjekt verstehe ich ein in einer spezifischen Gruppe hegemoniales und normatives Subjekt, das als Fiktion zwar unerreichbar ist, das es jedoch zu erreichen gilt, d. h. innerhalb der jeweiligen Gruppe ist es das perfekt kreierte Subjekt. Hier schließe ich an einen praxistheoretischen Ansatz an und folge der Annahme, dass sich Subjekte performa-

---

[1] Mit dieser Auswahl von Influencerinnen möchte ich keine gender-typischen Verhaltensweisen postulieren. Die Auswahl wurde getroffen, um einen Vergleich innerhalb einer spezifischen Gruppe von Lifestyle-Influencer:innen anstellen zu können. Es gibt ebenfalls männliche Lifestyle-Influencer, deren Selbstnarrationen jedoch oft anderen normativen und stereotypen Mustern folgen, da sie zumeist eine meist männliche Zielgruppe ansprechen. Es lässt sich vermuten, dass sich dies auch in der Verhandlung der Coronakrise zeigt.

tiv durch Praktiken konstruieren bzw. konstruiert werden (Reckwitz 2008a, 140). In den untersuchten Social-Media-Kanälen zeigen sich demnach Influencer:innen-Subjekte, die sich durch spezifische Praktiken ausbilden. Teil dieser Subjektivierung sind, neben intersubjektiven und interobjektiven Praktiken, selbstreferentielle Praktiken, d. h. Praktiken im Umgang mit sich selbst (Reckwitz 2006, 38). Reckwitz schließt hier an Michel Foucaults Konzept der Technologien des Selbst an, unter denen dieser „reflektierte und willentliche Praktiken" versteht, „durch die die Menschen nicht nur Verhaltensregeln für sich festlegen, sondern sich auch selbst zu verwandeln, sich in ihrem einzigartigen Sein zu modifizieren und aus ihrem Leben ein Werk zu machen suchen, das gewisse ästhetische Werte beinhaltet und gewissen Stilkriterien genügt." (Foucault 2005a, 666). Verknüpft seien diese Praktiken mit der Sorge um sich selbst (Foucault 2005b, 970), die sich laut Foucault (2005b, 984–985) unter anderem im Brief als „die Enthüllung des Selbst" sowie in *hypomnêmata* (antiken Notizbüchern) als „Selbstprüfung und Gewissenserforschung" zeige. Nach Foucault (2005b, 977–978) stellt Schreiben damit eine das Selbst konstituierende Praktik dar. Daran anschließend fasse ich Selbstnarrationen in Social Media ebenfalls als Praktiken der Subjektivierung. Sie sind intersubjektiv, da zum Wesen von Social Media Interaktion gehört; sie sind interobjektiv, da sie in Bezug zu Artefakten, mit dem Smartphone oder dem Computer, vollzogen werden; und sie sind selbstreferentiell, da sie als Umgang des Subjekts mit sich selbst gefasst werden können.

Durch Praktiken bilden sich zudem spezifische Subjektformen aus (Reckwitz 2006, 43). Das Influencer:in-Subjekt kann meines Erachtens als eine spezifische Subjektform verstanden werden. Bei Influencer:innen handelt es sich um eine spezifische Gruppe, die sich selbst als Vorreiter:innen versteht und als solche agiert. Dabei sind sie spezifischen Regeln unterworfen, innerhalb derer sie sich subjektivieren. Der produzierte Inhalt ist kommerziell und folgt Strategien der Ökonomisierung. Influencer:innen verdienen mit ihren Postings Geld, das Influencer:in-Subjekt lässt sich als Geschäftsmodell verstehen. Influencer:innen haben damit eine kommerzielle Funktion und sind gegenüber privaten Social-Media-User:innen abzugrenzen. Sie propagieren einen bestimmten Lebensstil, den sie mit einer positiven Message vermarkten, und inszenieren sich als authentisch. Gerade am Influencer:in-Subjekt zeigt sich die Hybridisierung von Kreativität und Ökonomisierung, wie Reckwitz sie für das postmoderne Subjekt herausstellt.[2] So sei die gegenwärtig hegemoniale Subjektform das ‚konsumatorische Kreativsubjekt' (Reckwitz 2006, 588). Dieses Subjekt unterwerfe sich

---

2 Als hegemoniale Subjektformen bezeichnet Reckwitz (2006, 69) die in einem historisch-kulturellen Kontext vorherrschenden Subjektformen.

in der Postmoderne einem Kreativitätsdispositiv und werde zu einem *enterprising self* (Reckwitz 2006, 604), das ein permanentes *self-branding* betreibe (Reckwitz 2006, 602). Wenn es dem Subjekt „an kreativen Kompetenzen mangelt", werde es demnach zu einer „Figur außerhalb [...] des Normalen" (Reckwitz 2008b, 236). Mit anderen Worten: Wenn sich das Selbst nicht immer wieder neu kreieren kann, entspricht es nicht mehr der Norm, ist sozusagen nicht mehr ‚mitspielfähig'.

Digitale Selbstnarrationen weisen ebenfalls diese Normativität auf: Die dort inszenierte Selbstverwirklichung „soll [...] sozial erfolgreich und anerkannt in dieser Welt stattfinden" (Reckwitz 2017, 289). Grundlegender Teil der Kreativitäts-Verpflichtung sei die Arbeit am eigenen psychophysischen Subjektkapital, d. h., „dass das Subjekt an seiner physischen und psychischen Struktur arbeitet, damit diese ein stabiles Fundament sowohl für den beruflichen Erfolg als auch den geglückten Lebensstil liefert" (Reckwitz 2017, 305). Vor allem in Social-Media-Narrationen von Lifestyle-Influencer:innen zeigt sich diese Arbeit am psychophysischen Subjektkapital, die unter anderem durch das Propagieren von Praktiken der Selbstsorge sichtbar wird. Das Influencer:in-Subjekt kann somit als ‚unternehmerisches Selbst' schlechthin gefasst werden. Ulrich Bröckling (2007, 45) beschreibt das unternehmerische Selbst als eine Verdichtung gegenwärtiger Regierungs- und Selbstregierungspraktiken. Das unternehmerische Selbst werde zu einem Leitbild (Bröckling 2007, 7), das nur „als Realfiktion im Modus des Als-ob" existiere (Bröckling 2007, 283). Dies lässt sich auf die Influencer:innen-Subjekte übertragen. Indem diese einen selbstoptimierenden Lebensstil ‚vorleben' und propagieren, wird das kreierte Leitbild gleichzeitig an die Follower:innen weitergegeben.

Die US-amerikanische Influencerin Lavendaire kann als prototypisches Beispiel einer Lifestyle-Influencerin gelten. Sie produziert regelmäßig Inhalte auf *YouTube* und *Instagram*. Derzeit hat sie auf *YouTube* 1,36 Millionen Abonnent:innen (Stand: 28. März 2021). Die Content-Produktion dient kommerziellen Zwecken, beispielsweise gibt es Produktplatzierungen oder *Affiliate Links*, durch die sie eine Vermittlungsprovision erhält. Als Influencerin setzt sie Trends, vermarktet Produkte und einen spezifischen Lebensstil. Diesem Vorbild sollen die Abonnent:innen folgen. Auch die visuelle und dramaturgische Gestaltung folgt spezifischen Regeln und kann als normativ gefasst werden. Die Videos sind alle sehr ähnlich gestaltet: Sie sind in Pastellfarben gehalten, die Musik unterstreicht die jeweilige Szene; die Influencerin wird in ihrem persönlichen (als authentisch inszenierten) Umfeld gezeigt. Den Inhalten liegt eine stets positive Kommunikationsweise zugrunde, die dem Prinzip des unternehmerischen Selbst folgt. Die Videos weisen dabei ein sich wiederholendes Muster auf: Lavendaire erzählt oft von einer persönlichen Herausforderung, die sie übersteht, und aus der sie ‚besser' hervorgeht. Zugleich gibt sie Ratschläge, wie die User:innen ihr Leben selbst gestalten und kreieren können. Der Alltag ist damit geprägt von einer permanenten Selbstbeobachtung und Selbstinszenierung. Inhaltlich fokussiert Lavendaire vor allem das Thema Selbstentwicklung und Lifestyle – eine unternehmerische Selbstgestaltung des Lebens, wie sich bereits anhand ihrer Kanalbeschreibung zeigt: „Lavendaire is a channel about personal growth + lifestyle design, where I share knowledge and inspiration about creating your dream life." Selbstgestaltung liegt hier in doppelter Form vor: Zum einen kann die Selbstnarration auf Social Media als Subjektivierungspraktik gefasst werden. Zum anderen ist Selbstgestaltung das zentrale Thema des Kanals.

3 Merkmale und Besonderheiten von Social Media

Wichtig für die Analyse der ausgewählten Selbstnarrationen sind die medialen Besonderheiten von Social Media. Medien fasse ich als Kommunikationsmittel, die auf technischen Gegebenheiten beruhen. Sie sind zeichenbasiert und legen eine spezifische Nutzung nahe (Ryan 2005, 18–19). Medien generieren spezifische interobjektive, intersubjektive und selbstreferentielle Praktiken, zugleich können sich diese Praktiken auf Medien auswirken, beispielsweise kann eine sich verändernde Nutzungspraktik ein Medium modifizieren. Anschließend an Jill Walker Rettberg (2014, 32) fasse ich das Internet aufgrund der dort vorliegenden Vielfalt von medialen Formen nicht als ein Medium, sondern als medialen Rahmen, der verschiedene Medien, Genres und Formen in sich aufnimmt. Zugleich formen die Darstellungsmöglichkeiten des Mediums den transportierten Inhalt. Das hat, so Ryan (2005, 20), zur Folge, dass „new media give birth to new forms of text and to new forms of narrative, which in turn may be codified into genres." Diese Narrative und Genres können die Möglichkeiten des Mediums nutzen oder dieses nur als Übertragungskanal verwenden (Ryan 2004, 20). Da Medien den Inhalt formen, bilden sich mit Blick auf Social Media also eigene Formen der Selbstnarration aus, die sich erheblich von früheren Formen wie Briefe, *hypomnêmata* oder auch Biografien unterscheiden. Social-Media-Narrationen verstehe ich, in Anlehnung an Ruth Pages Definition von Facebook-Narrationen, als episodische Erzählungen, in denen von Erlebnissen berichtet wird, die zeitlich geordnet und markiert sind und die einem erzählenden Subjekt zugeordnet werden können. Dabei kann die Narrativität graduell unterschiedlich sein; abhängig davon, inwieweit die Postings zueinander in Beziehung gesetzt werden (Page 2010, 427). Diese Selbstnarrationen sind wiederum vom jeweiligen Kanal geformt, d. h. eine Selbstnarration auf *YouTube* weist andere Verfahren auf als eine Selbstnarration auf *Instagram*, wobei auch Überschneidungen vorhanden sind. Für Social Media ist damit der Blick auf die spezifische, von der Plattform vorgegebenen Struktur zentral, die festlegt auf welche Art und Weise Mitteilungen gepostet werden können. So kann die Zeichenzahl begrenzt sein, und die Plattform bestimmt, welches Medium genutzt werden kann bzw. im Vordergrund steht.

Ein zentrales Merkmal von Social-Media-Narrationen ist Intermedialität. Irina Rajewsky (2002, 12) folgend, verstehe ich Intermedialität „als Hyperonym für die Gesamtheit aller Mediengrenzen überschreitenden Phänomene." Sie umfasst den Medienwechsel, die Medienkombination sowie intermediale Bezugnahmen. Social Media weisen Intermedialität auf, da sich die Darstellungsmöglichkeiten des schriftlichen Erzählens durch die Integration von Fotografien, Audio- und Videodateien erweitern. Die Kombination von Text und Fotografie ist auf verschiedene Weisen möglich, bei denen entweder das eine Medium das andere dominiert, oder beide gleichberechtigt arrangiert sind. Auf *Instagram* steht zunächst der visuelle Content, vor allem Fotografien und kurze Videos, im Vordergrund. Außerdem können *Instagram*-Stories geteilt werden – kurze Videoschnipsel, die zumeist als spontaner Live-Mitschnitt des Lebens erscheinen und nur vierundzwanzig Stunden sichtbar sind. Die Texte sind auf *Instagram* zunächst untergeordnet, da die Aufmerksamkeit der Rezipient:innen durch das Bild geweckt wird. Sie können jedoch unterschiedlich starke Bedeutung für ein Posting haben. So wird das Textfeld zum Teil nur für Hashtags, das Setzen von Tags oder den Verweis auf einen Link genutzt; es kann kurze Texte, die das Foto kontextualisieren, sowie längere Texte geben. Ist Letzteres der Fall, dient der Text meist der Erläuterung des Bildes oder führt über dieses hinaus. Dies ist auch bei den untersuchten Postings der Lifestyle-Influencerinnen der Fall. Während bei den *Instagram*-Postings die Kombination von Foto und Text die Selbstnarration bildet, ist es auf *YouTube* das Video. Schriftlicher Text spielt hier eine untergeordnete Rolle: als kurze Bildunterschrift oder als montierte Schrift in den Videos, die einzelne Aspekte hervorhebt.

Neben der Intermedialität ist für die Betrachtung von Social-Media-Narrationen Interaktivität grundlegend. Die Influencer:innen interagieren mit den Rezipient:innen, zudem liegen Hyperlinks vor. Die Verlinkung erfolgt zum einen innerhalb eines Social-Media-Kanals, z. B. durch das Teilen von Beiträgen, das Taggen von User:innen und das Nutzen von Hashtags. Zum anderen gibt es Referenzen auf andere Webinhalte. Die Leser:innen haben die Möglichkeit, Beiträge zu liken, zu teilen und zu kommentieren. Die Kommentare können unterstützend oder zurückweisend wirken (Tophinke 2017, 72), es kann zu ergänzenden Korrekturen und Anmerkungen kommen. Allerdings haben die erzählenden Subjekte weiterhin die Möglichkeit, zensierend einzugreifen, Kommentare zu löschen oder User:innen zu sperren. Außerdem ist eine Vergemeinschaftung mit den

Follower:innen möglich. Auf dem *YouTube*-Kanal von Lavendaire ist dies deutlich sichtbar durch die zahlreichen Kommentare der Zuschauer:innen, die zumeist positiv reagieren und oft herausstellen, dass sie sich in einer ähnlichen Situation befinden.

Gemeinsam ist den Selbsttechniken in Social Media, so Innokentij Kreknin und Chantal Marquardt (2016, 10), dass ihnen eine hohe Konventionalisierung innewohnt, da die Plattformen der Selbstdarstellung normativ auf die Subjektivierung wirken. Durch diese Regularisierungen kommt es zu einer Homogenisierung der User:innen (McNeill 2012, 70). Social Media fördern somit die Kreation eines normativen hegemonialen Idealbildes. Auf den Kanälen von Lifestyle-Influencer:innen bilden sich also spezifische Selbstnarrationen aus, die durch die medialen Besonderheiten geprägt sind. Dabei amalgamieren die Selbstbildung und die Kreation eines unternehmerischen Selbst, das als Realfiktion nach außen getragen wird. Inwieweit die Corona-Pandemie zu Veränderungen in den Praktiken führt, wird im Folgenden dargelegt.

4 Praktiken der Sinninszenierung auf *Instagram* und *YouTube*

Das eingangs angeführte Zitat der YouTuberin Lavendaire zeigt bereits auf, dass der Pandemie als Ausnahmesituation eine spezifische Art Sinn zugeschrieben wird, der mit dem Subjektivierungsanliegen korrespondiert. Wie diese inszenierten Sinnzuschreibungen im Einzelnen vollzogen werden, arbeite ich anhand von drei *Instagram*-Accounts und vier *YouTube*-Kanälen heraus. Grundlegend lassen sich drei inhaltliche Richtungen aufzeigen: In den Beiträgen wird die Coronakrise als Möglichkeit (1) der neuen Freizeitgestaltung, (2) der Selbstentwicklung sowie (3) der gesellschaftlichen Veränderung inszeniert.

4.1 Krise und Freizeitgestaltung

Die Krise wird in den untersuchten Social-Media-Narrationen zunächst als störend empfunden, da sie den gewohnten Alltag durchbricht. Zugleich wird diese Störung des Alltags zu einer positiven Ausnahme stilisiert, die neue Freizeitaktivitäten ermöglicht. Der Lockdown erscheint als Chance, die Freizeit anders zu gestalten, und wird positiv aufgeladen. Dies zeigt sich beispielsweise auf dem *Instagram*-Account von considerlena:

> Man kann ja bekanntlich aus fast jeder Situation irgendetwas Positives ziehen, selbst wenn es nur eine Kleinigkeit ist. Ich war beispielsweise schon lange nicht mehr so viel spazieren wie in der letzten Woche und ich habe sogar wieder angefangen laufen zu gehen. Das hat mir in den letzten Jahren fast gar keinen Spaß mehr gemacht und ich hätte nicht gedacht, dass ich das mal wieder aufnehme, aber es hat richtig gut getan. [...] Was war euer kleiner Lichtblick heute oder in den letzten Tagen? (considerlena 23. April 2020)

Diesem Eintrag sind die Hashtags *#positivevibes*, *#staysafe* und *#throwback* beigefügt. Das begleitende Foto zeigt die Influencerin bei einer Wanderung in der Natur und ruft das Bild einer Idylle fernab vom Alltagsstress auf. Hier zeigt sich, dass den sozialen Auswirkungen von Corona Sinn zugeschrieben wird: Alte Dinge und Beschäftigungen werden wiederentdeckt, wiederaufgenommen und in den – neu zu strukturierenden – Alltag integriert. Zudem wird durch die Frage an die Abonnent:innen sichtbar, dass die individuelle Krisenbewältigung zu einer gemeinschaftlichen erweitert wird. Den Stillstand durch die Pandemie wertet considerlena (8. September 2020) außerdem als produktiv, denn dieser bringe „einen am Ende oft weiter als pausenloses Weitermachen", wie sie in einem späteren Eintrag meint. Bei diesem Beitrag sind ebenfalls passende Hashtags – *#mindfulnesspractice*, *#pauseandreflect*, *#stillstand* – angefügt, die ihre Botschaft verdeutlichen. Dass die Influencerin eine positive Umdeutung der Krise vornimmt, zeigt sich bereits nach den ersten Wochen des Lockdowns: „Aber ich kann auch so viel Schönes und Entspannendes an dieser Situation gerade finden und merke, dass ich irgendwie Ruhe gefunden habe." (considerlena 6. April 2020) Das Bild unterstreicht hier den Text: Die Influencerin ist im Profil abgebildet und lächelt. Darauf folgen zwei weitere Fotos, auf denen sie herausfordernd in die Kamera blickt. Text und Fotos stimmen in der positiven Botschaft also überein.

Dass die Ausnahmesituation dazu dienen soll, Aktivitäten durchzuführen, für die die Zeit sonst fehlt, zeigt sich ebenfalls auf dem Kanal *typischsissi*. Auf diesem gibt die Influencerin Sissi spezifische Tipps, wie die Zeit des Lockdowns sinnvoll und produktiv genutzt werden kann:

> Viele von uns müssen ja ungehindert weiter arbeiten, egal ob auf der Arbeit oder im Homeoffice. Eltern haben jetzt sogar häufig eine Doppelbelastung, weil sie nicht nur ihre Arbeit, sondern auch die Kinderbetreuung übernehmen. Deshalb möchte ich konkret auf unsere Freizeit eingehen. Die verbringen wir nämlich jetzt im besten Fall nur noch im engsten Kreise zuhause und da kann einem schon mal schnell die Decke auf den Kopf fallen.
> (Sissi 18. März 2020)

Im Folgenden nennt die Influencerin dann „6 Ideen für die Freizeit Zuhause", die im Bereich Häuslichkeit („Wohnung aufräumen und ausmisten"), körperlicher und mentaler Selbstsorge („Fitter werden und Homeworkouts", „Entspannen und zur Ruhe kommen") sowie Bildung und Projekte („Weiterbilden und neues ausprobieren", „Ein Herzensprojekt umsetzen", „Ziele planen und Routinen schaffen") zu verorten sind (Sissi 18. März 2020). Das Posting ist dabei gestaltet nach dem Vorbild typischer Social-Media-Sinnsprüche und in Pastellfarben gehalten. Den genannten Freizeitbereichen sind jeweils Icons zugeordnet, die den jeweiligen Bereich visualisieren. Der Beitrag scheint sich in dieser stereotypen ‚mädchenhaften' Gestaltung an eine junge, weibliche Zielgruppe zu richten. Sissi wendet sich in ihrem Posting ebenfalls an ihre Leser:innen und fragt nach dem Umgang mit der ungewohnten Situation. Es zeigt sich außerdem der Appell, die Krise produktiv zu nutzen. Zu einem Stillstand darf es demnach nicht kommen; der Stillstand, der durch die Ausnahmesituation entsteht, soll ein produktiver sein.

Ähnliche Aufforderungen zur scheinbar sinnvollen Freizeitgestaltung sind auf dem *YouTube*-Kanal der US-amerikanischen Influencerin Jenn Im sichtbar. In ihrem Video *10 Things To Do At Home* nennt sie konkrete Tipps, die Zeit der Quarantäne zu nutzen (Jenn Im 22. März 2020). Hier wird abermals die Optimierung der Wohnumgebung („clean your space"), der Bildung („learn something", „read a book"), der körperlichen und mentalen Selbstfürsorge („exercise", „cook from home", „journal") sowie der sozialen Beziehungen („connect with friends and fam") betont. Damit wird der Pandemie indirekt zugeschrieben, dass sie Zeit für Selbstgestaltung, oder anders gesagt, für Selbstoptimierung ermöglicht. Das Video begleitet Jenn Im, wie sie die von ihr gegebenen Tipps befolgt. Zunächst liegt sie im Bett, um dann motiviert die von ihr herausgestellten Tätigkeiten durchzuführen. Das Video endet mit in einer Nahaufnahme, bei der Jenn Im auf dem Bett sitzend direkt in die Kamera spricht. Durch den scheinbaren Einblick in den privaten Raum inszeniert das Video Authentizität und Nähe. Ihren Beitrag schließt Jenn Im zudem mit einer direkten Anrede der Zuschauer:innen: „But I really hope that this video could inspire you to make the most of what you can with this quarantine." (22. März 2020, 00:07:26–00:07:31) Es zeigt sich deutlich der Appell, die Pandemie-Zeit für sich zu nutzen, sich weiterhin zu optimieren, das Beste aus dieser Zeit zu machen. Die Ausnahmesituation unterliegt einem positiven Zwang. Dies wird in den darauffolgenden Videos weitergeführt, die einem ähnlichen Prinzip folgen. So veröffentlicht Jenn Im ein Video zum *Self-Care Checklist Day* (19. April 2020) sowie einen *Organizing the house May Vlog* (14. Mai 2020), in welchem die YouTuberin zeigt, wie sie ihre eigenen Tipps – anscheinend erfolgreich – verfolgt. Ratschläge zur Quarantäne-Selbstfürsorge greift ebenfalls die australische YouTuberin muchelleb auf. So findet sich auf ihrem Kanal ein Video zu *Decluttering and Organising my Life* (7. Mai 2020) sowie zu *5 Self Love Habits, Rituals and Practices to Start* (23. April 2020). Auch hier zeigt sich der Imperativ, die Zeit zu nutzen und produktiv zu sein: „Find meaning in your days through restorative rest by working on relaxing projects." (muchelleb

15. April 2020, 00:03:27–00:03:34) Das Video folgt dem gleichen Prinzip wie die Beiträge von Jenn Im und begleitet die Influencerin in ihrer privaten Umgebung.

Beinahe identische Aufforderungen zum Umgang mit der Quarantäne-Zeit gibt es auf dem *YouTube*-Kanal von Lavendaire. Auch sie veröffentlicht ein Video zum Thema *15 Self Care Ideas for Coronavirus Quarantine* (Lavendaire 17. März 2020), und nennt hier Tipps, wie beispielsweise Aufräumen, eine Sprache lernen, Meditieren, Sport treiben. Die Quarantäne-Zeit wird abermals als Möglichkeit dargestellt, neue Hobbys auszuprobieren und kreative Projekte zu beginnen (00:06:33–00:06:45). Diese Ratschläge greift Lavendaire durch einen Vlog auf, in welchem sie die Aktivitäten an ihrem eigenen Beispiel veranschaulicht (9. April 2020). Die Lebens- und Selbstgestaltung, die bereits vor der Pandemie zentrales Thema der Kanäle war, wird weiterhin verfolgt und mit der Krise verknüpft. Der Umgang mit der Krise wird dem Imperativ der Selbstgestaltung unterworfen, die Ausnahmesituation wird dabei als positiv stilisiert. Es zeigt sich zudem, dass die Videos nicht nur inhaltlich, sondern auch in ihrer Gestaltung einem ähnlichen Muster folgen.

4.2 Krise und Selbstentwicklung

Neben der Thematisierung der Freizeitgestaltung während der Corona-Pandemie zeigt sich der Appell, sich selbst mental zu entwickeln. Der Pandemie wird Bedeutung zugeschrieben als Möglichkeit, an der eigenen Denkweise zu arbeiten: „If there is any time to work on your mindset it's right now because you have the time and it's also a very stressful time when mindset needs to be a priority." (muchelleb 15. April 2020, 00:06:59) Hier wird abermals die Arbeit an sich selbst als Leitbild propagiert und die Krise als Situation, die eine gesteigerte Selbstfürsorge ermöglicht, verstanden. Damit verknüpft heben die Influencerinnen den Wert von kleinen Dingen hervor. Die Follower:innen werden dazu aufgerufen, „to find peace and joy in the simple things in life" (Jenn Im 26. April 2020, 00:05:52). Die Fokussierung auf einfache Dinge bringt Jenn Im dabei in einen Zusammenhang mit Lebensgenuss: „So being able to remix something in your life that is quite ordinary but essential, is the way that I've been enjoying to live." (21. Mai 2020, 00:02:00–00:02:38) Die positive Wirkung dieser Selbstsorgepraktik authentifiziert Jenn Im, indem sie ihre eigene Erfahrung mit diesem Lebensstil einbringt. Auch hier zielen die – als Imperativ zu verstehenden – Ratschläge auf eine Verbesserung der neuen Lebenssituation und des eigenen Umgangs mit dieser ab. Der Appell zur Selbstfürsorge und Selbstentwicklung dient einer Optimierung des Subjekts, es sollen Bewältigungsstrategien entwickelt werden, um weiterhin produktiv zu sein und zu funktionieren.

Auf dem Kanal von Lavendaire steht dieser Imperativ der Pandemie-Selbstfürsorge besonders im Fokus. So meint die Influencerin in ihrem Video *how to enjoy being alone*: „This is an opportunity to rediscover yourself, nourish yourself, find joy in the little things and fall in love with yourself." (Lavendaire 22. April 2020, 00:00:55–00:01:08) Die Zeit soll produktiv für die Selbstentwicklung genutzt werden. Deutlich wird hervorgehoben, dass die Ausnahmesituation neue Möglichkeiten eröffnet, die zu einer Verbesserung des Selbst führen: Das Subjekt soll lernen mit der Krise umzugehen, um somit für nachfolgende Krisen (und ebenso für den Alltag) gestärkt zu sein. Passend dazu gibt es speziell ein Video zu *Mental Health in the Coronavirus Pandemic* (23. März 2020), in welchem Lavendaire abermals auf Praktiken der Selbstsorge eingeht. Hier werden schließlich ganz deutlich Imperative, was das Subjekt zu tun habe, formuliert: „Be kind and chose love" (00:02:48), „Be present and focus on what you can control" (00:04:12), „Cleansing your energy and find inner calm during this time." (00:06:01) Die Social-Media-Narrationen kreieren ein Subjekt, das stets ungenügend ist, und daher immer weiter an sich selbst arbeiten, sich selbst verändern muss. So erweisen sich die Praktiken der Selbstsorge nahezu als ein Pflichtprogramm, dem das konsumatorische Kreativsubjekt zu folgen hat. Der neoliberale Selbstoptimierungszwang wird in der Pandemie nicht ausgesetzt, sondern fortgeführt und verschärft.

Der Appell, an sich selbst zu arbeiten, zeigt sich ebenfalls in dem Video *How to Create a Fresh Start for a New Month* von muchelleb, in welchem die Praktiken der Krisenbewältigung direkt im Titel in den Fokus gestellt werden. Die Selbstreflexion geschieht hier in Rückbezug auf die Corona-Pandemie und ihre Auswirkungen. Die Ausnahmesituation stellt die Grundlage der Reflexion dar und wird damit nutzbar gemacht: „This feels like a really good time to take a step back do some reflection and do some planning, take into account the current state of the world." (muchelleb 2. April 2020, 00:05:50) Die Pandemie soll als Möglichkeit der inneren Selbstentwicklung dienen und wird abermals einem Dispositiv der Selbstoptimierung unterworfen. Die Inszenierung der Coronakrise als Zeit der Selbstreflexion findet sich auch in Jenn Ims Video *How I Stay Motivated*:

> I think this has absolutely been a time for all of us to kind of reflect on what our values are and what's important. [...] I feel like this pandemic has affected all our lives, but there are a percentage of people that are being hit so much harder than the rest. And so I am always trying to recognize my privilege. (21. Mai 2020, 00:00:25–00:01:13)

Die Pandemie wird hier als Anstoß einer Selbstreflexion über die eigenen Privilegien inszeniert. Dies wird jedoch dadurch unterlaufen, dass die Videos weiterhin dem Imperativ der Selbstoptimierung unterliegen, da die Influencerinnen zugleich appellieren, die Pandemie für eine Verbesserung des Selbst zu nutzen und produktiv zu sein. Die Video-Gestaltung führt ebenfalls dazu, dass die scheinbare Reflexion durchbrochen wird: Die lächelnde Influencerin spricht gut gelaunt und frisch aussehend in die Kamera vor einem perfekt durchgestylten Wohnhintergrund. Hier zeigt sich wiederum, dass das Video an eine spezifische Zielgruppe gerichtet ist, die über ähnliche Privilegien wie die hier herangezogenen Influencerinnen verfügt.

4.3 Krise und Gesellschaft

Die Praktiken der Selbstentwicklung werden auf den untersuchten Kanälen des Weiteren mit einer gesamtgesellschaftlichen Bedeutung verknüpft. So meint Lavendaire: „I think that's one of the biggest lessons that we are learning during this time, that your actions do not only affect you, it affects the people around you." (23. März 2020, 00:10:10–00:10:24) Die Zuschauer:innen werden dabei deutlich miteinbezogen: Zwar spricht Lavendaire zunächst von einem ‚Wir', weist die Verantwortung dann jedoch dem ‚Du' zu, das nun aus der Pandemie lernen soll. Die Influencerin schreibt der Pandemie außerdem explizit Sinn und eine größere Bedeutung zu: „I think something transformational is happening and we can't forget that. We can't forget that there is a silver lining and a greater purpose in all of this." (Lavendaire 23. März 2020, 00:14:40–00:14:58) Durch die Krisenerfahrung, so Lavendaire (23. März 2020, 00:14:04), entwickle sich zum einen das Individuum: „you are a stronger, and wiser person because of it." Zum anderen gebe es eine kollektive gesellschaftliche Weiterentwicklung: „we are going to be so much stronger and wiser collectively. [...] Hopefully, we create better human beings after this, better systems." (23. März 2020, 00:14:26–00:14:40) Die Pandemie wird so als Zeit der Vergemeinschaftung umgedeutet, aus der die Menschen gestärkt hervorgehen sollen. Sie wird hier als ein Großereignis erzählt, das einen tieferen Sinn habe. Diese Aussage ist problematisch zu sehen, da somit auch den existentiellen Folgen, vor allem für ökonomisch benachteiligte Gruppen, sowie dem Tod von Menschen Sinn zugeschrieben wird.

Dass die Krisensituation als Möglichkeit der gesellschaftlichen Veränderungen verstanden wird, zeigt sich ebenfalls auf den Social-Media-Kanälen der deutschen Influencerin Diana zur Löwen: „Ich sehe das *#coronavirus* auch als Chance, um dadurch zu lernen. In Krisen schaffen wir es anscheinend doch, schnell zu handeln und Dinge zu bewegen. Genau das brauchen wir auch beim Klimaschutz!" (13. März 2020) Diese Inszenierung von Sinn in der Krise ist auch auf ihrem *YouTube*-Kanal sichtbar: „Ich hoffe, dass das Virus uns mehr vielleicht so Chancen auftut. Gerade auch wenn es um das Thema Digitalisierung geht. Dass man da einfach bessere Strukturen schafft. Auch beim Thema Bildung." (Diana zur Löwen 14. März 2020, 00:03:02–00:03:13) Dies greift die Influencerin in einem späteren Video abermals auf:

> Ich habe schon den Wunsch, und auch das Gefühl, dass wir ganz vieles neu denken werden. Und dass wir jetzt merken, dieses wirtschaftliche Wachstum, das aktuell das Wichtigste ist, dass das totaler Quatsch ist, dass wir da wirklich was ändern müssen. [...] Und schauen, was können wir daraus lernen und verändern, sodass wir vielleicht unsere Gesellschaft ein bisschen anders aufbauen, sodass die Jobs, die systemerhaltend sind, dass die besser verdienen. (Diana zur Löwen 24. März 2020, 00:08:09–00:08:56)

Hier ähneln die Aussagen den Ausführungen von Lavendaire. Allerdings zeigt sich weniger eine Aufladung mit ominöser Bedeutung, sondern vielmehr ein Verstehen der Pandemie als Chance, um bestimmte Entwicklungen im Klimaschutz, in der Bildung und auf dem Arbeitsmarkt voranzutreiben oder zu verändern.

5 Fazit

In der Krise lernen, aus der Krise lernen – beide Narrative bilden sich in den untersuchten Social-Media-Kanälen der Lifestyle-Influencerinnen aus und werden miteinander verknüpft. Die Corona-Pandemie wird hier auf verschiedene Art und Weise als positive Ausnahmesituation inszeniert, wobei sich vielfache Überschneidungen zwischen den *YouTube*-Videos und *Instagram*-Postings zeigen. Gemeinsam ist den Postings, dass der Krise scheinbar Sinn zugeschrieben und sie dem Imperativ der Selbstoptimierung unterworfen wird. Die Pandemie wird als Möglichkeit gedeutet, seine Potentiale zu entdecken, sich zu entwickeln und das Leben neu zu gestalten. Sie wird inszeniert als ein Wegweiser zum ‚richtigen' (mental und körperlich gesunden) Leben. Selbstfürsorge angesichts der Krise dient hier als Instrument der Optimierung des unternehmerischen Selbst. Dabei zeigen sich zwei Richtungen: Selbstoptimierung *trotz* sowie *aufgrund* der Ausnahmesituation. Gerade die zweite Richtung schreibt der Pandemie scheinbar Sinn zu. Durch die Pandemie kommt es in den ausgewählten Selbstnarrationen zu einer Neujustierung des unternehmerischen Subjekts: Zwar sind Praktiken der Selbstfürsorge bereits vor der Pandemie Teil der Social-Media-Narrationen, in der Krise werden diese jedoch verstärkt mit der hegemonialen Realfiktion des ‚unternehmerischen Selbst' verbunden. Dieses Subjekt ist nicht mehr nur dem Imperativ unterworfen, sich selbst zu gestalten, zu vermarkten und zu verbessern. Angesichts der Krise soll es ebenso Selbstfürsorge betreiben, um die eigene Produktivität zu steigern und um optimiert aus der Krise hervorzugehen. Dabei wird die Verantwortung für die Produktivität und eine ‚sinnvolle' Nutzung der Zeit dem Individuum übertragen. Der Krise wird außerdem nicht nur für das Individuum, sondern auch gesellschaftlich Sinn zugeschrieben. Lavendaire erklärt die Corona-Pandemie so zum gesamtgesellschaftlichen traumatischen Erlebnis, aus dem nicht nur das einzelne Subjekt, sondern zugleich das Kollektivsubjekt besser (sprich: optimiert) hervorgehen soll. Dies ist auch deswegen problematisch, da alle Influencerinnen aus einer privilegierten Position heraus sprechen, aus der sie eine wirkmächtige Deutung vornehmen können.

Die Praktiken des Umgangs mit der Corona-Pandemie erweisen sich schließlich als normativ, da die Kanäle eine beinahe identische Gestaltung aufweisen, sowohl inhaltlich als auch auf Ebene der narrativen und visuellen Verfahren. Es entstehen normative Social-Media-Narrative, die deutlich die Produktivität und eine positive Umdeutung in den Vordergrund stellen und somit Praktiken des Verweigerns und des Scheiterns marginalisieren sowie die Möglichkeit einer Sinnlosigkeit der Pandemie negieren. Das Imperativ der Selbstoptimierung, das bereits vor der Krise auf den Social-Media-Kanälen der Lifestyle-Influencerinnen zu finden war, führt während der Pandemie zu einem Selbstoptimierungswahn. Die Social-Media-Narrationen propagieren die permanente Arbeit am eigenen Selbst – trotz und gerade aufgrund der krisenhaften Ausnahmesituation.

Literatur

Bröckling, Ulrich. *Das unternehmerische Selbst. Soziologie einer Subjektivierungsform.* Frankfurt a. M.: Suhrkamp, 2007.

Foucault, Michel. „Gebrauch der Lüste und Techniken des Selbst". *Dits et Ecrits. Schriften in vier Bänden. Bd. 4: 1980–1988.* Frankfurt a. M.: Suhrkamp, 2005a [1983]. 658–686.

Foucault, Michel. „Technologien des Selbst". *Dits et Ecrits. Schriften in vier Bänden. Bd. 4: 1980–1988.* Frankfurt a. M.: Suhrkamp, 2005b [1984]. 966–999.

Page, Ruth. „Re-examining narrativity: small stories in status updates". *Text & Talk* 30.4 (2010): 423–444.

Kreknin, Innokentij, und Chantal Marquardt. „Einleitung. Subjekthaftigkeit, Digitalität, Fiktion und Alltagswirklichkeit". *Das digitalisierte Subjekt. Grenzbereiche zwischen Fiktion und Alltagswirklichkeit.* Hg. Innokentij Kreknin und Chantal Marquardt. *Textpraxis. Digitales Journal für Philologie* 2 (2016): 1–20.

McNeill, Laurie. „There Is No ,I' in Network: Social Networking Sites and Posthuman Auto/Biography". *Biography* 35.1 (2012): 65–82.

Rajewsky, Irina O. *Intermedialität.* Tübingen: Francke, 2002.

Reckwitz, Andreas. *Das hybride Subjekt. Eine Theorie der Subjektkulturen von der bürgerlichen Moderne zur Postmoderne.* Weilerswist: Velbrück, 2006.

Reckwitz, Andreas. *Subjekt.* Bielefeld: transcript, 2008a.

Reckwitz, Andreas. *Unscharfe Grenzen. Perspektiven der Kultursoziologie.* Bielefeld: transcript, 2008b.

Reckwitz, Andreas. *Die Gesellschaft der Singularitäten.* Berlin: Suhrkamp, 2017.

Ryan, Marie-Laure. „Introduction". *Narrative Across Media. The Languages of Storytelling*. Hg. Marie-Laure Ryan. Lincoln, NE: University of Nebraska Press, 2004. 1–40.

Ryan, Marie-Laure. „On the Theoretical Foundations of Transmedial Narratology". *Narratology Beyond Literary Criticism. Mediality, Disciplinarity*. Hg. Jan Christoph Meister, Tom Kindt und Wilhelm Schernus. Berlin, New York: de Gruyter, 2005. 1–23.

Tophinke, Doris. „Internet". *Erzählen. Ein interdisziplinäres Handbuch*. Hg. Matías Martínez. Stuttgart: Metzler, 2017. 70–75.

Walker Rettberg, Jill. *Blogging*. Cambridge: Polity Press, 2014.

Quellen

considerlena. „Man kann ja bekanntlich aus fast jeder Situation irgendetwas Positives ziehen, selbst wenn es nur eine Kleinigkeit ist." https://www.instagram.com/p/B-Fb66CBO5R/. Instagram, 23. März 2020 (28. März 2021).

considerlena. „Ich hätte es nie gedacht, aber ich habe mich inzwischen an die Situation gewöhnt." https://www.instagram.com/p/B-plbm0h76P/. Instagram, 6. April 2020 (28. März 2021).

considerlena. „Wenn um einen herum oder in einem drin alles grade etwas zu schnell passiert, muss man manchmal innehalten & still stehen." https://www.instagram.com/p/CE4saX4BfsC/. Instagram, 8. September 2020. (28. März 2021).

Diana zur Löwen. „Ich sehe das #coronavirus auch als Chance, um dadurch zu lernen." https://www.instagram.com/p/B9rrigjjKk5/. Instagram, 13. März 2020 (28. März 2021).

Diana zur Löwen. „Corona Quarantäne in Berlin I Keine Langeweile zuhause". https://www.youtube.com/watch?v=HEhaV7dU31k. YouTube, 14. März 2020 (28. März 2021).

Diana zur Löwen. „Meine neue Stimme! Ehrliches Q&A zur Corona Quarantäne". https://www.youtube.com/watch?v=-Qbz0-22On4. YouTube, 24. März 2020 (28. März 2021).

Jenn Im. „10 Things To Do At Home". https://www.youtube.com/watch?v=lt8kgoIjiNQ. YouTube, 22. März 2020 (28. März 2021).

Jenn Im. „Self-Care Checklist Day". https://www.youtube.com/watch?v=yzo0RAlt0GE. YouTube, 19. April 2020 (28. März 2021).

Jenn Im. „A Peaceful Morning". https://www.youtube.com/watch?v=Jk6lKgCsZiY. YouTube, 26. April 2020 (28. März 2021).

Jenn Im. „Organizing the house May Vlog". https://www.youtube.com/watch?v=Hndc0gsc5Fk. YouTube, 14. Mai 2020 (28. März 2021).

Jenn Im. „How I Stay Motivated GRWM". https://www.youtube.com/watch?v=ZqPiuExnYk4. YouTube, 21. Mai 2020 (28. März 2021).

Lavendaire. „15 Self Care Ideas for Coronavirus Quarantine". https://www.youtube.com/watch?v=AQxpQ94Euic. YouTube, 17. März 2020 (28. März 2021).

Lavendaire. „Mental Health in the Coronavirus Pandemic | COVID-19". https://www.youtube.com/watch?v=5oUoAAr0rpE. YouTube, 23. März 2020 (28. März 2021).

Lavendaire. „quarantine vlog: life at home & what I've been doing". https://www.youtube.com/watch?v=W2NGM1m7Csg. YouTube, 9. April 2020 (28. März 2021).

Lavendaire. „how to enjoy being alone". https://www.youtube.com/watch?v=DIZyj5Kifrk. YouTube, 22. April 2020 (28. März 2021).

Muchelleb. „How to Create a Fresh Start for a New Month". https://www.youtube.com/watch?v=XKkJoHCRDNg. YouTube, 2. April 2020 (28. März 2021).

Muchelleb. „The Self-Isolation Self Care Guide". https://www.youtube.com/watch?v=YUORZB55Mmw. YouTube, 15. April 2020 (28. März 2021).

Muchelleb. „5 Self Love Habits, Rituals and Practices to Start". https://www.youtube.com/watch?v=QAQ2iJvwVHs. YouTube, 23. April 2020 (28. März 2021).

Muchelleb. „Decluttering and Organising my Life". https://www.youtube.com/watch?v=LTIFGEEtmY0. YouTube, 7. Mai 2020 (28. März 2020).

typischsissi. „WIE GEHST DU MIT DER AKTUELLEN SITUATION UM?" https://www.instagram.com/p/B94WYyUn2R2/. Instagram, 18. März 2020 (28. März 2021).

Stefanie Mallon
Häusliche Un-/Ordnungsprozesse und Sinnstiftung in Krisenzeiten

Für Viele ist die Schwelle dazu, den eigenen Wohnraum in Ordnung zu halten, hoch. Der immer wieder neu produzierten und auch unwillkürlich anfallenden Unordnung etwas entgegenzusetzen, erfordert Zeit, Kraft und Strategie.[1] Eine Fülle von Aufräumratgebern mit ganz unterschiedlichen Ansätzen und mit hohen Absatzzahlen zeugt von einer empfundenen Hilflosigkeit der Käufer:innen gegenüber der Aufräumaufgabe. Sie haben das Bedürfnis, sich auf der Suche nach der notwendigen Motivation inspirieren zu lassen (vgl. Mallon 2018, Kap. V). So erstaunen Zeitungsberichte über eine Aufräumkonjunktur während der Kontaktbeschränkungen in Folge der Corona-Pandemie 2020. Die Zeitung *Die Welt* hat im April 2020 einen Artikel unter dem Titel ‚Corona treibt uns in den Aufräum-Wahnsinn' veröffentlicht. Die Autorin stellt bei einem Blick auf ihr Umfeld fest, dass in den Zeiten der Kontaktbeschränkungen vermehrt entrümpelt und aussortiert wird. „In Zeiten der Coronakrise wird manisch aufgeräumt, aussortiert, weggeworfen." Sie fragt kritisch: „Fällt uns wirklich keine andere Beschäftigungstherapie ein, als Bücherregale zu sortieren und zum Recyclinghof zu fahren?" (Hackober 2020). In der *Süddeutschen Zeitung* heißt es:

> Deutschland mistet aus, schließlich verbringen wir dieses Jahr mehr Zeit denn je in unserem Zuhause. Was auch bedeutet, dass die Schmuddelecken, die sich bis dahin gut ignorieren ließen, sichtbarer geworden sind. Um wenigstens etwas Kontrolle in dem 2020-Chaos zu bewahren, wird seit März geordnet, sortiert, geräumt. (Rothhaas 2020)

Weitere Beobachtungen zu einem solchen Überschuss an Ordnungstätigkeiten, die in den Medien aufgegriffen werden, sind Schlangen von Menschen mit Objektspenden vor Second-Hand-Geschäften (vgl. Hackober 2020, Wollaston 2020), Andrang bei Abfallwirtschaftsbetrieben und Pappkartons mit Gegenständen zum Verschenken vor Privathäusern (vgl. Rothhaas 2020). Dies wird der unerwarteten Veränderung des Alltags zugeschrieben. Rothhaas Aussage, dass häusliche Ordnung im „2020-Chaos" Halt geben kann, stellt eine Verbindung her zwischen vermehrten Ordnungstätigkeiten auf der einen Seite und den Effekten der Corona-Pandemie sowie den Verordnungen zu ihrer Eindämmung auf den

---

[1] Die Philosophin und Biologin Nicole Christine Karafyllis erläutert zudem, dass es bisher noch nicht gelungen ist, einen Putzroboter zu konzipieren; die Tätigkeit sei zu komplex (vgl. Karafyllis 2013).

geregelten Alltag der Menschen auf der anderen Seite. Diese unvorhersehbaren Entwicklungen bedeuteten unerwartete Herausforderungen für individuelle und kollektive Lebensumstände und für einen Teil der Bevölkerung eine abrupte Modifikation ihrer Alltagsabläufe jenseits ihrer Einflussnahme. In einer solchen Ausnahmesituation, so suggeriert Rothhaas, kann häusliche Ordnung eine verfügbare Ressource der Orientierung darstellen.

In dieser Studie soll anhand von vier Fallbeispielen den Fragen nachgegangen werden, inwiefern dieser Aussage Gültigkeit zugestanden werden kann, welche Impulse als Anschub gedient haben und in welcher Form sie umgesetzt wurden. In Interviews sollen die Akteur:innen darstellen können, ob und inwiefern sie Ordnungsprozesse nutzen, um sich angesichts der weiterführenden gesellschaftlichen Sinnverschiebungen und Umordnungen zu positionieren.[2] Die Interviews werden einer qualitativen Inhaltsanalyse unterzogen. Eines von ihnen wird zudem, weil hier ein besonderer Bezug zur Corona-Pandemie dargestellt wird, auszugsweise in den Diskurs zu Corona-konformen Verhaltensregeln im häuslichen Umfeld eingeordnet.

Das Ziel ist herauszufinden, inwieweit die Interviewpartner:innen eine alltägliche Aufgabe wie die Herstellung von Ordnung im häuslichen Umfeld in krisenhaften Situationen als sinnstiftend erfahren können.

1 Ordnung als funktionale, symbolische und soziale Aneignung von Raum

Aufgeräumte Wohnumfelder werden relativ schnell wieder unordentlich, denn häusliche Ordnung ist ein instabiler, ephemerer Zustand. Durch die Praktik des Aufräumens wird er immer wieder hergestellt, um eine Anmutung von Beständigkeit zu produzieren. Dabei wird Komplexität im materiellen Umfeld reduziert und durch Befolgung von regelgeleiteten Ordnungen werden Muster erstellt. Dinge werden voneinander abgegrenzt und einem festen Platz zugewiesen. In Aufräumratgebern wird oft zur Erleichterung der Aufgabe die Verminderung

---

[2] Es handelt sich um vier Personen aus meinem weiteren Umfeld, die ich im August 2020 in verschiedenen Kontexten nacheinander angetroffen und gefragt habe, ob Sie an dieser Studie teilnehmen würden. Durch dieses einfache Zufallsprinzip konnte eine Clusterung durch bestimmte Vorprägungen (wie vermehrte Neigung zum Aufräumen) vermieden werden. Die Interviews wurden im August und im November geführt. Alle Namen der Interviewpartner:innen sind anonymisiert. Die für diese Studie verwendeten Gesprächsprotokolle liegen bei mir.

des Besitzstandes durch Aussortieren empfohlen. Von solchen Reduktionsbemühungen wird auch in den Zeitungsartikeln berichtet. Diese fortlaufende Organisation des Wohnraums ist eine komplexe soziale Praktik, aber ihre Einordnung als selbstverständlicher Teil der Wohnpraxis ist Ergebnis weitreichender gesellschaftlichen Mechanismen (vgl. Mallon 2018). Allerdings kann die Herstellung von physischer Ordnung auch mit einem Gefühl von Satisfaktion einhergehen und bedeutet eine wahrnehmbare Ermächtigung. Dies gilt ganz materiell in der Konfrontation von entropischen Prozessen, hat aber dem Psychoanalytiker und Astronom Jürgen Kriz zufolge auch psychologische Effekte. Er beschreibt die Bedeutung von Ordnung ganz grundsätzlich: „Das geordnete Leben in der Form, in der wir es kennen, ist [...] dem Chaos abgerungen." (Kriz 1998, 17) Unregelmäßigkeiten der Psyche sieht er als Resultat der Absurdität, die das fragile Leben inmitten einer verwirrenden Welt bedeutet. Ordnung stiftet ihm zufolge also Sinn und ermöglicht symbolisch Kontrolle über das Umfeld, das ohne diese produktiven Einwirkungen von unwillkürlichen Kräften bestimmt wird.

Für den Archäologen Leroi-Gourhan ist die Domestikation von Zeit und Raum, also „die Schaffung einer menschlichen Zeit und eines menschlichen Raumes", sogar eine der wichtigsten Charakteristiken menschlicher Besonderheit (vgl. Leroi-Gourhan 1980, 387). Der Archäologe sieht die menschliche Fähigkeit zur ordnenden Organisation des häuslichen Umfelds durch Aufräumen auf einer Stufe mit der Entwicklung von Sprache und bildlichen Darstellungen. Diese drei stellen für ihn die Grundsteine des Symboldispositivs dar. „[D]iese Phänomene bedeuteten eine regelrechte, durch Symbole vermittelte Inbesitznahme von Zeit und Raum, eine Domestikation im strengsten Sinne des Wortes, denn sie führen mit dem Haus und ausgehend vom Haus zur Schöpfung eines beherrschbaren Raumes und einer beherrschbaren Zeit." (Leroi-Gourhan 1980, 390) Dabei geht es Leroi-Gourhan nicht um die Produktion von inhaltlich bedeutungsvollen Mustern, sondern um den formalen Prozess der Zuweisung von designierten Plätzen für spezifische Dinge und die damit einhergehende rhythmische Durchquerung des Raums. Wie Kriz hält auch Leroi-Gourhan das Ordnen für eine Produktion von Distanz zwischen den Menschen und einer unberechenbaren Umwelt. So fährt er fort, das Einfügen der Objektwelt in Ordnungssysteme ermögliche, dass „das Spiel der Natur unter die Herrschaft des Menschen gelangt" (Leroi-Gourhan 1980, 390). Er reiht diese menschliche Fertigkeit in einen größeren Kontext ein: „Der Zeitpunkt in der Evolution, zu dem die ersten bildlichen Darstellungen auftauchen, ist zugleich der Punkt, da der Wohnraum gegen das Chaos der Umgebung abgegrenzt wird. Die Rolle des Menschen als Organisator des Raumes erscheint hier als dessen systematische Einrichtung." (Leroi-Gourhan 1980, 397) Diese Vorgänge sind das Instrument dafür, die Umwelt einer sinnvollen Struktur zu unterlegen.

Leroi-Gourhan zufolge ist das Ziel dessen nicht nur, das Umfeld effizient nutzbar zu machen. Häusliche Ordnung sei „keine Frage bloßer technischer Bequemlichkeit, sie ist im gleichen Sinne wie die Sprache der symbolische Ausdruck eines allgemein menschlichen Verhaltens." Sie sei „Ausdruck einer dreifachen Notwendigkeit; des Erfordernisses, eine technisch effiziente Umgebung zu schaffen, der Notwendigkeit, dem sozialen System einen Rahmen zu geben, und des Erfordernisses, im umgebenden Universum von einem Punkt her eine Ordnung zu schaffen." (Leroi-Gourhan 1980, 397)

Die Anthropologin Mary Douglas betrachtet die produktive Wirkung von Ordnungssystemen allgemeiner – schließt dabei aber häusliche Ordnung explizit mit ein. Sie beobachtet, dass verschiedene Gesellschaften verschiedene Ordnungssysteme haben können, mit ihnen jedoch das gleiche Ziele verfolgen: Die Vereinheitlichung von Erfahrung. Douglas zufolge bilden Gesellschaften charakteristische, kontingente Ordnungssysteme aus. Sie sieht Ordnungspraktiken als Rituale und auch in ihrer Theorie spielen Inhalte keine Rolle – es gibt also keine *richtige* Ordnung; jegliche Normativität ergibt sich aus den Bedingungen ihrer Konzeptionen. So ordnet sie auch die Hygieneregeln, die auf modernen Erkenntnissen zu pathogenen Mikroorganismen und -partikeln basieren, auf diese Weise ein: als kontingente Theorie, die einem Ordnungssystem zugrunde liegt und die Notwendigkeit, es zu befolgen, erklärt. Das moderne Konzept von Hygiene, das sich auf wissenschaftliche Erkenntnisse stützt, ist demnach nur eines von vielen möglichen Rationalisierungs- und Legitimationsmöglichkeiten für gemeinschaftlich gültige Ordnungsregeln. Alle führen in ihren Kontexten zu wahrnehmbarer Ordnung und dienen als Rahmenrichtlinien für sicheres Verhalten zur Vereinheitlichung von Erfahrung. Das kann in Krisen wichtig sein, denn diese Vereinheitlichung gibt persönliche und soziale Sicherheit und Orientierung. Manche Akteur:innen unterscheiden zwischen Aufräumen und Putzen (vgl. Kondo 2013). Dies scheint im Alltagsverständnis durchaus plausibel, denn ‚Ordnen' ist eine Praktik, die greifbare Gegenstände/Konsumgüter betrifft (sie von anderen abgrenzt und ihnen einen Platz zuweist). Beim Putzen ist das Ziel, kleinere Partikel – Schmutz – zu entfernen und ein hygienisches Umfeld herzustellen. Mit einer weiteren Definition von Ordnung von Mary Douglas können sie aber zusammen gedacht werden: Was beide vereint, ist das Ziel, Entitäten am ‚falschen Platz' zu entfernen. Analytisch ergibt es Sinn, sie als ein zusammengehöriges Phänomen zu verstehen, da sie eben auf die ‚Beseitigung von Materie am falschen Platz' abzielen (vgl. Douglas 2002 [1966], 44).

2 Zeit als Faktor für die Herstellung von Ordnung

Anabel K. ist Bankfachwirtin und Literaturwissenschaftlerin und lebt mit ihrem Mann in einem Einfamilienhaus, wobei sie hauptverantwortlich für die Haushaltsführung ist. Sie berichtet aus der Zeit der Kontaktbeschränkungen im April 2020, sie habe tatsächlich – aber nur zu Beginn – Haus und Garten viel gründlicher aufgeräumt und hergerichtet als im normalen Alltag. Im Fokus standen bei ihrem Vorgehen hauptsächlich einige Bereiche des Hauses, die schon länger nicht Ziel der Ordnungspraktik gewesen waren:

> Während der ersten Welle von Corona, als wir mehr zu Hause bleiben sollten, haben wir (mein Mann und ich) die Gelegenheit ergriffen aufzuräumen. Z. B. haben wir die Werkstatt und den Dachboden ausgemistet und aufgeräumt. Wir hatten ja mehr Zeit. Jeder Haushalt hat so seine Ecken, nehme ich an. Egal ob ich berufstätig bin oder nicht. Es etabliert sich so eine Struktur. Wenn dann eine Veränderung eintritt wie hier, dass man mehr zu Hause ist, dann kann man eher etwas daran machen. Auch im Garten habe ich Dinge in Angriff genommen, die ich sonst aufgeschoben habe. Man schiebt die Dinge eben so auf. Man müsste sich Zeit dafür nehmen.
> (Gesprächsprotokoll Interviewpartnerin A, 25. November 2020)

Sie ist äußerst zufrieden, diese Orte in ihrem Haus nun in Ordnung gebracht zu haben – spürt also die oben erwähnte Satisfaktion, die mit der Etablierung von Ordnung einhergehen kann. Für Anabel K. spielt die Krise – also die Umwälzung gewohnter Verhaltensregeln und ihr Bezug zur Krise durch die Pandemie – allerdings keine Rolle für ihren Impuls. Sie hält das Aufräumen und die Pandemie, auf Nachfrage, definitiv „für zwei Paar Schuhe". Ihre Motivation ergab sich für sie aus der zusätzlichen Zeit, die sie zu Hause verbringen konnte. „Ich wollte nur die Zeit nutzen, nicht nur lesen, sondern auch etwas *tun*. Daher habe ich aufgeräumt." Der Antrieb für die Aufräumtätigkeit war also durch den Zuwachs an Zeit geprägt. In der Tat hemmt ein *Mangel* an Zeit generell signifikant die Motivation zum Aufzuräumen. Motivationen für diese Aufgabe sind jedoch sehr komplex einzuordnen. Sie sind nach sozio-kultureller Positionierung, individueller Sozialisierung in Ordnung oder Unordnung und auch sozialer Kontrolle sehr unterschiedlich. Für Anabel K. ist das Aufräumen selbstverständlicher Teil ihres Alltags und inkorporierter Teil ihrer sozialen Wirklichkeit. Die Ausnahme besteht für sie also lediglich darin, dass sie während des Lockdowns mehr Zeit hatte. Ein solcher Effekt, die als zusätzlich empfundene Zeit in Ordnungsaufgaben zu investieren, blieb bei der zweiten Verordnung von Kontaktbeschränkungen im Herbst 2020 jedoch aus.

3 Vereinheitlichung von Erfahrung als Motivation

Die Kontaktbeschränkungen haben sehr heterogene Effekte auf die Alltagsakteur:innen und haben unterschiedliche Bedingungen geschaffen. Nicht alle hatten mehr Zeit zur Verfügung. Benedikt J., Verwaltungsangestellter, der alleine in einer Einzimmerwohnung lebt, litt an einem erheblichen Workloadzuwachs in seiner erwerbstätigen Arbeit. Darin unterscheidet sich die Erfahrung von der seiner Kolleg:innen, die ins Homeoffice geschickt werden konnten, um dort ihre Arbeit zu erledigen, wie er berichtet. Im Homeoffice hätten sie alle, so berichtet er im Interview, auch ihre Wohnungen aufgeräumt und die Einrichtungen umgestellt. Diese Wahrnehmung löste in ihm Unruhe und die Angst aus, nicht mithalten zu können. Er ordnete seine Wohnung als unordentlich ein und fürchtete keinen Anteil an dieser individuell aber gemeinschaftlich zeitgleich ausgeführten Geschäftigkeit haben zu können und nicht ebenfalls die daraus resultierende häusliche Ordnung genießen zu können – eine Reaktion, die er als *Fear of Missing Out* (FOMO) bezeichnet.

Tatsächlich war er, wie er sagt, seit längerem – also schon vor der Pandemie – mit seiner Wohnung unzufrieden gewesen, weil sie ihm für seinen Besitzstand zu klein erschien, und hatte sich schon nach größeren Wohnungen umgesehen. In dieser Phase verspürte er hingegen das Verlangen, die alte Wohnung einfach neu zu organisieren. So begann er, in Ermangelung von Zeit dies praktisch anzugehen, zumindest theoretisch schon einen Entwurf für die Umstellung und Optimierung des Interieurs seiner Wohnung zu konzipieren, der bei nächster Gelegenheit umgesetzt werden sollte. Erst im August 2020, als er Urlaub nehmen konnte, ergab sich die Gelegenheit:

> Aber dann habe ich angefangen aufzuräumen. Das hat zwei Nächte gedauert, bis zum Sonntag. Ich hatte immer nur zwei Minuten zum Powernappen. Ich habe so viel aussortiert, dass ich drei Mal zur Recyclingstation gegangen bin. Einmal bin ich zum Secondhandladen mit einer Tüte ‚Dies und Das'. Eine Einkaufstüte voll Kabel habe ich zu Saturn gebracht. […] Ich habe sogar drei neuverpackte Scheren unter meinen Sachen gefunden. Weil ich so viel in diesem Schränkchen hatte, habe ich gar nicht mehr gesehen, was ich da schon so habe und einfach neu gekauft. Dann in den Ferien habe ich Home Improvement gemacht. Dazu habe ich meine Möbel umgestellt und alles wie Puzzlestücke nach einem Plan neu zusammengesetzt. Erst dachte ich, dass ein letztes Stück dann doch nicht an die vorgesehene Stelle passt. Aber dann habe ich es doch probiert und – es passte! Jetzt bin ich richtig glücklich!
>
> (aus dem Protokoll des Gesprächs mit Benedikt J., 13. August 2020)

Benedikt J. erfährt also in dieser Zeit einen massiven Impuls, Ordnungsaufgaben in seiner kleinen Wohnung anzugehen, die seinem Empfinden zufolge dringend anstanden, die er aber zuvor liegen gelassen hatte. Auch in diesem Bericht spielt

Zeit eine Rolle – aber als etwas, das andere zur Verfügung haben und das Benedikt J. selbst zunächst fehlt. Für ihn ist die Ausnahme vom Alltag die Wahrnehmung, dass seine Kolleg:innen Zeit zuhause zum Aufräumen nutzten, die ihm fehlt. Dies führt zu einer Angst, etwas zu verpassen, von der er erst erlöst wurde, als seine eigene Auf- und Umräumaktivität erledigt war. Die FOMO verweist auf eine soziale Kraft des Bedürfnisses nach Einheitlichkeit von Erfahrung.

Weder Anabel K. noch Benedikt J. nennen also die Pandemie als direkte Motivation für ihre Aufräumtätigkeit. Für ihre Erfahrung dieser Praktik ist die Aussage Leroi-Gourhans, dass Ordnung Sinn stiftet, nicht von Bedeutung. Sie verweisen lediglich auf die veränderten und abrupt neu definierten Bedingungen, die aus dem gesellschaftlichen Umgang mit der Krise hervorgingen. Diese führen aber dazu, dass die daraus resultierenden Impulse in Ordnungs- und Organisationsleistungen und Optimierungsbestrebungen im eigenen Wohnraum umgesetzt werden – und nicht in andere mögliche Aktivitäten, wie das von Anabel K. als Alternative genannte Lesen oder, wie Benedikt J. zunächst vorhatte, in den Umzug in eine größere Wohnung. Interessant ist in dieser Hinsicht auch, dass für Anabel K. während der zweiten Kontaktbeschränkungen der Effekt an Dynamik verliert, obwohl sie hier ebenfalls mehr Zeit hat. Daraus lässt sich vielleicht schließen, dass sich zumindest ein Teil der Dynamik nicht nur freigewordener Zeit, sondern auch konkret der Ausnahmesituation im März zuschreiben lässt.

Bei Benedikt J. wird außerdem deutlich, dass er sich auf seine Wohnung und die darin schon vorhandenen Ressourcen zurückbesinnt und diese, statt sie aufzugeben, effizienter gestaltet. Nicht gebrauchte Utensilien, die Platz eingenommen haben, werden entsorgt, um Freiräume zu schaffen.[3] Die Reorganisation des Mobiliars allerdings geht mit einer Anpassung etablierter – und vielleicht auch schon automatisierter – Handlungsabläufe im Wohnumfeld einher, kann Alltagsroutinen aufbrechen und Raum für neue Erfahrungen schaffen.

4 Ordnen als Krisenbewältigung

Im ihrem Interview beschreibt Christiana L. wie ihre Alltagserfahrung durch die Corona-Pandemie und die Beschränkungen zu ihrer Eindämmung erheblich verändert wird und zu einer persönlichen Krise führt, die Anlass für eine veränderte und verstärkte Ordnungspraktik ist. Christiana L. ist Künstlerin, die mit ihrem Mann und ihrer Tochter in einem Einfamilienhaus lebt. Sie gibt an, zu

---

[3] Dieser Prozess wird in fast allen von mir untersuchten Aufräumratgebern mit ‚Raum zum Atmen schaffen' bezeichnet (vgl. Mallon 2018, Kap. V).

Beginn der Pandemie (weil auch sie mehr Zeit hatte) zwar mehr gearbeitet, aber nicht mehr aufgeräumt zu haben. Sie verweist stattdessen auf einen späteren Zeitpunkt, der die Situation zu dieser persönlichen Krise hat werden lassen: Ihre Beziehung zu ihrem Partner ist in der veränderten Situation sehr belastet: Er befindet sich im Homeoffice und verlässt für seine erwerbstätige Arbeit nicht mehr das Haus. Dies hat zu Unzufriedenheiten geführt und sie stehen vor einer Entscheidung bezüglich einer Trennung. Die Impulse aus dieser persönlichen Krise hat sie unwillkürlich in ein vermehrtes Ordnungsverhalten und in Reduzierung ihres Besitzstandes umgesetzt. Sie hat ihr Atelier – welches ihr als persönlicher Rückzugsort dient – umgestellt. Die Farbtöpfe sind auf einem drei Meter langen Regal am Arbeitstisch entlang nach Farbigkeit übersichtlich sortiert aufgereiht. Am Eingang hat sie eine Garderobe eingerichtet, um dort die Überbekleidung aufhängen zu können, die sie sonst irgendwo im Atelier abgelegt hatte. Sie ordnet auch ihren weiteren Besitzstand. Sie ist im Prozess einer durchgreifenden Reduktion, da sie noch nicht weiß, wo sie nach einer Trennung wohnen werden kann und insbesondere ein *Tiny House* in Erwägung zieht. Deutlich wird hier aber auch eine psychologische Selbstversicherung von Genügsamkeit und der Konzentration auf das Wesentliche – und eines *traveling light*, das Flexibilität ermöglicht. In diesem Prozess bewertet sie die Dinge einzeln, ordnet sie ein oder sortiert sie aus. Sie empfindet – wie Anabel K. und Benedikt J. mit je eigenen Worten angegeben haben – das Aufräumen und Aussortieren, obwohl sie mit Arbeit und Aufwand verbunden sind, als „Befreiung".[4]

Im Fall von Christiana L. wird die Kontrolle des materiellen Umfelds als Kontrolle über die krisenhafte Situation, der sie ausgesetzt ist, empfunden. Sie vereindeutigt ihr materielles Umfeld in leicht begreifliche Muster und durch Reduktion ihres Besitzstandes. Dadurch wird es nicht nur handhabbarer und effizienter, sondern auch zu der regelgeleiteten Basis, über die sie Kontrolle hat und von der aus sie agieren kann.

---

4 Aus früheren Interviews ist mir diese Impulsentwicklung aus intensiv erfahrenen, persönlichen Krisen schon bekannt (bzw. einschneidenden Wendepunkten im Leben, eine Bedeutung, die Krise ebenfalls abdeckt). Ulrike S. berichtet, dass sie, nachdem sie erfuhr, dass ihr Partner eine neue Freundin hat und sie verlassen wird, die Möbel in ihrem gesamten Haus umgestellte. Die Krisen müssen nicht negativ konnotiert sein. Sie können auch positive Erwartungen beinhalten. Eine Interviewpartnerin – Annette T., der es nicht immer leichtfällt, Unordnung einzugrenzen und Gerümpel zu vermeiden – hat während ihrer Schwangerschaft und vor Beginn ihrer neuen Arbeitssituation neue Motivation zum Aufräumen bekommen. Aus diesen Berichten geht hervor, dass aus der Erfahrung von Krise heraus der Impuls hervorging, über das Umfeld unvermittelt Kontrolle zu übernehmen und sich über diese Subjektivierung und über die Vereindeutigung des Wohnumfelds für das noch ungewisse Kommende zu positionieren.

5 Ordnen und Trennen als Hygienemaßnahmen

Keine der bisher aufgeführten Akteur:innen hat sich auf die Corona-Pandemie oder die Kontaktbeschränkungen als inhaltliche Begründung für erhöhte Ordnungstätigkeit berufen. Die Begründungen für vermehrte Aufräumaufgaben bestanden in veränderten Rahmenbedingungen durch die Ausnahmesituation der Corona-Pandemie. Dies ist bei Diu P. anders. Sie lebt mit zwei Mitbewohner: innen in einer Wohngemeinschaft. In ihrer Reflexion tritt auch die Bedeutung des Wohnraumes als kontrollierbarer Raum, der vor Kontamination während der Corona-Pandemie geschützt werden muss, deutlich hervor. Als Gesundheitskrise löst die Pandemie auch Sorge um die eigene Gesundheit und die der Gemeinschaft aus. Diese wird im Fall der Pandemie durch Mikroorganismen und -partikel, die zu klein für die menschliche Wahrnehmung (ohne optisches/ bildproduzierendes Gerät) sind und sich insbesondere zwischen Menschen ausbreiten, bedroht. Hygiene ist der Begriff, mit dem positive Anstrengungen in Bezug auf die Sicherstellung von ‚Gesundheit' bezeichnet wird. Für Diu P. spielen die Bedrohung ihrer Gesundheit und *Hygiene* als präventive Maßnahme eine signifikante Rolle. Dementsprechend implementiert sie durchgreifende Ordnungsprozesse, folgt strengen Hygieneregeln und bezieht eine stringente Disziplinierung des Körpers mit ein. Sie berichtet vom Beginn der Corona-Pandemie:

> Ich habe im März angefangen, im Außenraum meinen ganzen Körper zu bedecken. Bis es zu warm wurde, habe ich auch eine Mütze getragen. Wenn ich wieder nach Hause kam, habe ich meine ganze Kleidung ausgezogen. Für die Überbekleidung wurde bei der Eingangstür eine Garderobenecke eigerichtet, an der auch die Mitbewohner ihre Straßenkleidung aufhängen. Dann habe ich eine Zuhausekleidung angezogen. Das ist etwas, das ich vorher nicht gemacht habe. […] Vor Beginn der Pandemie habe ich den Mantel mit in mein Zimmer genommen und vielleicht über den Stuhl gehängt. Das mache ich jetzt auf keinen Fall mehr. (Aus dem Gesprächsprotokoll mit D., 23. November 2020)

Sie hat also wie auch Christiana L. – aber mit anderer expliziter Begründung – eine Garderobe für Straßenkleidung an der Eingangstür eingerichtet. In ihrem Fall basiert dies allerdings auf rationalisierten Beweggründen: Die Verunreinigung des Wohnumfelds mit Substanzen aus dem Außenraum soll vermieden werden. Weiterhin hat sie angefangen, ihre Kleidung mehr zu reinigen und sogar Desinfektionsmittel in das Weichspülerfach der Waschmaschine einzufüllen, um die Wäsche zu desinfizieren. Desinfektionsmittel werden für die Böden und Türklinken verwendet. Sie wäscht sich selbst mehr und umsichtiger:

> Wenn ich jetzt reinkomme, wasche ich mir immer die Hände und auch die Brille. Die Brille kommt mir wie ein Visier vor, das auch mit Viren überzogen wird. Daher wasche ich sie immer. Ich hatte zuerst sogar erwogen, mir eine Brille für draußen zuzulegen. Ich

> habe meine ganzen Gewohnheiten neu koordiniert. Anfangs habe ich nach dem Reinkommen auch immer geduscht. Zu 100%! Das mache ich heute nicht mehr. Außer, ich war an einem Ort, der vielleicht ansteckend sein könnte, wie z. B. einem Krankenhaus.

Damit erläutert sie, dass sie sich auch neues körperliches Wissen aneignet und ein Regelsystem aufstellt. Insgesamt fällt ihr auf, wie oft sie vorher ihr Gesicht und ihre Haare berührt hat. Dies sind nun Gesten, die sie versucht zu vermeiden und diese Vermeidung zu verinnerlichen. Denn der Stand des Wissens zur Kontamination ist, dass über mit SARS-CoV-2-Viren angereicherte Aerosole sich der Erreger zum Beispiel in den Haaren festsetzen können und Ansteckung über das Gesicht, insbesondere die Nase, erfolgt. Sie sagt dazu:

> Es geht darum, dass man darauf achtet, sich nicht mit den Händen ins Gesicht und an die Nase fasst. [...] Wenn ich Viren an den Händen habe und etwas esse, ohne mir die Hände zu waschen, dann infiziere ich mich.

Sie hat mit ihren Mitbewohner:innen vereinbart, dass sie vermeiden würden, sich gemeinsam im gleichen Raum aufzuhalten oder sich auf dem Flur zu begegnen. Einmal sei sie allerdings auf den Flur getreten, als ihr Mitbewohner gerade auf dem Weg ins Badezimmer war. Sie hat dann zum ersten Mal gesehen, dass er auch in der Wohnung eine Mund-und-Nasebedeckung trägt.

Diu P. macht deutlich, wie wichtig sie Trennung/Abgrenzung, Beseitigung und Desinfektion als Schutzmaßnahmen nimmt. Dazu gehört die Erlernung und Inkorporierung bestimmter, kontrollierter Körperpraktiken und Gesten. Die sinngebende Anleitung zu dieser Vorgehensweise orientiert sich am modernen Wissen über *Hygiene* als effektive Maßnahme gegen Kontamination.

Wie oben schon eingeführt, ordnet Mary Douglas solche Vorgehensweisen als sinnstiftende Rituale ein, die Verhaltenssicherheit geben. Für sie ist aber ein tatsächlicher Nutzen dieser Rituale, also eine reale Verhinderung von Ansteckung, nicht von Bedeutung; die Orientierung an einem gemeinschaftlichen handlungsleitenden Ordnungssystem, hier medizinisch-wissenschaftliche Hygiene, steht im Vordergrund. Und tatsächlich entsprechen die oben aufgeführten Handlungen auch den Anleitungen von Ordnungsratgebern in der Coronakrise. In den sozialen Netzwerken gibt es viele Ratgeber und Influencer, die sich auf die Reinigung von Wohnbereichen spezialisieren. Aus Deutschland gibt es z. B. den Blog *Ordnungsliebe* (vgl. Haag 2020), auf dem detailliert und möglichst an nachweisbaren Erkenntnissen in Ordnungshaltung einführt wird. Insbesondere in Großbritannien und den USA aber sind Influencer:innen mit diesem Thema erfolgreich. Eine von ihnen ist die Britin Lynsey Crombie, die sich mit bunten Einträgen auf Instagram als Mutter und *Homemaker* präsentiert, die mit einem akuten Ordnungs- und Sauberkeitsregime auf ihre Weise ein gesundes und fruchtbares Umfeld schafft. Am 19. März 2020 wurde sie von der Britischen

Fernsehsendung *This Morning* eingeladen, den Zuschauern ihre Vorschläge für den Schutz des Wohnraums in der Coronakrise vorzustellen (This Morning 2020). Ihre Corona-Maßnahmen bestehen aus äußerst rigiden Kontroll-, Abgrenzungs- und Reinigungsvorgängen. Sie haben große Ähnlichkeit mit denen von Diu P., da sich beide an Hygiene und unbedingten Trennungsmaßnahmen orientieren. Bei Eintritt in den Wohnbereich sollten Überbekleidung und Schuhwerk im Eingangsbereich ausgezogen und dort mit der Tasche belassen werden, um Kontaminierung zu vermeiden. Es folgt der Hinweis, dass die Jacken nun etwas öfter gewaschen (oder gedampft bei über 70°C) werden sollten als sonst üblich. Darauf folgen sollte ein zwanzig sekundenlanges Händewaschen, um eventuell auf den Händen präsente Pathogene zu entfernen. Der Wasserhahn sollte anschließend unter Benutzung eines Papiertuchs, das dann sofort in den Müll gegeben werden sollte, geschlossen werden. Es folgen Hinweise zum Mobiltelefon, auf dem sich Bakterien und Viren ansammeln. Haushaltsoberflächen – insbesondere vielbenutzte – sollten erst mit Desinfektionsmittel besprüht werden und dann anschließend mit einem Chlorbleicheprodukt von diesen Oberflächen entfernt werden. Sie erläutert, dass nach dem Sprühen zwei Minuten gewartet werden muss, um dann erst die Oberflächen zu wischen. Dieser Vorgang sollte dann unter Anwendung eines weiteren Produkts wiederholt werden.

Die Diskussion in der Sendung streift dann die Unsicherheit der Datenlage dazu, wie lange das Virus auf Oberflächen wirksam bleibt. Crombie rät, sich dabei auf der sicheren Seite zu bewegen und, um sich selbst und die Familie zu schützen, eher von längeren Zeiten auszugehen und entsprechend zu reinigen. Sie beruft sich auf Daten zu einer möglichen Überlebensdauer von mehreren Tagen. Sie spricht noch weitere Maßnahmen zur Vermeidung von Verunreinigung im Haus an, die zu normalen Zeiten nicht durchgeführt werden müssten. Allerdings verbrächte man ja nun mehr Zeit zu Hause und könne diese in ein sicheres Umfeld investieren. „It's about being safe and careful and protecting your family at the moment." (Crombie 2020)

Auch in einem Video von *Good Housekeeping* (USA) wird ein strenges Hygieneregime während der Corona-Pandemie propagiert. Die Expertin für Reinigungsprodukte für diese Sendung, Carolyn Forte, erläutert, wie sie ihren Wohnbereich von Pathogenen, die von außen hereingetragen werden, befreien kann (Good Housekeeping 2020.) Forte erläutert, dass es noch keine Zulassung für Reinigungsmittel zum Einsatz gegen SARS-CoV-2 gibt. Allerdings habe die Environmental Protection Agency in den USA eine Liste von Produkten erstellt, die für andere, noch hartnäckigere Viren zugelassen sind. Man gehe davon aus, dass diese auch für das Coronavirus wirksam sind. Man könne – wenn diese, wie es nun in der Regel der Fall sei, ausverkauft seien (was als Hinweis auf die Beliebtheit dieser Produkte gedeutet wird) – seine eigenen Desinfektionsmittel herstellen.

Auch sie empfiehlt die Verwendung von Chlorbleiche, siebzigprozentiges Isopropanol-Alkohol oder dreiprozentiges Wasserstoffperoxide. Tensidhaltige Seifen töteten Erreger zwar nicht ab, so sagt sie, sie ermöglichten aber ihre Entfernung von den Oberflächen. Wichtig seien Türklinken, zum Beispiel die von Türen, die ins Haus hineinführten. Aber alle viel berührten Oberflächen (wie Fernbedienungen, Telefone und Taschen) müssten gut desinfiziert werden. Später – auf die Frage hin, ob auch der Einkauf desinfiziert werden sollte – grenzt sie ein, dass die Forschung noch nicht verlässlich etabliert hat, wie groß das Risiko ist, dass Oberflächen infektiös wirken. Schuhe sollten an der Tür ausgezogen werden. Ihre Empfehlungen sind weitreichend und zeitaufwändig. Doch sie sagt, und damit verweist auch sie auf das Satisfaktionspotential der Praktik: „Cleaning can be very therapeutic. It's a chore. But once you do it, you feel good about it" (Good Housekeeping 9. Mai 2020, 12:28–12:33 min).

Crombies und Fortes Ratschläge dazu, mit den eigenen Verhaltensweisen Kontrolle über eine potentiell gefährliche Situation zu gewinnen, werden als normativ und wissenschaftlich fundiert präsentiert. Neue Körpertechniken müssen erlernt und inkorporiert werden und disziplinierend wirken dabei Vorstellungen von einem potenziell omnipräsenten Erreger, einer allerdings nicht sichtbaren Gefahr. Crombie performiert bei ihrer Vorstellung einen Weg durch das Haus und zeigt eine Systematik bei der Vorgehensweise. Forte dagegen betont die Wissenschaftlichkeit: In ihrer Selbstbeschreibung wird ihr akademischer Abschluss erwähnt,[5] und ihre systematische Herangehensweise an Produktbewertungen: „[S]he oversees all GH Institute testing, research, and editorial production involving cleaning appliances and products, like vacuum cleaners, dishwashers, detergents, and more." (Good Housekeeping Institute 2020). Während der Corona-Pandemie ist der Absatz von Putzmitteln stark angestiegen. Für Deutschland berichtet der Industrieverband Körperpflege und Waschmittel (IKW) beim Umsatz von Haushaltspflegemitteln für das Jahr 2020 einen Anstieg von 9,2 Prozent gegenüber dem Vorjahr (IKW Marktdaten 2020).[6]

---

[5] Der Abschluss Bachelor of Arts degree in Family and Consumer Science stammt allerdings aus einer für diese Hygieneratschläge nicht relevanten Disziplin.

[6] Auf dem deutschen Blog *Ordnungsliebe* werden Desinfektionsmittel und ihr Einsatz gegen Coronaviren jedoch intensiver und kritischer diskutiert und ihr Einsatz beschrieben. Es wird auch darauf hingewiesen, dass sie z. B. für die nützlichen Bakterien in Klärwerken schädlich sind (vgl. Haag 2020). Deutsche Blogs und Ratgebersendungen zu häuslicher Ordnung distanzieren sich in der Regel von dem Ziel klinischer Reinheit. Oft stehen Nachhaltigkeit und biologische oder selbstgemischte Reinigungsprodukte im Vordergrund. Haag fügt ihren Ratschlägen einen Disclaimer hinzu, der darauf hinweist, dass sie zwar sorgfältig recherchiert, aber keine wissenschaftliche Expertin ist.

Beim Abgleich dieser Vorgehensweisen und Ratschläge mit Empfehlungen des Robert Koch-Instituts, der Bundeszentrale für gesundheitliche Aufklärung (BZgA) und der Bundesregierung für sichere Hygienepraxis im Wohnraum zeigt sich jedoch, dass das herangezogene Ordnungssystem nicht für häusliche Umfelder entwickelt worden ist. Es stammt vielmehr aus dem Hygienewissen für Krankenhausmilieus. Ein Blick auf die Empfehlungen zeigt, dass Desinfektionsmittel für Wohnräume nicht empfohlen werden. Ansteckung mit dem Coronavirus SARS-CoV-2 wird nach dem Stand der Forschung „über virushaltige Tröpfchen (größer als fünf Mikrometer) und durch Aerosole (feinste luftgetragene Flüssigkeitspartikel und Tröpfchenkerne kleiner als fünf Mikrometer) übertragen, wenn diese an die Schleimhäute von Nase, Mund und ggf. Augen von anderen gelangen." (BZgA 2020b) Die Verbreitung erfolgt dabei über den Ausstoß von infizierter Atemluft und Flüssigkeiten beim Husten, Niesen, Sprechen, Lachen und Singen. „Während größere Tröpfchen schnell absinken, können Aerosole über längere Zeit in der Luft schweben und sich in geschlossenen, schlecht gelüfteten Räumen anreichern." (BZgA 2020b). Das Einatmen der Aerosole kann demnach zur Ansteckung führen. Das Robert Koch-Institut gibt zur Infektiosität der SARS-CoV-2-Viren an, dass insbesondere ihre Infektiosität in diesen Aerosolen zu bis zu drei Stunden erforscht und belegt ist (vgl. Robert Koch-Institut 2020a). Zur Stabilität der Pathogene auf Oberflächen hingegen schreibt das Institut:

> In mehreren Untersuchungen wurde SARS-CoV-2-RNA auf verschiedenen Flächen in der Umgebung von COVID-19-Patienten gefunden [...]. Jedoch gelang bisher in keinem Fall die Anzucht des Virus, so dass nicht geklärt ist, ob das Virus von solchen kontaminierten Flächen übertragen werden kann. (Robert Koch-Institut 2020a)

Das bedeutet, weil die Viren auf Oberflächen in Wohnräumen von Erkrankten nicht vermehrungsfähig waren, waren sie nicht infektiös. Die oft zitierten Daten zur Überlebensdauer von Viren auf Oberflächen stammen nicht aus Alltagssituationen, sondern aus Laborstudien.[7] Konkrete Empfehlungen auf Stand des Wissens des RKI zur Übertragung der Viren von Oberflächen lauten daher vorsichtig: „Eine Kontamination der Oberflächen in der unmittelbaren Umgebung von infizierten Personen ist nicht auszuschließen. Nachweise über eine Übertragung durch Oberflächen im öffentlichen Bereich liegen jedoch bisher nicht vor.

---

7 So wurden unter Laborbedingungen vermehrungsfähige Viren auf Oberflächen nachgewiesen. Studien belegen eine Infektiosität über Zeiträume in einer Spannbreite von 5 min bis zu – in einer neueren Studie, „deren Daten unter speziellen nicht praxistypischen Laborbedingungen ermittelt wurden" (Robert Koch-Institut 2020a) – 28 Tagen. Das Robert Koch-Institut schreibt zu dieser Differenz: „Diese Angaben sind schwer vergleichbar, da sie nach individuellen, bisher nicht standardisierten Methoden durchgeführt wurden." (Robert Koch-Institut 2020a).

In diesem Zusammenhang wird darauf hingewiesen, dass die konsequente Umsetzung der Händehygiene die wirksamste Maßnahme gegen die Übertragung von Krankheitserregern auf oder durch Oberflächen darstellt." (Robert Koch-Institut 2020b)

Die BZgA empfiehlt für den Alltag einfache Hygieneregeln, wie eine Husten und Nieseetikette, 20 bis 30 Sekunden Händewaschen, Vermeidung der Berührung des Gesichts mit den Händen, Lüften von geschlossenen Räumen. Sie rät für die Pflege des Haushalts während der Pandemie: „Achten Sie auf eine gute Haushaltshygiene. Verwenden Sie hierfür haushaltsübliche tensidhaltige Wasch- und Reinigungsmittel." Sie schränkt dabei ein: „Der routinemäßige Einsatz von Desinfektionsmitteln wird auch während der aktuellen Corona-Pandemie weder für den Privathaushalt noch in öffentlichen Bereichen empfohlen." (BZgA 2020b). Auf einer anderen Seite zu allgemeingültiger Haushaltshygiene erläutert sie: „Desinfektionsmittel entfernen keinen Schmutz und ersetzen keine Reinigung. Sie sind im privaten Haushalt in der Regel nicht sinnvoll und sollten nur in Ausnahmefällen auf Anraten des Arztes oder der Ärztin bzw. des Gesundheitsamtes eingesetzt werden." (BZgA 2020a) Die Erklärungen der Bundesregierung zu Verhaltensregeln in der kalten Jahreszeit konzentriert sich auf Abstandsregeln, Lüftungen und Atemschutzmasken. Sie geht überhaupt nicht auf die Reinigung von Oberflächen ein, sondern hebt die Infektiosität der Aerosole und Tröpfchen hervor (vgl. Bundesregierung 26. November 2020). Auch für die Reinigung von Wäsche werden auf einer Webseite für allgemeine Haushaltshygiene keine Desinfektionsmittel empfohlen. Um Keime zu beseitigen sollte ein Waschgang von mindestens 60 Grad Celsius eingestellt werden. (BZgA 2020a)

Nur für die Betreuung Infizierter und im Krankenhaus heißt es in dem Eintrag speziell zu COVID-19: „Für das medizinische Umfeld und bei der häuslichen Betreuung einer an COVID-19 erkrankten Person gelten jedoch besondere Hygienestandards." (BZgA 2020b) Die Bundeszentrale für gesundheitliche Aufklärung schreibt, dass erweiterte Vorsicht bei Nähe zu infizierten Personen geboten ist: „Eine Übertragung des Coronavirus durch verunreinigte Oberflächen ist insbesondere in der unmittelbaren Umgebung einer infizierten Person nicht auszuschließen." (BZgA 2020b)

Die von Diu P. und den Bloggerinnen praktizierten oder empfohlenen Verhaltensregeln gehen also weit über das Notwendige und wissenschaftliche Empfehlungen hinaus. Sie orientieren sich dabei aus einem Bedürfnis nach Sicherheit in einer Situation jenseits ihrer Kontrolle an dem Wissen um Hygiene im Sinne von ‚klinischer Reinheit', wie sie für Krankenhausmilieus notwendig ist. Dort ist sie essenziell, weil dort Menschen mit geschwächten Immunsystemen verweilen, invasive Behandlungen durchgeführt werden und es gleichzeitig zu konzentriertem Aufkommen von Krankheitserregern kommt (vgl. Mallon 2018,

Kap. III). Das Krankenhausumfeld ist ein Bereich, in dem der konstruktivistischen Normativitätskritik von Douglas entgegen, ein materieller Effekt von Hygieneregeln tatsächlich messbar ist. Doch im häuslichen Alltag geht die Bedeutung dieser disziplinierten normativen Sauberkeitspraktik über die funktionale Entfernung von Schmutz und gefährlichen Substanzen hinaus. Sie werden zu Reinigungsritualen, auch wenn sie persönlich inhaltlich Sinn ergeben und zielführend zu sein scheinen. Mit ihnen wird symbolisch Ordnung (wieder) hergestellt und die Akteur:innen eignen sich im körperlichen Vollzug Kontrolle über die Situation an und sind ihr nicht passiv ausgeliefert. Das Ziel ist die Herstellung einer nachvollziehbaren, weil auf gemeinsamen Regeln beruhenden Ordnung.

6 Fazit

Die Coronavirus-Pandemie und die Regelungen zu ihrer Eingrenzung haben sich – wie die Interviewpartner:innen berichten – in einem jeweils spezifischen Maße verändernd auf ihren häuslichen Alltag ausgewirkt. Alle berichten zudem von verändertem Aufräumverhalten in dieser Situation, was durchaus als Beleg für eine Aufräumkonjunktur – wie in den Zeitungsartikeln dargestellt – gewertet werden kann. Die Impulse sind jedoch ihren ganz unterschiedlichen Erfahrungen entsprungen. Anabel K., Benedikt J. und Christiana L. stellen keine direkte Verbindung zu der Pandemie her, sondern erfahren das Aufräumen als positive Handlung ohne inhaltliche Bedeutung für sie. Diese könnte auf der Metaebene in einem grundsätzlicheren Sinne durchaus geknüpft werden. Mit André Leroi-Gourhan wird häusliche Ordnung als wichtiger Ausgangspunkt für eine Emanzipation von der Abhängigkeit von Prozessen außerhalb der menschlichen Einflussnahme dargestellt. Bei Benedikt J. tritt die ausdrückliche Wiederherstellung der Definitionsmacht über Organisation seiner Wohnung hervor. Eine solche Erarbeitung von Kontrolle über den eigenen Bereich findet sich auch im Bericht von Christiana L. explizit wieder. Ihre Beziehungskrise (ein Effekt der Pandemiebekämpfungsmaßnahmen) motiviert sie, tiefgreifend aufzuräumen, umzuorganisieren und auch ihren Besitzstand zu reduzieren, um ihn handhabbarer zu gestalten – und so, wie Leroi-Gourhan es beschreibt, sich im Haus und vom Haus ausgehend Ordnung in ihrer Situation zu schaffen. Nur Diu P. hat mit ihren Reinheits-/Ordnungstätigkeiten auf eine mögliche Bedrohung für die Gesundheit durch die Pandemie reagiert. Mit dem Ziel, durch eine rigide Trennung von Substanzen nach verschiedenen Kategorien Ansteckung zu vermeiden, erstellt sie präventive Ordnungssysteme und erlernt aufwändige Körpertechniken und erstellt – in Absprache mit ihren Mitbewohner:

innen – ganz neue Routinen. In dieser sehr disziplinierenden Form, die über – wie der Abgleich mit offiziellen Verhaltenshinweisen zeigt – das zweckmäßige Maß hinausgeht, werden die Handlungen jedoch in ihrer Funktion als ritualbasierte Sinnstifter – im Sinne von Mary Douglas – erkennbar.

Mit einem vermehrten Aufräumen wird also auf je eigene Weise auf die unterschiedlich erfahrenen Bedingungen der Coronakrise reagiert. Die über diese Praktik ausgeübte Kontrolle über den Wohnraum und das persönliche Umfeld erfahren die Akteur:innen als funktionale, symbolische und soziokulturelle Definitionsmacht. Nur für eine Person steht für ihre eigene Aufräumkonjunktur die Pandemie als gesundheitliche Bedrohung als Beweggrund im Vordergrund. Für die anderen drei Interviewpartner:innen ist der Impuls für die vermehrte Ausführung die Ausnahme vom Alltag.

Literatur

Douglas, Mary. *Purity and Danger. An analysis of concept of pollution and taboo*. London, New York: Routledge Classics, 2002 [1966].
Karafyllis, Nicole C. *Putzen als Passion. Ein philosophischer Universalreiniger für klare Verhältnisse*. Berlin: Kulturverlag Kadmos, 2013.
Kriz, Jürgen: *Chaos, Angst und Ordnung. Wie wir unsere Lebenswelt gestalten*. Göttingen 1998.
Leroi-Gourhan, André. *Hand und Wort. Eine Evolution von Technik, Sprache und Kunst*. Frankfurt a. M.: Suhrkamp, 1980 [1964].
Mallon, Stefanie. „Hinter geschlossenen Gardinen. Eine Studie zur Wirkkraft der Abwesenheit von Ordnung im häuslichen Kontext". *Abwesenheit. Kuckuck. Notizen zur Alltagskultur* 2 (2019): 44–47.
Mallon, Stefanie. *Das Ordnen der Dinge. Aufräumen als soziale Praktik*. Frankfurt a. M.: Campus, 2018.

Quellen

Bundesregierung. *Coronavirus. Was im Herbst und Winter wichtig ist*. https://www.bundesregierung.de/breg-de/themen/coronavirus/was-im-winter-wichtig-ist-1811748. (26. November 2020).
Bundeszentrale für gesundheitliche Aufklärung. „Haushaltshygiene. Sauberkeit und Gesundheitsschutz im eigenen Zuhause." *Infektionsschutz.de*. Bei *Archive.org* archivierte Version vom 27. November 2020 https://www.infektionsschutz.de/hygienetipps/haushaltshygiene.html. (30. April 2021). [=BZgA 2020a]
Bundeszentrale für gesundheitliche Aufklärung. „Hygiene beachten. Einfache Hygienemaßnahmen helfen, sich und andere vor einer Ansteckung mit dem Coronavirus

SARS-CoV-2 zu schützen." *Infektionsschutz.de*. Bei *Archive.org* archivierte Version vom 27. November 2020. https://web.archive.org/web/20201127054736/https://www.infektionsschutz.de/coronavirus/alltag-in-zeiten-von-corona/hygiene-beachten.html. Stand: 9. Oktober 2020 (30. April 2021). [=BZgA 2020b]

Industrieverband Körperpflege- und Waschmittel e. V. *Marktdaten. Haushaltspflegemittelmarkt in Deutschland 2020 zu Endverbraucherpreisen. Fakten & Zahlen*. https://www.ikw.org/ikw/der-ikw/fakten-zahlen/marktzahlen/. 8. Dezember 2020 (28. Februar 2021).

Industrieverband Körperpflege- und Waschmittel e. V. *Pressemitteilung*. https://www.ikw.org/fileadmin/ikw/IKW/Pressebereich/03_Presseinformation_PM_IKW_2020.pdf. 8. Dezember 2020 (28. Februar 2021).

Good Housekeeping. „How to Clean Your Home for Coronavirus | Clean With Me | Good Housekeeping". *https://www.youtube.com/watch?v=m1OF3lZqy2Y*. YouTube, 9. Mai 2020 (28. Februar 2021).

Good Housekeeping Institute. „Carolyn Forte" *Good Housekeeping Institute*. https://www.goodhousekeeping.com/author/6484/carolyn-forte/. (28. November 2020).

Haag, Sabine. „Reinigen, desinfizieren und sterilisieren? Was ist eigentlich was?" *Ordnungsliebe*. https://www.ordnungsliebe.net/desinfizieren-und-sterilisieren/. 15. März 2020 (28. Februar 2021).

Hackober, Julia. „Aufräumen in der Krise. Corona treibt uns in den Aufräum-Wahnsinn". *Die Welt*. https://www.welt.de/icon/partnerschaft/article207478807/Aufraeumen-in-der-Krise-Corona-treibt-uns-in-den-Ordnungs-Wahnsinn.html. 27. April 2020 (28. Februar 2021).

Kondo, Marie. *Magic Cleaning 1: Wie richtiges Aufräumen Ihr Leben verändert*. Hamburg: Rowohlt Taschenbuch, 2013.

Oxfam Deutschland. *Weniger tut Gutes*. https://shops.oxfam.de/ueber-uns/aktuelles/2020-06-03-weniger-tut-gutes. 3. Juni 2020 (28. Februar 2021).

Robert Koch-Institut. *Epidemiologischer Steckbrief zu SARS-CoV-2 und COVID-19. Coronavirus SARS-CoV-2. Infektionskrankheiten A-Z*. https://www.rki.de/DE/Content/InfAZ/N/Neuartiges_Coronavirus/Steckbrief.html. Stand: 27. November 2020 (29. November 2020). [=Robert Koch-Institut 2020a]

Robert Koch-Institut. *Hinweise zu Reinigung und Desinfektion von Oberflächen außerhalb von Gesundheitseinrichtungen im Zusammenhang mit der COVID-19-Pandemie*. https://www.rki.de/DE/Content/InfAZ/N/Neuartiges_Coronavirus/Reinigung_Desinfektion.html. Stand: 3. Juli 2020 (29. November 2020). [=Robert Koch-Institut 2020b]

Rothhaas, Julia. „Ausmisten: Ab in die Kiste". *Süddeutsche Zeitung*. https://www.sueddeutsche.de/stil/aufraeumen-ausmisten-kiste-the-home-edit-1.5089871. 26. Oktober 2020 (28. Februar 2021).

This Morning. „How to Protect Your Home From Coronavirus | This Morning". *YouTube*. https://www.youtube.com/watch?v=L5Pm6xk0Kd8. Youtube, 19. März 2020 (28. Februar 2021).

Wollaston, Sam. „'Everybody's doing a Covid clearout': England's reopened charity shops embrace the new normal. Shops and Shopping". *The Guardian*. https://www.theguardian.com/lifeandstyle/2020/jun/18/covid-clearout-charity-shop-lockdown-coronavirus-scope-communities. 18. Juni 2020 (28. Februar 2021).

Interviews

Anabel K., Interview geführt am 25. November 2020.
Benjamin J., Interview geführt am 13. August 2020.
Christiana L., Interview geführt am 22. November 2020.
Diu P., Interview geführt am 23. November 2020.

Patricia Jäggi
Vögel singen in stillen Städten: Lockdown als ökologische Utopie im Anthropozän

Unter dem vielversprechenden Titel *Welcome to the Anthropause* erschien im September 2020 eine Ausgabe des Magazins *Nature*.[1] In Anthropause klingt der Begriff Anthropozän mit, wobei die Anthropause im Gegensatz zu Anthropozän als nicht langanhaltendes Phänomen gelten muss (Rutz et al. 2020), auch wenn ich mich zum Zeitpunkt der Abfassung des Artikels mitten in einer zweiten Corona-Welle mit erneuten Einschränkungsmaßnahmen befand. Der Artikel fokussiert auf nicht beabsichtigte Einflüsse auf die Umwelt durch den ersten Lockdown mit seinen weltweit strikten Maßnahmen zur Eindämmung der Covid-19-Pandemie. Als Nebeneffekt zeigte sich die Erde plötzlich einiges stiller.

Die Vögel, die plötzlich in viel ruhigeren Städten sangen und Menschen, die es bemerkten und fanden, wie schön es doch sein könne, wenn es überall so viel ruhiger ist, waren die Auslöser für diesen Artikel. Er gründet auf der Beobachtung, dass durch die Lockdown-Maßnahmen das Hören, die klangliche und natürliche Umwelt plötzlich mehr Aufmerksamkeit erhielten und so stärker in das Bewusstsein von Menschen rückten. Dabei zeigt sich die Covid-19-Stille – oder eben: Anthropause – insofern auch als ein interessantes Phänomen, als deren Rezeptionen und Reaktionen darauf die Bereiche des Alltags, der Künste und der Wissenschaften mit umschließen. Der Artikel zeigt ambivalente Gefühle und Deutungen auf, die die „Stille" der Corona-Shutdowns auslösten, macht am Beispiel von Field-Recordings und Soundmapping-Projekten das große Interesse an dieser veränderten Klangumwelt deutlich und versucht, die aus den Deutungen einer veränderten Umwelt erwachten Hoffnungen für Veränderungen in der Mensch-Umwelt-Beziehung in aktuellen Debatten zum Anthropozän zu situieren. Denn in der erlebten Covid-19-Stille oder Anthropause blitzte eine Zukunft auf, in der sich Menschen in ihrem „expressiven" Tun für das Wohl aller zurücknehmen. Das dauernde In-Bewegung-Sein ist Ausdruck eines sloterdijkschen „kinetischen Expressionismus", welcher in unserer alltäglichen Umwelt in Form von Mobilitätslärm präsent ist. Der erste Lockdown hat dieses Tun kurzzeitig zu einem weitgehenden Stillstand gebracht.

---

[1] Die Autorin dankt dem Schweizerischen Nationalfonds für die Unterstützung des Forschungsprojekts, das diesen Artikel ermöglicht hat (SNF 100016_182813/ Seeking Birdscapes: Contemporary Listening and Recording Practices in Ornithology and Environmental Sound Art).

https://doi.org/10.1515/9783110734942-018

1 Datenlage, Methode und ethisches Anliegen

Die empirische Basis des Artikels bilden Internet-Recherchen zur Covid-19-Lockdown-Stille und -Anthropause sowie ein digitaler wie live-Austausch mit Personen zu ihren Erfahrungen. Diese Sammlung an Reaktionen auf die Lockdown-Stille besteht aus rund 60 Beiträgen aus Zeitungen, Magazinen und von Blogs, die auf Englisch, Deutsch und Spanisch verfasst wurden, darunter sind auch 10 Podcasts und Radiosendungen. Dazu kommen rund 30 Erfahrungsberichte von Privatpersonen (Befragung, Mailinglist-Beiträge), zwei längere Interviews sowie diverse Aufnahmen von Sound-Recording- und Soundmap-Projekten, die die Corona-„Stille" mittels Aufnahmetechnologien dokumentieren. Dieser heterogene Datenkorpus wurde auf Basis eines freien Coding-Verfahrens mit Hilfe des Programms MAXQDA ausgewertet.

Es ist mir dabei wichtig, dass die im vorliegenden Artikel anklingende positive Deutung der Lockdown-Stille keinesfalls die negativen Folgen, die diese Katastrophe für Menschen, Tiere und die Umwelt hat, herunterspielen möchte. Der Artikel verfolgt mit seiner Fokussierung auf den Nebenschauplatz der Corona-Stille und der Anthropause sozusagen ungewollt positive „Kollateralschäden" der ergriffenen Maßnahmen zur Eindämmung der Pandemie, womit die Vielfalt und die Ambivalenzen in der Deutung eines weit gefassten Pandemie-Geschehens sowie dessen Überschneidungen von akustischer Ökologie und Klangumwelt[2] mit der Klimakrise aufgegriffen werden sollen.

2 Deutungen der „Stille"

Die Einschränkungen der Bewegungsfreiheit, des „Bleiben Sie zuhause", wie sie im ersten Halbjahr 2020 erstmals zur Eindämmung der Pandemie nahezu weltweit angeordnet wurden, führten zu einer weltweiten Stille. Aus Daten von Seismolog:innen geht hervor, dass die Lockdown-Maßnahmen die Erde rund 50% leiser gemacht haben (Delbert 2020; Lecocq 2020; Wei-Haas 2020). Die

---

[2] Die akustische Ökologie hat sich als ein Forschungsbereich etabliert, der die vermittelnde Rolle von Klang und die akustischen Zusammenhänge zwischen lebenden Organismen und ihrer Umwelt untersucht (z. B. Farina und Gage 2017). Dabei wird der uns umgebende Raum an Klängen als Soundscape (Klanglandschaft) verstanden (Schafer 1994 [1977]). Im Kontext dieses Artikels wird aber in feiner Abgrenzung zu einem zur Objektivierung tendierenden Verständnis von Klang*landschaft* (Ingold 2007) der Begriff Klang*umwelt* favorisiert, um den mit Umwelt assoziierten kollektiven Lebensraum und die immersive Kraft der klingenden Umwelt hervorzuheben.

Entschleunigung des menschlichen Alltags durch die eingeschränkte Mobilität führte dabei auch zu einer Sensibilisierung für die nächste Umwelt (Treffpunkt 2020; Lenzi 2020), wobei das Hören im sich durch den Lockdown veränderten Aufmerksamkeitsregime größere Prominenz erhalten hat. Der Journalist Darryl Fears schreibt, dass Menschen, die in ihren Häusern festsitzen, nun plötzlich ihre Ohren auf den lieblichen Klang der Vögel einstimmen würden, den sie für allzu selbstverständlich gehalten hätten (Fears 2020). Wenn der Sehsinn plötzlich weniger prägend ist, so schreibt Mona Madan aus dem Lockdown in Neu-Delhi, dann würden die anderen Sinne einspringen und sie empfände das als wunderbares Erlebnis. Für Forscher und Komponist Mark Nazemi, ist der Lockdown eine einmalige Chance, unsere Klangumwelt, oft auch Soundscape[3] bezeichnet, etwas anders wahrzunehmen als sonst. Dadurch, dass sich der Grundpegel an Geräuschen/Lärm, die insb. von Verkehr und Industrie stammen, verringert hat, könnten wir weiter hören und erlebten unsere Umwelt mit viel mehr Tiefe. Das heißt, Klänge, die sonst in diesem Grundpegel an Geräuschen untergehen, die maskiert werden, können plötzlich von viel weiter weg gehört werden (Caputo und Lenzi 2020e). Ariel Mioduser, argentinischer Künstler wohnhaft in Israel, beschreibt, wie er aufgrund der Abnahme an mechanischen Lauten den Eindruck bekam, die menschlichen und natürlichen Klänge lauter hören zu können als sonst (Caputo und Lenzi 2020b).

Diese Empfindung, dass Klänge plötzlich lauter sind, ist dem sogenannten Lombard-Effekt geschuldet. Dieser besagt, dass bei vorhandenen Hintergrundgeräuschen bspw. an einer Party alle etwas lauter und höher sprechen. Verlassen die meisten Gäste die Party und man steht fast noch alleine da, kommt es einem vor, als würden die übriggebliebenen Gäste übermäßig laut sprechen. Ein weiterer Effekt einer plötzlich leiseren Umgebung ist, dass man nicht nur das Gefühl hat, es sei lauter, sondern man vermag mehr Details zu hören, da einzelne Klänge besser unterscheidbar werden, was diese auch besser räumlich verortbar macht. Dadurch ermöglicht eine Situation wie die Lockdown-Stille es uns, viel mehr und anders wahrzunehmen als sonst.

Doch die stillere Umwelt zeigt sich nicht nur als erfreuliches Erlebnis, sondern wird als ein in sich zutiefst ambivalentes Erlebnis beschrieben. Stille kann seit jeher auch etwas Unheimliches und Bedrohliches haben. Zu wissen, dass Menschen zu Hause säßen, um sich vor einem tödlichen Virus zu schützen, gebe ihm ein sehr unbehagliches Gefühl, so Nazemi. Die in Kanada lebende

---

3 Der Begriff Soundscape oder Klanglandschaft wurde von Raymond Murray Schafer und Barry Truax in den 1970er Jahren im Rahmen ihrer Auseinandersetzung mit akustischer Ökologie ins Leben gerufen. Siehe auch Fußnote 2.

Klangforscherin Milena Droumeva hörte in der Lockdown-Stille die stumme Angst von verzweifelten Menschen, die ihre Jobs und ihren Lebensunterhalt verloren hätten, verknüpft die Stille mit einer schlummernde Panik vor den restriktiven Maßnahmen, die an Mittel der Kontrolle weniger demokratischer Regierungen erinnerten, und sie hört in der Stille ein Schweigen, durch welches jede menschliche Nähe, die notwendig wäre, durch Social Distancing-Regeln untergraben würde (Droumeva 2020).

Eine in Bezug auf die menschliche Präsenz ganz andere Erfahrung als Droumeva beschreibt Mioduser aus Jaffa. Die Isolation hätte genau zum Gegenteil geführt. Seine Nachbarschaft hätte sich von einem geschäftigen Alltagstreiben, klanglich geprägt von Verkehr und Baulärm, in eine Welt menschlicher Aktivitäten und Interaktionen gewandelt: Kinderstimmen, Menschen, die sich körperlich fit hielten, dazu gesellten sich die Vögel, das Muezzin-Gebet und die Kirchenglocken, die er viel klarer hören könne als sonst. Dies alles empfinde er als einen einmaligen „sound of togetherness" (Caputo und Lenzi 2020b). Das Klatschen für die Corona-Worker und das gemeinsame Singen von den Balkonen, das in den Medien kursierte und unter den Aufnahmen der unten genannten Soundmaps gefunden werden kann, ist in einem außergewöhnlichen Maß Ausdruck dieses Klangs einer veränderten Gemeinschaft.

Die Covid-19-Stille veränderte das Zusammengehörigkeitsgefühl auch über die Speziesgrenzen hinweg. Nicholas Cannariato, Autor bei der NY Times, beschreibt wie ihn die Isolation verängstigt und traurig zurücklasse. Er findet dabei Trost in den ihn umgebenden Vögeln sowie in unbeachteten Details seines Alltags. Als Hobbyornithologe habe er gelernt, auf das unauffällig Kleine, Zarte und das Flüchtige zu achten. In der Isolation bekommt die Präsenz ganz alltäglicher Vögel wie eines Rotkehlchen von seiner Wohnung aus die Bedeutung von besonderen Lebensgefährten (Cannariato 2020):

> Recently, at dusk, a bird landed on a branch right outside one of the windows, peering in. [...] [I]t stood there so still, so severe-seeming, with its chest puffed out. It looked like a guardian of something vital in the gathering dark. (Cannariato 2020)

Lynette Quek aus Singapur beschreibt, wie sie in dieser 5-Millionen-Stadt plötzlich die Vögel richtig hören konnte. Als sie zu ihrer Schwester gesagt habe, wie wunderschön das sei, hätte diese nur gesagt, die seien doch nur viel zu laut.[4] Sie sei überzeugt, sagt Quek, dass wir Menschen durch diese Erfahrung die Klänge – wie diejenigen von den Vögeln – um uns herum viel mehr schätzen lernen würden und dass sie gerne andere Menschen darin unterstützen würde,

---

4 Siehe weiter oben die Erklärungen zum Lombard-Effekt.

Klänge ebenfalls so wertzuschätzen, wie sie sie als audiovisuelle Gestalterin gelernt habe wertzuschätzen (Caputo und Lenzi 2020b).

Diese Beispiele zeigen, dass mit der Corona-Stille keine vollkommene Stille gemeint ist. Es handelte sich dabei um eine plötzlich stillere Umwelt, die nicht den Blick, sondern das Ohr frei gibt für Klänge, die man sonst nicht wahrzunehmen vermag. Der Eindruck der Stille entsteht also auch durch die Reduktion des Effekts des Maskierens von leiseren, meist natürlichen Klängen, die nun gehört werden können. Dabei sind die plötzlich besser hörbaren Vögel zentrales Motiv des Eindrucks dieser neuen Stille. Stille zeigt sich in dem Sinne auch nicht als ein rein auditives Phänomen, sondern kann insofern auch multisensorisch gedeutet werden, als das Zuhause-Bleiben und die Mobilitätseinschränkungen zu einer gewissen Entschleunigung und mehr Ruhe führen konnten. Die erlebte Corona-Stille ist eine vom Ohr und vom Hören hinausgreifende ganzkörperliche Erfahrung, die auch negative Emotionen wie Unwohlsein und Angst mit einschließt. Dabei ist eine Ambivalenz von bedrohlicher und wohltuender Stille festzuhalten, welche in zwei, im Zuge meiner Recherchen gefundenen, sich entgegengesetzten Lockdown-Ängsten, der FOLO und der FOMLO widerhallt: Die *Fear* oder *Feelings Of LOneliness*, das persönliche Erleben der Isolation als Einsamkeit und das Leiden an der Absenz menschlicher Kontakte steht im Kontrast zur *Fear Of Missing LOckdown*, dem Gefühl, während des Lockdowns eine Welt erfahren zu haben, die man durch die Entschleunigung, die Mehrzeit, die man durch Homeoffice mit der Familie verbringen durfte, und die angenehme stillere, natürlichere Klangumgebung, so schnell nicht wieder erleben und somit vermissen wird (Stanford 2020; Mathers 2020; Kaulen 2020). Auf Basis der gesammelten Daten zeigt sich die Tendenz, dass die Covid19-Stille weniger häufig als Ausdruck von Isolation und Unwohlsein gedeutet wird, als dass sie als in der auch beängstigenden Situation als angenehmes bis gar wohltuendes Phänomen beschrieben wird. Letztlich lässt sich beobachten, dass sich für diejenigen, die die Stille als bedrohlich genauso wie für diejenigen, die sie als Privileg wahrgenommen haben, das Bewusstsein für die klangliche Umwelt durch die Stille schärfen kann.

Mit den hier thematisierten Veränderungen im alltäglichen Aufmerksamkeitsregime ist also nicht nur gemeint, dass das Hören für manche Menschen wichtiger und die Klangumwelt bewusster wahrgenommen wurde, sondern auch, dass sich Augen, Ohren und weitere Sinne plötzlich auf Selbstverständliches richten können. 65% der Befragten einer Studie der Universität Osnabrück stimmten der Aussage zu, dass sie den kleinen Dingen nun wieder mehr Aufmerksamkeit schenken würden. 58% haben zudem bejaht, dass sie achtsamer mit dem Leben umgehen würden und nun wieder stärker mit der Natur verbunden seien (Lütke 2020). „Die Natur", also eine von Pflanzen und Tieren bevölkerte Umgebung, hat durch die

Covid-Anthropause und -Stille für einen Großteil der Menschen eine andere Aufmerksamkeit, höhere Bedeutung und Wertigkeit erhalten, die sie zuvor nicht hatte.

In den folgenden beiden Abschnitten wird am Beispiel von Field-Recording-Projekten auf die akustische Sensibilisierung eingegangen, bevor eine Sensibilisierung für die Natur und das Interesse von Menschen am Einfluss der Anthropause auf Vögel und andere Tiere näher angesehen wird.

3 Die Stille festhalten

Eine vermehrte Aufmerksamkeit für die akustischen Umwelt lässt sich neben den vorherigen Beschreibungen auch in einem gesteigerten Interesse an der Dokumentation der „Stille" wiederfinden. Tonaufnahmen wurden zu einem beliebten Mittel, um diese neuen Hörerfahrungen zu erfassen. Dieses zunehmende Interesse am Herstellen von Aufnahmen im Außenraum widerspiegelt sich auch im Zuwachs einer Field-Recording Facebook-Gruppe, auf der sich die neuen Mitglieder über die Anschaffung entsprechender Aufnahmetechnologien informierten (Interview Gersh 2020; Interview Rothenberg 2020).

Ein interessantes Beispiel ist auch die Plattform xeno-canto. Diese internationale Plattform für Vogelstimmen wird von Privatpersonen mit Tonaufnahmen von sicher identifizierten Vögeln bestückt. Die Aufnahmen werden möglichst als Open-Source allen Nutzer:innen zum „Vergnügen, für Bildung, Umweltschutz und Forschung" zur Verfügung gestellt. Dabei zeigen die Zahlen dieser Plattform von März bis Juli 2020 eine hohe Zunahme an aktiven Aufzeichnenden und an Aufnahmen im Vergleich zu den Vorjahren. Um die Darstellung leserlich zu halten, wird in Abbildung 1 nur das Jahr 2019 mit 2020 verglichen.[5]

Die Abbildung zeigt, wie sich zwischen März und Juni überproportional viele aktive Aufzeichnende ihre Aufnahmen auf der Website teilten (Säulen). Nicht ganz aber fast dasselbe zeigt sich in der Zahl der Aufnahmen (Linien). Die größte Zunahme an aktiven Aufzeichnenden und an Aufnahmen fand im April 2020 mit rund 876 Personen statt und damit etwas mehr als doppelt so vielen Personen (105-prozentiger Zunahme) als 2019 (428). Diese aktiven Aufzeichnenden steuerten im April rund 12.000 Aufnahmen für die Community bei und damit 130 Prozent mehr als im April des Vorjahres.

Vergleicht man die Aufnahmen pro aktive:m Aufzeichnende:n, zeigt sich, dass im März 2020 mit durchschnittlich 17 Aufnahmen pro Person (2019: 12 Aufnahmen)

---

[5] Basis der Berechnungen bilden die veröffentlichen Statistiken von xeno-canto.org: https://www.xeno-canto.org/collection/stats/graphs (27. November 2020).

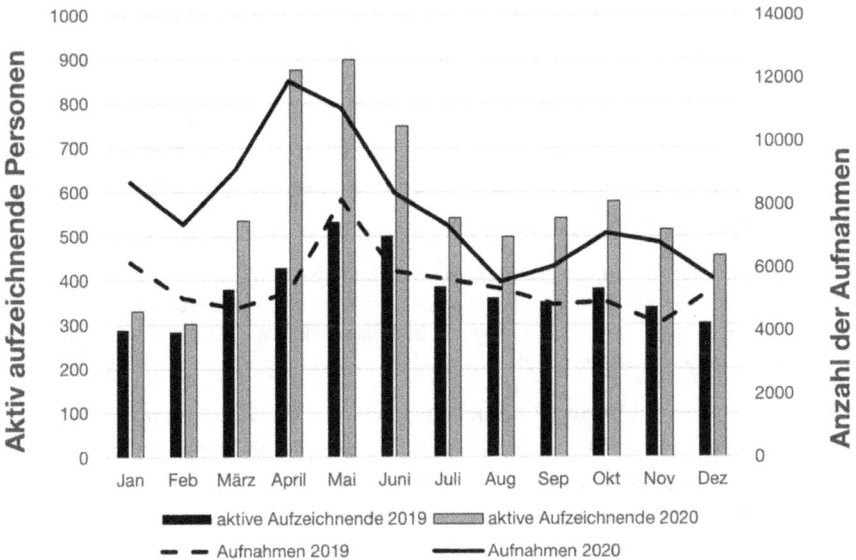

Abb. 1: Zahl der aktiv Aufzeichnenden und Zahl der Aufnahmen im Vergleich zwischen 2019 und 2020.

sich auch eine Intensivierung der Aufnahmetätigkeit zeigt, die mit dem Beginn des Lockdowns und dem Bewusstsein, dass diese Stille eine einmalige Chance darstellt, um Vögel ohne Flugzeuge, Autos und andere anthrophone Klänge aufnehmen zu können, zusammenhängen kann. Im April zeigt sich mit durchschnittlich knapp 13,5 Aufnahmen pro aktiver Person (2019: 12 Aufnahmen) bereits eine etwas reduziertere Aufnahme- und/oder Upload-Tätigkeit. Im Mai waren es mit 14,5 Aufnahmen pro Person nochmals einige mehr als im April, doch im Vergleich zum Vorjahr zeigt sich für Mai eine geringere digitale Aktivität pro Person (2019: 15,5 Aufnahmen pro Person).

Unterschiedliche wissenschaftliche, dokumentarische und künstlerische Projekte riefen zum Teilen von Aufnahmen auf. Darunter befinden sind Citizen-Science-Projekte wie *Silent Cities* (Challéat et al. 2020) oder *Dawn Chorus* (Krumenacker 2020), sowie private Sammlungsprojekte wie *#StayHomeSounds* (Cities and Memories 2020), *Soundscapes in the Pandemic* (Radio Aporee 2020), *COVID-19 Sound Map* (Stollery 2020) oder *Listening to the World at Covid-19 Time* (Lenzi 2020). Ein außergewöhnliches Soundmapping-Projekt hat der New Yorker Gitarrist Geoff Gersh im Lockdown von New York gestartet (Gersh 2020b). Über die Hintergründe von *NYC Sounds COVID-19* sprachen wir in einem Zoom-Gespräch im Oktober 2020.

Am 22. März trat in New York das *New York State on PAUSE* Modell in Kraft, bei welchem u. a. alle nicht-essentiellen Geschäfte geschlossen, alle sozialen Treffen untersagt und ein generelles Social Distancing von 6 Fuß (1.8 m) angeordnet wurden.[6] Gersh saß an jenem Abend zu Hause, und ihm wurde plötzlich klar, dass in New York nun eine Zeit anbrechen wird, welche die ruhigste sein würde, die es in der modernen Zeit je gegeben hat. Dieses Bewusstsein war mit ein Auslöser des Projekts, so schildert er:

> You see photos of completely empty streets and no people at all. Those photos don't tell the full story. They might be empty of people and cars, but there are still so many sounds going on. There is no silence. It is just a different soundscape. And that was what I was trying to capture with this project.

Der erste Ort, den er unbedingt besuchen wollte, war der Times Square in Manhattan. Dort pulsiert das Leben normalerweise Tag und Nacht. Es war gegen 23:30 Uhr als er dort ankam. Es hatte kaum Autos und kaum Fußgänger. Er traf auf einige Polizist:innen vor Ort. Sonst war der Platz völlig leer, was ihm sehr surrealistisch vorkam. Er stellte seinen Rekorder auf und stand eine Stunde lang da, in der er vielleicht zehn Personen begegnete. Es sei ihm alles sehr bizarr vorgekommen, sagt er. Gersh ist etwas außerhalb von NYC aufgewachsen und wohnt aktuell in Yonkers, einige Häuserzeilen außerhalb der Bronx, aber kennt als Kulturschaffender die Stadt sehr gut. Nachdem er den Times Square so gesehen und vor allem gehört hatte, wollte er andere Kultorte von NYC besuchen und aufnehmen, Orte, an denen aufgrund von Touristen genauso wie Einheimischen normalerweise viel los ist. Er suchte sich 40 Orte aus, hauptsächlich in Manhattan, Queens, Brooklyn und in der Bronx. Ausgehend von diesen Aufnahmen entwickelte sich dann die Idee jedes der rund 375 Viertel von New York zu dokumentieren. Er geriet wie in einen Sog des Hörens und Aufnehmens. Mit ausgedruckten Karten ausgestattet, hat er zwischen dem 22. März und dem 7. Juni, einem Tag vor den ersten Lockerungen der *stay-at-home order*, die ganze Stadt akustisch dokumentiert. Er nahm in jedem Viertel an einem Ort, meistens ohne das Auto zu verlassen, in der Regel fünf Minuten auf, außer wenn etwas Besonderes geschah, das es wert war, das Gerät länger laufen zu lassen. Gersh hat es dabei dem Zufall überlassen, was er in jenem Moment in einem Viertel vorfand. Besonders aufgefallen sei ihm, dass man kaum Autohupen gehört habe. Die New Yorker seien sehr ungeduldig und würden noch bevor die Ampel von rot auf grün wechsle bereits hupen, sagt er. Aufgefallen seien ihm zudem die Vögel, die präsenter, in größerer Vielzahl und vielleicht gar etwas anders sangen als

---

[6] New York State on PAUSE: https://coronavirus.health.ny.gov/new-york-state-pause (27. November 2020).

sonst. Auch sei ihm ein interessantes, wie elektrisches Grundsummen der Stadt aufgefallen, wie dasjenige am Times Square (Gersh 2020a), das sonst im Verkehr unterginge. Auch wenn er nie direkt nach Situationen gesucht habe, in denen Menschen sich über das Virus unterhielten, hat er immer wieder solche Dialog-Schnipsel aufzeichnen können.

Durch die extensiven Erkundungen von New York, bei der er insgesamt mehr als 2000 Meilen gefahren sei, hat er Viertel von New York kennen gelernt, in denen er noch nie war. Auf den Aufnahmen klingt New York teils eher kleinstädtisch oder gar dörflich. Manchmal hört es sich für ihn auch wie nach einem ganz normalen NY City-Tag an. So rast auf seiner Aufnahme der Brooklyn Bridge ein Auto nach dem anderen vorbei und zwar ohne Unterbruch. Aber Gersh sagt, es sei ihm so vorgekommen, als ob die gesamte Aktivität stets ein wenig unter der eigentlichen Norm gelegen habe.

Gersh sieht sich als Musiker und weniger als Field-Recordist, auch wenn er bereits vor dem *NYC Sounds COVID-19* Projekt immer wieder Außenaufnahmen gemacht hatte, zu denen er auch improvisierte. Dass er ein solches Interesse für die Soundscape der Pandemie in New York entwickelt hat, lag auch an seiner persönlichen Befindlichkeit. Am 12. März wurde ihm seine Stelle bei der *Blue Man Group*, einer Off-Broadway-Show, für die er fast 22 Jahre lang als Gitarrist gearbeitet hatte, gekündigt. Und als eine Woche später die Quarantäne begann und alles, auch Clubs in denen er spielte, geschlossen war, habe er die Motivation verloren, an seinen eigenen Projekten zu arbeiten: „I didn't really feel the need or the desire to pick up my instrument and deal with whatever I was feeling through my music." Er habe die Situation als beängstigend empfunden: gesund zu bleiben, sicherzustellen, dass er sich noch ernähren konnte, nicht zu wissen wie es weiter geht ... Während dieser Monate habe er die Musik beiseite gelassen und sei in diese neue Welt der Field-Recordings eingetaucht, die vorher kein Thema waren. „Once I started this project, that is where a 1000 percent of my energy went into", sagt er. Erst nachdem er alle Aufnahmen durchgehört, geschnitten und gemischt hatte, was ihn einen Monat Arbeit kostete, und als alle fünf Alben auf Bandcamp gestellt waren, hat er sich wieder mehr in die Musik zurückbewegt, sich wieder getraut, sich mit anderen in Innenräumen zu treffen und hat im Sommer gemeinsam mit anderen Musiker:innen draußen Konzerte gespielt. Dennoch scheint er auch etwas wehmütig an diese Zeit zurück zu denken, denn während der ganzen Lockdown-Zeit, so Gersh, sei er mit Ohren unterwegs gewesen, die „tiefer" – mit höherer Achtsamkeit – gehört hätten als sie normalerweise hören würden.[7]

---

7 Hier nimmt Gersh Bezug auf Pauline Oliveros, die eine eigene Praxis des *Deep Listening* entwickelt hat, siehe Oliveros 2005.

4 Anthropause: Die Rückkehr der Natur?

Der Begriff Anthropause wird von einer Gruppe Forscher:innen um den Biologen Christian Rutz im September 2020 in einem Artikel als Alternative für die bislang für den Lockdown gängige Bezeichnung „Great Pause" gesetzt. „Anthropause" verweist auf die beträchtliche Verlangsamung und Reduktion der modernen menschlichen Aktivitäten, die besonders das Reisen und damit die Mobilität betreffen (Rutz et al. 2020). Dabei soll über Forschungen der Einfluss der Covid-19-Stille auf die Umwelt genauer untersucht werden, über den bereits in Alltagsmedien berichtet wurde. Sauberere Flüsse, die bessere Luft, dank der man bspw. im nördlichen indischen Staat Punjab seit Jahrzehnten den Himalaya wieder sehen konnte (McLaughlin 2020), und die Rückkehr von Wildtieren in urbane Gebiete sind zu einem Neben-Narrativ der Corona-News geworden.

So hat beispielsweise der Chilenische Umweltbiologe Eduardo Silva-Rodríguez mit aufgestellten Kamerafallen eine gefährdete Wildkatze namens Güiña (Leopardus guigna) und ebenso gefährdete Flussotter (Lontra provocax) eingefangen, die bislang in städtischen Gebieten nicht gesichtet worden waren (Stokstad 2020). Mitten im neuseeländischen Wellington wurde ein extrem seltener Vogel, der Piwakawaka fotografiert und gefilmt (Woolf 2020). In den Vogelschutzgebieten im südlichen indischen Staat Tamil Nadu, wo viele Vögel überwintern und im März wieder wegziehen, sind einige Vogelarten länger geblieben als gewohnt – wohl ebenfalls aufgrund der Lockdown-Stille, vermuten die Parkverantwortlichen (Narayani 2020). Meerestiere wie Wale konnten sich dank des abnehmenden Schiffsverkehrs und entsprechender ruhigeren Unterwasser-Klangatmosphäre besser verständigen (Marshall 2020). Als weitere Profiteure des Lockdowns werden auch Straßen überquerende Amphibien oder Schildkröten gesehen, die aufgrund des Verkehrsrückgangs weniger überfahren wurden (Keim und Rybus 2020; Duchesne 2020; Stokstad 2020).

Ob Wildtiere sich in der Anthropause die sonst von Menschen dominierten Räume tatsächlich in dem Maß, wie es in den Medien kursierte, zurückerobern oder ob bspw. städtische Wildtiere bereits vor dem Lockdown da waren, Menschen sie aber nicht bemerkt haben, sei noch unklar, schreibt die Gruppe von Biolog:innen um Rutz, die dies anhand von erhobenen Daten noch genauer untersucht. Die Gruppe spricht von solchen kursierenden News als anekdotischen Beobachtungen, die zwar darauf hinwiesen, dass viele Tierarten die neu gewonnene Ruhe genießen würden, man aber auch nicht vergessen dürfe, dass andere Tierarten überraschenderweise unter erhöhten Druck gerieten seien. Beobachtungen zufolge kämpften beispielsweise Ratten, Straßenhunde, Möwen oder Tauben, die vom menschlichen Stadtmüll lebten, aufgrund des Lockdowns mit Futtermangel (Yang 2020; Bar 2020; Rutz et al. 2020; Craig 2020). Über die

Auswertung von erhobenen Daten aus dem Lockdown hofft die Forscher:innen-Gruppe in den kommenden Jahren mehr über die Auswirkungen menschlicher Aktivitäten auf Wildtiere zu gewinnen (Rutz et al. 2020). Die Pandemie zeigt sich, so die Naturschutzbiologin Nicola Koper, auch als eine Chance, dass sich Menschen wieder mit der umgebenden Natur verbinden können (Bernhardt 2020).

So hat das *Cornell Lab for Ornithology* wie jedes Jahr auch Anfangs Mai 2020 einen *Global Big Day* des Vogelbeobachtens durchgeführt, wobei keine Zunahme an Vögeln festgestellt wurde, dafür aber eine Zunahme an Teilnehmenden: Mit 50.000 Birders waren dies 45 Prozent mehr als im Vorjahr. Die Anzahl der Mehrbeobachtungen lag bei 40 Prozent – fast entsprechend der Zunahme an Augen und Ohren, die unterwegs waren. Aber nicht nur an diesem Zähltag, auch während der Lockdown-Zeit zuvor hätten die Beobachtungen um 50 Prozent zugenommen, schreiben die Verantwortlichen (Fears 2020). Vögel zu beobachten, ein Hobby das in den letzten Jahren beliebter wurde, hat während des Lockdowns nochmals an Popularität gewonnen. Es wurde in verschiedenen Artikeln als Stress reduzierend und als gute Strategie der Krisenbewältigung für Erwachsene wie Kinder gesehen (McGlashen 2020; Lin 2020), bei der auch das Social Distancing eingehalten werden kann. Doch dieses aktive Aufsuchen von Naturräumen kann wiederum auch Störungen für Vögel und andere Tiere bedeuten (Yang 2020).

Erste Antworten auf die Frage, inwiefern das menschliche „Verstummen" sich auf die Avifauna auswirkt, konnten Ornitholog:innen aus San Francisco geben: Elizabeth Derryberry und ihr Team stellten fest, wie aufgrund der leiser gewordenen Stadt sich die Gesänge von Stadtvögeln wie der Dachsammer verändert haben (Derryberry et al. 2020). Dabei verglichen sie Aufnahmen von April bis Juni 2015 und 2016 mit Aufzeichnungen von denselben Standorten, die zwischen April und Mai 2020 erstellt wurden. Das städtische Grundrauschen war durchschnittlich nur noch halb so laut (Verdoppelung der Signal-to-Noise Ratio). Der Lärm-Pegel bei der Golden Gate Bridge fiel aufgrund des Lockdowns auf ein Niveau von 1954. Durch die Abnahme des Grundlärms konnten sich nicht nur die Dachsammern gegenseitig, sondern auch Menschen sie und andere Vögel besser und vor allem aus weiterer Distanz hören. Dies kann mitunter auch eine Erklärung dafür sein, warum Menschen das Gefühl hatten, die Vögel seien lauter und es gäbe mehr Vögel als sonst. Fällt der Lärmpegel wirkt, wie obig bereits erklärt, alles lauter, auch wenn letztlich die San Francisco Dachsammern, so Derryberry, 30 Prozent weniger laut gesungen hätten. Wenn man plötzlich doppelt so weit hören kann, hört man auch mehr Vögel und hat den Eindruck, es seien mehr als sonst.

Da die Dachsammer-Männchen nicht mehr mit aller Kraft gegen den Stadtlärm „anschreien" mussten, wurde ihr Gesang nicht einfach nur leiser, sondern letztlich auch attraktiver. Sie konnten tiefer singen, da sie in diesem Frequenzbereich weniger menschliche Konkurrenz hatten. Derryberry stellte fest, dass die Anzahl an Trillern, in der Ornithologie ein wichtiges Qualitäts- und Erfolgsmerkmal eines während der Balz singenden Männchens, sich nicht veränderte, aber dass die Dachsammern, die im Berkeley-Dialekt singen, die Triller so tief gesungen haben wie seit 1971 nicht mehr. Dies, so Derryberry, mache deutlich, wie rasch Vögel frei gewordene akustische Räume wieder beheimaten können. Sie geht davon aus, dass Vögel wie die Dachsammern, die in akustische Territorien vordrangen, in denen sie seit über 30 Jahren nicht mehr gewesen sind, nicht einfach wieder dahin zurückkehren werden, wo sie vor der Lockdown-Stille waren (Derryberry et al. 2020; Holder 2020).

5 Anthropause als ökologische Utopie?

Indem Menschen hörten, wie unsere Umwelt klingen könnte, die von weniger Einmischung unsererseits beeinflusst ist, hat die Pandemie eine einmalige Gelegenheit geboten, eine Anderswelt am eigenen Körper zu erfahren. Experimentalmusiker Dragoș Iorgulescu hofft, dass wir durch diese Erfahrung unserer Beziehung zur Umwelt viel bewusster werden und uns nun ernsthafter um sie kümmern werden (Caputo und Lenzi 2020d). Sounddesigner Gianmaria Seveso ist überzeugt, dass dieses ungewöhnliche Hörerleben vielen Menschen ins Bewusstsein bringen konnte, dass wir meist versehentlich unsere Klangumwelt beeinträchtigen und zwar so, dass sie uns letztlich selber schadet (Caputo und Lenzi 2020c). Mioduser hat die Hoffnung, dass wir durch dieses Erlebnis nun ein größeres Bewusstsein für den Schaden haben, den wir uns und auch anderen Lebewesen zufügen, und dies nun verhindern werden (Caputo und Lenzi 2020b). Es wäre schön, dieses Erlebnis einer stilleren Umwelt erhalten zu können, sagt Seveso und hofft, dass wir es nicht noch schlimmer machen als es zuvor war (Caputo und Lenzi 2020c). Mioduser befürchtet sogar, dass wir sonst nach der Pandemie alle irgendwann auch Masken auf den Ohren tragen werden müssen, um nicht krank zu werden (Caputo und Lenzi 2020b). Aus einer ökoakustischen Perspektive ist der Ausnahmezustand nicht derjenige während der Corona-Zeit, sondern derjenige Prä-Covid-19; unseres eigentlich als „normal" verstanden Alltags. Die erfahrene Corona-*Stille* zeigt sich vor diesem Hintergrund als rasch entschwindender Augenblick einer real gewordene Utopie einer anderen möglichen Lebenswelt. Beispielhaft dafür ist die auditive Imagination, singenden Vögeln in stilleren Städten zuhören zu können, anstatt alltäglich dem Lärm eines beschleunigten Lebens ausgesetzt zu sein, der Natur-Klänge bis zur Unhörbarkeit maskiert. So hofft bspw. Dominik Braun, dass diese erlebte, gesündere klangliche

Umwelt, die durch die Lockdown-Maßnahmen verursacht wurde, für künftige Generationen erhalten werden könne (Caputo und Lenzi 2020a). Der Sounddesigner und Musikproduzent imaginiert dabei eine Zukunft, in der es viel weniger Mobilitätslärm gibt und der Klang von der Natur in die urbanen Räume zurückkehrt.

Die Maßnahmen zur Eindämmung der Corona-Pandemie erwecken so ungewollt ökologische Utopien zum Leben. Der pandemische Ausnahmezustand zeigt auf, dass eine andere, stillere und auch klimafreundlichere Welt möglich wäre, doch diese findet im aktuellen, lauten fossilen Energieregime, wie es Klimahistoriker Franz Mauelshagen nennt, noch wenig Gehör. Damit verweist er auf eine politische, wirtschaftliche wie gesellschaftliche Dominanz und Übermacht von fossilen über andere nicht-fossile und nachhaltigere Energieträger.

Das, was wir im scheinbaren Normalzustand alltäglich erleben, ist eine Soundscape des Anthropozäns, der Dominanz fossiler Energieträger und des Klimawandels. Denn die Verbrennungsmotoren fossiler Energien produzieren bei ihrer Arbeit nicht nur Treibhausgase sondern auch eine Reihe an Geräuschen. Eine konstante Beschallung der Welt durch Motoren von Autos, Lastwagen oder Flugzeugen ist genauso ein uns alltäglich begleitender, akustischer Ausdruck einer vorangetriebenen Klimaerwärmung wie deren plötzliches Verstummen als ein Ausdruck des Kampfs gegen steigende Corona-Infektionszahlen sowie einer frugaleren und umweltfreundlicheren Welt gehört werden kann. Dabei geht es um die Beschränkung „fossiler Freiheiten" einer zumeist weißen Wohlstands- und Überlegenheitsgesellschaft. Die industrielle Revolution, imperiale und (post-)koloniale Ausbeutungsverhältnisse machen nach Mauelshagen die Ursprünge dieses fossilen Energieregimes aus, das ebenso die Klimaerwärmung mit verantwortet (Mauelshagen 2020; siehe auch Rohland 2020). Die „fossilen Freiheiten" manifestieren sich in einem kinetischen Expressionismus, wie ihn Philosoph und Kulturwissenschaftler Peter Sloterdijk treffend diagnostiziert:

> Unter kinetischem Expressionismus verstehe ich den Daseinsstil der Modernen, der vor allem durch die leichte Verfügbarkeit von fossilenergetischen Brennstoffen ermöglicht wurde. [...] Was das bedeutet, wird klar, wenn wir zugeben, dass die[se] [...] nicht nur unsere Motoren treiben, sondern auch in unseren existenziellen Motiven, in unseren vitalen Begriffen von Freiheit brennen. Wir können uns keine Freiheit mehr vorstellen, die nicht immer auch Freiheit zu riskanten Beschleunigungen einschließt, Freiheit zur Fortbewegung an fernste Ziele, Freiheit zur Übertreibung und zur Verschwendung, ja schließlich auch Freiheit zur Explosion und zur Selbstzerstörung. (Sloterdijk 2016, 27)

Der kinetische Expressionismus als aktueller *modus vivendi* ist insofern mit dem Imperialismus verknüpft, als das ihn lebende Subjekt die Güter der ganzen Erde für seine Sehnsucht und seinen Konsum reklamiert. Nach Sloterdijk ist das für moderne Lebensformen konstitutive Prinzip Wachstum nichts anderes als der kinetische Expressionismus, als die „fossile Freiheit" in Aktion (Sloterdijk 2016, 28).

Problematisch an diesem Expressionismus ist sein Naturverständnis, so Sloterdijk, als er noch immer die Natur im Rahmen einer fortbestehenden Kulissen-Ontologie als ein im Hintergrund stehendes, aber überlegenes und darum auch grenzenlos belastbares Außen zu verstehen sucht, das alle menschlichen Entladungen absorbiert und alle Ausbeutungen ignoriert (Sloterdijk 2016, 29). Eine Dekarbonisierung heißt, dass unser Stoffwechsel mit der Natur, der noch immer auf Wachstum, Überbietung und eine Erschöpfung der Ressourcen aus ist, in eine emissions- und expressionsfeindliche Ethik der Zukunft übergeht: Verminderung anstatt Vermehrung, Minimierung anstatt Maximierung, Sparsamkeit anstatt Verschwendung und Selbstbeschränkung anstatt Selbstfreisetzung als höchster Reiz (Sloterdijk 2016, 32). Die Globalisierung, so die Soziologin Monika Büscher mit Bezug auf ihren Fachkollegen John Urry, komme mit Covid-19 an ihre Grenzen, sie habe nun den Zenit überschritten: die Einsicht, dass alles kollabieren kann, mache dabei auch den Weg frei für eine *große Transformation* unserer Mobilität, die für die Menschen genauso wie für den Planeten wohltuend sein könne (zitiert nach Büscher 2020, 64. *Die große Transformation* ist eine Anspielung auf Polanyi 1944). Die erlebte Anthropause als Selbstbeschränkung, als temporäre Verminderung menschlicher Emissionen und Entschleunigung zeigt sich vor diesem Hintergrund als nicht geplantes Experiment, über welches eine Ethik der Mäßigung erprobt werden konnte.

Am Beispiel der hier beschriebenen individuellen Wahrnehmungen und Reaktionen auf die gemäßigtere Welt des Lockdowns zeigt sich, dass eine Stille im engeren wie weiteren Sinne verstanden auch das individuelle Wohlbefinden, den Bezug zu Natur und Umwelt, die Kreativität und mitunter auch ein Gemeinschaftsgefühl im positiven Sinne temporär zu verändern und gar zu stärken vermochte. Damit soll jetzt dieses hier vielstimmig beschriebene Erleben an Stille und Entschleunigung weder nostalgisiert noch idealisiert werden (Blum 2020), sondern letztlich als *Reverie*, als wachendes Träumen und Erleben einer Anderswelt (Bachelard 1989 [1960])[8] ernst genommen werden, in welcher Stille als Element eines zum kinetischen Expressionismus gegenläufigen *modus vivendi* steht. Darin erschöpft sich eine Angst vor einem schmerzhaften Verlust an „fossiler Freiheit" in einem Moment des Gewinns an „fossiler Stille". Letztlich bleibt die Hoffnung, dass die Angst vor Verzicht dem Potenzial neuer Freiräume Platz machen kann, in denen sich der Mensch selbst und anderen Lebewesen den Raum zu geben vermag, sich anders entfalten zu dürfen als gedacht.

---

8 In Anlehnung an Gaston Bachelard verstehe ich *Reverie* als ein In-Kontakt-Treten mit anderen Möglichkeiten und Welten, die sich bislang nicht verwirklichen konnten. Die erfahrene Covid-19-Stille und ist insofern ein solcher Moment der *Reverie*, als darin ungewollt eine Anderswelt temporär erfahrbar wurde.

Literatur

Bachelard, Gaston. *La poétique de la rêverie*. 3. Ausg. Paris: Presses universitaires de France, 1989 [1960].

Bar, Harekrishna. „COVID-19 Lockdown: Animal Life, Ecosystem and Atmospheric Environment". *Environment, Development and Sustainability*, Springer Netherlands (2020): 1–18.

Bernhardt, Darren. „U of Manitoba Leads Global Effort to Study Effect of Decreased Human Activity on Wildlife". *CBC*. https://www.cbc.ca/news/canada/manitoba/university-manitoba-researcher-nicola-koper-wildlife-impact-covid19-1.5580497. 22. Mai 2020 (27. November 2020).

Blum, Pascal: „‚Der Kapitalismus ist eh vorbei'. Armen Avanessian sagt, wir brauchen keine Entschleunigung, sondern das Gegenteil: eine Technopolitik, die den fortschrittlichen technologischen Entwicklungen den nötigen Schub gibt." *Zürcher Tagesanzeiger*, 16. November 2020.

Büscher, Monika. „A Great Mobility Transformation". *12 Perspectives on the Pandemic: International Social Science Thought Leaders Reflect on Covid-19*. https://blog.degruyter.com/wp-content/uploads/2021/02/DG_12perspectives_socialsciences.pdf. Berlin: De Gruyter, 2020. 58–63.

Cannariato, Nicholas. „How Bird-Watching Prepared Me for Sheltering in Place". *The New York Times*. https://www.nytimes.com/2020/04/22/magazine/bird-watching-coronavirus.html. 22. April 2020 (27. November 2020).

Caputo, Valeria, und Sara Lenzi. „The Sound Outside Podcast Nr. 1: The Value of a Green Sound". *Spreaker*. https://www.spreaker.com/user/sounddesignmag/the-value-of-a-green-sound. 30. April 2020a (27. November 2020).

Caputo, Valeria, und Sara Lenzi. „The Sound Outside Nr. 4: The Movement of Sound Is a Wave of Awareness". *Spreaker*. https://www.spreaker.com/user/sounddesignmag/the-sound-outside-podcast-4. 21. Mai 2020b (27. November 2020).

Caputo, Valeria, und Sara Lenzi. „The Sound Outside Nr. 5: Future Life, Future Sound". *Spreaker*. https://www.spreaker.com/user/sounddesignmag/the-sound-outside-podcast-5. 28. Mai 2020c (27. November 2020).

Caputo, Valeria, und Sara Lenzi. „The Sound Outside Nr. 6: The Sound Inside". Spreaker. https://www.spreaker.com/user/sounddesignmag/the-sound-outside-podcast-6. 4. Juni 2020d (27. November 2020).

Caputo, Valeria, und Sara Lenzi. „The Sound Outside Nr. 7: Soundscapes in Change". *Spreaker*. https://www.spreaker.com/user/sounddesignmag/podcast-so-7. 12. Juni 2020 (27. November 2020).

Challéat, Samuel, Amandine Gasc, Nicolas Farrugia, und Jérémy Froidevaux. „Silent Cities. A participatory monitoring programme of an exceptional modification of urban soundscapes". https://renoir.hypotheses.org/files/2020/03/Silent%C2%B7Cities-Project.pdf. 25. März 2020 (5. März 2021).

#StayHomeSounds (volume 1). *Cities and Memories*. https://citiesandmemory.bandcamp.com/album/stayhomesounds-volume-1. 1. Mai 2020 (5. März 2021).

#StayHomeSounds (volume 2). *Cities and Memories*. https://citiesandmemory.bandcamp.com/album/stayhomesounds-volume-2. 3. Juli 2020 (5. März 2021).

Craig, Elise. „Animals Take Over". *The New York Times*, 27. September 2020: 5.

Delbert, Caroline. „Why Earth Has Gotten 50 Percent Quieter Since the Spring". *Popular Mechanics*. https://www.popularmechanics.com/science/a33432316/earth-quiet-seismology-coronavirus/. 27. Juli 2020 (27. November 2020).

Derryberry, Elizabeth P. et al. „Singing in a Silent Spring: Birds Respond to a Half-Century Soundscape Reversion during the COVID-19 Shutdown". *Science* 370.6516 (2020).

Droumeva, Milena. *Betreff: Aw: Soundscapes in the Pandemic*. E-Mail vom 23. März 2020 an wfae List (world forum for acoustic ecology mailing-list [acoustic-ecology@sfu.ca])

Duchesne, Julia. „Five Conservation Experts Weigh in on the Future for Wildlife Post-COVID-19". *Canadian Geographic*. https://www.canadiangeographic.ca/article/five-conservation-experts-weigh-future-wildlife-post-covid-19. 19. Mai 2020 (27. November 20re20).

Farina, Almo, und S. H. Gage (Hg.). *Ecoacoustics: The Ecological Role of Sounds*. Hoboken: John Wiley & Sons, 2017.

Fears, Darryl. „Amid the Pandemic, People Are Paying More Attention to Tweets. And Not the Twitter Kind". *Washington Post*. https://www.washingtonpost.com/climate-environment/2020/05/22/amid-pandemic-people-are-paying-more-attention-tweets-not-twitter-kind/. 22. Mai 2020 (27. November 2020).

Gersh, Geoff. *Deserted „Times Square (USA)"*. *Cities and Memory*. https://citiesandmemory.bandcamp.com/track/deserted-times-square-usa. 1. Mai 2020 (5. März 2021).

Gersh, Geoff. „NYC Sounds COVID-19". *Selbstverlag*. https://nycsoundscovid19.com. 3. August 2020 (5. März 2021).

Holder, Sara. „Urban Birds Sang a Different Tune During Lockdowns". *Bloomberg*. https://www.bloomberg.com/news/articles/2020-10-16/urban-birds-sang-a-different-tune-during-lockdowns. 16. Oktober 2020 (27. November 2020).

Ingold, Tim. „Against Soundscape". *Autumn Leaves: Sound and the Environment in Artistic Practice*. Hg. Angus Carlyle. Paris: CRiSAP, Double Entendre, 2007. 10–13.

Kaulen, Hildegard. „Psychologie der Isolation: Diese Einsamkeit im Kopf". *Frankfurter Allgemeine Zeitung*. https://www.faz.net/1.6919809. 30. August 2020 (27. November 2020).

Keim, Brandon, und Greta Rybus. „With the World on Pause, Salamanders Own the Road". *The New York Times*, 18. Mai 2020. https://www.nytimes.com/2020/05/18/science/salamanders-amphibians-wildlife-migration.html. (27. November 2020).

Krumenacker, Thomas. „Ornithologie: Das Zwitschern der Pandemie". *Süddeutsche Zeitung*. https://www.sueddeutsche.de/wissen/ornithologie-das-zwitschern-der-pandemie-1.4897935. 5. Mai 2020 (5. März 2021).

Lecocq, Thomas, Stephen P. Hicks, Koen Van Noten, Kasper van Wijk, Paula Koelemeijer, Raphael S. M. De Plaen et al. „Global Quieting of High-Frequency Seismic Noise Due to COVID-19 Pandemic Lockdown Measures". *Science* 369.6509 (2020): 1338–1343.

Lenzi, Sara. „From Silence, Listen to the Future". *SounDesign*. http://www.soundesign.info/2020/04/13/from-silence-listen-to-the-future/. 13. April 2020 (5. März 2021).

Lin, Ashley. „Helping Children Connect to Nature Can Soften the Impact of COVID-19". *Tomorrow"s Earth Stewards*. sites.tufts.edu, https://sites.tufts.edu/earthstewards/2020/04/09/how-helping-children-connect-to-nature-can-soften-the-impact-of-the-coronavirus-crisis/. 9. April 2020 (27. November 2020).

Lütke, Josephine. „Osnabrücker Studie: Deutsche meistern Coronakrise". *Norddeutscher Rundfunk*. https://www.ndr.de/nachrichten/niedersachsen/osnabrueck_emsland/Osnabruecker-Studie-Deutsche-meistern-Coronakrise,wohlbefinden102.html. 24. Juli 2020 (27. November 2020).

Marshall, Michael. „Which Animals Are Benefitting from Coronavirus Lockdowns?" *New Scientist*. https://www.newscientist.com/article/2244359-which-animals-are-benefitting-from-coronavirus-lockdowns/. 22. Mai 2020 (27. November 2020).

Mathers, Matt. „Coronavirus: Fears of 'Loneliness Epidemic' as Dozens of UK Patients Found Dead at Home Undetected for Two Weeks". *The Independent*. https://www.independent.co.uk/news/health/coronavirus-uk-patients-dead-two-weeks-home-loneliness-epidemic-a9554261.html. 8. Juni 2020 (27. November 2020).

Mauelshagen, Franz. „The Dirty Metaphysics of Fossil Freedom". *The Anthropocenic Turn: Interplay Between Disciplinary and Interdisciplinary Responses to New Age*. Hg. Gabriele Dürbeck und Philip Hüpkes. London: Routledge, 2020 59–76.

McGlashen, Andy. „Birding Is the Perfect Activity While Practicing Social Distancing". *National Audubon Society*. https://www.audubon.org/news/birding-perfect-activity-while-practicing-social-distancing. 13. März 2020 (27. November 2020).

McLaughlin, Kelly. „Himalayas Can Be Seen from Parts of India after a Pollution Drop". *Insider*. https://www.insider.com/himalayas-seen-from-india-pollution-drop-coronavirus-lockdown-2020-4. 13. April 2020 (27. November 2020).

Narayani, P. A. „Pandemic-Induced Lockdown Gives Migratory Birds and Animals a Reason to Cheer". *The Hindu*. https://www.thehindu.com/news/national/tamil-nadu/pandemic-induced-lockdown-gives-migratory-birds-and-animals-a-reason-to-cheer/article31458071.ece. 28. April 2020 (27. November 2020).

Oliveros, Pauline. *Deep Listening: A Composer's Sound Practice*. Indiana: iUniverse, 2005.

Polanyi, Karl. *The Great Transformation*. New York City: Farrar & Rinehart, 1944.

Rohland, Eleonora. „Corona, Klima und weiße Suprematie. Multiple Krisen oder eine?" *Die Corona-Gesellschaft*. Hg. Michael Volkmer und Karin Werner. Bielefeld: transcript, 2020. 45–53.

Rutz, Christian, et al. „COVID-19 Lockdown Allows Researchers to Quantify the Effects of Human Activity on Wildlife". *Nature Ecology & Evolution*, 4.9 (2020): 1156–1159.

Schafer, Raymond Murray. *The Soundscape: Our Sonic Environment and the Tuning of the World*. Rochester, VT: Destiny Books, 1994.

Sloterdijk, Peter. „Das Anthropozän – Ein Prozeß-Zustand am Rande der Erd-Geschichte?" *Was geschah im 20. Jahrhundert?* Frankfurt a. M.: Suhrkamp, 2016. 7–43.

Soundscapes in the pandemic. Radio Aporee, https://aporee.org/maps/work/projects.php?project=corona

Stanford, Peter. „The Rise of FOMLO – Fear of Missing Lockdown". *The Telegraph*. www.telegraph.co.uk,\https://www.telegraph.co.uk/family/life/rise-fomlo-fear-missing-lockdown/. 30. Juni 2020 (27. November 2020).

Stokstad, Eric. „The Pandemic Stilled Human Activity. What Did This 'Anthropause' Mean for Wildlife?" *Science*.13. August 2020 (27. November 2020).

Stollery, Pete. *COVID-19 SOUND MAP*. https://tinyurl.com/covid19soundmap. (27. November 2020).

Wei-Haas, Maya. „These Charts Show How Coronavirus Has 'Quieted' the World". *National Geographic*. https://www.nationalgeographic.com/science/2020/04/coronavirus-is-quieting-the-world-seismic-data-shows/. 8. April 2020 (27. November 2020).

Woolf, Amber-Leigh. „Extremely Rare Bird Photographed in Wellington during Lockdown Silence". *Stuff*. https://www.stuff.co.nz/environment/120863029/extremely-rare-bird-photographed-in-wellington-during-lockdown-silence. 7. April 2020 (28. April 2020).

Treffpunkt. „Und plötzlich hört man Vogelgezwitscher". *Radio SRF*. https://www.srf.ch/play/radio/treffpunkt/audio/und-ploetzlich-hoert-man-vogelgezwitscher?id=9073b42d-9115-

4108-8766-0caae54aff08&startTime=37.520378&fbclid=IwAR2bkqNrcFAI7myDt2ZCwwgvqtxJEssuRdO8u1_-l1kYkzWvPfdG-hgU_Sw. 31. März 2020 (23 August 2020).

Yang, Stephanie. „New York City's Virus Lockdown Means New Challenges for Rats and Local Wildlife; Animals Have More Space to Roam but Food Has Become More Scarce and Some Bird Habitats May Face Disruption". *Wall Street Journal*. http://search.proquest.com/docview/2401738022/?pq-origsite=primo. 13. Mai 2020 (27. November 2020).

Interviews

Geoff, Gersh (Yonkers NY, USA), Zoom-Interview geführt am 23. Oktober 2020.
Rothenberg, David (Hudson Valley NY, USA), Zoom-Interview geführt am 15. Oktober 2020.

Krise erinnern

Benet Lehmann, Paul Schacher

Geschichtskultur in der Corona-Pandemie: Beobachtungen zur Historisierung einer aktuellen Krise

1 Geschichte in der Ausnahmesituation

Ein Mund-und-Nasen-Schutz gefertigt aus einem rotkarierten Geschirrtuch ist eines der Objekte, welche im *coronarchiv*, einem Onlinearchiv für den Alltag unter den Bedingungen der Covid-19-Pandemie, eingestellt sind (Vinnen 2020a). Annett Vinnen vom Stadtarchiv Gelnhausen ist die Urheberin der Maske und hat auch für das Archiv Gelnhausen einen Aufruf an die Bevölkerung veröffentlicht, Fotografien, Texte und Videos aus dem Alltag der Pandemie einzusenden und damit zu teilen und zu bewahren (Vinnen 2020b).

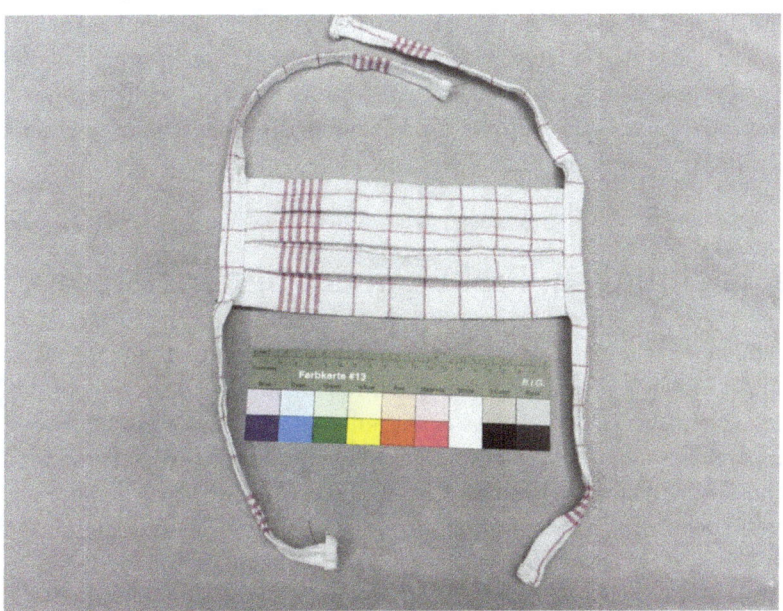

Abb. 1: Annett Vinnen für das Stadtarchiv Gelnhausen, Maske aus Geschirrtuch, März 2020, auf coronarchiv Uni Hamburg eingestellt, CC BY-SA 4.0].

https://doi.org/10.1515/9783110734942-019

Daneben finden sich Bilder, Videos oder etwa Texte aus der Coronasituation: Singende Nachbarschaften auf Balkonen, kreative Strategien der Bekämpfung von Langeweile, das fehlende Klopapier oder eben die rotkarierte Maske wirken dokumentationswürdig. Die gegenwärtige Situation wird als Ausnahme wahrgenommen – es ist klar, dass gerade ‚Geschichte passiert'.

National wie international wurden Maßnahmen zur Eindämmung und Bekämpfung der Pandemie ergriffen. Die Impfstoffforschung lief auf Hochtouren. Auch wenn Kontaktbeschränkungen, Schulschließungen oder Maskenpflicht im öffentlichen Raum dem Großteil der deutschen Bevölkerung völlig fremd waren, fanden die Menschen zu einem neuen Alltag in der Seuchenzeit, wie auch die exemplarisch aufgeführte Maske zeigt.

Das Bewusstsein für die Pandemie ist vor allem ein medial vermitteltes: Medizinische Grundsätze, politische Entscheidungen, wirtschaftliche Reaktionen und gesellschaftliche Verhaltensweisen, um der Krise zu begegnen, werden kommuniziert und kommentiert und formen unsere Vorstellung der internationalen Gesundheitskrise. Es sind nicht allein diese pragmatischen Reaktionen, die den Diskurs in der und um die Covid-19-Pandemie bestimmen, auch das *Historische* prägt die Pandemie seit ihrem Beginn Anfang 2020. Wir können beobachten, dass diese aktuelle Krise historisiert, also diskursiv zum historischen Ereignis gemacht wurde und wird. Doch woher kommt der Impuls, die Geschichtlichkeit dieses Gegenwartsereignisses zu thematisieren? Warum nimmt Geschichte eine so wichtige Rolle in dieser Krise ein? Warum kommunizieren Menschen bereits jetzt darüber, wie wir uns einmal erinnern werden?

2 Beobachtungen: Praktiken der Historisierung

Die Praktiken, welche die Covid-19-Pandemie historisieren und geschichtskulturell konstituieren, ordnen wir hinsichtlich folgender vier Dimensionen: Erstens beobachten wir ein politisches Sprechen über die Krise als historischen Moment; zweitens eine gesellschaftliche Rezeption historischen Wissens zur Seuchen- und Gesundheitsgeschichte, insbesondere aus der Zeitgeschichte; drittens ein Interesse der Geschichtswissenschaft und weiterer professioneller Akteur:innen aus dem Feld des Historischen sowie viertens (un-)alltägliche, individuelle Verhaltensweisen in dieser gegenwärtigen Situation. Im Folgenden führen wir unsere Beobachtungen an und skizzieren dann eine Deutung dieser Historisierung der Gegenwart. Geschichte verstehen wir – aus historisch-kulturwissenschaftlicher Perspektive – als Sinn- und Kommunikationsprozesse, in denen Menschen Vergangenes gegenwärtig sinnvoll machen (van Norden 2011, 41–48; Landwehr

2016, 56–78). Dabei wählen wir das Konzept der Geschichtskultur als Untersuchungsrahmen. Unter Geschichtskultur verstehen wir den kollektiven sowie den darin eingebetteten individuellen Umgang mit Geschichte.[1] Als Untersuchungsraum fokussieren wir uns auf die deutsche Öffentlichkeit, gehen aber auch kursorisch auf internationale Entwicklungen ein.[2]

2.1 Von historischen Momenten und Kriegen gegen einen unsichtbaren Feind: Geschichtskulturelle Bezüge im politischen Sprechen über Corona

In der Zeit der Pandemie trat ‚die Geschichte' beharrlicher als sonst auf. In Reden, Talkshows sowie Zeitungsartikeln half sie als Historia vitae magistra bei der Bewältigung der Krise. An prominentester Stelle steht wohl der diachrone historische Vergleich, mit dem vermeintlich Einschätzungen gegeben, Fehler der Vergangenheit vermieden und Erfolge wiederholt werden können. Volker Bouffier, hessischer Ministerpräsident, skizzierte für die *Frankfurter Allgemeine Zeitung Online* anlässlich des Jahrestags des 8. Mai das Bild ausgebombter deutscher Städte, schrieb von der Befreiung Deutschlands vom Nationalsozialismus, der darin präsent gewesenen Chance auf einen Neubeginn und einen „bald in Fahrt kommenden Wiederaufstieg" Deutschlands – die nationalsozialistischen Verbrechen dagegen erwähnte er nicht. „Nach der ‚Stunde Null' von 1945 befinden wir uns derzeit wieder in einer ‚Stunde Null'", schrieb er und rief in Zeiten der Gesundheitskrise zu einer Art neuem Marshall-Plan auf und weiter:

> Um Menschenleben zu retten, musste das gesamte öffentliche Leben pausieren, musste die Wirtschaft vorübergehend stillstehen und unser ganzes Land für einen Moment innehalten. Aber wie 1945 kann auch in dieser ‚Stunde Null' ein chancenreicher Neuanfang liegen. (Bouffier 7. Mai 2020)

Aufgrund der negativen Reaktionen auf diesen Vergleich wies die hessische Staatskanzlei in einem Statement darauf hin, die FAZ habe einen Halbsatz gestrichen, in dem Bouffier die Schwierigkeit des historischen Vergleichs betone. Wie gewünscht wurde dann der Halbsatz „Auch wenn historische Vergleiche hinken mögen" noch in den Artikel eingefügt (Hessische Staatskanzlei 8. Mai 2020).

---

[1] Vgl. zum Überblick über die geschichtsdidaktischen Ansätze: Lücke und Zündorf (2018, 31–32); zum Geschichtsbewusstsein in der Gesellschaft: Schönemann (2003, 17).
[2] Vgl. zum mediengeschichtlich geprägten Verständnis des Begriffs der Öffentlichkeit: Requate (1999).

In einer Videobotschaft zur aktuellen Lage wandte sich die Bundeskanzlerin Angela Merkel am 18. März 2020 an die Bürger:innen, ein Novum in ihrer Amtszeit. Merkel bat um gesellschaftliche Solidarität bei der Beachtung der Schutzmaßnahmen und in der Unterstützung des alltäglichen Lebens während der Kontaktbeschränkungen. Zur Verdeutlichung hob sie zum historischen Vergleich an: „Seit der Deutschen Einheit, nein, seit dem Zweiten Weltkrieg gab es keine Herausforderung an unser Land mehr, bei der es so sehr auf unser gemeinsames solidarisches Handeln ankommt" (Merkel 18. März 2020). Die am Abend in ARD und ZDF sowie auf privaten Sendern ausgestrahlte Rede erreichte ca. 30 Millionen Zuschauende.[3] Merkel bezeichnete die Pandemie als „eine historische Aufgabe", welche „nur gemeinsam zu bewältigen" sei.[4]

Auch der Bundespräsident Frank-Walter Steinmeier ordnete die Krise in einen historischen Kontext ein (Steinmeier 11. April 2020). Steinmeier rief dabei zur europäischen Solidarität auf: „Dreißig Jahre nach der Deutschen Einheit, 75 Jahre nach dem Ende des Krieges sind wir Deutsche zur Solidarität in Europa nicht nur aufgerufen – wir sind dazu verpflichtet!" Mehrfach betonte er, dass die Krise ein Scheidepunkt sei, denn, so Steinmeiers Prognose, die Welt nach der Pandemie werde „eine andere sein" und es liege „an uns", sie zu gestalten. Deutlich distanzierte sich der Bundespräsident aber von Kriegsvergleichen:

> Nein, diese Pandemie ist kein Krieg. Nationen stehen nicht gegen Nationen, Soldaten nicht gegen Soldaten. Sondern sie ist eine Prüfung unserer Menschlichkeit. Sie ruft das Schlechteste und das Beste in den Menschen hervor. Zeigen wir einander doch das Beste in uns!

Die Coronakrise in historische Bezüge zu stellen, prägte nicht nur die deutsche Politik, sondern war auch im Ausland zu beobachten, wenn auch mit anderem Charakter. Noch restriktiver gestalteten sich die Entscheidungen zum Schutz der Bevölkerung vor der Virusinfektion in der Republik Frankreich, teilweise galt 2020 eine Ausgangssperre. Auch die politische Rhetorik in den Fernsehansprachen des französischen Staatspräsidenten Emmanuel Macron geriet um einiges schärfer. In seiner ersten Fernsehansprache zur Covid-19-Pandemie vom 12. März 2020 bezeichnete Macron die aktuelle Situation als die schwerste Gesundheitskrise, die Frankreich seit einhundert Jahren getroffen habe und

---

[3] Die Ansprache wurde in der ARD nach der *Tagesschau* um ca. 20.15 Uhr, im ZDF nach den *heute*-Nachrichten um ca. 19.20 Uhr gesendet, einige Privatsender wie z. B. RTL oder n-tv strahlten das Video ebenfalls aus. Zu den Zuschauerzahlen vgl. Fries, Nico. *Süddeutsche Zeitung*, 20. März 2020, 3.

[4] Vgl. weiterführend auch die Medienstimmen: von Altenbockum, Jasper. *Frankfurter Allgemeine Zeitung*, 19. März 2020, 1; Pörksen, Bernhard. *ZEIT Online*, 19. März 2020.

verkündete die Maßnahmen zu ihrer Bekämpfung (Macron 12. März 2020). Er sprach von einer Mobilisierung der Gesellschaft, betonte zugleich aber, nur durch europäische Zusammenarbeit sei das Virus zu bekämpfen. Doch immer wieder wandte er sich an die nationale Gemeinschaft, denn diese Zeit erfordere den Zusammenhalt der Nation. Im Rückgriff auf die französische Geschichte und den Ersten Weltkrieg bezeichnete Macron die Nation als „union sacrée", eine *heilige Einheit*, „qui a permis à notre peuple de surmonter tant de crises à travers l'histoir", also die es dem Volk ermöglicht habe, so viele Krisen im Laufe der Geschichte zu überwinden.

Vier Tage später wählte er das drastische Mittel des Kriegsaufrufes, um die historische Dimension der Covid-Krise zu verdeutlichen: „Nous sommes en guerre", wir sind im Krieg, hob Frankreichs Präsident in seiner Ansprache vom 16. März 2020 hervor (Macron 16. März 2020). Es sei ein Gesundheitskrieg, der die „mobilisation générale", die allgemeine Mobilisierung (oder eben auch *Mobilmachung*), erfordere. Mehrfach wiederholte er die Formel „nous sommes en guerre" und rief die Franzosen zur Zusammenarbeit auf. Dies klänge „befremdlich" für deutsche Ohren, kommentierte die *Frankfurter Allgemeine Zeitung*, sei in der französischen Politik aber nicht ungewöhnlich (FAZ 18. März 2020, 3).[5] Generell jedoch ist das „kriegerische Vokabular" der politischen Kommunikation zur Gesundheitskrise kein Spezifikum der Covid-19-Pandemie, denn es wäre „systemübergreifend und in allen politischen Strömungen" während historischer Seuchen zu hören und zu sehen gewesen, so der Historiker Axel Schildt (2014, 208). Auch der französische Nationalfeiertag am 14. Juli stand im Zeichen der Gesundheitskrise. Statt des üblichen Volksfests zum Jahrestag des Sturms auf die Bastille 1789 gab es eine Zeremonie mit wenigen Gästen, die im Fernsehen übertragen wurde. Bei dieser Militärzeremonie auf dem Place de la Concorde (Paris) marschierten nicht nur uniformierte Streitkräfte auf. Auch Personal aus dem Gesundheitswesen, aus Bildung und Wirtschaft, Polizei und Feuerwehr war zu Gast, wurde in den historischen Feiertag integriert und in diesem Rahmen geehrt (Élysée 14. Juli 2020).[6]

Nachdem die Gefahr des Virus in den Vereinigten Staaten durch dem damaligen Präsident Donald Trump und dessen Administration zu Jahresbeginn 2020 eher heruntergespielt wurde, änderte sich die Kommunikationsstrategie Ende März 2020. Im öffentlichen Briefing vom 10. April nutzte Trump die Metapher der Mobilisierung

---

5 Vgl. auch die Einschätzung des französischen Historikers Stéphan Audoin Rouzeau in der Sendung „28 minutes" zum Zeitempfinden im Ersten Weltkrieg und in der Gegenwart. Vgl. „28 minutes", arte Frankreich, 16. April 2020.
6 Zur integrativen Funktion von Gedenktagen vgl. die kurze Zusammenstellung bei Drüding 2020, 23–28, hier 25 f.

gegen das Virus (Trump 10. April 2020). Der offizielle Twitter-Account „The White House" veröffentlichte daraufhin auf der Social-Media-Plattform ein Video des Briefings und ordnete Trumps Maßnahmen historisch ein: „In response to the virus, the American people have launched the greatest mobilization of our society since World War II.", versehen mit einem Icon der amerikanischen Flagge. Präsident Donald Trump retweetete über seinen eigenen Account, die Posts waren nach nur wenigen Stunden tausendfach geteilt und gelikend.

Auch später bezog er sich auf die Geschichte, beispielsweise bezeichnete er die Krise am 17. April als eine der „most challenging times in the history of our nation" (Trump 23. April 2020). Für Irritationen sorgte Trump dagegen im Briefing vom 10. August mit seinem Bezug auf die Spanische Grippe am Ende des Ersten Weltkrieges. Was mit der aktuellen Pandemie in der Geschichte am vergleichbarsten sei, wäre die große Pandemie von 1917 [sic!], denn „the great pandemic certainly was a terrible thing, where they lost, anywhere from 50- to 100 million people. Probably ended the Second World War; all the soldiers were sick. That was a – that was a terrible situation" (Trump 10. August 2020) – dazu kein Kommentar.

Warum dieser politische Rückgriff auf die Geschichte? Wie alltägliches Leben wird auch die Politik durch die Erfahrung beeinflusst, was sich im politischen Diskurs durch den Rückgriff auf kollektive Geschichte ausdrückt. Das Erinnern an gelungene oder gar glorifizierte Krisenbewältigung in der Vergangenheit vermittelt Erfolg, an den angeknüpft werden kann, und legitimiert durch den historischen Vergleich politische Maßnahmen. Insbesondere der Rückgriff auf Kriege in der Geschichte wirkt bedrohlich und ermöglicht politische Maßnahmen über das übliche Spektrum hinaus wie Ausgangsbeschränkungen, Kontaktbeschränkungen oder Schließungen von Einrichtungen. Dieses „Handlungs- und Politikfeld, auf dem verschiedene Akteure Geschichte mit ihren spezifischen Interessen befrachten und politisch zu nutzen suchen", beschreibt Edgar Wolfrum als Geschichtspolitik (Wolfrum 1999, 25).

Im Vergleich etwa mit Frankreich oder den Vereinigten Staaten finden im politischen Diskurs in Deutschland Begriffe wie „Krieg" oder „Mobilisierung" aufgrund der historischen Rolle des Landes kaum positive Verwendung. Dafür wurden das Kriegsende um die (mystifizierte) „Stunde Null" oder die deutsche Wiedervereinigung angesprochen, Stationen der Erfolgsnarration deutscher Demokratie- und Freiheitsgeschichte. Das ermöglicht nicht nur eine Historisierung der Gegenwart, sondern auch einen Ausblick auf die Zukunft. Der Bezug auf Ereignisse der Vergangenheit macht den Charakter der Zeit bewusst, im Fluss zu sein. Ebenso wie vergangene Krisen wird auch die Covid-19-Pandemie eines Tages überstanden sein – so die Empirie der Geschichte. Wie die Jahre nach 1945 von Wohnungsnot und Hunger geprägt waren, bald schon aber mit wirtschaftlichem Aufschwung überwunden wurden, ist auch die Covid-19-Pandemie eine Krisenzeit, die bewältigt werden kann und sich damit in das Narrativ der Bundesrepublik als Erfolgsgeschichte einreihen dürfte (vgl. Schildt 1999) – die Gegenwart wird historisch.

2.2 Das Coronavirus – die neue Spanische Grippe? Zum medialen Umgang mit der Historizität der Krise

Geschichte findet sich in (fast) allen kulturellen Zusammenhängen – sie boomt. In Film und Fernsehen, in Buch, Zeitung und Zeitschrift, in Spielen und im Internet wird Geschichte für breite Bevölkerungskreise konstruiert und kommuniziert und nicht zuletzt so mit ihr auch Geld verdient. Bereits zu Beginn der Coronakrise war zu beobachten, dass sich ein Mehr an Geschichte einstellte. Die Aufmerksamkeit für historische Zeiten schlug sich hier auch massenmedial nieder, Anbieter von Geschichte vernahmen eine erhöhte Nachfrage.

Um ein Beispiel aus dem Printbereich zu nennen: Zwar ist im *Spiegel* das Historische oft Gegenstand von Artikeln, doch in der ersten Jahreshälfte 2020 druckte das Magazin gleich mehrfach Texte zur Geschichte der Seuchen. Bereits am 14. März erschien der Artikel „Die Seuche raste" zur Spanischen Grippe (Bohr 2020, 54–55). Sich auf den Medizinhistoriker Volker Roelcke berufend fasste der Autor Felix Bohr zusammen, Geheimhaltung habe die Gefahr der Spanischen Grippe maximiert. Zur Frage, was die Geschichte lehre, schlussfolgerte der Autor, dass internationale Kommunikation nun bei der Bekämpfung der Covid-19-Pandemie wichtig sei. Im Heft darauf erschien das Essay „Die Ära nach dem Ausbruch" des Historikers Philipp Ther, der schrieb, die Maßnahmen gegen die Krise müssten mit dem Maßstab der Gerechtigkeit beurteilt werden, sonst würde das Vertrauen der Menschen in die Demokratie geschwächt, wie die Geschichte zeige (Ther 2020, 92–93). Mitte April ordneten Johann Grolle und Klaus Wiegrefe das Virus auch historisch ein und mahnten, dass Fortschritt allein keinen Schutz vor neuen Viren biete – wie im Laufe der Geschichte deutlich geworden sei (Grolle 2020, 100–104; Wiegrefe 2020, 102–103). In der Woche darauf brachte das Magazin ein Interview mit dem amerikanischen Medizinhistoriker Frank Snowden, der die Tendenzen, Corona auf vermeintliche außenstehende Fremde zu schieben (siehe Trump), einordnete und zeitdiagnostisch anmahnte, mehr auf Medizinforschung und die Wissenschaft zu achten, was man aus der Geschichte lernen könne (Hackenbroch und Snowden 2020, 104–106). Diese Zahl an historischen Bezügen innerhalb weniger Wochen zeigt, dass der *Spiegel* hier eine erhöhte Nachfrage vermutete und darauf antwortete.

Neben Zeitungen und Zeitschriften reagierte auch das Fernsehen auf den vermeintlichen Bedarf nach Geschichte. In der Reihe *ZDF-History* lief bereits am 1. März die neue Folge „Grippe, Pest und Cholera – Die Geschichte der großen Seuchen" (Berkel et al. 2020). „Immer wieder", so der Sprecher im mit dramatischer Musik untermalten Intro, „suchen Seuchen meist ohne Vorwarnung die Menschheit heim, von Pest bis Cholera, von Ebola bis Aids. Wie sich die Menschen zu schützen versuchten und welchen Kampf sie gegen die mörderischen Krankheiten führten", zeigte die Produktion mit Archivmaterial, aktuellen Aufnahmen sowie Interviews mit Experten wie beispielsweise dem Medizinhistoriker Ronald D. Gerste.

Am 27. August lief im Abendprogramm von *3sat* die Dokumentation „Mensch gegen Virus – von der Spanischen Grippe bis Corona" in der Reihe „Geschichte im Ersten". Die Dokumentation von Simone Jung beginnt mit einer Zusammenreihung verschiedener Aufnahmen – auch hier wieder untermalt mit atmosphärisch-düsterer Musik –, schwarz-weiße Bilder von medizinischem Personal, von Gräbern und von Personen mit Mund-und-Nasen-Schutz, Farbaufnahmen von beatmeten Patienten und gesicherten Leichentransporten, Bilder, die einen Bogen durch die letzten Jahrhunderte der Seuchengeschichte schlagen. Experten aus dem Gesundheitswesen kommen zu Wort, ebenso eine Zeitzeugin, die 1957 als Krankenschwester mit der Asiatischen Grippe infiziert wurde, und mit Karen Nolte auch eine Expertin der Medizingeschichte.[7]

Zu beobachten war in der geschichtskulturellen Thematisierung der Seuchengeschichte ein starker Fokus auf die Spanische Grippe. 2018 gab es anlässlich der hundertsten Jährung ihres Ausbruchs bereits ein neues Interesse an ihr, doch erst 2020 trat sie aus dem Status der vergessenen Seuche heraus (vgl. auch Spinney 2018, 11–18). Für die geschichtskulturelle Verwertung war sie nahezu eine Idealfolie: Symbolisch aufgeladen lagen knapp 100 Jahre zwischen ihr und der Covid-19-Pandemie, sie war ebenfalls eine weltumspannende Lungenkrankheit, zu ihrer Bekämpfung wurden das öffentliche Leben mancherorts eingeschränkt und wohl erstmals Masken zum Schutz getragen. Und gerade dieser historische Bezug sorgte auch für beinahe unglaubliche und rührige Schlagzeilen. Die mittlerweile 108-jährige US-Amerikanerin Anna del Priore und ihre 105-jährige Schwester Helen überlebten die Infektion mit der Spanischen Grippe 1918 und die Covid-19-Infektion 2020, was zunächst in den USA, dann auch in deutschen Boulevardmedien rezipiert wurde (vgl. Lourim 27. August 2020; Hamburger Morgenpost 29. August 2020).

---

7 Vgl. zum Medienecho Hupertz (2020).

Sowohl die Produktion und die Distribution als auch die Rezeption von Seuchengeschichte nehmen in Krisenzeiten merklich zu. Das Wissen um die vergangenen Ereignisse wird dabei im Licht der aktuellen Situation neu ausgehandelt, denn nur so gelingt eine mögliche Beantwortung der Fragen von heute. Dabei kommt es zur Narrativierung des historischen Materials, einer Selektierung und nicht selten zu einer Dramatisierung. So kommt neues Wissen zur jeweiligen Erzählung hinzu und das vergangene Ereignis wie etwa die Spanische Grippe wird anders betrachtet. Eine wichtige Rolle spielt dabei die Adressierung dieser Geschichtsprodukte an ein Publikum, dass sich nicht akademisch mit Geschichte befasst, sondern einen generellen Informationsgehalt und auch Unterhaltung sucht. Im Gegensatz zu akademischer Geschichtsschreibung lassen sich diese Formate als „popular history" verstehen, für die die Unterhaltung ein maßgeblicher Faktor ist (vgl. Jordanova 2000, 141; Faulstich 2006, 8).

2.3 Geschichte in der Gegenwart und der professionelle Blick: Eine gegenwärtige Krise als Gegenstand von Geschichtswissenschaft, Museen und Sammlungsinitiativen

In den skizzierten medialen Erzeugnissen spielen Expert:innen eine herausgehobene Rolle. In Gastbeiträgen und Interviews traten Historiker:innen auf, erklärten die Geschichte der Krankheiten und äußerten sich auch zur Zukunft nach der Krise.[8] Bereits Mitte April erklärte der deutsche Historiker Martin Sabrow im Interview mit Anja Reinhardt im *Deutschlandfunk* die Corona-Pandemie zu einer möglichen Zäsur, die den Umgang mit Globalisierung, Grenzen und sozialer Ungleichheit verändern könne (Reinhardt und Sabrow 12. April 2020).

Das war durchaus ein international beobachtbares Phänomen: Im Interview für das *New York* Magazin antwortete der Historiker Adam Tooze auf die Frage, wie das historische Wissen produktiv auf die Herausforderungen der Gegenwart angewandt werden könne, er glaube zwar, man lebe in „historic times", aber die Gleichsetzung von Geschichte und gegenwärtiger Situation bringe nichts. Es sei Aufgabe von Historiker:innen, kritisch zu hinterfragen und zu untersuchen, auch jetzt in der Gegenwart – das gelte übrigens nicht nur für sie, sondern bestenfalls für alle Zeitgenoss:innen (Levitz und Tooze 7. August 2020). Nichtsdestotrotz wurde gerade die Disziplin der Geschichtswissenschaft tätig, die aktuelle

---

[8] Vgl. beispielsweise die Linksammlung „Geschichtswissenschaft und die Corona-Pandemie" der Redaktion H-Soz-Kult 31. März 2020.

Krise nicht nur als kritische Mitlebende, sondern explizit als Historiker:innen zu analysieren. Nicht zuletzt ist auch unser Artikel selbst ein Ausdruck des Interesses der Geschichtswissenschaft an der Krise.

In seinem Interview erklärte Sabrow, dass Historiker:innen und allgemein die Geschichtswissenschaft in der aktuellen Situation der Krise nicht die ersten Ansprechpartner:innen seien. Aber sie könnten Orientierung liefern. Einerseits indem Lehren aus der Geschichte, aus ähnlichen Situationen in der Vergangenheit gezogen werden. Andererseits sei aber auch eine Historisierung der Gegenwart selbst zu beobachten; das aktuelle Ereignis werde schon zu einem historischen gemacht (Reinhardt und Sabrow 12. April 2020). In diesem Kontext sind auch die archivierenden Sammlungen zu Corona zu sehen. Archive und Museen in Deutschland, Europa und der Welt haben im Frühjahr 2020 die besondere Situation erkannt und Sammlungen zur Coronakrise begonnen, wie auch Beiträge in diesem Band exemplarisch zeigen (Langwagen und Bretschneider; Lessing, Butuci und Unterkircher). Daneben wurden auch Citizen-Science-Projekte ins Leben gerufen. Bereits Ende März 2020 ging die Website des *coronarchivs* online, ein Portal, welches „Sammlung, Archivierung, Kontextualisierung und langfristige Bereitstellung von persönlichen Erinnerungen und Fundstücken zur ‚Coronakrise'" betreibt (Bunnenberg et al. 2020).[9] Das entstandene Onlinearchiv umfasste im September 2020 bereits über 3.000 Einsendungen, meist Fotografien aus dem Corona-Alltag, aber beispielsweise auch Erlebnisberichte oder Videos. Die Idee entstand aus der Frage, wie spätere Geschichtswissenschaft auf Corona zurückblicken und mit welchen Quellen sie arbeiten könne, so zwei der Initiatoren, die Historiker Thorsten Logge und Nils Steffen, im Interview (Logge, Nils und Meßner 8. September 2020). Insbesondere die Vielfalt der Alltagserfahrungen fände nicht den Weg in klassische Archive und werde auf diesem Weg erhalten. Die Motivation der Initiator:innen ergebe sich dabei einerseits aus der Beobachtung, dass die Betroffenheit in der Krise unterschiedlich ausfalle; es gelte, die feinen Unterschiede der sozialen Positionen abzubilden. Andererseits stehe auch das fachliche Interesse dahinter, die für die historische Forschung wertvollen Grundlagen zu schaffen. Dabei wird bereits gegenwärtig erahnt, was einmal erinnernswert sein wird.

Das *coronarchiv* steht aber nicht allein. Auf einer in Kooperation des Public-History-Projekts *Made By Us* und der *International Federation for Public History* entstandenen Karte sind ca. 500 derartiger Projekte eingezeichnet (Stand August 2020), die sich der Sammlung und Präsentation von Artefakten aus der

---

9 Die Leitung des Projekts haben Thorsten Logge und Nils Steffen (Universität Hamburg), Christian Bunnenberg (Universität Bochum) und Benjamin Roers (Universität Gießen) übernommen.

Corona-Zeit zu historischen Zwecken verschrieben haben. Es gibt eine deutliche Konzentration in Europa und Nordamerika, aber auch Südamerika, Australien, Asien und Afrika sind vertreten (Marsillo 31. August 2020).

2.4 Leben in historischen Zeiten? Praktiken der Selbsthistorisierung des Individuums

Politische Statements mit historischem Bezug, mediale Angebote zur Seuchengeschichte und das Wirken von Historiker:innen bedienten eine (erwartete) gesteigerte Nachfrage nach Geschichte. Doch lässt sich hier nicht von einer passiven Rezeptionshaltung sprechen. In vielerlei Hinsicht ist das Wahrnehmen der Corona-Pandemie als besonderes Ereignis ein individuelles, die historische Sinnbildung ein individueller Prozess. Dabei ist der Eigen-Sinn der Rezipient:innen maßgeblich für die Konstruktion und Aneignung von Geschichte (vgl. den Überblick bei Lindenberger 2014). Die Beschäftigung mit der Geschichte, die in Form von Zeitschriftenartikeln, Fernsehsendungen, Interviews usw. verfügbar war, ist motiviert durch die Suche nach Orientierung. Vergangenheitsdeutung dient Gegenwartsorientierung und regt Zukunftsperspektiven an (Rüsen 2013, 29, 46).

Auch wenn diese Sinnbildungen im gemeinsamen Rahmen eines historischen Diskurses über Krisen und Krieg, Seuchen und Notlagen stattfinden, so beobachteten wir sehr verschiedene Umgangsweisen mit der Krise. Vom intimen Tagebuchschreiben bis zur semi-öffentlichen Dokumentation des Corona-Alltags wie zum Beispiel durch Fotografien auf Social Media, die leergekaufte Supermarktregale zeigten, entstanden Momentaufnahmen der aktuellen Situation. Diese Produktion von Zeitzeugnissen und die damit einhergehende Fixierung der imaginierten Erinnerung zeigt die Absicht, Erlebtes deuten und verstehen zu wollen. Zugleich macht die Produktion von Erinnerungen die Zeit als fortlaufend bewusst und damit die Corona-Pandemie als zukünftige Vergangenheit erahnbar. Die individuellen Eindrücke der Krise werden durch das Teilen auf Social Media oder in den Projekten der Public History wie zum Beispiel dem *coronarchiv* Teil kollektiver Geschichte.

Die Aussicht, etwas der Nachwelt übergeben zu können, stiftet dazu an, die eigenen Gedanken aufzuschreiben, die selbstgebastelten Masken oder die Aushängeschilder geschlossener Geschäfte zu fotografieren und auf Social Media hochzuladen. Dadurch findet sich auch der implizite Aufruf zur Quellenproduktion.[10] Das Teilen des individuellen Erlebens ist dabei nicht allein Selbstverge

---

[10] Dieser wird jedoch von den Initiatoren des *coronarchivs* so nicht artikuliert. Vgl. Logge, Steffen, Meßner: *Universität Hamburg*, 18. September 2020.

wisserung des zu Erinnernden, es ist auch Austausch mit anderen. Das (Un-) Alltägliche der Ausnahmesituation, das gemeinsam durchlebt wird, steht im Vordergrund, über die Erfahrung konstituiert sich ein Kollektiv (vgl. Lüdtke 1989). Das Partizipieren an einer kollektiven Erfahrungsgemeinschaft deuten wir als Einbindung der privaten Erfahrungen in einen größeren Kontext, die so eine gewisse Sicherheit vermittelt, nicht allein mit den eigenen Problemen zu sein.

Damit ist auch immer eine zeitliche Dimension verbunden. Ein Beispiel aus dem Alltag sind etwa die Fotos von leeren Supermarktregalen, die im ersten Moment nichts Besonderes zu sein scheinen. Dennoch wurde gerade ihnen in der Anfangszeit der Krise erhöhte Aufmerksamkeit gewidmet. Wir nehmen an, dass dieses Festhalten einer Ausnahmesituation über ein gegenwärtiges Dokumentations- und Kommunikationsbedürfnis hinausgeht: In der Absicht, sich einmal besonders an die fehlenden Nudeln zu erinnern, manifestiert sich auch die Hoffnung, dass es eines Tages wieder wie früher sein wird. Die Situation, die als kurzzeitige Lebensmittelknappheit erlebt wird, wird so eingerahmt in einen Ablauf von Zeit, in dem Menschen kurz zuvor keine diesbezüglichen Probleme hatten und hoffen, ebendiesen Zustand auch potentiell wiederherstellen zu können. Bereits dieses Imaginieren von Corona als beendetes Ereignis sorgt für einen gewissen Abstand. Wer ihn hat, fühlt sich – zumindest kurzzeitig – nicht mehr mittendrin und vom Problem eingeschlossen.

Unserer These nach ist damit das Anliegen verknüpft, das eigene Erleiden in der Krise sinnvoll zu machen. Bei dem Gedanken, die jetzigen Einschränkungen beim ersten Wiedertreffen mit Freund:innen als Anekdote zu erzählen, fallen sie nicht mehr so schwer zur Last. Kleineren Verzichten wird dann vielleicht mit einem Schmunzeln begegnet, den größeren Problematiken der gegenwärtigen Vorkommnisse kann so eine gewisse Sinnhaftigkeit zugesprochen werden. Werden etwa in der Krise das ungleiche Verhältnis bei der Kinderbetreuung oder die prekären Verhältnisse des Homeoffice bewusst, kann sich daraus der Appell ergeben, dies ändern zu wollen. Die als besonders problematisch erlebten Belastungen sollen in der Zukunft zum Argument für die Verbesserung dieser Umstände werden; gegenwärtig werden sie damit zu einer sinnvoll gemachten Erfahrung. Nicht selten geht daher mit diesen Deutungen der eigenen Lebensrealität in der Krise auch eine emotionale Dimension einher, die bei Erfahrungen des Erleidens einen Impetus zum Nichtvergessen beinhaltet. Das Durchleiden der Krise darf aufgrund der erlebten Schwierigkeiten nicht vergessen, nicht ‚sinnlos' werden. All diese Handlungen lassen sich als Wunsch interpretieren, sich zukünftig zu erinnern und dabei auf Erinnerungszeugnisse zurückgreifen zu können. Der außergewöhnliche Alltag wird verstärkt dokumentiert. Gegenwärtig wird von den Beitragenden an Archivprojekten die Notwendigkeit erkannt, diesen Lebensabschnitt zu dokumentieren, um so in der irgendwann kommenden Rückschau Aufschluss, Nachweis oder sogar Rechtfertigung geben zu können. Auch wenn es sich dabei um ein zukünftiges Projekt des Erinnerns handelt, entspringt der auslösende Wunsch, die Ausnahmesituation zu dokumentieren, einem gegenwärtigen Bedürfnis.

3 Die Historisierung der Corona-Pandemie zwischen dem Rückgriff auf Geschichte und der Imagination zukünftiger Geschichte

Mit Blick auf die aktuelle Corona-Pandemie fällt die Historisierung des Augenblicks und ein reger Umgang mit Geschichte in der Öffentlichkeit um die Themen Seuchen und Ausnahmezustände auf. Im geschichtskulturellen Netzwerk aus politischen Bezügen, medialen Aufbereitungen und professionellem Interesse an der Historizität der Coronakrise wurden Praktiken sichtbar, Handlungsmuster, die die gegenwärtige Krise zu einem historischen Moment machen.[11] Darüber hinaus hat der Umgang mit Corona aber auch eine individuelle Seite; das Individuum erlebt und deutet die Situation als Ausnahmeereignis – beispielsweise durch das Fotografieren eines leeren Supermarktregals, wo noch einige Wochen zuvor alles stets verfügbar war.

Die Dimensionen dieses historisierenden Umgangs mit der Pandemie lassen sich auch im Milieu der Verschwörungstheoretiker:innen beobachten. Seit dem Frühjahr 2020 gibt es Stimmen, die Corona als harmlos oder die Pandemie gar als ausgedacht bezeichnen.[12] Die Maßnahmen gegen die Pandemie deuten diese als getrieben durch vermeintliche Eliten in Wirtschaft, Finanzwelt und Politik. Geschichte ist auch hier politische Ressource, wird beispielsweise in Form von Social-Media-Kanälen aufgearbeitet, bedient so Nachfragen und ist Gegenstand individueller Auseinandersetzungen. Insbesondere seit dem zweiten Halbjahr 2020 fand sich auf entsprechenden Demonstrationen eine Mischung aus Verschwörungstheoretiker:innen, Esoteriker:innen und Personen des rechtsradikalen Spektrums zusammen. Prägend bei der Organisation der Proteste war

---

11 Vgl. weiterführend zum Sprechen über Ereignisse Derrida (2003).
12 Das war bereits mehrfach in der Geschichte der Seuchen zu beobachten. Vgl. das Gespräch Achim Landwehr und Heiner Fangerau 24. November 2020 (HHU 2020).

die sogenannte Querdenker-Bewegung.[13] Deutlich zu vernehmen war dabei immer wieder der Vergleich zwischen den Diktaturen der deutschen Geschichte und den Maßnahmen in der heutigen Bundesrepublik (vgl. zu DDR-Vergleichen Huster und Schwarz 28. September 2020). So kamen zum Beispiel am 7. November 2020 in Leipzig mehrere Zehntausend Personen in verschiedenen Demonstrationen gegen die Anti-Corona-Maßnahmen zusammen. Leipzig als Veranstaltungsort war ein bewusst gewählter Bezug auf das Ende der DDR, die Demonstration sollte an Proteste im Kontext der Friedlichen Revolution 1989 erinnern. Als Redner auf der zentralen Bühne trat neben dem ehemaligen Bürgerrechtler Christoph Wonneberger ein 12-jähriger Junge auf, der vermeintliche Parallelen zwischen heute und dem Leben in der SED-Diktatur zog (Pollmer und Rietzschel 8. November 2020).[14] Geschichte ist in dieser verschwörungstheoretischen Konstruktion ein politisch genutztes Argument, um die Integrität von Politiker:innen und öffentlichen Personen sowie die Legitimität konkreter Maßnahmen mittels schiefer Vergleiche fragwürdig erscheinen zu lassen. Zum anderen zeigt sich auch hier die Vorstellung zukünftiger Erinnerung, geht doch die Historisierung des eigenen Verhaltens mittels historischer Analogien mit der Vorstellung einher, dass die ‚gerecht richtende Geschichte' die angebliche Wahrheit zeigen und die eigene Rolle bestätigen werde.

Die Corona-Pandemie war eine Störung des üblichen Lebens, die für die meisten Menschen eine Erfahrung ganz neuer Qualität bedeutete. Eine derartige „Sinnstörung" verlangt nach einer „Wiedergewinnung von Sinn durch Zeitdeutung", wie Jörn Rüsen es ausdrückt (Rüsen 2013, 32). Historisierung als ein Sinngebungsversuch hat auch in dieser Krise Konjunktur, denn das historische Denken reagiert auf das erhöhte Bedürfnis nach einer Verortung des Selbst und des Erlebten. Besonders in der Krise ist das Wissen gegenwärtig, „daß der Mensch und alle von ihm geschaffenen Einrichtungen und Formen seines Zusammenlebens in der Zeit existieren, also eine Herkunft und eine Zukunft haben, daß sie nichts darstellen, was stabil, unveränderlich und ohne Voraussetzungen ist" (Schieder 1974, 78–79).

Die Corona-Pandemie zu historisieren gibt „Sinn und Bedeutung für die Orientierung der gegenwärtigen Lebenspraxis" (Rüsen 2013, 46). Das historische

---

13 Vgl. auch die Beiträge von Kuhn, Rösener sowie Schulz zum Verschwörungsdenken in diesem Band.
14 Es ist davon auszugehen, dass sich der 12-jährige Junge durch den Einfluss erwachsener Menschen zu dem Auftritt und den Aussagen hat bewegen lassen. Doch auch dann wird hier die Bedeutung von Geschichte deutlich, da die Veranstalter sich für die Inszenierung des Jungen entschieden haben und die geschichtskulturelle Deutung durch seine Person vermittelt sehen wollten.

Denken ist dabei sowohl zurück als auch nach vorn gerichtet. Zurückblickend ist Geschichte Lehrstück, das aus der gegenwärtigen Perspektive befragt wird, nicht zuletzt wird so auch aktuelles Wissen ausgehandelt. Nach vorn gewandt bildet sich in den hier skizzierten Umgangsweisen ein Thema zukünftiger Geschichte ab: Die Krisengegenwart von heute ist die Geschichte von morgen. Die Corona-Pandemie als historisches Ereignis zu deuten, bedeutet also die Pandemie als prinzipiell endliches Ereignis zu verstehen, als abweichend vom üblichen, aber eben auch als vergänglich. Der *zukünftige Blick zurück* ist mitgedacht in historischen Analogien, Quellenproduktion und Archivierungsprojekten. Wir verstehen das als vorab imaginierte, zukünftige Erinnerung. Darunter lassen sich in einem möglichst weiten Verständnis von Erinnerung alle Praktiken fassen, welche die Krise als zukünftig abgeschlossen imaginieren und so Erinnerungen in die Zukunft projizieren, um sich in der Gegenwart der eigenen Historizität bewusst zu werden.[15]

Eine kontrovers diskutierte Idee für den zukünftigen Blick zurück ist die Kampagne *#besonderehelden* der deutschen Bundesregierung. Zu Beginn der zweiminütigen Videos ist eine ältere Person zu sehen, die vom Winter 2020 erzählt. Sowohl der erzählende Duktus als auch das Setting konstruieren hier eine zukünftige, fiktive Zeitzeug:innensituation. Unterstützt wird das durch kurze Einblendungen eines jungen Menschen, der mal faul auf dem Sofa sitzt, mal Computerspiele spielt. Mit ironischem Unterton zeigt der „Besondere Held" Tobi Schneider eine Medaille in die Kamera, die er damals für seinen „Einsatz" bekam, zuhause zu bleiben und nichts zu tun (Bundesregierung 2020). Hier wird ein bekanntes historisches Format, das Zeitzeug:inneninterview, imaginiert; so könnten wir uns einmal an die Pandemie erinnern. Die Botschaft ‚Bleibt zuhause und vermeidet Ansteckungsmöglichkeiten!' soll so humorvoll mit der Vorstellung über die Geschichte von morgen vermittelt werden.[16]

Welche Rolle die Corona-Pandemie 2020/21 aber zukünftig in der Geschichtskultur Deutschlands, Europas und der Welt einnehmen wird, ist natürlich noch völlig unklar. Zum Zeitpunkt des Entstehens dieses Artikels ist die Gefahr noch nicht gebannt, nicht vorhersehbar, welche Maßnahmen noch nötig werden, nicht absehbar, welche Ausmaße die Verschwörungstheorien um die Pandemie noch annehmen werden. Die Krise erfordert noch weiterhin ein Verhalten, das wenige Monate zuvor undenkbar erschien: Maskentragen zum Schutz von sich und anderen,

---

15 Vgl. zum Imaginieren als grundlegende historische Praktik Schörken (1994).
16 Anzumerken ist, dass die im Video gezeigte fiktive Erinnerung auf einer überspitzen Vorstellung vom Leben in der Pandemie beruhte. Während die „Faulheit" und damit Social Distancing als Heldentat gefeiert wurde, waren 2020 aufgrund der Maßnahmen auch eine Zunahme prekärer Beschäftigungsverhältnisse, Arbeitsplatzverluste sowie psychische Belastungen zu verzeichnen – gerade bei jungen Menschen.

Absage von Veranstaltungen aufgrund des Infektionsrisikos, massenhafte Kurzarbeit und Homeoffice sowie Reisebeschränkungen und schließlich das Impfen. Aber das Erleben als historische, in diesem Sinne als vergängliche Ausnahme lässt bereits eine Zukunft erahnen, in der der alte Zustand der Normalität wiederhergestellt ist.

Literatur

Derrida, Jacques. *Eine gewisse unmögliche Möglichkeit vom Ereignis zu sprechen*. Übers. v. Susanne Lüdemann. Berlin: Merve, 2003.

Drüding, Markus. „Gedenktage und Jubiläen. Eine Gelegenheit zum historischen Lernen?". *APuZ (Aus Politik und Zeitgeschichte) Jahrestage, Gedenktage, Jubiläen*. 70.33–34 (2020): 23–28.

Faulstich, Werner. „,Unterhaltung' als Schlüsselkategorie von Kulturwissenschaft: Begriffe, Probleme, Stand der Forschung, Positionsbestimmung". *Unterhaltungskultur*. Hg. Ders. und Karin Knop. Marburg: Wilhelm Fink, 2006. 7–20.

Jordanova, Ludmilla. *History in Practice*. London: Bloomsbury, 2000.

Landwehr, Achim. *Die anwesende Abwesenheit der Vergangenheit. Essay zur Geschichtstheorie*. Frankfurt a. M.: S. Fischer, 2016.

Lindenberger, Thomas. „Eigen-Sinn, Herrschaft und kein Widerstand". *Docupedia-Zeitgeschichte*. https://docupedia.de/zg/Lindenberger_eigensinn_v1_de_2014. 2. September 2014 (24. November 2020).

Lücke, Martin, und Irmgard Zündorf. *Einführung in die Public History*. Göttingen: UTB, 2018.

Lüdtke, Alf. „Einleitung. Was ist und wer treibt Alltagsgeschichte?" *Alltagsgeschichte. Zur Rekonstruktion historischer Erfahrungen und Lebensweisen*. Hg. Alf Lüdtke. Frankfurt a. M.: Campus, 1989. 9–17.

Requate, Jörg. „Öffentlichkeit und Medien als Gegenstände historischer Analyse". *Geschichte und Gesellschaft 25* (1999): 5–32.

Rüsen, Jörn. *Historik. Theorie der Geschichtswissenschaft*. Köln, Weimar, Wien: Böhlau, 2013.

Schieder, Theodor. „Geschichtsinteresse und Geschichtsbewußtsein heute". *Geschichte zwischen Gestern und Morgen*. Hg. Carl. J. Burckhardt. München: Paul List, 1974. 73–102.

Schildt, Axel. „Fünf Möglichkeiten, die Geschichte der Bundesrepublik zu erzählen". *Blätter für deutsche und internationale Politik* 10 (1999): 1235–1237.

Schildt, Axel. „Seuchen- und Zeitgeschichte. Eine Zwischenbilanz". *Infiziertes Europa. Seuchen im langen 20. Jahrhundert. Historische Zeitschrift, Beiheft 64*. Hg. Malte Thießen. München: De Gruyter, 2014. 206–212.

Schönemann, Bernd. „Geschichtskultur, Geschichtsdidaktik, Geschichtswissenschaft". *Geschichts-Didaktik. Praxishandbuch für die Sekundarstufe I und II*. Hg. Hilke Günther-Arndt. Berlin: Cornelsen, 2003. 11–22.

Schörken, Rolf. *Historische Imagination und Geschichtsdidaktik*. Paderborn: Schöningh, 1994.

Spinney, Laura. *1918. Die Welt im Fieber*. Übers. v. Sabine Hübner. München: Hanser, 2018.

van Norden, Jörg. *Was machst Du für Geschichten? Didaktik eines narrativen Konstruktivismus*. Freiburg: Centaurus, 2011.

Wolfrum, Edgar. *Geschichtspolitik in der Bundesrepublik Deutschland. Der Weg zur bundesrepublikanischen Erinnerung 1948–1990*. Darmstadt: WBG, 1999.

Quellen und Internetverweise

28 minutes. Moderator Renaud Dély. Arte Frankreich, 16. April 2020.
Bohr, Felix: „Die Seuche raste". *Der Spiegel* 12/2020, 14. März 2020: 54–55.
Bouffier, Volker. „Zum Kriegsende: Nach 75 Jahren wieder eine Stunde Null". *Frankfurter Allgemeine Zeitung*. https://www.faz.net/-is7-9z76d. 7. Mai 2020 (21. September 2020).
Bunnenberg, Christian, Thorsten Logge, Benjamin Roers, und Nils Steffen. *Coronarchiv* https://coronarchiv.geschichte.uni-hamburg.de/projector/s/coronarchiv/page/basics und https://coronarchiv.blogs.uni-hamburg.de. Universität Hamburg. Online-Archiv 2020– (29. April 2021).
Bundesregierung. *#besondere Helden. Zusammen gegen Corona*. http://www.bundesregierung.de/breg-de/themen/coronavirus/besonderehelden-1-1811518. 14. November 2020 (22. Februar 2021).
Élysée. „14 juillet 2020: une Nation engagée, unie et solidaire" *Élysée*. https://www.elysee.fr/emmanuel-macron/2020/07/14/14-juillet-2020-une-nation-engagee-unie-et-solidaire. 14. Juli 2020 (15. September 2020).
FAZ. „Keine Erlösung von unserer Geschichte". *Frankfurter Allgemeine Zeitung*, 9. Mai 2020: 1.
FAZ. „Ein Virus, vier Strategien". *Frankfurter Allgemeine Zeitung*, 18. März 2020: 3.
Fries, Nico. „Im Ernst". *Süddeutsche Zeitung*, 20. März 2020: 3.
Grippe, Pest und Cholera – Die Geschichte der großen Seuchen. Bericht Alexander Berkel, Michael Funken, Peter Hartl, Kai Jostmeier, und Steffi Schöbel. ZDF, 2020 https://www.zdf.de/dokumentation/zdf-history/grippe-pest-und-cholera-100.html. (21. September 2020).
Grolle, Johann. „Das Jahrhundertvirus". *Der Spiegel* 17/2020, 18. April 2020: 100–104.
Hackenbroch, Veronika, und Frank Snowden. „‚Wie blind kann man eigentlich sein?'". *Der Spiegel* 18/2020, 25. April 2020: 104–106.
Hamburger Morgenpost. „Unglaublich! 107-Jährige überlebt Spanische Grippe und Corona." *Hamburger Morgenpost*, https://www.mopo.de/news/panorama/unglaublich–107-jaehrige-ueberlebt-spanische-grippe-und-corona-37260728. 29. August 2020 (18. September 2020).
Hessische Staatskanzlei. *Statement zum FAZ-Gastbeitrag von Ministerpräsident Volker Bouffier vom 8. Mai 2020*. https://staatskanzlei.hessen.de/presse/pressemitteilung/statement-zum-faz-gastbeitrag-von-ministerpraesident-volker-bouffier-0. 8. Mai 2020 (17. September 2020).
HHU (Heinrich-Heine-Universität Düsseldorf). „HHU – Dialogformat: Corona – die ‚schlimmste Katastrophe seit dem Zweiten Weltkrieg?'" Gespräch von Achim Landwehr und Heiner Fangerau. https://www.youtube.com/watch?v=LmIfgqeBxo4. YouTube, 24. November 2020 (26. November 2020).
Hupertz, Heike. „Wie sich die Bilder gleichen". *Frankfurter Allgemeine Zeitung*. https://www.faz.net/aktuell/feuilleton/medien/mensch-gegen-virus-kritik-zur-corona-doku-auf-3sat-16922163.html. 27. August 2020 (14. September 2020).

Huster, Susann, und Christina Schwarz. „DDR-Vergleichen muss ich entschieden widersprechen". *Universität Leipzig.* https://www.uni-leipzig.de/newsdetail/artikel/ddr-vergleichen-muss-ich-entschieden-widersprechen-2020-09-28. 28. September 2020 (26. November 2020).

Levitz, Eric, und Adam Tooze. „A Historian of Economic Crisis on the World After COVID-19". *New York Magazine, Intelligencer.* https://nymag.com/intelligencer/2020/08/adam-tooze-how-will-the-covid-19-pandemic-change-world-history.html. 7. August 2020 (18. September 2020).

Logge, Thorsten, Nils Steffen, und Daniel Meßner. „„Fake News sind Teil der Corona-Erfahrung". Historiker Prof. Dr. Thorsten Logge und Nils Steffen im Gespräch'". *Universität Hamburg.* https://www.uni-hamburg.de/newsroom/podcast/wissenswelle-coronarchiv.html. 8. September 2020 (18. September 2020).

Lourim, Jake. „Sisters who lived through 1918 flu pandemic both survived coronavirus scares". *Washington Post.* https://www.washingtonpost.com/nation/2020/08/27/sisters-who-lived-through-spanish-flu-pandemic-1918-both-survived-coronavirus-scares/. 27. August 2020 (15. September 2020).

Macron, Emmanuel. „Adresse aux Français". *Élysée.* https://www.elysee.fr/emmanuel-macron/2020/03/12/adresse-aux-francais. 12. März 2020 (15. September 2020).

Macron, Emmanuel. „Adresse aux Français". *Élysée.* https://www.elysee.fr/emmanuel-macron/2020/03/16/adresse-aux-francais-covid19. 16. März 2020 (15. September 2020).

Marsillo, Cassandra. „Mapping Public History Projects about COVID 19". *International Federation for Public History Blog.* https://ifph.hypotheses.org/3276. 31. August 2020 (18. September 2020).

Merkel, Angela. „Fernsehansprache von Bundeskanzlerin Angela Merkel". (Pressemitteilung 100). *Bundesregierung.* Redemanuskript: www.bundesregierung.de/breg-de/aktuelles/fernsehansprache-von-bundeskanzlerin-angela-merkel-1732134. Video: https://www.bundesregierung.de/breg-de/themen/coronavirus/ansprache-der-kanzlerin-1732108. 18. März 2020 (zuletzt 5. Juli 2020).

Pollmer, Cornelius, und Antonie Rietzschel. „Tag des Gedränges, Nacht der Gewalt". *Süddeutsche Zeitung.* https://www.sueddeutsche.de/politik/querdenken-leipzig-ausschreitungen-1.5108011. 8. November 2020 (26. November 2020).

Pörksen, Bernhard. „Emotional, empathisch und mit großer Kraft". *Die Zeit.* https://www.zeit.de/kultur/2020-03/angela-merkel-bundeskanzlerin-krisenkommunikation-ansprache 19. März 2020 (22. September 2020).

Redaktion H-Soz-Kult. *Geschichtswissenschaft und die Corona-Pandemie.* https://www.hsozkult.de/text/id/texte-4953. 31. März 2020 (22. September 2020).

Reinhardt, Anja, und Martin Sabrow. „Die Seuche unserer Zeit". *Deutschlandfunk.* www.deutschlandfunk.de/historisches-ereignis-coronavirus-die-seuche-unserer-zeit.691.de.html?dram:article_id=474528. 12. April 2020 (21. Oktober 2020).

Steinmeier, Frank Walter. „Fernsehansprache von Bundespräsident Frank Walter Steinmeier". https://www.bundespraesident.de/SharedDocs/Reden/DE/Frank-Walter-Steinmeier/Reden/2020/04/200411-TV-Ansprache-Corona-Ostern.html. 11. April 2020 (15. September 2020).

Ther, Philipp. „Die Ära nach dem Ausbruch". *Der Spiegel,* 13/2020, 21. März 2020: 92–93.

Trump, Donald. „Remarks by President Trump, Vice President Pence and Members of the Coronavirus Task Force in Press Briefing". *The White House.* https://www.whitehouse.

gov/briefings-statements/remarks-president-trump-vice-president-pence-members-coronavirus-task-force-press-briefing-24/. 10. April 2020 (17. September 2020).

Trump, Donald. „Remarks by President Trump, Vice President Pence, and Members of the Coronavirus Task Force in Press Briefing". *The White House*. https://www.whitehouse.gov/briefings-statements/remarks-president-trump-vice-president-pence-members-coronavirus-task-force-press-briefing-april-17-2020/. 17. April 2020 (17. September 2020).

Trump, Donald. „Remarks by President Trump in Press Briefing". *The White House*. https://www.whitehouse.gov/briefings-statements/remarks-president-trump-press-briefing-august-10-2020/. 10. August 2020 (zuletzt 21. September 2020).

Vinnen, Annett. „Ein Mund-Nasen-Schutz der ersten Stunde für das Stadtarchiv". *Coronarchiv*. https://coronarchiv.geschichte.uni-hamburg.de/projector/s/coronarchiv/item/8149 (22. September 2020). [=Vinnen 2020a].

Vinnen, Annett. „Ein Corona-Archiv für Gelnhausen". *Stadt Gelnhausen, Stadtarchiv Gelnhausen*. https://www.gelnhausen.de/freizeit-kultur/kultur/stadtarchiv/coronarchiv-gelnhausen/. (22. September 2020). [=Vinnen 2020b].

von Altenbockum, Jasper. „Politik in Zeiten von Corona". *Frankfurter Allgemeine Zeitung*, 19. März 2020: 1.

Wiegrefe, Klaus. „Kaltes Land". *Der Spiegel* 17/2020, 18. April 2020: 102–103.

Kerstin Langwagen, Uta Bretschneider
Der geschärfte Blick: Museale Praxis in Zeiten einer Pandemie

1 Blicke schärfen: Zugänge

Die COVID-19-Pandemie hat die Welt stillgestellt und zugleich überschlugen sich die Ereignisse. So etwas wie den Lockdown hatte es in der Geschichte der Bundesrepublik noch nicht gegeben. Mitte März 2020 schlossen auch die meisten Museen in Deutschland ihre Türen für Gäste, Museumsteams wurden kurzfristig ins Homeoffice geschickt. Entscheidungsträgerinnen und Entscheidungsträger, wie auch Museumsmacherinnen und -macher erlebten einen Bruch bis dato unbekannten Ausmaßes. Corona brachte Einschränkungen in allen Lebensbereichen mit sich, war tiefgreifende Zäsur und ließ uns bis dahin Gekanntes infrage stellen.[1]

Auch das Zeitgeschichtliche Forum Leipzig der Stiftung Haus der Geschichte der Bundesrepublik Deutschland war in der Zeit vom 14. März bis zum 18. Mai 2020 für Besucherinnen und Besucher geschlossen. Die Phase des ersten Lockdowns nutzte das Team unter anderem dazu, mit dem Aufbau eines neuen Sammlungsbestandes zur Corona-Pandemie zu beginnen. Erste Objekte aus diesem Kontext konnten in einem Interventionsformat schon mit der Wiedereröffnung des Hauses präsentiert werden: Die Wechselausstellung „Purer Luxus" (11. September 2019 bis 12. Juli 2020) erfuhr ein „Corona-Update" in Form von drei zusätzlichen Stationen, die thematisierten, was Corona unerwartet zu Luxus hatte werden lassen. Dazu gehörten Masken und Desinfektionsmittel ebenso wie das rar gewordene Toilettenpapier sowie eine Umfrage unter den Mitarbeitenden des Zeitgeschichtlichen Forums Leipzig, für die Umarmungen, Hefe, Theater- und Kinobesuche und das Essengehen zu „Luxus" geworden waren.

Über die Lockdown-Erfahrung und die Sammlungsaktivitäten hinaus wandeln die Ereignisse der letzten Monate die museale Praxis. Künftige Ausstellungen werden unter veränderten Vorzeichen konzipiert (werden müssen): Museum-Machen

---

[1] Während der Erarbeitung dieses Textes begann am 2. November 2020 der zweite Lockdown, der als „Lockdown light" bezeichnet, nicht alle Lebens- und Wirtschaftsbereiche umfasste, jedoch wie im März, die Museen zur Schließung zwang. Das föderal organisierte Krisenmanagement führte zu unterschiedlichen Vorgaben für die Museen. In einigen Bundesländern bestanden (und bestehen) Vorgaben, wie viele Quadratmeter je Person vorgesehen sind, in einigen sind zur Nachverfolgung von Infektionen Personendaten zu erfassen, in anderen nicht.

im Corona-Modus. Der Beitrag reflektiert am Beispiel des Zeitgeschichtlichen Forums Leipzig die Einflüsse der Corona-Pandemie auf die Museumsarbeit:
- Welche Sammlungsstrategien wurden im Corona-Kontext entwickelt?
- Und inwiefern hat die Pandemie die museale Praxis verändert?

Der Text gibt einen Einblick, wie die Geschichte der Zukunft geschrieben wird. Das Zeitgeschichtliche Forum Leipzig steht dabei stellvertretend für die Museen, die derzeit mit ihren Sammlungsaufrufen ein „nationales Corona-Gedächtnis" materialisieren. Somit ermöglicht die COVID-19-Pandemie als globale Krise in einmaliger Weise, das Spannungsfeld zwischen gesellschaftlicher Erwartungshaltung, subjektiver Zeitzeuginnen- und Zeitzeugenschaft und wissenschaftlichem Anspruch als Work in Progress nachzuzeichnen.

2 Die Pandemie sammeln: Das Zähmen der Krise

Kurz nach dem Lockdown Mitte März 2020 begannen die Mitarbeitenden des Zeitgeschichtlichen Forums Leipzig damit, die ersten Veränderungen im Stadtbild zu dokumentieren: Die eilig gestalteten Schilder, die die Anzahl von Personen vor Läden regelten, die bisweilen bizarren Absperrungen an öffentlichen Spielplätzen, die ersten achtlos weggeworfenen Masken auf Fußwegen, die Appelle der Stadt Leipzig an ihre Bürgerschaft mit Slogans, wie „Teilt Stories, nicht Corona!", die an beliebten Treffpunkten im Stadtgebiet angebracht wurden.

Dieser Slogan hätte auch ein Motto der Museen sein können, die landauf, landab spontan zu sammeln begannen und Aufrufe starteten. Weltweit setzte eine „Selbstmusealisierung" unbekannten Ausmaßes ein, deren verbindender Tenor lautete: „Wir und das Virus". Selbst universitäre Einrichtungen entdeckten das museale Sammeln von zeithistorischen Belegen des pandemischen Alltags als qualitative Methode, indem sie digitale Archive zur Pandemie als Crowdsourcing-Projekte anlegten. Es scheint so, als habe der Akt des Sammelns beim Begreifen und kognitiven Verarbeiten der außergewöhnlichen, existenzbedrohenden Situation geholfen und damit eine Art therapeutische Funktion für die Gesellschaft, zumindest aber für die Beteiligten erlangt. In Echtzeit konnte man lehrbuchhaft miterleben, wie sich über den Prozess des Sammelns ein kommunikatives Gedächtnis formte, wie explizit subjektive Erinnerungen in ein implizites Generationengedächtnis eingewoben werden und wie dieses über den gemeinsamen geteilten Erinnerungs- und Erfahrungshorizont, nämlich eine Vielzahl von Sammlungen zu Corona, an die nächsten Generationen weitervermittelt werden kann. Und gleichzeitig lässt sich beobachten, wie sich das kommunikative Gedächtnis über das Pandemiegeschehen hinweg verändert, wie es bereits nach kurzer Zeit einem Wandel des Werte- und Erfahrungshorizonts unterliegt (Assmann und Frevert 1999, 36–39). Dies wird besonders am gewandelten Fokus des Sammelns deutlich, worauf im Folgenden noch näher einzugehen ist.

Vergangenheit, Gegenwart und Zukunft verweben sich auf Grundlage dieses Funktionsgedächtnisses, um Werte wie Solidarität, Zusammenhalt, Gemeinsinn, Rücksicht zu beschwören, die identitätsprägend wirken und Handlungsnormen festschreiben (Vgl. Assmann und Frevert 1999, 133–134). Der Soziologe Freddy Raphaël und die Autorin Geneviève Herberich-Marx beschrieben dieses Phänomen bereits vor 30 Jahren am Beispiel der „éco-musées"-Bewegung in Frankreich und bezeichneten es als museale „Selbstbespiegelung", die ihrer Ansicht nach Ausdruck eines kollektiven Angst- und Verlustgefühls ist (Raphaël und Herberich-Marx 1990, 146–147). Radikale Veränderungen evozieren, dass ‚betroffene' gesellschaftliche Gruppen sich stärker als Einheit begreifen, zusammenrücken, sich selbst bestärken und sich schließlich neu orientieren.

2.1 Phase 1: „Kontaktsperre"

Museen sind nicht nur Orte der Erinnerung und Identitätsvergewisserung; sie sind zuallererst Orte der strukturierten Archivierung. Museale Objekte werden nach verschiedenen Sammlungsgebieten klassifiziert, inventarisiert und sachgerecht aufbewahrt. Klassische Ordnungsprinzipien finden sich gattungsübergreifend beispielsweise in Themenkomplexen, wie Alltagskultur, Möbel, Gemälde, Grafik, Judaica, Kunsthandwerk, Uniformen, Keramik, wieder – nun also auch „Corona"?

„Von der Straße ins Museum" (Sammlungskonzept der Stiftung Haus der Geschichte 2019, 23) ist eine der Sammlungsdimensionen der Stiftung Haus der Geschichte der Bundesrepublik Deutschland. Wie viele andere Museen begann die Stiftung sehr frühzeitig, digitale wie analoge Objekte zum Thema Corona zu sammeln, auch und insbesondere in Form eines documenting-space-Ansatzes[2]. Alles war erst einmal interessant. Einige Museen schlugen von Beginn an den partizipativen Weg ein und übergaben den Sammlungsauftrag in die Hände der Öffentlichkeit, in dem sie wie das Münchner Stadtmuseum, das Historische Museum Frankfurt am Main oder das Berliner Stadtmuseum Sammlungsaufrufe starteten und zur Mitarbeit auf Online-Portalen aufriefen. Ob kurativer oder par-

---

[2] „Documenting space" meint in diesem Fall das unmittelbare, meist fotografische Festhalten der Veränderungen im Umfeld. Beispielsweise dokumentierten wir im ersten Lockdown 2020, wie der Mund-und-Nasen-Schutz zu einer neuen, omnipräsenten Abfallform in der Stadt wurde.

tizipativer Sammlungsansatz – es war der unmittelbare, emotionale, fragende Blick einer individuellen Zeitzeuginnen- und Zeitzeugenschaft, über dem die alles bestimmende Frage schwebte: Was passiert mit uns?

Der Journalist Bernd Graff schrieb Anfang Mai 2020 in seinem Artikel über die weltweiten Sammelaufrufe der Museen: „Pandemien sind keine Ereignisse, sondern Prozesse und als solche lange Übungen in Geduld" (Graff 2020, 10). Die Einschätzung Graffs verdeutlicht, dass „Corona sammeln" kein zeitlich abgeschlossener Vorgang sein kann, sondern ein Prozess mit offenem Ende ist. Und dass sich das Sammeln nicht nur auf die Pandemie als solche beziehen kann, schon gar nicht dann, wenn damit ein tiefgreifender gesellschaftlicher Wandel verbunden sein wird und die Auswirkungen auf Wirtschaft, Kultur, Politik und Soziales viel weittragender sein werden, als wir uns heute überhaupt vorstellen können. Umso interessanter ist es, den Wandel der „Corona-Sammlungsschwerpunkte" in den Blick zu nehmen, der, so die Annahme, erheblich von der medialen Berichterstattung und von den sozialen Netzwerken beeinflusst wurde und wird.

Am Anfang war der pandemische Alltag sehr vom Provisorischen geprägt. Es überwog das zumeist Handgemachte, oft sehr Persönliche, das in den Schaufenstern der Geschäfte schnell angebracht wurde, Kinderspielplätze über Nacht zu verwaisten Orten werden ließ oder alten Stoffresten zu einer neuen Funktion verhalf. Zu Beginn finden daher Objekte und mediale Dokumentationen ihren Weg ins Museum, die sich vorrangig folgenden Themen zuordnen lassen:

- Gesundheitsschutz (Desinfektionsmittel, Schutzausrüstung, Hinweisschilder zu Hygienemaßnahmen etc.);
- Solidaritätsbekundungen (z. B. Aushänge zur Nachbarschaftshilfe, Spendenaufrufe zur Unterstützung geschlossener Geschäfte und Dienstleisterinnen und Dienstleister, wie Friseurunternehmen, Buchläden, Gastronomieeinrichtungen);
- soziale Probleme in Bezug auf Einsamkeit und Isolation durch Quarantänemaßnahmen vor allen Dingen in Pflegeheimen;
- aber auch hoffnungsfrohe Motivationsaktionen, wie die „Alles wird gut"-Regenbogenkinderzeichnungen in Wohnungsfenstern oder bemalte Steine am Wegesrand;
- wirtschaftliche Aspekte, wie Geschäftsumstellungen auf Lieferdienste und Online-Bestellungen oder die Stornierungen von Urlaubsreisen;
- politische Entscheidungen, wie die Rückholaktion für Bundesbürgerinnen und -bürger durch das Auswärtige Amt oder die drastischen Auswirkungen auf die Religionsausübung

Aber auch das altehrwürdige Thema der Heldenverehrung lebte als Zeichen der Dankbarkeit für die Leistungen der sogenannten systemrelevanten Berufe auf.

So ging das Mural³ „Für die echten Helden" des Künstlers Kai Wohlgemuth aus Hamm mit dem Abbild einer „Supernurse" um die Welt und fand schließlich als verkleinerte Fassung auf Leinwand Eingang in die Sammlung der Stiftung Haus der Geschichte. Ein besonderer Stellenwert wurde Produkten beigemessen, bei denen es zu kurzfristigen Versorgungsengpässen kam, wie Toilettenpapier und Masken, die als Mangelware zeitweise den Status von Luxusprodukten innehatten. Sie boten in ihrer Überhöhung Anlass für vielfältige kreative und künstlerische Auseinandersetzungen, sei es als „Toilettenpapiertörtchen" von der örtlichen Konditorei,⁴ als Schmuck-Unterlage in der Schaufenstergestaltung einer Kölner Juwelierin⁵ oder als Trägermaterial für Karikaturen.⁶

2.2 Phase 2: „Der Wiederbeginn/Neustart nach dem Lockdown"

Mit der Wiederbelebung des öffentlichen Lebens verschwand zusehends das Provisorische, das schnell aus der Not Geborene sowohl aus den Schaufenstern der Geschäfte als auch aus allen anderen Bereichen und wurde ersetzt durch professionelles Marketing und Design. Nirgends trat und tritt der Wandel so offenkundig zutage wie beim Mund-und-Nasen-Schutz. War er anfangs aufgrund fehlender medizinischer Materialbestände notdürftig aus alten Stoffresten, gar Büstenhaltern hergestellt worden, avancierte er nun zum klaren Identitätsbekenntnis, wie beispielsweise die Masken der bayerischen und sächsischen Landesregierungen; letztere mit dem Slogan: „So geht sächsisch.", oder er wurde

---

3 Großformatige, meist gesprayte Wandbilder.
4 Die Konditorin Ivonne Ölschlegel, Mitarbeiterin der Leipziger Bäckerei Kleinert, kreierte wie andernorts auch Törtchen in Form von Toilettenpapierrollen, die hier als „Kleinert-Klopapier" verkauft wurden.
5 Die Kölner Goldschmiedin Jutta Grote dekorierte im März 2020 ihr Schaufenster mit den fünf letzten ihr verbliebenen Toilettenpapierrollen und präsentierte ihren Schmuck darauf unter dem Motto „Weißes Gold". Teile dieser Installation wurden im Mai in der wiedereröffneten Wechselausstellung „Purer Luxus" des Zeitgeschichtlichen Forums Leipzig gezeigt.
6 Im Auftrag des Kasseler Kunstvereins „KulturBahnhof e.V." bedruckte der Karikaturist und Grafiker Gerhard Glück 3.643 Blatt Toilettenpapier. Die einzelnen Blätter gingen als Dankeschön für 50 Euro, gespendet über die Crowdfunding-Plattform Startnext, an die Spenderinnen und Spender. Durch die vom KulturBahnhof initiierte und vom Kulturdezernat der Stadt Kassel unterstützte Kampagne „Hilfe für die freie Kulturszene in Kassel" unter dem Motto „Ohne Kultur isses für 'n Arsch", wurden vom 8. April 2020 bis zum 20. Mai 2020 über 47.000 Euro an Spendengeldern eingenommen. Die Stiftung Haus der Geschichte erwarb eines dieser Blätter für die Sammlung.

zum Statement und zum Zeichen sozialer Gruppenzugehörigkeit vom Fußballverein bis zum luxuriösen Accessoire großer Modelabels, die Masken passend zur Garderobe anbieten (vgl. Alkemeyer und Bröskamp 2020, 72–74). Das Beispielobjekt „Maske", das in seiner Farben-, Formen- und Materialvielfalt bereits in jedem Corona sammelnden Museum zu finden ist, materialisiert besonders deutlich die sich unter dem Einfluss der Pandemie verändernde Gesellschaft. Und es zeigt, wie sich der Fokus auf die jeweils neu entstehenden Herausforderungen verschiebt und unterstreicht einmal mehr seine Relevanz als historischer Beleg.

Während man für die Zeit von März bis Mitte April noch von einer „Echtzeit-Dokumentation" und von Momentaufnahmen, die immer durch das jeweilige Vorwissen präformiert sind, sprechen kann, zeichnet sich spätestens ab Mitte Mai eine stärker reflektierende Haltung in der musealen Sammlungsarbeit ab. Die Transition erweitert den Fokus der Fragestellungen und rückt vor allen Dingen die sozialen, wirtschaftlichen, kulturellen und gesellschaftlichen Veränderungen in den Blickpunkt. Weiterhin bestimmen vor allem die sozialen Medien die Themenkonjunktur, während das Vertrauen in die öffentlich-rechtliche Berichterstattung und in politische Entscheidungsprozesse von Teilen der Bevölkerung zunehmend in Frage gestellt wird. Wurden anfangs die individuellen und gesellschaftlichen Einschränkungen überwiegend noch als unvermeidbar akzeptiert, regte sich zunehmend Unmut gegen die weiterhin bestehenden Einschränkungen. Es kam zu Protesten gegen die Beschränkungen der Grundrechte und gegen die als mangelhaft wahrgenommene staatliche Unterstützung, die insbesondere die freiberuflich Tätigen in Kunst und Kultur betrifft, aber auch ganze Branchen, wie den Tourismusbereich und das Hotel- und Gaststättenwesen. Großunternehmen, wie die Lufthansa oder die Deutsche Fußball Liga GmbH hingegen erfuhren entweder finanziell oder mit frühzeitigeren Lockerungen als in anderen Bereichen umfassende staatliche Unterstützung. Dies führte in einigen Teilen der Bevölkerung zu Unmut und ließ vielfältige Protest-Objekte entstehen, die wiederum für die Museen von Interesse waren und sind.

Durchforstet man hingegen die digitalen Sammlungen des „coronarchivs", einem partizipativ angelegten Public-History-Projekt der Universitäten Hamburg, Bochum und Gießen in Zusammenarbeit mit dem Medizinhistorischen Museum Hamburg und dem Museum für Hamburgische Geschichte, so findet man unter den 3.570 Beiträgen beispielsweise keinen zum deutschlandweiten Protest „Leere Stühle" der Gastronomiewirtschaft Ende April, lediglich zwei Fotos zum Protest der Reisebranche Anfang Mai. Hingegen finden sich 16 Fotos, die die Proteste der „Fridays-for-Future"-Bewegung und anderer Sympathisanten belegen, die für klimagerechte Investitionen oder für die Legalisierung aller in Deutschland lebenden Menschen eintreten, teilweise in Eigenwerbung der Organisationen, wie das gen-ethische Netzwerk (Bunnenberg et al. 2020). Die wirtschaftliche und soziale Notlage vieler von der Pandemie Betroffenen rückt somit rein quantitativ in den Hintergrund. Die dem partizipativen Ansatz zugrundeliegende Idee, ohne Deutungsabsicht zu sammeln, sollte durch die Vielzahl und Diversität der subjektiven Einzelbetrachtungen ermöglicht werden. Historisch betrachtet kommt es am Beispiel des „coronarchivs" aber zu einer Schieflage der Wahrnehmung der Situation. Und so gesellt sich zu der „alten", aber immer noch virulenten Debatte der letzten Jahre um mehr Partizipation im Museum und der damit verbundenen Fragestellung: Wer entscheidet darüber, was historisch relevant ist? eine neue Frage hinzu: Wie müssen partizipative Projekte adressiert und begleitet werden, um möglichst verschiedene gesellschaftliche Gruppen zu erreichen? Die Historikerin und Kuratorin des Deutschen Historischen Museums, Roswitha Flagmeier, fasst das Problem wie folgt zusammen: Partizipation hebt nicht das Problem auf, dass auch hier die Akteure und Akteurinnen das Sammeln „als Teil ihrer Persönlichkeit" sehen, „als individuellen Ausdruck, den sie in der eigenhändigen Ausstellung der Objekte gerne betont hätten." (Flagmeier 2012, 199)

Bei genauerer Betrachtung der digitalen Citizen-Science-Projekte der Museen und der Corona-Online-Archive fallen jedoch zwei Problemfelder auf, die dem kurativen Sammlungsansatz teilweise vorgeworfen werden: zum einen, dass die dezentrale Selbstdokumentation und -repräsentation in ihrer Gesamtheit betrachtet durchaus nicht mehr Objektivität generiert, wie das basisdemokratische Mitbestimmungsverfahren es verspricht, und zum anderen, dass auch hier weiße Flecken nicht ausgeschlossen werden können.[7] Der Akt der Selektion, was sammlungsrelevant ist, wird bei Citizen-Science-Projekten lediglich vorverlagert und bestimmt von denjenigen, die ihre individuell inszenierten Momentaufnahmen archiviert wissen wollen. Oft handelt es sich um Erfahrungsberichte, fotografische und mediale Dokumentationen. Das Dokumentieren dreidimensionaler Objekte spielt eher eine untergeordnete Rolle. Der qualitative Unterschied zwischen kurativ betreuten Sammlungen und Crowdsourcing-Online-Archiven wird besonders deutlich, wenn man sich die Objektzusammenstellungen der europäischen Museen anschaut, die auf der Plattform „COVID – Eine Dokumentation" (AT) des Hauses der Europäischen Geschichte gehostet werden. Hier sind neben einer Sammlung von Corona-Witzen des Slowenischen Ethnographischen Museums, eine Maske für Gehörlose und Stumme des Museums des Wallonischen Lebens und das „Corona-Solidaritäts-Armband", das das Ministerium für Gesellschaft an

---

7 „Beim partizipativen Sammeln geht es wie bei anderen partizipativen Strategien um die Grenzen und Grenzverschiebungen zwischen individuellen und kollektiven Interessen in Bezug auf die repräsentative Funktion von Museen." (Flagmeier 2012, 192).

seine Mitarbeitenden verteilte, vom Liechtensteinischen Landesmuseum zu finden. Die Dokumentation umfasst auch eine Fotografie vom Museum aan de Stroom in Antwerpen, die ein Banner der Antwerpener Häftlinge und der dort Angestellten zeigt, die zur Solidarität aufrufen. Es sind, um es abschließend zusammenzufassen, hier Themen aufgerufen, die weit über die subjektiven Momentaufnahmen hinausweisen (Haus der Europäischen Geschichte 2020).

2.3 Phase 3: „Die Demokratie im Kreuzverhör"

Während erste kleinere, sogenannte „Hygienedemos" mit wenigen Hunderten bereits im April und Mai stattfanden, kam es im August in Berlin zu Großdemonstrationen mit mehreren tausend Teilnehmenden. Fragen zur (Un-)Verhältnismäßigkeit der ergriffenen politischen Maßnahmen und der damit verbundenen Beschneidung der demokratischen Grundrechte offenbaren in Teilen der Bevölkerung ein tiefes Misstrauen gegenüber der Medienberichterstattung und der Bundesregierung. Gerade auf den Online-Plattformen der Museen und des „coronarchivs" fällt auf, dass ab Juni die Beiträge weniger werden und aktuelle Themen gar nicht mehr dokumentiert werden. Museen hingegen, die den kurativen Ansatz verfolgen, beobachten weiterhin aufmerksam die Entwicklungen und sammeln Transparente der sehr heterogenen Teilnehmergruppen der Demonstrationen.

Sowohl das Deutsche Historische Museum Berlin (DHM) (Austilat und von Törne 2020, MB2–MB3) als auch die Stiftung Haus der Geschichte betrachten das Thema „Corona" als eigenständiges Sammelgebiet. Letztere erarbeitete bereits Ende Mai ein Sammlungskonzept, das „die Grundlage für eine systematische museale Dokumentation der ‚Coronakrise'" (Preißler 2020, 4) bilden wird, und folgende Kategorisierungen in Bezug zu Corona vornimmt: „Alltag", „Politik", „Wirtschaft", „Medien", „Kultur", „Medizin", „Tod". Ziel soll es sein, „redundantes Sammeln zu verhindern und ggf. entsprechende Kooperationen herbeizuführen" (Preißler 2020, 4), wenngleich die umfangreiche Dokumentation von Ähnlichem der Realität näher kommt als das Originäre, das allein wegen seiner Einmaligkeit eine andere Wahrnehmung und Bedeutungsaufwertung erfährt.[8] Das DHM wie auch das Stadtgeschichtliche Museum Leipzig (Hartinger 2020) betrachten ihre vorhandenen Sammlungen unter dem Gesichtspunkt Pandemien neu und begeben sich auf die Suche nach weißen Flecken. So äußert sich der Sammlungsdirektor

---

[8] Vgl. dazu die Dokumentation von Sina Steglich (2020) auf einer Online-Tagung am 9. Juli 2020.

des DHM, Fritz Backhaus, wie folgt: „Noch vor kurzer Zeit schien das Thema Pandemie den meisten sehr fern – jetzt recherchieren wir, ob wir weitere Objekte zur Spanischen Grippe finden, unter anderem bei Auktionen und privaten Sammlern." (Austilat und von Törne 2020, MB2–MB3)

So gesehen liegt die Besonderheit im Falle aller „Corona-Sammlungen" im Fehlen einer Latenzphase zwischen dem Zustand des Gebrauchs- und des Erinnerungsgegenstandes, ein Vorgang, der in der Regel eine Zeitspanne von mehreren Jahrzehnten umfasst. Das hier beschriebene Moment markiert sehr deutlich zwei Etappen im Musealisierungsprozess: Zu Beginn des Transformationsprozesses erfahren die Überreste lediglich eine Aufwertung als individuelle Erinnerungsobjekte, die dann in einer zweiten Phase semiotisch kodifiziert und kanonisiert als *mediale cues* zu „Vermittlungsinstanzen und Transformatoren zwischen individueller und kollektiver Dimension des Erinnerns" (Erll 2005, 123) werden.[9] Aus den Erinnerungen werden Geschichtsbilder. Allein das „Corona sammeln" ist schon zu einem solchen Geschichtsbild geworden; als weltweite Aktion zur Dokumentation eines Ausnahmezustandes, der in alle Lebens- und Arbeitsbereiche eingedrungen ist und Einfluss auf die weitere Zukunft nimmt, wie bereits die ersten Möbelentwürfe für das „Post-Corona-Office" (Spohr 2020) zeigen. Aufgrund seiner Komplexität und Transformationsgeschwindigkeit kann dieses Ereignis trotz aller Professionalität kaum in einem Sammlungskonzept abgebildet werden, vielmehr sollte es als bereichsübergreifendes Sammlungscluster „Corona" betrachtet werden, ohne die jeweils vorhandene Gattungsspezifik aufzuheben.

3 Museummachen im Krisenmodus: Lernen mit/von Corona

Auch wenn wir uns derzeit in einem großen, fortdauernden Lernprozess befinden, ist die gesamtgesellschaftliche Krisenerfahrung keine ganz neue. Gemäß der Einschätzung von Frank Biess, Professor für Europäische Geschichte an der University of California, San Diego, habe die Krise uns nicht völlig ‚kalt erwischt' (Biess 2020, 33). Biess geht von einer „historisch gewachsene[n] Krisenkompetenz" durch die „längere […] Angstgeschichte der Bundesrepublik seit

---

[9] Laut Erll sind *cues* Auslöser für den Abruf von Erinnerungen. Die gedächtnismediale Dimension entsteht erst aufgrund kollektiver Zuschreibung und mit Hilfe von Erzählungen (vgl. Erll 2005, 139). Ihrer Ansicht nach werden Erinnerungsprozesse durch eben solche *cues* erst in Gang gesetzt.

1945 sowie den Globalisierungskrisen seit der Jahrtausendwende" (Biess 2020, 33) aus. Er geht noch weiter, indem er konstatiert:

> Die Geschichte der Bundesrepublik ist geprägt von einer Abfolge existenzieller Krisen und daraus entstehenden Angstzyklen – von den Gründungskrisen des Anfangs, der Wirtschaftskrisen der 1970er Jahre, der Konfrontation mit Links- und (oft vergessen) Rechtsextremismus, der Vereinigungskrise nach 1990 bis hin zur Finanz-, Euro- und sogenannten Flüchtlingskrise in jüngerer Zeit. (Biess 2020, 34)

Auch Pandemien gehören zum Erfahrungsbestand mit zeithistorischem Bezug: von der sogenannten Asiatischen Grippe (1957/58) über die „Honkong Grippe" (1968–1970) und die „Schweinegrippe" (ab 2009) bis hin zu Ebola (seit 2014). Und doch ist 2020 alles anders. Krise und Angst werden zu weltweiten Alltagserfahrungen. Die Maske wird zum Symbol der Pandemie[10], der Lockdown zur weltumspannenden Erfahrung. Die Angst um die Unversehrtheit des Lebens (anders gewendet: die Furcht vor dem Sterben) verbreitete sich zeitgleich mit der Angst vor den wirtschaftlichen Folgen von Pandemie und Lockdown (Biess 2020, 37). Biess deutet die „Corona-Angst" auch als eine „Globalisierungsangst", denn „[n]eue Infektionskrankheiten bilden die perfekte Metapher für die unsichtbaren und ortlosen Gefahren der Globalisierung." (Biess 2020, 37)

Die Bundeskanzlerin Angela Merkel äußerte in ihrer Fernseh-Ansprache am 18. März 2020: „Seit der Deutschen Einheit, nein, seit dem Zweiten Weltkrieg gab es keine Herausforderung an unser Land mehr, bei der es so sehr auf unser gemeinsames solidarisches Handeln ankommt." (Merkel 2020) Damit machte sie auch auf die zeithistorische Dimension der Krise aufmerksam. Insbesondere den Bereich der historisch-politischen Bildung stellen die Entwicklungen, die Vereinnahmungen und Umdeutungen vor neue Herausforderungen: Tauchen doch regelmäßig auf Demonstrationen gegen die Corona-Maßnahmen der Regierung die Sprechchöre der Friedlichen Revolution auf: „Wir sind das Volk!", daneben Verschwörungstheoretikerinnen und Rechtsextremisten. Immer wieder werden in diesen Tagen Vergleiche zwischen 1989 und 2020 gezogen, zwischen Friedlicher Revolution und Coronakrise. Sicher lässt sich eine (konstruierte) Gemeinsamkeit im Fehlen von Orientierung bietenden Handlungsmustern sehen: Weder Corona, noch Wiedervereinigung konnten vorher getestet werden. Aber die Geschwindigkeiten der beiden Zäsuren waren unterschiedliche: Während 1989/90 dynamisierte und vieles beschleunigte, führte die Pandemie (zumindest anfangs und erneut gegen Jahresende 2020) zu Entschleunigung und Stillstand.

---

10 Zur symbolischen Aufladung der Maske siehe: Alkemeyer und Bröskamp (2020, 71–74).

Für das, was uns im Frühjahr 2020 ereilte, gab es keine Pläne, keine Handlungsmuster, keine Erfahrungswerte. So sagte Michael Eissenhauer, der Generaldirektor der Staatlichen Museen zu Berlin, im Interview:

> Als größte Herausforderung empfand ich, dass es keine eingeübten Szenarien gab, auf die wir zurückgreifen konnten. Unsere bestehenden Notfallpläne bezogen sich bis dato auf Naturkatastrophen und Großhavarien: Zeiten, in denen unsere Bestände massiv bedroht sind. Doch die Pandemie ist ein menschlicher Notstand – es ging nicht in erster Linie um eine Gefährdung unserer Objekte, sondern um das Risiko für unsere Mitarbeiterinnen und Mitarbeiter – ein solches Szenario hatten wir nicht im Kopf.
>
> (Eissenhauer und Haak 2020, 5–6)

Die Situation erfuhren Akteurinnen und Akteure kleiner wie großer Museen in ähnlicher Form. Die Pandemie hat auch die langfristigen Ausstellungsplanungen der Museen der Stiftung Haus der Geschichte der Bundesrepublik Deutschland nachhaltig durcheinandergebracht. Einerseits führte die Ungewissheit des Lockdowns zu einer Verschiebung von Ausstellungsaufbauphasen und Eröffnungsveranstaltungen, andererseits veränderte sie auch Modi des Museumsmachens. Die Dauerausstellungen an den vier Standorten wurden am 19. Mai wieder für den Publikumsverkehr geöffnet. Doch was die zunächst spärlich kommenden Gäste vorfanden, war ein Rudiment der normalen Ausstellungssituation. Denn alle interaktiven Elemente, alle Medienstationen, alle Zusatzmaterialien etc. waren zunächst blockiert. Es gab fixierte Kopfhörer, zugeklebte Klappen und Schubfächer. Wegrichtungen wurden vorgegeben, Personenzahlen waren beschränkt (anfangs etwa eine Person je 20 Quadratmeter in Sachsen), Bodenmarkierungen machten auf einzuhaltende Abstände aufmerksam, Desinfektionsstationen wurden aufgestellt, eine Maskenpflicht eingeführt. Und zugleich begann ein kreativer Prozess, der beispielsweise zum Einsatz von QR-Codes an Medienstationen führte, mit denen die Inhalte auf den eigenen Smartphones der Besucherinnen und Besucher abrufbar wurden. Eine lang geplante Ausstellungsübernahme, „Very British", in Bonn erarbeitet und vom 10. Juli 2019 bis zum 8. März 2020 gezeigt, sollte im Mai 2020 in Leipzig eröffnet werden, wurde um ein halbes Jahr verschoben und an einigen Stellen im Sinne einer „Coronatauglichkeit" modifiziert. Weglassen und Umbauen lautete die Devise. So gab es auch hier QR-Codes, die das Benutzen von Kopfhörern ersetzten.

Derweil sind in allen Museen der Stiftung Haus der Geschichte der Bundesrepublik Deutschland Zusatzinformationen in Gestalt von Blätterelementen, Klappen und Schubladen wieder zugänglich. Die Hörstationen bleiben weiterhin deaktiviert. Wie lange, und ob nochmals striktere Einschränkungen kommen – wir wissen es nicht. Die Krise fordert von den Akteurinnen und Akteuren permanente Achtsamkeit, ein ungeahntes Ausmaß an Improvisationstalent, schnelle Entscheidungen und die Bereitschaft zum Neu- und Umdenken. Für die im Februar

2021 geplante Ausstellung „Immer Ich. Faszination Selfie" geht das Zeitgeschichtliche Forum Leipzig noch einen Schritt weiter. Schon als noch nicht absehbar war, dass uns die Krise so lange beschäftigen würde, entschied das Team, diese Ausstellung komplett umzuplanen und neu zu gestalten. Die kleinteilig gedachte Präsentation erhielt ein „Corona-Update" und wurde um einige bauliche Elemente erleichtert, damit die Mindestabstände zwischen Gästen einzuhalten sind. Darüber hinaus wurden Klappen- und Schubladenelemente in Grafiken umgewandelt, Hörstationen mit Kopfhörern durch Raumtöne ersetzt und Auswahlknöpfe durch Sensoren, die eine Auswahl durch bloßes in die Nähe Halten einer Hand ermöglichen.

Über diese sichtbaren Veränderungen hinaus hat Corona an vielen Stellen ein institutionelles Lernen in Gang gesetzt. Etwa und ganz besonders bezogen auf die Nutzung digitaler Angebote, wie Livestreams, Zoom- und Skype-Konferenzen. Die über Wochen ausverkaufte Videokonferenztechnik machte deutlich, dass hier offenbar viel Nachholbedarf bestand. Sascha Dickel, Juniorprofessor für Mediensoziologie, geht sogar so weit, zu konstatieren: „In der Coronakrise bleibt sich die Gesellschaft medial nah." (Dickel 2020, 83) Auch die Vielfalt digitaler Angebote hat die Pandemie deutlich erweitert: virtuelle Blicke „hinter die Kulissen" bei Instagram, Facebook, YouTube und Twitter, Podcasts (etwa „Zeitgeschichte(n) – Der Museumspodcast" des Hauses der Geschichte), kurze Filmbeiträge für die Social Media (wie z. B. #menschenplusdinge des Zeitgeschichtlichen Forums Leipzig) und Livestreams, um nur einige zu nennen. Auch viele kleinere Museen wagten sich in der Phase des Lockdowns weiter in die Weiten des Internets vor. Aber die Frage muss gestellt werden: Was bleibt? Denn längst sind viele Institutionen wieder vom Modus des mobilen Arbeitens (Homeoffice) in den Normalbetrieb zurückgekehrt. Viele digitale Reihen und Formate sind bereits wieder „eingeschlafen".

Von Mitte März bis Anfang Oktober 2020 fanden im Zeitgeschichtlichen Forum Leipzig keine Veranstaltungen mit Publikum statt. Ein großer Einschnitt für die historisch-politische Bildungsarbeit des Hauses, den digitale Angebote kaum – zumal in der Gleichzeitigkeit ihres pandemiebedingten Booms – abzufangen vermochten. Es stand ein achtsam geplantes letztes Veranstaltungsquartal für 2020 bevor, das jedoch mit dem zweiten Lockdown ab dem 2. November ein jähes Ende fand. Der Saal des Zeitgeschichtlichen Forums fasst – unter Einhaltung der gültigen Hygieneregeln – 40 Personen statt 200. Und es bleibt abzuwarten, wie die Formate angenommen werden: Ob die Sorge um ein Ansteckungsrisiko den „Kulturhunger" überwiegt?

Die Pandemie hat uns in einen Zustand versetzt, den wir als „Gleichzeitigkeit des Ungleichzeitigen" bezeichnen könnten. Die Perspektiven auf die museale Praxis haben sich verschoben. Wissensvermittlung, sinnliches Erleben und Diskussionsanregung sind (zumindest temporär) in den Hintergrund getreten: Das Wohl der Besucherinnen und Besucher, wie auch der Mitarbeitenden wurde zum höchsten Gut musealer Arbeit. Von der so prägenden „Objektlichkeit", so ließe sich überspitzt formulieren, wanderte der Fokus der Aufmerksamkeit zwischenzeitlich hin zur „Körperlichkeit", zu Wohl und Gesundheit (Vgl. dazu Klein und Liebsch 2020, 57–65, vgl. auch ihren Artikel in diesem Band). Und zugleich verschwanden Händedruck und Lächeln in Abstand und Maske. Objekte rückten für kurze Zeit in ihrer Materialität und auratischen Bedeutungsaufladung in den Hintergrund: digitale Formate waren an der Tagesordnung. Während im realen musealen Raum Einschränkungen und Verhaltensregeln Aufenthalte erschweren, erschlossen sich Museen (neue) digitale Räume.

4 Zukunft im Museum: Pandemie und wie weiter?

Einen „Sinn in der Krise" zu sehen, scheint eine Herausforderung zu sein, die sich uns allen gegenwärtig stellt. Bestenfalls ist der Sinn, den wir bei aller räumlich-körperlichen Distanz in den letzten Monaten wieder etwas gestärkt haben, der Gemeinsinn, also Solidarität, Empathie und ein Sensorium für die Situationen unserer Mitmenschen. Und über die Sinne hinaus hat die Pandemie vielschichtige, mehr oder weniger langlebige und nachhaltige Lernprozesse in Gang gesetzt. So ermöglichte sie das Öffnen von Experimentierräumen, in denen Improvisation, Kreativität und vor allen Dingen eine unmittelbare Interaktion mit dem Publikum über DAS Ereignis erfolgen konnte, ohne ad hoc die perfekte Lösung liefern zu müssen. Perfekte Angebote hingegen benötigen Zeit und ermöglichen selten flexible Handlungsspielräume. Museen sind per se Einrichtungen, die durch ihren mehrjährigen Vorlauf in der Vorbereitung von Ausstellungen und den damit aufeinander abgestimmten Planungen mit Verzögerung auf Aktuelles reagieren. Das wird sich bei einer soliden wissenschaftlichen Recherche, den notwendigen Abstimmungen im Leihverkehr und der Rekrutierung der benötigten finanziellen Mittel auch zukünftig nicht ändern. Dennoch eröffnen sich durch kleine, weniger aufwendige Interventionen in bestehenden Ausstellungen oder digitale Angebote Möglichkeiten, mehr Flexibilität und Aktualität in die Museumsarbeit einfließen zu lassen. Die Museen waren und sind während ihrer Schließungen mehr denn je gefordert, den „Work-in-Progress"-Charakter des musealen Arbeitens in die Öffentlichkeit zu verlegen. Oft bedarf es dabei keiner großen Handgriffe. So sollten die Museen nicht erst durch eine Pandemie auf die weißen Flecken in ihren Sammlungsbeständen aufmerksam werden. Vielmehr sollte man die Ereignisse und gesellschaftlichen Diskurse nutzen, permanent die eigenen Bestände aktuell zu hinterfragen und diesen Vorgang auf den Plattformen der digital verfügbaren Sammlungsdatenbanken sichtbar zu machen, indem bestimmte Objekte hervorgehoben und vorgestellt werden, die in Bezug zu gegenwärtigen Ereignissen gebracht werden können. Dergestalt könnten sich partizipativer und kurativer Ansatz zu einem Mehrwert ergänzen, der einerseits die Sammlungsarbeit transparenter werden lässt und andererseits ein zielgerichtetes, „betreutes" Crowdsourcing aktiviert. Damit lässt sich beispielsweise verhindern, dass bestimmte Ereignisse aufgrund des historischen Bezugs, der über den vorhandenen Sammlungsbestand auch für interessierte Laien sichtbar wird, nicht nur in ihrer Anfangsphase betrachtet werden, sondern dass bestenfalls die Transformationen der gesellschaftlichen Auswirkungen miteingeschlossen sind.

Aufgabe der Museen, die Objekte und Geschichten aus dem Pandemie-Zusammenhang sammeln, ist es, die „Refiguration[en]" (Knoblauch und Löw 2020, 91), wie die Soziologen Martina Löw und Hubert Knoblauch die durch Spannungen initiierten Wandlungsprozesse gesellschaftlicher Ordnungen nennen, zu dokumentieren. Museen können dabei sowohl Dokumentierende und Beobachtende der komplexen Prozesse sein, als auch aktiv Gestaltende, indem sie, die Krise zähmend, Einfluss auf die Wandlungsprozesse nehmen.

Ein Problem sollte dabei jedoch nicht unbeachtet bleiben. Die Museen versuchen während ihrer Schließungen ihre vielfältigen Aufgaben in das Netz zu verlagern, wie: Veranstaltungen per Livestream übertragen, die aktuelle Wechselausstellung online durchstreifen und virtuelle Besuche in den Sammlungen ermöglichen. Diese Angebotsfülle macht deutlich, dass ein strategisches Konzept für den eigenen Auftritt im Netz in Hinblick auf Zielvorstellungen und -gruppen (Stichwort: Diversität) in Anbetracht der Fülle der anderen vielfältigen kulturellen Angebote unverzichtbar ist, um in den Weiten der digitalen Welt mit seinen unendlichen Möglichkeiten überhaupt wahrgenommen zu werden. Denn das Nutzerinnen- und Nutzerverhalten ändert sich nicht, nur weil es sich um ein Angebot eines Museums handelt; auch hier gilt: zu langweilig? Dann Klick und weg. Daher ist es wichtig, die unterschiedlichen Digitalangebote der einzelnen Abteilungen eines Museums als ein Gesamtpaket zu betrachten. Das Online-Geschäft ist ein herausforderndes Terrain, das sich viele Museen im Work-Progress-Prozess gerade erst beginnen zu erschließen.

Ein Lernen von, mit und in der Krise ist ein Prozess, der alles andere als geradlinig verläuft. Ob die Krise – im Sinne psychotherapeutischer Muster – zu einer Art Resilienz bei Akteurinnen und Akteuren, wie auch kulturellen Institutionen führt, bleibt zu beobachten. Aber nach der Krise ist vor der Krise: Während sich Wege in eine sogenannte neue Normalität allmählich abzeichnen, gilt es, diejenigen Krisen wieder in den Fokus zu rücken, die mit der Pandemie in den Hintergrund gerückt waren, etwa das Sterben im Mittelmeer und die Klimakrise, auch in der politisch-historischen Bildung.

Literatur

Alkemeyer, Thomas, und Bernd Bröskamp. „Körper – Corona – Konstellationen. Die Welt als (körper-)soziologisches Reallabor". *Die Corona-Gesellschaft. Analysen zur Lage und Perspektiven für die Zukunft.* Hg. Michael Volkmer und Karin Werner. Bielefeld: transcript, 2020. 67–78.

Assmann, Aleida, und Ute Frevert. *Geschichtsvergessenheit – Geschichtsversessenheit. Vom Umgang mit deutschen Vergangenheiten nach 1945.* Stuttgart: DVA, 1999.

Austilat, Andreas, und Lars von Törne. „Das Corona-Archiv". Berlin: *Der Tagesspiegel* 24/222 (27. Juni 2020): MB2–MB3.

Biess, Frank. „Corona-Angst und die Geschichte der Bundesrepublik". *APuZ (Aus Politik und Zeitgeschichte)* 70.35–37 (24. August 2020): 33–39.

Bunnenberg, Christian, Thorsten Logge, Benjamin Roers, und Nils Steffen. *Coronarchiv* https://coronarchiv.geschichte.uni-hamburg.de/projector/s/coronarchiv/page/basics und https://coronarchiv.blogs.uni-hamburg.de. Universität Hamburg. Online-Archiv 2020– (26. Oktober 2020).

Dickel, Sascha. „Gesellschaft funktioniert auch ohne anwesende Körper. Die Krise der Interaktion und die Routinen mediatisierter Sozialität". *Die Corona-Gesellschaft. Analysen zur Lage und Perspektiven für die Zukunft.* Hg. Michael Volkmer und Karin Werner. Bielefeld: transcript, 2020. 79–86.

Eissenhauer, Michael, und Christina Haak. „Interview: ‚Wir fahren auf Sicht'". Staatliche Museum zu Berlin. *Museum* 3, 2020: 4–7.

Erll, Astrid. *Kollektives Gedächtnis und Erinnerungskulturen. Eine Einführung.* Stuttgart, Weimar: Metzler, 2005.

Flagmeier, Renate. „Partizipativ sammeln – (wie) geht das im Museum?" *Das partizipative Museum.* Hg. Susanne Gesser, Martin Handschin, Angela Jannelli und Sybille Lichtensteiger. Bielefeld: transcript, 2012. 192–202.

Graff, Bernd. „Schutzmaske anno 2020". *Süddeutsche Zeitung*, 7. Mai 2020: 10.

Hartinger, Anselm (Hg.). *Hoffnungszeichen. Dinge und Geschichten für jetzt. Zeugnisse von Orientierungssuche, Menschlichkeit und Zusammenhalt aus zehn Jahrhunderten.* Leipzig: Stadtgeschichtliches Museum Leipzig, 2020.

Haus der Europäischen Geschichte. „Covid schreibt Geschichte. Eine Plattform für Museen in ganz Europa". https://historia-europa.ep.eu/de/covid-schreibt-geschichte. (3. November 2020).

Klein, Gabriele, und Katharina Liebsch. „Herden unter Kontrolle. Körper in Corona-Zeiten". *Die Corona-Gesellschaft. Analysen zur Lage und Perspektiven für die Zukunft.* Hg. Michael Volkmer und Karin Werner. Bielefeld: transcript, 2020, 57–65.

Knoblauch, Hubert, und Martina Löw. „Dichotopie. Die Refiguration von Räumen in Zeiten der Pandemie". *Die Corona-Gesellschaft. Analysen zur Lage und Perspektiven für die Zukunft.* Hg. Michael Volkmer und Karin Werner. Bielefeld: transcript, 2020. 89–99

Merkel, Angela: Fernsehansprache von Angela vom 18. März 2020: https://www.spiegel.de/politik/deutschland/angela-merkel-sieht-Coronakrise-als-groesste-herausforderung-seit-dem-zweiten-weltkrieg-a-bd56dc3f-2436-4a03-b2cf-5e44e06ffb49. 18. März 2020 (3. Oktober 2020).

Preißler, Dietmar. *Sammlungskonzept „Coronakrise"* vom 28. Mai 2020, unveröffentlichtes Manuskript.

Raphaël, Freddy, und Herberich-Marx Geneviève. „Das Museum als Provokation des Erinnerungsvermögens". *Das historische Museum. Labor, Schaubühne, Identitätsfabrik.* Hg. Gottfried Korff und Martin Roth. Frankfurt a. M., New York: Campus, 1990. 146–163.

Spohr, Katja. „POST-CORONA-OFFICE. Drei Office-Guides für eine Büroorganisation". *Baunetz interior|design.* https://www.baunetz-id.de/stories/post-corona-office-19651704. 31. August 2020 (3. November 2020).

Steglich, Sina. „Das ‚coronarchiv' – Eine Dokumentation der Gegenwart für Geschichte(n) von morgen". Online-Tagung der AG Geschichtstheorie und des coronarchiv, 9. Juli 2020.

Stiftung Haus der Geschichte der Bundesrepublik Deutschland. *Sammlungskonzept.* https://www.hdg.de/fileadmin/bilder/10-Sammlung/Sammlungskonzept-Stiftung-Haus-der-Geschichte_DE.pdf. 2019 (16. November 2020).

Greta Butuci, Johanna Lessing, Alois Unterkircher

Im Netzwerk der Dinge: Die „Ingolstädter Maskentonne" als ungewöhnliches Objekt der Covid-19-Pandemie

1 Einleitung

Im Frühjahr 2020 war der Markt für medizinische Schutzmasken aufgrund der Corona-Pandemie wie leergefegt. Die Produktionsstätten, zu über 90 Prozent in China und dort ausgerechnet in der von Covid-19 am stärksten betroffenen Provinz Hubei angesiedelt, waren geschlossen, die weltweiten Lieferketten unterbrochen (Blech, Gnirke et al. 2020, 12). Bilder von Pflegekräften in Italien, die sich zum Schutz vor dem Virus in Müllsäcke hüllten oder Taucherbrillen aufsetzten, gingen um die Welt. Praktisch über Nacht fehlte es ausgerechnet an jenen Dingen, die für eine Unterbrechung der Infektionsketten von zentraler Bedeutung waren: Mundschutzmasken, Handschuhe, Kittel und Desinfektionsmittel. Auch in Deutschland drohten Engpässe: Anfang März 2020 warnte die Kassenärztliche Bundesvereinigung, dass in den kommenden Monaten rund 115 Millionen OP- und 47 Millionen FFP-Schutzmasken (englisch für: *filtering face piece*, deutsch: *partikelfiltrierende Halbmaske*) allein im ambulanten Bereich benötigt würden (vgl. Grill und Kampf, 30. März 2020). Denn die Arztpraxen, Krankenhäuser, Alten- und Pflegeheime hatten ihre Reserven aufgebraucht. Ende März mussten laut Angaben der Kassenärztlichen Vereinigung Bayern bereits rund 60 Arztpraxen ihren Betrieb einstellen, da ihnen Masken und andere Schutzausrüstung ausgegangen waren (vgl. Grill und Kampf, 30. März 2020). Zur gleichen Zeit mehrten sich die Aufrufe von Pflegeverbänden an Handwerksbetriebe, nicht benötigte Schutzmasken zu spenden (vgl. Süddeutsche Zeitung, 23. März 2020). BMW stiftete daraufhin 100.000 Atemschutzmasken, die aufgrund der Stilllegung der Produktion gerade ungenutzt in den Lagern waren (vgl. Süddeutsche Zeitung, 20. März 2020), zugleich versuchten Bund und Länder unter großer Kraftanstrengung, neue Produktionslinien aus dem Boden zu stampfen oder etwa Textilbetriebe zur Umstellung ihrer Produktion auf Schutzmasken zu bewegen (vgl. Süddeutsche Zeitung, 19. März 2020). Recht bald folgten auch die ersten Aufrufe an die Bevölkerung, keine medizinischen Masken zu horten und stattdessen selbst genähte Stoffmasken zu tragen (Hickmann et al. 2020, 200). Immer mehr Bundesländer erließen eine Maskenpflicht im öffentlichen Nahverkehr sowie in Geschäften.

Unabhängig von diesen behördlichen Initiativen gab es in vielen Städten und Gemeinden Spendenaufrufe für Community- oder Alltagsmasken. In Dortmund etwa vernetzten sich Spender:innen und Empfänger:innen über ein Online-Kontaktformular (Heine, 1. April 2020). Im südpfälzischen Landau richtete man eine eigene „Maskenbörse" ein: Auskochbare Stoffe und Gummibänder konnten in eine Tonne vor der Zweigstelle des Deutschen Roten Kreuzes (DRK) eingeworfen werden. Die gespendeten Materialien wurden zweimal wöchentlich zu ehrenamtlichen Näherinnen gebracht, die fertigen Masken von Freiwilligen zu diversen Einrichtungen gefahren (Klein, 23. April 2020). Vielerorts fanden sich engagierte Personen zu Nähgruppen zusammen, die im Akkord Alltagsmasken für medizinische und soziale Einrichtungen nähten. Um unter Wahrung der offiziellen Kontaktverbote Maskenspenden abgeben zu können, stellte man spezielle Sammelbehälter auf. Als Abgabestellen für selbst genähte Schutzmasken fungierten in einigen Kommunen auch Stadtteiltreffs (etwa in Emden), Landratsämter (Saarlouis) oder die Rathauspforte (Leverkusen, Braesweiler).

Auch vor dem Eingang des Rathauses in Ingolstadt stand von Anfang April bis Ende Mai eine Sammeltonne, in die die Bevölkerung selbst genähte Mundschutzmasken einwerfen konnte. Eigentlich handelte es sich um eine Tonne für Altpapier, die von den Ingolstädter Kommunalbetrieben (IN-KB) als Eigentümerin für diese Zwecke umgebaut wurde. In die Vorderseite ist ein breiter Schlitz eingeschnitten worden, ein Vorhängeschloss verhinderte das unbefugte Öffnen. Auf einem aufgeklebten Hinweisschild war zu lesen: „Mundschutzmasken bitte hier einwerfen". Auch wenn im Zuge dieser Aktion nur einige hundert Schutzmasken zusammenkamen, halfen diese mit, die Fehleinschätzungen von Bund, Ländern und Kommunen bei der vorsorglichen Einlagerung von Schutzmasken und somit „Spahns Maskenproblem" (Schnibben und Schraven 2020, 132) etwas auszugleichen.

Ende Mai 2020 konnte das Deutsche Medizinhistorische Museum Ingolstadt (DMMI) dieses ungewöhnliche Objekt in seine Sammlung übernehmen. Die Tonne zeugt von den Lieferengpässen bei Schutzmasken während der ersten Phase der Covid-19-Pandemie und vom Einfallsreichtum, dieses zeitweise nicht mehr erhältliche Medizinprodukt durch alternative Lösungen zu ersetzen. Diese Kontexte machen die Tonne zu einem relevanten Objekt der jüngsten Seuchengeschichte und rechtfertigen die Übernahme in eine medizinhistorische Sammlung. Als „Corona-Ding" materialisiert sich darin aber auch eine konkrete Praxis der Krisenbewältigung in einer mittelgroßen Stadt in Deutschland.

Im folgenden Beitrag sollen der Umgang mit der Pandemie und die logistische Herausforderung von Beschaffung und Verteilung von Schutzausrüstung, insbesondere von Schutzmasken, an einem regionalen Fallbeispiel (Ingolstadt in Oberbayern) untersucht werden. Wie ist die Stadt dem Maskenmangel im ersten Lockdown begegnet? Die Tonne ist Schlüsselobjekt und Anker für diese Frage. Indem wir nach ihren Kontexten und Verbindungen forschen, entsteht allmählich ein komplexes Gefüge, das den lokalen Umgang mit der Pandemie am Beispiel des Maskenmangels rekonstruiert. Die „Ingolstädter Maskentonne"[1] dient im Sinne einer objektbasierten Forschung als „artikulierendes Objekt" (Samida et al. 2014, 89–96). Ergänzend dazu ziehen wir leitfadengestützte Interviews als Quellen heran, mit denen das in der Krise entstandene Netzwerk von ungewöhnlichen Allianzen, logistischen Kooperationen und solidarischem Handeln sichtbar gemacht werden kann. Diese methodische Vorgehensweise erlaubt die Verbindung von Ansätzen der Material Culture (Samida et al. 2014) mit jenen der Oral History (Wierling 2003).

2 Die Tonne und der „Stoff der Krise": Fragestellung, Quellen und Methoden

„Durch Krisen", so der Zukunftsforscher Matthias Horx in seinem im März 2020 erschienenen Essay zur Covid-19-Pandemie, „erfahren wir etwas über die Systeme, die uns umgeben, die uns tragen und halten." (Horx 2020, 59). Wie eine plötzlich weggezogene wärmende Decke enthüllten „ordentliche Krisen" (59) vermeintlich unverrückbare Realitäten und legten Fehler im System erbarmungslos offen. Im Fall von Covid-19, so Horx, war eine dieser einlullenden Decken das allzu große Vertrauen in die Unverletzlichkeit einer global vernetzten Wirtschaft und in „Just-in-Time"-Lieferketten, die teure Material- und Vorratslager für Schutzkleidung und Desinfektionsmittel obsolet erscheinen ließen. Nun fehlte der „Stoff der Krise" (Blech et al. 2020, 34) plötzlich überall. Dementsprechend wird zunehmend über eine Rückholung der Produktion essentieller Güter wie Medikamente oder eben auch Schutzmasken nach Europa debattiert (Krastev 2020, 73–74).

Die „Ingolstädter Maskentonne" eröffnet als physisches Objekt einen spezifischen Blick auf lokale Lösungsstrategien zur Beseitigung des Mangels mit medizinischen Schutzmasken. Wir betrachten die musealisierte und somit ihren ursprünglichen Funktionen enthobene Tonne als Schlüsselobjekt einer regionalen Seuchengeschichte zu Covid-19, das sowohl medizinhistorische als auch museologische Fragestellungen aufwirft. Für die museale Arbeit im zeithistorischen

---

[1] So benannt im Zuge der Musealisierung und Aufstellung als Exponat in der Sonderausstellung „Die Ingolstädter Maskentonne. Eine Corona-Ausstellung mit medizinhistorischen Bezügen", Laufzeit vom 9. Dezember 2020 bis zum 16. Mai 2021.

Kontext sehen wir besonderes Potenzial, denn in diesem Objekt kristallisiert sich das krisenbedingte Zusammenwirken von politischen Entscheidungsträger:innen, medizinischen Expert:innen, städtischen Amtsleitungen und tatkräftigen Einzelpersonen. Sie kann somit im Sinne Latours als wissenshistorischer Akteur angesehen werden, der mit anderen Akteur:innen in Verbindung steht – egal ob diese menschlicher oder nicht-menschlicher Natur sind. Neuere Ansätze der Wissenschaftsforschung und Wissensgeschichte weisen bereits seit Längerem auf diese Ding-bezogene Historizität hin (unter anderem Balke et al. 2011; Heesen, Vöhringer 2014; de Laet und Mol 2002; Rheinberger 2001; Vennen 2018). Dinge sind dort nicht einfach nur „Dinge", „Objekte", „Artefakte" oder „Gegenstände". Sie sind herausfordernd und fragengenerierend (vgl. Rheinberger 2011), verknüpft und verknüpfend (vgl. Latour 2014), gegenwärtig und ereignishaft (vgl. Brandstetter et al. 2011). Ein wissenshistorisches Ding steht nicht von vornherein fest, sondern wird produziert durch das Zusammenspiel verschiedener Akteur:innen in einer bestimmten Zeit. Es hat also immer eine Geschichte. Mit der Geschichtlichkeit verlieren Dinge ihre Passivität (und Naivität) und können selbst zu Akteuren werden. Sie prägen ihre Umgebung und umgebenden Akteur:innen ebenso, wie sie von ihnen gestaltet werden. Oder in den Worten Donna Haraways, die bereits in den 1990er Jahren den Begriff des situierten Wissens prägte:

> Situiertes Wissen erfordert, dass das Wissensobjekt als Akteur und Agent vorgestellt wird und nicht als Leinwand oder Grundlage oder Ressource und schließlich niemals als Knecht eines Herrn, der durch seine einzigartige Handlungsfähigkeit und Urheberschaft von „objektivem" Wissen die Dialektik abschließt. (Haraway 1996, 238)

Objekte wie die Tonne aus einer akteurszentrierten Perspektive heraus als Ausgangspunkt für weitere Betrachtungen ernst zu nehmen, bedeutet das Aufgeben einer rein personenzentrierten Geschichtsschreibung (Latour 2007) und erfordert das Aufspüren jener Netzwerke, die sich um die Tonne herum entwickelt haben. Erst diese Erweiterung macht Verbindungen sichtbar, die ansonsten wohl unbeachtet geblieben wären. Das „Tonnen-Netzwerk" wurde im Rahmen einer Sonderausstellung im DMMI zur „Maskentonne" auch szenografisch umgesetzt, indem Bodenmarkierungen mit dem 1,5 Meter Mindestabstand von der Tonne aus zu verschiedenen Themeninseln führen (vgl. Abb. 1 und Fußnote 1).

Im Netzwerk der Dinge: Die „Ingolstädter Maskentonne" —— 377

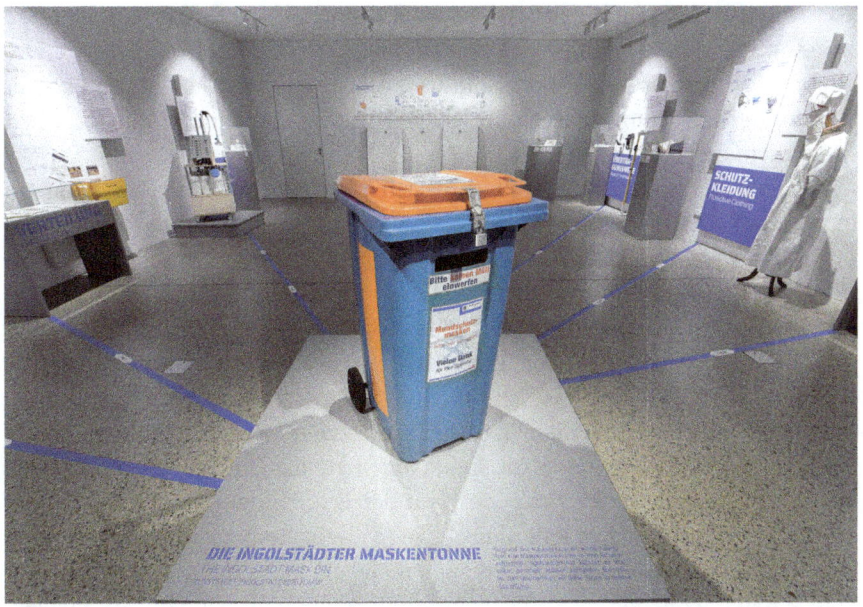

Abb. 1: Die Maskentonne als Ausstellungsobjekt: Hygiene-Abstände zeigen als „Fäden" Verbindungen auf (Foto: Stadt Ingolstadt/Ulrich Rössle).

Dieser Blick auf das Netzwerk macht nicht zuletzt die spezifischen „Settings" der Tonne kenntlich. Darunter ist nicht nur das Rathaus als ursprünglicher Standort zu verstehen, sondern auch der Ausstellungsraum als zwischenzeitlicher und das Depot als ständiger „Lagerort". Museumsdepots werden schon seit geraumer Zeit nicht mehr nur als bloßer Objektfundus gesehen, aus dem sich Ausstellungsmacher:innen nach Belieben bedienen können (te Heesen 2010, 213–230). Sie werden zunehmend als Einrichtungen begriffen, die durch die spezifischen Prozesse der Musealisierung Wissen überhaupt erst herstellen. Diese Perspektive auf Museen respektive Sammlungen als „Erkenntnisorte" (215) erfordert, so te Heesen, auch die Reflexion der jeweiligen Praktiken des Sammelns, also die Akquirierung, Inventarisierung, Dokumentation und Deponierung von Dingen. Dieser Ansatz bedeutet für uns, nicht nur den Weg der Tonne in die Sammlung des DMMI und deren „Markierung" als „Corona-Ding" (vgl. schnittpunkt 2020, 50–53) kritisch zu reflektieren, sondern auch – im Sinne des situierten Wissens – ihre Umgebung und Begegnungen mit einzubeziehen. Die Recherche rund um die Tonne führte uns nach und nach zu verschiedenen Interview-Partner:innen. Anders als eine Analyse vorrangig schriftlicher Quellen verspricht diese Form der Objekterfassung einen Mehrwert an Informationen, auch wenn die

Tonne selbst „stumm" bleibt (vgl. Karrer 2014, 368–380). Die Kombination von Ansätzen der jüngeren Wissensgeschichte mit jener der Oral History ermöglichte eine umfassende Dokumentation, die zu einer stärkeren Kontextualisierung der Sammlungsgeschichte ebenso wie zu einer medizinhistorischen Dinggeschichte beiträgt.

Die nachfolgenden Ausführungen basieren auf Interviews mit sieben Akteur:innen, die in unterschiedlichen Positionen an der Beschaffung, Herstellung, Lagerung und Verteilung von Schutzmasken in Ingolstadt Anteil hatten. Die Interviews wurden bewusst offen in einer Kombination von narrativer und leitfadengestützter Form geführt und fanden in den Monaten August bis November 2020 statt. Je nach „pandemischer Lage" konnten die Gewährspersonen persönlich vor Ort oder über das Telefon befragt werden. Anschließend wurden die Interviews transkribiert. Florian W. ist stellvertretender Leiter des Amtes für Brand- und Katastrophenschutz der Stadt und koordinierte die „Arbeitsgruppe Logistik". In dieser Funktion war er maßgeblich an der Beschaffung und Verteilung von Schutzausrüstung beteiligt. Eine ähnliche Aufgabe übernahm auch Johann W., Leiter des Fuhrparks der Ingolstädter Kommunalbetriebe. Er stand der Untergruppe „AG Maskenproduktion" vor und hatte die Idee zur Aufstellung einer Sammeltonne für Maskenspenden. Christian S. stand im Frühjahr 2020 der städtischen Internen Pandemiegruppe vor. Martina J. und Edel B. arbeiten in der Schneiderei des Stadttheaters Ingolstadt und stellten gemeinsam mit ihren Kolleginnen zehntausende von Mund-und-Nasen-Bedeckungen aus den von der Arbeitsgruppe besorgten Materialien her. Der Mittelschullehrer Wilhelm H. griff hingegen auf die technischen Möglichkeiten von 3D-Druckern zurück. Sven M. arbeitet bei den Johannitern, die neben anderen Hilfsorganisationen die Schutzmasken an medizinische, pflegerische und soziale Einrichtungen verteilt haben. Die Seite der Bezieher:innen dieser Schutzmaterialien deckt ein Interview mit Bruder Martin ab. Der Franziskaner ist Leiter der „Straßenambulanz St. Franziskus" in Ingolstadt, die auch mit selbst genähten Schutzmasken aus der Sammeltonne beliefert wurden.

Die Interviews geben einen Einblick in die Herausforderungen der praktischen Umsetzung sogenannter „Hygienemaßnahmen" zur Eindämmung von Covid-19 jenseits offizieller Verordnungen. Wir hoffen, in der nachfolgenden Analyse der Interviews und der Tonne als dem eigentlichen „Kristallisationskern" (Sarasin, 2011, 166) zu jener „multiperspektivischen Gesamtdarstellung" zu kommen, die laut Dorothee Wierling eine der Stärken von Zeitzeug:innen-Interviews ist (Wierling 2003, 147).

3 „Jeden Tag eine neue Lage": FüGK und AG Logistik

> Jeden Tag eine neue Lage. Also man muss immer schauen, wo stehen wir, was sagt die Bundesregierung, wie sind die Infektionszahlen, da mussten wir immer täglich drauf reagieren. Also es war im Grunde die Hauptarbeit zu der Zeit.
> (Interview Christian S.)

Am 16. März 2020 rief Ministerpräsident Markus Söder für Bayern aufgrund der im bundesdeutschen Vergleich hohen Infektionszahlen den Katastrophenfall aus. Das Bayerische Katastrophenschutzgesetz (BayKSG) regelt, was dann zu geschehen hat. Unter anderem werden in allen Landkreisen und kreisfreien Städten „FüGK"s einberufen, die Führungsgruppen Katastrophenschutz. Eine solche FüGK stellt sicher, „dass alle Maßnahmen der Behörden, Dienststellen, Organisationen und Einsatzkräfte, die an der Bewältigung der jeweiligen Katastrophe mitwirken, aufeinander abgestimmt sind" (Bayerisches Staatsministerium des Innern). Eine Katastrophe wird im Artikel 1, Absatz 2 des BayKSG wie folgt definiert:

> Eine Katastrophe im Sinn dieses Gesetzes ist ein Geschehen, bei dem Leben oder Gesundheit einer Vielzahl von Menschen oder die natürlichen Lebensgrundlagen oder bedeutende Sachwerte in ungewöhnlichem Ausmaß gefährdet oder geschädigt werden und die Gefahr nur abgewehrt oder die Störung nur unterbunden und beseitigt werden kann, wenn unter Leitung der Katastrophenschutzbehörde die im Katastrophenschutz mitwirkenden Behörden, Dienststellen, Organisationen und die eingesetzten Kräfte zusammenwirken.
> (Bayerische Staatskanzlei)

Im Allgemeinen meint ein solches „Geschehen" ein Zugunglück, einen großen Brand oder einen Fabrikunfall. Im Falle Ingolstadts wird das Szenario einer Überschwemmung durch die Donau am häufigsten durchgespielt. Im März 2020 liegt aus Sicht des öffentlichen Katastrophenmanagements eine bis dato für unrealistisch gehaltene Katastrophe vor: Keine Rettungsmanöver, Spezialfahrzeuge oder Trainingseinheiten sind notwendig oder nützlich. Im Gegenteil: *Leben und Gesundheit einer Vielzahl von Menschen,* wie es im Gesetzestext heißt, sind gefährdet durch etwas kaum Sichtbares und – vor allem im März 2020 – noch ziemlich Unbekanntes und damit, aus Perspektive der Katastrophenabwehr, Unberechenbares.

> Also es gab, ja, keine Verletzten, die man irgendwo retten musste wie bei einem Zugunfall. Es gab keine Häuser, die abgedeckt waren durch ein Unwetter, es gab keine Überschwemmungen, wo man konkret eben den Handlungsbedarf gesehen hat.
> (Interview Florian W.)

So beschreibt Florian W., stellvertretender Leiter des Amts für Brand- und Katastrophenschutz Ingolstadt, die Situation im Frühjahr 2020. Stattdessen war man mit einem akuten Mangel an medizinischer Schutzausrüstung konfrontiert, der vor allem die medizinischen und pflegerischen Einrichtungen betraf. Der *Abwehr, Unterbindung* oder *Beseitigung* dieser *Gefahr* galten also zunächst die Beschaffung und Verteilung von medizinischer Schutzkleidung wie Masken.

Als Leiter des Arbeitsbereiches Einsatz 3, nichtpolizeiliche Gefahrenabwehr, der FüGK Ingolstadt war Florian W. zuständig für die AG Logistik und damit die Beschaffung und Verteilung von Schutzausrüstung. Unterstützt wurde diese AG Logistik vom Einsatzbereich 4, Sonderaufgaben. An dieser Position innerhalb der FüGK sind sogenannte ereignisbezogene Mitglieder vorgesehen, das heißt Mitglieder der FüGK, die nicht, wie zum Beispiel die Feuerwehr oder das Amt für Öffentlichkeitsarbeit, automatisch vertreten sind, sondern dem jeweiligen Geschehen angepasst dazu berufen werden.[2]

> Im Prinzip diese Katastrophe, diese Pandemie war ja hauptsächlich im Bereich des Gesundheitswesens angesiedelt. Und deshalb, also man braucht das Gesundheitsamt mit im Boot, [...] die Vertreter der Kliniken waren mit dabei, der Hilfsorganisationen. Man hat da eben geschaut, wer bringt ja, welche Kompetenzen mit rein und wer bekommt dann welche Arbeiten. Und so hat man sich dann auch bei den Sonderaufgaben zum Beispiel [gefragt] – die Kommunalbetriebe, wer kann denn sich um sowas kümmern, wer kennt sich denn aus mit Desinfektionsmitteln, mit gefährlichen Stoffen und Kühlern zum Beispiel und da ist man eben auf die Kommunalbetriebe gekommen. Und so haben dann die Kommunalbetriebe diese zwei Sonderaufgaben auch mit der Maskenproduktion eben bekommen. (Interview Florian W.)

Um die Gefahr des Maskenmangels zu beseitigen, wurden also die Ingolstädter Kommunalbetriebe (IN-KB) als ereignisbezogene Mitglieder zur FüGK berufen. Vertreten wurden sie dort von ihrem Direktor, der, teils per SMS direkt aus den Sitzungen, seinen Stellvertreter Johann W. informierte, Details nachfragte und beauftragte. Die Ingolstädter Kommunalbetriebe verfügen über einen eigenen Fuhrpark, ihre Mitarbeitenden gehören den sogenannten systemrelevanten Berufen an, die zum Beispiel die Müll- und Schadstoffentsorgung verantworten und somit nicht unter das Kurzarbeitsgebot fallen. Johann W. wurde kurz nach Etablierung der FüGK Ingolstadt am 16. März Leiter der beiden bei den Kommunalbetrieben angesiedelten Sonderarbeitsgruppen: der AG Herstellung Desinfektionsmittel und der AG Maskenproduktion. Während erstere bald nicht mehr notwendig war, da der Nachschub nach kurzer Zeit wieder sichergestellt werden konnte, wurde letztere umso aktiver.

Während die AG Logistik in Abstimmung mit der Feuerwehr und den örtlichen Hilfsorganisationen die Nachfrage der Apotheken, Arztpraxen oder Ämter

---

2 Neben den Beauftragten für die Beschaffung von Schutzmaterial gehörten zu den ereignisbezogenen Mitgliedern der Pandemie auch Vertreter:innen der Kliniken und Gesundheitsämter.

abfragte, koordinierte und nach Verhältnismäßigkeit erfüllte, war die AG Maskenproduktion bei den IN-KB für die Herstellung und/oder den Erwerb von Schutzmasken zuständig. Gerade zu Beginn der Pandemiekrise hoffte man im Stadtrat und in der FüGK, den aktuellen wie den prospektiven Bedarf an Schutzmasken für die Bevölkerung mittels Eigenproduktion zu decken.

> Ich sag jetzt mal, zu Anfang war mir die Größenordnung nicht klar. Ich habe keine Vorstellung, wie lang man an so einer Maske arbeitet, wie viele Masken jemand, der professionell nähen kann, und das sind ja die Leute im Theater auf jeden Fall gewesen. Das wusste ich nicht, wie lang man da braucht oder wie viele man schafft. Dann war natürlich irgendwann klar, wie viele haben wir eigentlich im Theater, was haben wir an Stoffballen, wie viel würden wir brauchen. Also mir war eigentlich das zweite Mal, als die Anfrage vom OB [Oberbürgermeister] kam, wie viele Masken können wir herstellen, klar, das wird nichts werden. Das ist ein Tropfen auf den heißen Stein. (Interview Johann W.)

Diesem Motiv folgte auch die Aufstellung der „Ingolstädter Maskentonne" neben dem Eingang zum Neuen Rathaus der Stadt. Johann W. hatte die Idee dazu aus dem Klinikum Ingolstadt. Dort war mit einem laminierten Hinweisschild auf sehr pragmatische Weise ein grauer Mülleimer im Besucher:innenbereich umgewidmet worden: Hier sollte kein Müll mehr, sondern die selbstgenähte Community-Maske eingeworfen werden. Ebenso funktionierte die Maskentonne vor dem Rathaus. Die Ingolstädter:innen sollten die Möglichkeit haben, kontaktfrei, mit Abstand, öffentlich zugänglich und gleichzeitig geschützt vor Regen ihre selbstgemachten Alltagsmasken abzugeben, um den bestehenden Mangel auszugleichen. Die Maskensammeltonne erfüllte all diese Kriterien: Die blaue Plastiktonne mit dem orangenen Deckel wurde mit einem Vorhängeschloss verschlossen. Ein Mechaniker der betriebseigenen Werkstatt fräste eine Öffnung zum Einwurf der Masken in die Vorderseite und eine Mitarbeiterin der Presseabteilung lieferte die ergänzenden Hinweisschilder in regensicherer Laminierung. Schließlich wurde sie von Michael M., dem späteren „Corona-Fahrer"[3] der IN-KB, zur Sicherung am hinteren Rad angekettet und damit an der Rathauswand fixiert.

Die erhoffte Maskenflut indes blieb aus. Während das Stadttheater wöchentlich hunderte Masken liefern konnte, blieben die Einwürfe vor dem Rathaus weit unter hundert Stück pro Woche.[4] Dennoch leerte Michael M. vom 20. April bis 25. Mai 2020 die Maskentonne jeden Freitag. Die gespendeten Masken wurden vom Bayerischen Roten Kreuz (BRK) gewaschen, anschließend in das zentrale Lager der FüGK verbracht, dort in die übrigen Maskenbestände eingegliedert und

---

3 Johann W. „erfand" diese Wortschöpfung für seinen Mitarbeiter Michael M., der mehrere Wochen lang ausschließlich für die AG Maskenproduktion tätig war.
4 Im Fahrtenbuch des „Corona-Fahrers" der IN-KB, mittlerweile im Sammlungsbestand des DMMI, sind die einzelnen Stückzahlen für den Zeitraum vom 20. April bis 25. Mai aufgelistet.

anhand des von den jeweiligen Hilfsorganisationen kalkulierten Verbrauchs von der AG Logistik weiterverteilt. Johann W. sieht die Maskentonne dennoch als wichtigen Teil der unmittelbaren Krisenbewältigung. Man habe

> vor allen Dingen auch versucht, dieses bürgerschaftliche Engagement entsprechend zu stärken, indem wir den Leuten das Gefühl gegeben haben, sie tun da was Wertvolles oder Wichtiges. Aber im Endeffekt mussten wir dann Geld in die Hand nehmen, und das Zeug kaufen. (Interview Herr Johann W.)

Auf die erste Phase des kreativen und pragmatischen Reagierens auf den Mangel an medizinischen Schutzmasken folgte mit der Etablierung und zunehmenden Routinisierung der Abläufe in der FüGK eine Phase der konzentrierten Maskenbeschaffung über wirtschaftliche Kanäle. Auch dafür war Johann W. zuständig. Die Zahlen zu der Schutzausrüstung, die die AG Logistik zwischen Ende März und Ende Juni 2020 an Ingolstädter Einrichtungen auslieferte, belaufen sich auf rund 1 Million OP-Masken, ca. 361.000 Stück FFP2-Masken und rund 893.000 Stück Handschuhe.[5] Nach dem anfänglichen Mangel stabilisierte sich in den nachfolgenden Wochen die Verfügbarkeit von Schutzausrüstung auf dem deutschen wie internationalen Markt, sodass die Beschaffung immer größerer Stückzahlen möglich wurde und die Versorgung in Ingolstadt ebenso wie in anderen Kommunen sich zunehmend entspannte.

4 "Do-it-yourself" gegen den Mangel

Der akute Mangel an Schutzmasken, der sich bereits vor Beginn des ersten Lockdowns angedeutet hatte, brachte die Menschen dazu, selbst kreativ zu werden. Ob mit oder ohne Nähmaschine, ob Anfänger:in oder Profi: Viele begannen, sich Mund-und-Nasen-Bedeckungen aus vorhandenen Materialien, wie alten Küchentüchern oder Bettlaken, zu nähen. Nachdem auch Gummibänder knapp wurden, verwendeten manche sogar Haargummis als Schlaufen an der Maske.

Die Notwendigkeit der Schutzmasken und die Tatsache, dass diese gar nicht mehr oder nur noch zu überteuerten Preisen zu bekommen waren, führte dazu, dass Do-it-yourself (DYI)-Bewegungen an Zulauf gewannen. Viele bereits seit Jahrzehnten existierende Strick-, Näh- und Häkelgruppen, die ursprünglich als Ort der eigenen Freiheitsentfaltung und Kreativität gegründet wurden, erhielten durch die bestehende Mangelsituation und die Notwendigkeit des

---

[5] Aus der Mail von Johann W. am 30. Oktober 2020.

„Selbermachens" plötzlich eine breite Aufmerksamkeit. „Selbermachen bedeutet, etwas zu tun, was auch delegiert werden könnte" (Kreis 2017, 18–19). Dieses „Delegieren" an professionelle Dienstleister war aber zu Beginn der Pandemie nicht mehr möglich, da die meisten Lieferketten unterbrochen waren. Der Hype des DIY bei der Allgemeinheit führte beispielsweise dazu, dass verschiedene Blogger:innen innerhalb kürzester Zeit Bücher mit Tipps und Tricks zum Maskennähen veröffentlichten: Hier hat man die Wahl zwischen Anleitungen zu ganz einfachen Behelfsmasken und simplen Community-Masken für Nähanfänger:innen und Mustern zu modischen und raffinierten Alltagsmasken für Profis (etwa Nähfrosch 2020; Szoltysik-Sparrer 2020).

Verschiedene Politiker:innen riefen ebenfalls dazu auf, selbst Masken herzustellen und die raren medizinischen Masken dem Gesundheitssektor zu überlassen, unter ihnen der damalige Oberbürgermeister Dr. Christian Lösel (Stadt Ingolstadt, 7. Dezember 2020). So sollte die Mundschutz-Versorgung im privaten Bereich abgedeckt und der enorme Mangel an medizinischen Masken zumindest abgeschwächt werden. Um diesem Mangel insbesondere beim Pflegepersonal in Altenheimen und Krankenhäusern entgegenzuwirken, stellte die Bayerische Staatsregierung den Landkreisen insgesamt 240 Rollen mit jeweils 400 m Vliesstoff zur Verfügung, der für FFP2- und FFP3-Masken zertifiziert war. Die Rollen und Mustermasken, die als Nähvorlage dienten, sollten vom Technischen Hilfswerk an die Landkreise ausgeliefert und dort an die verschiedenen Nähereien verteilt werden. Aus einer Rolle sollten in der Theorie 5000 Masken genäht werden können und aus dem ganzen vorhandenen Material dementsprechend eine Million Masken entstehen, wie Bayerns Wirtschaftsminister Hubert Aiwanger in einem Facebook-Post bekannt gab (Bayerisches Staatsministerium für Wirtschaft):

> [...] Zunächst eine Rolle/Landkreis, die großen Städte entsprechend mehr. Nachschub kommt zeitnah. Material für über eine Million Masken (240 Rollen) hinter mir, weitere Produktion in Auftrag. Damit muss jetzt auch bei Altenheimen, Krankenpflege etc. schnell vernünftiges Material ankommen [...]. (H. Aiwanger, 26. März 2020)

Die Aktion führte zu gemischten Reaktionen und funktionierte nicht überall wie geplant. Ein großes Problem dabei war, dass man sich in der bayerischen Regierung offenbar wenig Gedanken darüber gemacht hatte, wie die Rollen an die Nähereien verteilt werden könnten und wie die fertig genähten Masken später unter dem Kranken- und Pflegepersonal ver- bzw. aufgeteilt werden sollten (Klingele, 23. April 2020). Hinzu kam, dass in einigen Landkreisen und Nähereien die als Nähvorlage gedachten Mustermasken gar nicht erst ankamen.

Unweit des Standortes der Masken-Sammeltonne vor dem Rathaus befindet sich das Stadttheater Ingolstadt. Seine Schneiderei spielte eine besondere Rolle bei der Bewältigung des Maskenmangels vor Ort. Denn nach Beginn des Lockdowns musste auch das Theater seine Tore für die Öffentlichkeit schließen. Wie in anderen Spielstätten stellte sich auch die Theaterschneiderei in Ingolstadt schnell auf die Maskenproduktion um und nähte zunächst Alltagsmasken für das Klinikum Ingolstadt und später auch für die AG Maskenproduktion innerhalb der „FüGK", wie Martina J. berichtet:

> [...] dann kam die Idee auf, dass wir ja Masken nähen könnten, erstmal hier fürs Haus und für die Stadtverwaltung, dann kam die Idee fürs Klinikum. [...] die haben uns Stoffe zur Verfügung gestellt und das Modell, was sie gerne gehabt hätten und die ungefähre Anzahl, die sie haben wollten, dann haben wir erstmal für die 'ne Weile lang genäht und dann kam der Katastrophenschutz und hat gefragt, ob wir bei denen mitnähen können.
> (Interview Martina J. und Edel B.)

Die AG Maskenproduktion, die auch die Maskentonne vor dem Rathaus leerte, sammelte die vom Theater produzierten Masken ein und verteilte sie an karitative Einrichtungen weiter.

Das Material für die Masken kam aus unterschiedlichen Quellen. Die AG Maskenproduktion lieferte Stoffballen und Zusatzmaterialien. Darüber hinaus hatte das Theater nach einem Aufruf in der lokalen Zeitung etliches an Stoffen, etwa Bettlaken oder Tischdecken, von Ingolstädter Bürger:innen als Spende erhalten. Von der Bayerischen Staatsregierung wurden, wie bereits erwähnt, mehrere hundert Meter Vlies zur Verfügung gestellt. Dieses Vlies musste in der Theaterschneiderei aber letztendlich zu „normalen", nicht zertifizierten Mund-und -Nasen-Masken verarbeitet werden, da die Mustermasken, die als Nähvorlage dienen sollten, nicht mitgeliefert worden waren und selbst nach eingehender Recherche und Nachforschung durch Martina J. nicht herauszufinden war, wie eine FFP2-Maske herzustellen ist, die auch den Anforderungen einer solchen entspricht:

> [...] wir haben uns auch versucht mal zu erkundigen, wie die Vorgaben sind, damit man wirklich eine sichere Maske herstellt, weil im Prinzip hätten wir das Material gehabt, also die Bayerische Staatsregierung hat das zur Verfügung gestellt, also die hatten ein Vlies zur Verfügung gestellt, aber das war nicht rauszubekommen, wie man das verarbeiten muss, damit es auch Normen genügt. (Interview Martina J. und Edel B.)

Die Masken aus dem Theater wurden nicht nach einem bestimmten Modell genäht. Es finden sich unter den hergestellten Exemplaren unter anderem das „Essener Modell" und das „Modell Klinikum". Durch die Kontaktbeschränkungen und Sicherheitsabstände konnten nicht alle Schneiderinnen und Freiwilligen direkt vor Ort arbeiten. Ein großer Teil nähte deshalb von zu Hause aus:

> [...] wir haben das so gemacht, dass eigentlich fast alle im Homeoffice waren, weil wir in der Schneiderei überhaupt nicht diese Mindestabstände hätten einhalten können und sich dann aber auch viele gemeldet haben, die noch mitmachen wollten und das wäre viel zu voll geworden. Also das waren, bei uns waren noch zwei Praktikantinnen, die nicht zu Hause nähen konnten [...] und wir beide. [...] Vom Einlass waren es bestimmt zwanzig, die mitgeholfen haben, Schauspieler waren, ein paar dabei, paar Leute aus der Bevölkerung, die gefragt haben, ob sie mitmachen können und zuschneiden dürfen, die haben dann auch zugeschnitten. Und unsere Mannschaft und die Garderobe. (Interview Martina J. und Edel B.)

Die Schneiderinnen im Homeoffice und die Freiwilligen holten sich das benötigte Material in Form von kleineren oder größeren Paketen regelmäßig beim Theater ab. Vor Ort waren Martina J. und Edel B., die Masken nähten und besagte Pakete schnürten. Darin enthalten waren eine Anleitung zum Maskennähen, bereits zugeschnittene Stoffe und darauf abgezählte Drähte und Gummis, die nur noch zu einem Mundschutz zusammengenäht werden mussten. Die Maskenproduktion in der Schneiderei des Theaters dauerte von März bis zur Öffnung des Theaters Mitte Juni an.

Zu den weiteren Produktionsstätten gehörten acht Mittelschulen in und um Ingolstadt. Unter der Federführung von Wilhelm H., Lehrer an der Mittelschule in Oberhaunstadt, produzierten er und seine Kolleg:innen in acht Ingolstädter Schulen Masken in 3D-Druckern. Die Programmieranleitungen und Vorlagen dazu kamen aus dem Internet, wo sie kostenlos zum Download bereitgestellt wurden. Diese Methode der Maskenproduktion dauert zwar etwas länger als das Nähen einer Maske – insgesamt ca. sechs Stunden für vier Stück – benötigt aber nur eine Person, die das Gerät während des Druckens beaufsichtigen und die fertigen Masken entnehmen muss. Wilhelm H. sammelte jede Woche die gedruckten Exemplare an den Schulen ein und lieferte sie an die Kommunalbetriebe:

> Ich bin die erste Zeit immer da rumgefahren [...] und wenn's dann ums Einsammeln ging, da hab' ich dann immer einmal pro Woche eingesammelt. Da war ich dann schon mit dem Auto unterwegs. Das waren dann immer so 30 bis 40 Masken, die hab' ich dann immer abgeliefert bei den Kommunalbetrieben. (Interview Wilhelm H.)

Insgesamt lieferte er 279 3D-Druck-Masken an die Ingolstädter Kommunalbetriebe.

Ein Teil des Maskenbedarfs für soziale und medizinische Einrichtungen der Stadt Ingolstadt konnte zunächst durch die genannten Initiativen und weitere Maskenspenden abgedeckt werden. Die in die Sammeltonne eingeworfenen Community-Masken hatten dafür bei weitem nicht ausgereicht. Dennoch fanden viele in der Herstellung von Community-Masken – egal ob selbst genäht oder aus dem 3D-Drucker – einen „Sinn in der Krise". Sie hatten das Gefühl, etwas Sinnvolles zu tun und Teil einer weltweiten Solidargemeinschaft zu sein. So meint Wilhelm H. rückblickend:

> Das war eine schöne Sache auch mit den Kollegen. Ich sag mal so das Gemeinschaftsgefüge, wir helfen gemeinsam zusammen. Und das war am Anfang ja auch da, in der ganzen Gesellschaft.
>
> (Interview Wilhelm H.)

5 „[...] also da war sehr viel Solidarität da [...]"

Ein Ziel des vorliegenden Sammelbandes ist es zu untersuchen, wie Menschen während der Coronakrise durch eine Neubewertung bislang vertrauter Handlungsweisen einen „Sinn in der Krise" fanden. In der ersten Phase der Pandemie ließen sich dabei als „überholt" geglaubte Haltungen beobachten, die Menschen weltweit einen solchen Sinn zu geben versprachen: Solidarität und Zusammenhalt. Während des ersten Lockdowns fanden Solidaritätsbekundungen statt für vulnerable, systemrelevante oder wirtschaftlich besonders hart getroffene Gruppen. Menschen klatschten auf den Balkonen für Ärzt:innen und Pflegekräfte, kauften für ältere Bewohner:innen ihrer Hausgemeinschaften ein und unterstützten den Einzelhandel und die Gastronomie mit Bestellungen. Auch das Nähen von Community-Masken kann als eine spezifische Praktik angesehen werden, dem krisenhaften Geschehen rund um Covid-19 einen Sinn zu geben.

Dabei spielt es keine Rolle, ob sich diese solidarischen Nähaktionen allein an der Nähmaschine oder im Kollektiv abspielten. Im Vordergrund stand die möglichst rasche und unbürokratische Abgabe der dringend benötigten Schutzmasken an soziale und karitative Einrichtungen. „Die Solidarität kennt keine Grenzen ..." lautete beispielsweise die Überschrift der Pressemitteilung des rheinischen Verbundkrankenhauses Linz-Remagen zur Spende von 500 Einmal-Schutzmasken des Besitzers eines lokalen China-Restaurants (Verbundkrankenhaus Linz-Remagen, 29. März 2020). Wer hätte vor der Coronakrise gedacht, dass es die Schenkung einiger Packungen eines billigen Wegwerfartikels jemals in die offizielle Presseaussendung schaffen würde? „[...] also da war sehr viel Solidarität da [...]" (Interview Bruder Martin), erinnert sich auch Bruder Martin von der Straßenambulanz St. Franziskus in Ingolstadt rückblickend im Interview an die breite Unterstützung durch die Bevölkerung in der Akutphase im April/Mai 2020. Und er führt weiter aus:

> Da sind so viele Leute gekommen, die uns Mundschutz gebracht haben und auch Pakete geschickt worden von was weiß ich von wo überall, wir haben ganze Pakete gehabt nur mit Mundschutz, dass ich das gar nicht mehr weiß, von wem was kommt, muss ich ganz ehrlich sagen, ich weiß es nicht. Weil das wirklich große Mengen waren.
>
> (Interview Bruder Martin)

Die von ihm im Februar 2005 gegründete Anlaufstelle für Obdachlose, Suchtkranke und sozial Bedürftige konnte als Wärmestube mit ambulanter Grundversorgung im ersten Lockdown geöffnet bleiben und benötigte spätestens nach Einführung der Maskenpflicht in Bayern am 27. April einen dementsprechend großen Vorrat an Schutzmasken.

Die Straßenambulanz von Bruder Martin wurde neben Maskenspenden von Privatpersonen, Nähgruppen und befreundeten Ärzt:innen auch mit selbstgenähten Mund-und-Nasen-Bedeckungen aus der Sammeltonne vor dem Rathaus beliefert. Bevor diese Routinen des Katastrophenschutzes jedoch etabliert waren, musste aufgrund des dynamischen Infektionsgeschehens flexibel auf aktuelle Notlagen reagiert werden, wie Sven M. von den Johannitern an einem konkreten Beispiel erläutert:

> [A]n einem Freitag, später Nachmittag, werde ich nie vergessen, es war dann so fünf bis halb sechs, klingelt mein Telefon, es war das Gesundheitsamt dran. Es gibt in einem Altenheim in Ingolstadt einen Ausbruch, also einen Corona-Ausbruch, die haben aber zu wenig Material, um über das Wochenende zu kommen, um sich alle voll zu schützen. Ob wir helfen können? (Interview Sven M.)

Herr M. berichtet weiter, dass er Masken und Schutzkittel aus den eigenen Beständen ins Auto geladen habe und „am Freitagabend noch schnell rübergefahren" sei.

Der Bericht über einen Covid-19-Ausbruch in einem Altenheim macht deutlich, wie fatal sich der Mangel an Schutzkleidung in der Akutphase der Krise für besonders gefährdete Gruppen auswirken konnte. Nach kurzer Zeit habe die FüGK jedoch einen Automatismus etabliert, sodass derartige Krisenfälle rasch bewältigt werden konnten.

6 Resümee

In ihrem Beitrag für diesen Sammelband bezeichnen die Museologinnen Kerstin Langwagen und Uta Bretschneider die weltweiten Aufrufe von Museen, persönliche Erfahrungsberichte und Dinge der Corona-Pandemie zu dokumentieren und den jeweiligen Institutionen zur Verfügung zu stellen, als Versuch eines „Zähmen[s] der Krise". Sie unterteilen die durch Corona ausgelöste „Sammellust" in mehrere Zeitabschnitte und arbeiten als Charakteristikum der ersten Phase das Handgemachte und Provisorische der zusammengetragenen Gegenstände heraus. Aufgrund des Lockdowns und der dadurch erfolgten Geschäftsschließungen erhielten selbstgemachte Dinge, etwa die aus Stoffresten genähte

Schutzmaske, plötzlich eine neue Bedeutung. Auch die „Ingolstädter Maskentonne" ist ein solches aus der Krise geborenes provisorisches „Corona-Ding".

Als Instrument der Maskenbeschaffung muss der „Ingolstädter Maskentonne" ein ambivalenter Erfolg zugeschrieben werden. Als „Kristallisationskern" (Sarasin 2011, 166) für die Praktiken der Mangelverwaltung ist sie umso ergiebiger. Das macht die mittlerweile musealisierte Tonne nicht nur zu einem Objekt der Medizin- und Stadtgeschichte, sondern auch zu einem typischen „Krisending" im Sinne Horx'. Sie zeugt in einem ganz praktischen Sinn von den „Systemen, die uns umgeben" (Horx 2020, 59) und somit von den Störungen im System, die SARS-CoV-2 weltweit ausgelöst hat. Die Beseitigung dieser Störung bewegte eine Vielzahl von Akteur:innen zum gemeinsamen Handeln und schuf verbindende Netzwerke. In unserem Beitrag haben wir den Versuch unternommen, dieses Ineinandergreifen von kommunalen Verwaltungsmechanismen, persönlichen Initiativen und pragmatischen Lösungsansätzen (das Umfunktionieren einer Altpapiertonne zu einem Sammelbehälter für Stoffmasken) sichtbar zu machen. Die über die „FüGKs" koordinierte Beschaffung und Verteilung von (medizinischen) Schutzmasken füllte jene Lücken, die die herkömmlichen Zulieferer von Krankenhäusern, Alten- und Pflegeheimen nicht (mehr) schließen konnten. Ohne das solidarische Handeln vieler Einzelpersonen wäre die Versorgung mit grundlegender Schutzausrüstung in den ersten Monaten der Pandemie wohl nicht nur in Ingolstadt prekär geblieben. Als nicht-menschliche Akteurin war auch die „Ingolstädter Maskentonne" in dieses „Krisen-Netzwerk" involviert und regte zu weiteren Recherchen im Deutschen Medizinhistorischen Museum an. Die mit Personen aus dem Umfeld des „Tonnen-Netzwerks" geführten Interviews halten dabei ein flüchtiges, praktisches und sehr spezifisches Wissen fest, das zwischen diesen Akteur:innen (Einzelpersonen, Gruppen, Ämtern, Nähstuben, Sammeltonne) zirkulierte. In dem vielstimmigen „Gewusel" (Sarasin 2011, 163) wird die „Ingolstädter Maskentonne" als Akteurin einer lokalen Geschichte der Covid-19-Pandemie erkennbar und bietet einen objektbezogenen Zugang für ein zukünftiges Aufarbeiten dieser Krisenzeit. Wissensgeschichtlich ermöglichen die Transformationen der Papiertonne – erst zur Maskensammeltonne und dann zum Museumsding und Ausstellungsobjekt – einen Perspektivwechsel auf Dinge, Menschen und Situationen, die mit ihr in Verbindung stehen.

Literatur

Balke, Friedrich, Maria Muhle, und Antonia von Schöning (Hg.). *Die Wiederkehr der Dinge*. Berlin: Kulturverlag Kadmos, 2011.

Brandstetter, Thomas, Karin Harasser, Benjamin Steininger, und Christina Wessely. „Durch die Dinge denken. Eine Trafik zu Gast in Weimar". *Die Wiederkehr der Dinge*. Hg. Friedrich Balke, Maria Muhle, und Antonia von Schöning. Berlin: Kulturverlag Kadmos, 2011. 236–248.

de Laet, Marianne, und Annemarie Mol. „The Zimbabwe Bush Pump. Mechanics of a Fluid Technology". *Social Studies of Science* 30.2 (2002): 225–263.

Haraway, Donna. „Situiertes Wissen. Die Wissenschaftsfrage im Feminismus und das Privileg einer partialen Perspektive". *Vermittelte Weiblichkeit: feministische Wissenschafts- und Gesellschaftstheorie*. Hg. Elvira Scheich. Hamburg: Hamburger Edition, 1996. 217–248.

Hickmann, Christoph, Martin Knobbe, und Veit Medick (Hg.). *Lockdown. Wie Deutschland in der Coronakrise knapp der Katastrophe entkam*. München: DVA, 2020.

Horx, Matthias. *Die Zukunft nach Corona. Wie eine Krise die Gesellschaft, unser Denken und unser Handeln verändern*. Berlin: Econ, 2020.

Karrer, Tanya. „Zeitzeugen-Interviews zur Dokumentation historischer Sammlungen. Ein Leitfaden für Sammlungsmitarbeitende". *Informationswissenschaften: Theorie, Methode und Praxis. Arbeiten aus dem Master of Advanced Studies in Archive, Library and Information Science, 2010–2012*. Hg. Gilbert Goutaz, Gaby Knoch-Mund, und Ulrich Reimer. Baden: hier + jetzt, 2014. 368–380.

Krastev, Ivan. *Ist heute schon morgen? Wie die Pandemie Europa verändert*. Berlin: Ullstein, 2020.

Kreis, Reinhild. „Anleitung zum Selbermachen. Do it yourself, Normen und soziale Ordnungsvorstellungen in der Industriemoderne." *Selber machen. Diskurse und Praktiken des „Do it yourself"*. Hg. Nikola Langreiter, und Klara Löffler. Bielefeld: transcript, 2017. 17–34.

Latour, Bruno. *Eine neue Soziologie für eine neue Gesellschaft. Einführung in die Akteur-Netzwerk-Theorie*. Frankfurt a. M.: Suhrkamp, 2007.

Latour, Bruno. „Ist Wissen ein Existenzmodus?" *Wissenschaft im Museum. Ausstellung im Labor*. Hg. Anke te Heesen und Margarete Vöhringer. Berlin: Kulturverlag Kadmos, 2014. 136–173.

Nähfrosch, Katja. *Masken nähen*. Igling: EMF, 2020.

Rheinberger, Hans-Jörg. „Partikel im Zellsaft. Bahnen eines wissenschaftlichen Objekts". *Ansichten der Wissenschaftsgeschichte*. Hg. Michael Hagner. Frankfurt a. M.: S. Fischer, 2001. 299–336.

Samida, Stefanie, Manfrede Eggert, und Hans Peter Hahn (Hg.). *Handbuch Materielle Kultur. Bedeutungen, Konzepte, Disziplinen*. Stuttgart, Weimar: Metzler, 2014.

Sarasin, Philipp. „Was ist Wissensgeschichte?" *Internationales Archiv für Sozialgeschichte der deutschen Literatur* 36 (2011): 159–172.

Schnibben, Cordt, und David Schraven (Hg.). *CORONA. Geschichte eines angekündigten Sterbens*. München: dtv, 2020.

Szoltysik-Sparrer, Inge. *Schicke Alltagsmasken nähen. Kreative Behelfsmasken für Frauen, Männer und Kinder*. Stuttgart: frechverlag, 2020.

te Heesen, Anke, und Margarete Vöhringer (Hg.). *Wissenschaft im Museum. Ausstellung im Labor*. Berlin: Kulturverlag Kadmos, 2014.

te Heesen, Anke. „Objekte der Wissenschaft. Eine wissenschaftshistorische Perspektive auf das Museum". *Museumsanalyse. Methoden und Konturen eines neuen Forschungsfeldes*. Hg. Joachim Baur. Bielefeld: transcript, 2010.

Team schnittpunkt. „Ausstellungstheorie & praxis, Schnelle Antworten und offene Fragen. Corona sammeln im Museum". *neuesmuseum* 20.4 (2020): 50–53.

Vennen, Mareike. *Das Aquarium. Praktiken, Techniken und Medien der Wissensproduktion (1840–1910)*. Göttingen: Wallstein, 2018.

Wierling, Dorothee. „Oral History". *Aufriß der Historischen Wissenschaften, Bd. 7. Neue Themen und Methoden der Geschichtswissenschaften*. Hg. Michael Maurer. Stuttgart: Reclam, 2003. 81–151.

Quellen

Aiwanger, Hubert. „Masken selbst nähen!" https://www.facebook.com/hubertaiwanger/posts/3149825018369783. Facebook, 26. März 2020 (2. Dezember 2020).

Bayerische Staatskanzlei. *Bayerisches Katastrophenschutzgesetz (BayKSG) vom 24. Juli 1996 (GVBl. S. 282), BayRS 215-4-1-I, I. Abschnitt Aufgaben und Zuständigkeiten, Art. 1. Aufgabe*. https://www.gesetze-bayern.de/Content/Document/BayKatSchutzG-1. München: Bayerische Staatskanzlei. (12. Dezember 2020).

Bayerisches Staatsministerium des Innern, für Sport und Integration. *Aufgaben und Organisation des Katastrophenschutzes in Bayern*. https://www.stmi.bayern.de/sus/katastrophenschutz/katastrophenschutzsystem/aufgabenundorganisation/index.php. (12. Dezember 2020).

Bayerisches Staatsministerium für Wirtschaft, Landesentwicklung und Energie. „Schutzmasken zum Selbernähen werden an Bayerns Landkreise geliefert". *Pressemitteilung-Nr. 77/20*. https://www.stmwi.bayern.de/presse/pressemeldungen/pressemeldung/pm/43325/. München: Bayerisches Staatsministerium für Wirtschaft, Landesentwicklung und Energie. (2. Dezember 2020).

Blech, Jörg, Kristina Gnirke, Hubert Gude, Veronika Hackenbroch, Nils Klawitter, Martin U. Müller et al. „Wir sind nicht vorbereitet". *Der Spiegel*, 2020/10: 8–12.

Blech, Jörg, Matthias Gebauer, Kristina Gnirke, Julia Amalia Heyer, Christoph Hickmann, Christiane Hoffmann et al. „Der Stoff der Krise". *Der Spiegel*, 2020/15. 34–38.

Grill, Markus, und Lena Kampf. „Coronavirus: Maskenmangel in deutschen Arztpraxen". *tagesschau.de*. https://www.tagesschau.de/investigativ/ndr-wdr/masken-arztpraxen-101.html. 30. April 2020 (7. Dezember 2020).

Heine, Alexander. „Coronavirus: Stoffmasken: Freiwillige nähen, andere suchen – wir bringen sie zusammen". *Münsterland Zeitung*. https://www.muenterlandzeitung.de/ahaus/stoffmasken-freiwillige-naehen-pflegedienste-suchen-wir-bringen-sie-zusammen-1509378.html. 1. April 2020 (7. Dezember 2020).

Klein, Thomas. „So funktioniert die Landauer Maskenbörse. Mit Nadel und Faden gegen das Coronavirus". *Wochenblatt Reporter*. https://www.wochenblatt-reporter.de/landau/c-lokales/mit-nadel-und-faden-gegen-das-coronavirus_a192145. 23. April 2020 (7. Dezember 2020).

Klingele, Markus. „Wer näht mehr Masken? Aiwangers Vlies sorgt für Kuriosum". *BR24*. Bei *Archive.org* archivierte Version vom 31. Mai 2020. https://web.archive.org/web/20200531152618if_/https://www.br.de/nachrichten/bayern/wer-naeht-mehr-masken-aiwangers-vlies-sorgt-fuer-kuriosum,RwzjBxO. 23. April 2020 (2. Dezember 2020).

Stadt Ingolstadt. *Aufruf des Oberbürgermeisters: Bürger sollten Mundschutzmasken tragen und sie selber nähen.* https://www.ingolstadt.de/Rathaus/Aktuelles/Aktuelle-Meldungen/Newsticker-Coronavirus/Aufruf-des-Oberb%C3%BCrgermeisters-B%C3%BCrger-sollten-Mund-Nasen-Maske-tragen-und-diese-selber-n%C3%A4hen.php?object=tx,2789.5&ModID=7&FID=2789.18714.1&NavID=3052.251&La=1. Ingolstadt: Stadt Ingolstadt. 30. März 2020 (7. Dezember 2020).

Süddeutsche Zeitung. „Die Coronavirus-Pandemie in Bayern – der Monat März: Eintrag 19. März 2020: Bayern produziert jetzt auch Atemschutzmasken." https://www.sueddeutsche.de/bayern/coronavirus-bayern-rueckblick-maerz-1.4865723. 31. März 2020 (25. August 2020).

Süddeutsche Zeitung. „Die Coronavirus-Pandemie in Bayern – der Monat März: Eintrag 23. März 2020: Handwerker sollen Schutzmasken spenden." https://www.sueddeutsche.de/bayern/coronavirus-bayern-rueckblick-maerz-1.4865723. (25. August 2020).

Süddeutsche Zeitung. „Die Coronavirus-Pandemie in Bayern – der Monat März: Eintrag 20. März 2020: BMW stiftet 100 000 Atemschutzmasken". https://www.sueddeutsche.de/bayern/coronavirus-bayern-rueckblick-maerz-1.4865723. (25. August 2020).

Verbundkrankenhaus Linz-Remagen: „Die Solidarität kennt keine Grenzen … " https://www.krankenhaus-linz-remagen.de/presse/presseartikel/artikel?tx_ttnews%5Btt_news%5D=378&cHash=49b3a87233b02e5fbc191e6b2cb60161. 29. März 2020 (10. Dezember 2020).

Interviews

Bruder Martin, Straßenambulanz St. Franziskus e.V. Ingolstadt, Interview geführt am 6. August 2020.

Christian S., Leiter der Internen Pandemiegruppe der Stadt Ingolstadt, Interview geführt am 25. November 2020.

Florian W., Amt für Brand- und Katastrophenschutz, Interview geführt am 29. Oktober 2020.

Johann W., Ingolstädter Kommunalbetriebe, Interview geführt am 23. Juni 2020.

Martina J. und Edel B., Schneiderei des Stadttheaters Ingolstadt, Interview geführt am 9. September 2020.

Sven M., Johanniter Ingolstadt, Interview geführt am 29. Oktober 2020.

Wilhelm H., Lehrer an der Mittelschule Oberhaunstadt, Interview geführt am 15. September 2020.

Informationen zu den Autor:innen

Lydia Maria Arantes ist Post-Doc-Universitätsassistentin am Institut für Kulturanthropologie und Europäische Ethnologie der Universität Graz. In ihrer Forschung und Lehre beschäftigt sie sich u. a. mit Themenfeldern an der Schnittstelle zwischen materieller Kultur und Anthropologie der Sinne bzw. des Körpers – z. B. im Bereich von *craft practices* wie dem Stricken, welches in ihrem Buch *Verstrickungen. Kulturanthropologische Perspektiven auf Stricken und Handarbeit* (2017) vieldimensional erschlossen wird. Ein weiteres Interesse gilt reflexiv-ethnographischem sowie ethnopsychoanalytisch-geprägtem Forschen und Schreiben.

Jan Beuerbach studierte Philosophie, Soziologie, Germanistik und Biochemie an der Goethe-Universität Frankfurt a. M. Er schließt derzeit seine Promotion in der Philosophie zum eigentumstheoretischen Thema „Kritik der Aneignung von Daten" ab und ist als Wissenschaftlicher Mitarbeiter am Lehrstuhl Kulturphilosophie des kulturwissenschaftlichen Instituts der Universität Leipzig tätig.

Robert Birnbauer, Dr. phil., wurde am Institut für Europäische Ethnologie der Humboldt-Universität zu Berlin mit einer Arbeit zur Selbständigkeit von Menschen mit Migrationshintergrund und dem Diskurs um die sog. „ethnische Ökonomie" promoviert. Seine Forschungsschwerpunkte liegen in der Religions-, Politik- und Wirtschaftsanthropologie. Derzeit lehrt er am Institut für Europäische Ethnologie der Humboldt-Universität zu Berlin und war zuletzt wissenschaftlicher Mitarbeiter an der Professur für Interkulturelle Kommunikation an der TU Chemnitz.

Uta Bretschneider ist Kulturanthropologin und seit 2020 Direktorin des Zeitgeschichtlichen Forums Leipzig. 2011 bis 2014 promovierte sie zum Thema ‚*Vom Ich zum Wir'? Flüchtlinge und Vertriebene als Neubauern in der LPG*. Zu ihren Forschungsschwerpunkten gehören die Geschichte ländlicher Räume, Musealisierung, DDR-Alltagskultur und Biografieforschung. Im gemeinsam mit Kerstin Langwagen verfassten Beitrag nimmt sie den Einfluss der Pandemie auf die Arbeit des Zeitgeschichtlichen Forums Leipzig in den Blick.

Greta Butuci ist Historikerin und seit 2019 wissenschaftliche Volontärin am Deutschen Medizinhistorischen Museum Ingolstadt. Dort übernimmt sie Aufgaben in allen Bereichen der Museumsarbeit, wie Ausstellungswesen, Presse- und Öffentlichkeitsarbeit und Umgang mit der Sammlung. Ihr Volontariatsprojekt stellt die Aufarbeitung und Erforschung des Fotoalbenbestandes aus der Sammlung des Museums dar. Zudem ist Greta Butuci Mitglied beim Arbeitskreis Volontariat des Deutschen Museumsbundes und dort für den Bereich Kommunikation zuständig. Dieser Aufsatz ist ein Ergebnis der Forschungen und Umsetzung einer Ausstellung zum Thema „Covid-19".

Marcella Fassio ist wissenschaftliche Mitarbeiterin im Bereich Literaturwissenschaft am Institut für Niederlandistik und am Center für lebenslanges Lernen der Universität Oldenburg. Ihre Forschungsschwerpunkte sind Gegenwartsliteratur, Literatur um 1900, Autorschaft, Digital Life Narratives und Krankheitsnarrative. Derzeit forscht sie zu Narrativen weiblicher Erschöpfung. Mit ihrem Beitrag zu Selbstnarrationen von Lifestyle-Influencerinnen während der Coronakrise

https://doi.org/10.1515/9783110734942-022

knüpft sie an ihre Arbeiten zu digitalen Subjektivierungspraktiken an. Ihre Dissertation *Das literarische Weblog* befasst sich mit Praktiken, Poetiken und der Konstruktion von Autorschaft.

Silke Gülker ist Privatdozentin und Mitarbeiterin im Bereich Kultursoziologie am Institut für Kulturwissenschaften der Universität Leipzig. Ihre Forschungsschwerpunkte sind Religions-, Wissens-, Wissenschafts- und Gesundheitssoziologie. Mit ihrem Beitrag zu Krise und Utopie knüpft sie auch an frühere Arbeiten zur Zukunftsforschung wieder an. Ihr letztes Buch *Transzendenz in der Wissenschaft* befasst sich mit Grenzziehungen zwischen Verfügbarem und Unverfügbarem im Bereich der Stammzellforschung.

Johanna Häring ist Kulturwissenschaftlerin mit einem Schwerpunkt in Kultursoziologie und rekonstruktiven Methoden der Sozialforschung. Ihre Interessens- und Arbeitsgebiete umfassen Themen von Normen und Normalität, sozialer Ungleichheit und jugendlichen Lebenswelten.

Insa Härtel, Dr. phil. habil., ist Professorin für Kulturwissenschaft an der International Psychoanalytic University Berlin (IPU). Ihre Schwerpunkte liegen in den Bereichen Psychoanalytische Kunst- und Kulturtheorie, Sexualitäts- und Geschlechterforschung. Jüngste Herausgabe: *Reibung und Reizung. Psychoanalyse, Kultur und deren Wissenschaft*, Hamburg: textem Verlag 2021.

Melanie Hühn ist Wissenschaftliche Mitarbeiterin an der Professur Interkulturelle Kommunikation der Technischen Universität Chemnitz. Ihre Forschungsschwerpunkte liegen auf Alter und Identität, Alter und Mobilität sowie kulturtheoretischen Fragen. Mit ihrem Beitrag zu Alter(n)sbildern in der Krise knüpft sie an frühere Arbeiten zu Altersidentitäten an. In ihrem Buch *Migration im Alter* befasste sie sich u. a. mit dem Leitbild des Successful Aging und seinen Auswirkungen in einer andalusischen Kommune.

Patricia Jäggi ist Kulturanthropologin, Klangforscherin und als senior wissenschaftliche Mitarbeiterin an der Hochschule Luzern – Musik tätig. Ihre Forschungsschwerpunkte liegen im Bereich des alltäglichen Hörens, der akustischen Ökologie sowie der Klang- und Radiokunst. Ihr Beitrag thematisiert die durch die Corona-Massnahmen veränderte stillere Klanglandschaft. Damit knüpft sie an ihr Interesse für akustische Dystopien und Utopien sowie den Artikel *Listening to Reveries: Sounds of a Post-Anthropocene Ecology* (Fusion Journal 19 (2021)) an, welcher sich mit ökologisch-klanglichen Zukunftsvisionen auseinandersetzt.

Daniel Jarczyk studiert Kulturwissenschaft und Europäische Ethnologie im Bachelor an der Humboldt-Universität zu Berlin. Seine Interessensschwerpunkte liegen in wirtschaftsanthropologischen Perspektiven auf die Organisation von Arbeit und Eigentum.

Uta Karstein ist Leiterin des Bereiches Kulturmanagement und Soziologie des kulturellen Feldes am Institut für Kulturwissenschaften der Universität Leipzig. Ihre Forschungsschwerpunkte sind Religions-, Kultur-, Kunst- und Architektursoziologie. In ihrer Habilitation untersucht sie ausgehend von christlichen Kunstvereinen das Verhältnis von Religion, Kunst und Architektur im 19. Jahrhundert. Daneben beschäftigt sie sich aktuell mit Fragen der Organisationsentwicklung im Kulturbereich.

Gabriele Klein ist Professorin für Soziologie von Bewegung, Sport und Tanz und Performance Studies an der Universität Hamburg. Ihre Forschungsschwerpunkte sind: Körpersoziologie, Tanz- und Performancetheorie, Theorien kultureller und ästhetischer Übersetzung. Sie hat zusammen mit Robert Gugutzer und Michael Meuser das zweibändige Handbuch Körpersoziologie herausgegeben. Der für diesen Band gemeinsam mit Katharina Liebsch verfasste Beitrag steht im Kontext eines gemeinsamen Forschungsprojektes zur Transformation interkorporaler Ordnungen durch Pandemie und Digitalisierung. Ihre letzte Buchpublikation (2019) beschäftigt sich mit der Choreografin Pina Bausch und entwickelt am Beispiel des Tanztheaters die Theorie der tanzästhetischen Übersetzung (*Pina Bausch und das Tanztheater. Die Kunst des Übersetzens*, englische Übersetzung 2021, russische Übersetzung 2021).

Oliver E. Kuhn ist Mitarbeiter am Lehrstuhl Makrosoziologie an der Universität Kassel. Er forscht zu wirtschaftssoziologischen und gesellschaftstheoretischen Themen, insbesondere zur Erneuerung der Theorie der Erfolgsmedien. Sein Beitrag zum politischen Kontrarianismus schließt an seine Forschung über Verschwörungstheorien an, zudem an seine Arbeit zur Krise des Alltagswissens, die den Laiendiskurs über die Finanzkrise untersuchte. Derzeit erarbeitet er eine Soziologie der Spekulation als Quervergleich spekulativer Praktiken in verschiedenen gesellschaftlichen Feldern.

Kerstin Langwagen ist Kulturhistorikerin und Museologin. Seit 1996 ist sie im Zeitgeschichtlichen Forum Leipzig der Stiftung Haus der Geschichte der Bundesrepublik Deutschland tätig und leitet dort seit 2002 den Arbeitsbereich Sammlungsdokumentation/-Ausstellungsmanagement. 2014 promovierte sie zum Thema *Die DDR im Vitrinenformat. Zur Problematik musealer Annäherungen an ein kollektives Gedächtnis*. Zu ihren Forschungsschwerpunkten gehören Musealisierung, DDR-Alltagskultur, Transformationsgeschichte Ostdeutschlands und museale Sammlungsdokumentation.

Benet Lehmann studierte Geschichtswissenschaften in Hamburg, Berlin und Jerusalem. Er war Stipendiat der Hans-Böckler-Stiftung und MA-Fellow am Richard Koebner Minerva Center für deutsche Geschichte. Neben Public History und Geschichtstheorie sind seine Forschungsschwerpunkte der Nationalsozialismus und die sich anschließende Geschichtskultur, jüdische Geschichte, Visual History sowie Gewaltgeschichte. Eine Promotion zu Gewaltbildern im Zweiten Weltkrieg ist in Vorbereitung.

Johanna Lessing ist Kulturwissenschaftlerin und Mitarbeiterin am Forschungskolleg *Wissen | Ausstellen* der Universität Göttingen. In ihrer Promotion untersucht sie medizinische Präparate als kuratorische Dinge in wissenschaftlichen Sammlungen. Zu ihren Forschungsschwerpunkten gehören (historische) Ausstellungsanalyse und forschendes Ausstellen, Objektperformanz und Wissensgeschichte universitärer Sammlungen. 2019–2020 arbeitete sie im Deutschen Medizinhistorischen Museum Ingolstadt. Mitten in der Pandemie kuratierte sie dort eine Ausstellung, die den ersten Lockdown 2020 wissenshistorisch und lokalgeschichtlich, objekt-fokussiert und netzwerkbezogen thematisierte.

Katharina Liebsch ist Professorin für Soziologie unter besonderer Berücksichtigung der Mikrosoziologie an der Helmut Schmidt Universität/Universität der Bundeswehr Hamburg. Ihre Forschungsschwerpunkte sind Körper- und Biopolitik, Kulturen des Privaten und der Intimität sowie Wissenssoziologie und Normenanalyse. Der für diesen Band gemeinsam mit

Gabriele Kleins verfasste Beitrag steht im Kontext eines gemeinsamen Forschungsprojektes zur Transformation interkorporaler Ordnungen durch Pandemie und Digitalisierung. Ihr letztes Buch *Die Regierung der Gene. Diskriminierung und Verantwortung im Kontext genetischen Wissens* befasst sich mit den sozialen und gesellschaftlichen Wirkungen biologischen Wissens.

Stefanie Mallon Dr. phil., ist Kultur- und Kunstwissenschaftlerin. 2018 hat sie ihre Dissertation mit dem Titel *Das Ordnen der Dinge. Aufräumen als soziale Praktik* veröffentlicht. Ihre Forschungsschwerpunkte sind ‚Materialität und Wissen' und Textiles als Analyseperspektive für die Erforschung sozialer Praktiken. Für das Institut in Hamburg hat sie gemeinsam mit Gertraud Koch 2019 den Jubiläumsband des Hamburger Journals für Kulturanthropologie herausgegeben, der die 100-jährige Geschichte des Instituts kommemoriert. Mallon ist seit 2019 Managing Editor im Team der Kulturwissenschaftlichen Zeitschrift.

Georg Marx ist wissenschaftliche Hilfskraft am Institut für Sozialforschung. Er verfasst seine Masterarbeit im Studiengang Politische Theorie über das Verhältnis von Modernitätskritik und Corona-Leugnenden. Seine Forschungsschwerpunkte sind Kritische Theorie sowie Analysen der Neuen Rechten in Deutschland.

Kristin Platt leitet das Institut für Diaspora- und Genozidforschung der Ruhr-Universität Bochum und ist Privatdozentin am Institut für Kulturwissenschaft der Humboldt-Universität zu Berlin. Ihre Forschungsschwerpunkte sind Genozid- und Gewaltforschung, psychische und soziale Traumatisierungsfolgen bei Überlebenden politischer Gewalt, Ursachen individueller Aggression und Gewalt, Täterhandeln im Genozid, Kulturtheorie, Zeitkonzeptionen, Zukunftsvorstellungen und Gesellschaftsentwürfe 1900/1945. Jüngste Buchpublikationen: *Die Namen der Katastrophe* (erscheint 2021); *Poetisch-Politische Imaginationen. Zukunftsromane der Zwischenkriegszeit* (Hg. mit Monika Schmitz-Emans, 2021), *Fehlfarben der Postmoderne. Weiter-Denken mit Zygmunt Bauman* (Hg., 2020).

Almut Poppinga ist Mitarbeiterin der wissenschaftlichen Geschäftsführung am Institut für Sozialforschung in Frankfurt am Main und promoviert im Fach Soziologie. Sie beschäftigt sich mit intersektionaler Ungleichheit und sozialem Wandel im Feld der Stadtforschung. Der für diesen Beitrag gemeinsam mit Andreas Streinzer, Carolin Zieringer, Anna Wanka und Georg Marx verfasste Beitrag ist im Rahmen eines gemeinsamen Forschungsprojekts über Versorgungsbeziehungen und Ungleichheit in der Pandemie entstanden.

Dirk Quadflieg ist Professor für Kulturphilosophie und -theorie am Institut für Kulturwissenschaften der Universität Leipzig. Seine Forschungsschwerpunkte liegen in den Bereichen Kultur- und Sozialphilosophie (insb. Kritische Theorie), politische Theorie und Psychoanalyse. Sein letztes Buch *Vom Geist der Sache. Zur Kritik der Verdinglichung* widmet sich der Bedeutung von Dingen und Vergegenständlichungen für die Sozialphilosophie.

Franziska Rasch ist staatlich anerkannte Erzieherin. Sie hat Europäische Ethnologie an der Humboldt-Universität zu Berlin studiert und befindet sich derzeit im Masterstudiengang der Erziehungswissenschaften. Sie ist Mitverfasserin einer Aufsatzsammlung über die „Neue Rechte", die im Rahmen eines Studienprojekts veröffentlicht wurde.

Ringo Rösener ist wissenschaftlicher Mitarbeiter am Institut für Kulturwissenschaften an der Universität Leipzig. Er promovierte an der Albert-Ludwigs-Universität Freiburg im Fach Philosophie mit der Arbeit *Freundschaft als Liebe zur Welt. Im Kino mit Hannah Arendt* (2017). Er forscht zu Hannah Arendt, kulturwissenschaftlichen und interdisziplinären Themen, Aspekten der Kreativität und Wissenstransfer. Er ist außerdem Herausgeber der Schriften und Vorlesungen von Heinrich Blücher, dem zweiten Ehemann Hannah Arendts.

Paul Schacher ist derzeit Doktorand an der Universität Leipzig mit einem Projekt zum Begriff der „Ordnung" in der neueren und neuesten deutschen Geschichte. Von 2018 bis 2021 war er Lehrbeauftragter und (vertretungsweise) Wissenschaftlicher Mitarbeiter der Lehreinheit für Geschichtsdidaktik am Historischen Seminar Leipzig und hat Lehrveranstaltungen zur Zeitgeschichte, Didaktik der Geschichte sowie zu geschichtswissenschaftlicher Theorie und Methodik gegeben. Er interessiert sich für Geschichtskultur und historisches Lernen, das 19. und 20. Jahrhundert in kulturgeschichtlichen Zugriffen sowie Ansätze der historischen Semantik.

Thomas Schmidt-Lux ist außerplanmäßiger Professor im Bereich Kultursoziologie am Institut für Kulturwissenschaften der Universität Leipzig. Seine Forschungsschwerpunkte sind Architektursoziologie, Stadtsoziologie und die Soziologie von Recht und Gewalt. Er forscht derzeit u. a. zum Verhältnis von Architektur, Materialität und Digitalisierung im urbanen Raum (digista.de).

Miriam Schreiter ist wissenschaftliche Mitarbeiterin an der Professur Interkulturelle Kommunikation der Technischen Universität Chemnitz. Ihre Forschungsschwerpunkte liegen auf digitalen Alltagskulturen und -praktiken. Im Buch *Wie kommt der Tod ins Spiel? Von Leichen und Geistern und Casual Games* hat sie sich mit der Rolle und Darstellung von Tod und Sterben in digitalen Spielen beschäftigt. Ihr Beitrag zu Alter(n)sbildern in der Krise spiegelt ihr Interesse am Umgang mit der Corona-Pandemie in digitalen Räumen wider.

Peter Schulz ist Mitarbeiter im Bereich Allgemeine und theoretische Soziologie am Institut für Soziologie der Friedrich-Schiller-Universität Jena. Seine Forschungsschwerpunkte sind theoretische Soziologie, Kapitalismustheorien, Subjektivierungstheorien und kritische Theorie. Zuletzt veröffentlichte er „Die Gleichzeitigkeit verschiedener Sozialcharakter im zeitgenössischen Kapitalismus. Ein soziologischer Beitrag zur Theorie des Sozialcharakters" im Sammelband *Konformistische Rebellen – Zur Aktualität des autoritären Charakters*.

Andreas Streinzer ist Wissenschaftlicher Mitarbeiter am Institut für Sozialforschung in Frankfurt am Main und Post-Doc im Projekt „Moralisations of Inequality" an der Universität St. Gallen. Seine Forschungsschwerpunkte liegen in der Wirtschaftsanthropologie und der Anthropologie des Staates. Im Projekt VERSUS führt er seine in der griechischen Wirtschaftskrise herausgebildeten Interessen an ‚Krise' und ‚Versorgung' weiter.

Alois Unterkircher studierte Europäische Ethnologie, Germanistik und Sozialgeschichte und ist seit 2017 Sammlungsleiter am Deutschen Medizinhistorischen Museum Ingolstadt. Seine Forschungsschwerpunkte sind Sozialgeschichte der Medizin, Patient:innengeschichte und medizinische Museologie. Der 2021 erschienene und von ihm mit herausgegebene 19. Band der Zeitschrift *VIRUS – Beiträge zur Sozialgeschichte der Medizin* widmete sich Objekten als Quellen der Medizingeschichte.

Alina Wandelt ist Wissenschaftliche Mitarbeiterin im BMBF-Projekt „Die digitale Stadt" (DIGISTA) am Institut für Kulturwissenschaften der Universität Leipzig. Sie studierte Politikwissenschaften, Anglistik und Wirtschaft, u. a. an der Freien Universität in Berlin und der Sciences Po in Paris. In ihrem Promotionsprojekt untersucht sie den Wandel von Bibliotheken in Zeiten der Digitalisierung auf der Ebene von Diskursen, Materialität und Praxis.

Anna Wanka ist Alter(n)ssoziologin und Postdoktorandin im interdisziplinären Graduiertenkolleg „Doing Transitions" an der Goethe-Universität Frankfurt a. M. Sie beschäftigt sich aus praxistheoretischer Perspektive mit der Herstellung und Gestaltung des Lebenslaufs mit Fokus auf das höhere Erwachsenenalter.

Susann Winsel promoviert im Bereich Vergleichende Kultur- und Gesellschaftsgeschichte am Institut für Kulturwissenschaften der Universität Leipzig. Ihr Forschungsinteresse liegt in der audiovisuellen Körpergeschichte und Kultur sowie der damit verbundenen – historisierbaren – Wissensproduktion über Gesellschaften. Der in Zusammenarbeit mit Johanna Häring entstandenen Beitrag zu „Körpern in der Krise" verbindet ihr Interesse an kulturell-ästhetischen Ausdrucksformen und Darstellungspraktiken mit dem popkulturellen Internet-Phänomen der „Memes".

Carolin Zieringer ist Kulturanthropologin und studiert Politische Theorie mit einem Schwerpunkt auf (queer-)feministische und postkoloniale Theorien.

Register

Adloff, Frank 82
Adorno, Theodor W. 10, 20, 43, 142, 210–211, 235
Arendt, Hannah 31, 223–224, 233, 235
Aristoteles 136

Bachelard, Gaston 330
Bachtin, Michail 54
Baudrillard, Jean 91, 142
Beck, Stefan 39
Benjamin, Walter 22, 143
Berger, Peter L. 151
Biess, Frank 365
Bloch, Ernst 43–44
Bohnsack, Ralf 156
Bonanno, Letizia 85, 87
Bräuner, Johann Jacob 63
Bröckling, Ulrich 122, 286
Buckel, Sonja 214
Büscher, Monika 330
Butler, Judith 78–79, 88
Butter, Michael 225–226, 229

Callenbach, Ernest 45
Canetti, Elias 137
Cannariato, Nicholas 320
Chelner, Clement 63
Cooper, Melinda 86

Degele, Nina 161
Derryberry, Elizabeth P. 327–328
Dickel, Sascha 368
Douglas, Mary 302, 308, 313–314
Douzina-Bakalaki, Phaedra 84, 87
Droumeva, Milena 320
Durkheim, Émile 139

Eissenhauer, Michael 367
Elias, Norbert 138
Engels, Friedrich 38, 43–44, 211

Fears, Darryl 319
Federici, Silvia 205, 208, 211, 218
Fenster, Mark 226–228

Ferreira, Gisela 170–173, 175, 177, 179–180
Fisher, Mark 205, 208–213, 216–217
Fleck, Ludwik 55
Forster, Edward Morgan 1–2, 3, 4, 9–12
Foucault, Michel 91, 94, 144, 283, 285
Friedell, Egon 65–66

Gersh, Geoff 323–325
Glaser, Barney G. 95
Goffman, Erving 95, 139
Graf, Rüdiger 38–39
Graff, Bernd 360
Gramsci, Antonio 253
Grasseni, Cristina 269
Grimm, Jakob 63
Grimm, Wilhelm 63
Große Kracht, Hermann-Josef 79

Habermas, Jürgen 5, 18, 29, 31, 224, 233–235
Hallpike, Christopher Robert 159
Haraway, Donna 376
Hark, Sabine 78
Havighurst, Robert James 93
Hecker, Justus 65
Herberich-Marx, Geneviève 359
Heremans, Roel 170, 173–175, 177, 179–180
Hey, Maya 269
Horkheimer, Max 10, 20, 44, 142, 211
Horx, Matthias 375, 388

Ingold, Tim 277

Kamper, Dietmar 142
Kant, Immanuel 224
Klammer, Kristoffer 112
Knecht, Michi 39
Koselleck, Reinhart 5, 18–23, 25–28, 30–33, 37–38, 42
Králová, Jana 95–96
Krämer, Sybille 141
Kreknin, Innokentij 289
Kulla, Daniel 213

Latour, Bruno 376
Leroi-Gourhan, André 301–302, 305, 313
Lessenich, Stefan 85, 87
Levitas, Ruth 46
Lindemann, Gesa 196
Löw, Martina 370
Luhmann, Niklas 9–10, 17, 22, 29, 40
Lyotard, Jean-François 28–29

Mannheim, Karl 46
Marcuse, Herbert 210
Marquardt, Chantal 289
Marx, Karl 38, 205, 207–209, 211, 213, 216, 218
Massumi, Brian 136
Mauelshagen, Franz 329
Mauss, Marcel 271
McLuhan, Marshall 137, 223, 230, 233–239
Merkel, Angela 228, 340, 366
Michelberger, Melodie 153
Moebius, Simon 151, 155
Mouffe, Chantal 24
Muehlebach, Andrea 85

Nancy, Jean-Luc 180
Nassehi, Armin 44

Offe, Claus 205, 218
Ortiz, Horacio 112–113
Osterroth, Andreas 155

Page, Ruth 287
Parsons, Talcott 250
Pauliks, Kevin 152
Pfaller, Robert 210
Platon 10–11
Popper, Karl R. 44

Quent, Marcus 30

Rajewsky, Irina 288

Raphaël, Freddy 359
Reckwitz, Andreas 35, 40, 140, 285
Röhrich, Timotheus Wilhelm 64–65
Rosa, Hartmut 31, 143
Ross, Jan 229
Rüsen, Jörn 350
Rutz, Christian 326
Ryan, Marie-Laure 287

Saage, Richard 45
Scheidt, Carl Eduard 136
Schildt, Axel 341
Schmitt, Carl 5, 18, 22–26, 28, 30–32
Schütz, Alfred 11, 151
Sennett, Richard 137
Shifman, Limor 151
Simmel, Georg 137
Sloterdijk, Peter 329–330
Spahn, Jens 183, 374
Stadler, Felix 231–233, 237
Stäheli, Urs 126
Steinmeier, Frank-Walter 340
Stichweh, Rudolf 134, 144
Sudnow, David 95
Synnott, Anthony 158–159

te Heesen, Anke 377
Thelen, Tatjana 84
Theodossopoulos, Dimitrios 84
Trommer, Isabell 83
Trump, Donald 222, 251–253, 258, 341–342
Turner, Edith 277
Turner, Victor W. 268

Wagner, Greta 83
Waldenfels, Bernhard 136
Walker Rettberg, Jill 287
Werfing, Heinrich 229
Wierling, Dorothee 378
Wolfrum, Edgar 342
Wulf, Christoph 142

www.ingramcontent.com/pod-product-compliance
Lightning Source LLC
Chambersburg PA
CBHW061926220426
43662CB00012B/1823